玄武雙尊

——俄羅斯第五代戰機

楊政衛 著

菁典有限公司　出版

2012

Su-35BM戰鬥機
攝於MAKS2009

СОДЕРЖАНИЕ

玄武雙尊──俄羅斯第五代戰機

目錄

推薦序 一

從萊特兄弟發明飛機後，經歷了第一、二次世界大戰空中武力的廣泛運用，戰機發展可謂一日千里。因為空軍的參戰，數千年來由陸、海軍主導戰爭成敗的邏輯有了改變，隨著戰機性能的大幅提升，空權在戰爭中已漸居於主導地位。二戰之後，戰機動力來源有了革命性的改變，由螺旋槳進入噴氣機時代，戰機飛行速度大幅增加，空用雷達及空射飛彈的發明，更改變了空戰的戰術。時至今日，戰機空速已發展為以倍音速為計算單位，執行空對空或對地之攻擊，目視目標已非必要條件，「於視距外達成攻擊」已是戰機的必備能力，而近十年來，戰機匿蹤能力的發展，更從基本面改變了空中作戰的結構。

二戰之後，國際上形成以美、蘇為首的東、西兩大集團相互競爭對抗局面，在航空科技上亦無例外，美國戰機在性能逐漸提升的同時，蘇俄戰機也在亦步亦趨，毫不遜色。台灣因多年來使用美式裝備，對美國先進戰機的發展進度尚能勉強掌握，然對蘇製戰機，則了解不多，尤其對蘇製新一代匿蹤戰機的發展，更是所知有限，而楊政衛先生所寫的這本《玄武雙尊—俄羅斯第五代戰機》一書，正好彌補了台灣軍事書籍，對蘇製先進戰機了解不足的缺點，對台灣軍方及先進戰機發展有興趣的人士而言，是一本值得研讀的好書。

本書作者楊政衛先生曾就讀於俄羅斯聖彼得堡大學，獲得物理學碩士學位，碩士論文為「自持型氣放電漿對次音速表面氣流的影響」，因有這樣的語文、學術背景，難怪能針對蘇製先進戰機提出深入的看法。

本書內容是以蘇愷戰機為主軸，由Su-27開始到Su-35，描述了受世界矚目的蘇愷系列戰機，發展及進步過程，除了戰機載台外，亦將空對空及空對地武器的演進、空用雷達及偵蒐系統的改良做了整體性的分析，並對先進但並無匿蹤能力的Su-35戰機，如何剋制美製匿蹤戰機，做出合理的評估與研究。此外，與美軍F-35、F-22戰機屬同等級的蘇製匿蹤T-50型戰機的問世，本書中亦有詳細的介紹，配合圖表的說明，將會使讀者留下深刻的印象。

本書由菁典有限公司黃銘俊先生發行，由於國防武器書籍具有專業性，銷售情況常無法掌握，獲利有限，但他因具有對台灣國防事務關懷的熱誠和執著，才願出錢出力大力推動，本人願在此向他表示敬意，台灣需要這樣無私的推手，才能使現代國防科技知識與世界接軌。

李貴發

前空軍中將副司令

推薦序 二

俄國匿蹤飛機的科技會出口到歐亞國家嗎？！

在台灣由於與美國軍事採購與聯盟的歷史因素，與其他各種文化語言的習慣，對於美式武器與裝備熟悉的專家一直較多。同時也因為如此，一般的讀者與大眾對於歐美飛行器的知識也有一定水準，但是對於俄羅斯（或是前蘇聯）的軍武工業與裝備的認識就差很多，很多消息往往是由英文或大陸翻譯的二手傳播，直到您今天拿在手上的這本奇特的書，算是打破了這種傳統（或宿命）！

作者楊先生不但是在台灣的航空愛好者，同時又在國內的成大物理系拿到學士學位後，才選擇到俄國聖彼得堡大學的研究所進修，即將取得博士學位。因此在專業、語文、興趣這三方面都有獨特的背景，也才能從由公開資料來源中收集到很多有用的資訊，並且消化、吸收、整理出這本書的文字內容。再加上他自己攝影與收集圖片的用心，才把這連西方航空界都極為關心並缺乏一手資料的有關俄國第五代匿蹤高性能戰機，圖文並茂展現在中文讀者的面前。

本書將這架與美國F-22/F-35匿蹤戰機性能相當的T-50，由蘇霍伊設計局的Su-27基礎講起，經過Su-35BM的中間發展過程，很清楚的讓我們了解到它三者之間的各種技術沿續關係，並且大致的介紹了在各種俄文媒體與航展資訊中出現的最新發展，讓我們這些渴望看到俄國一手資料的民間廣大讀者大飽眼福，算是開了一扇新的窗子，而且還是有關匿蹤戰機的隱密之窗，這是連英文資料都不是很多的領域，相信有助於中文讀者由大戰略趨勢與小技術進展兩方面來認識未來世界戰鬥機的走向。

由俄國的雅克設計局於90年代推出的Yak-130噴射教練機設計，在義大利被改良為M346，在大陸被修改為練/L-15與在印度被稱作HJT-39的前例來看。俄國很可能會部份將T-50第五代戰機的技術甚至將整機的氣動外型出口。目前看起來印度已經決定參與共同設計，而大陸發展的殲/J20也正好需要很多T-50的技術，再加上韓國、日本、法國…等國家對於發展匿蹤戰機的興趣，楊先生寫的這本精彩的航空專業書，可說是出的正是時候，非常感謝，特為之序。

樓宇偉 博士

國內航太專業人士，現服務於外商

推薦序 三

蘇聯解體後，由於俄羅斯的經濟長期陷於困境，國防工業以及軍隊建設幾乎陷於停擺，曾經風光一時的航空工業亦停滯不前，直到兩千年以後，通過油氣能源的輸出，逐步改善了政府的財政收支，俄羅斯的國防工業才有了逐步復甦的跡象，Su-35S以及T-50就是在這樣背景下發展出來的兩型俄羅斯戰機。

Su-35S戰機基本上是以中、印兩國所採購的Su-30MKK-II及Su-30MKI為基礎，融合了部份俄羅斯為未來隱形戰機所發展的航空，雷達，航電，大推力噴射引擎等相關技術所集成，具有相當優越的空優以及對地、對海攻擊能力，是與歐洲的EF-2000及法國的颶風戰機同屬一個檔次的三代半戰機。Su-35S是俄羅斯空軍用以銜接T-50戰機服役之前，以及未來搭配T-50戰機協同作戰的主戰裝備。

T-50戰機是俄羅斯空軍為因應美國F-22戰機服役所發展的隱形戰機，據說T-50戰機設計時採用了許多俄羅斯新開發的航空科技，具有隱形匿蹤，超音速巡航，超視距攻擊以及超機動格鬥所謂4S能力第四代戰機，T-50戰機已經於2010年開始試飛，預計於2015年後開始服役，至於其真正的表現如何就拭目以待了。

俄羅斯的航空工業在前蘇聯的冷戰時期曾經有過相當輝煌的成績，例如Tu-95戰略轟炸機，An-124巨型戰略運輸機，MiG-15, MiG-21以及Su-27戰機等都是世界飛機排行中相當成功的佳作，代表了俄羅斯航空工業曾經是人才輩出，政府亦曾長期投入大量心力與資源，才能有如此傑出的表現，值得尊敬與學習。

中國大陸的航空工業師承俄羅斯，無論是戰鬥機，轟炸機，運輸機各型飛機都是通過俄羅斯的授權生產或仿製，直到殲-10戰機的出台，中國才有第一種由國人自行設計製造的戰機，殲-20的出現讓中國航空工業戰線的工作人員感到鼓舞，但是總的來說，中國大陸航空工業的基礎底子薄，技術不夠全面，許多不足之處仍有待加強，整體來說，中國大陸的航空工業倘若想要全面的發展，仍然是長路漫漫，來日方長。日前傳聞中國將向俄羅斯採購48架Su-35S戰機，中俄兩國航空工業若能捐棄成見與急功近利的作法，真誠合作，必能優勢互補，互利雙贏。

楊政衛兄留學俄羅斯，長期浸淫於俄羅斯戰機的研究，通過資料的收集、分析與整理，尤其對蘇霍伊戰機的設計及其獨特的戰術戰法，有著不同於一般的見解與看法，《玄武雙尊—俄羅斯第五代戰機》的推出，可謂對蘇霍伊飛機研究的一本空前巨著，通過《玄武雙尊—俄羅斯第五代戰機》的剖析，可以對俄羅斯空軍未來的發展，有一個相當全面的瞭解，是一本值得對蘇霍伊戰機及俄羅斯空軍發展有興趣的朋友仔細研究與收藏的好書。

蔡翼 博士
東亞統合研究所

自序

美國F-22戰機的問世將噴射戰機帶入第五世代，其引發的一系列新技術與新概念都是相當有趣的科學研究問題。然而在「全球化」與處在「和平時期」的今日，第五代戰機大大影響各國空防安全與區域空權均衡：有別於冷戰時期世界基本上只有美蘇兩強擁有最先進武器在彼此對抗，現代先進武器往往也成為國際貿易的一部分而擴散到全球，因此這些源自冷戰時霸權對抗的科技現在已逐步擴散到許多小國，而對區域安全構成影響。多用途戰機擁有克服地形障礙與時間限制的先天優勢，搭配日益成熟的高精準武器，已成為高科技局部戰爭最重要的環節之一，因此第五代戰機技術的「全球化」不僅關係到「空權」均衡，實際上已關係到區域安全，第五代戰機研究不論就科技層面還是戰略層面都極為重要。近年俄羅斯軍工業因為急需外銷創匯，因此資訊透明度有時反而較歐美武器高，藉由俄羅斯第五代戰機吾人可更輕易的掌握最先進航空技術的具體樣貌。

美國F-22的問世掀起了一場先進戰機設計革命，也塑造了21世紀初期先進戰機的基本外貌，他除了將上一代戰機的各項性能加以進化外，更將超凡的匿蹤技術與飛行性能巧妙的融合。按照設計目標，其藉由優越的匿蹤特性可在敵方無法察覺的情況下發動突襲，而對於那些漏網之魚，他又憑藉優於傳統戰機的一切性能而獲勝。時至今日，這樣的設計路線已成為戰機設計者的圭臬，各國新開發的有人或無人戰機均比照F-22的路線設計，甚至全球的軍事評論家也以F-22的指標做為衡量戰機性能的標竿。

繼承昔日超級強權的俄羅斯自不願落於人後，從昔日的MFI計畫到今日的PAK-FA，儘管拖延了十餘年，第五代戰機技術仍以各種形式延續並持續發展以至最終落實於PAK-FA。在2010年1月的寒冬之中破冰騰空。俄羅斯五代戰機在試圖與F-22競爭之餘也務實的考量了經濟層面，最終造就了一種在性能與價格上均衡發展的戰機。不知是早有預謀還是純屬巧合，俄羅斯第五代航空技術顯現了一種「有別於F-22但又足以與之抗衡」的非主流路線。此種特性在「四代皮五代骨」的Su-35BM上早已顯現出來，但因其「了無新意的外型」而鮮少獲得注意；而在最新的T-50上，許多評論仍舊單純聚焦於匿蹤技術，自然也忽略其非主流特性。這種輕忽無疑將造成不當的後果：輕則耗費巨資開發或採購過度昂貴的匿蹤科技，重則在戰場上因輕敵而挫敗。

即使是俄羅斯媒體都未必如此高度評價Su-35BM與T-50，在出版物上公開提出「Su-35BM可以反匿蹤」這種「謬論」的恐怕亦僅此一家，事實上這並非出自偶然。基於老祖宗「萬物相生相剋，一物剋一物」的哲學，不信邪的筆者偏偏要探索如何反制號稱已能制霸藍天的匿蹤戰機。2006年底筆者在尖端科技雜誌三期連載「反F-22可能嗎？從另類眼光看俄歐系新型戰機」，探索如何以當時已公開的技術打造一種不追隨F-22的設計路線、更便宜、但是可以給予F-22壓力的防衛型戰機，以便將多餘的經費用於開發更具前瞻性的反匿蹤技術。該文後來輾轉傳到大陸地區，被部分媒體拆成「反F-22技術點評」等標題冒名刊登，然而這也反映該文內容受重視的程度。2006年起，俄國陸續釋出研製中的Su-35BM的最新資訊，直至2007年筆者親至莫斯科航展採訪，親見Su-35BM以及其航電設備後，赫然發現這架看似不起眼的非匿蹤戰機不僅滿足筆者預期的「反F-22」而且遠勝之：相較於筆者提出的「反F-22」只能消極的「給匿蹤戰機壓力」，Su-35BM確有機會與F-22打對台，更別說本身還有充分匿蹤設計的T-50了！

本書將透過對Su-35BM與T-50這兩款具有第五代航空技術的最先進俄羅斯戰機的深入研究來探討其「非主流設計路線」對21世紀空權環境以及戰機設計思路的影響。由於Su-35BM問世較早，機體性能較易掌握，加上其與T-50的主要差距僅在匿蹤技術一項，因此本書將首先著重在Su-35BM的詳細分析，之後再進一步探討T-50多出來的優越性。透過一系列分析後我們將能發現，T-50不只是像一般評論所說的「力追F-22」，而是體現了一種比F-22更成熟的戰機設計方向：其相當於將F-22與更複雜的航電和武器設備融合，因此與其說T-50是「戰鬥機」，不如說他是「複合體」(complex)更為貼切—正如其計畫名稱一般。

在內容上本書分四大篇與附錄。前四篇系本書所要傳達的主要內容，盡可能移除繁雜的分析過程與技術資料而讓讀者能「知其然」。附錄中則詳加討論正文中出現的各種特殊觀點與技術細節，讓讀者能進一步「知其所以然」。

序章

「什麼是第五代戰機」簡單總覽了戰機劃代原則與最新銳的戰機的技術

特性，點出「第五代戰機不能只以單一國家的標準為標準」而應「將能否適應當前戰場做為客觀標準」之概念。

第一篇

「五代前奏—4++代戰機Su-35BM」將詳細檢視Su-35BM。讀者將從基本型Su-27演進到Su-35BM的過程了解Su-27家族各階段的主要技術差異。也將掌握Su-35BM的技術細節。

第二篇

「Su-35BM已反映出的反匿蹤特性」在通盤考慮飛機性能以及所配備的武器性能後，了解他如何以非匿蹤戰機之姿而有望與F-22等匿蹤戰機打對台。本篇本應屬於較複雜的深入研究資料，然而其分析結果與一般分析大異其趣，加上之後會一再引用，故考慮閱讀的連貫性而安排在第五代戰機篇章之前。

第三篇

「第五代匿蹤戰機—T-50與無人戰機」將詳細探討俄系第五代戰機。首先對蘇聯MFI到目前PAK-FA的演進過程做一瀏覽，之後著眼於最終完成的PAK-FA上，除了剖析其技術細節外，也將探討其作戰效益與反匿蹤特性等。最後也由米格設計局的Skat無人攻擊機探討俄國匿蹤無人戰機的發展。

第四篇

以宏觀的眼光檢視Su-35BM、T-50與無人戰機。有別於前三篇著眼於單機戰術技術特性，本篇將以宏觀的眼光探討新型俄系戰機在未來防空體系與在攻勢作戰中的協同作戰、非主流設計路線、以及兩者的市場概況分析。

最後在附錄中，將收錄本書許多種要論點的理論依據與研究資料，供有心深入研究了解的讀者參考。

在內容與架構上本書相對於同類書籍做了幾大突破：

〈1〉 首先，一般探討俄係戰機的文章或書籍通常僅著重於氣動力與機械性能的探討，對於影響現代戰機戰力至關重要的航電與武器系統則僅簡單帶過，因而導致「Su-27是設計來在纏鬥中擊敗對手」之類的普遍而錯誤的印象，而本書極大量的篇幅都著眼於航電與武器系統。

〈2〉 其次，由於俄國並不像美國一樣大方的發表自身武器的設計思想，使得一般的文章或書籍多是基於美式武器的使用思想去分析俄係武器，這類分析看似客觀而權威，但一開始就是站在單一國家的主觀標準，並不能充分反應事實。相反的，本書並不以任何單一國家的基準去分析武器，而是以「能夠在戰場上獲勝的就是好武器」、「能夠成功的將武器投射到目標區而將目標摧毀就是好戰機」這樣簡單而基本的標準去分析。

〈3〉 介紹俄係戰機的書籍常常苦無適當的圖片，而本書逾450張的圖片包括筆者多年來在各展覽與博物館拍攝而得的照片以及自製圖解，而俄國航太廠商近年也開始大方公佈高解析度圖片。因此書中所提的多數次系統、設計細節、以及抽象觀念多有對應的圖片以幫助讀者理解。圖片若無特別註明則屬筆者自行拍攝或與台灣尖端科技雜誌參訪MAKS2009所攝得，如需要更多原尺寸圖片可洽尖端科技軍事圖庫(http://photo.dtmonline.com)。

〈4〉 有感於俄系武器資料常很混亂，亂到最後變成「大家錯就是對」，本書技術資料來源盡可能追出原始資料，包括俄媒訪談、筆者親自採訪等等。特別是關於Su-35BM與發動機的資料由於可追溯至十年前，故作了相當詳細的考證。不過在第五代戰機的發展方面，許多重要的概念性訪談都出於2005年之前，而由於近年俄國網站經常更新已致資料散佚，故部分資料無法列出具體出處而僅能列舉年份，或是雖已列出但已追不到網址。不過無論如何，這些資料幾乎都是來自一手資料，而非輾轉透過西方媒體傳出的，甚至即使是俄國論壇的資料，只要筆者追蹤結果不是出自已發表刊物或專家訪談，亦盡量不予採用，僅在必要時以「網路資料表示…」引用之，方便讀者區別來源。

一般戰機介紹專書通常侷限於戰機本身的技術細節，而在非技術層面則通常僅以冷戰時大國對抗的眼光作軍事用途分析。本書在技術上將飛機與武器作為整體加以分析，而在非技術層面上還加入「軍售是貿易的一部分」這樣的現代觀念，探討現代戰機作為國際貿易的一部分「全球化」而造成的區域安全問題。

筆者希望藉由本書讓讀者能跳脫出傳統思維，站在制高點上公平的看待不同體係下設計出來的武器，撇開成見的認識俄羅斯獨樹一格的第五代戰機。當然也希望能拋磚引玉，激發出更多新觀點。

致謝

感謝空軍學術雙月刊前總編輯劉學文中校、「尖端科技」雜誌總編輯畢誠仸先生長期提供發表平台。更感謝菁典有限公司董事長黃銘俊先生不惜血本，支持這本市場行情不明的專書出版。最後當然要感謝家人的「後勤」支持，讓筆者能有閒暇從事感興趣的研究！

2010年8月

於俄羅斯彼得夏宮

序章
現代空權與第五代戰機

有別於20世紀末空中武力與防空武力彼此互相制衡而達到平衡，新世紀的新一代戰機與防空武器，將對上世紀末的系統構成強大的衝擊。這些構成衝擊的技術包括匿蹤戰機、超遠程防空系統、300km級攻擊武器等。

匿蹤戰機能針對最有效的探測與射控波段(X波段)隱匿，大幅縮短各式管制雷達、戰機、防空飛彈對其操作距離；俄製S-400與美製愛國者-3等新一代防空系統防空距離遠達200～400km，遠遠超出一般戰機的探測與射擊半徑；而歐洲「金牛座」、俄製Kh-59MK-2等射程300km級的巡弋飛彈及俄製Kh-58UShKE等反輻射飛彈，射程都遠在傳統防空飛彈射程以外…這些皆正中傳統系統的某些要害，而構成不對稱衝擊。由於這些具有衝擊性的系統並不由單一政治集團壟斷，加上現代軍火交易已不完全取決於冷戰時期的政治支持，而是越來越像貿易行為，因此這些具有衝擊性的武器相對容易擴散，從而打破區域安全均衡。

冷戰結束後，空權較量從兩大集團對抗變為區域較量，複雜度更高，這使得一般以美國標準衡量第五代戰機並不符合潮流。本書將撇開美國F-22的標準，從技術面、區域安全、軍售等多個層面檢視最新式的俄系戰機。

一、何謂第五代戰機

目前的戰鬥機劃代是以二次大戰後的噴射戰鬥機為第一代算起的。中英文資料常見的是美國標準，將F-86、F-100、俄製MiG-15、MiG-17這類以機砲作戰為主的噴射戰機歸類為第一代，F-4等開始具備超視距作戰能力的歸為第二代，F-14、F-15、F-16時期的歸為第三代，而1980年代研製的結合匿蹤技術與大幅優化的傳統技術的F-22被歸於第四代。而在蘇聯，由於將邁入超音速的戰機如MiG-21視為第二代，故其分類上多了一代，如美規二代對應俄規三代、美規四代對應俄規五代等，這導致討論時的混亂。此外，技術指標顯然只有美規三代半等級的歐洲四代機也被劃分在「第四代」之列，等於是「吃了美俄的豆腐」。過去幾年也開始有報導將美製F-22與F-35規類於第五代，而不久前日本公佈的「第五世代戰機計畫」，亦採用俄式劃代，可見俄式分代法已被廣為接受，這樣一來便可與歐洲四代

「劃清界線」。不過，本文將不深究劃代標準，而著眼於技術特性，這裡概略提及劃代只是為了給讀者一個大概的印象。

第一種美規三代與俄規四代機分別是F-14與MiG-31，不過這兩者較像是上一代戰機的航電武器大幅強化版：F-14承襲上一代戰機流行的可變翼設計以兼顧高速與纏鬥性能，MiG-31則承襲上一代的高空高速攔截思想。不論F-14還是MiG-31，都有大幅強化的雷達系統與射程超過100km的空對空飛彈，等於是極大程度的強化了上一代戰機的超視距作戰理想。美國1970年代初期研製的F-15開始開創了現代戰機氣動設計的主流概念：其放棄需要複雜機械的可變翼設計，而採用低翼負荷與較小的掠角來造就高機動性，而發動機的進步使得較低的後掠角也可衝到所需的超音速速度。這一代戰機不再強調最大速度，而是強調加速性與轉彎性能：其能很快的加速，並且在必要時借助低翼負荷將飛機的動能或位能轉換成高機動動作。這一代戰機的代表有美製F-15、F-16，俄製MiG-29、Su-27，法製幻象-2000等。至此以後問世的戰機多是兼具靈敏的纏鬥性能與超視距作戰能力。

1980年代美國開始研製其「先進戰術戰鬥機」(ATF)計畫，除了大幅強化F-15這一代戰機的各項性能與理念外，更引入當時他國所無的「匿蹤技術」，藉此跳脫傳統技術競爭的死胡同而不對稱的壓制對手。ATF計畫催生了F-22戰機，其技術需求於是成了最先進戰機的技術標準。由於F-22是第一種跳脫上一代思想框架的戰機，加上本身技術等級也真的超越群倫，因此不論就航空史的眼光還是技術眼光論，其毫無疑問屬於五代戰機(俄國與現在慣用分法，最初以美國標準看則被視為第四代)。繼F-22之後美國又推出技術等級稍遜的「聯合打擊戰鬥機」(JSF)計畫(催生出現在的F-35)，其沒有完全達到F-22的技術指標，但因為具有類似F-22的匿蹤外型因此也被稱為第五代戰機。而俄羅斯於2010年首飛的PAK-FA(T-50)儘管在許多歐美戰機研究者心目中「與F-22仍有差距」，但因也具有大規模匿蹤設計而被認定為第五代。

如果仔細分析F-22、F-35、T-50的技術特性，吾人會發現三者的差異不算小，三者最明顯的其他戰機所無的共通特性是匿蹤外型。因此姑且不管嚴格標準是如何分類，至少就普羅大眾與媒體的眼光來說，所謂的「第五代戰機」是指具有匿蹤外型與內彈艙設計，且具有相當程度靈巧性的戰機。在這裡需要強調的是，「第五代戰機」彼此間之所以如此「沒有共識」，有一部分起因於蘇聯解體後各國的國防需求驟變：二次大戰以來軍用機是依急切的戰爭需求而發展的，在同一時期各國因戰爭需求與技術水準相當，使得同一代戰機的技術需求與用途都相當類似。然而第五代戰機本來是因應美蘇兩強對抗而發展，發展到中途遇上蘇聯解體，歐美國家沒有急切的需求裝備第五代戰機，後來甚至反恐等非傳統需求的重要性日漸提升，使得歐美第五代戰機的發展一直拖延；而俄羅斯在蘇聯剛解體時無力發展第五代戰機，直到蘇聯解體十餘年後才重新發展第五代戰機，此時在技術與設計哲學的累積方面與ATF和JSF計畫自然不可同日而語。

那麼，第五代戰機的定義到底是什麼？筆者並不贊同一般評論將F-22的指標當作第五代戰機唯一指標的做法，畢竟各國有各國的國情，以單一國家的技術需求當作一整個世代戰機的技術需求有失客觀。

武器的本質就是要拿來作戰，而所謂的「新一代武器」一般而言就是要能藉由自己獨有的技術特性或作戰理念而壓倒性的勝過「上一代武器」。F-22的技術特性使其面對上一代戰機時能夠「先發現、先發射、先摧毀、先脫離」，便充分滿足「新一代」的特性，因此劃分為第五代當之無愧，而其技術指標也就理所當然是相當值得參考的指標。但就如同前面提到的，各國有自己的國情，滿足F-22指標的當然可以歸類於第五代，但不滿足的，若一樣能對上一代戰機構成衝擊，並足以抵抗F-22，那也沒有理由說不是第五代。

不過，戰機的劃代畢竟已是一種約定俗成的觀念，即使有能耐拿出鐵證將F-35貶為四代、將歐洲戰機拱成五代，也不會有人認同；反之，戰機的效能就擺在那，不會受到被劃為第幾代而有所改變。因此，不妨對戰機劃代有個概念即可，大家就約定俗成認定F-22、F-35、T-50這類具有科幻外型的飛機叫做第五代，剩下的則充其量是4++代，但心裡必須有「作戰效能不完全取決於劃代」的觀念。依此觀念，在分析戰機性能時，固然可將戰機與F-22的指標加以比較，但不宜像一般的評論那樣嚴格，倒是更應著重於作戰效能的分析。必竟武器的本質是作戰，而不是比規格。

二、研究第五代戰機的迫切性

探究航空歷史可以發現，「第五代戰機」實際上是冷戰時大國對抗的產物，其所採用的尖端科技固然是有趣的科學研究議題，但以軍事用途而言卻未必最適合現代：就現代軍事環境而言，只帶有輕兵器甚至無武裝的恐怖分子帶來的威脅可能大於戰略轟炸機，因此能夠以極高的精確度識別並打擊地面點目的重要性可能高過攔截遠方的空中目標以及摧毀重要軍事據點。然而基於歷史因素，像F-22這種未必符合當前真正需要的第五代戰機畢竟已是事實，也因此吾人仍不得不接受F-22所指引的發展方向。在「全球化」與處在「和平時期」的今日，這些第五代戰機大大影響各國空防安全與區域空權均衡：有別於冷戰時期世界基本上只有美蘇兩強擁有最先進武器在彼此對抗，現代先進武器往往也成為國際貿易的一部分而擴散到全球，因此這些源自冷戰時霸權對抗的科技現在已逐步擴散到許多小國，而對區域安全構成影響。多用途戰機擁有克服地形障礙與時間限制的先天優勢，搭配日益成熟的高精準武器，已成為高科技局部戰爭最重要的環節之一，因此第五代戰機技術的「全球化」不僅關係到「空權」均衡，實際上已關係到「區域安全」，第五代戰機研究不論就科技層面還是戰略層面都極為重要。

三、各國新世代戰機總覽

1. 第五代戰機的標竿：F-22的技術特性

ATF計畫的獲勝者是F-22，其大幅強化上一代戰機的所有特性。在飛行性能上其擁有低許多的翼負荷與相當大的推重比因而具備極佳的靈巧性與加速性；並整合向量推力，其推力甚至大到足以不開後燃器便進入超音速，且能長時間在超音速飛行並於超音速時進行空戰機動，因此整體而言在飛行性能上難有戰機能勝過他。在航電性能上其擁有大幅強化的電子支援系統與雷達系統，能被動與主動偵測相當遠距離的目標，所有資訊統一由中央電腦處理，並以最適當的方式呈現給飛行員，甚至有如專家一般給與飛行員建議。此外寬頻資料鏈的使用使其戰機間便能建構作戰網路，大幅增強機隊的自主性。

以上特性除超音速巡航外基本上是上一代技術的優化，並非F-22所獨創。上一代戰機經過改良皆可獲致以上性能，唯超音速巡航性能牽涉到強大的發動機技術外，飛機外型與材料也必須針對超音速優化，這與針對次音速優化的上一代戰機衝突，因此上一代戰機即使擁有先進的發動機，超音速巡航性能理論上自然無法媲美F-22。

F-22真正的「獨門武功」是其匿蹤技術，能大幅減低敵方對其探測機率。在ATF開發時美國早已有豐富的匿蹤飛機設計經驗，其透過精密的電腦計算為飛機設計兼顧氣動效率的特殊外型，能將敵方雷達波反射到少數幾個遠離接收機的方向，並且塗上吸波塗料進一步降低回波強度。另外在座艙蓋、天線罩等處亦採用特殊處理隔絕不必要的雷達波，維持良好的匿蹤外型。而其武器能全內掛，故不影響精心設計的匿蹤外型。匿蹤技術正好用來克制當前最重要的探測與射控系統—雷達—，使得F-22相對擁有更安全的作戰環境。

在大幅強化上一代技術以及大幅削減敵方上一代技術作戰效能的雙重影響下，F-22對傳統武力因而有了壓倒性優勢，縱而落實其作戰需求：「先發現、先發射、先摧毀、先脫離」。這種作戰理念後來成了分析戰機性能的標準，而要落實此一需求相當關鍵的因素便是「我見敵，敵不見我」，也因此導致分析戰機的第一件事是去分析戰機的匿蹤性能與探測性能。在俄製Irbis-E雷達問世前沒有一種機載雷達在探距上能達到APG-77的等級，而其他飛機與F-22在匿蹤技術上也有著天淵之別，因此所有牽涉到與F-22的性能比較當然都是一面倒。而即使目前俄製Irbis-E與AFAR-X探距上已追上甚至超越APG-

77，但俄製戰機的匿蹤性能極可能還是遜於F-22，因此以F-22的遊戲規則觀之，F-22仍就是五代戰機之王。

2. F-35

由於F-22採用各種最尖端技術而不利外銷等諸多因素，美國推出了一種市場取向的「聯合打擊戰鬥機」(JSF)計畫，也就是現在的F-35。按計畫，JSF要採用相對簡單的匿蹤技術，以利於外銷並降低成本，作為輔助F-22作戰的攻擊取向戰機。該機不具備超音速巡航能力，推重比亦只有上一代戰機標準，匿蹤性能亦不如F-22般面面俱到，唯航電系統與時俱進因此相當先進。也因此不少資料質疑F-35能否與F-22歸為同一代。

不過，一味的將F-22的技術指標視為第五代戰機指標未必合理。例如超音速巡航的初衷是盡快趕赴戰區，並且擁有較高的發射武器初速，但對許多領土較小的國家而言，沒有超音速巡航也無傷大雅：需要高速時開後燃器衝到極速一樣可以提升飛彈的發射初速。因此對許多小領土國家而言，超音速巡航是一種頗為奢侈的性能。

倒是F-35的匿蹤設計仍然正中許多傳統探測系統之下懷，故在實現「先發現、先發射、先摧毀、先脫離」作戰想定時相對於其他非美系戰機擁有極大的優勢，就此觀點而言，F-35是可以歸類於第五代。

3. 歐洲雙風與鷹嘯獸

在F-22還普遍被稱為第四代戰機的1990年代，歐洲於1970年代中後期研製的三種戰機：英德義西四國合作的EF-2000「颱風」、法國的Rafale「颶風」以及瑞典的JAS-39「鷹嘯獸」也被分類為第四代戰機。然而這幾種戰機與美規三代改或俄規四代改基本上沒有分別，只是因為蘇聯解體後大家都有喘息空間，服役年限往後推而引入更多新科技，使得局部技術有「超俄趕美」之勢。美俄後來改出的F-15、F-16、Su-27、MiG-29改型相較於這些歐洲戰機一點都不遜色。因此將這些戰機與F-22歸於同一代，實在是在「吃美俄的豆腐」。近年F-22開始也被稱為第五代，與歐洲戰機的「第四代」劃清界線，是一種比較妥當的分類方法。

當中的JAS-39是以其資料鏈技術而自居於與F-22同代；EF-2000與Rafale則除了航電技術外，在結構特性與飛行性能上也有局部與上一代(F-15、F-16、Su-27等)有代差，但仍遜於F-22之標準，如EF-2000與Rafale的推力空重比值約1.65～1.7，超過上一代戰機(約小於1.5)但遜於第五代(1.7以上)；Rafale的起飛重量-空重比達到第五代標準；EF-2000的起飛重量-空重比雖然只有上一代標準，但超音速運動性優異，也是最常宣稱已測出超音速巡航能力者，雖然其必須在採用增推發動機的情況下才能有真正的超音速巡航能力(>M1.3)且在外掛武器的情況下是否還能有此能力仍有疑問，但至少說明其氣動設計符合或接近對超音速優化，算是相當先進的指標。

這批歐洲戰機最值得注意的殺手鐧是近年測試中的「流星」衝壓推進空對空飛彈。這種飛彈與現役AIM-120主動雷達導引空對空飛彈大小與重量相當，但採用衝壓推進而具備更大的射程。當配備「流星」飛彈的歐系戰機遇上配備AIM-120或R-77的非匿蹤或低可視度美俄系戰機時，即使不能率先發現對手，也可能具備「先發射」優勢。因此在劃代上歐系戰機雖屬四代，但配備「流星」空對空飛彈後，空戰能力上倒是有媲美五代的態勢。

此外歐系戰機的武器種類也是一大亮點。這些飛機武器採用外掛方式，因此允許使用大型武器，例如「暴風之影」、「金牛座」之類的巡弋飛彈便可打擊約300km外的目標，遠在敵方防區外，因此攻擊效能未必遜於攜帶短程炸彈的匿蹤的F-35。這些歐系戰機中特別是法製Rafale，因為不像EF-2000有多國合作的羈絆，因此早已整合完整的攻擊能力，不論攻擊武器的種類、酬載能力、相關無線電與光電設備都已發展成熟，因此真要論及攻擊能力，僅具備低可視度特性的Rafale未必輸給匿蹤戰機。

4. 「隱形鷹」與「隱形蟲」

近年美國仍不斷以新技術改造知名的F-15、F-16、F/A-18E/F戰機而投入市場。這些戰機本來就性能優異，在加上最新一代美國航電技術的加持以及美國的政治影響力優勢，使其仍然是很多國家採購戰機時的首選。這些改良方案大都不外乎是提升航電系統，本質上仍然是上一代戰機，唯F-15SE與F/A-18E/F大改型引入了彈艙設計，能擁有大幅改進的匿蹤性能。由於F-15的綽號是「鷹」，F/A-18的綽號是「大黃蜂」，故本文分別稱其為「隱形鷹」與「隱形蟲」。

這兩種飛機都標榜是「匿蹤」戰機，特別是由於他們都是「美國製造」的匿蹤戰機，故自然免不了令人猜想他是否又有何神話般的匿蹤性能。例如波音公司在2009年3月公開F-15SE改良計畫，讓不少人認為他又是什麼登峰造極的新戰機，甚至猜想是否是要在F-22訂單不保時取代F-22而延續鷹式家族的主力第位。

F-15SE與超級F/A-18E/F說穿了是出自商業考量。F-35的行銷策略非常好，在計畫初期便包裝成「廉價、多用途」的普及化匿蹤戰機，而吸引了許多合作夥伴與潛在訂單。正因為訂單過於龐大，那些非計畫參與國即使能採購F-35，也得等到美國空軍以及合作國裝備F-35以後，換言之可能是十幾年後的事。除此之外，美國兩種第五代戰機(F-22與F-35)合約都被洛克希德馬丁公司奪去，波音公司自然得想辦法維持軍用部門的生計。就在這種背景下，波音推出了這些以F-15和F/A-18E/F為基礎的匿蹤大改計畫，讓那些短期內沒希望獲得F-35但又難抵匿蹤誘惑的國家有折衷的選擇，另外這些方案也有助於吸引客戶採購F-15及F/A-18E/F。

第一種類似的方案是2009年3月推

出、2010年7月8日首飛的F-15的匿蹤大改計畫—F-15SE「靜鷹」。這種方案除了採用吸波塗料、稍微外傾的垂尾等低可視度處理外，最大的特色是將F-15常用的適形油箱改為「適形彈艙」，使F-15SE可以完全無外掛作戰，這樣一來，F-15SE的確有可能成為所有改良型戰機以及EF-2000、Rafale中匿蹤性能最佳者(因為後兩者武器必須外掛)。由於南韓與新加坡剛開始接收新銳的F-15K、F-15SG不久，與F-15SE共通性極高，故此方案將可能被選為後續批次的規格，或將已服役飛機升級。除此之外，波音公司還在2010年公佈F/A-18E/F的匿蹤大改計畫，主要特色亦是武器艙莢艙，不過與F-15SE的適形彈艙不同的是，該彈艙是外掛式的。

無可否認的，「隱形蟲」採用外掛彈艙設計的確可顯著減少外掛物的RCS，因此相對於武器全外掛的版本，其匿蹤能力會好很多。然而有趣的是，外掛彈艙其實相當於將本來的「很多外掛物」變成「只有一個大型外掛物」。而單單掛架的部分就有約數平方米的RCS，即使用了吸收率99%的吸波塗料，也有著0.0x平方米的RCS，這在Su-35BM等新式戰機以及俄國新型防空雷達面前將難以發揮匿蹤優勢。F-15SE的適形彈艙較無此問題，但其先天外形使其幾乎不可能將RCS降至0.1平方米以下(要是可以那很多投資F-35的國家肯定要控告洛馬公司詐欺)。因此很簡單的就可以看出，或許這些匿蹤大改型的確可以顯著提升作戰效能，但並不是真正的匿蹤戰機。在這一批戰機所著眼的年代，許多戰機都將裝備主動相位陣列雷達，或俄製Irbis-E那樣的超級被動相位陣列雷達，在這些新式雷達眼前RCS=0.1平方米甚至連「低可視性」都算不上，因此「隱形鷹」、「隱形蟲」現在看可能是隱形的，可是到了未來服役時已不算隱形，頂多欺負一下來不及更新的探測系統而已。

此外這些改良飛機的設計思想也相當有趣。以F-15SE為例。F-15的最主要優勢就是強大的航程與火力，其帶有外掛點的適形油箱將航程增至4000km以上，同時擁有著超過10000kg的酬載能力。然而F-15SE將適形油箱改為彈艙，這樣一來在匿蹤模式下(不外掛副油箱)航程將只有2500km左右，而每個適形彈艙僅能攜帶2枚AIM-120空對空飛彈或AIM-9短程空對空飛彈或小型炸彈。換言之若要以最佳匿蹤模式出擊，F-15SE僅能攜帶4枚中小型武器，航程約2500km左右，與殲八幾乎沒有分別，F-15的優勢在此蕩然無存。若採折衷方案，以副油箱飛抵戰場後拋棄之而進入匿蹤狀態，則航程有望超過3000km，但火力仍然僅相當於輕型戰機。當然F-15SE必要時也可以當成F-15E用而滿載出擊，但那樣一來上面的匿蹤技術便成為浪費。因此，F-15SE或許可以有很好的匿蹤能力，但那與F-15本身的優勢是衝突的，也就是說，F-15SE的優點是可以當成匿蹤戰機用，也可以當成本來的重火力戰機使用，但如果認為F-15SE可以在保有F-15E的性能的情況下又兼顧匿蹤性能，那就大錯特錯了。

「超級F/A-18E/F」亦然，其外掛彈艙約為副油箱大小，至多攜帶2枚AIM-120，即使能攜帶攻擊武器，也僅足以容納1枚魚叉，此外短程飛彈還得外掛於翼端。這樣的配置完全失去F/A-18E/F著重攻擊能力的初衷，而即使僅考慮空優模式，其不論火力、隱匿性還是機動性均遜於彈艙採適形設計且短程飛彈亦可內掛的F-15SE。

可以發現，F-15SE與超級F/A-18E/F都有點像是在「挖東牆補西牆」，犧牲本身的性能優勢而獲得一定的匿蹤能力。這樣的設計在遇上稍微老舊或操作距離較短的防空系統時或許有機會發揮奇襲效果，但遇上先進防空系統與戰機時效果未必理想。但在進行未來區域安全與軍售分析時，這類飛機的重要性甚至高於F-22，其主要原因有二：〈1〉如無意外，F-22不會外銷也不會有大改，因此以其僅約180～190架的數量，與其說其是主力戰機，不如說是特種戰機。真正大量生產的美製五代機將是F-35。〈2〉F-35定單量過於龐大，導致許多國家甚至快要到世紀中才能買到，因此F-15SE等「匿蹤版傳統戰機」預計也將活躍一段時間。

5. 俄製4++代：Su-35與MiG-35

Su-35與MiG-35是俄羅斯針對第五代戰機問世前的軍事與市場需求而為Su-27、MiG-29引入最先進技術開發的過渡型改良戰機，屬於4++代。

MiG-35的前身MiG-29由於在原始設定上是協助Su-27、MiG-31的輔助型戰機，因此以主力戰機的眼光觀之其有許多缺點，如航程短、自主性不強(仰賴管制站台的指揮)等等。再加上其以快速大量裝備為主要訴求，因此早期服役的版本其實只有上一代戰機(MiG-23後期型)的航電性能。歷年來MiG-29出現許多局部改善型，如強化攻擊型、增程型等。2006問世的MiG-35則可說是一口氣將MiG-29的缺點全部移除，又加上最新航電技術的成果：採用線傳飛控系統提升運動性、改善航程至「正常」的水準(相當於EF-2000、Rafale等同噸位飛機，之前則甚至遜於F-16輕型戰機)、可選用最新銳的三維向量推力技術，並採用最新一代戰機才有的主動相位陣列雷達、熱影像儀、分佈式光學探測系統等。其技術特性與歐洲戰機的未來改良型幾乎沒有區別，甚至就雷達系統論，歐洲的主動相位陣列雷達還在研發中，而MiG-35已帶著Zhuk-AE雷達完成飛行試驗甚至試射武器。

Su-35的研發者—蘇霍伊公司—同時也是第五代戰機PAK-FA(T-50)的研製者，因此Su-35可說是直接得到第五代技術的加持，其航電設備幾乎就是第五代戰機的原型，座艙介面也幾乎相同，而在結構特性與飛行性能上同樣達到第五代標準。這種「四代外皮五代骨」的戰機由於氣動特性已被摸熟，因此可以加快第五代航電系統的試驗，而其飛行員以後也可輕易駕駛第五代戰機。Su-35也有分佈式光學探測系統與熱影像儀，警戒能力已相當於F-35的DAS系統，而其配備的Irbis-E被動相位陣列雷達擁有極大的探距(350～400km，外銷型250～300km)與極大的視角(+-120度)，本身也可當主動預警系統使用。因此Su-35不只探測性能極強，其威脅預警能力也極強，超強的預警能力使得敵機就算能「先發現先發射」，Su-35也可以輕易脫離危險，又由於其雷達視野極大，使其在脫離威脅時常常還能保持對目標的威脅，換言之許多對Su-35的「先發射」最終只是「無效攻擊」。若敵機想要真正摧毀或擾亂Su-35，就必須在更近距離發射武器，這時其就未必具有「先發射」優勢，且必須面對與Su-35硬碰硬的風險。正由於Su-35即使遇上可以「先發現先發射」的匿蹤戰機也有這種強大的免疫力，並以遠程武器衝擊匿蹤戰機的友軍，故Su-35即使不屬於匿蹤戰機(其RCS只降到F-16的等級)，但理論上足以在未來戰場生存。據蘇霍伊公司官網9月19日的報導，「依據現有的資訊已可論定Su-35超越現有戰機，而其潛藏的實力確保他勝過各種4與4+代戰機(Rafale、EF-2000、改良型F-15、F-16、F-18與幻象2000)，甚至反制F-22A與F-35。」

6. 6.PAK-FA(T-50)

PAK-FA(T-50)是俄羅斯的第五代戰機，也是美國以外第一種採用匿蹤外型設計與內彈艙設計的戰機，也具有超機動性、超音速巡航能力等。其將配備X波段主動相位陣列雷達外，還將擁有側視相位陣列雷達、L波段相位陣列雷達甚至毫米波段雷達，而在光電系統方面甚至將主動光電反制裝置視作標準配備。其武器艙尺寸很大，能容納大型武器，是相對於美製F-22、F-35的一大優勢。雖然許多人認為PAK-FA是對應F-35所發展，但實際上不論就其噸位與性能而言，其都是對應F-22所發展。雖然就匿蹤技術的眼光觀之，T-50處理得還沒有F-22那樣徹底，但他的大彈艙所能攜帶的長程重武器與自衛能力並非F-22所能比擬，因此即使匿蹤技術可能沒有F-22徹底，但整體性能也不一定輸給F-22，同時還省下複雜匿蹤技術導致的高昂維護成本。

四、廣義的第五代戰機

現在，回到原來的命題：什麼是第五代戰機？誠然，如果按照美國ATF的指標來看，只有F-22與T-50算第五代，F-35都只能算勉強合格。然而武器的本質就是要用來作戰，而不是比規格。如果其他戰機在戰場上能發揮與F-22、T-50類似的效果，並且有相當的技術水準(如壽命、維護性等)，那也沒理由硬是說人家不如五代。在此吾人不妨以更廣義的標準來衡量第五代戰機：只要符合現代空軍作戰需求的，就算是合格的廣義的五代戰機：

〈1〉 如果所謂「合格」定義為「能在相對安全的環境下發動對地

對海攻擊，並且衝擊多數防空系統」那麼上列戰機中「隱形鷹」、「隱形蟲」基本上可以剔除，因為他們匿蹤性能畢竟有限，所能攜帶的武器也不能補償匿蹤性能的缺陷。其餘皆合格，其中EF-2000、JAS-39若能以相位陣列雷達取代機械雷達會更好，只是他們都沒有被動式相位陣列雷達可選用，因此在主動陣列雷達問世之前或是買主經費不足時，其性能將受限於機械雷達。

〈2〉 如果標準定義為「能在相對安全的環境下發動對地對海攻擊、衝擊多數防空系統，且能衝擊多數傳統戰機」，那麼不具備匿蹤外型的機種必須配備「流星」或RVV-BD、KS-172之類的衝壓或長程飛彈才有機會合格。不過即便如此，EF-2000、Rafale、JAS-39由於探測距離較小，只能算勉強合格；MiG-35由於俄國還沒有公開類似「流星」的小尺寸長射程飛彈，故若其無法攜帶RVV-BD或KS-172則不合格，即使MiG-35可以攜帶後兩種大型飛彈，數量也相當有限，就算合格也只是勉強中的勉強。Su-35由於有極大的探測距離與視角(是F-22以外戰機的1.5～2倍)，也有掛彈數量的優勢，在攜帶超長程空對空飛彈的情況下理論上也有相當優秀的飛行性能(筆者估計相當於Su-30MKI與幻象2000-5)，當然合格，而即使沒有超長程飛彈也勉強合格。Su-35可說是這種標準下唯一確定合格的非匿蹤戰機。

〈3〉 而如果所謂「合格」定義為「能在相對安全的環境下發動攻擊，並且能夠衝擊多數防空系統與傳統戰機，且要能對抗匿蹤戰機」，那麼以上戰機便只有F-22、F-35、Su-35、T-50合格。其中F-35匿蹤性能不是絕佳，探測與武器性能又僅相當於改良型戰機，因此只能算勉強合格；Su-35如果僅是外

廣義五代戰機標準

	・EF-2000 ・Rafale ・JAS-39	MiG-35	Su-35	F-35	・F-22 ・T-50
・衝擊地面海面目標	合格	合格	合格	合格	合格
・衝擊地面海面目標 ・衝擊傳統戰機	勉強*	很勉強**	合格	合格	合格
・衝擊地面海面目標 ・衝擊傳統戰機 ・對抗匿蹤戰機			勉強 或 合格***	勉強	合格

*配備「流星」飛彈
**有RVV-BD或KS-172
***翼前緣裝備AFAR-L

銷型則勉強合格，如果翼前緣的L波段敵我識別系統能改為AFAR-L主動陣列雷達則合格。而未來EF-2000、Rafale、JAS-39若增強探測與預警能力，並配備「流星」飛彈，則也勉強合格。

關於這幾種廣義第五代戰機的分析比較，請參考本書第四篇。

五、俄羅斯第五代戰機的重要性

2010年1月29日俄羅斯第五代戰機T-50升空，成為第一種非美製第五代戰機，打破美國在該領域壟斷的局面。美國雖然有F-22和F-35這兩種第五代戰機，但F-22極高機密的技術使其無法外銷，極高的造價以及冷戰時的設計思維使其無法大量生產。因此除非日後情勢有變，否則F-22將只有美國空軍的190架訂單，而真正大量使用的美製第五代戰機將是F-35，這使得F-22與其被歸類為「主力戰機」不如說是「戰力特強的特種戰機」，真正的「主力」則是F-35。這使得日後在高科技戰場上或軍售市場上真正會對壘的美俄第五代戰機將是T-50對上F-35，有趣的是，兩者預計投入市場的時間也正好都是2015～2020年。

T-50與F-35互有優劣，就空戰、遠程攻擊等傳統作戰能力論T-50可說是衝著F-22而來，F-35基本上不是對手，加上T-50的價格相當有吸引力，在F-35本來報價1.3億美元時，T-50的預估售價僅1億美元，更是殺得F-35無招架之力。F-35的優勢則在於「小而美」，拜機上極先進的航電系統之賜，其在資訊處理、近距離攻擊與識別的精準性等方面目前沒有戰術飛機能及，對於一些空防較無顧慮的國家而言，F-35的優勢反而較為重要。但另一方面，T-50這樣的戰機一但投入市場，就會使得一些本來沒有空防顧慮而優先考慮F-35的國家因為面對假想敵的T-50的威脅變得有空防顧慮，因而降低對F-35的需求，這也就間接減少美國在銷售F-35時的姿態跟獲取的利潤。另一方面，可以自由選擇採購美俄飛機的國家最終採購F-35或T-50也將間接影響周邊國家的空防建設與作戰想定……這種複雜的現象將持續數十年。值得注意的是，T-50的許多潛在客戶都位在東南亞、非洲，這些潛在客戶領土通常不大且鄰國眾多，因此當地的空權均衡對第五代戰機的進駐將會相當敏感。

另一方面，目前許多國家也開始進行第五代戰機的開發，例如日本、韓國與印尼、中國等。這些戰機一旦問世預料也將對區域安全與軍售市場造成重大影響。時至今日，美系第五代戰機的規格與思想已廣為人知，而晚了十年問世的俄羅斯第五代戰機實際上是更全面而成熟的設計，不論在設計還是分析第五代戰機，自然應考慮其成果，然而此點仍未獲媒體正視。

是故不論是對未來數十年區域安全與空權均衡的研究、分析第五代戰機軍售市場、設計還是分析第五代戰機性能，都應對各種第五代戰機有正確的了解，而剛問世且又帶著一些獨一無二設計特色的俄羅斯第五代戰機，自然是急待研究的對象。

第一篇

五代前奏—4++代戰機Su-35BM

ГЛАВА 1

側衛家族30年
淺談Su-27家族戰機

▲重新設計的T-10S，即是真正的Su-27。圖為莫斯科軍事博物館的早期型Su-27

Su-27是全球名氣最響亮的戰機之一，這種蘇聯末期發展的戰鬥機兼顧中型轟炸機的航程與籌載量，以及戰鬥機的靈巧性，先天上具備了不斷改良的潛力。1990年代初蘇聯解體後，急需資金的蘇聯國防工業與因西方武器禁運而無法採購高科技武器的中共空軍一拍即合，中共短時間內大量進口Su-27戰機與生產許可，這使得Su-27成為俄羅斯武器產品中極少數在蘇聯解體後還能穩健成長的特例。研發與製造Su-27的蘇霍伊等公司因中共的訂單而得以留住人才甚至進行設備與體制的更新，目前蘇霍伊戰機在國際軍機市場的市佔率約20%，已屬世界級規模。近30年來Su-27發展出極為繁雜的族系，最新的Su-35於2008年首飛，性能直逼第五代戰機。許多常見的評論將蘇聯武器以及國防工業在蘇聯解體後的慘況套用在Su-27系列上實屬偏見。此外，由於歷年來改良型繁多、型號混亂，導致資訊混亂，有時同一個型號從推出到服役還歷經大改，但一般報導卻往往只「追溯既往」，導致很多時候相關報導內容與實際情況有數年的差距。

整個Su-27家族基本上可概分為四大類：具有基本型規格的家族第一代(以俄軍機劃分是第四代)、引入精確打擊能力的家族第二代(俄軍劃分4+代)、直逼最新世代戰機的家族第三代(俄軍4++代)、以及特殊機種Su-32/34戰鬥轟炸機。其中最複雜也最容易混淆的便是家族第二代，因為這一代的發展過程正好遇上蘇聯解體，戰機變成像商品一樣到處兜售，遇到買家並且簽約後，往往與計畫推出相距一段時間而又進行再造，所以會出現型號相同可是特性差很多的狀況(如Su-30MK)。

本文旨在對Su-27整個家族的特性做一總覽。

一、Su-27的整體特色

Su-27是前蘇聯為因應美國F-15的威脅而於1971年開始研製的「未來前線戰鬥機」(PFI)的產物，Sukhoi設計局代號T-10，研製目標是要全面超越美國F-15A(圖1)，而以F-15A各項參數的110%作為設計指標。在用途上他被設定為深入敵方領空以為己方攻擊、轟

◀ 圖1 Su-27最初是對應F-15而發展，圖為參加MAKS2007的美國空軍F-15C戰機

◀圖2 配有第一種機載相位陣列雷達又能持續超音速飛行的MiG-31攔截機是蘇聯防空軍的王牌。但造價高昂，Su-27的其中一個任務就是輔助MiG-31。圖為改良的MiG-31BM

炸機群護航的空優戰機(相較之下另一款蘇聯四代戰機MiG-29僅是在邊境抵禦來襲敵機)，也被設定為蘇聯國土防空作戰中用於輔助MiG-31(圖2)的相對廉價攔截機種，因此其不但要有戰鬥機的靈巧性，也要有國土防空攔截機的大航程與獨立作戰特性，是蘇聯第一種不經修改就通用於空軍(VVS，主攻前線作戰)與國土防空軍(PVO)的全能型戰機。在原型機尚在建造時研發人員便發現，因為航電技術的不足以及一些設計缺陷，其只能達到預計性能的80～90%，再加上電腦模擬也發現建造中的T-10(圖3)相對於F-15A沒有優勢，因此於1979年推倒重來，展開全新設計的T-10S，也就是目前所見的Su-27。新設計的Su-27前機身稍微加大以容納過重過大的航電設備，但氣動設計優化的結果使其阻力更小、飛行性能更好。如果以美系戰機的觀點來看，新設計的Su-27S相當於融合了F-16纏鬥思想的F-15。

Su-27的特色在於，其航電技術雖不先進，但以體積與重量為代價換取在某些與「戰鬥」直接相關的性能(如探測距離)等方面足與對手對抗甚至略優，並以額外重量為代價安裝光電探測系統來獲得額外射控手段，再加上能以頭盔瞄準並以大離軸角發射的短程飛彈來具備壓倒性的近戰優勢。這些措施使得航電系統較西方對手大且重了不少，理當降低空戰機動性能，但在優異氣動

▶圖3 最初的T-10，至1979年其已進入工廠備產階段，但研究發現對F-15沒有優勢，故後來幾乎重新設計

設計與材料技術以及大推力發動機的補償下，讓這種同時期最大最重的戰鬥機不僅像重型戰機般可以兼顧酬載與航程，也具備輕型戰機的靈巧性。

優異的氣動設計除了讓Su-27滿足設計所需的傳統飛行性能外，也帶來超機動性的可能。在幾次意外事件中研發人員意外發現Su-27具有失速後機動的可行性，於是在進一步研究與上千次的試飛後創造了「眼鏡蛇」這種進入極大攻角(超過90度)的機動動作，從此邁入超機動之路。目前在飛控技術的進步以及向量推力技術(TVC)的應用下，俄系戰機的「空中芭蕾」已成了大型航展的常備節目。相較於西方國家主要將TVC用於提升飛行效率與減少起降距離，俄國人已將超機動性列為部分新戰機的標準性能，並探索其實戰價值，Su-30MKI/MKM這類超機動戰機更已在印度、馬來西亞服役。

為賦予這種搭載著笨重航電系統的戰機出色的飛行性能而發展出的優異的機械性能(氣動性能與動力)使Su-27相當具有發展潛力。至今其各種改良型除了匿蹤性能外，都足以與西方最佳戰機分庭抗禮。另外一個有趣的現象是，Su-27的重量有許多部分是由技術落後的超重航電所「貢獻」，在後來引入先進的電子技術後，有時反而出現「結構與性能都大幅增強，但重量幾乎不變」的詭異局面，如Su-33UB以及Su-35BM。

可以說，Su-27龐大笨重的機身已是「蘇聯航電技術落後」的「結果」，這個缺陷其實已被氣動性能與大推力引擎給彌補，而未必會反應在這架飛機的實際性能上。許多司空見慣的評論以「蘇聯電子科技落後」為由推導出「所以Su-27的航電設備性能不佳」乃是以正確的原因得到不正確結論。此外，相較於同屬俄系四代戰機的MiG-29(圖4)是以「快速裝備，漸漸改良」訴求不同，Su-27一開始的設定就是要「超越美國」，因此其技術指標高出MiG-29

▲ 圖4 空軍博物館的MiG-29戰機。MiG-29雖屬四代戰機，但1980年代中期以前服役的都還不具備完整的四代功能

甚多，該有的特性他都是一次到位(例如HOTAS雙杆操縱概念、雷達與光電系統整合處理在初始服役的MiG-29上便沒有)。

Su-27的雷達重達200kg以上，口徑略超過1m，對戰機類目標探距約100km，且波形種類少，所用的Ts-100數位電腦也僅有每秒17萬次的運算能力，即使後來老Su-35所用的Ts-101電腦也僅有40萬次運算能力。相較之下西方更小更輕的雷達都有類似的探測性能且功能更多，可見Su-27的雷達技術相對落後不少。不過，就「與作戰直接相關的功能」論，其探測距離達到100km，的確也超過了同時期的西方戰機，至於數位電腦較落後的問題，其是以較複雜的無線電電路補償，等於是以重量與體積為代價補償數位電腦的不足。另外，蘇聯以這種每秒運算僅17萬次的落後電腦實現了第一種實用化的「多訊息源整合」技術，將雷達、光電系統、乃至資料鏈的資訊整合處理截長補短，甚至讓飛行員能以頭盔瞄準具帶動雷達與光電系統並藉以鎖定目標及發射武器。這種多訊息整合技術一方面讓射控資料更為可靠，二方面讓敵人難以藉由簡單的干擾措施癱瘓其戰力(註1)。

當然Su-27的確有功能上不怎樣但卻與戰力有密切關係的電子系統，那便是她的SPO-15(L-006)雷達預警接收器(RWR)。這種RWR只具備非常粗淺的預警能力，例如他判定威脅的依據只是雷達種類而不管訊號大小或特性，這樣一來一些距離較近威脅可能較強但不被考慮為優先警告種類的雷達，會被視為較不具威脅的；此外，其能警戒的操作模式較少，例如無法得知採用追蹤暨掃描模式的雷達波，換言之無法察覺敵方是否正以資料鏈導引飛彈攻擊自己，也無法察覺操作波段在S或L波段的現代預警機(其最低警示頻率約4GHz，而L波段則在1GHz左右，S波段頻率1.5～4GHz)；再者，SPO-15只能儲存6種最具威脅的雷達資料。以現代戰場而言SPO-15倒真可以說是「不堪一擊」。SPO-15的缺陷直到4+代戰機上的SPO-32才獲得改善，不過在這之前，Su-27可以在翼端採用L-005S電戰莢艙補償此一缺失(圖5)。L-005S兼具現代化RWR的功能與主動電戰功能，其也是4+代戰機如Su-35、Su-30MK以及4++代戰機Su-35BM的重要配備，但他也可用在Su-27上，增強Su-27在現代電子戰場的生存性。網路照片顯示，中共空軍的Su-27系列普遍配備了這種莢艙，相當於擁有4+代等級的電戰能力。

較鮮為人知的是，Su-27配有「制式化通信系統」TKS-2資料鏈系統，其有兩個主要工作頻道，上層頻道連結4架長機，下層頻道讓每架長機管制3架僚機，故共可將16架飛機連結在一個網路中作戰，TKS-2還允許Su-27不開自身雷達而僅透過資料鏈取得僚機射控資訊，而對敵發動「無線電緘默」攻擊。這種網路作戰技術西方直到最新一代戰機才開始廣泛使用，一般認為俄國是

▲ 圖5 L-005S電戰莢艙能補償Su-27的SPO-15預警器的不足。圖為Su-33，翼端便掛載了L-005S莢艙

從Su-30才開始具備，且認為其指揮數量為4架，實際上最早的Su-27便有了。這一方面也是基於Su-27的國土防空需求：其不但要能在地面站台或是MiG-31的指揮下攔截已知目標，還要能在沒有管制資訊的情況下獨立作戰。

在武器系統方面，Su-27配有與美國AIM-7對應的R-27中程飛彈以及大幅領先的R-73短程飛彈，另有對手所無的R-27E增程彈。其中R-73短程飛彈具有極大的離軸射角，能打擊偏離瞄準線45度的目標，且可由頭盔瞄準，是極強的近戰殺手；R-27E增程彈射程在110～120km以上，除能用以打擊大型飛機外，也可用來延長對戰機的追擊射程(43km)，在R-27與R-27E的搭配下，可確保打擊40km以內的各種戰機，包含逃逸中的目標。此外，R-27與R-27E均有半主動雷達導引型(R)與追熱型(T)，能對目標實施「雙彈種同時攻擊」而大幅增強對方反制難度(註2)。而R-27ET追熱增程彈與OLS-27光電探測儀的搭配，讓Su-27能在50km以上發現逃逸中目標，並在40km左右對其發動攻擊。相較之下，當時的雷達對逃逸中目標的探距往往降到50km以下，而R-27與AIM-7這類飛彈對逃逸中目標的射程甚至不到20km，追擊能力幾乎只略超過肉眼視距，因此OLS-27光電探測儀與R-27ET的搭配等於讓Su-27在超視距作戰中幾乎多了1倍的攻擊機會。除此之外，追熱型飛彈不需要終端導引，因此可以實施「射後不理」攻擊，雖然與現行的主動雷達導引飛彈相比其受天候影響較嚴重，但在AIM-120、R-77尚未問世或尚不普及的年代，這種陽春型的射後不理能力也增加了Su-27的優勢。此外，R-27家族還有一種保密近20年才正式公開的P/EP被動雷達導引型，能自行鎖定遠達200km外的輻射源，只要敵機不關雷達，就很難反制這類飛彈。

在一般常見的Su-27研究中，主要皆著眼於其出色的飛行性能，對於航電技術則除了R-73與頭盔瞄準技術的搭配外，往往簡單帶過，而在武器系統方面，則僅粗略的將R-27家族與AIM-7類比，而忽略增程型、反輻射型、追熱型與射後不理功能的存在。在這些粗略的假定下，加上「蘇聯電子技術不佳」的既定成見，往往得出「Su-27除了飛行性能以外其實不怎麼樣」的結論。實際上若如前文般詳加考慮R-27家族的特性，並考慮TKS-2資料鏈系統帶來的網路作戰能力，會發現Su-27的實戰效益與超視距作戰能力應遠高於一般的預估[1]。

第一代規格的Su-27較具代表性的為基本型Su-27S、純攔截型Su-27P、雙座型Su-27UB、攔截管制型Su-30K以及艦載戰機Su-33。其中Su-33雖然採用前翼等較先進的氣動佈局與更大推力的發動機，但電子系統與Su-27基本無異，仍屬第一代規格(圖6～7)。而Su-30K則是由後座武器官負責戰管，加強網路作

◀ 圖6 Su-33艦載戰機

▼ 圖7 Su-33外型與Su-27不同，但航電設備基本相同，圖為Su-33的座艙。

▲ 圖8 位於空軍博物館的Su-35首架原型機。Su-35是4+代Su-27的始祖

戰的效能，亦仍屬第一代規格。

在使用壽命方面，第一代家族的機體壽限為2000小時或20年，發動機壽命(第一次大修週期/壽限)從初期的150/200小時(AL-31F-1)到後來的500/900小時(AL-31F-2初期)乃至500/1500小時(AL-31F-2後期)。

(註1：國內一些報導基於西方國家對東德MiG-29的研究，指出MiG-29的雷達與光電系統並沒有融合處理，甚至指出MiG-29的抬頭顯示器(HUD)只能顯示戰術顯示器的雷達圖，而不是想像中可以用來瞄準的HUD。這些報導認為這是蘇聯航電技術落後，使得其戰機空有聽起來先進的設備，實際上卻沒有加以整合併發揮效用，甚至進一步指出Su-27與MiG-29同代，因此狀況應該差不多。事實上，MiG-29的最初期型號上的雷達與光電系統的確是沒有融合的獨立系統，但Su-27一開始就將兩者融合。另一方面Su-27的HUD是可以用於瞄準的，只是也可用來顯示戰術顯示器的資訊。國內報導所說的MiG-29的HUD「只能」顯示雷達圖，可能是早期的MiG-29果真如此，也可能是照片或圖片裡剛好拍到而導致誤解，這不在本文的考證範圍，但至少確定的是Su-27沒有這樣的問題。)

(註2：這是因為對雷達導引與紅外線導引飛彈的反制措施往往彼此矛盾所致。反制雷達導引飛彈通常藉由側轉，這樣會使戰機回波的都卜勒效應降低而可能被導引頭忽略，若進一步施放干擾絲則效果更好。但側轉時卻會將尾部曝露，剛好適合追熱飛彈攻擊。)

二、多用途化的始祖：Su-35

在Su-27S尚未服役的1981年，Sukhoi設計局便已開始醞釀一種大幅改良計畫，這一方面是要再次超越當時美國的F-15C，二方面要將一些還來不及在基本型上落實的技術用上，以造出總設計師期望中的超級戰機。這種戰機於1983年正式開始研製，設計局代號T-10M，也就是後來的Su-35(圖8)。

Su-27雖然達到超越F-15A的目標，但整體而言其是屬於「幾乎追上，局部落後，局部不對稱超越」的產品，相較之下，Su-35相較於同期西方戰機

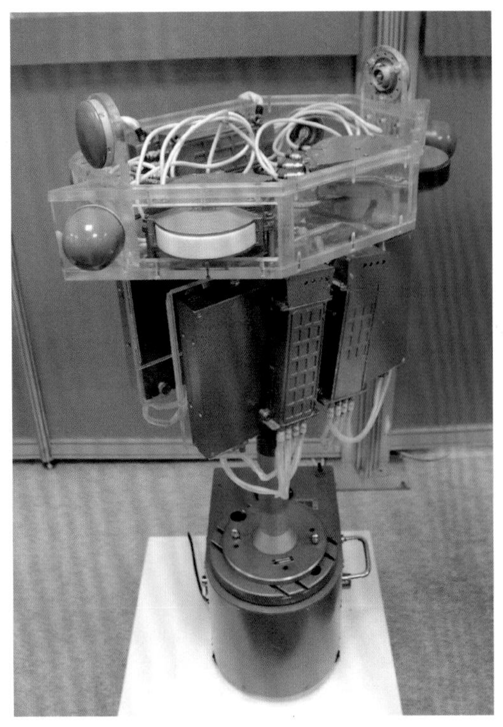

▲ 圖9 4+代俄系戰機採用的SPO-32(L-150)雷達預警接收器，擁有較SPO-15寬得多的接收頻譜與更大的資料庫，已與西方戰機相當。圖中的天線是從機身各處取來集中展示的

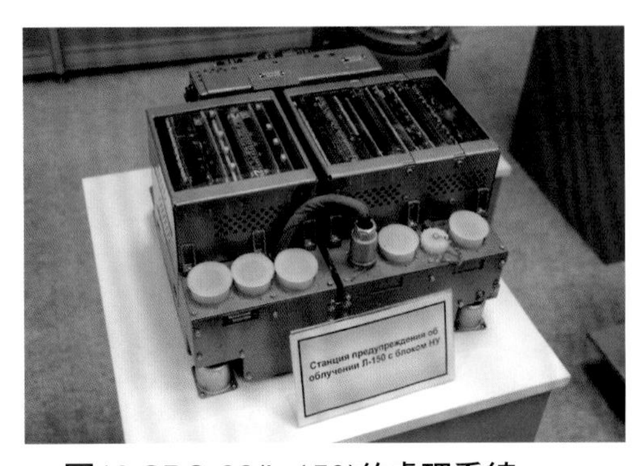

▲ 圖10 SPO-32(L-150)的處理系統

則是「全面追上甚至超越」。該機採用功能更全面的航電系統，如具有更多操作頻率、探距更遠、具備對地\海處理能力的N-011雷達；探距增倍的52Sh光電探測儀；與西方戰機相當的SPO-32(L-150)雷達預警接收器(圖9～10)；感熱式飛彈來襲警告器；「玻璃化座艙」等，甚至裝上後視雷達。其中雷達與RWR幾乎已與同時期西方戰機相當，例如Su-27的SPO-15只具備非常粗略的預警能力且只能儲存6種雷達資料，Su-35的SPO-32則具有更多警戒模式且可儲存128種雷達資料。此外SPO-32預警波段拓展到L波段，並能警示追蹤暨掃描模式中的的雷達信號，因此可對部分現代預警機與飛彈攻擊方式進行警告。這些航電系統不僅使Su-35超越F-15C，即使與當時歐洲研製中的EF-2000與Rafale相比都不惶多讓，不過，這些航電系統的代價也不小，增重達1500kg(航電總重達4000kg)，加上結構的強化，Su-35空重達18400kg，較Su-27S重了2100kg。不過，在使用了前翼增升降穩以及更大推力發動機增加推重比並增強飛控系統後，Su-35飛行性能得以青出於藍，甚至達到了設計師原先預期的超機動性能：能進行更多可控的超大攻角機動，並在過程中發射飛彈。

在Su-35趨近定型時，Sukhoi設計局又進一步應用了更多前衛的技術造出Su-37，於1996年出席國際航展。Su-37有著更俐落的「玻璃化座艙」，擁有向量推力(TVC)技術而具備更出色的超機動性，並改用相位陣列天線。在當時是除美製F-22外規格最佳的戰機。

按照蘇聯時期的計畫，與美國F-22對應的第五代戰機MFI應在90年代末期或2000年代服役，之前則由多用途的Su-35或是更好的Su-37墊檔。不過蘇聯解體後慘淡的經濟狀況不僅讓MFI延後進度乃至終止，Su-35也未能如願量產，最終只有3架量產型於1996年交付空軍戰術研究中心，之後Su-35就開始走訪各大航展尋求買主，同時做為後續改良型戰機與新型戰機的技術始祖與實驗平台。在引入Su-35技術後設計局陸續提出了若干性能提升計畫，而造就物美價廉的Su-27SM、Su-30MK系列戰機，成為90年代末期以後的熱門外銷品，也為俄軍本身採用。

三、真正付諸使用的4+代：Su-30MK等

Su-35問世後，Sukhoi開始用Su-35的技術升級Su-27，成為一種廉價的4+代升級方案，供俄軍本身使用之外，也用於外銷。這種廉價4+代方案主要是讓Su-27具備發射R-77主動雷達導引空對空飛彈的能力以及精確對地對海攻擊能力，並引入「玻璃化座艙」等，至於Su-35或Su-37上一些更先進但與「增強超視距戰力」及「精確打擊」無直接關係的技術如前翼與向量推力，則僅列為外銷客戶的選購配備。俄方於1995～1996年推出的Su-27SM/SMK以及Su-30MK便是這種需求下的產物。這些改良型的特性簡言之便是「把4+代技術附加到4代戰機」，類似地，另一種俄系4代戰機MiG-29也是在推出4+代的MiG-29M多用途戰機以後推出MiG-29SMT等廉價改良方案。這些方案與後來真正投入使用的4+代戰機又有些出入。

1995～1996年問世的4+代改良直到1997～1998年才獲得訂單，而且是外國訂單，俄國自己的改良計畫是2002～2003年的事。印度與中共分別在1997與1998年訂購Su-30MKI(圖11)與Su-30MKK(圖12)，這兩大訂單使俄國再度優化4+代方案，新的方案不只是單純的把Su-35的部份功能附加到Su-27或Su-30上，而是研製一種全新的開放性電腦系統，用來整合機上系統(圖13)，而且挾其強大的運算能力，賦予飛機更強大的功能。第一個落實這種設計的是Sukhoi設計局與KnAAPO廠為中共研製的Su-30MKK(2000年完成)，之後的許多改良型便是以Su-30MKK的概念為基礎而發展的，例如印度的Su-30MKI便在開放系統內穿插了法國、以色列、

▼圖11 印度採購的Su-30MKI戰機，配有向量推力發動機與相位陣列雷達。

▲ 圖12 中共採購的Su-30MKK的首架原型機。此型機為真正服役的4+代戰機基礎，俄軍的Su-27SM也是比照其規格進行改良

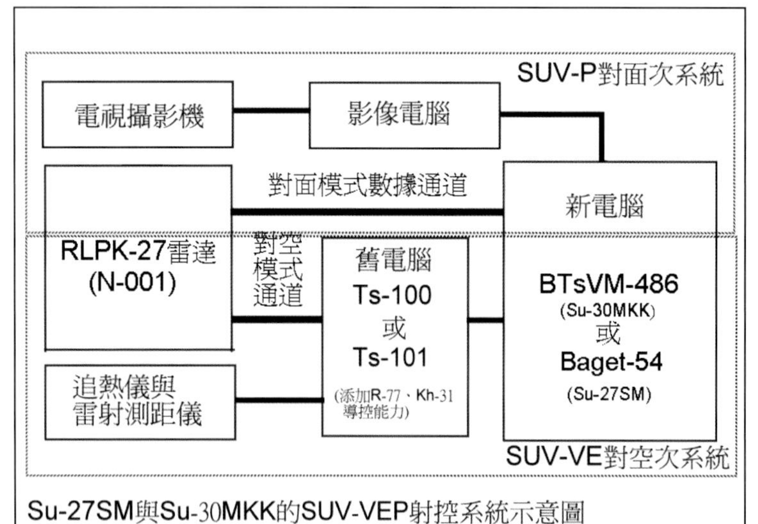

◀ 圖13 Su-30MKK的航電改良方案示意圖。大致上是在舊有航電之外加上一部新電腦，用以整合舊電腦資料或自己進行新功能(如對地處理)的處理

乃至印度自製航電設備(2004年整合完成)，而俄國的Su-27SM(圖14) (2003年完成)改良方案則是換上更好的俄製電腦(圖15)。這種改良方案相當於「以4+代航電架構為核心，加上4代系統」而成，雖然一樣是4+代，但與之前的「4代核心，加上4+代系統」方案已有本質的不同。

這種真正投入使用的4+代戰機最大的特色在電腦系統，俄國人不再堅持100%自製，而走「引進與自製並行」的發展路線：一方面引進先進且成熟的西方商規處理器來大幅提升武器的性能，二方面繼續研製相對應的國產品。Su-30MKK所採用的BTsVM-486-6電腦便是RPKB儀器設計局於90年代初期開始引進Intel、AMD等西方商規處理器而設計的中央電腦，能進行資料與信號處理。其資料處理器為Intel的486DX2-50，每秒運算5000萬次(但新版的BTsVM-486已進一步改用486DX4-100處理器)。Su-30MKK共搭載4部這樣的電腦，故有達2億次的運算能力，這還不考慮信號處理器以及另外的影像處理電腦的運算量。這樣的運算能力已滿足「以一套電腦統一處理全機資訊」的多

▲ 圖14 Su-27SKM的首架原型機。Su-27SKM與俄國自用的Su-27SM規格基本相同

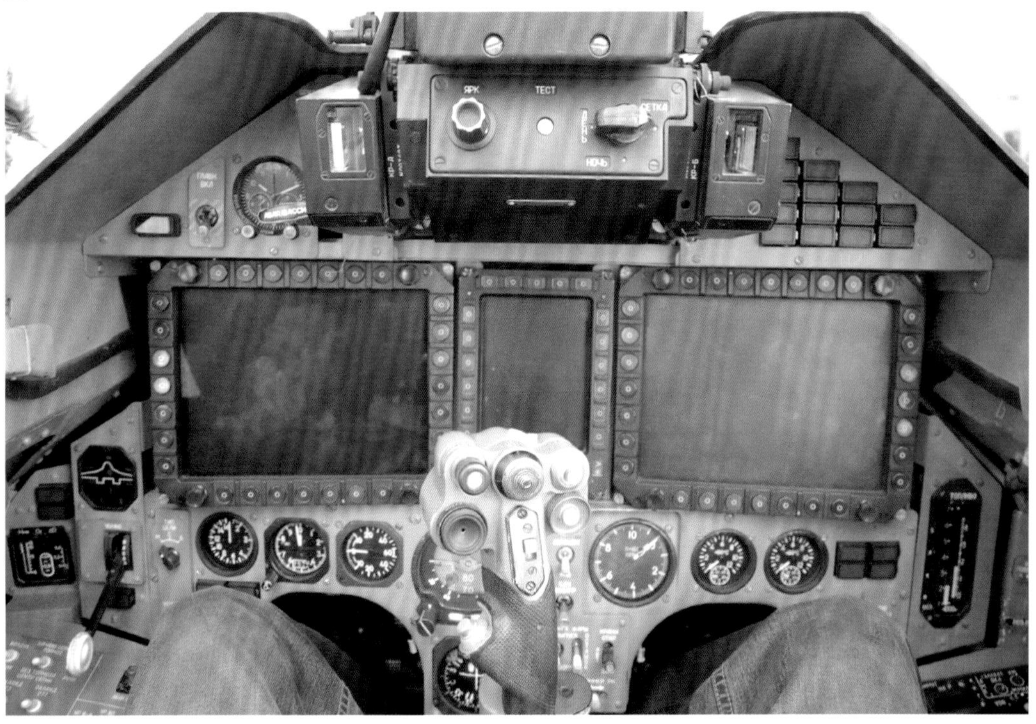

▲ 圖15 Su-27SKM的座艙。Su-30MKK開始以圖中的兩個較大的LCD顯示器而構成「玻璃化」座艙，Su-27SKM與Su-27SM則加了中間的多用途控制面板

◀ 圖16 台灣的幻象2000-5戰機，是90年代最先進的戰機之一

▲ 圖17 MiG-29SMT在支點家族中的地位相當於Su-30MK之於側衛家族。屬於局部改良而成的4+代戰機。現有的MiG-29SMT與Su-30MKK的改良路線非常相近。其採用的BTsVM-386電腦是RPKB第一種以商用晶片發展出的任務電腦

數需求(高階雷達信號處理與影像處理除外)[2]，唯Su-30MKK並未採用該前衛概念，僅是將之用為「蜘蛛網式資訊整合的核心」，用來整合次系統與次系統電腦並增加對地、對海處理能力以及專家系統等。相較之下，老Su-35的射控電腦不過是將每秒17萬次的Ts-100換成每秒40萬次的Ts-101，資訊整合程度與運算能力都不若Su-30MKK高；與西方相比，當時已服役的具有最佳電腦的西方戰機是台灣採購的幻象2000-5(90年代初期問世)(圖16)，該機電腦系統採用16位元處理器，已是美國當時所服役最先進F-15E(1980年代中後期問世)的數倍，但仍不如Su-30MKK採用的更先進的32位元處理器。

▲ 圖18 9B-1103M-200(左)是在9B-1103M(右)的基礎上採用光纖陀螺儀、西方商規晶片(50MHz)等先進技術改良而來，圖中可見其尺寸小很多，性能也有顯著提升。

類似地，在MiG-29後續改良型MiG-29SMT(圖17)上的BTsVM-386電腦也是以Intel的80386商用晶片為核心。除了戰機以外，俄製武器也開始跟上這一潮流，例如改良型R-77空對空飛彈所用的9B-1103M-200導引頭也採用運算能力每秒5000萬次的商用晶片(圖18)，等於是以數架老Su-35的總運算量在導引飛彈！事實上，西方國家自90年代開始也紛紛放棄研製專用的軍規處理器，而改用更便宜且換代速度更快的商規處理器用於軍用品。Su-30MKK在服役時擁有F-22以外的現役戰機最先進的電腦系統，其日後當然也會被較晚問世的戰機(不管是俄製或西方)超越。這一事實並不代表俄國航電技術超越或是落後西方，正確的解讀是：在Su-30MKK以後

▲ 圖19 Su-32與Su-34戰鬥轟炸機，雖是由「戰鬥機」修改而來，然其可容許飛行員站立的座艙以及長程光學系統的設計都相當於「轟炸機」規格，是一種相當特殊的飛機類型。圖為外銷型Su-32

俄羅斯航電系統也走上採用西方商規處理器的道路，這意味著在這之後的俄國航電擁有與西方相當的核心，因此過去以「俄國電子科技不佳」為由判定「俄國航電性能不佳」早已是過時的觀念。

與此同時，俄國自己也未放棄自製高性能的國產電腦。2003年起俄軍開始裝備Su-27SM戰機，該戰機是比照Su-30MKK的方式改良Su-27而成，唯將BTsVM-486電腦換為更先進的Baget-54電腦，後者更小更輕，但據稱性能是之前系統的數倍。另外，1999年首飛的Su-33UB雙座艦載戰機便搭載了運算能力達每秒100億次級的電腦，該種運算能力已與早期F-22的1部中央電腦相當；而在2000年左右則出現了運算能力達數百億次的電腦。

載重量也是4+代相當「有趣」的改進部份。最初的空優型Su-27僅能攜帶4000kg武器，最大起飛重28000kg，後中共購入Su-27SK時要求增強掛載量，故可攜帶6000kg武器，最大起飛重增至30500kg。老Su-35開始要求掛載更多攻擊武器，載彈量提升至8000kg，最大起飛重增至34500kg，這筆數據成為Su-32與Su-33以外的4+及4++代的籌載標準。但這樣的最大起飛重其實並不足以同時滿載燃油與武器起飛，而在中共空軍要求下，Su-30MKK必須能滿載燃油與武器起飛，為滿足此需求，在Su-30MKK以後的版本在34500kg的「最大起飛重」以外都多出了高達38800kg的「極限起飛重」模式，這已相當於專職攻擊的外銷型Su-32的標準。

實際投入使用的4+代戰機(可視為第二代量產型Su-27)計有中共的Su-30MKK/MKK-2、印度的Su-30MKI、俄國的Su-27SM與Su-33改良型、Su-30M2(類似MKK)、Su-30SM(俄軍預計採購的俄國版Su-30MKI)、越南與印尼

▲ 圖20 Su-35UB相當於全俄製的Su-30MKI。蘇霍公司曾投資1000萬美元以此機為主角拍攝影集(2005年)。 AHK Sukhoi

的Su-30MK-2與Su-27SKM、馬來西亞的Su-30MKM(MKI的改良)、阿爾及利亞的Su-30MKA(MKI規格)等。

在4+代時期推出的改良型戰機還有Su-33UB(1999年4月)與Su-32/34 及Su-35UB(2000年8月)。前兩者在技術上更偏於4++或5代，例如Su-33UB的100億次級電腦已屬於5代等級，而Su-32/34(圖19)更是被譽為「第一種服役的第五代戰機」，與5代戰機具有「互通有無」的關係(以5代航電技術為基礎改造，成果又回流到研製中的5代上)。至於Su-35UB(圖20)則是為搭配單座型Su-35外銷而開發的機種，是在Su-30MKK的基礎上採用更多Su-35的設備與其他新技術而成，相當於全俄製的Su-30MKI。

Su-30MKK以降的4+代機體壽限為3000小時或25年，發動機壽命500/1500小時。唯2007年才服役的Su-30MKM機體壽限達6000小時或30年，達4++代標準；而俄軍Su-27SM採用的AL-31F-M1引擎壽命增至1000/4000小時。

四、邁入第五代

俄羅斯第五代戰機MFI(多用途前線戰機)計畫本於1986年啟動，得標者是米格設計局的1.42計畫，但蘇霍設計局仍獨立進行S-37計畫。蘇聯解體以後五代戰機命運懸而未決，以銷售Su-27系列給中共而獲利的蘇霍設計局在1997年9月25日實現S-37首飛，「正牌」的五代戰機1.44(1.42的原型機)卻直到2000年2月29日才首飛，之後於4月27日二次試飛後便沒有公開飛行紀錄。S-37進度較快，但似乎不受空軍親睞，而空軍中意的MiG 1.42卻因米格公司經濟拮据而無以為繼。

2000～2001年第五代戰機命運終於出現契機，重新啟動了第五代戰機計畫。有別於以往論證的重型戰機MFI或輕型戰機LFI/LFS，新上馬的五代戰機是噸位略小於Su-27但保有其所有飛行性能優勢的中型戰機，一方面可用來補償Su-27的戰力，二方面也可用於外銷(反之LFI/LFS性能恐有不足，MFI則不利外銷)。也由於噸位與MFI的大幅差距，使得五代戰機幾乎要重新研發。當時已經預計五代戰機要在2015年左右問世，而Su-27SM、Su-30MK等則是1990年代末期與2000年代初期的產物，若一路使用到五代戰機服役將略感吃力，故為了補償這些4+代戰機與5代戰機的技術差距，Sukhoi設計局於2003年開始了4++代戰機計劃，T-10BM，即Su-35BM(圖22～23)，但飛機真正問世後則僅稱為Su-35(註3)。

Su-35BM與其說是「在Su-27基礎上大改而邁入五代」，不如說是「以五代技術為核心湊上Su-27的外型與成熟技術」。以航電設備為例，這架飛機的航電架構與Su-27或Su-30MK幾乎完全不同，他採用五代戰機的超高速電腦(每秒20億次以上的資料處理與每秒1600億次以上的浮點運算)與單一處理平台的概念(所有運算統歸中央電腦負責)，許多航電系統其實就是PAK-FA初期型所採用者。例如其Irbis-E相位陣

▲ 圖21 MAKS2011飛行表演後的Su-35BM 901號機。除了外型，該機幾乎可視為第五代戰機

◀ 圖22 首飛當天的Sukhoi官網，高調公開首飛消息。 Sukhoi官網截圖

列雷達對輕型戰機(RCS=3平方米)探測距離可達400km，甚至超越美國F-22所用的APG-77主動相位陣列雷達，而在機械輔助掃描的搭配下，其雷達視野擴展至+-120度，能充當飛彈預警系統，也能在飛機劇烈運動的情況下主雷達仍緊盯目標區，該型雷達的控制軟體有50～60%能直接轉嫁到第五代雷達上。此外，俄軍的Su-35S開始配有分布式紅外線感測器，以至少6個分布的光學感測器對飛機的球狀周圍成熱影像，這可用來感測與追蹤來襲飛彈並區分威脅等級、探測空中目標、近距離導航等。除了陣列數較少外，其幾乎等同於美製F-35的分佈孔徑系統(DAS)。但航電的大幅精進並沒有拖累Su-35BM的飛行性能。由於新型航電設備較輕，使得Su-35BM甚至在進一步強化結構的情況下，空重仍只有16500kg，相當於最初期的Su-27S，發動機總推力也增加2000x2kg。Su-35BM的燃油系數達0.41，正常起飛重為空重的1.53倍，發動機總推力為空重的1.75倍，這些指標顯示Su-35BM的結構特性基本上已等同於第五代戰機。由於Su-35BM在航電與結構的指標上都達到第五代標準，因此

嚴格來說已經不算「改良型戰機」而幾乎是新型戰機(註4)。

研製這架飛機一方面可以確保在五代戰機有所拖延的情況下還有「夠力」的戰機負擔空防大任與競爭外銷市場，另一方面也相當於提早進行五代航電的實機測試。Sukhoi公司總經理M. Pogosyan便表示，在Su-35這種氣動特性已經被充分掌握的飛機上測試五代航電系統將能大幅簡化測試的複雜性，此外其飛行員在將來也可輕易適應第五代戰機。

Su-35BM的特點不只在其五代航電核心與結構特性，也在其獨特的武器系統與極強的自衛性能。這種戰機將對傳統目標(飛機與軍艦)的打擊範圍上限擴張到300km以上，並能建構出極寬廣的防衛正面，足以擔任預警與指揮任務，相當於功能大幅增強的MiG-31。即使遇上匿蹤戰機，其強大的預警能力也帶來相當的免疫力，這使得匿蹤戰機若不能有效摧毀Su-35BM，則其強大的武器系統可以衝擊匿蹤戰機的友軍，而若匿蹤戰機想避免上述情況發生，可能就要在更近的距離發動攻擊，那樣也增加自己的危險，因此Su-35BM理論上可以與匿蹤戰機達成「恐怖平衡」。這一方面表示Su-35BM這種並不採用徹底匿蹤技術的戰機在匿蹤技術當道的21世紀初期戰場仍佔有一席之地，同時這也可能是「窮國」發展便宜而堪用的五代戰機的一盞明燈。

Su-35BM的機體壽命提升到6000小時或30年，引擎壽命1500/1000/4000小時(第一次大修/大修週期/壽限)。已非常逼近歐美標準。第五代戰機的量產引擎大修週期將由2000小時起跳，並最終改良至4000小時的大修週期。

(註3：這也可能與蘇霍設計局的外銷行動有關。由於早就以Su-35為名參與韓國、巴西等國的新世代戰機標案，原型機問世時巴西的案子也仍在進行中，維持原來的名稱「Su-35」可能有利於簡化一些文件流程。)

(註4：例如老Su-35後來也換裝推力14000～14500kg的AL-35F/FM/37FU發動機，但空重達18400kg，正常起飛重與最大推力分別為空重的1.4與1.57倍，與基本型相當，屬正常的四代機指標。因此老Su-35雖然性能優異，但在指標上仍屬四代。)

五、家族異數Su-32/34

以上介紹的都是依主流發展路線所產生的Su-27衍生型，其特性均是以最初的空優型為基礎添加多用途能力而成，因此基本上都保有基本型的空戰能力。這種發展路線也見於西方戰機，如F-15A進化到F-15E，F-16A/B進化到F-16C/D，幻象2000進化到幻象2000-5/9/5MK2等。但在Su-27家族上有一種可視為「異類」的衍生型：Su-32/34。該機雖稱為「多用途戰鬥機」或「戰鬥轟炸機」，但與大家熟知的多用途戰鬥機或戰鬥轟炸機如Su-30MK、F-15E在發展思路上卻大相逕庭。

雖然Su-30MK與F-15E在各方面都

相當接近，但其實Su-30MK是一開始就以外銷為目的而設計的多用途戰機，是在蘇聯解體後才開始發展，而F-15E則是在1980年代中期依據美軍本身的需要而發展。真正依蘇軍需要而發展的戰鬥轟炸型Su-27是Su-32/34，也是早在1980年代中期便開始研製，其特性上相當於「戰鬥機尺寸的轟炸機」，反映了蘇聯一開始對「多用途戰機」的獨特觀點。

Su-32/34是1980年代中期開始發展的戰鬥轟炸型Su-27，原型機稱為T-10V，正式型號依時間演進則有Su-27IB(IB分別是戰鬥機與轟炸機的字頭)、Su-34(原始的對地攻擊版)、Su-32FN(一種加強對海作戰能力的外銷方案)，最後統稱Su-34(俄軍版)或Su-32(外銷型)。依據俄羅斯拍攝的Su-27紀錄片的描述，由於Su-27的大載彈量與航程都趨近中程轟炸機，因此就想到如果用這樣的飛機為基礎發展一種轟炸機，那麼這個轟炸機將可以自己保衛自己。從這樣的描述已經暗示了Su-32/34其實是一種「有很強的自衛能力的轟炸機」而不像Su-30MK或F-15E一樣是「有很強的對地攻擊能力的戰鬥機」。飛機的結構設計也充分反應上述觀點：Su-32/34採用類似轟炸機的並列雙座座艙，飛行員由附屬於鼻輪支架上的登機梯登機，機艙空間能允許其中一名飛行員完全站立或躺著休息，據報導還有廁所與簡易廚具等設施，這些設計讓飛行員在長時間飛行後仍有充分的精力去執行任務。此外，Su-32/34的光學瞄準系統不像一般多用途戰術戰機的光電莢艙那樣可以藉由旋轉光學頭而觀察四面八方，反而是像大型轟炸機一樣直視前方。由於現有的Su-32/34是2006年才服役的新產品，而俄國也不是沒有那種有寬廣視野的光電莢艙，因此在Su-32/34上保有這種「直視」型的類轟炸機光學瞄準儀，可說是相當不尋常。另外在這種看起來只比Su-27略大的飛機上還採用大型飛機才有的縱列雙輪主起落架設計。

Su-32/34這樣的設計使其無法像Su-30MK、F-15E那樣既擔任空防主力又負責攻擊，而只是一種專職的轟炸機，只是由於其自衛性能相當強悍而且具有戰鬥機級的飛行性能，使其較不需要護航，也由於飛行性能近似戰鬥機，因此容易做到「隨隊進出」而簡化任務安排的難度。

參考資料

[1]楊可夫斯基,"從航電與武器檢視Su-27鮮為人知的一面",尖端科技,2010年9月

[2]楊政衛,"俄羅斯第五代航空電腦—第五代戰機的中央電腦與其設計理念",航太工業通訊,2009.12,p36～41

ГЛАВА 2

Su-35BM的機體設計與動力配置

▲ Su-35UB戰機，算是前翼版超級Su-30MKK。 Sukhoi

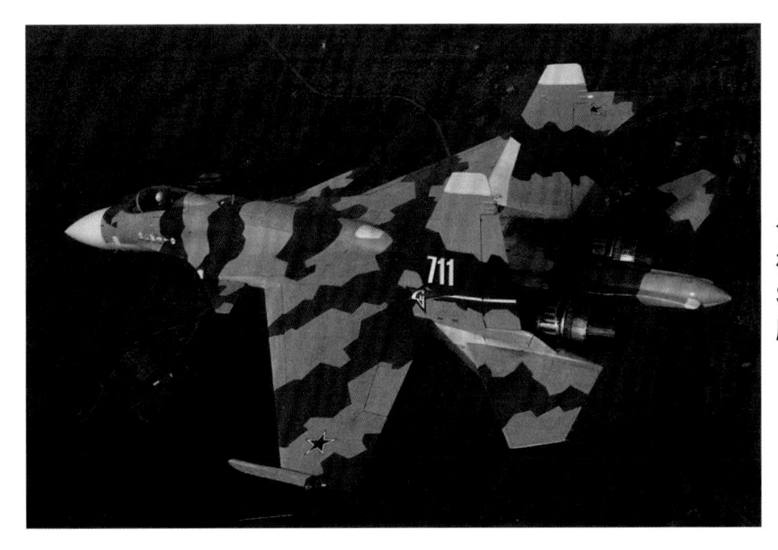

◀ 圖1 配備向量推力與相位陣列雷達的711號Su-35曾稱為Su-37，風靡一時。 Sukhoi

零、Su-35身世回顧與發展簡史

「Su-35」這一名稱已使用10餘年，然不同年代的Su-35儘管名稱不變但內容卻大異其趣，其間又曾出現過「Su-37」這一型號。為避免讀者混淆，在本文之前，先對Su-35的身世作一回顧。

從老Su-35到Su-35BM

時間追溯到Su-27基本型即將開發完成時，為因應F-15C等改良型美製三代戰機及開發中的AIM-120導彈的威脅，蘇霍設計局開始醞釀將Su-27大改，大改計劃於1983年批准，稱為T-10M或Su-27M。1988年首飛，1992年首度出席國際航展(法茵堡)並對外稱為Su-35。1996年3架量產機規格的Su-35撥交空軍戰術研究中心服役。其「量產」工作至此已告「完成」。蘇霍公司一方面將其推向國際市場，還與之搭配而開發其雙座型Su-35UB(於2000年8月首飛，參與阿聯、南韓、巴西等國之新世代戰機競標案，註1)。同時，亦在其上持續試驗新技術：其711號原型機於1996年裝備相位陣列雷達及向量推力發動機，此規格之Su-35當時改稱為Su-37(圖1)。至2000年左右再度統稱Su-35。除直接推銷Su-35及進行新技術研究外，其技術亦被用於提升Su-27系列至4+代等級，成為Su-30MK系列戰機、Su-27SM之始祖，筆者稱之為「老Su-35」。

2001年初俄國正式重啟第五代戰機計畫PAK-FA，並於2002年4月確定由Sukhoi公司主導計劃。這一計畫的正式啟動象徵俄國戰機發展進度的明確化：不再遙遙無期的盼望米格1.44或蘇霍Su-47量產，而是研製新的、預計2012～2015年投產的全新戰機。如此一來，便確定在Su-30MK等4+代等級戰機到5代戰機之間需要所謂的4++代戰機來填補技術空缺。其規劃為：Su-30MK、Su-27SM等4+代改型用於2005年前後之外銷及本國市場，4+代到5代

▲ 圖2 Su-34戰鬥轟炸機，就設計特色而言其與「可以攻擊的多用途戰鬥機」不同，反而較像是「可以空戰的轟炸機」

期間則仰賴4++代戰機[1](約2009～2016年[2])。

Sukhoi公司的4++代改型有二，其一為Su-32/34「鴨嘴獸」前線轟炸機(圖2)，其二即本文所介紹之T-10BM，對外稱Su-35BM(「BM」為「大改」之縮寫)，假想對手為EF-2000、Rafale等歐洲四代及F-16E/F、F/A-18E/F等美國三代半戰機[3]。其將使用為Su-32、Su-47及五代機PAK-FA(蘇霍設計局代號T-50)開發之航電、氣動力技術、自衛系統及Su-47的材料技術等，以及五代機所用引擎之先導型—AL-41F1系列。這些技術屆時將用於PAK-FA的原型機使成為「5-」代戰機，待換裝主動相位陣列雷達、「5+代」引擎及其他修改後，成為真正的5代戰機(註2)。至於米格公司的MiG-35則是另一種4++代戰機(圖3)。

2003年，蘇霍公司官方對此當時仍未確定型號的4++代改型曾用及「Su-37」之名[4]，期間前雖然曾定名為T-10BM或Su-35BM，但目前官方網站或俄國媒體仍稱其為「Su-35」。雖然名稱相同，但這個「新Su-35」與前段所述之「老Su-35」已屬不同代戰機(註3)。讀者於研究「Su-35」之技術資料時，務須確定所得資料與所研究機型是否吻合。本文以「Su-35BM」表最新開發者，「Su-35」則單指「老Su-35」。

▲ 圖3 MiG-35戰機

▲ 圖4 首飛前在雪地中整備的901號機。Sukhoi
▼ 圖5 寒冬中首飛的Su-35BM的901號機。Sukhoi
▶ 圖6 首飛後留影的試飛員Sergei Bogdan，其後來也是T-50的首位試飛員。 Sukhoi

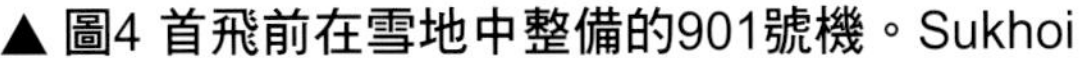

(註1：於阿聯敗給法國幻象2000-9，於南韓敗給美國F-15K)

(註2：這種發展方式類似MiG-29，最早服役的MiG-29基本上就是MiG-29的機體搭載MiG-23ML的航電系統而成4-代，再過度到4代的)

(註3：在整個90年代，Su-27家族一有新型問世常常就會對外採用新的型號，如Su-27M對外稱為Su-35，Su-27IB對外稱為Su-34/32。這其中有「製造震撼，刺激訂單」的意圖。Su-35BM後來仍延用十幾年前問世的機種的名稱(Su-35)實屬特例，這讓很多人誤以為他只是十年前的Su-35的小改量產型。這可能是因為俄羅斯已經以「Su-35」的名義參與巴西的新世代戰機競標案，該案至今(2012年1月)尚未定案，所以如果俄方將新機定名為「Su-35BM」，恐怕將因公文問題而難以用於巴西市場，因而乾脆延用舊名。)

公開、首飛、接到訂單

Su-35BM原型機901號於2007年莫斯科航展對外公開，2007年12月18日開始進行地面試驗[5]；2008年2月5日其所用之117S引擎得到中央航空引擎研究院(TsIAM)確認其足以用於原型機試飛[6]，2月19日上午11時25分，由試飛員

▶ 圖7 首飛時的902號機。 Sukhoi

◀ 圖8 2009年4月1日試飛中的902號機，已開始掛彈試飛。 Sukhoi

▶ 圖9 2008年10月23日試飛中的901號機，鼻錐油漆嚴重脫落可見已測試相當的時數，至當時約試飛40次以上。Sukhoi

Sergei Bogodan完成處女航(圖4～6)，並由Su-30MKK 502號機伴飛。試飛行動歷時55分鐘，最大高度5000m，同時測試了引擎等系統之運作[7]。據稱達到預期結果。3月6日，Su-35BM第2度試飛，試飛員仍是Sergei Bogodan。此次試飛歷時超過2小時，測試許多條件下的引擎與整合式控制系統的操作狀況[8]。至7月初展示飛行為止901號機共完成14次飛行[9]。901號首飛時，共青城廠(KnAAPO)正在組裝另外2架原型機，分別預計於年中及年底投入試飛工作。10月2日，第二架原型機(902)號如期投入試飛工作，與901號不同的是，902號機是在KnAAPO的試驗場試飛(圖7～8)。當時901號機已完成超過40次飛行[10](圖9)，可見測試進度有不斷加強的趨勢。902號機裝設了雷達與光電系統，可能開始試驗較複雜的航電系統運作，不過902號機的發動機只是Su-30MKI所用的AL-31FP，由此可推敲901號其主要用於試驗飛行與控制，902號則用於航電系統試驗。2009年2月初Sukhoi公司發布年度試驗總結[11]，提及Su-35BM原型機已完成了飛行中可能遇到的極限狀態的靜力試驗及87次飛行試驗，進行了飛行穩定性、綜合控制系統、導航系統的試驗；2009年3月20日官方發布新聞稿，指出Su-35BM原型機已累計飛行100次，完成飛控系統試驗(筆者註：應屬基本功能試驗，而非全功能)。第三號原型機原計劃於2009年第二季投入試飛工作，總飛行次數將累積達150～160次；並預計於2009年完成靜力試驗，並開始進行超機動領域的試驗[12]。

第三架飛行試驗機904號機裝備了完善的設備，包括航電系統(其中包括由生產線出產的Irbis-E雷達)與量產型117S發動機，原定於2009年4月中測試，後因技術問題延至4月26日。當天傍晚試飛員Evgeny Frolov駕機進行高速滑跑試驗，飛機在跑道盡頭高速撞上障礙物而起火損毀，試飛員彈射成功但受傷就醫。調查指出係煞車系統失靈以及引擎供油系統故障使然[13.14]。

904號機撞毀後為確保測試進度，901號與902號機的測試強度有所加強。至2009年中單單901號機便已累計測試超過100次。事實上至當時該機的次系統多已具備量產條件，只等著飛機通過測試便可投產。例如117S與Irbis-E雷達的生產線都早已建立完成。901號機預計在2009年底裝設量產型Irbis-E雷達，並於2010年試飛。在MAKS2011做飛行表演的901號機上已可見到帶有防雷條的雷達罩，可見已裝上了Irbis-E雷達(圖10)。

2009年莫斯科航展開幕式之後，俄國防部即刻與Sukhoi公司簽約，以800億盧布(約25億美元)採購64架戰機，含12架Su-27SM、4架Su-30M2、以及48架Su-35S(S為「標準型」、「量產型」之意)，是Su-35BM的第一筆訂單，也是蘇聯解體以後俄軍首次率先採購最先進的「商用型」多用途戰機(註4)。首架Su-35S原定於2010年底交付[15]。此外，國防部也預計在2015～2020裝備類似數量的Su-35S，即至2020年俄軍裝備量可能在96架左右[16]。2012年2月20日，Pogosyan在總理Putin參觀

▲ 圖10 MAKS2011表演後的901號機，機首已裝上真正的雷達罩，可見已在試驗Irbis-E雷達

KnAAPO廠房時提及Su-35S的批量生產計畫，他說2012年將交付8架，2013年12架，2014年12架，2015年14架。他並表示公司正在積極貸款，因此交付數量有可能提高[17]。

2010年英國法茵堡航展期間，Sukhoi公司總經理M. Pogosyan表示，Su-35BM已完成所有必要試驗，低空與高空極速分別達1400km/hr與2500km/hr，升限達19000m，對空探距超過400km，光電系統於80km追蹤目標等。當時已開始準備進行國家級試驗，空軍試飛員也已加入試飛，第一位飛Su-35BM的空軍試飛員是A. Kruzhavin，其高度評價Su-35BM的飛行性能[18]。另有資料指出，Su-35BM至此累計270次共計350小時飛行[19]。Su-35BM的總設計師Igor Demin表示，國家級試驗將於2010年9～10月開始，其測試時數會提高，當時共有2架原型機參與試飛，而在國家級試驗將有6架進行試驗，[20]。並預計於2012年完成試驗[21]。

(註4：Su-34名為多用途戰機，實際上卻是攻擊取向更大，甚至根本是當成轟炸機在設計。並不像Su-35BM這種是以空優為主的多用途戰機。相較之下Su-34更屬於為俄軍訂做的戰機，並非可外銷創匯的「商用型」戰機)

量產型Su-35S加入試驗

2011年5月3日，首架量產型Su-35S型戰機在阿穆爾河畔共青城飛機製造廠(KnAAPO)完成首飛，試飛員Sergei Bogdan。飛行歷時約1.5小時(圖11)，全面試驗了動力系統、通信系統與飛控系統。在完成廠方測試後將交付俄羅斯空軍[22]。這裡所謂「交付空軍」是指交付給戰術研究單位，進行國家級試驗，成為第三架加入國家級試驗的Su-35BM(圖12)。

至2011年9月19日，Su-35BM的901與902號機以及首架Su-35S累積飛行達300次，技術特性試驗(飛行性能、航電性能等)已完成，符合設計值，接下來將開始進入作戰性能試驗[23]。

▲圖11 第一架Su-35S首飛。 KnAAPO

▲ 圖12 第一架Su-35S首飛。 KnAAPO

▲ 圖13 第一架Su-35S漆上空軍塗裝後加入國家級試驗。 KnAAPO

2011年12月2日，第二架Su-35S在KnAAPO首飛(圖13)，歷時逾1小時，完成基本的廠商試驗後便會交付空軍，加入國家級試驗[24]。12月10日，Chkalov國家試飛中心主任Bariev上校指出，Su-35S的國家試驗將在2012年結束[25]。

2012年1月17日第三架Su-35S在KnAAPO首飛，歷時逾2小時，試飛員塔拉斯、阿爾切巴爾斯基(Taras Artsebarskii)。至當時為止整個Su-35計畫的飛行次數已達400次[26]。

3月12日，俄媒引述俄空軍發言人Drik所言，俄空軍將在2012年底之前接收首批6架飛機，同時並指出Su-35已即將完成試驗[27]。

3月22日Sukhoi官網指出第四架Su-35S已由KnAAPO工廠飛往契卡洛夫試飛院，加入國家級試驗[28]。

4月4日Sukhoi官網宣佈，已由試飛員Bogdan完成Su-35的第500次試驗。並指出在Su-35-1與Su-35-2(即901與902號機)上已驗證了機載系統的所有基本飛行試驗、超機動性、可控性與穩定性、導航系統、動力系統等，皆滿足設計需求，已準備進行作戰試驗[29]。至5月初完成540次試驗[57]。

至8月7日已完成若干作戰模擬試驗，累積飛行650次。除了之前測過的飛行性能、動力等系統外，這次多測了探測與射控系統的運作，據稱在技術性能精準性方面達到設計需求[58]。

分析首飛至今的試飛頻率(平均每月試飛次數)可以發現一些趨勢(圖14)：〈1〉從2008年2月到7月試飛頻率最低，平均每個月2.6次。〈2〉之後一直到2012年1月試飛頻率大致相當，約在每個月9次。〈3〉而從2012年1月到4月初的約2.5個月時間有100架次試驗，平均每個月試飛40次。從中可以發現，除了第一階段可能是新機首飛所以飛行頻率較低外，接下來約3年時間雖然陸續

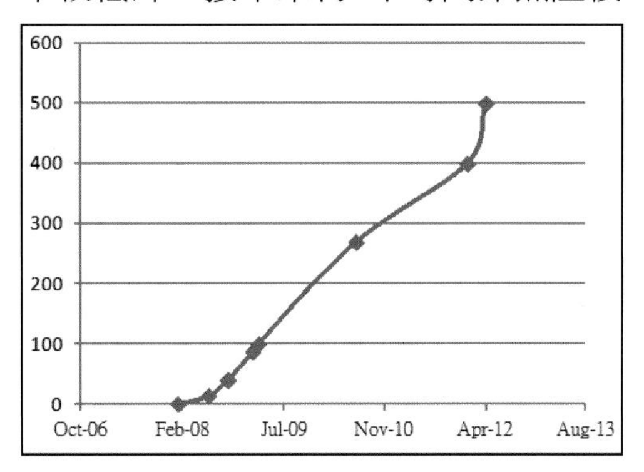

▲ 圖14 Su-35BM累積試飛次數與時間關係圖(至2012年5月)

有新機投入試驗，但總試飛頻率幾乎是固定的，因此相當於每架飛機的試飛頻率有所降低。而在2012年1月中到4月初約2.5個月突然多出100架次試驗，幾乎是由Su-35-1,2以及Su-35S-1,2,3完成的(因為Su-35S-4於3月底才加入試驗)，換算在這段期間平均每架飛機每個月飛8次，相當於之前3年期間平均每個月的總試飛次數，因此這2.5個月中不論是總試飛頻率還是單機試飛頻率都大幅提高。

一、整體特色

由Su-27過渡到PAK-FA的計畫以及於航空展發佈的Su-35BM消息看，Su-35BM可說是「擁有Su-27外型的PAK-FA原型機」：除外型來自Su-27外，如航電系統、引擎，均為PAK-FA原型機(5-代)所選用者。外型改自Su-27並用上新的氣動力學及材料成果，結構特性(燃油系數、推力空重比等)也已直逼五代戰機。

▲ 圖15 Su-35BM 902號機機首特寫，機首結構類似老Su-35，採用無空速管雷達罩

▶ 圖16 Su-27機首特寫。維修時沿雷達罩後方的斜線向上掀開以維護雷達。

Su-35BM採常規氣動佈局搭配向量推力引擎及支援超機動性的飛控系統；未來可能具備超音速巡航性能(初期測試中已發現此一潛力，唯適用範圍仍未確立)；強化的機體使具有38.8噸的極限起飛重量，航電系統等的減輕使維持基本型之空重；並開始同歐美戰機般注意使用壽命，機體壽命由Su-30MK的3000小時或25年激增至6000小時或30年，引擎壽命由最新款AL-31F的1500小時激增至4000小時。應用更多匿蹤設計。航電上除精進4+代已達到的專家介面、資訊整合外，更強調了人因工程，但與4+代的航電系統本質上的不同是Su-35BM的航電系統其實已是五代系統。

二、機體技術特性

(本章節關於Su-35BM諸元之數據部份，若無特別註解表取自Sukhoi的Su-35BM型錄[30])

1. 外型、結構與材料

外型

Su-35BM在外型上的主要改動特徵為：〈1〉用回基本型的常規氣動佈

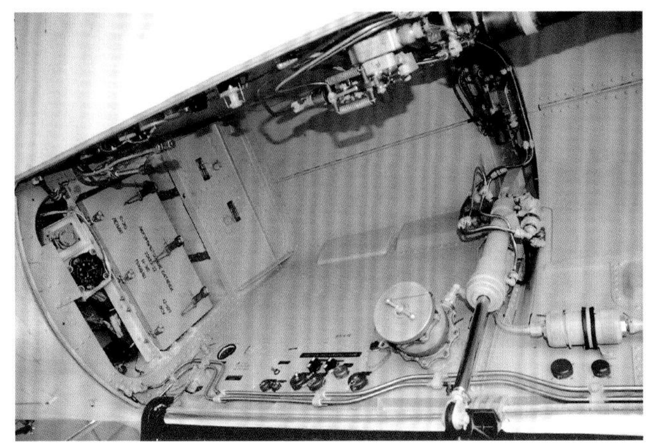

◀ 圖17 Su-35BM鼻輪艙特寫，圖中左方為機首方向。自基本型開始，鼻輪艙便可進行許多航電系統的基本維護，鼻輪艙空間很大因此對地勤而言相當方便

▶ 圖18 Su-35BM鼻輪艙中段(左為機首方向)，為主要航電設備艙的正下方艙門，航電的安裝與大修由此進行(圖中虛線處便是艙門)

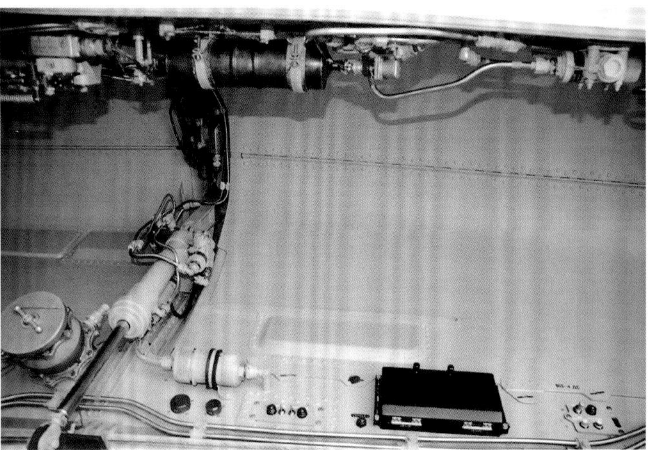

▼ 圖19 Su-35BM垂尾特寫，有增大面積的尾舵因此垂尾形狀變為普通梯形。從中亦可見垂尾外露的感測器很少，並可見到編隊燈(發光條)，前緣灰白色部分是HF通信天線位置

▲ 圖20 Su-35BM的垂尾明顯比圖中的Su-27SM簡潔許多。

▲ 圖21 Su-35BM尾刺外型有所修改，較不影響三維向量推力的運作

▲ 圖22 Su-35BM座艙附近的條狀編隊燈

▼ 圖23 Su-35BM在翼端與垂尾亦有條狀編隊燈

▲ 圖24 2008年10月23日試飛中的901號機，當時天色昏暗，可見到發光中的編隊燈。
Sukhoi

▲ 圖25 圖為俄軍的MiG-29SMT，亦有條狀編隊燈

局而捨棄在4+代改型中常用的三翼面構型(前翼、主翼、平尾)；〈2〉再次採用老Su-35的機首結構設計，除雷達罩形式為無空速管式(圖15)之外，老Su-35機首結構最重要的特色在雷達維護措施：Su-27系列的雷達維護時，是先將雷達罩向上翻(圖16)，而後將雷達系統整個向前移而後進行維護，Su-35則是由機首側面的艙門，以及鼻輪艙內前端的艙門進行雷達系統之維護(圖17～18)，遠較其他改型方便許多；〈3〉垂尾(圖19)(圖20)採用基本型的頂端下削式而非Su-35、Su-35UB、Su-30MKK的頂端平直式，但外型有所修改。設於垂尾之突出天線與感測器較之前型號更少，外型更簡潔；而方向舵向後增大，使垂尾後緣略為前掠，故側面看類似F-22的梯型而非Su-27的後掠梯型，增大的方向舵也用來取代機背減速版的功能；〈4〉尾刺長度大致不變，但修改構型(圖21)，使較不限制向量噴嘴之活動；〈5〉在機首兩側、翼端掛架外側、垂尾設有條狀編隊燈(圖22～24)，此係天候不佳密集編隊飛行時，供飛行員確知僚機位置與姿態所用，亦用於夜間起降識別。除Su-35BM外，在Su-27SM原型機、MiG-29K、航展中的Su-30MKI、馬來西亞的Su-30MKM、MiG-29SMT上均得見此編隊燈(圖25)，唯各機上的數量與長短分配不盡相同。因此這種編隊燈除了有助於夜間用肉眼觀測飛機姿態外，受過訓練的人員理論上也能藉此判定型號。〈6〉取消機背減速板，以便容納更大的內油箱。減速板功能由加強的尾舵取代。〈7〉2012

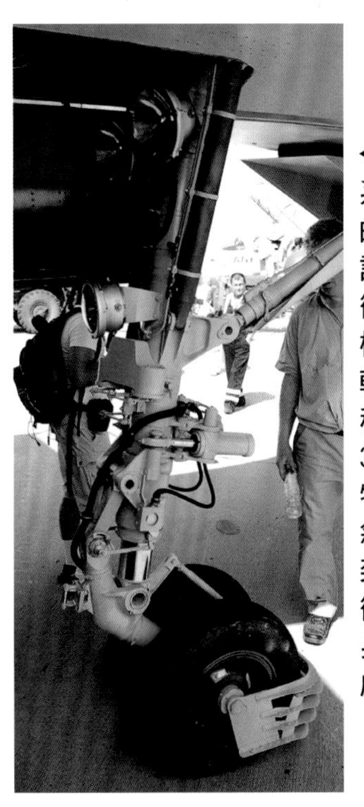

◀ 圖26 Su-27系列擁有獨到的起落架設計，能將起降衝擊傳給主結構吸收，並有較長的緩衝行程。圖為Su-35BM的鼻輪特寫，可見到斜撐著的支架，能將鼻輪衝擊傳遞至機身中線主結構處。

年3月12日俄媒引述空軍發言人有關Su-35S服役進度的言論時，提到「Su-35有新的機翼」一說[31]。這是第一次提到Su-35的機翼有更改。不過還不確定其僅是指結構與材料上的更新，還是有新的翼剖面設計。

結構與材料

在結構設計與維護性、抗損性方面：〈1〉採用更大比例之鈦合金[32]，結構強化至允許38800kg的極限起飛重之餘(圖26)，還令其機體壽命提升至6000小時或30年，這種壽限在售予馬來西亞的Su-30MKM上已經落實[33]，為其他4+代改型之兩倍(3000小時或25年[34]，基本型則是2000小時或20年[35])，第一次大修週期則為1500小時或10年[36]，引擎壽命則提升至4000小時，第一次大修週期1500小時，之後則為1000小時[37]；〈2〉內燃油儲量增至11500kg，載油係數因而增至0.41，並容許掛載2個容量2000公升的PTB-2000副油箱，使最大燃油攜行量達14300kg(圖27)，並有空中受油管；〈3〉保有油箱防爆系統，航電系統採多餘度設計並有自我檢測措施[38]；〈4〉裝備KS-129氧氣提煉機[39](圖28)，能在20000m以下[40]自外界空氣提煉氧氣而不需氧氣瓶，縱而減少相關後勤需求。俄國氧氣提煉機最早於Su-33UB上測試，近年已定型並用於Yak-130高級教練機(KS-130，12000m以下)、MiG-35等；〈5〉在機身內部增設1具輔助動力單元，能在完全無地面設備支援的情況下以及海拔10000m以下啟動發動機，並能獨立提供測試用電力與動力(見「電力系統」段落)。

▲ 圖27 Su-35BM燃油系統分佈圖。圖中配掛了兩個副油箱，總儲油量達14300kg。

Sukhoi

▲ 圖28 KS-129(130)氧氣提煉機，能自行提煉氧氣供2人使用。其中129型用於戰鬥機，操作高度上限20km，130型用於Yak-130教練機，高度上限12km。

老Su-35本身就是第一架在結構上考慮維護性的側衛戰機。例如其僅需打開雷達旁邊的小艙門即可維護雷達。而1999年問世的Su-33UB則更為進步，它擁有側衛戰機中最光滑的表面，表面開口就明顯較少，據稱所需維護程序被大幅簡化[41]。Su-35BM應亦擁有類似的「易維護」特性。

目前跡象顯示，Su-35BM採大比例複材機翼之可能性不高。但Su-33UB

已於前緣襟翼使用自適應複材以提升氣動效率[42]，且在Su-34量產型未塗裝照片之顏色分佈研判其翼前緣可能也用了類似Su-33UB的自適應材料，由此研判，Su-35BM可能會在翼前緣應用自適應材料來提升效率。

諸元

Su-35BM長21.9m，翼展14.7m[43]或15.3m(含電戰莢艙)，翼面積62平方米，高5.9m。因航電系統之輕量化，使結構強化之餘，空重維持在16500kg[44]，介於Su-27S與Su-27SK之間。類似的情況也發生在Su-33UB上：其採用兩段折疊機翼、更強的結構、附加裝甲、及並列雙座等增重項目後，空重仍與Su-33同在18500kg，便是航電系統減輕的結果[45]。正常起飛重25300kg(掛載2枚R-77與2枚R-73E之情況，即其正常起飛燃油籌載超過8000kg，達最大內儲油量的70%。相較之下，其餘側衛戰機之正常起飛模式(2枚R-27與2枚R-73)之燃油攜行量僅5500～6500kg，為最大內儲油量的60～65%)；最大起飛重34500kg，並允許38800kg的極限起飛重；有12個外掛點，但在機腹中線改用並列雙掛架(用於掛載R-77)時可增至14個；最大外掛8000kg，但研判有10000kg以上之極限值。

第四代戰機的正常起飛重約是空重的1.4倍，第五代戰機則約為1.5。如Su-27SK約為1.39，MiG1.44與F-22約1.5。Su-35BM則達1.53。因此就結構

▲ 圖29 Su-35BM在發動機之間裝有輔助動力單元。 Sukhoi

▲ 圖30 TA14輔助動力單元。

與籌載特性而言，Su-35BM與Su-27家族已有代差，已是五代標準。關於Su-35BM結構特性的細節，詳見附錄二的分析。

2. 輔助動力系統

Su-35BM兩發動機之間的機身內部增加了一個「輔助動力裝置」(auxiliary power plant)(圖29)(圖30)，在實機接近上述位置的機腹下端可見小型進氣口(圖31～32)與其兩旁的排氣裝置，機背相關位置另有排氣口與小進氣口(圖33)。這種新式輔助動力單元稱為TA14-130-35[46]，尺寸868x481x426mm，不含發電機重62kg，進氣量0.55kg/s，進

▲圖31 Su-35BM機腹下的小進氣口與排氣口，乃為輔助動力單元而設

▲圖32 輔助動力單元位於機身下方的進氣口與排氣口位置說明

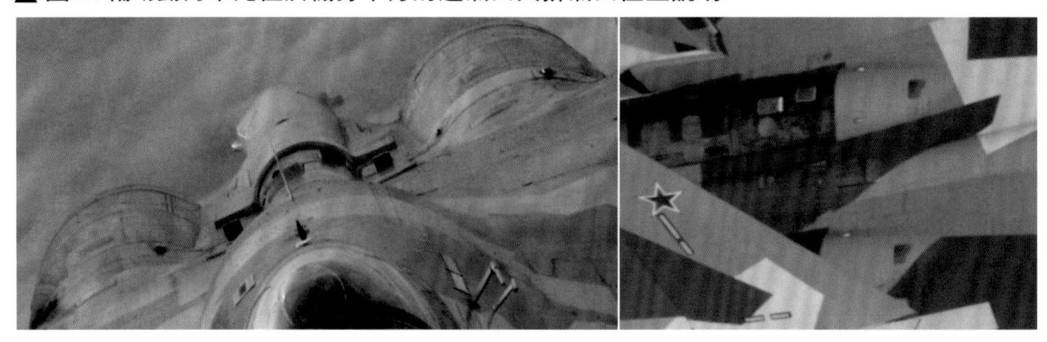

▲圖33 Su-35BM機背上的小進氣口與排氣口　Sukhoi

氣壓力3.7kgs/cm^2。其啟動功率高達143馬力(105kW)，供電(200/115V)能力30kW，能在海拔10km以下，+-60度C溫度範圍內啟動發動機。相較之下，以往的附加於發動機上的GTDE-117與其改型GTDE-117-1M啟動功率分別為90與110馬力，啟動發動機的高度上限分別僅為2.5km與3.5km，後者據說還是應中共空軍的高原起降需求而改良的。除了操作功率的大幅提升外，TA-14-130-35最主要的優勢是能完全獨立於地面支援設備便獨自提供動力與電力，能啟動發動機外，也能在不啟動發動機的情況下測試各項機械設備與航電系統。

TA-14系列輔助動力單元是由NPP Aerosila研發的新一代輔助動力單元，初始型最早用於Mi-171直升機，於2001年通過國際認證。TA14-130則是用於Yak-130新世代教練機的版本，以此為基礎衍生出各種用於21世紀飛機的版本，如供Su-35BM所用的TA14-130-35，Mi-28攻擊直升機的TA14-130-28，以及Ka-52攻擊直升機的TA14-130-52等。

TA-14-130-35的獨立供電功能除了賦予Su-35BM更充沛的電力外，也使其電力系統有了更強的戰場適應性。在Su-27上，一個發電機故障時，另一個發電機就必須以應急發電模式補償之以維持整體航電運作，或是保持正常模式但關閉部分航電系統[47]。透過對Su-27基本型與Su-35BM用電分配的分析比較(詳見附錄一)得知，在1具主發電機故障的情況下，Su-35BM全機航電系統可不受功能限制使用2小時以上或不限時，而即使2具主發電機都故障，也足

▲ 圖34 KSU-35綜合控制系統局部。在Su-35BM上所有與飛行和控制有關的任務都統歸KSU-35處理。 Avionika

▲ 圖35 KSU-35主體

▲ 圖36 KSU-35的特殊電腦

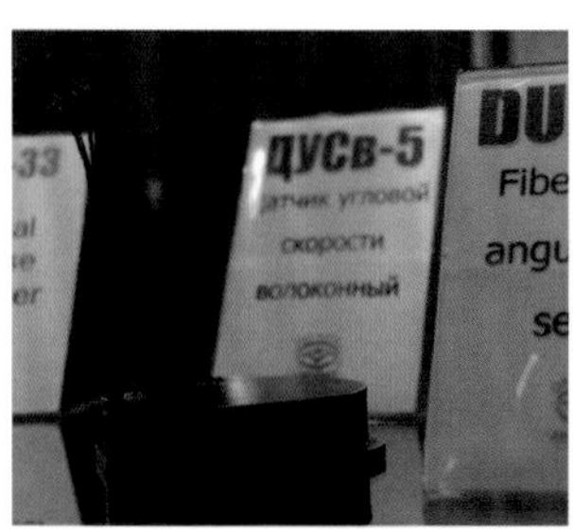

光纖角速度感測器

整合式感測器單元

若干種無刷電動機

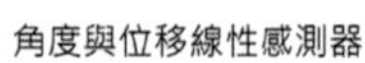
角度與位移線性感測器

控制單元

伺服器單元

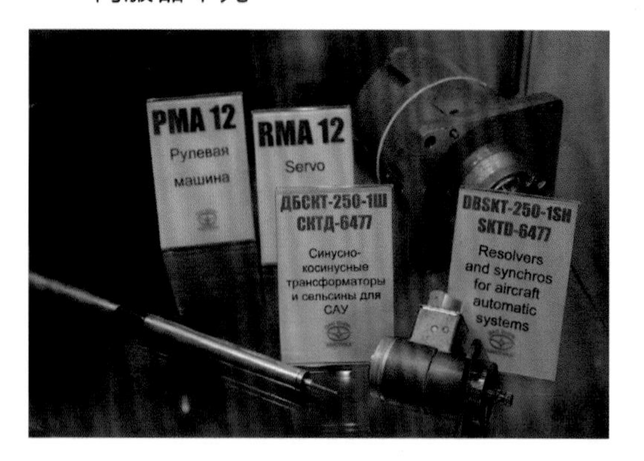

同步器

▲ 圖37 KSU-35的部分控制單元與感測器

▶ 圖38 KSU-35的部分制動器

以供應主雷達以外所有航電的正常運作，包括透過資料鏈與光電系統進行無線電緘默攻擊等。相較之下，Su-27在1具主發電機故障時只能允許系統全力運作2小時，2具主電源都故障時則僅能供應緊急系統用電並盡速回航。

3. KSU-35綜合控制系統

Su-35BM的飛控系統稱為KSU-35(圖34～38)，2007年時正於老Su-35的708號原型機上測試。「KSU」是「整合式飛行控制系統」的俄文簡稱。其整合了過去分開的線傳飛控系統(SDU)、自動控制系統(SAU)、大氣數據系統、引擎控制、煞車控制等功能於一體，包辦了一切與飛行有關的事項[48]，為4餘度系統[49]。MiG-1.44用的就是稱為KSU-1-42的飛控系統，MiG-29K與MiG-AT(教練機)也已採用KSU，在Su系飛機上則屬首次。

除一般線傳飛控系統的功能外，KSU-35支援引擎向量推力控制與超機動模式，並能依據中央系統之資訊讓飛機「自動防撞」，包括自動地形迴避、編隊飛行中防撞、閃避來襲武器、確保武器安全投放與發射(避免與自己發射出去之武器相撞)等。此外，其具備飛行前自我檢測功能，並能於飛行中將系統狀況、故障位置提供給中央系統以示予飛行員。系統總重小於73kg。直流消耗功率750W(不考慮空速管加熱)或1250W(考慮空速管加熱)。

Su-35BM的超機動性是藉由飛控技術與向量推力(TVC)達成。在此之前俄國已有實用化的配備TVC的超機動戰機—Su-30MKI系列與MiG-29OVT—，故對俄國航空界而言整合TVC的超機動性已相當成熟。早期資料顯示，Su-35BM用的飛控系統是於Su-47前掠翼實驗機上測試過的SDU-427四餘度線傳飛控系統[50]，由此推知前述KSU-35綜合飛控系統應吸收了SDU-427之技術。Su-47的測試項目之一便是超機動戰機之飛控，按蘇聯時期五代戰機MFI的計劃，五代機必須擁有90度以上的可控攻角，甚至有資料顯示，Su-47被用於開發可控攻角達100度之戰機所需之飛控技術。Su-47擁有前翼、前掠翼，氣動穩定度應非常低，俄媒報導指出Su-47擁有革命性進展的機動性，但其從未在飛行表演展示超機動能耐的原因是不想重蹈「90年代〝幼稚〞的向外國展示我們的成果(筆者註：指超機動飛行)，結果很快便被仿效」的覆轍[51]。能駕馭Su-47的SDU-427線傳飛控系統及俄國在超機動戰機的開發經驗，應該為Su-35BM的超機動性提供高度可靠性。向量推力對傳統飛行(指失速前機動)亦有很大的貢獻，例如其提供之力矩不受升力中心變化影響，故能補償飛機於超音速時升力中心後退造成之靈敏度下降，因此有較大的氣動力穩定度(即先天較不靈敏)之TVC戰機能達到或超越氣動力較不穩定之無TVC戰機之靈敏度，而氣動力較穩定又意味著較低的配平阻力。

筆者研判，Su-35BM之所以取消前翼，可能就是基於航電系統及飛機噸位的減輕使得不需要前翼就能達到夠低的穩定性和夠低的升力負荷(註5)，加上TVC便能達到所需之傳統飛行及過失速飛行性能，且傳統佈局相較於三翼面佈局又能降低阻力、重量及雷達反射截面積(Radar cross section,RCS)之故(註6)。

(註5：即一般所謂之「翼負荷」(重量/翼面積)除以升力係數後的校正量。一般習慣以翼負荷衡量戰機之過載性能，

▶ 圖39 老Su-35的前翼設計一方面是為了補償超重航電導致重心前移而降低靈敏性的問題，另一方面則是為增升與增加控制性能

但此參數並未考慮機翼與機身的升力性能，因此以此參數比較不同氣動佈局飛機時並不妥當。應再除以飛機之升力係數以校正之。）

（註6：一些國內評論認為Su-35BM取消前翼是因為控制技術進步，使得不用前翼也能有超機動性。這其實是不了解Su-35的設計思維、本末倒置的說法。Su-35使用前翼(圖39)的最主要原因便是其機首大幅增重造成增穩，而需前翼將升力中心前移以降低穩定性之故。而在研究中發現其前翼之近耦合配置有增升效果，Su-33、Su-32便是將前翼當作增升裝置使用。故機首部分減重，全機頓位減重之Su-35BM搭配前翼固然能有較Su-35優異的過載性能及靈敏度，但若無前翼構型就能能達到所需的過載性能及靈敏度，則取消前翼便能換取較低之平飛阻力、更輕的重量、及較佳之隱形性能，亦不失為一優化考量。）

三、AL-41F1-S發動機

Su-35BM配備2具AL-41F1-S(產品117S)發動機(圖40)，是PAK-FA所用的第一階段發動機AL-41F1(產品117)的先導型。其以AL-31F為基礎，引入AL-41F的部分技術以及部分最新技術改良而來，除了高壓壓縮機外幾乎都換新，幾乎可視為全新發動機。

與基本型AL-31F相比其換裝1具口徑932mm的4級風扇，進氣量提升約9.3%至122.5kg/s，壓比提升約8%至3.9，單單此一新型風扇已可將AL-31F的推力提升至14500kg；改良渦輪冷卻系統，使溫輪前溫度提升至約1740K；此外燃燒室、低壓渦輪、數位控制系統亦換新，換裝向量噴嘴，並將發動機控制完全整合進飛控系統，簡言之僅剩高壓壓縮機沿用AL-31F者(9級)。用於Su-35BM的外銷型軍用推力8800kg，最大推力14000kg，特殊模式推力14500kg。大修週期1000小時，第一次大修週期1500小時(同等於AL-31F後期型之最大壽命)，最大壽命4000小時，向量噴嘴壽命與發動機相當。

AL-41F1-S與T-50所用的AL-41F1一樣配有電漿點火系統，能在無氧環境下啟動發動機[52]。

◀圖40 117S發動機的向量噴嘴與Su-35BM尾刺特寫

研製AL-41F1-S的NPO-Saturn指出，AL-41F1S已可賦予飛機超音速巡航能力。雖然目前並沒有公開資料顯示Su-35BM能像F-22那樣不開後燃器便進入超音速並維持巡航狀態，但確實有跡象暗示超音速巡航能力：〈1〉配備117S的老Su-35原型機不開後燃器可達到0.98馬赫；〈2〉Su-35BM的初期飛試已確定在某些條件下略超過1馬赫時能以軍用推力持續加速(關於Su-35BM的超音速巡航詳見附錄二)。

有別於以往俄國發動機是以減少壽命為代價換取性能，AL-41F1-S這回完全倒行逆施，因為在研製初期軍方便要求新型發動機要有4000小時壽命。事實上單單其932mm風扇便足以在壽命等同於AL-31F的情況下將推力提升至14500kg，若再考慮其渦輪前溫度的增加，推力極限其實更大，與各項參數類似的AL-31F-M3比對可推測其極限推力在15000～15500kg。因此AL-41F1-S是採用降低輸出以換取壽命，以該推力與壽命為基礎才進行後續的提升計畫。關於本型發動機以及第五代發動機細節詳見附錄三。

四、匿蹤設計

據Sukhoi總經理Pogosyan的說法，屬4++代的Su-35BM與Su-32之所以不同於4+代及其之前的機種，除航電的進步外，主要是隱形性能的考量[53]。但Su-35BM外型與Su-27基本雷同，可說是完全無「形狀匿蹤」之考量。其是透過表面工藝、吸波材料來降低機體、外掛之回波強度；靠塗層與材料技術降低座艙、天線、發動機噴嘴處之回波。

俄羅斯第二中央研究院TsNII長期為降低RCS進行論証並提出建議，包括參與五代戰機MFI之隱形設計等。其曾提出五代戰機匿蹤設計建議，其方案大致上是附加了電漿匿蹤系統的F-22。在其建議方案中，除S型進氣道、內彈艙等僅適用於新設計之隱形戰機之項目外，多適用於Su-35BM，包括機身表面工藝必須精美以減少接縫處之回波；表面儘可能大量應用吸波材料；天線、座艙處的遮蔽、進氣道內設置吸波網以遮蔽發動機、以及電漿隱形系統等[54]。

Su-27的表面工藝便已相當精美，接縫、鉚釘皆不明顯，不但是俄國最佳，與歐美戰機相較亦有過之。而在1999年問世的Su-33UB上，可見其表面開口明顯減少，多由大塊部件組成。因此在表面工藝層次，製造蘇霍伊戰機之工廠已具備相當的水準。在一份發表於俄羅斯科學院的分析Su-35匿蹤改良的文章(同下段)中亦提及大尺寸蒙皮的使用對匿蹤的助益[55]。

Su-35BM採用的匿蹤措施

目前對Su-35BM的匿蹤技術介紹得最基礎、最全面、也最權威的資訊，是由蘇霍公司總經理Pogosyan與理論與應用電磁研究院(ITPE)科學家於2003年共同發表於俄羅斯科學院期刊的文章。從中可知Su-35BM採用以下匿蹤措施：〈1〉以電漿沉積法形成多層金屬與聚合物膜以構成座艙蓋，阻止雷達波進入座艙，另外也有阻擋紅外線以避免座艙過熱的效果；〈2〉用於機身、進氣道、發動機前緣葉片、外掛武器、發動機噴嘴等處的一系列塗料技術，其中部分是以電漿製程鍍上的微粒型吸波材料；〈3〉主雷達採用新穎的電漿屏蔽技術，在雷達罩內、雷達天線外裝設一個具有匿蹤外型的透波罩，透波罩內可產生濃度可調的電漿，藉由電漿濃度的調整選擇屏蔽的波段：頻率低於電漿頻率的波會被屏蔽並依據電漿罩的外型反射到遠離接收端的方向。這些技術在當時都已進行地面試驗(100小時)與飛行試驗(30小時)，據稱效果都不差，特別值得注意的是驗證了那些用於風扇葉片與發動噴嘴等處需承受極端的溫度與應力的吸波材料的耐用度。關於俄羅斯匿蹤技術詳見附錄十一與附錄十二。

Su-35BM匿蹤技術的具體成果

該文附上了Su-35採用匿蹤措施前後各方向的RCS示意圖(圖41)，可見到其前半球與後半球的RCS大幅減少，特別是前半球0～80度範圍中，RCS的最大值甚至小於改良前的最小值：改良前各方向的RCS在10～30平方米間跳動，改良後的最大值則多在10平方米，唯在40度左右出現約15平方米之極值。但在側面(90度)附近RCS則幾乎絲毫沒有減少。圖中可見正面+-30度範圍內的平均RCS由略超過20平方米降至略低於10平方米。較新的資料(2007年)指出，Su-35BM加強正面+-60度內對X波段的匿蹤措施[56]。

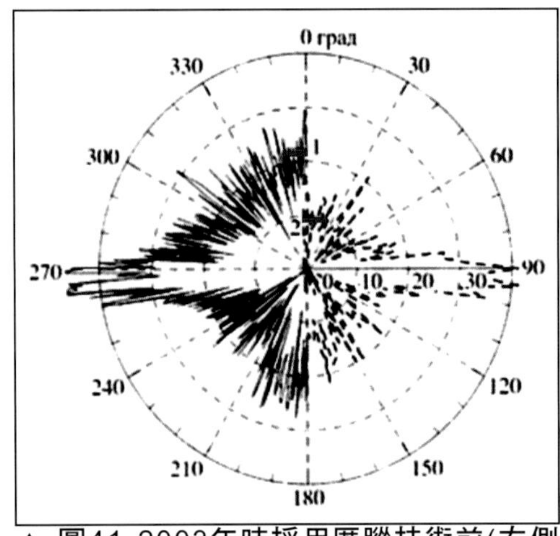

▲ 圖41 2003年時採用匿蹤技術前(左側黑線)與後(右側虛線)的Su-35的RCS分佈圖，其中1與2分別為處理前後在正面+-30度範圍內的RCS平均值。 VRAN

2009年莫斯科航展的看板上指出，Su-35BM的一系列匿蹤技術使其RCS減少5～6倍，以Su-27這世代的雙發重戰機RCS約10～15平方米計，Su-35BM的RCS約在1.6～3平方米左右。此一數據與歐洲新世代戰機以及美製F/A-18E/F宣稱的小於1平方米相比遜色不少，但事實上，考慮到這些飛機在作戰狀態必有外掛武器，也有不小的RCS。以空對空飛彈為例，即使彈身採用吸波塗料而大幅降低RCS，其導引頭約有0.01平方米的RCS，這樣一來，10枚空對空飛彈將至少增加0.1平方米的RCS，這還未考慮到AAM彈體與掛架所貢獻的RCS以及體型更大的對面攻擊武器。因此實際上這些外掛武器的戰機的RCS將很難低於0.1平方米。這些飛機的匿蹤設計其實僅能增加其電戰措施的有效性，在面對先進的防空與機載雷達時，並不算是「匿蹤」。換個角度看，在真實作戰環境下只要有外掛武器飛機就不可能匿蹤，以Su-35BM的雷達性能而言這些號稱RCS只有0.1平方米或更低的低可視度戰機的匿蹤能力意義其實不大，因此萬不能單以RCS的大小認定Su-35BM不如歐美低可視戰機。

五、小結

整體而言，Su-35BM在燃油係數、推力空重比、結構壽命等特性上與Su-27已有代差，達第五代戰機標準；匿蹤技術雖不致讓他變成匿蹤戰機，但已達到MiG-21這種小飛機的等級。關於以上結論，詳見附錄二與附錄十一。

參考資料

[1]Andri Formin," Mikhail Pogosyan:consolidation efforts is our primary task",AirFleet 4.2003,p24(Sukhoi公司總經理M. Pogosyan訪談)

[2]"«Компания «СУХОЙ» примет участие в международном авиакосмическом салоне "Farnborough-2006"",Sukhoi官網,2006.7.10, http://www.sukhoi.org/news/company/?id=688

[3]"«Компания «СУХОЙ» примет участие в международном авиакосмическом салоне "Farnborough-2006"",Sukhoi官網,2006.7.10, http://www.sukhoi.org/news/company/?id=688

[4]Andri Formin," Mikhail Pogosyan:consolidation efforts is our primary task",AirFleet 4.2003,p24(Sukhoi公司總經理M. Pogosyan訪談)

[5]«Компания «Сухой» приступила к наземным испытаниям истребителя Су-35», Sukhoi官網2008.2.18, http://www.sukhoi.org/news/company/?id=1453

[6]«Программа первого полета самолета Су-35 с двигателями 117С НПО "Сатурн" выполнена полностью», Sukhoi官網2008.2.20, http://www.sukhoi.org/news/company/?id=1524

[7]Новый Су-35 поступит в ВВС России через два-три года, заявляет глава компании "Сухой", Sukhoi官網2008.2.20, http://www.sukhoi.org/news/company/?id=1523

[8]«Компания «Сухой» продолжила летные испытания Су-35», Sukhoi官網2008.3.6, http://www.sukhoi.org/news/company/?id=1560

[9]«Су-35 показали заказчикам»,Sukhoi官網, http://www.sukhoi.org/news/smi/?id=1729

[10] «"Сухой" подключил к программе летных испытаний второй СУ-35»,Sukhoi官網, http://www.sukhoi.org/news/company/?id=1958

[11]"Сухой" подвел итоги годового цикла испытаний СУ-35»,Sukhoi官網, http://www.sukhoi.org/news/company/?id=2333

[12] «Су-35 совершил сотый вылет»,Sukhoi官網, http://www.sukhoi.org/news/company/?id=2391

[13]« Заявление пресс-службы компании «Сухой» в связи с аварией третьего летного образца истребителя Су-35»,Sukhoi官網新聞, http://www.sukhoi.org/news/company/?id=2481

[14] «Сбои в работе системы подачи топлива в двигатели Су-35 могли стать причиной аварии истребителя», ITAR-TASS, http://arms-tass.su/?page=article&cid=25&aid=69877&part=2

[15]«ВВС России получат первый серийный Су-35С в конце этого года»,28.07.2010, Военный Паритет

[16]Василий СЫЧЕВЮ , «СКОРОЕ ОБНОВЛЕНИЕ- СЕРИЙНАЯ ПОСТАВКА Су-35С РОССИЙСКИМ ВВС НАЧНЕТСЯ В 2012 ГОДУ», Военно-промышленный курьер, http://www.vpk-news.ru/hot/army/skoroe-obnovlenie

[17]«Корпорация "Сухой" поставит до 2015 года 46 самолетов Су-35С по гособоронзаказу», ARMS-TASS, 20.FEB.2012

[18]«"Сухой" завершает предварительные испытания многофункционального истребителя Су-35»,21.07.2010, aviaport.ru

[19]«ВВС России получат первый серийный Су-35С в конце этого года»,28.07.2010, Военный Паритет

[20]«Госиспытания грядут»,Красная Звезда,13.Aug.2010, http://www.redstar.ru/2010/08/13_08/1_01.html

[21]Василий СЫЧЕВЮ , «СКОРОЕ ОБНОВЛЕНИЕ- СЕРИЙНАЯ ПОСТАВКА Су-35С РОССИЙСКИМ ВВС НАЧНЕТСЯ В 2012 ГОДУ», Военно-промышленный курьер, http://www.vpk-news.ru/hot/army/skoroe-obnovlenie

[22]«В Комсомольске-на-Амуре начались летные испытания первого серийного истребителя Су-35С», www.sukhoi.org, 03.MAY.2011

[23]«В рамках программы летных испытаний на истребителях Су-35 совершено более 300 полетов

», www.sukhoi.org, 19.SEP.2011

[24]«Компания "Сухой" подняла в воздух второй серийный истребитель Су-35С», Интерфакс-АВН, DEC.2011

[25]«Названы сроки окончания испытаний истребителя Су-35», РИА-Новость,12.DEC.2011

[26]«Компания «Сухой» приступила к летным испытаниям третьего серийного истребителя Су-35С», www.sukhoi.org, 17. JAN. 2012

[27]«Россия получит первые шесть Су-35 до конца года», Lenta.ru, 12.MAR.2012

[28]«Компания «Сухой» передала на государственные совместные испытания четвертый серийный Су-35С», www.sukhoi.org, 22.MAR.2012

[29]«На Су-35 совершено 500 полетов», www.sukhoi.org, 04.APR.2012

[30]2007年莫斯科航展，Su-35型錄(可至以下網頁下載http://www.knaapo.ru/rus/products/military/SU-35.wbp)

[31]«Россия получит первые шесть Су-35 до конца года», Lenta.ru, 12.MAR.2012

[32] ««Сухие» В Китае --Сегодня и Завтра»(Sukhoi在中國，今天與明天),Взлёт,2006.11,p.28～31

[33] «Малайзия получает первые Су-30МКМ»(馬來西亞接收首批Su-30MKM), Взлёт,2007.6, p26～30

[34]見Su-30MK官網介紹http://www.sukhoi.org/eng/planes/military/su30mk/lth/

[35]見Su-27SK官網介紹http://www.sukhoi.org/eng/planes/military/su27sk/lth/

[36]Андрей Формин, «Су-35 в шаге от пятого поколения», Взлёт, No.8-9, 2007,ст.44

[37]Андрей Формин, «Су-35 в шаге от пятого поколения», Взлёт, No.8-9, 2007,ст.45

[38]2007年莫斯科航展，Su-35型錄(可至以下網頁下載http://www.knaapo.ru/rus/products/military/SU-35.wbp)

[39]2007年莫斯科航展，Su-35型錄(可至以下網頁下

載http://www.knaapo.ru/rus/products/military/SU-35.wbp)

[40]MAKS2011展品

[41]" SU-33UB SHIP-BASED COMBAT TRAINER"，ВЕСТНИК АВИАЦИИ И КОСМОНАВТИКИ,Russia(6.2000),p34～35

[42]" SU-33UB SHIP-BASED COMBAT TRAINER"，ВЕСТНИК АВИАЦИИ И КОСМОНАВТИКИ,Russia(6.2000),p34～35

[43]KnAAPO官網型錄。http://www.knaapo.ru/rus/products/military/su-35.wbp

[44] ««Сухие» В Китае --Сегодня и Завтра»(Sukhoi在中國，今天與明天),Взлёт,2006.11,p.28～31

[45]" SU-33UB SHIP-BASED COMBAT TRAINER"，ВЕСТНИК АВИАЦИИ И КОСМОНАВТИКИ,Russia(6.2000),p34～35

[46]Вздёт,2008.5,p.24

[47]Andrei Formin, "Flanker Story", AirFleet,Su-27技術細節部份

[48]KSU-35型錄

[49] Su-35型錄(可至以下網頁下載http://www.knaapo.ru/rus/products/military/SU-35.wbp)

[50] " Су-35 – четыре с двумя плюсами.", Аэрокосмическое обозрение 02/2005

[51]«Долгий путь к пятому поколению», Аэрокосмическое обозрение, No.4. 2004, ст.44-47

[52]«Двигатели-2012»展覽資料，19.APR.2012

[53]Andrei Formin," Mikhail Pogosyan:consolidation efforts is our primary task",AirFleet 4.2003,p27(Sukhoi公司總經理M. Pogosyan訪談)

[54]Douglas Barrie," Russian Low-Observable Technology Research Detailed",AW&ST(2003.8.10),參考網址：http://www.aviationnow.com/avnow/news/channel_awst_story.jsp?id=news/081103top.xml

[55]А.Н. Лагарьков, М.А. Погосян, «ФУНДАМЕНТАЛЬНЫЕ И ПРИКЛАДНЫЕ ПРОБЛЕМЫ СТЕЛС-ТЕХНОЛОГИЙ», ВЕСТНИК РОССИЙСКОЙ АКАДЕМИИ НУК, том 73, No. 9, с. 848 (2003)

[56]Андрей Формин, «Су-35 в шаге от пятого поколения», Взлёт, No.8-9, 2007,ст.44

[57]«Су-35 скоро встанут на поток», Интерфакс, 07.AUG.2012

[58]«Су-35С испытывают на боевое применение», www.sukhoi.org, 07.AUG.2012

ГЛАВА 3

Su-35BM的航電系統

▲ Su-35BM 901號機上的Irbis-E雷達外觀

有別於4+代Su-27家族是以5代航電技術改良4代系統，Su-35BM的航電架構本身已是五代。其採用第五代戰機的中央運算技術、專家系統、性能直逼主動相位陣列雷達的超級被動相位陣列雷達、取用自五代戰機的多用途L波段雷達與電子支援及電戰系統、探距更遠的光電系統等，讓Su-35BM擁有近乎球型的自主探測視野。另外在人因工程等處也著墨甚多。誠然，與真正的第五代系統相比，Su-35BM的系統就「架構」論並非完全達到五代標準，但以「性能」論卻足以向上對抗技術等級更高的西方戰機(如EKVS-E電腦與Irbis-E雷達)，這一方面也反應了研發人員的務實與審慎的態度。

一、資訊來源與射控系統

主要資訊來源包括X與L波段雷達、光電探測、資料鏈、電子支援(ESM)系統等。

1. Irbis-E「雪豹」被動相位陣列雷達

Su-35BM主雷達為Tikhmirov-NIIP於2004年起為Su-35BM與初期型PAK-FA研製的Irbis-E「雪豹」被動式相位陣列雷達(圖1)。以Bars、Osa相位陣列雷達之成熟組件搭配部分第五代系統改良而成。雖說是「改良」型雷達，但實際上對性能具有決定性的信號產生器與電腦系統等已是新品。Irbis-E的探測距離甚至超越西方主動相位陣列雷達(AESA)，另外在壽命、波束敏捷

▲ 圖1 Irbis-E雷達天線後方特寫，可見行波管分佈

性、能量效率方面雖遜於主動陣列雷達但均較傳統機械與被動相列雷達大幅提高，約達到AESA與傳統雷達性能的平均值。此外其比照五代雷達標準設計，不但是射控雷達，而且還有敵我識別與電戰功能[1]。

相較於Bars，Irbis-E擁有其2～3倍的操作頻率範圍、更先進的天線設計使天線口徑略減至900mm並減輕的同時擁有+-60度的電子掃描視野(Bars是+-40度)，此外其峰值功率高達20kW並移除寄生的L波段敵我識別天線的干擾，加上EKVS-E每秒800億次的浮點運算信號處理能力，使其擁有極大的探測距離。在100平方度之視野內(約10x10度)對RCS=3平方米目標(如MiG-21)之迎面探距達350～400km(探測且測距，另外

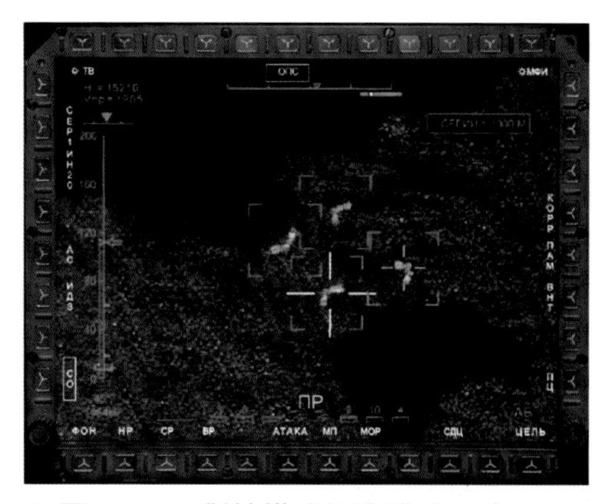

▲ 圖2 Irbis-E對地模式能追蹤4個目標。 Sukhoi

▼ 圖3 Irbis-E空戰模式示意：由上至下分別為「最大視野」、「頭盔瞄準空戰」「垂直近戰」、「近戰」。 Sukhoi

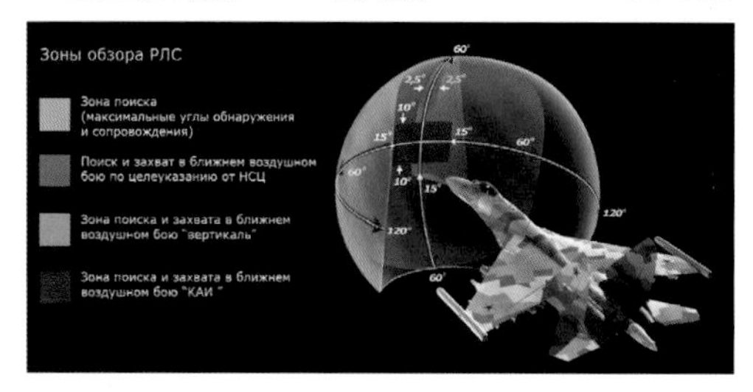

對於5000m高以上以天空為背景的目標探距超過400km)，10000m高空追擊探距(以天空為背景)>150km；若在300平方度視野(約17x17度)視野掃描則迎面探距降為為200km(空中)或170km(低飛目標)，追擊探距80km(空中)或50km(貼地目標)；對RCS=0.01平方米之低被偵測率目標如部份隱形飛機及空對空飛彈之探距達90km。能同時追蹤30個空中目標並打擊其中8個，其中包括4個300km以上目標。對地對海模式時能追蹤4個目標並打擊2個(圖2)，並具有解析度1m的合成孔徑能力；若對空對面模式同時進行則對地追蹤數降為1個[2,3,4,5]。較新數據指出，外銷型對空探測距離為250～300km，追擊60km以上，但未指出是哪一種視野模式[6]。

Irbis-E配有可往復擺動+-60度的EGPS-27機械掃描裝置，以及可+-120度旋轉的旋轉基座。兩者搭配使Irbis-E具有兩大操作特性：〈1〉以機械擺動搭配電子掃描建構水平+-120度垂直+-60度視野(圖3)，此時旋轉台不持續旋轉而是用於平衡飛機滾轉，使雷達的視野能不受飛機滾轉影響，這樣便不會因滾轉而丟失大角度處的目標。上下半球俯仰角超過60度雖是此模式的盲區，但實際上極難有目標(包括匿蹤飛機)能躲到裡面以發動奇襲，因此盲區可視為不存在。此模式下全視野掃描週期受

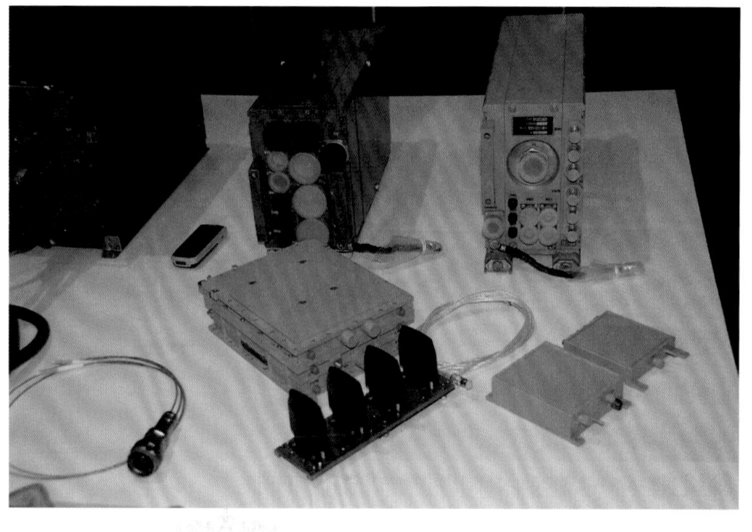

▶ 圖4 Su-35的翼前緣敵我識別系統。右上方為詢問器，左為應答器，黑色者為主動陣列天線

限於機械往復擺動週期，據設計師所言，其擺動速度為每秒120度，故資料更新週期約2秒；〈2〉電子掃描、水平機械輔助、旋轉台三者共同使用，可建構上下左右各120度視野，此時資料更新週期約5秒(據設計師所言，水平擺動機械與旋轉台都是每秒120度)。

Irbis-E強大的探測能力使4架Su-35BM能建構2500～3000km的防衛正面，遠遠大於4架MiG-31建構者(800km)，亦大於任何預警機。搭配超長程飛彈的使用後，Su-35BM相當於一種將MiG-31的攔截與指揮能力放大數倍但又具備絕佳飛行性能的戰機。

關於Irbis-E的詳細介紹與討論請參考附錄四，雙機械輔助設計之研析請參考附錄五，Su-35BM對匿蹤戰機的免疫力與反擊潛力詳見第七與第八章。

2. 4283E主動相位陣列敵我識別系統

Su-35BM外銷型配有採用主動相位陣列天線的敵我識別系統，安裝於翼前緣，用於對空與對海識別，操作在L波段，有北約Mk-XA規格與俄國60R規格的識別模式。迎面識別距離可達350km，水平掃描視野+-60度，垂直方向視野+-60度。由4283E詢問系統與4280MSE應答器組成(圖4～5)，傳輸介面為MIL-STD-1553B與ARINC-429，平均故障間隔3500小時。信號收發由主翼前緣的主動相位陣列天線達成。每個主翼有6個主動陣列模組，每個模組含2對天線，1對用於發射北約Mk-XA識別信號，1對用於俄規60R識別信號。每個模組總口徑約15～20cm，因此6個模組的總口徑約0.9～1.2m。

將敵我識別(IFF)系統由機首移到翼前緣，可以避免IFF天線影響主雷達性能(就俄式雷達的寄生IFF設計而言)，IFF性能也不會受針對X波段優化的主雷達罩影響，翼前緣也有足夠的長度讓IFF天線具備大口徑，以調製出較窄的識別波束，兼具高精度與遠程性能。4238E識別系統的350km識別距離足以支援Irbis-E的探測距離與超遠程射控。

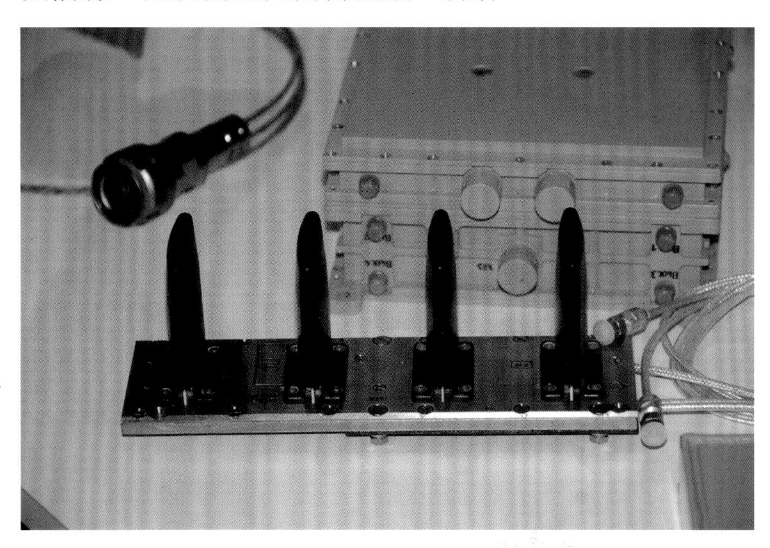

◀圖5 Su-35的敵我識別系統的主動相位陣列天線。含一對俄規60R頻道與一對北約Mk-XA頻道。Su-35的每個主翼有6組這樣的天線

◀圖6 2009年展出的Su-35BM(902號機，上)與Su-30MK(下)，兩者翼前緣天線佈置相同

▼ 圖7 MAKS2011的902號機，翼前緣天線佈局已有大幅修改

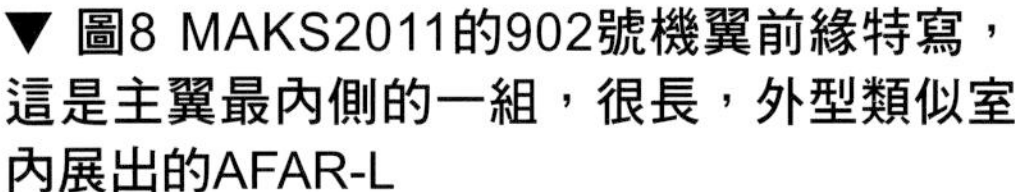

▼ 圖8 MAKS2011的902號機翼前緣特寫，這是主翼最內側的一組，很長，外型類似室內展出的AFAR-L

俄軍版可能有AFAR-L主動陣列雷達

需注意的是，在MAKS2011展出4283E識別系統之前，NIIP與GRPZ的專家曾在航展介紹說，Su-35BM的敵我識別系統自主天線上移除，改為AFAR-L主動陣列天線(AFAR-L是為第五代戰機研發的翼前緣L波段主動陣列雷達)。而在MAKS2011的報導中還有提到4283E是用於「外銷型」戰機的識別系統。因此不能排除俄軍版Su-35採用更精良的識別系統如AFAR-L的可能性。

2011年MAKS展出的902號機的翼前緣便可看到有別於之前的天線配置(圖6～8)，其中在主翼最內側的一組天線長度很長，外型與展出的AFAR-L的天線罩類似，也與T-50進氣道可動前緣上的天線罩相似。另一方面在Su-35S上也可看到這樣的天線配置。因此很可能俄軍的Su-35S上會採用AFAR-L雷達。

關於AFAR-L雷達，詳見第十二章與附錄六。

3. 後視雷達

早期報導顯示Su-35BM將裝備Kopyo-DL作為後視雷達，與之前的Faraon、Osa等X波段後視雷達不同的是，其採用L波段，精確度較差但也因為波束較寬，能較快速完成掃描，達成後半球的警戒目的。Irbis-E雷達的測試影片上便出現與後視雷達共用的畫面。

901與902號機的尾刺末端都安裝減速傘。然而在首架量產型Su-35S上，已見不到阻力傘施放艙門的制動機構整流罩，且外露的RWR天線也不復見，推測可能採用老Su-35或T-50的設計，將阻力傘由尾刺上方艙門施放，這樣尾刺部分方能騰出空間安裝額外電子設備(圖9)。Su-35S尾刺最末端顏色的確與機身部分的黃色略有不同，更接近其他天線罩(主雷達罩除外)的顏色，研判已如同原始計畫般安裝了後視雷達。此外，尾刺中段出現一整圈的銀白色部位，尚不確定為何(圖10)。

不過在2011年12月首飛的Su-35S二號機的尾刺又採用類似原型機的佈局，上面可見到RWR天線，看起來也不像有後視雷達。由於目前Su-35S仍在國家級試驗階段，因此究竟最終是否有後視雷達仍待追蹤。

▲ 圖9 老Su-35的尾刺特寫，其尾刺加粗而能容納後視雷達(圖中白色部分即為雷達罩)，原來該位置的減速傘則移至上方的艙室

▼ 圖10 Su-35S尾刺特寫，仔細觀察可見末端一節顏色與其他黃色部分不同，可能為天線罩。此外中間有一段銀白色區塊，尚不知為何。 KnAAPO

4. OLS-35光電雷達與Sapson-E 光電莢艙

Su-35BM的光電探測儀稱為OLS-35，飛機型錄標示的視野為水平+-90度與垂直-15～+60度，追擊與迎擊探距分別為90與50km。但實際上目前有兩

▶ 圖11 首飛時的902號機已配備光電探測儀，但其整流罩仍與老式光電探測儀一樣碩大。注意其座艙罩的特殊光澤，系特殊鍍膜的結果。 Sukhoi

◀ 圖12 MAKS2009上的902號機，在航展前不久換上NII PP的OLS-35，整流罩明顯較小

種OLS可供選用，其中之一是UOMZ的OLS(官方型號，有資料也稱其為OLS-35)，以及NIIPP的OLS-35。

NIIPP的OLS-35(圖11～12)與目前主流的新世代光電探測儀類似，具備熱成像能力因此能以熱影像進行目標識別等。其對Su-30的追擊與迎面探距在90與35km(不過據廠商指出，實測中抓到過130km外的目標[7])，對20m尺寸目標之成像距離約20km；水平視野+-90度垂直-15～+60度，雷射測距距離對空20km對地30km，重83kg。其瞬時視野10x7.5度。

UOMZ的OLS-35(圖13～15)與主流設計思想不同，其雖然亦採陣列感測器，然其並不用於熱影像識別，而是用於「凝視」150x24度的超大範圍，如此僅需小幅擺動便能完成全空域掃描並能穩定跟蹤目標而較無機械掃描的時間空檔，但缺點是不能進行熱影像識別。其水平視野至少在+-75度，應可透過機械擴展至+-90度，垂直視野-15～+55度，全空域掃描時間4秒，能同時跟蹤4個目標；對戰機追擊距離與迎面距離分別為70與40km，但廠商強調這是「保證探距」，若採計「最大探距」則可達140km(追擊)。其雷射測距距離亦為對空20km與對地30km，重71kg。

NIIPP與UOMZ分別以研究院而有較高科研水準以及量產工廠有成熟技術自居。UOMZ的OLS問世較早，2007年展出的Su-35BM 901號機上便為這款OLS。據NIIPP參展人員透露，當時蘇霍公司仍未向該公司提出合作需求。但2009年莫斯科航展上的902號機便安裝了NIIPP的OLS-35。

單就探測原理觀之，UOMZ的OLS優點是「快而廣」，其幾乎是凝視前半球，因此理論上也有預警功能，而NII PP的OLS-35優點是「精準」(因為可以

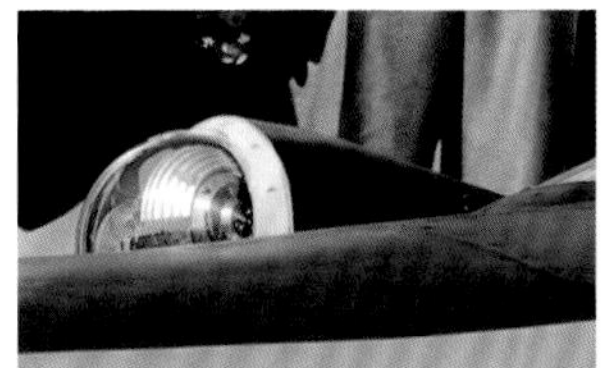

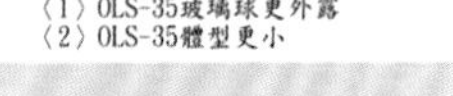

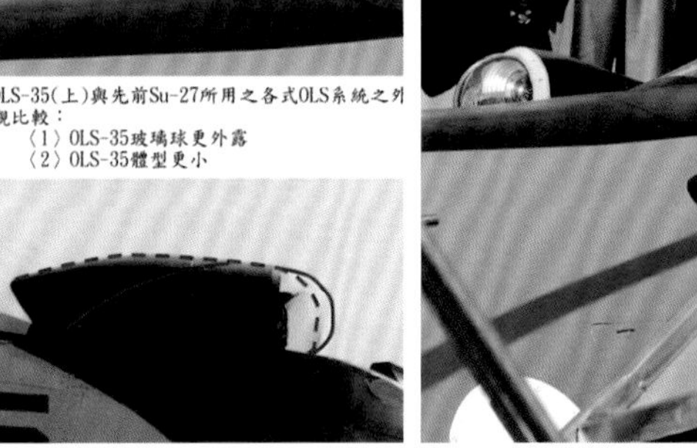

◀圖13 UOMZ的OLS-35與舊式光電儀外觀比較

▶ 圖14 MAKS2007時901號機安裝的UOMZ版OLS，整流罩亦明顯小於舊式光電儀

Su-27SKM的光電探測儀(上)與UOMZ版OLS-35(下)正面比較

▲ 圖15 Su-27SKM的光電探測儀與UOMZ的OLS-35正面外觀比較

成像)但預警能力恐怕不如OLS。但需注意的是，NII PP的方案中除了OLS-35外還有分佈式感測器，用於凝視飛機的球狀週圍，因此在使用其「OLS-35+分佈式感測器」的方案後，飛機將同時具有「快而廣」與「精準」的特性。

在進行對地攻擊任務時，Su-35BM可攜帶UOMZ研製的Sapson-E光電莢艙，其配有電視攝影機、熱影像儀、雷射測距儀與照明儀、以及雷射定向儀。其口徑360mm，長3m，重250kg，使用溫度攝氏-60到+50度。垂直視野+10～-150度，水平視野+-10度，但探測頭可繞軸+-150度旋轉[8]，因此實際上可探測整個下半球。

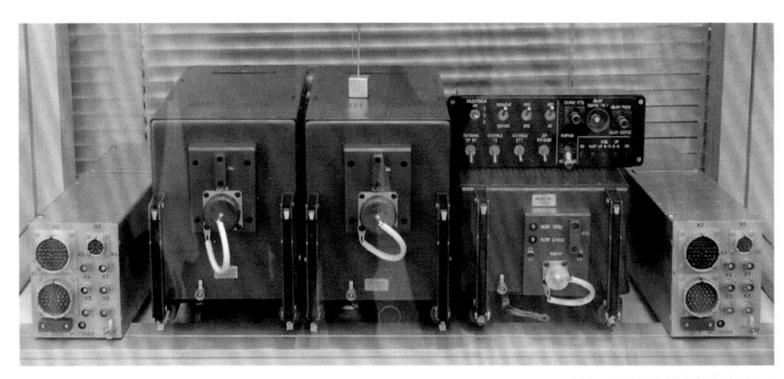

◀ 圖16 SUO-35P武器控制系統(局部)，能儲存90種武器資料

▼ 圖17 SUO-35P的TKN固態負載控制器，是SUO-35P能緊湊化的關鍵元件之一

5. SUO-35P武器控制系統

「武器管理系統」(SUO)簡言之係戰機航電系統與武器系統之媒介，其收到射控命令後，負責武器的發射準備與發射工作。俄系戰機的武器管理系統均由庫爾斯克的Aviaavtomatika設計局研製，每一代都在功能性與自動化上有所提升。

Su-35BM所用的SUO-35P系統(圖16)採用五代戰機武器管理系統原型的開發經驗，在次系統功能分佈、武器準備與武器發射程序等方面均採用新的概念，在製造技術上大量以固態技術取代傳統電機設備。其亦為俄國首種以電腦進行初步設計的SUO系統。與Su-30的SUO-30相較，SUO-35P內存武器參數種類由30種提升到90種。其也是俄國第一種多微處理器武器管理系統，以往許多次系統的功能在此都整合進微處理器內，而以往的電磁式繼電器在此則換為固態負載控制器(TKN)(圖17)。這種固態繼電器於第三屆國際晶片展「ChipEXPO-2005」上以「足以取代進口品」為由得到金牌。

Su-30MKK的SUO-30PK武器管理系統有一項相當特別的功能：以一種稱作LZI的外插模組模擬各項武器參數，讓戰機不需掛真實武器就進行武器發射訓練[9]。這將減少訓練成本。美國也基於同一理由而為F-35開發武器使用模擬軟體。只是LZI是以真實的外插模組來模擬武器使用，而F-35則計劃直接以軟體達成。Su-35BM的SUO-35P理論上當然應繼承上述功能，且由於其擁有更大的記憶容量，故將上述LPI模組之功能整合進系統內並不無可能。SUO-35P內含一種稱為IMI的武器模擬器(圖18)，可能就是用於上述功能。

▼圖18 IMI武器模擬系統

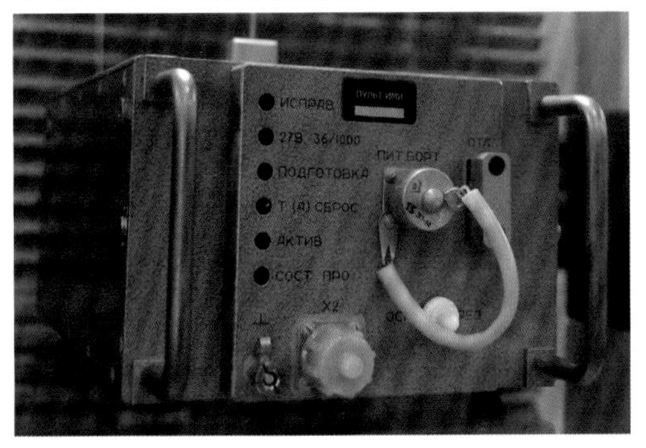

6. 通訊系統與三軍通用資料鏈

Su-35BM採用NPP Polet研製的S-108通訊系統，用於與陸海空同類平台進行語音與資料傳輸，能用於組建機群自主作戰網路，以及集結數個機群。通信波段在2～400MHz，並有一組相當於美製Link-16的AT-E終端機[10]。其外露的天線包括位於垂尾頂端的2個UHF/VHF天線、位於右側垂尾前端的1個HF天線、位於機首下方與尾刺下方的大型勾狀天線、以及位於機背的刀狀天線。(圖19)。

對Su-35BM而言這種資料鏈系統的意義不在於組建戰機間網路，而在於「三軍通用」。俄羅斯在戰機自組網路的發展起步很早，Su-27的TKS-2資料鏈系統便能用於組建16機作戰網路，能讓網路內的成員共享資料，包括足以導控武器的射控參數。唯Su-27與基地台通聯由其他的通信系統達成，且不是三軍互用，因此S-108資料鏈系統的最主要特點是賦予三軍通用通信能力，這與Link-16對原本不具備戰機間資料鏈的西方戰機的意義略有差別。

以下詳述S-108系統之性能及與Link-16的對比。

S-108以米波、分米(公寸)波段用於短程通信。操作頻率在30～400MHz，其中又分為調頻(FM，30～107.975MHz)、調幅(AM，118～137.975MHz)、調頻與調幅(100～149.975、156～173.975、220～399.975MHz)。其中在100～149.975MHz與220～399.975MHz區間可採用跳頻展頻技術(FHSS — Frequency Hopping Spread Spectrum)以增強抗干擾能力。其通信距離對空500km，對地350km，資料更新週期12秒[11]。與之相比，Su-27家族的TKS-2通信系統對空距離同為500km但缺乏對地功能。長程通信頻道工作範圍2～30MHz，含20個工作頻率，資料更新週期20秒。官網未公佈通信距離，但應與TKS-2同在2500km。不過根據MAKS2011航展的訪問資料，S-108還有>1GHz的通信波段。

根據官網資料，AT-E終端機操作頻帶寬255MHz，由此研判其操作頻率範圍可能在145～400MHz之間，正好是使用跳頻展頻技術的區間。跳頻率(Frequency hop rate)每秒78125次，傳輸速率不小於25Kb/s，並擁有16條轉發通道。由此推測網路內能連結的數量遠不只16架。另依據MAKS2011航展訪問資料，其有1GHz通信波段，最大傳輸速度可達1Mb/s。

美製Link-16戰術資料鏈系統操作在L波段，969～1206MHz之間51個工作頻率。跳頻率每秒77800次。語音傳輸速率2.4Kb/s與16Kb/s，資料傳輸速率極限238Kb/s(可升級至2Mb/s)[12]，但平常僅用到31.6、57.6、115.2Kb/s[13]。可將128個單位集結於一個網路內。

經比較可發現AT-E與Link-16頻帶寬與跳頻率方面相當且略優(頻帶寬255MHz對237MHz，跳頻率78125次對77800次)；但操作頻率卻有很大的不同，AT-E除了有類似Link-16的1GHz級波段外，也有145～400MHz的無線電波段。前者最大傳輸速度可達1Mb/s，已相當於Link-16改良後等級。

相當值得注意的是400MHz以下的波段，該波段速度理論上不如1GHz波段，但就電磁兼容與電戰觀點來說卻極具價值。廠商並未公佈AT-E在該頻段的傳輸速率上限，但吾人可以頻率的差異來估算：該無線電操作頻率約為Link-16的1/3，據此估計其傳輸速率的極限約為80Kb/s(Link-16取238Kb/s計)，若比照Link-16取極限之半作為正常使用上限，則約40Kb/s。而若Link-16取升級後的2Mb/s計，則AT-E的400MHz波段的極限可能達666Kb/s，取半數也有333Mb/s。這種速率要傳輸語音與戰術資料不成問題，唯在需要較大速率的影像傳輸方面才需要1GHz波段。

如此一來，400MHz以下頻率範圍便可在滿足多數通信需求的情況下，同時滿足電磁兼容性與抗干擾能力的需求。Su-35BM的作戰波段(探測、敵我識別、電戰)坐落在X與L波段，AT-E完全避開這個波段故可考慮為完全獨立運作，縱而大幅減化無線電系統操作邏輯的設計。而在電戰方面，一般戰術戰機的偵測頻率與主動干擾頻率下限約在L波段，與Link-16的波段接近，因此Link-16有被先進的電子偵察系統偵測以及被先進電戰系統干擾的風險。例如Su-30MK、Su-35BM的電子偵察系統探測下限為1.2GHz，多數美製戰術戰機偵察下限2GHz，理論上皆無法偵測Link-16的信號，但未來AFAR-L操

◀S-108通訊系統。NPP Polet

▶ S-108通訊系統的AT-E終端機。

▲ 圖19 藍色圈選者為S-108通信系統的白色小型刀狀天線，紅色圈選者為飛彈來襲感應器，箭頭方向為鏡頭主軸的概略方向。白色圈選者為雷射警告器。

▼ 圖21 Su-35S-1機首特寫，可見到分佈式光電感測器的分佈。 KnAAPO

作範圍在1～1.5GHz，便可能測得Link-16的信號。此外像SAP-14這種大型干擾莢艙的干擾波段在1～4GHz，亦含蓋Link-16的波段。換言之Link-16會有被偵測與干擾的風險，必須額外仰賴其他先進技術方能確保安全。而AT-E則可以完全避開此一區域，即使是某些先進預警系統與干擾機的頻率下限達500MHz也尚未涵蓋AT-E的操作區間，因此一般戰術戰機將無法監聽與干擾之。另外也由於S-108操作波段與Su-27家族的TKS-2相同，因此可能也有與舊機群相容的考量。

因此AT-E的波段選用可能是綜合考慮了傳輸需求、電磁兼容、電戰適應性、以及舊機相容的結果。

◀ 圖20 分佈式光電探測器(右)與雷射預警器(左)，能用於Su-35與MiG-35

▼ 圖22 35S-1機首特寫，可清楚見到OLS-35與分佈式光電感測器。 KnAAPO

7. 預警系統

Su-35BM採用全新的電子支援系統(ESM)。按官方型錄，其預警系統包括雷達預警系統(RWR)、雷射預警系統、以及飛彈來襲警告系統。

分佈式光電預警系統

在901與902號機皆未見到的光電預警裝置在量產型Su-35S上首見，由專精太空光電系統的「精密儀器製造科學研究院」(NII PP)研製。共含6個紅外線感測器與2對雷射感測器。紅外線感測器分別位在機首左前方(鏡頭主軸對著前上方)、座艙蓋後方(鏡頭對著後上方)，機首正下方(兩個鏡頭，一個對著前下方、一個對著後下方)，以及機首側面(緊鄰雷達罩)(圖19～21)，每個感測器個負責約+-45度視野而共同構成球狀視野。據NII PP網站資料，這些感測器用於偵測空中目標與飛彈的3～5微米紅外線訊號，識別並追蹤之，判定威脅等級，並在多用途顯視器上顯示空中目標與威脅等級，還可透過語音介面發出威脅警告，定位誤差小於1度，並且能對近距離周圍成像，以用於近距空戰與導航[14]。

同公司為MiG-35研製的紅外線感應器能在50km發現目標並在5km追蹤之。須注意的是，MiG-35所用的紅外線感測器包括2個分別負責上下半球的魚眼鏡頭，像差較大，而Su-35S的6感測器設計中每個只需負責+-45度視野，甚至不同感測器視野可能彼此交會，精確度很容易便超過MiG-35所用者。合理推測Su-35S的紅外線預警系統最大偵測距離至少與MiG-35同級，在50km或以上，追蹤距離則應超過5km。就距離看，這已超越絕大多數飛彈預警系統，僅次於Su-35S自己的Irbis-E雷達。此外，飛彈感測器的整流罩外型平滑，從未塗裝照片可觀察出整流罩與附近蒙皮是一體式的複合材料部件，可能是考慮了匿蹤設計的結果。

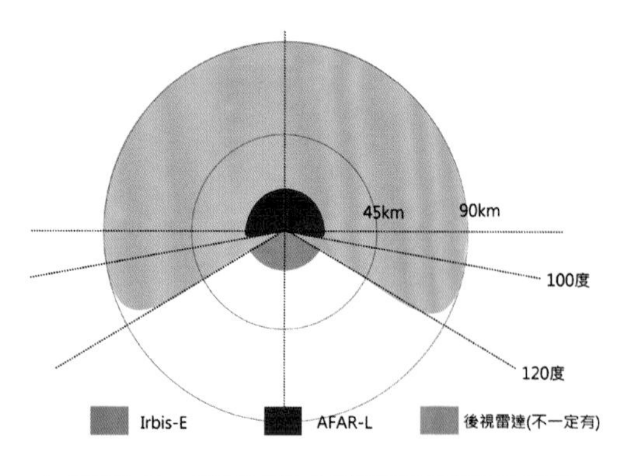

▲ 圖23 Su-35BM自主飛彈預警範圍示意

雷射警告器位在機首兩側，各1對(圖22)，分別負責左右半球。其偵測1～1.7微米、脈衝重覆頻率0.1～100Hz的雷射波束，誤差小於5度[15]。

主動雷達預警

除了被動預警外，主動雷達也能預警。Irbis-E雷達搭配機械掃描後具有240x120度(資料更新率約2秒)或240x240度(資料更新率應在5秒左右)的視野，擁有足夠的即時性，能在遠達90km發現來襲空對空飛彈。後視雷達(如果有)的飛彈預警距離亦估計在15～20km左右(不論採用X波段或L波段差距不大)(圖23)。

被動雷達預警

歐美自四代機起亦紛紛將電子支援系統視為整合系統發展，其似乎已成為戰機上最複雜的航電系統，甚至幾乎已成為比雷達還重要的探測系統。例如美國F-22的ALR-94以及法國Rafale的Spectrum等，在這些飛機上主動雷達反而像是輔助探測系統。例如美國的ALR-94能接收460km外的戰機類輻射源，並能在一定距離內以被動方式定位並導引AIM-120飛彈執行反輻射作戰。Spectrum系統亦類似，甚至還整合了光電偵查系統與警告系統。由文獻[16]「2005～2010年間研製的21世紀戰機電腦系統運算能力分配概念圖」中可見，其電戰系統的傳輸頻寬需求以及資料運算能力居四大底層系統(雷達、光電、電戰、飛行)之冠：其傳輸頻寬與資料處理需求大於等於雷達與光電系統之總和(但信號處理需求較低)，由此可窺見俄國在這方面正緊跟著潮流。而由Su-35BM的計算系統性能已達到或超越該圖所示數據推測，Su-35BM可能已跟上潮流。

Su-35BM以150個分散在機身各處的天線與感測器作為資訊來源[17]，構成所謂的「智慧蒙皮」，意指感測器多到彷彿蒙皮就有感知能力一般。即使將雷達、通信、大氣數據等感測器扣除，仍有極大量的感測器，這些可能就是用於電子偵察，KnAAPO官網甚至乾脆以「電子偵察系統」稱呼之。據官網資料，Su-35BM的電子偵察頻率範圍由4+代戰機的1.2～18GHz大幅擴增至1.2～40GHz[18]。相較之下美國海軍要用到2020年的AN/ALR-67V3偵測範圍才擴展至2～40GHz[19]，JAS-39基本型是2～18GHz，升級後可擴張至2～40GHz甚至0.5～40GHz[20]。

此外吾人還可由已知系統推估第五代電子支援系統的性能：

〈1〉 在探測距離方面，美製ALR-94的460km探距其實只是一個物理特性的必然結果：主動探測雷達的信號「有去有回」中間又碰到目標而散射，而被動接收時，輻射源的信號只是「單程」且直接被我方接收機接收，因此在硬體技術等級與主動雷達同步的情況下，被動接收理論上可以達到主動探測距離的2倍以上。F-22對戰機探距達200km以上，以這樣的技術要在400km以上被動接收在硬體上是很簡單的。只是在接收信號後要有強大的處理能力來解讀。Su-35BM的雷達在峰值相當於APG-77的情況下探測距離甚至超越後者，故在硬體上同技術等級的RWR探測距離應可達到ALR-94的等級，另外Su-35BM的處理能力至少超越早期的F-22，因此其RWR性能應不下於ALR-94。

〈2〉 以RWR被動定位並進行反輻射作戰亦並非ALR-94首創，90年代的戰機多具備此一特性。例如老Su-35等4+代戰機的SPO-32(L-150)便能進行精確度2～3度的被動定位，並導引反輻射飛彈攻擊目標。ALR-94可能還有更高的精確度，此外F-22另一個優勢是在其新型AIM-120飛彈可切換至反輻射模式，因此F-22對戰機的反輻射作戰是以AIM-120這種高機動行飛彈去執行。而俄系戰機目前用於空戰的反輻射飛彈是R-27P/EP，其採用專用的被動導引頭，不像AIM-120那樣可以自由切換，而R-27P/EP機動性也較差。但目前俄國已推出主被動複合導引頭。

〈3〉 Su-35BM的預警系統由極大量的分佈式天線構成，意味著其仰角含蓋範圍可能更廣(超過L-150的+-30度)，精確度也可能

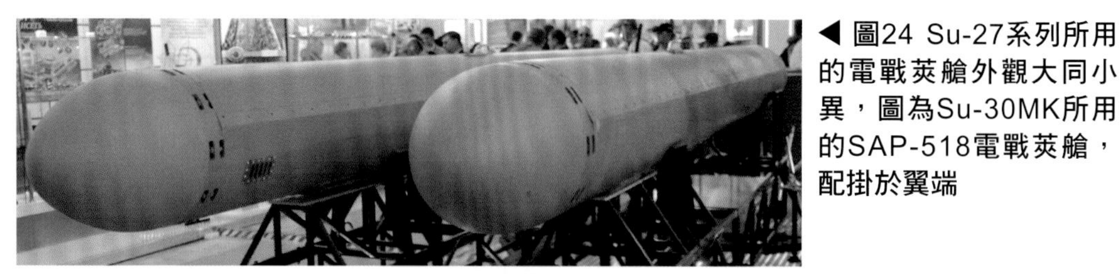

◀ 圖24 Su-27系列所用的電戰莢艙外觀大同小異，圖為Su-30MK所用的SAP-518電戰莢艙，配掛於翼端

▲ 圖25 Omul電戰莢艙效果示意，圖中其在飛機周圍形成假目標以誘騙飛彈

▲ 圖26 Omul莢艙運作示意，圖中2架飛機一起進行干擾

▲ 圖27 可回收的拖曳誘餌，幾乎是小型空對空飛彈的大小。但基於安全顧慮，廠商不建議回收

更高。

因此基於現有各項資料交叉比對，可以估計Su-35BM與五代戰機的電子支援系統應有ALR-94等級的性能。與西方最先進系統相比，Su-35BM帳面上的缺陷是0.5～1.2GHz這一範圍的偵測能力，然而需注意當對手是美系防空系統時，幾乎不會有低於1GHz的作戰波段。

二、自衛系統

Su-35BM可於翼端掛載主動電戰莢艙，目前有卡魯加無線電工程研究院(Kaluga's Research Institute of Radio Engineering，KNIRTI)的L-175M與中央無線電研究院(CNIRTI)的Omul主動干擾莢艙可供選擇，另外據稱使用PAK-FA所用之新型自衛系統，當然也有最傳統的雷達、紅外誘餌。

主動干擾莢艙能保護自身，亦能

保護機群[21]。自衛用莢艙配備於翼端，干擾頻段在4～18GHz，團隊防護用莢艙干擾頻段則在1～4GHz[22]。2009年莫斯科航展展出了多種干擾莢艙(圖24)，共通點是都採用數位射頻記憶體(DRFM)，能短時間(10～100奈秒)複製出對方信號，而形成多種形式的干擾。以CNIRTI的Omul干擾莢艙(圖25～26)為例，操作在G～J波段，干擾範圍水平+-60度垂直+-30度，同時操作在4種頻率，採用數位射頻記憶體，能以噪音、假距離、假速度、假方位、閃爍目標或其混合等模式干擾。影片展現不同飛機的Omul干擾機共同干擾一個目標的操作方式。白俄展出的一種同樣採用DRFM的干擾機據稱有90%的成功率。儘管Su-35BM並不算匿蹤戰機，但已將RCS降至MiG-21至F-16的水準，這讓其電戰手段有更高的成功率。

所謂「PAK-FA所用之自衛系統」為何？依據有關俄國自衛系統發展之資料研判，可能包括：〈1〉拖曳誘餌〈2〉主動誘餌〈3〉Su-47上測試的「電漿誘餌」。

MAKS-2009期間展示了若干種拖曳式誘餌。有的還設計成可回收式(圖27)，但廠商不建議回收，認為回收太麻煩甚至有危險。拖曳誘餌的體機頗大，彷彿小型空對空飛彈，甚至還有控制面，應不適合應付大量威脅且會占用掛架。另外，MAKS-2009展出了與干擾絲同尺寸的主動誘餌(圖28～30)，能以50mm口徑的誘餌發射器(如

圖28 可於50mm誘餌發射器發射的主動誘餌

▲ 圖29 兩種主動誘餌，左側的干擾源在誘餌尾端，右側者干擾源在前端

▼ 圖30 向後干擾型主動誘餌運作示意

Su-27的APP-50)發射，能主動發射電磁波達6秒，並有干擾天線在前與在後兩種版本，使用時飛機可依據威脅方向而選用主動誘餌的種類。

相當值得注意的是Su-47測試的「電漿誘餌」。據報導其是在飛機的某些部分建立「燃燒區」而產生電漿，依據電漿性質的不同而能干擾雷達、紅外線、雷射等。「燃燒區」這個用詞容易讓人誤以為是飛機要攜帶特殊物質去燃燒，但實際上所謂的「燃燒」其實是俄文中「維持電漿」的術語。因此這種「電漿誘餌」實際上是在飛機的局部產生電漿，透過電漿性質的改變去干擾敵人，因此並不是一般的「實體誘餌」。雖然目前無法得知這種「誘餌」的詳細機制與效果，但至少足以推測，這種「誘餌」的「數量」是很多或是無限量的(註1)。

不過並不能確認Su-35BM是否擁有這種電漿誘餌技術，此外，其仍在尾刺部分裝有傳統的誘餌發射器。

(註1：倘若其僅是單純的將周圍空氣電離成電漿，則其運作僅耗電能，且「誘餌」僅在被攻擊時才使用，因此使用時間很少，「數量」理論上無限；若有特殊需求而需自帶特殊氣體，則氣體的總量會限制「誘餌的數量」，但即便如此，如在低溫電漿的濃度範圍內(干擾雷達波之電漿，理論上便在低溫電漿範圍)，以及誘餌「局部」及「短時間」使用的情況下，所需的氣體量極為稀少，理論上幾公克或幾十公克的原料就可以提供極「大量」的誘餌。)

▲ **圖31 Solo01～05電腦，構成Su-35BM的中央運算核心**

三、中央運算系統：EKVS-E與Solo系列電腦

Su-35BM的其中一個第五代特徵便是機上系統的「大一統」架構，與過去各系統彼此獨立最後再以層層的高級系統加以整合不同，第五代戰機的航電設備很多在設計之初便視為一個系統進行設計，並且相當低層級的資訊便已整合進高階系統中，這樣一來低層級系統或感測器的故障較不會影響全機運作，戰場生存性較高。例如所有與飛行、控制有關的系統在Su-35BM上只是單一的KSU-35控制系統，而全機的資訊則以EKVS-E電腦系統做為唯一的運算平台。

俄系戰機最為人詬病的，就是有漂亮的機械性能(飛行性能、武器等)但卻有非常不友善的人機介面與非常落後的電腦。這使得分析俄系戰機與歐美戰機的性能差異時存在風險：經過好的射控電腦的安排，射程50km的飛彈可經常發揮接近50km的射程，反之其射程可能掉到20km不到；但是如果飛彈射程硬是比別人多一倍兩倍，那麼即使電腦不夠好，讓飛彈實際射程大打折，其能打擊之距離甚至有時比前者大。那麼，何者為優？不打仗沒人知道。

自Su-35與MiG-29M等4+代戰機開始引入玻璃化座艙及專家介面、西方商規處理器等。Su-30MKK、Su-27SKM的BTsVM-486中央電腦進一步採用Intel 486 DX2-50晶片[23]，較幻象2000-5所用者為佳(據說為16位元處理器)，而幻象2000-5是當時電腦系統最佳的在役戰機。是以Su-30MKK輔一問世便被喻為「可立即投入使用的最先進戰機」。但與當時歐美開發中戰機相較，Su-30MKK仍大有不足。例如F-22、EF-2000等均有每秒運算100億次或更快的中央電腦，這些戰機乃至僅為3代半的F-16E/F等甚至引入光纖做更高頻寬的資料傳輸。

俄國在設計MiG 1.44便應用了類似F-22上的「以單一的電腦系統處理全機資訊」之概念，並在其Gamma-1106數據紀錄器中引入光纖通訊技術[24]。100億次級超級電腦則在Su-33UB(1999年)開始試驗[25]。這些技術確定落實於4++代戰機上，如2006年問世的4++代戰機MiG-35開始引入光纖通訊技術，傳輸頻寬提昇為舊系統的100倍[26]。Su-35BM在各主要顯示器、部份電腦、以及導航系統上應用了光纖通訊技術，並確定擁有運算能力數百億次級之電腦。

Su-35BM的中央電腦是被稱為「未來電腦系統」的EKVS-E[27]，其由多部功能不同的Solo系列電腦構成。Solo系列電腦是設計來供航空、運輸、工業界解決複雜程序的RISC規格高速電腦，共有5款：Solo-01～05(圖31)，主要功能分別為信號處理、資料處理、影像處理、通信與自動控制、類比-數位轉換等。此系列電腦在運算速度、容量、傳輸頻寬上都大有進展。例如Solo-01便採用1個時脈500MHz的資料處理器與32個時脈500MHz的信號處理器，共2.5GB的隨機存取記憶體(RAM)以及共1GB的唯讀記憶體(ROM)，每秒至多能處理800億個浮點運算指令；Solo-02則有4個時脈500MHz之資料處理器、共2GB的RAM與共2GB的ROM。至於03～05型亦採時脈300或500MHz之處理器，03型的浮點運算能力亦為每秒

EKVS-E組成電腦性能簡表

型號	Solo-01	Solo-02	Solo-03	Solo-04	Solo-05
用途	影像、數位信號	資料、控制	影像、類比與數位轉換、控制	通信、控制	類比-數位轉換、信號、控制
資料處理硬體	500MHz*1 512MB(RAM) 512MB(ROM)	500MHz*4 2GB(RAM) 2GB(ROM)	500MHz*? 記憶體不明	300MHz*? 記憶體不明	300MHz*? 記憶體不明
信號處理硬體	500MHz*32 2GB(RAM) 128MB*4(ROM)	0	500MHz*32 記憶體不明	0	不明
資料處理能力	5億次/秒	20億次/秒	?	?	?
信號處理能力	800億次/秒	0	800億次/秒	0	80億次/秒
1Gbaud光纖	x1(影像輸出)		x1(影像輸出) x4(資料交換)		x1(影像輸出)

800億次，05型則為80億次。大都配有符合MIL-STD-1553B、ARINC-429、RS-232C、Ethernet等規格之傳輸介面。其中01、03、05型各有1條用於圖表輸出的光纖頻道，03型另有4條光纖資料交換通道。除03型重20kg外，其於重量均在10kg上下，主要模組均以歐洲「Euromechanics」標準製造。除04型採普通空氣冷卻外，其餘均採加壓氣冷。

由相關文獻得知，EKVS-E是一種折衷發展的產物。在發展EKVS-E時俄國仍缺乏像美國那樣的寬頻中央資訊幹線之規格與研發經驗，故無法像F-22的中央電腦一樣落實真正的「單一電腦、單一資訊幹線」架構，而是由略有分工但採用共用軟體的五部獨立但可一定程度互用的高效能電腦，搭配加強頻寬的傳統傳輸介面以及局部使用寬頻光纖，以構成全機的「單一」運算平台。此種架構在長遠發展上當然不如F-22採用的架構，但相對簡單因此很快就研發完成，甚至預留了相當程度的運算量與記憶容量供未來擴充使用。EKVS-E在硬體性能上已遠超過

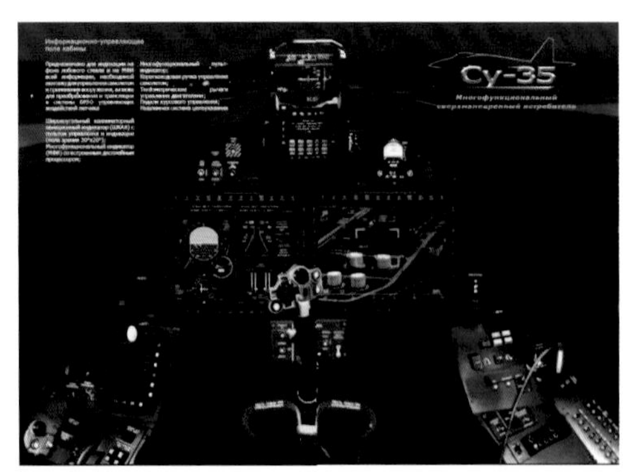

▲ 圖32 Su-35BM座艙配置示意圖，完全移除傳統儀表。 Sukhoi

2005年時預定的需求，與F-22所用的中央電腦相比，在運算速度與記憶容量方面都大得多，而且由於採用的是晚了約10年的商規元件，使EKVS-E在效能超越之餘，可以僅用氣冷而不需液冷，體積與重量均較F-22所用者還小。由此可見Su-35BM與西方最先進戰機的電腦性能已可比擬。至於全新架構的電腦也已完成，用於第五代戰機PAK-FA，關於第五代航空電腦設計思想與技術細節，詳見附錄八。

四、人機介面及人因工程

Su-35BM的座艙已完全玻璃化，完全移除傳統儀表。座艙顯示器配置以正面兩個15吋的MFI-35液晶顯示器為主體，1具含平視顯示器的抬頭顯示器IKSh-1K，以及位在飛行員左側、燃油杆前下方之MFPI-35武器與次系統操作面板(圖32)。上述顯示器均具有高對比度，於直射陽光下亦能判讀，均能手動或自動調整量度與對比度，也都具有光纖通道，MFI-35與MFPI-35之大修週期(MTBF)均大於飛機本身的最大壽命。另有在儀表板右上角設有1個備份用的飛行資訊顯示器。

人機介面屬於專家介面，機載電腦依任務需要改變資訊的選取與顯示方式，只顯示有用的資訊與策略建議給飛行員[28]。專家化座艙自老Su-35開始陸續達成[29]，但Su-35BM有更強大的電腦故能應用更完善的專家系統，由文獻[30]所示數據研判，Sol0-02資料處理電腦約3/4運算量(每秒15億次)使用於專家系

◀ 圖33 MFI-35多用途顯示器，也用於Ka-52攻擊直升機

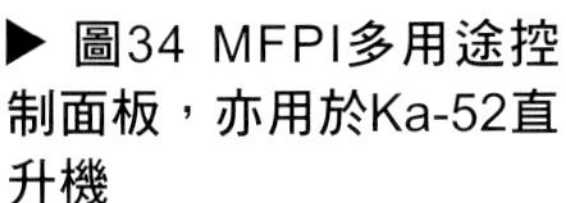

▶ 圖34 MFPI多用途控制面板，亦用於Ka-52直升機

統。關於專家系統詳見附錄九。

俄製頭盔顯示器(HMD)已在研製中[31]，但筆者向生產頭盔瞄準具的UOMZ公司及研製頭盔顯示器的RPKB訪問確知，Su-35BM並不會採用頭盔顯示器(HMD)，而僅有頭盔瞄準具(HMS)。RPKB參展人員表示，其HMD仍在研製中，並否認HMD未採用是來自技術性原因，僅表示現有的配置「已經夠用了」。事實上，Su-35BM的對手機種的頭盔顯示器也大都尚在研發中。

1. MFI-35液晶顯示器

MFI-35(圖33)多用途顯示器螢幕尺寸15吋，能顯示5種尺寸之畫面，具光感應器而能自動調整亮度與對比。含40個操縱按鍵(顯示器週圍)與2個用於調整亮度與輸入參數的旋鈕。重12kg，連續工作時間12小時，大修週期(MTBF)7000小時。其能顯示圖表、電視影像、或將兩者重合顯示，並能分割畫面。其高頻寬傳輸介面(1Gb/s光纖輸入)使其能顯示高品質的電子地圖，Su-35BM之導航系統便含電子地圖模式，並有光纖通道對外輸出。

▲ 圖35 IKSh-1K抬頭顯示器，與西方HUD類似，也附加上顯示必要資訊的液晶顯示器

資料介面方面，MFI-35有1條頻寬1Gb/s之光纖輸出通道用於影像記錄；16條ARINC-429輸入通道及1條1Gb/s光纖輸入通道；4條ARINC-429輸出通道；MIL-STD-1553B規格主線與備份線各一；並含RS-232及Ethernet介面。

2. MFPI-35多用途控制面板(取自型錄)

MFPI-35多用途控制面板(圖34)是飛行員與機上系統的主要溝通媒介之一，相當於將以往整個儀表板上複雜的操控功能整合為一。可以說，Su-35BM的控制介面主要就是操縱杆與MFPI-35。其主要負責較為複雜的控制與作戰層次的選擇，例如能依據情況選擇航電系統的模式與MFI-35顯示器上資訊呈現方式等，這些戰況大致分為「與目標的資訊接觸」、「將團隊引入空戰」、「遠程空戰」、「近距

▼ 圖36 採用固態圖形產生器的HUD與現有產品的大小比較

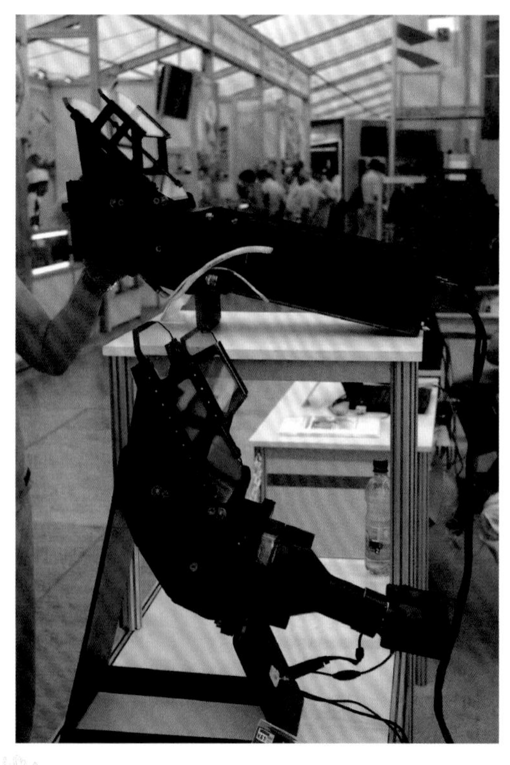

空戰」、「遠程對面攻擊」、「近距對地攻擊」、「導航、低空飛行、機隊間導航」等。[32]蘇霍設計局於90年代在編號712的老Su-35測試多用途控制面板(位在節流閥前)，並在Su-27SM上首次採用(不過改放到主儀錶板正中央，兩個主顯示器之間)，Su-35BM上則用回當年712號機的配置。

螢幕尺寸4吋x5吋，解析度768x1024像素，同樣具自動調光功能，含22個操縱按鍵與1個用於調光與輸入參數的旋鈕。重5kg，連續工作時間12小時，大修週期(MTBF)8000小時。其能顯示圖表、圖表與影像之合成。資料介面有1條用於電視影像的1Gb/s光纖通道，12條ARINC-429輸入通道與1條1Gb/s光纖輸入通道，2條ARINC-429輸出，MIL-STD-1553B主線與備份線各一，亦具有RS-232及Ethernet界面。

MFI-35與MFPI-35目前用於Su-35BM與新式卡莫夫直升機(Ka-52等)。

3. IKSh-1K抬頭顯示器(取自型錄)

IKSh-1K抬頭顯示器(HUD)(圖35～36)附加了用於顯示最重要導航與飛行資訊的平視液晶顯示器。其HUD部分最大可視範圍30度，距離45cm時為25.4度x21.5度。這款HUD除能顯示圖表外，還能顯示電視影像。複合顯示時，其可自行調整圖表亮度使達電視影像亮度之1.5倍以上以求清晰。其資料傳輸介面除ARINC-429與MIL-STD-1553B規格外，亦有傳輸電視影像的1GHz光纖通道。其耗電量100W，重22kg。

4. 人因工程

Su-35BM與4+代很大的差別在人因工程著墨甚多，型錄上表示配有「飛行員狀況管理系統」(Pilot performance control system)。關於此系統並沒有特別新的資訊，但按早期報導顯示，除了大部分工作可由飛機自動完成(起降、空中加油)減少飛行員負擔外，他配有飛行員狀態監視系統，藉由系統與飛行員「問答」等結果來監測飛行員生理與意識狀況，供機載電腦參考並回傳至地面，減少事故發生，座艙內亦能藉調節溫度等參數以提供飛行員舒適環境，據報還設有語音輸入介面，能操作於各種噪音下並辨識飛行員在生心理壓力下之聲音變化[33]。

雖然俄系武器常以「對使用者不友善」著稱，但在航空領域似乎並不全然如此。早在Su-27基本型，其操縱杆便已是「歪一邊」安置，而使飛行員手腕可不必過度偏折，長時間使用較不疲勞；Su-27的語音警告系統採用溫柔的年輕女性的聲音，可能是考慮到以此降低已處在極限狀態的飛行員的心理壓力。而Su-27所用的K-36DM-2彈射椅雖被搭乘過的西方飛行員指為「座椅太硬」，但其是目前救生率最高的彈射椅。實務上，K-36D幾乎允許在任何可以想像的極端環境下成功彈射(低空0～1400km/hr，高空3馬赫，相較之下，歐美彈射椅只能確保在1000km/hr以下安全彈射，理由是在這速度以上彈射機率不超過2%)，並且允許飛行員返回飛行行列[34]。

Su-35BM採用K-36D-3.5E彈射椅，算是4+代版的K-36D並且符合歐美標準，重量更輕且性能更好。重約80kg；採用KKO-15供氧與飛行員保護系統時操作高度0～20000m，速度範圍海平面0～1300km/hr，高空2.57馬赫；使用KKO-5供氧與保護系統時操作高度增為25000m，速度範圍增為海平面0～1400km/hr，高空3馬赫；以空速278km/hr倒飛時安全彈射高度由95m降至46m。先進的電子系統讓反應更快，彈射更安全舒適，例如可根據飛行員重量、飛機G值(850km/hr以上時)調整火箭出力以增加舒適性、安全性與提高低空低速彈射成功率等等。

Su-35BM還將使用為五代戰機研製的「非接觸式操縱杆」(圖37)，這種操縱杆以電磁感應方式將控制鈕的信號傳送出去，因此控制鈕可以更合理、更緊湊的安排在較小的操縱杆上，一方面使用起來較舒適，二方面由於操縱杆上整合更多功能因此讓「手不離杆」原則進一步落實。

五、其他可能系統與特色

本段將介紹一些在Su-35BM相關報導中「名不見經傳」(尚不確定型號)但在Su-30MKK與Su-33UB等戰機上已落實的一些符合第五代戰機特性的設備或設計，這些設備或概念理論上亦會用於Su-35BM與五代戰機。

1. 自動空戰功能

俄式戰機頗強調自動化，Su-35便具自動逼近目標並發射武器之功能[35]。自動化的追求到Su-33UB發揮的淋漓盡致：飛行員於機砲空戰時只需選定目標並扣板機即可，不需思考怎麼開飛機[36]。

2. 遙控檢測與即時資訊分析

F-22所具有的資料鏈遙控檢測功能(即以資料鏈傳回戰機自我檢測結果，或由地勤遙控檢測機上狀況等)於俄國確定在Su-30MKK上實現。Su-30MKK憑藉的是由Aviaavtomatika設計局研製之AIST-30即時資料分析系統，包括機上的BIAVS分系統(處理器16MHz，容量32Mb)及地面的NIAVS分系統，兩者由資料鏈相連(圖38～39)。簡言之，BIAVS是飛機與NIAVS聯繫的媒介，讓NIAVS更快的運算速度和更大的資料庫(用Intel的Pentium-200處理器；處理速度200MHz；RAM容量32Mb；紀錄器容量2.1Gb)來「擴充」飛機的功能。遙控檢測只是AIST-30的附屬功能，其主要功能是分析資訊並以之規劃飛行路徑及提供建議等，也用於導航、編隊內精確定位、黑盒子(助於找到失事飛機)。據稱是功能最多的資訊分析系統[37]。除了AIST-30外，2007年莫斯科航展時Aviaavtomatika設計局型錄中還有稱為IASRV-R的資訊分析系統，以及KARAT-B系列資料記錄與分析系統，兩者都具有空中與地面部份，能透過無線電讓地面站台得知飛機狀況並進行即時分析，其中KARAT-B其實本身就是一種「黑盒子」(圖40)，也應用在運輸機上。由以上資訊可知，透過無線電讓

◀ 圖37 Su-35BM的「非接觸式操縱杆」系移植自五代戰機。這種操縱杆更緊湊、功能更齊全、更符合人體工學

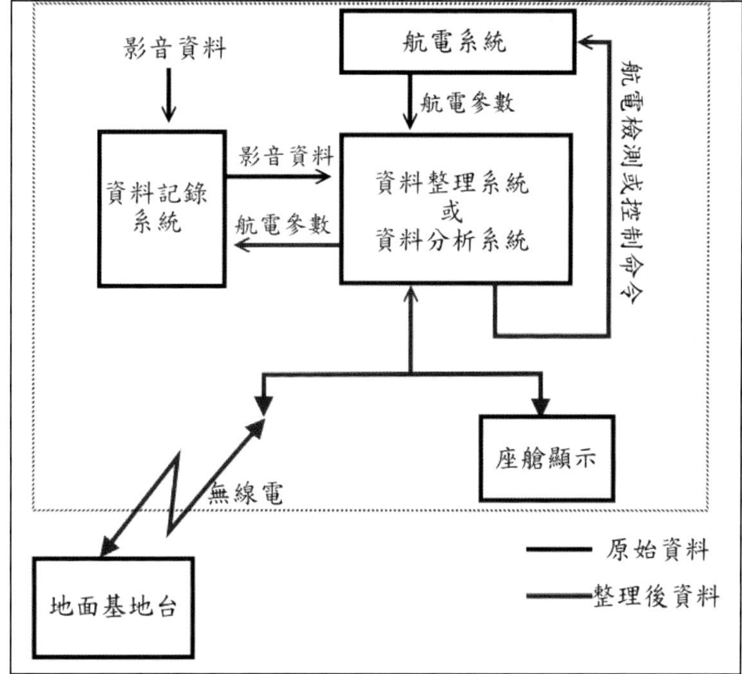

▶ 圖38 新一代戰機的飛行資料會即時傳輸給地面站台，地面人員能即時掌握機上資訊，必要時可由地面系統或專家進行機上狀況分析或提供協助

◀ 圖39 用於MiG-29的Zhuravl資料記錄與分析系統，左二為機上部分，右二為地面部分。地面分系統接收資料後將訊息傳給桌上型電腦或筆記型電腦進行記錄與分析

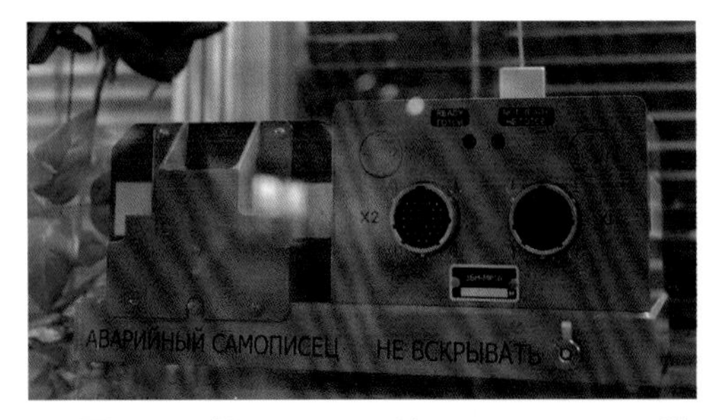

▲ 圖40 用於MiG-29K的Karat-B-29-02資料記錄系統。Karat-B是一種新一代軍民用資料記錄器家族，能將資料透過無線電傳給地面中心外，本身也是「黑盒子」

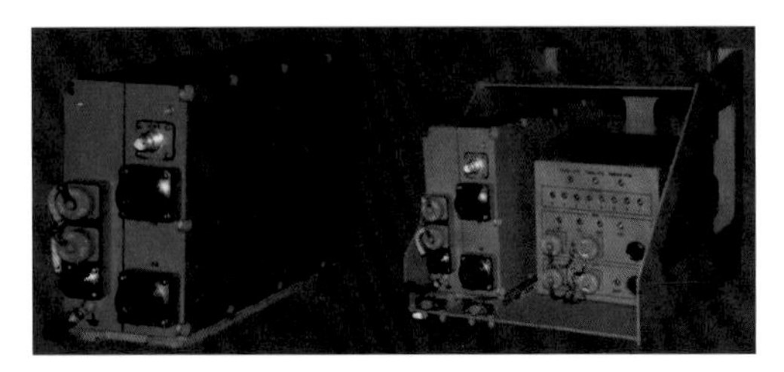

▲ 圖41 著陸衛星系統的機上部分LSS-A(左)與地面部份LSS-LS(右)。GRPZ

地面隨時掌握機上資訊已成為目前俄系戰機的標準配備。關於這種新型資料記錄系統詳見附錄十三。

這種功能在軍事上有助於提升後勤效率：由於地面站台在飛機著陸前便了解飛機狀況，故地勤可省略許多檢測工作。甚至飛機未落地，料件便已送達。而在平時這種功能有助於提升軍民用飛機之飛安：當前的軍民用飛機在失事後，在飛機殘骸未尋獲之前，往往只有失事前與飛行員的無線電語音通信得到的片面資料可供分析，因此空難的真正原因以及空難當時的機上狀況須待尋獲「黑盒子」後方能知曉。而上述將黑盒子資料及時傳給地面的功能讓地面人員能隨時掌握機上資訊，在有危安因素時提供飛行員解決之道，如此便可降低空難發生機率。

3. 自動著陸

早期報導指出Su-35BM將具有自動著陸功能[38]，這種消息的可能性為何？俄方又有何技術背景？

俄格洛莫夫試飛院於1996年起因應空中加油的導航需要(在大空域搜尋加油機，以及加油時精確定位)開發了「衛星-無線電導航系統」(Satallite-Radio-Navigation-Kit，SRNK)，是一種以衛星、無線電進行不同SRNK系統之間精確定位的系統，該系統在滿足空中加油需求後(相對位置誤差2m，速度誤差0.01m/s[39]，開始朝全自動降落功能發展。至2000年至少完成34次全自動降落試驗。據稱將裝備改型飛機和未來飛機。2007年莫斯科航展上梁贊儀器工廠(GRPZ)的型錄上便有一種稱為「著陸衛星系統」(Landing Satellite System,LSS)的相對定位系統(圖41)，雖然不能確定其與上述SRNK系統的關連，但其運作原理是一樣的。LSS分為機上的LSS-A(3kg)以及地面的LSS-LS(15kg)，系統自主定位時位置誤差20m，速度誤差0.1m/s，但當啟用雙系統進行相對定位時(以無線電相連彼此校正)，位置誤差降至0.5～0.7m以下，速度誤差0.05～0.07m/s。參考美德X-31自動著陸研究計畫開出的需求，LSS系統僅數十公分的位置誤差已大致滿足全自動降落的定位需求(註2)。因此在Su-35BM量產前這種技術應已有一定的成熟度。

(註2：用於自動著陸研究的X-31的相對定位需求在「公分級」[40]，精度可能比

LSS系統還高，不過進行該研究的X-31探索的不只是自動著陸，而是超短距高攻角著陸，其已測達以45度攻角著陸，並朝「以70度攻角著陸」邁進(這裡提到的「著陸攻角」係著陸過程中逼近跑道的的攻角，真正著陸當下必須壓低攻角以免損傷尾部結構)。因此LSS數十公分級的誤差仍不無可能賦予其實用的全自動著陸能力。)

參考資料

[1]«НИИП имени В.В. Тихомирова Этаты большого пути», Аэрокосмическое обозрение, No.3. 2004, ст. 4-7

[2]Андрей Фомин," Новый подробности об РЛСУ «Ирбис» для истребителя Су-35",Вэдёт,2006.4,p41.(Andrei Formin,«更多Su-35的Irbis雷達的細節»)

[3] ««Сухие» В Китае –Сегодня и Завтра»(Sukhoi在中國，今天與明天),Взлёт,2006.11,p.28～31

[4]«Су-35 в шаге от пятого поколения»(«5代戰機腳邊»的Su-35),Взлёт,8-9.2007,p.44～51

[5]РЛСУ "Ирбис-Э" - радар нового поколения, Аэрокосмическое обозрение No.1, 2006 г.,參考網址：http://www.niip.ru/main.php?page=library_sky17

[6]«НИИП им. В.В.Тихомирова на острие технического прогресса», Вестник авиации и космонавтики, 10.OCT.2011

[7]MAKS2011採訪資料

[8]UOMZ官網Sapson-E型錄(http://www.uomz.ru/index.php?page=products&pid=100065)

[9] 楊政衛," 從Su-30MKK看俄國新型機載航電系統",空軍學術雙月刊(民95.08)

[10]NPP Polet官網型錄。http://www.polyot.atnn.ru/prod/prod_04_03.phtml

[11]NPP Polet官網型錄。http://www.polyot.atnn.ru/prod/prod_04_03.phtml

[12]RockwellCollins官網型錄。http://www.rockwellcollins.com/ecat/gs/MIDS_LVT.html

[13]http://en.wikipedia.org/wiki/Link-16

[14]NII PP官網。http://www.npk-spp.ru/deyatelnost/avionika/126-optiko-elektronnaya-razvedka-.html

[15]NII PP官網。http://www.npk-spp.ru/deyatelnost/avionika/126-optiko-elektronnaya-razvedka-.html

[16]V.K.Babich等14人，" Авиация ПВО России и научно-технический прогресс" (Russian Air Defense Aviation: Scientific and Technological Advance), Дрофа(俄)，2005，p.549。

[17]«Технический проект боевого самолета пятого поколения будет разработан до конца будущего года», Интерфакс-АВН, 24.AUG.2005

[18]KnAAPO官網的Su-35介紹頁。http://www.knaapo.ru/rus/products/military/su-35.wbp

[19]AN/ALR-67(V)3 Advanced Special Receiver, GlobalSecurity.org, http://www.globalsecurity.org/military/systems/aircraft/systems/an-alr-67.htm

[20]Griffin Radar Warning Receiver (RWR)/Electronic Support (ES) system (United Kingdom), AIRBORNE SIGNALS INTELLIGENCE (SIGINT), ELECTRONIC SUPPORT AND THREAT WARNING SYSTEMS, Janes, JREWS

[21]2007年莫斯科航展，Su-35型錄(可至以下網頁下載http://www.knaapo.ru/rus/products/military/SU-35.wbp)

[22]KnAAPO官網的Su-35介紹頁。http://www.knaapo.ru/rus/products/military/su-35.wbp

[23] 楊政衛," 從Su-30MKK看俄國新型機載航電

系統",空軍學術雙月刊(民95.08)

[24]Yefim Gordon," Sukhoi S-37 and Mikoyan MFI",Midland Publishing(England,2001)

[25]" SU-33UB SHIP-BASED COMBAT TRAINER",ВЕСТНИК АВИАЦИИ И КОСМОНАВТИКИ(航太學報),Russia(6.2000),p34~35

[26]" Cocern" Avionica"", ВЕСТНИК АВИАЦИИ И КОСМОНАВТИКИ(航太學報),2008.2,p43~45

[27]Андрей Фомин," Новый подробности об РЛСУ «Ирбис» для истребителя Су-35",Вэдёт,2006.4,p41.(Andrei Formin,«更多Su-35的Irbis雷達的細節»)

[28] "Су-35 – четыре с двумя плюсами.", Аэрокосмическое обозрение 02/2005

[29] 楊政衛,"Su-35型戰機",空軍學術雙月刊,民96年2月

[30]V.K.Babich等14人," Авиация ПВО России и научно-технический прогресс"(Russian Air Defense Aviation: Scientific and Technological Advance), Дрофа(俄),2005,p.549。

[31] "Su-34 trails",AirFleet 3.2004,p5

[32]V.K.Babich等14人," Авиация ПВО России и научно-технический прогресс"(Russian Air Defense Aviation: Scientific and Technological Advance), Дрофа(俄),2005,p.697。

[33] "Су-35 – четыре с двумя плюсами.", Аэрокосмическое обозрение 02/2005

[34]Г. Северин, «Мы создали уникальный комплекс жизнеобеспечения и спасения лётчика в небе», Аэрокосмическое обозрение, No.3, 2005,ст.32

[35]Sergei Drobyshev," Sukhoi Su-35", http://www.sci.fi/~fta/Su-35.htm

[36]" SU-33UB SHIP-BASED COMBAT TRAINER",ВЕСТНИК АВИАЦИИ И КОСМОНАВТИКИ(航太學報),Russia(6.2000),p34~35

[37] 楊政衛," 從Su-30MKK看俄國新型機載航電系統",空軍學術雙月刊(民95.08)

[38] "Су-35 – четыре с двумя плюсами.", Аэрокосмическое обозрение 02/2005

[39]Andrei Formin," Flanker Story",AirFleet

[40] http://www.flug-revue.rotor.com/FRHeft/FRH0307/FR0307f.htm

ГЛАВА 4

俄羅斯最新型
空對空飛彈大全

▲ 基本構型的R-73空對空飛彈。目前基本構型的R-73皆為射程30km的R-73E

一、空對空飛彈

Su-27以R-73、R-27系列、R-27E系列分別負責短(最大20～30km)、中(最大>50km)、長程(最大>100km)空戰任務，其中R-73與R-27系列的配置相當於美系戰機AIM-9與AIM-7之配置，唯射程彈性與導引頭種類較多，R-27E系列增程彈則是西方所無的彈種，其可用來打擊遠方的低機動飛行器外，在空戰中用來增強追擊打擊能力。在4+代改型開始，上述R-27基本型的功能被入R-77主動雷達導引空對空飛彈取代。Su-35BM開始更將引入最大射程300～400km的KS-172或「產品810」超長程飛彈。此外，更新銳的「產品760」、「產品300」等短程彈，以及「產品180」、RVV-AE-PD等中長程彈亦在研製中，預計用於五代戰機或俄軍版Su-35BM(圖1)。

1. R-73E與RVV-MD短程追熱飛彈(主要文獻[1.2.3])

R-73是種一問世就造成西方國家震撼的短程飛彈，其目標捕獲距離與視角範圍、追蹤速度、射程、射角範圍等均約為西方主流短程彈的1.5倍左右。其引入向量推力(TVC)-氣動力複合控制(圖2～3)、頭盔瞄準等西方國家當時認為太貴而不具實用性的技術，並可採用頭盔瞄準具於+-60度內標定目標並於+-45度內發射，而成為可怕的近戰殺手。

R-73的基本型長2.9m，彈徑0.17m，重105kg，射程0.3～20km，失速攻角40度，離軸射角+-45度。彈體G限60G，可打擊12G以下目標。MK-80追熱導引頭最大探距約15km，瞬時視野+-2.5度，發射後能捕獲+-75度內視線角速度小於60度/秒的目標。其20km之最大射程系與雷達、光電探測系統搭配時(可得到遠方目標的資訊)的射程，單靠導引頭時，迎面與追擊射程分別為

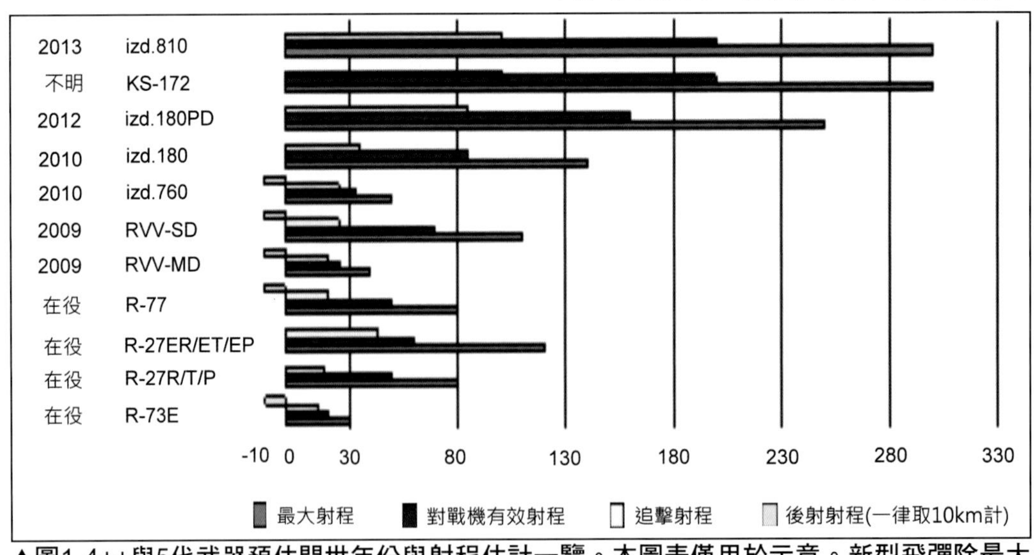

▲圖1 4++與5代武器預估問世年份與射程估計一覽。本圖表僅用於示意。新型飛彈除最大射程外多屬估計值，具備後射能力者射程一律取10km計。

◀圖2 R-73E尾段特寫，可見到彈翼末端舵面與發動機噴口的向量推力控制

▶ 圖3 R-73E前段特寫，含全動式前翼

◀圖4 RVV-MD短程飛彈，仍採用R-73的基本構型，射程增至40km

▼圖5 為R-73研製的9B-1103M-150主動雷達導引頭

9與12km，前者受限於導引頭的迎面探距，後者受限於飛彈的動力性能。相較之下，美製AIM-9M實用射程約5～8km，離軸射角+-28度，失速攻角+-20度，可追蹤的目標視角變化小於20度/秒。

目前新型俄系戰機的武器清單上的R-73以及已出口的Su-30MK系列所用之R-73則是其增程型R-73E。R-73E尺寸、重量、導引頭等均不變，然最大射程增至30km，由此可反推其追擊射程約可達18km。R-73E可選用主動無線電或雷射近發引信，型錄上指出由於直接命中機率很高，因此都裝有碰撞引信。

另有一種早期稱為K-74ME的改型，改良導引頭與發動機，最大射程增至40km。其於1994年定型，正式稱為R-73ME。不過至今未見於外銷武器清單中，因此即便其量產，可能僅供俄軍使用。R-73ME應該使用探距較基本型增加50%的MK-80M導引頭，可推得其追擊射程應在20km以上，只靠導引頭導引時迎擊射程約15km。

2009年莫斯科航展公佈R-73的最新改型，RVV-MD(「短距空對空飛彈」的俄文縮寫，圖4)，採用雙波段導引頭以增強抗干擾能力，離軸射角提升至+-60度，射程增至40km。RVV-MD長度略增至2.92m，前翼翼展略增至0.385m，重量略增至106kg。其很可能只是R-73ME的再造版本。

研製各型雷達導引頭的AGAT MRI於2005年推出9B-1103M-150主動雷達導引頭(圖5)，能用於改良R-73使成為雷達導引纏鬥飛彈。9B-1103M-150對RCS=5平方米目標鎖定距離13km，據稱精確度相當於紅外線導引頭。儘管這種導引頭的鎖定距離遜於紅外線導引頭，但能用於惡劣天候而與紅外線導引頭互補。未來不排除出現採用主動雷達導引頭的R-73。由於R-73的後續型號已有40km以上射程，等於已是超視距中程飛彈，因此這種導引頭亦不無可能是為了讓那些後繼型號形成家族化而設計。MAKS2011更進一步公開其操作波段為8mm的毫米波，即約40GHz，已在現代戰機RWR預警範圍之外，因此僅有最先進戰機或改良型方能偵測其訊號。

Su-35BM至多可掛6枚R-73E或

▶圖6 R-27R半主動雷達導引飛彈

◀圖7 R-27R半主動雷達導引飛彈前段剖視模型

RVV-MD，掛於兩翼最外側共6個掛架(含翼端)。

2. R-27R/T/P中程彈(主要文獻[4.5.6])

R-27(圖6～7)是為4代戰機設計的中長程飛彈，透過不同導引頭與引擎的配置而形成有各種導引方式的中程彈與增程彈家族。R-27R/T/P為基本型號，分別為半主動、紅外線、被動雷達導引彈。本系列最大射程在70～80km不等，對戰機最大射程在50～60km，追擊射程約20km(如R-27R為18km)，最短射程為500m(R-27R/T)及2～3km(R-27P)。

此型彈最初因半主動雷達導引頭探距不符需求，而引入無線電中繼導引，反而成為全球第一種採「慣性—無線電—終端」複合導引的空對空飛彈。紅外線導引型一開始是考慮到與半主動雷達彈同時發射以增大敵方反制難度(註1)。但另一方面紅外線導引型本身也是一種具備「射後不理」能力的武器。早期中共尚未採購R-77主動雷達導引彈時，曾有Su-27SK滿掛R-27紅外線導引型的照片，不知是否便是將其充當「射後不理」飛彈使用。

被動雷達導引型(P/EP)於1990前後才設計完成，採用的9B-1032被動雷達導引頭能於200km外鎖定戰機發出的輻射源。由於其攻擊過程與追熱型一樣電磁隱匿，早期僅靠RWR預警的戰機無法發現，部分現代戰機雖可發現，但無從判定是追熱型還是反輻射型，因此反制R-27P/EP的最有效方法，便是關閉雷達，但那將失去對戰場的資訊接觸。現代戰機雖可透過資料練由僚機取得雷達探測資料同時保持自身的電磁緘默，但整個機群總要有1架戰機使用雷達。此彈種的存在使得敵方在使用雷達時會有更多顧忌，縱而達到牽制對手的目的。

▲圖8 以兩種導引模式同時打擊目標以增加敵方反制難度是蘇聯防空軍的傳統。圖為Su-11攔截機，以半主動導引與紅外線導引飛彈各一枚作戰

(註1：這是蘇聯攔截機的傳統，蘇聯攔截機的標準武裝常常是配備雷達導引頭與紅外線導引頭的同型飛彈各一，共同攔截1個目標(圖8)。由於戰機對雷達導引與紅外線導引飛彈所需的反制措施不盡相同，因而能增強獵殺率。例如對雷達導引飛彈而言，加速逃逸可降低雷達探距，縱而增強雷達誘餌效果，然此時紅外線特徵卻最大，紅外線誘餌效果降低。)

3. R-27ER/ET/EP中長程彈 (主要文獻同[4][5][6])

R-27ER/ET/EP(圖9) (圖10) (圖11) (圖12)分別是R-27R/T/P型的增程彈，改用口徑更大的火箭來增加射程。本

▲圖9 R-27ET增程型追熱飛彈，後段彈體較中段為粗是其外觀上主要特徵。R-27ER,ET可用來打擊100km外的來襲目標或追擊43km內的目標

▲圖10 R-27EP增程型反輻射飛彈

◀圖11 R-77(左)與R-27ER(右)，由此可比較其大小

◀圖12 28-R-27ER模型彈特寫

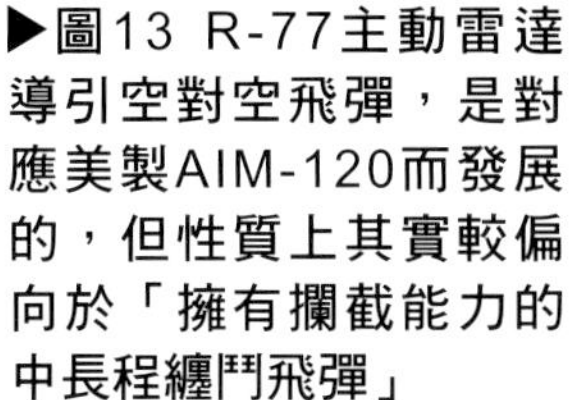

▶圖13 R-77主動雷達導引空對空飛彈，是對應美製AIM-120而發展的，但性質上其實較偏向於「擁有攔截能力的中長程纏鬥飛彈」

系列最大射程>100km，早期展覽資料顯示R-27ER可達170km，R-27ET達120km等。近年官方數據則趨保守，約90～100km，對戰機射程約70～80km不等。儘管早期戰機礙於探測與識別能力的限制，而無法實際發揮對戰機70～80km之射程優勢，然此型彈的一個重要用途在於增強對目標的追擊能力，如R-27ER實際使用時對戰機射程60～62.5km，僅略大於R-27R，然其追擊射程43km，為R-27R(18km)的2倍以上。由於擁有R-27E增程彈系列，Su-27、MiG-29的中程作戰距離較歐美戰機為廣，相當於能在40km左右畫下「禁區」，與配備有效射程40～50km的飛彈的西方戰機相比，這便是Su-27家族的超視距作戰不對秤優勢所在。

本系列飛彈的先天缺陷是近重心控制面的配置限制飛彈的攻角變率。由於在半主動雷達導引的年代當目標對雷達導引頭的視角變化太劇烈時導引頭會跟不上，於是飛彈只好將控制面安排在重心附近，使飛彈以接近「平移」的方式改變航向，這使得飛彈對付高機動目

▼圖14 R-77的網格尾翼特寫。網格翼相當於由許多小翼面構成，因此擁有相當大的控制面積，但網格的特殊構造使得質量分佈靠近轉軸，氣動特性亦幾乎對稱於轉軸，因此雖然控制力很大但所需制動轉矩很小，可用電動機控制。此外其氣動力很穩定因此控制律易於編寫

標特別是近距目標時可能力有未逮。因此R-27系列現有唯一價值是增程型帶來的長射程。

Su-35BM可掛R-27R/ER/P/EP至多8枚，除最外側共4個掛架(含翼端)外皆可掛載，R-27T/ET則為4枚，掛載於最靠近機身之兩個翼下掛架。

4. 增強導引頭的R-27T/ET改良型：R-47T/ET

R-27系列至今仍有新改型出現。2010年8月31日在中國舉辦的第一屆烏克蘭國防工業論壇上，專門研製紅外線導引頭的烏克蘭Asernal設計局展示了裝有新研製的AZ-10紅外線導引頭(又稱做MR-2000)的R-27改良型。據指出，AZ-10導引頭是依據「國際市場需要」所研發的，對戰機的鎖定距離高達30km，且介面與舊式導引頭相容因而能直接用於現役的R-27T/ET飛彈。此外，由於Arsenal設計局並非R-27系列飛彈的生產者，且AZ-10為其所獨立研製，故使用AZ-10導引頭的改良型飛彈不能以R-27命名，而改稱做R-47T/ET。Arsenal設計局沒有與飛彈場家聯合研製AZ-10導引頭的原因是負責生產R-27的Artem公司本身也有類似的改良計畫[7]。從中更可窺見R-27ET的實用價值。雖然Arsenal設計局不願透露所謂的「國際市場的需求者」為何，但有關資料相信是中共，且認為中國將會獲得AZ-10導引頭的生產許可，由於中國很早就自烏克蘭取得R-27系列飛彈、後勤、與相關技術，故中共就是AZ-10的客戶的可能性相當高[8]。

5. R-77與RVV-SD主動雷達導引中程彈(主要文獻[9.10.11])

R-77(又叫RVV-AE,圖13)是對應美國AIM-120而發展的主動雷達導引飛彈，用來取代R-27R/T(但不取代ER/ET)。其最小射程300m，最大射程80～100km，對戰機射程約50～60km，追擊射程20km。其採獨特的網格尾翼而具備極佳的纏鬥能力(圖14)，攻角變率可達150度/秒，失速攻角達40度，有資料顯示可打擊+-180度範圍內之目標。

官方型錄指出其有0.6馬赫的發射速度下限，對於這種幾乎可以擔任纏鬥

▼圖15 RVV-MD(前)與RVV-SD(後)，RVV-SD射程增至110km

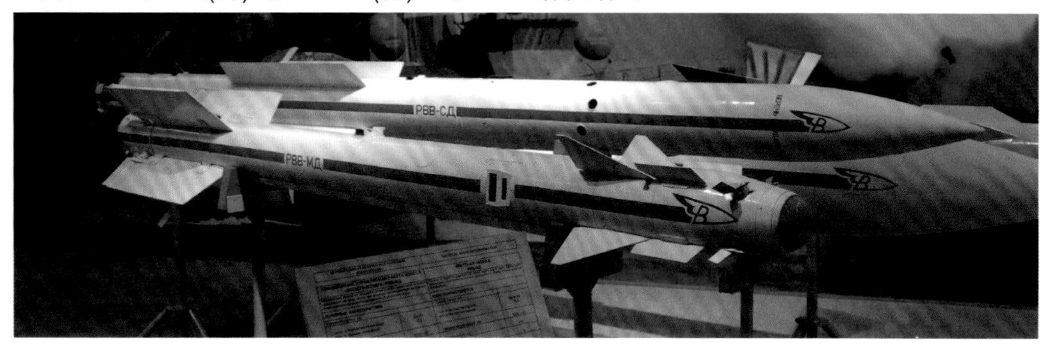

飛彈的飛彈來說頗不合理。廠商認同這種看法，但指出此為已驗證的使用速度下限，該速度下限是依據Su-27與MiG-29正常情況下使用R-77的速度範圍去設定的。要在更低的速度使用理論上可以，但需要額外的經費進行測試以確定其使用條件。

2009年莫斯科航展廠商公佈了R-77的改型RVV-SD(「中程空對空飛彈」的俄文縮寫，圖15)，長略增至3.71m，翼展略增至0.42m，控制面翼展略減為0.68m，重量略增至190kg，射程則由80km提升至110km。此型彈已在MiG-35戰機上試射。

Su-35BM的12個外掛點中除翼端2個外均可掛R-77(共10枚)，其機腹中線若改用2具並列式掛架則可增掛2枚，即共12枚。

6. izdeliye-180主被動複合導引雙推力中程彈

izdeliye-180是俄軍即將採購的R-77大改型，其研製目的是超越美製AIM-120C7且不能遜於其後續型號[12]。其將採用：〈1〉Agat MRI的主被動複合雷達導引頭，能以主動雷達搜尋目標或以被動雷達打擊干擾源或開啟雷達之戰機。〈2〉雙向無線電中繼指令導引系統，以及以光纖陀螺儀為核心的高靈敏高精確慣性導航系統，並擁有工作時間更長的電源。〈3〉動力系統改為可調雙推力火箭發動機，具兩種推力模式且可控制模式間的間歇時間而增進動力效率，並增加燃料，其工作時間達100秒。估計可使新飛彈在任何狀態的射程增至R-77的2～3.5倍。最大射程110～140km。〈4〉改用傳統尾舵，以期減少阻力並增加射程。

7. RVV-AE-PD火箭-衝壓動力中長程彈

RVV-AE-PD(izdeliye-180PD)是R-77的大改型之一，改良計畫始於90年代初。最大特色為動力裝置換為火箭—衝壓複合發動機(KRPD-TT，俄文「火箭與衝壓混合引擎」之縮寫)，初期以火箭加力待速度足夠後以改衝壓推進巡航。有7或9段可調油門，最大推力為最小推力的7倍。由於引擎供作時間長且有多種工作模式可視需要調整，故能延長最大射程與不可逃脫射程。按舊資料，其最大射程160km，最新的資料(2009年)指出其射程達250km。RVV-AE-PD於2002年通過論證，預計2012年完成(同[10])。不過目前不清楚2002年通過之設計方案與之前之方案是否相同。且俄軍方亦尚未表態是否裝備之(同[10])。

8. KS-172與izdeliye-810主動雷達導引超長程彈

由於雷達探距的大幅提高到能在300～400km發現傳統戰機的程度，俄國為Su-35BM與PAK-FA再次啟動了射程300～400km的超長程空對空飛彈計畫。有Novator設計局的KS-172與Vympel的izdeliye-810。兩者其實都是後蘇聯時期的計畫，都已有一定的技術基礎。Su-35BM與PAK-FA除了有探距極大的主雷達外，其4283E敵我識別系統或AFAR-L主動陣列雷達能發出較窄的識別波束，能識別400km處之目標，足以支援超長程射控。

KS-172

KS-172(圖16)是1990年代初期Novator「革新家」設計局以防空飛彈彈體為藍本為Su-35研製的超長程飛彈，長7.5m、彈徑0.51m、發射重750kg，彈頭重50kg，射程400km，目標高度上限30km，用於攔截預警機。其研製工作在蘇聯解體後曾一度中斷。其外銷型KS-172S-1於2003年開始研發，尺寸與射程略降，長6m、彈徑0.4m、發射重700kg，射程300km。不過目前由於對小戰機的探距已可達350～400km，故這種飛彈理應當添加打及高機動目標的能力。Izdeliye-810則是MiG-31所用的R-33的大改型，最初是針對改良型MiG-31所研發。

Izdeliye-810

超長程空對空飛彈在俄國實已具備技術基礎，1994年時R-33(圖17)之改型「產品610」在測試時便命中300km外之目標，其採用獨特的「慣性-無線

▲圖16 配掛於Su-35BM下的KS-172模型彈

◀ 圖17 掛於MiG-31改良型下的R-33改良型。相較於超過6m長的KS-172，R-33較短小因而可用於內置彈艙

◀ 圖18 R-33增程型所用的9B-1388複合導引頭，用於300～400km射程的空對空飛彈

▶圖19 2003年公佈的ARGS-PD主動雷達導引頭，能鎖定70km外的戰鬥機，能用於射程350～400km的主動雷達導引飛彈

▲圖20 由左至右：新的9B-1103M系列的350mm、200mm、150mm版本。俄方以9B-1103M為基礎改出9B-1103M-200(中間者)後，又衍生出防空飛彈用的350mm版本(左)與短程飛彈的150mm版本

▲圖21 R-77所用的導引頭的演進，由右至左：9B-1348E、9B-1103M、9B-1103M-200。最左側為可供R-73使用的9B-1103M-150

▼ 圖22 MAKS2011公佈的RVV-BD長程空對空飛彈

電指令校正-半主動雷達-主動雷達」複合導引(圖18)，即在資料鏈操作距離(約100km)以上採用半主動雷達導引直至主動雷達接手。半主動雷達導引的操作距離對飛彈而言等於無限，故這種導引模式理論上可用於任何射程的空對空飛彈。在這之後的「產品610M」便計劃採用更精進的主動雷達導引頭以剔除半主動雷達導引模式。

2003年巴黎航展上Agat-MRI便公佈ARGS-PD「頁岩」主動雷達導引頭(圖19)，對RCS=5平方米目標鎖定距離高達70km，能用於射程300～350km之飛彈。據稱現有的9B-1103M-350(鎖定距離40km，圖20～21)經修改後亦具有70km的鎖定能力。「產品810」是在「產品610M」基礎上修改而來，採用便於內置的氣動外型、雙推力火箭發動機、工時360秒的電源、雙向資料鏈、主-被動複合導引頭並可能添加半主動模式、可依據目標種類改變爆炸方式(窄環、寬環、定向三種模式)的自適應戰鬥部。將擁有「產品610M」之1.5倍射程並能打擊高度40km以下的目標(KS-172是30km)。預計2013年研製完成。

需注意的是，R-33與MiG-31的搭配已經可以做到「別人發射我導引」，也就是機群中只要有1架戰機負責導引，剩下的純粹只是「飛彈載台」而不必負責導引工作因此電磁隱匿性更佳。作為R-33後繼者的產品810應該也保留此項特性。

KS-172與izdeliye-810用途可能相差不大，但最主要的差異在於彈體尺寸。後者的前身R-33僅有4m左右的長度，能配備於彈艙內，而KS-172長度超過6m，僅適於外掛

關於超長程空對空飛彈對戰機的打擊能力以及對空權產生的衝擊性詳見第九章。

RVV-BD

MAKS2011展出的新型飛彈(圖22)，由R-33E大改而來。採用稍微縮小的彈翼與折疊尾翼以適應T-50彈艙。其採用雙推力火箭發動機，射程增至200km。RVV-BD可能是「產品810」問世之前供T-50暫用的長程飛彈，或是供外銷之用。

9. izdeliye-760中短程追熱彈

「產品-760」是繼R-73ME之後的新改型。其將改良導引頭之處理系統、

◀圖23 掛於Su-27SKM下的R-73M2模型彈(中)，就射程與導引方式論幾乎是中程飛彈。翼展較小以適應於內彈艙

◀圖24 疑似產品760的模型彈，注意尾端較標準版R-73長

▼圖25 R-73M2的尺寸與重量幾乎與圖中的法製MICA(左二)相同，因此估計應有同級的射程，可能在50～60km或更高。比較MICA與旁邊的R-550可見其設計之緊湊性

慣性導航系統、增加火箭推力，並增加中途資料鏈指令導引功能，具備射後鎖定功能，且為適應五代機內掛載需求，其翼展予以縮小 (同[10])。

izdeliye760即是之前公佈的R-73M2(R-73M，圖23,24)。R-73M2長增為3.1m，翼展縮至0.404m，增重至115kg，其尺寸、重量數據與法製MICA幾乎相同(圖25)。關於R-73M2之射程流傳著許多數據，有30、40、乃至60km(早期外媒對五代戰機MiG-1.44的武器系統介紹中便曾有「五代戰機所用之R-73M」最大射程達60km之說[13])。由基本構型(長2.9m，重105kg者)的R-73E射程已達30km，而R-73ME與RVV-MD已達40km研判，R-73M2射程應在40km以上無誤，可能與MICA-IR同在40～60km左右。

由於這種飛彈幾乎是與法製MICA一樣的中程飛彈，若採用2005年公開的9B-1103M-150主動雷達導引頭，便可以形成像MICA這樣的飛彈家族。當然9B-1103M-150的探距目前太小(鎖定距離13km)，若要真的用於中程版R-73，仍有待改良。

◀圖26 許多早期的彈道飛彈都使用燃氣舵進行控制，圖為R-11彈道飛彈的燃氣舵

◀圖27 著名的「Tochka」戰術彈道飛彈彈尾特寫，其使用網格控制面與燃氣舵控制

▼圖28 最新的9M-317ME垂直發射艦在防空飛彈亦採用燃氣舵-氣動面複合控制，圖中的連動機構用於連結燃氣舵與氣動面

10. izdeliye-300新世代短程追熱彈(同[10])

目前Vympel設計局還在進行一種稱為K-MD(「izdeliye-300」)的新型短程空空導彈的概念設計，「產品300」的計劃全名是「用於短程高機動空戰與反飛彈防禦體系的新型短程飛彈」，其不但用於短程空戰，也用於反飛彈(註2)。其主要特點為：〈1〉首度裝備具熱成像功能之陣列導引頭以提升目標識別能力，鎖定距離增為2倍。〈2〉採用可調模式雙推力火箭，工作時間達100秒。〈3〉採燃氣舵向量推力控制(圖26～28)。〈4〉更低阻力的氣動佈局。〈5〉可依據目標種類改變爆炸方式的

Su-35BM空對空飛彈作戰性能比較

	R-27R/T/P	R-27ER/ET/EP	R-73E/ RVV-MD	R-77/ RVV-SD	KS-172S-1
發射重 (kg)	約250	約350	105/ 106	175/ 190	750
彈頭重 (kg)	39	39	7.3	22.5	50
目標高度 (m)	30～25000或 20000(P)	30～27000或 20000(EP)	20～20000	20～25000	3～30000
目標速限 (km/hr)	3500	3500	2500	3600	
離軸角 (度)	+-55	+-55	+-45/ +-60	+-90～+-180	
最大射程 (km)	70～80	>100	30/ 40	80/ 110	300
對戰機 射程 (km)	50～60	約60～80		60	估計 150～200
追擊射程 (km)	18	43	約12～15/ 估計18～20	20	估計>100
終端導引	半主動雷達(R)/ 追熱(T)/被動雷達 (P)	半主動雷達(R)/ 追熱(T)/被動雷達 (P)	追熱	主動雷達	主動雷達
發射G限 (G)	5.5	5.5	8	8	
目標G限 (G)	8	8	12	9～12	
Su-35 可掛數量	8(R) 4(T)	8(ER) 4(ET)	6	12	5

自適應戰鬥部。這款導彈將具有更遠的射程、更好的抗干擾能力。預計2013年研發完成。

izdeliye-300將是俄羅斯第一種使用熱影像導引頭的空對空飛彈。身為現代短程空對空飛彈領航員的R-73居然在西方普遍採用熱影像導引頭的今天還缺乏之，其原因是俄系空對空飛彈用的紅外線導引頭研發基地在烏克蘭境內，蘇聯解體至今俄烏雙方都未能就此合作，目前俄國乾脆自行開發，也因此進度較歐美緩慢許多。

izdeliye-300採用工作時間長達100秒之可調雙推力火箭，具備持久的動力，因此便相當有可能取消主要用於末端控制的氣動力控制面，而僅用燃氣舵進行控制。如此便可在擁有全程高機動力的同時進一步減阻增程。這種導彈將移除R-73於彈道末端只能靠傳統翼面控制因而機動性可能不如R-77之隱憂，加以其射程更遠，研判足以兼顧目前R-73與R-77在中近程空戰的優點。

（註2：90年代便有資料指出R-73M2可用以反空空導彈；而德國方面也表示其IRIS-T被意外發現有反地空、空空導彈之潛力。因此以追熱飛彈反空空導彈之可能性並非什麼大新聞，這裡較重要的是，由計畫名稱看，「反飛彈」似乎被列入這款新導彈之主要指標之一。另外在2007年8～9月號的俄國家航太雜誌一篇有關新一代戰機武器的文章的短程導彈段落亦點到〝反飛彈〞這項功能，進一步側証有關功能已列入下一代導彈之需求。在2009年開始的第五代戰機報導中已經直接點出產品300可用來攔截飛彈）

參考資料

[1]Vympel官網, http://www.vympelmkb.com/produkt1.htm

[2]Vympel公司R-73型錄(2008)

[3]V.K.Babich等14人，"Авиация ПВО России и научно-технический прогресс"(Russian Air Defense Aviation: Scientific and Technological Advance), Дрофа(俄)，2005，p.283。

[4]Vympel官網, http://www.vympelmkb.com/produkt1.htm

[5]Vympel公司R-27型錄(2008)

[6]V.K.Babich等14人，"Авиация ПВО России и научно-технический прогресс"(Russian Air Defense Aviation: Scientific and Technological Advance), Дрофа(俄)，2005，p.284。

[7]«Украина усовершенствует возможности ракет Р-27 ВВС Китая?», ЦАМТО, 10.сен. 2010

[8]«Украина усовершенствует возможности ракет Р-27 ВВС Китая?», ЦАМТО, 10.сен. 2010

[9]Vympel官網, http://www.vympelmkb.com/produkt1.htm

[10]V.K.Babich等14人，"Авиация ПВО России и научно-технический прогресс"(Russian Air Defense Aviation: Scientific and Technological Advance), Дрофа(俄)，2005，p.284。

[11] 楊政衛，"俄羅斯R-77空對空飛彈家族及其研析"，空軍學術雙月刊，2008.6

[12]Евгений Ерохин, «Новые Оружие для Истребителя Нового Поколения»,Взлёт,2006.5,p33～35.

[13]Yefim Gordon," Sukhoi S-37 and Mikoyan MFI",Midland Publishing(England,2001)

ГЛАВА 5

俄羅斯最新型
對面攻擊武器大全

▲Kh-29TE是Kh-29最新改型，射程與操作高度都較以往提升許多

一、對面飛彈

新型俄系戰機可攜帶Kh-25、Kh-29、Kh-31、Kh-59等各式俄系導引飛彈；KAB-250、KAB-500、KAB-1500等導引炸彈、S-25LD導引火箭，以及FAB-250、FAB-500等無導引炸彈及無導引火箭等。其中無導引炸彈射程約3～4km，導引炸與火箭射程約10～15km，Kh-25、Kh-29、Kh-38M家族攻陸、反艦飛彈最大射程10～40km不等，Kh-31家族反艦、反輻射彈射程50～200km不等；另有Kh-59MK系列、Kh-58、「俱樂部」、「寶石」等射程300km級的攻擊彈種；最近更開始為無導引武器配備導引與滑翔裝置而成為類似美製JDAM與JSOW的廉價防區外精準武器。

五代戰機考慮到彈艙尺寸與掛架承載限制，並不能內掛所有彈種，長度超過5m或發射重超過700kg者，五代機僅能以外掛方式使用。

1. Kh-25、Kh-29系列、Kh-59

Kh-25與Kh-29是相當早期的俄系對面攻擊戰術飛彈，皆擁有雷射導引與電視導引型以及各自的改良或增程型。兩者的基本型發射高度約在5000m以下，射程約10km，誤差半徑5m以內，基本上屬於近距低空攻擊用途。Kh-25與Kh-29彈頭分別重86kg與317kg。以火力投射能力與操作條件而言，Kh-29基本型幾乎等價於目前的500kg級導引炸彈，Kh-25遜色得多但發射高度下限低至50m。Kh-59電視導引飛彈發射重量800kg，彈頭重150kg，射程50～60km。與同世代的Kh-29相比，其火力投射距離更遠，但彈頭威力遜色得多，自增程型Kh-59M問世後便很少見。

Kh-25與Kh-29皆有發射高度更高的增程改良型，如Kh-25MP反輻射飛彈高度上限10000m，最大射程約40km；Kh-29的增程型Kh-29TE發射高度上限提升至10000m，射程提升至20～30km。Kh-25重量與彈頭均小，一般用於Su-25等小型攻擊機或直升機，Kh-29TE是Su-35BM的選用武器之一，可掛6枚。

第一代俄系攻陸飛彈作戰能力比較

	Kh-25ML	Kh-29T	Kh-59
發射重(kg)	295	680	800
彈頭重(kg)	86	317	150
發射高度(m)	50～5000	200～5000	
發射速度(km/hr)	600～1250	600～1250	
射程(km)	10	10	50～60
圓周誤差(m)	4～5	2～3	

2. Kh-38M系列多用途通用飛彈

Kh-38[1,2]是始於1980年代末或1990年代初的Kh-25系列後繼彈種計劃，能用於定翼機與直昇機。後因經費問題而中斷，之後又重新啟動，其最早於2007年莫斯科航展公佈，但計劃細節直到2008年才陸續透露。其吸收Kh-25使用經驗發展而成，依技術特性看可視為取代Kh-25與Kh-29系列的通用彈種。長4.2m，彈徑0.31m，翼展1.14m(可折疊)。發射重520kg，彈頭250kg，彈頭重量比48%，配備雙模式火箭發動

▲圖1 Kh-38MLE，於MAKS2011首次公開

機，擁有2.2馬赫飛行速度。射程3～40km，發射高度200m～12km，發射速度54～1620km/hr，離軸射角+-80度，殺傷率0.8或0.6(電戰環境下)。飛彈儲存壽命10年，或75個飛行小時，掛飛次數15次(定翼機)或30次(直升機)。相較之下Kh-25系列發射重約320kg，彈頭重量比30%，射程10km。

Kh-38M(E)共有4個平行發展的分支：Kh-38ML(E)雷射導引型(圖1～2)、Kh-38MK(E)衛星導引型、Kh-38MT(E)熱影像導引型(圖3～4)、Kh-38MA(E)主動雷達導引型(圖5～6)。其中末尾的E為外銷型，而各型號均有慣

▲圖2 Kh-38MLE雷射導引頭特寫

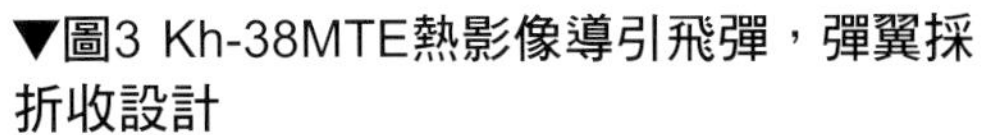

▼圖3 Kh-38MTE熱影像導引飛彈，彈翼採折收設計

◀ 圖4 Kh-38MTE
折疊彈翼特寫

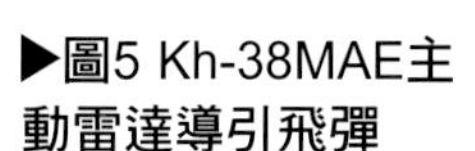

▶圖5 Kh-38MAE主
動雷達導引飛彈

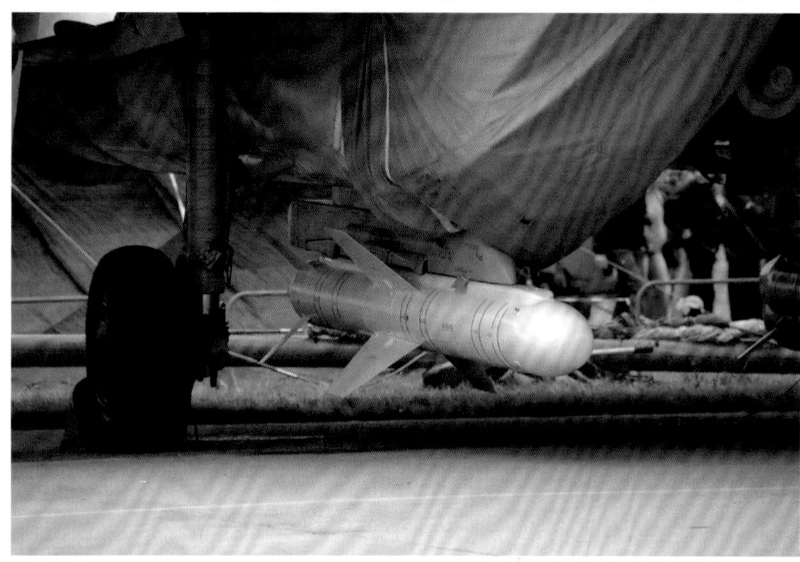

◀圖6 掛於Su-
35BM 902號機下
的Kh-38MAE

◀圖7 3M14E雷達導引攻陸彈。3M-14AE型則沒有後端的加力器。

性導引模式。Kh-38MTE/MAE/MLE分別於2007、2009、2011年莫斯科航展首次公開。

Kh-38ME系列有摺疊彈翼，折收後最大口徑約0.4m，能用於T-50內彈艙。

戰術飛彈公司總經理曾在2011聖彼得堡海軍展向筆者表示，Kh-38M系列的最大射程不只40km，而是80km。在2012年1月俄媒對總經理的訪談也出現一樣的數據：外銷型的Kh-38ME系列射程的確是40km，不過未來會出現射程80km的Kh-38M系列[3]。

3. 3M-14AE攻陸彈

3M14AE[4](圖7～8)是Club「俱樂部」系列飛彈的攻陸型。採衛星中繼導航，主動雷達終端導引。發射重約1400kg，彈頭重450kg，巡航高度20m(海上)或50～150m(陸地)，射程約300km。Su-35BM可配掛3枚。

4. Kh-59M/ME/M2E攻陸彈

Kh-59M電視導引飛彈用來打擊固定的陸上目標或已知座標的水上目標。其將Kh-59的巡航火箭改為渦噴發動機，使得射程增至100km，發射高度200～1500m，並空出大量空間而使彈頭重增至320kg(穿甲彈)或280kg(子母彈)。巡航速度0.72～0.88馬赫，巡航高度有7(海上)、50、100、200、600、1000m等模式。Kh-59ME(圖9)為其小幅增程型，最大射程115km，在絕大多數防空飛彈射程之外。Su-35BM可掛5枚。

2009年莫斯科航展上展示了更新銳的Kh-59M2E(圖10)，其最主要特色是採用紅外線影像導引頭因而具備全天候打擊能力。發射重量略增至960kg，射程提升至115～140km。

▲圖8 3M14AE攻陸彈作戰方式示意圖。
Novator

4++～5代俄系戰機之攻陸飛彈作戰性能比較					
	Kh-29TE	Kh-38M	Kh-59ME/M2E	3M-14AE	Kh-59MK2
發射重 (kg)	690	520	920/ 960	1400	約930
彈頭重 (kg)	320	250	320	450	約320
發射高度 (m)	200～10000		200～1500	500～11000	約200～11000
發射速度 (km/hr)			600～1100		
射程 (km)	20(低)～30(高)	40	115/ 115～140(M2E)	300	約300
圓周誤差 (m)			3～5		
Su-35 可攜帶數量	6	6(估計)	5	3	5

▶圖9 Kh-59ME電視導引攻陸飛彈，能攜帶320kg彈頭攻擊115km外的地面目標

◀圖10 Kh-59M2E熱影像導引攻陸彈，外型與性能同Kh-59ME，唯採用熱影像導引故能於夜間作戰

▼圖11 Kh-59MK反艦飛彈，射程285km，彈頭320kg，火力相當強大

◀圖12 幾種俄製對面攻擊用主動雷達導引頭。由右至左分別為ARGS-35E(Kh-35)、ARGS-54E(3M54AE)、ARGS-14E(3M14AE)、ARGS-59E(Kh-59MK)。最左側是測試尋標器時專用的射控雷達

5. Kh-59MK反艦飛彈

Kh-59MK[5](圖11)為主動雷達導引反艦飛彈，據說是為解放軍的Su-30MKK-2研製的。其以Kh-59M/ME為基礎，採用ARGS-59E主動雷達導引頭(圖12)以及操作高度大幅提高的雷達測高計，發射高度200～11000m(前身Kh-59ME僅到1500m)，巡航速度900～1050km/hr，巡航高度10～15m，終端4～7m。對小型艦艇射程145km，對驅逐艦射程達285km，在各種艦載防空飛彈射程外，減少戰機所面臨的危險。Su-35BM可掛5枚。Kh-59MK與之前的Kh-59M的兩大差別在於發動機推力與效率提高因而擁有近300km的最大射程，以及改良無線電測高計而將發射高度上限由1500m提升至11000m，與前身相比算是「形同義異」的彈種，以此為基礎又衍生出Kh-59MK2攻陸彈。

▼圖13 Kh-59MK2光學地圖比對導引攻陸飛彈，從中亦可見R-73E與R-77，讀者可藉此比對其大小差異

6. Kh-59MK2 影像比對導引攻陸彈

Kh-59MK2[6,7](圖13)是以Kh-59MK為基礎的對地攻擊版本。與同為攻陸彈的Kh-59ME的差別除了發射高度與射程的提升外，主要在MK2則能以射後不理方式攻擊地面目標。其採用類似Iskander「伊斯康得」彈道飛彈的終端導引技術，由位於彈頭下方的3個光學窗口(圖14)於終端比對目標影像與電子地形圖，誤差半徑僅3～5m。射程亦為285km。

▲圖14 Kh-59MK2光學導引頭特寫。由位於彈頭下方的三個光學窗口探測下方影像，與電子地圖比對後作導引。圖中亦可見光學窗口後方之雷達測高計窗口

7. Kh-31A反艦飛彈與Kh-31P反輻射飛彈與其增程型

Kh-31(圖15)是一種衝壓推進超音速飛彈，因速度高(1000m/s)而有很強的突防力，然其發射重僅610kg，相當於美製〝魚叉〞次音速飛彈；彈頭重約90kg。本系列有Kh-31A反艦飛彈與Kh-31P反輻射飛彈。Kh-31A發射高度100m～15km，對驅逐艦最大射程50(發射高度10km)～70km(發射高度15km)。

MAKS2009公佈Kh-31A的增程型Kh-31AD(圖16)，發射重增為715kg，彈頭種增至110kg，長略增至5.34m，

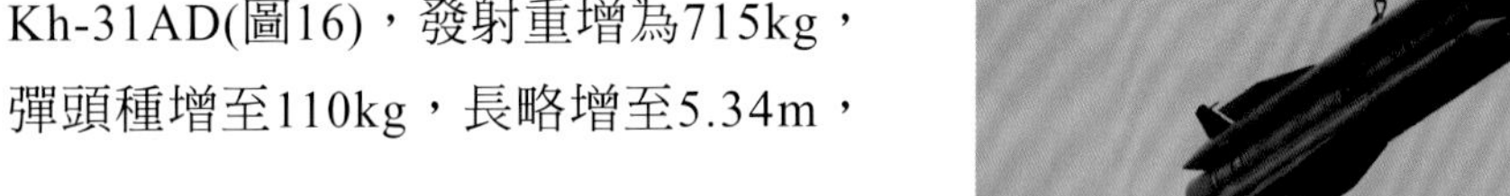

▶圖15 吊掛作業中的Kh-31模型彈

▲圖16 Kh-31AD反艦飛彈與Kh-31PD反輻射飛彈射程較前身大幅提升。Kh-31AD射程提升至160km，Kh-31PD提升至250km。圖為Kh-31AD

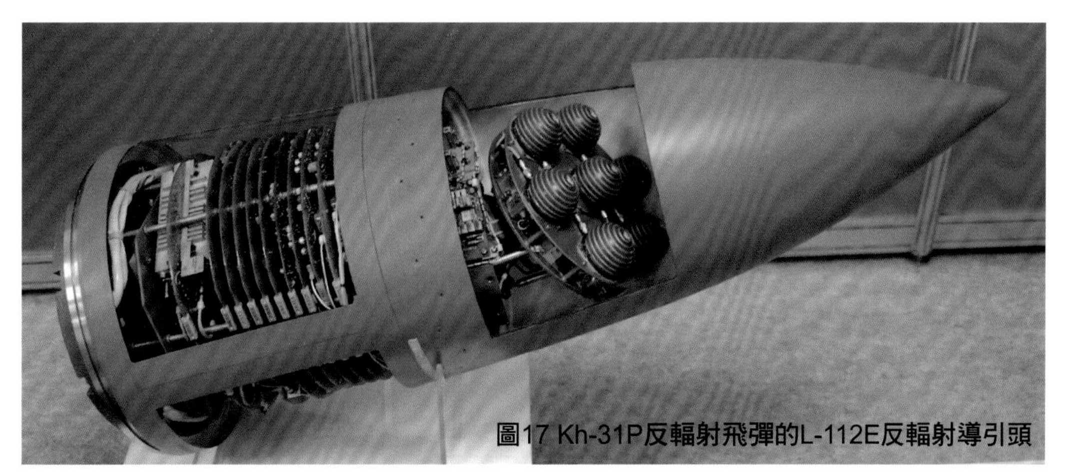
圖17 Kh-31P反輻射飛彈的L-112E反輻射導引頭

射程120～160km(發射條件：15km高，1.5馬赫)，能在4～5級浪使用。Kh-31AD導引頭增加慣性導引模式以加強遠距導引精確性，並有垂直面-20～+10度、水平面+-27度的視野。除作戰性能外，壽命也是Kh-31AD的改良重點，掛飛時數由35hr提升至70hr，起降次數由10次提升至15次，儲存壽限8年。

Kh-31AD的出現讓Kh-31A的性能優勢得以充分發揮。Kh-31A雖然有超音速飛彈令敵方難以反制的優點，但射程僅有50～70km，僅為魚叉等級的次音速反艦飛彈的一半左右，使得載台在發射前要面臨更多危險因此相當於減少發射機會，超音速的優勢有一部分被較少的發射機會抵銷。Kh-31AD射程已與魚叉相當，因此載台不需面對較多的危險便可發射Kh-31AD，這時超音速飛彈的優點便完全顯現。

Kh-31P反輻射飛彈用來反制操作頻率1.2～11GHz的雷達(圖17)，對地面雷達射程110km，對預警機射程200km，彈頭重87kg。另有射程200km的Kh-31PK。MAKS2009公佈增程型Kh-31PD，尺寸與重量的改動同Kh-31AD，射程(發射高度15km，1.5馬赫)達180～250km。導引頭視野發射前+-15度發射後+-30度。

8. Kh-58UShE反輻射飛彈[8,9]

Kh-58為一長程反輻射飛彈，可用於Su-24MK、Su-22M4、Su-25TK、MiG-25BM等老式戰機，在Su-35BM上可掛5枚。基本型發射高度0.2～20km，最大射程46～200km，彈頭重149kg(相較之下，射程同為200km的Kh-31PK彈頭僅重87kg)。Su-35BM採用其改型Kh-58UShE。另外在2007年莫斯科航展上展出其彈翼可摺疊的版本Kh-58UShKE(圖18～20)，折收式彈翼是因應五代戰機內掛需求。由此窺見俄五代戰機將有頗大的內彈艙。

Kh-58UShKE長4.19m，彈徑0.38m， 0.8m(主翼)，發射重650kg，彈頭149kg，發射時載台速度0.47～1.5M。配備工作頻率在A，A’，B，B’，C波段的寬頻譜反輻射導引頭，能打擊1.2～11GHz的脈衝輻射源或A波段的連續輻射源，有80%機率擊中目標

▲圖18 Kh-58UShKE反輻射飛彈

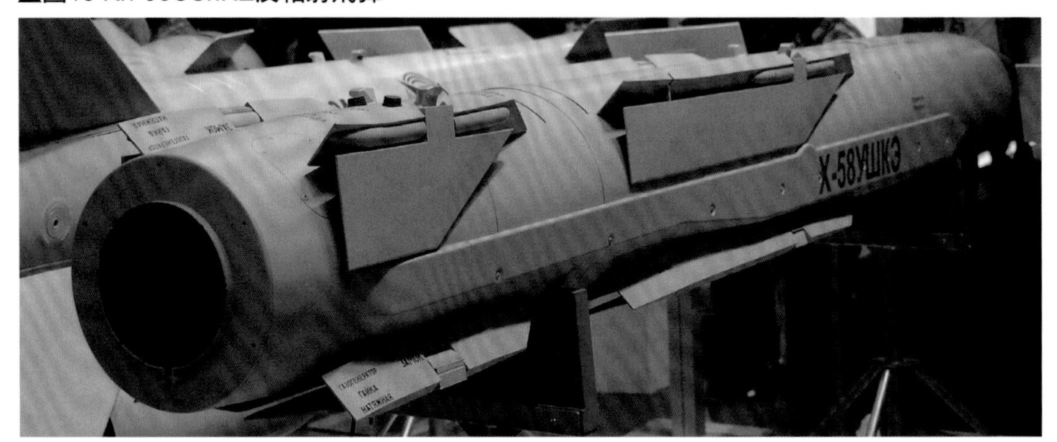

▲圖19 Kh-58UShKE反輻射飛彈折疊後外觀

▲圖20 折疊狀態的Kh-58UShKE彈翼特寫

20m範圍內。當飛機於0.2～20km高度以最大速度發射時射程76～245km(視高度而定)，200m高度時最短射程10～12km。最大速度達4200km/hr(約3.5～3.8馬赫)。相較之下，美製AGM-88C反輻射飛彈射程48～100km，極速2250km/hr，俄製Kh-31P極速約2500km/hr)。需注意的是，許多短程防空飛彈的目標速度上限都只有2馬赫左右，通常不超過3馬赫，因此Kh-58的高速使得部署在區域防空飛彈周圍的短程防空飛彈將難以有效保護之，這算是Kh-58繼射程與彈頭威力之外最獨到的特點。

▲圖21 Kh-35E次音速反艦飛彈相當於俄國版「魚叉」，此型彈彈翼皆可折疊。進氣口位於彈體下方主翼附近，但平常以整流罩遮蔽，因此圖中彈體下方見不到進氣口

▲圖22 Kh-35E反艦飛彈艦射型，可見彈尾多了助推段，並可於彈體下方見到進氣口

9. Kh-35E與Kh-35UE反艦飛彈

Kh-35(圖21～22)是俄國反艦飛彈邁入超音速時代後研製的第一種次音速反艦飛彈，發射重520kg，彈頭145kg，發射高度5000m以下，最大射程130km。其整體性能與美製「魚叉」飛彈相當，可用於噸位較小的新式船艦或直升機上。

MAKS2009公佈了Kh-35家族的最新改型Kh-35UE(圖23～25)，其採用較輕巧緊湊的發動機，發動機稍微向下安裝以致於彈尾下方有個小凸起為其外觀上的最主要特徵，騰出來的空間用於增加燃料，發射重略增至550kg(直升機用650kg)，射程提升100%達260km。為此改用鎖定距離由20km提升至50km的導引頭。發射高度範圍擴展至200m～10km(直升機版100m～3.5km)，發射速

▲圖23 Kh-35UE。射程倍增達260km，將是五代戰機的反艦利器

▲圖24 掛於Su-35BM下的Kh-35UE，可清楚見到特殊的彈尾構造，是其射程倍增的關鍵

▲圖25 Kh-35UE尾部特寫。發動機下移後原來的發動機位置與進氣道空間都可填充燃料。

度0.35～0.9馬赫(直升機版：0～0.25馬赫)，巡航速度0.8～0.85馬赫，巡航高度10～15m，終端彈道高度4m。離軸打擊能力由+-90度增至+-130度。Kh-35UE與Kh-35E都採用折疊彈翼。

10. Yakhont超音速反艦飛彈

Yakhont「寶石」為採用類似MiG-21的機首進氣方式的衝壓動力反艦飛彈。初期以固體火箭加速至2馬赫後啟動液體燃料衝壓引擎而以2.5馬赫巡航。採用高-低彈道(15000m巡航，末端降至5～15m)時射程近300km，全程

▲圖26 俄印合作的Brahmos超音速反艦飛彈是俄國「Yakhont」反艦飛彈的印度版，圖為面射型，空射型將會取消尾段加力器

▲圖27 儲藏模式的3M-54AE末段超音速反艦飛彈

▲圖28 3M-54E反艦飛彈。3M-54AE則沒有尾端助推器

5～15m飛行時射程120～130km。彈頭重200～300kg。1枚即可摧毀驅逐艦級目標。此型彈的印度版稱為Brahmos(圖26)，其在2003年底的測試中屢次命中290km外目標，被喻為「打中牛的眼睛」。至2008年已兼具反艦與攻陸性能，成為面基反艦攻陸通用彈。其曾以印度退役驅逐艦為靶，位於290km外的靶船遭直接命中摧毀而成為「下沉的廢墟」(而不是下沉的船)。空射型Brahmos-A改用較小的加力火箭，並在加力火箭尾端增設小型控制面以增強發射初期穩定性，發射重降為2500kg。此型彈由於彈體較重，有影響穩定性之顧慮，故在Su-27系列上目前僅確定能掛1枚(機腹)，而且需採用專用掛架。在飛機飛控系統的改良下，未來計劃提升到3枚。

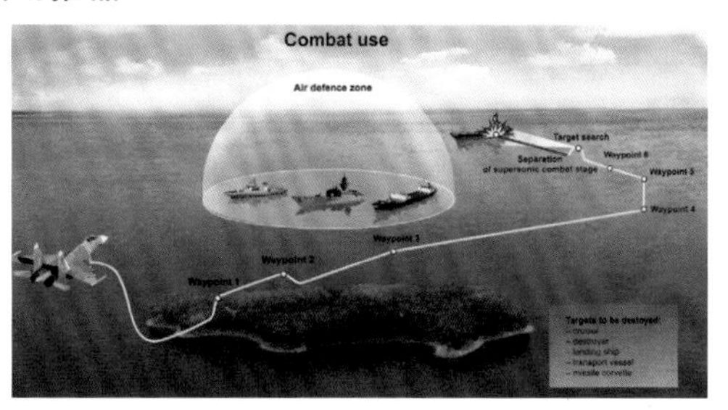

▲圖29 3M54AE反艦飛彈作戰示意圖。這種飛彈前半段像次音速飛彈一樣低飛並可編制複雜路徑，末端20km以超音速衝刺縮短敵方反制時間。 Novator

11. 3M54AE末端超音速反艦飛彈與3M54AE1次音速反艦飛彈[10]

3M54AE(圖27～29)是3M-54E雙速制反艦導彈的空射型，為Club「俱樂部」系列飛彈的成員之一。發射重1950kg，彈頭重200kg，發射高度500～11000m，平常以180～240m/s在20m高巡航，末端20km躍昇鎖敵後再回到5～10m以700m/s(2.35馬赫)衝刺攻擊，射程達300km(潛射、艦射型射程220km)，在任何艦載防空飛彈射程外。其特色在於能兼顧次音速飛彈飛得低飛得遠以及容易採用複雜飛行路線的優點以及超音速飛彈的破壞力。Su-35BM可用3枚。

3M54末端超音速反艦飛彈採用ARGS-54主動雷達導引頭，能鎖定65km外的目標。由於末端採超音速衝刺，其雷達罩還採用陶瓷材料製成以耐受高速下的高溫。

另有次音速的3M-54AE1(圖30～31)，外型與基本諸元與攻陸型3M14AE基本上相同，唯彈頭重400kg。

二、導引炸彈

俄國精確導引炸彈(KAB)起步較慢，但至今已發展成頗大的家族。以噸位分，有250kg級的KAB-250系列(圖32)、500kg級的KAB-500系列(圖33)、及1500kg級的KAB-1500系列(圖34～35)；以攻擊方式分，有鑽地彈、集束

俄系空射反艦飛彈作戰性能比較

	Kh-31A/AD	Kh-35/UE	Kh-59MK	3M-54AE	Brahmos
發射重(kg)	610/715	520/550	930	1950	2500
彈頭重(kg)	90/110	145	320	200	200～300
發射高度(m)	100～10000	200～5000	200～11000	500～11000	
發射速度(km/hr)	600～1100	600～1100	600～1000		
射程(km)	50～70/120～160	130/260	285	300	300/120
巡航速度	600～700 m/s	M0.8/0.8～0.85	900～1050 km/hr	180～240 m/s	M2.5
極速	1000m/s			700m/s	M2.5～2.8
巡航高度(m)		10～15	10～15	20	15000/10～15
末端高度(m)		4	4～7	5～10	10～15
Su-35可攜帶數量	6	5	5	3	1或3(需修改飛控)

彈、油氣彈(圖36)；以導引方式分，有電視導引、雷射導引、以及衛星導引。各式KAB系列導引炸彈投放高度約500～5000m，射程約10km(少數到20km)，誤差半徑7～10m(雷射導引型)或4～5m(電視導引型)。其中500kg級炸彈彈頭約360kg，1500kg級炸彈彈頭約1200kg。

與歐美相比，KAB系列長期獨缺衛星導引彈，這意味著長期缺乏可以全天候作戰的導引炸彈。俄國首款衛星導引炸彈KAB-500S(圖37)於2006年通過試驗。配備由「羅盤」(Kompas)設計

▲圖30 3M54AE1次音速反艦飛彈，就外型、重量與性能看較偏向3M14AE攻陸彈的反艦型。 Novator

▲圖31 3M54AE1反艦飛彈作戰示意。 Novator

局研制的具24通道接收機的GSN-2001衛星導引裝置，由俄GLONASS衛星系統導引。彈重500kg，彈頭重380kg，長3m，彈徑350mm，翼展750mm，操作高度500m～10km，載台速度550～1100km/hr，射程2～9km，精度5～10m。這種導引頭將來可能用於改良其他對地武器如Kh-25M改型等[11]。不排除俄國能像美國一樣將衛星導引頭用於無導引炸彈。

三、俄版JDAM與JSOW

1. 自由落體炸彈換新血：俄國版JDAM[12.13]

Bazalt「玄武岩」設計局近年為其研製的無導引炸彈(FAB)與集束彈(RBK)添加滑翔與校正能力，而成為類似美國「聯合直攻彈藥」(Joint Direct Attack Munition，JDAM)與「聯合防區外武器」(Joint Standoff weapon,JSOW)的廉價精準武器。

Bazalt為旗下的100～500kg無導引炸彈(FAB)研製一種通用飛行校正模組(MPK)。含慣性-衛星導引裝置與滑翔控制面(翼展0.645～2m，視彈體噸位而定)，這使得炸彈不但更加精準而且飄得更遠。使用MPK後，FAB炸彈能在偏離瞄準線30度以內投擲，在200～10000m高度投放時射程由3.5～4km提昇至6～11km，40～60km，甚至80～100km以上，視改良程度而定。

玄武岩設計局目前專注於FAB-500M62無導引炸彈(圖38)的改良上，

◀圖32 KAB-250導引炸彈，是第五代戰機所用最小的導引炸彈

▲圖33 KAB-500電視導引炸彈

▶圖34 掛於Su-35BM的901號機下的KAB-1500L雷射導引炸彈，此為雷射導引頭活動部件外露的舊型號

▶圖35 KAB-1500LG-F-E雷射導引高爆炸彈，其雷射導引頭採用陀螺穩定，已沒有外露的活動部件，是相對於早期KAB-1500L最大外觀特徵

◀圖36 KAB-1500LG-OD-E油氣彈的戰鬥部

▲圖37 KAB-500SE衛星導引炸彈

◀圖38 FAB-500M-62是俄國產量最大的無導引航空炸彈，故被選為俄版JDAM的主要適用對象

▼圖39 加上MRK導引模組的FAB-500M-62是俄版JDAM，可在基地直接升級而不需進廠，相當方便

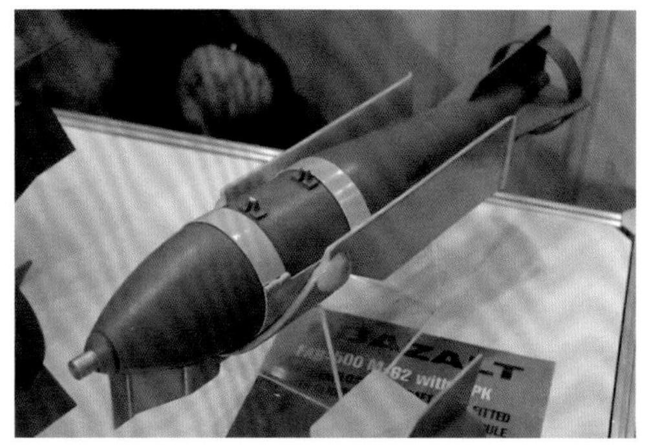

因為這是產量最大的俄系無導引航空炸彈。共有4種不同等級的MPK附加模組(圖39)。〈1〉第一種方案中，MPK沒有導引系統，僅具備氣動力穩定與校正功能來增加射程，其在50～100m高處投放時射程達6～8km，在多數防空系統盲區內，相較之下，原本的炸彈就算在高空投放也只有3～4km射程，載機處境相當危險。〈2〉第二方案增加慣性導引裝置，使得在精度與第一方案相同的情況下射程增至12～15km。〈3〉第三方案採用慣性-衛星複合導引，最大射程增至40～60km，攻擊誤差小於10m。對軟目標與輕裝甲目標最大殺傷半徑分別為110～190m與55m，投擲速度900～1100km/hr，對點目標射程6～16km，對面目標達40km。〈4〉第四方案是在第三方案增設動力裝置，射程激增至80～100km。

其中第三種改良方案類似美國將Mk-80系列通用炸彈改成JDAM，其中MPK模組對炸彈重量影響不大而不需修改掛架，如用於前述500kg級的FAB-500M62後總重增為540kg。第四種改良方案則相當於JDAM增程型JDAM-ER(射程90km)。「玄武岩」設計局總設計師表示，相較於美國JDAM需進廠修改，俄版JDAM的改良可在基地完成因此價格低得多。他並提及，第一種陽春方案的改良價格低於炸彈本體，而

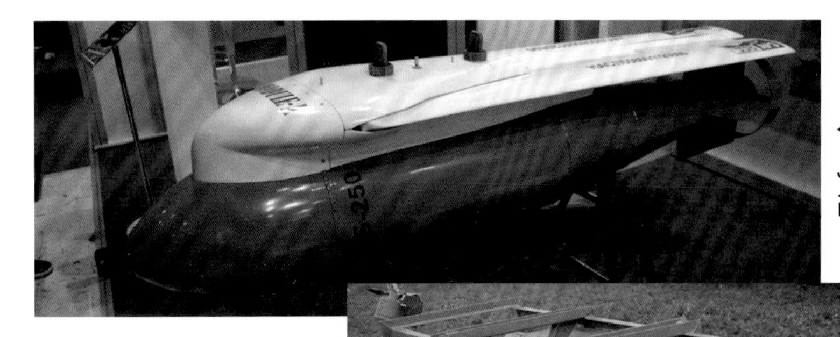

◀圖40 白俄558廠的JDAM，由FAB250炸彈改良而成

▶圖41 俄版JSOW：PBK-500U

圖42 PBK-500U

完整改型價格不超過炸彈價格的5～10倍，其對FAB+MPK的性能價格比相當有信心，並引述設計局研究指出，與FAB+MPK同級性能的導引炸彈價格將是其50倍以上！

除俄羅斯廠商外，白俄羅斯558飛機維修工廠於MAKS2009展出自家的JDAM計劃。其推出一種稱為Module-A的滑翔翼+導引模組(圖40)，用於500kg以下的自由落體炸彈。射程增至60km，精確度3～20m。目標位置可於途中更新。

圖43 PBK-500U的滑翔翼與控制面

▲圖44 RBK-500U集束炸彈，是PBK-500U的前身，其本來只是一種簡單的自由落體集束炸彈

2. PBK-500U：俄國版JSOW[14]

另一種廉價面殺傷武器為PBK-500U導引集束炸彈(圖41～43)。其是在原有的RBK-500自由落體式集束炸彈(圖44)上裝上翼面與控制面以及慣性-衛星導航系統。PBK-500U能裝備多種次彈械，可於戰場臨時更換：10枚OFAB-50(每個50kg)反輕裝甲與軟目標次彈械、126枚OFAB-2.5(每個2.5kg)反軟目標與人員殺傷次彈械；10個BETAB水泥穿透次彈械(反跑道)；PATB反頂部裝甲次彈械；15個SPBE-K自導式反裝甲次彈械。投擲速度500～2000km/hr，投擲高度下限依次彈械形式而異，在100～500m間；高度上限則為14000m(相較之下，RBK-500其本型高度上限5000m)。能於偏離瞄準線30度以內投擲，在10000m高空投擲時最大射程達50km，在10km距離內投擲時可不靠衛星校正，精確度10m。其改良計畫始於90年代末期，但因長期缺乏經費，故至2008年8月才進行試驗，預計2009年進行國家級試驗並於2010年服役。Su-34戰轟機可掛8枚。PBK-500U是俄國版的「聯合防區外武器」(Joint Standoff weapon,JSOW)，日後還將引入動力裝置以增加射程，對應於美國的JSOW-ER。

PBK-500U-SPBE是全系列的最初型號，投放高度100～14000m，所用的SPBE是一種自導引式反裝甲次彈械家族，不但用於PBK-500集束炸彈，也用於「龍捲風」多管火箭系統。其中一種

▲圖45 SPBE-D反戰車次彈械與其減速傘

▶圖46 SPBE-D反戰車次彈械近觀，作戰時藉由圖中的黑色翼面旋轉，以搜索目標。PBK-500U用的是更新銳的SPBE-K

▲圖47 SPBE-D反戰車次彈械的探測裝置

▼圖48 SPBE-D反戰車次彈械運作示意圖，圖中的次彈械系由「龍捲風」多管火箭發射

改型SPBE-D(圖45～46)尺寸280 x 255 x 186mm，重15kg，配有雙波段紅外線導引頭(3～5與8～14um)、1對翼面、以及減速傘。SPBE-D灑出後先以降落傘減速，而後張開翼面讓彈體旋轉以每秒6～9次的頻率掃描戰區，發現目標後經電腦計算爆炸方向而將口徑173mm、重1kg的銅質戰鬥部以2000m/s速度射向目標，在30度入射角情況下能貫穿70mm裝甲(圖47～48)。PBK-500U-SPBE所用的是最新一代的SPBE-K，其導引裝置除了雙波段紅外線，還有無線電探測，因此不但能能打擊有熱輻射的目標，也能打擊「冷目標」，配備SPBE-K後可打擊6輛以下的車隊。未來SPBE-K還可能引入敵我識別裝置，而能用於敵我混戰的坦克戰場。

如果說俄版JDAM與JSOW與美國產品相比有什麼明顯的劣勢，那就是外型。俄國無導引炸彈不像美國Mk系列炸彈那樣有尖而細的低阻力外型，不利於外掛出擊，但偏偏除了五代機以外的戰術戰機都是以外掛方式出擊；在JSOW方面，美國JSOW採用匿蹤外型，俄版JSOW卻只是普通炸彈構型，相對容易反制。不過需注意的是，美式體系並不像俄國有種類齊全的短程低成本防空系統如通古斯塔、鎧甲-S等。因此雖然就炸彈本身而言美製JSOW突防能力較好，但在美俄體系對抗時，有匿蹤優勢的美製JSOW發揮的效力是否超越俄版JSOW仍待追蹤(註4)。

若論及火力投射能力(攜帶多少彈藥打擊多遠的目標)、發射條件(發射高度與速度)、以及精確度，基本型KAB-500系列導引炸彈的方面約與稍早Kh-29相當；新型KAB-500導引炸彈(衛星導引型)、FAB-500MPK(俄版JDAM)、PBK-500U(俄版JSOW)則與Kh-29TE、Kh-38M系列等相當，FAB-500MPK與PBK-500U的增程型則達到

Kh-59M的火力投射能力。而相較於火力投射能力同級的飛彈，炸彈的重量與尺寸小得多因此攜行量更大，例如Su-35BM能攜帶攻陸飛彈約5～6枚，卻能攜帶8枚500kg級炸彈。因此這些新型導引炸彈讓使用者能以更低的成本達到許多攻陸飛彈的效果。唯飛彈速度快得多，較適合打擊移動中目標。

以上所介紹的新型武器將在2010起相繼服役，屆時俄國戰術戰機將擁有各種與西方對應的武器，如在低成本武器部份將擁有與西方對應的各種導引炸彈、JDAM、JSOW；高性能部份則有對應西方「金牛座」、「暴風之影」的3M-14AE、Kh-59MK2；對應AIM-120D的產品180等；同時擁有KS-172、Brahmos、3M-54AE、Kh-58等「獨門絕技」。

(註4：「廉價」在反制精靈炸彈時是相當重要的指標。許多短程防空飛彈當然也可以攔截精靈炸彈，但往往不敷成本。俄製鎧甲-S彈砲合一短程防空系統在設計之初就考慮了未來戰場上會有很多廉價的精準炸彈，最好有專門針對他們的廉價防空武器。鎧甲-S也裝備了光電系統，因此也能對匿蹤目標進行射控。)

參考資料

[1]Douglas Barrie (London), Alexey Komarov (Moscow)," Tactical Missiles Corp. Gives Details of Russian Kh-38 Family",AW&ST,2008.6

[2]" НОВЫЕ РОССИЙСКИЕ ОБРАЗЦЫ АВИАЦИОННОГО ВЫСОКОТОЧНОГО ОРУЖИЯ НЕ УСТУПАЮТ ЛУЧШИМ МИРОВЫМ АНАЛОГАМ"(新型俄製高精度武器不遜於外國同類產品),AirFleet,2008.6

[3]TMC公司新聞版面，http://www.ktrv.ru/news/publ/802.html

[4]Novator公司3M-14AE型錄(2008)

[5]Tactical Missile Corporation公司型錄(2008)

[6]Douglas Barrie (London), Alexey Komarov (Moscow)," Tactical Missiles Corp. Gives Details of Russian Kh-38 Family",AW&ST,2008.6

俄系500kg級以上炸彈作戰性能比較

分類	無導引	導引炸彈			俄版JDAM、JSOW	
型號	FAB-500M62	KAB-500系列	KAB-1500LG	KAB-500S	FAB-500M62+MPK	PBK-500U
發射重(kg)	500	500～550	1560	500	540	>500
彈頭(kg)	300	360	1180	380	300	
施放高度(m)	570～12000	500～5000		500～10000	50～10000	100～14000
施放速度(km/hr)	500～1900	550～1100			900～1100	500～2000
射程(km)	3～4	10	20	2～9	40～60	50
圓周誤差(m)		4～5(電視) 7～10(雷射)	7～10	5～10	<10	<10
Su-35可掛數量	10	8	3	8	8(滑翔翼折收)	8

[7]" НОВЫЕ РОССИЙСКИЕ ОБРАЗЦЫ АВИАЦИОННОГО ВЫСОКОТОЧНОГО ОРУЖИЯ НЕ УСТУПАЮТ ЛУЧШИМ МИРОВЫМ АНАЛОГАМ"(新型俄製高精度武器不遜於外國同類產品),AirFleet,2008.6

[8]" НОВЫЕ РОССИЙСКИЕ ОБРАЗЦЫ АВИАЦИОННОГО ВЫСОКОТОЧНОГО ОРУЖИЯ НЕ УСТУПАЮТ ЛУЧШИМ МИРОВЫМ АНАЛОГАМ"(新型俄製高精度武器不遜於外國同類產品),AirFleet,2008.6

[9]" Tactical Missiles Corporation: New Weapon Developments",National Defense,#1.2009,special issue for AERO INDIA 2009.

[10]Novator公司3M-54AE型錄(2008)

[11]" Первая россиская спутниковая бомба прошла испытания"(俄羅斯首種衛星導引炸彈通過試驗),Взлёт,2006.04,p40.

[12]Евгений Урохин, «JDAM и JSOW по-русски»(俄國的JDAM與JSOW),Вздёт,2008.9,ст42-45

[13]2005年8月16日莫斯科航空展官方新聞

[14] Евгений Урохин, «JDAM и JSOW по-русски»(俄國的JDAM與JSOW),Вздёт,2008.9,ст42-45

ГЛАВА 6

Su-35BM
戰術技術特性總體檢

Su-35BM性能諸元		
長		21.9m
翼展		14.7m 15.3m(含電戰莢艙)
高		5.9m
翼面積		62平方米
空重		16500kg
燃油儲量	內油箱	11500kg
	含副油箱(2000公升x2)	14300kg
武器籌載		8000kg
起飛重量	正常(R-77*2，R-73E*2，約8000kg燃油)	25300kg
	最大	34500kg
	極限	38800kg
起飛滑跑距離	正常起飛重時	400～450m
落地滾行距離	正常重量，主輪煞車，外加阻力傘	650m
最大速度	低空(H=200m)	1400km/hr
	高空(H=11000m)	2500km/hr
	高空(H=?)(*看板)	2700km/hr
	馬赫數	M2.25
加速能力	於正常起飛燃油之半(約4000kg) H=1000m，600km/hr加速至1100km/hr	13.8sec
	1100km/hr加速至1300km/hr	8sec
最大航程	低空(H=0，M=0.7)	1580km
	高空	3600km
	含副油箱	4500km
爬升率	H=1000m	>280m/s
實用升限		19000m
重力負荷		>9G (-2～+11)或(-3～+12)
正常攻角範圍		-10(或-15)～+45度
機體壽命		6000hr
引擎推力 (外銷型)	軍用	8800kg x 2
	最大	14000kg x 2
	特殊模式	14500kg x 2
引擎壽命	第一次大修週期	1500hr
	大修週期	1000hr
	最大壽限	4000hr

▲圖1 掛彈飛行中的Su-35BM 902號機。2枚R-77與2枚R-73E的配置是其正常攔截武裝。
Sukhoi

一、飛行與動力性能

性能諸元

Su-35BM長21.9m，翼展14.7m(若含莢艙則為15.3m)，翼面積62平方米，高5.9m。空重16500kg。正常起飛重25300kg(掛載2枚R-77與2枚R-73E之情況，圖1)；最大起飛重34500kg，並允許38800kg的極限起飛重；有12個外掛點，但在機腹中線改用並列雙掛架(用

▲圖2 MAKS2009上Su-35BM右翼的對面武裝。注意其火箭彈便採用多用途掛架。若採用類似的並列掛法，機腹中線便可攜帶4枚R-77。

於掛載R-77)時可增至14個(圖2)；最大武器籌載8000kg。

飛行性能如下：〈1〉於正常起飛燃油之半(約4000kg)，1000m高，由600km/hr加速至1100km/hr需時13.8秒，由1100km/hr加速至1300km/hr需時8秒。(NPO-Saturn副總設計師E. Marchukov表示，117S發動機使Su-35BM加速至指定速度的時間減半。[1])〈2〉於1000m高空之最大爬升率>280m/s(但籌載模式不明，相較之下，Su-27在5500kg燃油及R-27與R-73各2枚時之海平面最大爬升率為283m/s)；〈3〉實用升限18000m，但測達19000m；〈4〉低空(200m)極速1400km/hr；高空(11000m)極速2400km/hr或2.25M，實測達2500km/hr;〈5〉在海平面(H=0)、以0.7馬赫飛行之低空內燃油航程為1580km；高空內燃油航程3600km，帶副油箱航程4500km；〈6〉正常起飛模式之起飛滑跑距離400～450m(Su-30MKK約500m)，正常重量以主輪剎車加阻力傘減速之落地滾行距離650m。

重力負荷與攻角限制

重力負荷與攻角限制方面，型錄上僅提及重力負荷為9G，然對美製F-22以及歐系EF-2000、Rafale而言，其實際機動能力往往超過10G，但往往仍只標示9G。此係9G已達目前飛行員正常承受值之上限，超限控制恐有飛安顧慮，而航電系統也未必能承受過高的G值，故將正常限制定為9G，但通常允許超限控制。Su-35BM可能也是如此。由多用途顯示器顯示之內容(圖3～5)便可推估Su-35BM的重力負荷極限以及攻角範圍：重力負荷(G值)顯示範圍超過-2～+11G，且亦見過-3～+12G者。兩者都依飛行狀態而以紅線及白線標出某些操作範圍(可能用以劃分正常範圍)，但可超限使用(有指針跳到紅線區的畫面)。操作攻角顯示範圍則在-10(或-15)～+45度(相較之下，Su-27是30度，超機動的Su-30MKI則為35度)。

與基本型Su-27的本質不同

儘管Su-35BM有著與Su-27基本型類似的外型與作戰重量，但稍微仔細的觀察可以發現其相對於Su-27有大幅度的躍進。簡言之，Su-35BM空重輕、推力更大、可控攻角提升至45度又引入超機動技術，故能在更多情況(更廣的籌載模式)下具備空戰狀態的Su-27的飛行性能。由於Su-35BM與Su-27外型基本上相同，故可以透過簡易的數據比較估計其飛行性能，進而推估其與其他戰機的差異：Su-35BM相較於其他Su-27改型有以下機動性能優勢：〈1〉真正的航程與高機動兼得，其11500kg可視為真正的「內燃油」，也就是以滿油與空戰武裝起飛消耗約1/3燃油後便具備高機動能力；〈2〉在更廣泛的飛行條件下(速度、高度、籌載)具備高機動性(指向性、盤旋性能)；〈3〉更大的攻角與G限；〈4〉超機動性(過失速機動)；〈5〉更高的巡航速度，甚至可能是超音速巡航。

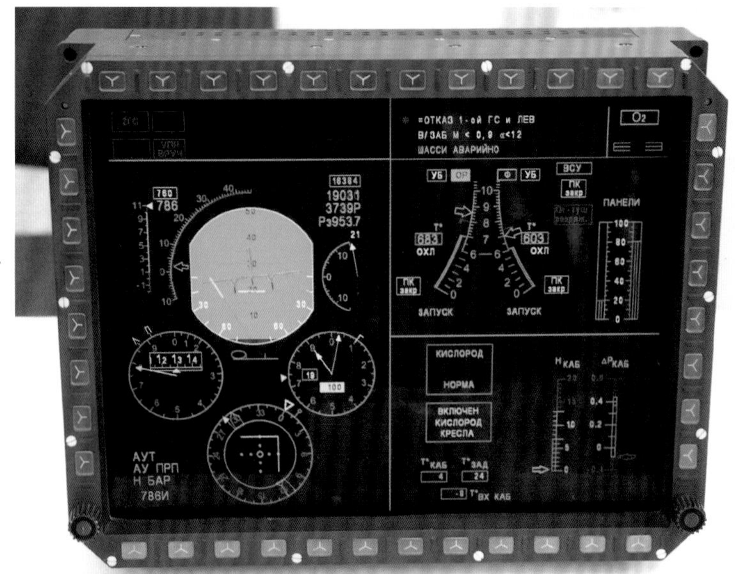

▶圖3 Su-35BM的MFI-35顯示器，注意其攻角顯示到45度，G限達11G

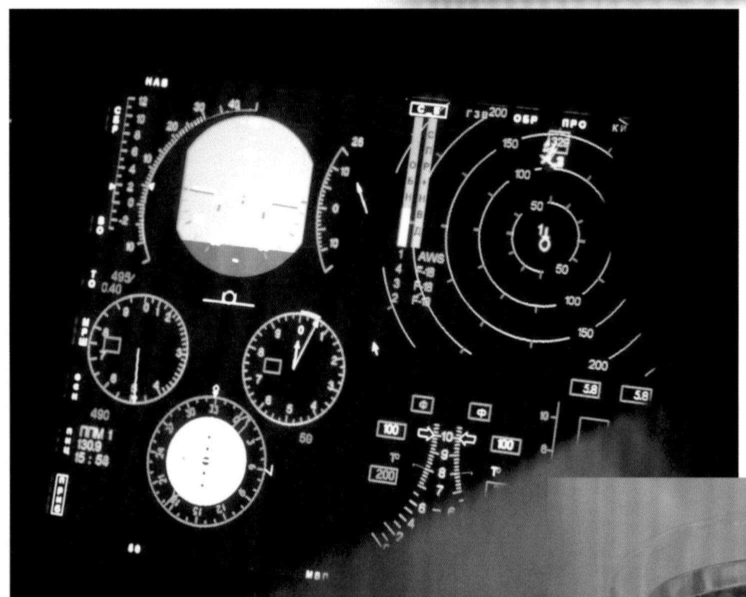

◀圖4 Su-35BM模擬座艙內的顯示器，攻角顯示到45度，G限達12G

▶圖5 傳統的大氣數據系統通常無法感測超機動模式中的大攻角，這時便可靠圖中的三軸光纖陀螺儀進行姿態感測。其感測解析度達0.008度，每小時標準誤差0.005度

▲圖6 攜帶複合武裝的Su-35BM 902號機。Su-35BM即使在重裝狀態下理論上亦有幻象2000與Su-30MKI等級的飛行性能。主要制約因素其實只是對地武器的掛架

以Su-27已在傳統佈局戰機領域執牛耳的飛行性能觀之，推重比直逼五代標準且具有超機動控制能力的Su-35BM在面對採傳統佈局的對手(F-15、F-16改型及F/A-18E/F)時幾乎具備全面優勢。唯面對F-22時因推重比差距較大，可能較為遜色。而在面對EF-2000、Rafale等推重比與其相當的三角翼佈局戰機時，僅在「高次音速平飛加速」可能較為遜色[2]，因此大體上仍應具備優勢。故就「最佳空戰狀態」論(以正常起飛重量起飛，攜帶緊急攔截用的少量空對空飛彈，抵達戰區消耗部份燃油後)，Su-35BM整體上可能僅因推重比與推力的關係而遜於F-22。而即使在28噸的作戰重量下(以4枚KS-172+6枚R-77+2枚R-73E+2個電戰莢艙+內燃油全滿起飛，在消耗1/3燃油抵達戰區與使用1枚KS-172後的重量)Su-35BM大致擁有幻象2000-5的飛行特性(過載性能、維持能量的特性)以及Su-30MKI等級的過失速機動能力。

總結以上，整體而言，Su-35BM的飛行性能在最佳機動狀態(沒有KS-172的空戰武裝下)時僅有F-22可能超越之，而在28噸的重裝狀態下(圖6)仍大致具有幻象2000-5等級的傳統飛行性能與Su-30MKI等級的過失速性能，此時傳統戰機對其不具飛行性能優勢，但F-22、EF-2000、Rafale、或是具有極高推重比的F-15、F-16後期型對其可能具有能量機動優勢。

直逼第五代的結構特性

特別須注意的是，這裡提到Su-35BM在推重比部分遜於F-22且相當於或略遜EF-2000、Rafale，顯得Su-35BM推進能力似乎「也不怎麼樣」，這有一部分是因為作戰重量設定不同所致，這實際上掩飾了Su-35BM在籌載能力與推進能力上的第五代特性。現在來看看幾個更公平的指標：燃油分率(最大內燃油重/(最大內燃油重+空重))、正常起飛重-空重比、最大起飛重-空重比、空機推重比(最大推力/空重)。這幾個指標與作戰能力並非直接相關，但卻可以衡量戰機的結構效率與推進能力。

在各型戰鬥機中，Su-27的燃油分

率約0.36同時期最高。Su-35BM則達0.41，是目前最高，且其內燃油是貨真價實的內燃油(滿油起飛，消耗約1/3燃料後可高機動空戰)，與Su-27的「內燃油+內建副油箱」不是一個概念。一般而言四代戰機的正常起飛重-空重比約為1.4，五代機約1.5(Rafale達1.62為特例)，Su-35BM達1.53。四代半或五代機的最大起飛重-空重比約為2～2.37，Su-35BM達2.35；四代機推力空重比約1.3～1.5(F-15達1.66為特例)，歐洲雙風1.66～1.68，五代機在1.7以上(F-22為1.7，但其原始設計與MFI約為2)，Su-35BM達1.75(外銷)～1.81(考慮俄軍自用的大推力版本)。若考慮無後燃器推力空重比，則歐洲雙風與F-22約在1.1～1.15，Su-35BM為1.06較為遜色。以這幾個指標來看，Su-35BM是當代數一數二：與F-22及尚未換裝新型發動機(EJ-230與M88-3)歐洲雙風相比無後燃器推力空重比遜色，最大推力空重比勝出；起飛重-空重比僅輸給Rafale。不過由於Su-35BM燃油分率高於對手，故允許更長時間的使用後燃器而不失航程優勢，故無後燃推重比的弱項其實可由後燃器推力補償。再考慮其機體壽命與發動機壽命分別達6000與4000小時，可見Su-35BM在結構效率與推進能力的綜合指標上已達到第五代標準，而勝過F-35以及改良後的歐洲戰機(註1)。

(註1：事實上，高酬載比例下飛機結構未必允許進行高機動。這裡是假設其他飛機在正常起飛重時與Su-35BM一樣能進行空戰機動而進行的比較。例如F/A-18E/F的酬載比例相當高，但G限不高，算是攻擊型配置，與戰鬥機不可比，不適用於此處的比較。)

從飛行表演看Su-35BM的飛行性能

Su-35BM在2009年莫斯科航空展進行飛行表演(圖7～9)。參演的901號機表演速度幾乎是西方戰機表演時慣用的高速衝場速度，但在這種速度下卻進行大攻角(目視判斷超過30度)小半徑迴旋、小半徑桶滾等動作，可說是將西方戰機表演的「高速」與俄系戰機的「高攻角」相結合，連看過MiG-29M OVT多次的筆者看得都瞠目結舌。透過連拍畫面反推，Su-35僅用了3～5秒便在垂直面轉了180度，換言之其盤旋角速度可能達到36～60度/秒，相較之下俄系第四代戰機(西方三代)至多約只有25度/秒！在低速動作完成後打開後燃器後甚至可以用肉眼發現飛機明顯的加速，其明顯到飛機有如是被「彈出去」一般(相較之下一般飛機在類似情況下看起來只像是被「推出去」)，亦是Su-30MKI與MiG-29M OVT上所未見，可見加速性能相當優異。除此之外，他還以20～30度攻角170～180km/hr的速度過場，相較之下Su-27的最低速度約為190km/hr。在2011年莫斯科航展的表演中最低速度曾到150km/hr，而根據試飛員Bogdan的說法，目前在使用向量推力後，飛機的最低安全飛行速度在50～100km/hr[3]。

除了俯仰方向的靈巧性外，滾轉性能似乎也顯著提高。Su-27由於採用

▲圖7 MAKS2009表演中的Su-35BM 901號機，雖然沒有表演失速後機動，但超機動能力表露無遺

▶圖8 MAKS2009表演中的Su-35BM 901號機，當天因天候關係，能清楚見到拉出的渦流。 尖端科技

▼圖9 表演完後的Su-35BM

▲圖10 MAKS2007與Il-102輕航機一起過場的MiG-29 OVT，藉此展現其超凡的低速安全性

分離式雙發設計的緣故，滾轉率並不高，其最大滾轉率約270度/秒，相較之下輕型戰機動輒超過300度甚至360度。由表演發現Su-35BM的滾轉率明顯高於Su-27家族，滾轉控制雖然沒有同台表演的Rafale那樣犀利，但已非常接近傳統輕型戰機之水準。這可能得益於向量推力的使用。

因此儘管當時沒有表演「眼鏡蛇」、「大法輪」等大家耳熟能詳的過失速機動，但Su-35BM的超機動潛能在短短幾分鐘的表演中展露無疑。這裡還透露一個更重要的訊息是，通常西方戰機的表演速度與纏鬥時的速度較接近(更精確的說，其實飛行特技本身就是來自纏鬥動作)，而Su-27、Su-30MKI的表演速度已低於通常的纏鬥速度，其只是要展現低速的安全性以及失速後的可控性(圖10)，因此實際纏鬥中不到最後關頭這些動作是派不上用場的，頂多只能說「其暗示可以在更寬鬆的條件下完成傳統空戰動作」。然而Su-35BM的表演相當於是將Su-30MKI的一部分超機動動作移植到傳統纏鬥速度上完成，這就意味著一但進入纏鬥領域，Su-35BM幾乎馬上就可以使用高機動性來取得優勢。

Su-35BM在2011年莫斯科航展首次公開展示超機動飛行。雖然在表課目上與Su-30MKI、MiG-29M OVT一樣不外乎失速後大攻角與大幅度偏航的結合或轉換，但Su-35BM的動作極為流暢，一些特技動作的轉換在Su-30MKI與MiG-29M OVT做起來稍有延遲因此看起來就是分別的動作，在Su-35BM作來就像是一整組連續動作，用武俠片的術語來說，Su-35BM的動作彷彿是「無招勝有招」的境界。例如「正常飛行=>拉大攻角進入過失速狀態=>偏航改出」這一特技由Su-35BM展現看起來就像「賽車甩尾」一招。而在超低速大攻角滾轉時其也能很快的朝反方向滾(這對正常飛行來說很簡單，對速度趨近零的超機動動作來說相當困難)，改變過程幾

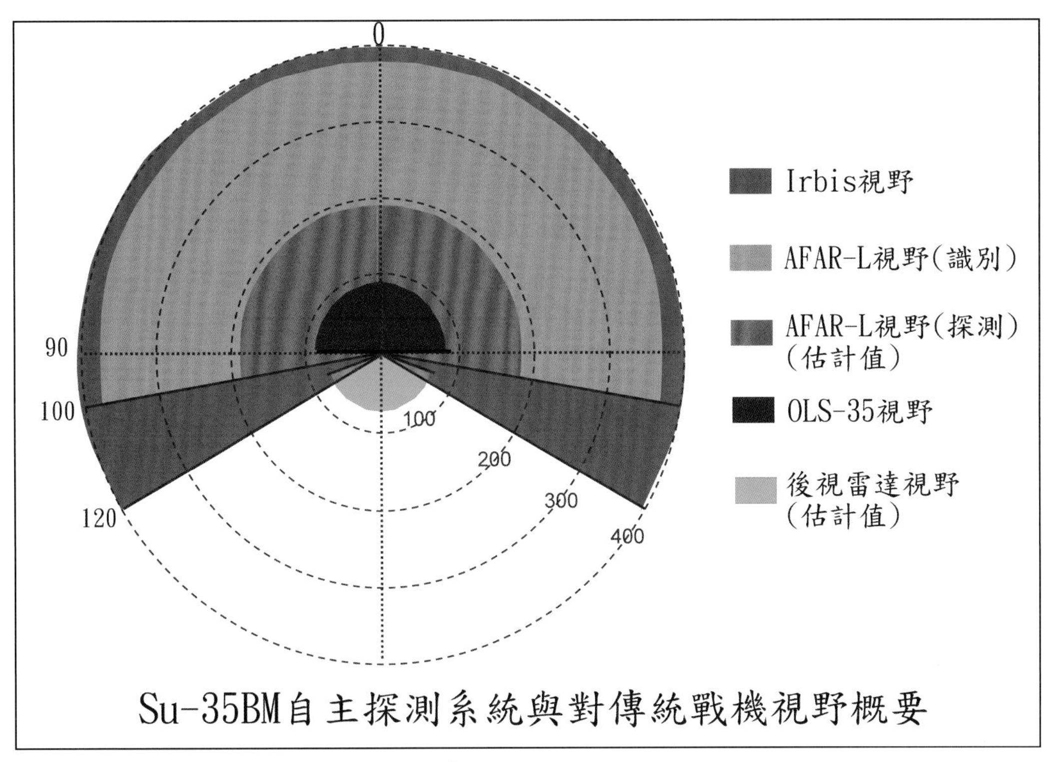

▲圖11 Su-35BM各種探測設備視野示意

乎不掉高度，因此看起來像是在「倒帶」一般。

飛行性能與結構特性的分析詳見附錄二。

二、航電與武器系統

Su-35BM最強悍的不在顯而易見的超機動性，而在航電與武器系統以及他們的搭配。這些真正有看頭的東西悄悄的隱藏在Su-35BM「看似溫馴」的4代戰機外表下，實際上卻是「下可壓制傳統戰機、上可抵抗匿蹤戰機」的殺手鐧。此特點可從三個主要方向觀察：〈1〉寬而遠且多頻譜的偵查設備；〈2〉極有效的自衛能力；〈3〉對手所無的不對稱武器系統。

非自主資訊來源與通信

與其他各種新一代戰機一樣，Su-35BM最大範圍的情資是透過資料鏈由友軍取得或由雷達預警接收器被動「監聽」而來。俄羅斯使用戰機間資料鏈已有相當久的歷史，在Su-35BM上則引入Link-16等級的資料鏈，而能通用於各軍種，此外其具有在絕大多數偵察與干擾系統之外的操作頻率，因此能與本機無線電系統完美兼容外，理論上不會被干擾。

而在電子情報監聽能力方面，依據俄系戰機現有無線電設備性能估計，其距離上應可達到或超越美製ALR-94的460km等級，而在操作頻譜上若僅考慮專用的電子情報系統則涵蓋1.2～40GHz；而在X波段範圍Irbis-E本身也有被動模式，對干擾源能追10打1。Su-35BM並有極高的資料與信號處理能力，故被動偵察方面Su-35BM不下於西方最先進戰機。

倘若Su-35BM裝備AFAR-L主動陣列雷達(如俄軍版Su-35S)，則考慮AFAR-L應該也有監聽能力，則被動偵測頻率下限有1GHz，這甚至可能用來偵測Link-16、JTIDS等西方戰術資料鏈，且在如此低的頻率亦保有X波段等級精確度，可以預料未來可能還有對這些資料鏈進行主動干擾甚至支援反輻射硬殺的潛力。

相反地，Su-35BM的通信波段遠在一般戰機預警系統之外，即使是某些最先進的選用性能可將偵測波段下探至500MHz，亦僅部分涵蓋。因此Su-35BM本身通信安全較高，也由於通信波段差異極大，Su-35BM將可以盡情的干擾L波段而不影響自身的通信能力，除非其對手通信系統的抗干擾能力極強，否則Su-35BM很容易取得指管通情上的不對稱優勢。

自主資訊來源

扣除資料鏈帶來的外界資訊與雷達預警系統外，Su-35BM自主的探測手段便包括X波段前視相位陣列雷達、L波段相位陣列雷達(俄軍版或升級版)或敵我識別系統(外銷型)、光電偵測儀(註2)等。其中X波段雷達視野達+-120度；L波段雷達視野+-100度；光電雷達視野+-90度(圖11)；分佈孔徑光電系統則有球狀視野。

X波段雷達對傳統小型戰機探距遠達400km，L波段雷達或敵我識別系統亦支援遠達400km的敵我識別功能(外銷型的4283E識別系統距離為350km)，兩者均有過半球的視野因此不僅能在遠方發射飛彈，還能在維持對目標區的資訊接觸的情況下限制對方武器性能的發揮(例如發射飛彈後以側面面對目標區)，故而對傳統戰機構成極大的威脅。

光電系統包括前視熱影像儀與分佈式光電偵測系統。後者能對球狀週圍成像，偵測來襲飛彈與飛機，是飛機最後防線的預警手段，並加強近戰時的資訊掌握；前視熱影像儀確保中近距離時的高精確度無線電緘默偵測，特別是對雷達較不易探測的敵機後半球有更好的探測效果，並能在略超過視距處進行熱影像識別。這些特性確保了近戰與追擊時的優勢。

其中，Irbis-E在機電複合掃描時的資料更新週期在個位數秒(約2秒或5秒)，在此週期內，視距外目標幾乎相對不動，只有視距內目標能飛越一道探測波束寬(約10度)(詳見附錄五)，然而到了視距內，分佈式光電系統的效果通常很好，因此幾乎不會有威脅能「趁隙偷襲」Su-35BM。

這些自主探測系統也構成極強的自主預警能力。分佈式光電系統能偵測球狀週圍的來襲飛彈，距離應有數十公里；Irbis-E能偵測+-120度視野內的來襲飛彈，距離遠達90km；而若裝備AFAR-L，則其在+-100度範圍內約有16km範圍的飛彈探測能力。面對這樣綿密的多層警戒，想乘隙偷襲機乎是不可能的。

此外光電雷達與L波段雷達在一定距離內令理想的匿蹤戰機(X波段RCS為0)也難以遁形，其距離甚至在中程飛彈射程附近。而對真實的匿蹤戰機而言，Irbis-E在中程飛彈射程附近甚至更遠處已有可能發現匿蹤戰機。因此結合此三個頻譜的探測設備，匿蹤戰機在中程飛彈有效射程附近被發現的可能性極高，甚至還有可能被取得足以射控的資料。

因此考慮航電設備後，Su-35BM相對於傳統戰機的優勢更是壓倒性的。尤有甚者，Su-35BM對理想匿蹤戰機極可能具備免疫力甚至反制力，使得假想敵很難以匿蹤戰機抵銷Su-35BM的優勢。

(註2：光電偵測儀雖屬被動偵測，然紅外線屬於無可避免的輻射，因此這又與取決於敵方開啟雷達與否的雷達預警系統不同，故在此歸類於自主探測系統之列。)

1. 消極反匿蹤能力

有效的自衛能力的第一個先決條件是對威脅的預警能力，特別是不求於人而以自有探測系統進行預警的能力。這正是Su-35BM的強項，這些預警能力與敵方戰機開不開啟雷達無關，而且能發現處在無線電緘默狀態下的飛彈(如追熱飛彈或未開啟雷達導引頭的飛彈)，可靠性極高。特別是許多飛彈早在數十公里外便已被Irbis-E發現，故戰機能有更多時間、更多手段去反制飛彈，且由於能較從容的反制，故反制過程中對自己的戰術影響也較小，總反制效果必然優於僅在最後20km才能自主發現飛彈的歐美戰機。

武器系統與強大的偵查功能彼此相得益章。Su-35BM在空對空、反艦、反輻射等武器許多是對手不具備的，也因此擁有不對稱優勢。例如其搭配的最大射程300～400km的空對空飛彈即使在對付戰機時有效射程可能降到200km，不可逃脫射程可能降到100km，亦在絕大多數空對空飛彈的最大射程之外，特別是Su-35BM在發射飛彈後可大幅側轉(而不丟失對目標區的接觸)，使敵空對空飛彈最大射程甚至掉到50km處，這使得敵方傳統戰機在遇上Su-35BM時幾乎完全處於被動局面，這與遭遇匿蹤戰機相比好不到哪去。另外在對地、反艦與反輻射武器上Su-35BM都有可在目標的防空飛彈射程外便可發射的彈種，特別是讓敵方難以反制的超音速反艦飛彈、以及速度超過多數防空系統能耐的Kh-58UShKE反輻射飛彈，都讓敵方即使大老遠就發現Su-35BM，只要不能盡快出動戰機把Su-35BM攔截下來，也只能眼巴巴看著Su-35BM發射那些難以應付的飛彈。

還要考慮到Su-35BM的外掛點極多，依本文估計其採用所謂的「最強衝擊酬載」時其可攜帶4枚超長程重型武器的同時還保有「6中2短2莢艙」或「6中4短」的空對空飛彈配置，這樣其火力便等效於「1架先遣打擊的匿蹤戰機+1架殿後的傳統空優戰機」。而且如附錄二分析，在這種重裝構型下Su-35BM也應具備相當於幻象2000的飛行性能與Su-30MKI的過失速機動能力。

以上三大特性彼此鞏固可靠性：極強的預警能力帶來極有效的自衛能力，讓匿蹤戰機也未能有效的攔截Su-35BM，這種對匿蹤戰機的免疫力鞏固了特殊武器系統效能的發揮，而對匿蹤戰機的絕大多數友軍構成衝擊，這又將間接削減匿蹤戰機的作戰效能(因為匿蹤戰機要能持續出戰，需要有安定的後勤)，筆者稱此為「消極反匿蹤能力」。

2. 積極反匿蹤能力

Su-35BM的多頻譜探測系統也賦予其「積極反匿蹤」能力：以Irbis-E發現開啟彈艙中的匿蹤戰機、以Irbis-E發現不是在最佳匿蹤角度下的匿蹤戰機、以OLS-35發現匿蹤戰機、以AFAR-L在中程飛彈射程附近發現匿蹤戰機等。這幾種積極探測手段適用領域不盡相同，也因此讓匿蹤戰機難以遁形。

在考慮「X波段雷達只有在匿蹤戰機開啟彈艙時才能偵測之」，以及AFAR-L對RCS=1平方米目標探距取53km之情況下，上述積極手段約在90km開始作用，而在中程飛彈射程以內(40～50km)有效性將大幅提高，因為那時不僅發現匿蹤戰機的機率極高，而且還有機會對匿蹤戰機發射飛彈。換言之Su-35BM的積極反匿蹤能力已拓展到視距外空戰的範疇，並非一般認為的「拖延到視距內再以超機動性取勝」。

實際上並不存在看不見的匿蹤戰機，且Irbis-E對RCS=0.01平方米目標探距已達90km，相當於最基本的超視距戰機對普通戰機的探距，因此除非匿蹤戰機在任何方向的RCS都遠低於此，否則在實際飛行時特別是進入飛彈射程後以及發射飛彈後的脫離動作期間，將難免被Irbis-E發現，因此實際上Irbis-E不只能在匿蹤戰機開啟彈艙時發現之，還可以自主的發現之。此外筆者估計的AFAR-L探距乃基於嚴格計算標準，實際上至少可向上修正10～30%以上 (見附錄六)，因此實際上積極反匿蹤有效

Su-35BM在各距離區間的積極反匿蹤能力一覽

距離區間	0～50km	50～100km	>100km
積極反匿蹤效果	有效 (料敵從寬料己從嚴標準) 極有效 (公平標準)	差 (料敵從寬料己從嚴標準) 有效 (公平標準)	差
說明	三大探測頻譜的探測效果都不錯，因此協同探測機率可望在50～100%。 三大頻譜甚至開始有獨立射控的能力，協同射控的效果則更佳。 即使敵方為理想匿蹤戰機、我方探測性能從嚴考慮，仍很有效。	對匿蹤戰機從寬且我方探測能力從嚴考慮，則此時僅有AFAR-L有機會積極反匿蹤。 對於真實匿蹤戰機與探測系統的真實狀況，Irbis-E與AFAR-L在此區間都可能很有效，協同探測機率亦可能超過50%。	不能排除光電探測儀(追擊)與AFAR-L在此發現目標的可能性。 但可以預料效果遠遜於前兩個區間。

區可以上修至50～70km區間內。另外除非Link-16、JTIDS等通信系統的反偵測能力(以極複雜的信號讓接收端無法判讀等)強大到可以令AFAR-L「視而不見」的地步，否則匿蹤戰機在發射飛彈前以資料鏈通連的階段便可能被偵測。因此在Su-35BM面前匿蹤戰機想要像傳說中的那樣逼近到不可逃脫射程都還不被發現幾乎是不可能的，甚至可以估計，匿蹤戰機在中程飛彈有效射程附近被發現的機會已經很高。

需強調的是，可能不是所有的Su-35BM都裝備AFAR-L雷達。外銷型可能只是採用4283E主動陣列L波段敵我識別系統。對於這樣的外銷型而言，仍然具有消極反匿蹤能力，但積極反匿蹤能力便會有所減損：對於理想匿蹤對手而言，其積極反匿蹤的有效區應不超過40km。

3. 消極與積極反匿蹤能力的彼此增益

而消極與積極反匿蹤能力又一次的彼此增益：消極反匿蹤能力讓匿蹤戰機在遠方發射的飛彈幾乎失去戰術價值，這將迫使匿蹤戰機進入有效射程內發射飛彈，以主流的AIM-120空對空飛彈而言，有效射程40～50km正好進入Su-35BM的「積極反匿蹤有效區」。因此消極反匿蹤能力為積極反匿蹤能力提供發揮空間，而後者的存在進一步鞏固Su-35BM對匿蹤的免疫力，這又進一步確保武器系統發揮不對稱效能。

因此可以說Su-35BM的探測系統與武器系統於是產生彷彿生物有機反應般極為巧妙的互助現象，讓Su-35BM發揮遠超過數據所能表現的作戰效能。正因為這種複雜的交互作用完全異於傳統的分析原則：先發現、先發射、先脫離。故以傳統眼光觀之，Su-35BM不過就是F/A-18E/F、F-15SG這一等級的產物，甚至局部技術還稍微落後(後兩者有主動陣列雷達)，但考慮航電與武器系統的「有機交互作用」後，這些歐美戰機與Su-35BM則不具可比性。當然，也因為Su-35BM的超凡特性來自這種複雜的交互作用，所以其戰力將與航電的控制軟體與武器的配置有很大的關係，例如倘若俄國限制超長程飛彈的出口，那麼Su-35BM雖然仍具備很強的防禦能力，但對敵方的衝擊性勢必大減。

據蘇霍伊公司官網2011年9月19日的報導，Su-35至當時已累計逾300次飛行。技術特性試驗(飛行性能、航電性能等)已完成，符合設計值，接下來將進入作戰性能試驗。新聞稿並指出，「依據現有的資訊已可論定Su-35超越現有戰機，而其潛藏的實力確保他勝過各種4與4+代戰機(Rafale、EF-2000、改良型F-15、F-16、F-18與幻象2000)，甚至反制F-22A與F-35。」[4]這是蘇霍伊官方首次在新聞稿上為「反制F-22與F-35」背書(在這之前除了總設計師的訪談提到「超越其他飛機而僅次於F-22」以外官方都非常低調)。稍後並有俄國媒體引述未經證實的消息說，俄國研究人員模擬計算比對各型F-35與

Su-35時發現，在使用相當於美系戰機的武器時，F-35對Su-35的獲勝機率只有不到21～28%[5]。

關於航電與武器系統的詳細分析，詳見第七至第九章。

三、團隊作戰與防空網

在團隊作戰上，Irbis-E寬廣的探測能力使4架Su-35BM能建構2500～3000km寬、400km深的防衛正面，這遠超過4架MiG-31構成的800km寬200km深的防衛正面與預警機的管制範圍，甚至超過絕大多數國家的領土尺度。這種偵查能力與Link-16等級的三軍通用資料鏈不僅讓Su-35BM機隊能有極強的獨立作戰能力，還相當於大幅擴展空中預警體系的範圍至任何預警機都無法辦到的程度，屆時預警機可以乾脆躲在大後方專職作戰管制，整個預警體系被擊潰的可能性大幅降低，事實上這種作戰理念與優勢早在MiG-31與A-50的搭配中便已具備，Su-35BM不過是將其尺度放大，而能以更少的飛機數量完成任務罷了。

在搭配超長程空對空飛彈的情況下，Su-35BM機隊將相當於「飛在天上的S-400防空飛彈」，對許多國家而言，少數幾架Su-35BM升空便足以負責全國土的防空，這種防禦範圍甚至超越F-22之類的匿蹤戰機。

反匿蹤能力也讓Su-35BM能建構反匿蹤防空網，唯防衛尺度當然較前述狀況大幅縮小，但仍相當於早期S-300防空飛彈對傳統戰機的防衛半徑，算是一定程度的區域防空，故僅管無法在全國尺度防禦匿蹤戰機，但可用於要地防守。

關於團隊作戰與防空網詳見第十六章。

四、其他與總結

〈1〉 對於傳統戰機(RCS=3平方米以上)而言，搭配KS-172的Su-35BM擁有300～400km的最大射程，約200km的有效射程與100～150km的不可逃脫射程，並可由戰機建構極大的警戒範圍，例如4機編隊可建構2500～3000km x 400km的防衛正面。這對於傳統戰機而言相當於最新銳的S-400防空飛彈系統，其威脅甚至較匿蹤戰機更高。

〈2〉 除了傳統戰機外，Su-35BM應還可壓制RCS=0.01平方米以上而僅配備AIM-120之類傳統火箭動力飛彈之低可視戰機如EF-2000、Rafale等，直到後者開始配備「流星」之類的長射程飛彈為止。

〈3〉 除了射程300km級的KS-172空對空飛彈外，對地/海攻擊時也有若干防區外武器如射程300km級的反艦飛彈、射程達245km且極速超過一般中短程防空飛彈目標速限的Kh-58UShE反輻射飛彈等，這些武器的威脅將不下於匿蹤技術。特別是Su-35BM具有在攜帶4枚重型武器的同時攜帶「6中4短」或「6中2短2莢艙」空戰配置的能力，相當於擁有1架攻擊機與1架空優戰機的總火力，能於發射完長程武器後遂行空優任務，具有相當大的衝擊性。而即使在此重裝狀態下，Su-35BM亦應具有幻象2000等級的飛行性能與Su-30MKI的失速後機動能力。

〈4〉 以傳統觀點而言，能夠打破Su-35BM上述優勢的首推F-22之類的匿蹤戰機。但Su-35BM對匿蹤戰機應具備極高的免疫力並具備積極反擊匿蹤戰機的能力，這種反擊能力甚至可能超視距，這兩大特性與獨特的武器系統彼此增益，鞏固了Su-35BM得戰場生存性。「F-22與Su-35BM彼此對上，則兩敗俱傷；彼此互不侵犯，則彼此的友軍兩敗俱傷」將可能是匿蹤戰機遇上Su-35BM時的最佳寫照，在此匿蹤戰機具有的顯著優勢是交戰主動權，而不再是技術上的壓倒性優勢。

〈5〉 Su-35BM可能具備反擊匿蹤戰機的能力，這種能力在約40km左右實用性可能很高，上限則可以超過40km。這種能力使得Su-35BM對於匿蹤戰機相當於S-300初始型對傳統戰機，對匿蹤戰機的防禦能力可能已達到基本的區域防禦需求。搭配長波雷達、新型防空雷達、以及多雷達管制系統後有希望建構一定程度的反匿蹤防空網。

〈6〉 估計Su-35BM足以對抗F-22直至F-22配備「流星」之類的空對空飛彈為止，屆時才需要更進一步的匿蹤性能，或是乾脆更換成T-50。

〈7〉 由於位在機身中央的TA14-130-35附加發電機的使用，Su-35BM的戰力極難癱瘓。在1具主發電機故障的情況下，全機航電系統可不受功能限制使用，而即使2具主發電機都故障，也足以供應主雷達以外所有航電的正常運作，包括透過資料鏈進行無線電緘默攻擊以及使用光電系統等。相較之下，Su-27在1具主發電機故障時只能允許系統全力運作2小時，2具主電源都故障時則僅能供應緊急系統用電並盡速回航。

〈8〉 承〈7〉，除了電力供應外，TA14-130-35能在10000m以下啟動熄火的發動機。相較之下，以往的Su-27與MiG-29採用的GTDE-117系列輔助動力單元的啟動高度上限僅在2500m或3500m，等於只能確保在高山機場啟動，若飛機此高度以上空中熄火，則必須以垂直向下掉落的方式讓風扇轉至一定速度後自行啟動。配備TA14-130-35的Su-35BM甚至在許多作戰高度下都可以「一熄火就再啟動」，空中熄火對Su-35BM的戰力與飛安的負面影響都因此大幅減低。

以上分析除非有特別強調，否則是針對配備AFAR-L雷達與KS-172超長程飛彈的Su-35BM而言。該分析結果說明Su-35BM的極限能力是足以「上抗F-22」的。然而在實際情況下由於外銷客戶的選購因素或是國際政治因素等，外銷型Su-35BM未必會如此強悍。例如如果外銷型沒有裝設AFAR-L雷達，則積極反匿蹤能力會有所減少，也沒辦法被動監聽敵方1～1.2GHz資料鏈。此外，若沒有KS-172超長程飛彈，則對戰機的衝擊性會有所減少。至今(2012年1月)有公佈的長程空對空飛彈也僅有射程200km的RVV-BD，若Su-35BM裝備之，仍能對傳統戰機構成衝擊，但當然衝擊性會低於300～400km的KS-172。

參考資料

[1]Россия, Ввести, http://www.youtube.com/watch?v=v0cm0QHFlGM&feature=player_embedded

[2]楊可夫斯基,"從氣動特性看歐陸下一代前翼戰機",尖端科技,2005.01

[3]Юрий АВДЕЕВ, «Сергей БОГДАН: «Самое главное – движение вперёд», Красная звезда, 07.SEP.2011

[4]«В рамках программы летных испытаний на истребителях Су-35 совершено более 300 полетов

», www.sukhoi.org, 19.SEP.2011

[5]«Противостояние, Су-35 против...», Военное обозрение, 23.SEP.2011

第二篇

Su-35BM已反映出的反匿蹤特性

ГЛАВА 7

消極反匿蹤能力：有效抵抗匿蹤戰機的攻擊並衝擊其友軍

如同所有新世代戰機，Su-35BM擁有多樣性的探測系統：除了X波段的Irbis-E前視雷達以及雷達預警接收器(RWR)等傳統設備外，還有OLS-35光電探測儀、分佈式光電偵測系統、甚至AFAR-L主動L波段相位陣列雷達(可能用於俄軍版Su-35S)，並有資料鍊可由友軍取得戰場資料。其無線電視野與預警系統視野接近球形，遠距光電視野含蓋前半球，在Irbis-E搭配旋轉台的運作下，在幾近球狀的視野中具備主雷達的探測距離，因此Su-35BM的探測系統不論在多樣性還是操作視野與距離上均居當代之最(圖1)。

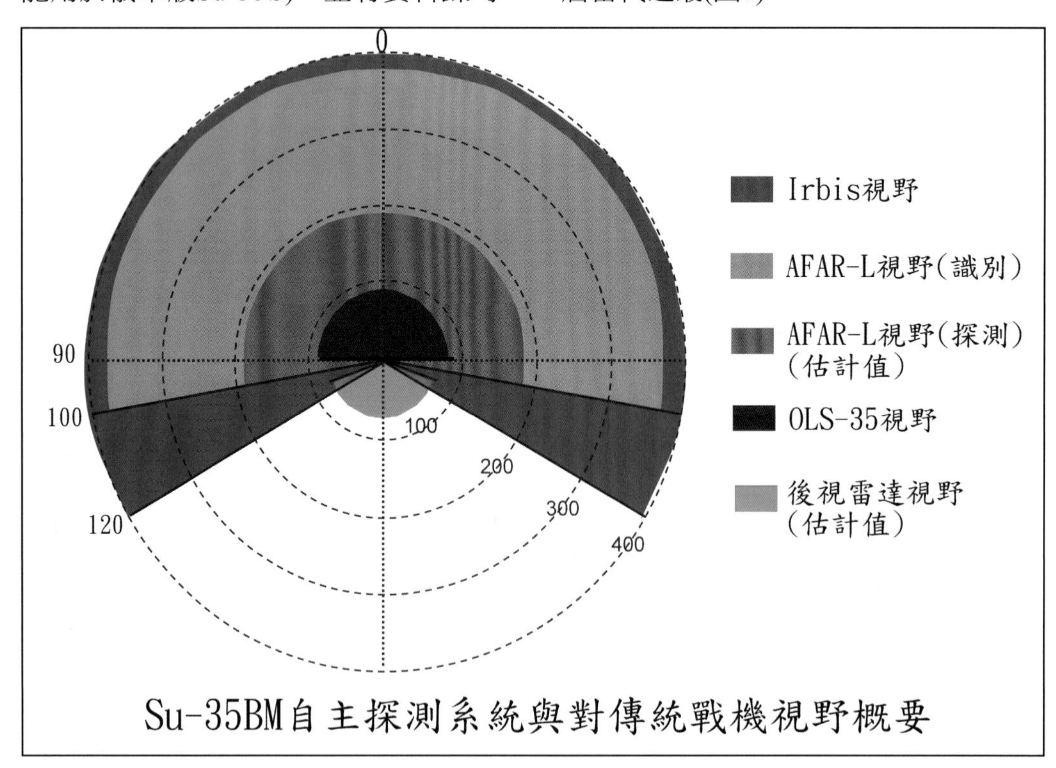

▲圖1 Su-35BM自主探測系統與對傳統戰機探測範圍示意

探測系統的多樣性讓戰機的探測與射控能力極難被癱瘓，在面對日益進步的匿蹤科技時，傳統的X波段雷達正中匿蹤科技下懷，因此X波段以外的各種探測能力就顯得格外重要。但X波段雷達以外的探測系統在射控資料的取得上各有優缺點且通常有較大的使用限制，也常常要配合使用而不像X波段雷達那樣獨立操作就能取得堪用的射控資料。因此通常很難確保「在反匿蹤系統可用之前，載台仍不被匿蹤戰機摧毀」。Su-35BM的機電複合相位陣列雷達設計理論上帶來很高的自衛能力，縱而使得各種反匿蹤系統的實用性大增。在此前提下探討其各項反匿蹤系統的用途便有了實際性。

藉由分析Irbis-E的機電複合掃描設計可知，其賦予戰機在+-120度範圍內對RCS=0.01平方米目標的主動預警能力，這可用來對空對空飛彈進行主動預警。以這種強大的預警能力為核心能衍伸出許多附加價值。消極面是增加戰機對來襲飛彈的反制能力，積極面是賦予戰機對已發射武器的匿蹤戰機發動反擊的可能性，兩者共同鞏固Su-35BM對匿蹤戰機的免疫力，縱而確保Su-35BM各式長程武器及「反隱形警戒網」的實用性。這使得Su-35BM即使不是匿蹤戰機，其戰力卻可能等同於匿蹤戰機。

一・大幅增強戰機的自衛能力

Irbis-E超大範圍即時探測能力最直觀的優點自然是確保近戰時對週遭戰情的掌握以及遠程空戰時置敵被動的能力，但其另一優勢是「主動探測來襲飛彈」。Irbis-E對RCS=0.01m^2目標探距達90km，一般將之理解為「對低可視戰機之探距」，但所謂RCS=0.01m^2目標也可以是空對空飛彈(圖2)，事實上飛彈預警功能本來就是Irbis-E的研製需求之一(見附錄四)。以一般雷達數據換算，若最大探距90km，則追蹤距離約60km，保證探距約45km。這種對飛彈的探測能力遠超越被動式預警器如紅外線感測器等(註1)，亦遠大於一般主動預警裝置(註2)。換言之Irbis-E對飛彈的自主預警距離達一般系統的2～5倍，甚至逼近一般中程空對空飛彈的最大射程，且掌握的威脅數據較紅外線感測器齊全(方位、距離、速度)，故能賦與戰機更多時間、更多手段、以及更多次機會去反制來襲飛彈： 同一枚飛彈的射程可概分為「最大射程」、「有效射程」與「不可逃脫射程」。對有效射程以上最大射程以下發射的飛彈，只需稍微改變航向便可脫離飛彈射程同時保持對目標區的威脅，其中對於越接近最大射程(Dmax)處發射的飛彈，需要側轉的比率越少故對目標的威脅仍很大，而對於越接近有效射程(Deff，約是從側面攻擊的最大射程)發射的飛彈，需要側轉越多，對目標區接近速度也就越低，自身武器射程降越多；若要反制在有效射程內發射的飛彈，戰機需要做更大幅的機動，甚至要丟失對目標區的監視；對於不可逃脫射程(NER，約是追擊射程)內發射的飛彈，戰術機動無效，需藉助其他反制

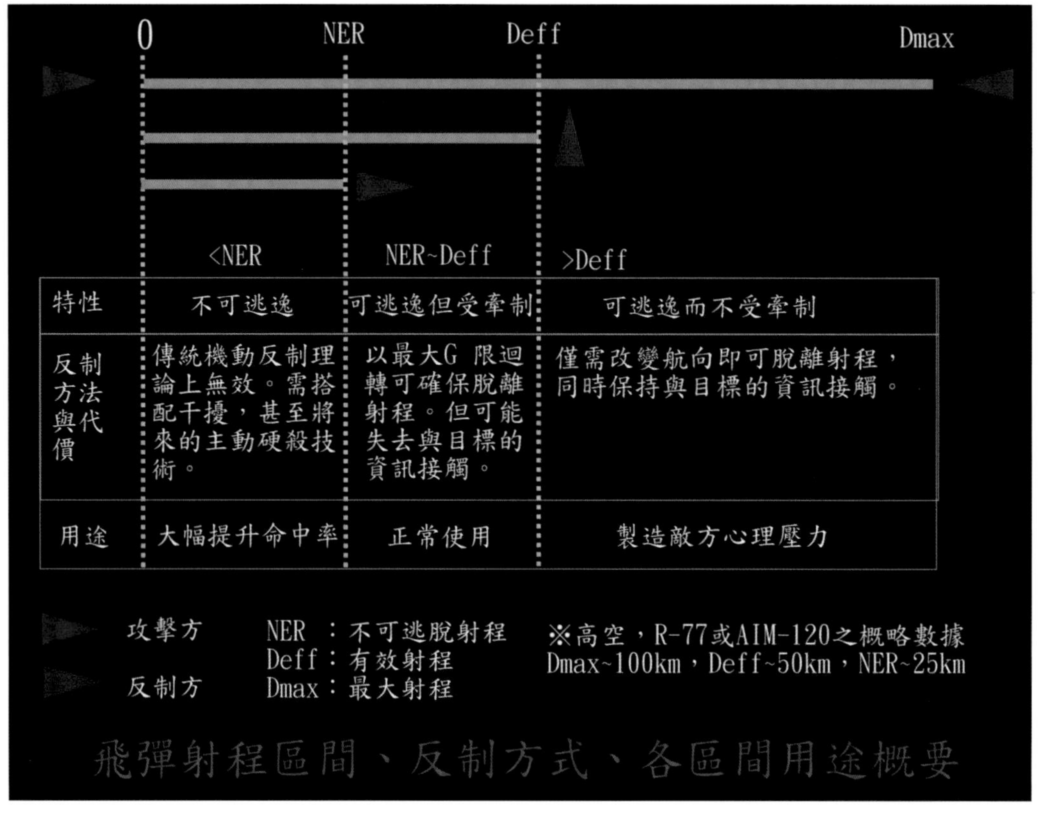

▲圖2 空對空飛彈射程區間、反制方式、使用時機概要

措施如干擾、硬殺等(圖3)。以AIM-120這種火箭動力中程飛彈而言，最大射程(Dmax)約90～100km，相同條件下有效射程約50～60km，不可逃脫射程至多約20～25km，實際上若發射速度不足或在低空，射程更小，如俄製R-77高空最大射程80～100km，低空僅有30km。50～60km的有效射程是對視野小於+-90度的現有戰機而言，對於具備+-120度視野的Su-35BM，有效射程將降至約40～50km。

當Su-35BM發現遭飛彈攻擊時，可盡快讓自己具備可做180度大G迴轉的狀態，而後以輕微改變航向、主動干擾等措施反制，必要時可以短程飛彈攔截來襲飛彈(註3)，此時可保持對原來目標區的威脅，即使上述措施失敗，最終可進行主被動干擾外加180度大G迴旋。以上每個反制措施都是獨立的，因此最後反制失敗的機率會是每一種手段失敗率的乘積，這就意味著反制飛彈的總成功率大為提高。對飛彈的遠程預警與齊全的數據也有助於機上專家系統選擇最有效率的反制方法。此外，只要敵方在不可逃脫射程以外發射飛彈，最後一項措施通常一定有效。相較之下，對飛彈預警能力在10～20km的

▲圖3 Irbis-E雷達可在90km發現空對空飛彈

戰機而言，由於預警距離較短(甚至小於飛彈的不可逃脫射程)，因此常無法評估來襲飛彈究竟是剛發射的還是強弩之末，因此可能導致過度反制的狀況，例如本來僅需稍為側轉便可反制，但飛行員卻做了大G迴轉。其生存性固然遠高於沒有自主預警能力的戰機(例如僅靠RWR預警的傳統戰機)，然其作戰步調被打亂的機會較Su-35BM高得多。

此舉使得戰機對隱形戰機之免疫力大大增強，縱而使匿蹤性能可能不再是決定生存性的決定性要素。需注意所謂「隱形」或「匿蹤」是相對於雷達性能而言，對於一般戰機，對RCS=3平方米的戰機類目標探距大約在100～150km，這樣一來RCS=0.1平方米級便屬於「低可視目標」，RCS=0.01平方米級則已屬於「隱形目標」，但對Su-35BM而言後者也只能算低可視目標，因此對Su-35BM而言所謂「隱形目標」僅有F-22、F-35或其後續機種或匿蹤無人機等。特別需注意的是，1枚空對空飛彈的RCS就在0.01平方米級(註4)，因此對Irbis-E而言，僅有武器完全內掛的戰機如F-22、F-35才有機會「隱形」，其餘有外掛武器的戰機哪怕本身RCS很低，也是在Irbis-E面前現形。

(註1：例如同屬俄系4++代的MiG-35的OAR-U與OAR-L紅外線感測器能於50km外察覺飛彈，但在5km內方能確知其軌跡與方位[1]。)

(註2：如EF-2000便裝設環場雷達以探測來襲飛彈。以俄製Epaulet-A小型X波段主動相列雷達之數據觀之，小型雷達對飛彈的預警距離至多約20～30km。另外Su-35BM的AFAR-L主動陣列雷達亦可用來進行粗略的飛彈預警，但距離估計亦只有16km上下。見附錄六)

(註3：這種功能已在上世紀末開始研究中，俄製新一代「產品300」(izdeliye-300)短程飛彈甚至將「反飛彈」列入性能需求[2]。)

(註4：0.01平方米恰好是直徑15～20cm的圓面積，也就大約是空對空飛彈導引頭的橫截面積，因此即使飛彈彈體噴塗吸波塗料，只要雷達罩或導引頭沒有進行匿蹤處理，就會有0.01平方米級的RCS。因此0.01平方米可視為可預見的未來內空對空飛彈的最小RCS值。)

二、戰況想定

1. 當遭遇使用傳統火箭動力中程飛彈如AIM-120之隱形戰機如F-22

F-22這樣的隱形戰機在面對Su-35BM時理論上仍具有先視、先射優勢。AIM-120這類傳統火箭動力中程飛彈對戰機之有效射程約50～60km，但對於具有「先視」優勢的隱形戰機而言，由於可預先爬升、加速，加上F-22具備超音速巡航能力，因此可增加射程，但極限約不超過100km。由於Su-35BM對飛彈預警距離接近AIM-120類飛彈的最大射程，因此在有效射外對Su-35BM發射AIM-120理論上很快就被發現並被輕易反制，甚至連打亂Su-

35BM作戰步調的目的都達不到，無疑是種浪費(圖4)。如此，除非有足夠彈藥可供消耗，否則F-22便須縮短武器發射的距離，在有效射程內發射以打亂Su-35BM的作戰步調，或是進入不可逃脫射程內或Su-35BM的後半球以大幅提升獵殺率。有效射程大約是從側面進攻的最大射程(因為一般戰機雷達視野<+-90度，所以當戰機為了躲避飛彈而轉了超過90度後，便會失去對目標區的接觸，此時攻擊方就算不能摧毀敵機，也能打亂其作戰步調，因此說是「有效」)，對AIM-120而言約50～60km，但Su-35BM的視野達+-120度，因此敵機對其有效射程約40～50km；不可逃脫射程約是追擊射程，至多約20～25km。在這些距離下雙方更容易進入近戰，F-22被雷達以及光電系統發現的機率也越來越高(詳見第八章)，若在這種距離下展開近戰，F-22的武器系統在面對配備R-77與R-73的俄系戰機時將居射程與射角劣勢，唯其本身的隱形能力有助提升電子反制的成功率，故高下難判，但匿蹤在此不具壓倒性優勢卻是事實。

因此，配備AIM-120這類飛彈的F-22最主要的優勢僅在於具有「先視」優勢因此能「決定是否參戰」，即具備主動權。而一但其決定與Su-35BM交火，其必須逼近至約30～50km以內甚至視距內方能有較大的成功率。因此F-22對付Su-35BM最有效的方法就是近戰，這與傳統戰機有望反制F-22的距離區間差不多，唯傳統戰機無法自主決定是否與F-22交戰，而F-22可決定是否與Su-35BM交戰。F-22與Su-35BM匿蹤性能孰優孰劣意義在此並不很大。

2. 當隱形戰機配備不可逃脫射程較大的飛彈如「流星」

在Irbis-E這種新設計付諸使用之後，各型主力戰機可能也陸續配備不可逃脫射程更大的新世代飛彈，如採衝壓推進的歐製「流星」、俄製RVV-AE-PD，或採雙推力火箭的俄製「產品180」(izdeliye-180)、美製AIM-120D等。這些飛彈的不可逃脫射程在現役中程飛彈的2倍以上。

倘若F-22配備類似「流星」的飛彈，則其「先視、先射、先脫離」的戰術構想便再次有實現的可能，因為這些較長射程的飛彈使Su-35BM理論上無法純以戰術機動反制之，而應搭配主、被動干擾措施或未來的主動「硬殺」技術。相反地，在對付50～100km或以上發射的AIM-120時，Su-35BM只需簡單的改變航向便能完全脫離威脅。

需注意的是，儘管「流星」對敵機的獵殺率大增，但遠距離預警能力依然讓Su-35BM有多次反制的機會，因此其反制成功率仍比對飛彈預警距離較低的一般戰機高。特別是Su-35BM這種以主雷達做大範圍預警的設計將有助於發展有效的反飛彈硬殺技術。這裡之所以說「有效」是因為其能在遠方掌握來襲飛彈的參數與威脅等級，僅在最需要的時候才需使用硬殺技術，較不會浪費飛彈。

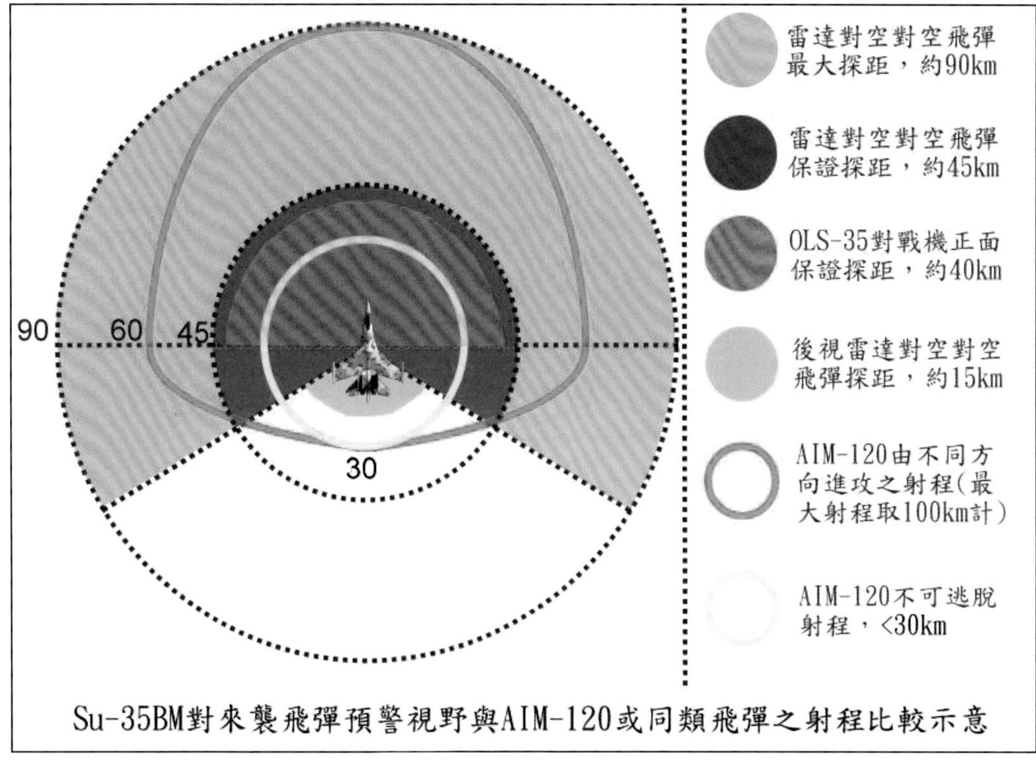

▲圖4 Su-35BM對來襲飛彈預警距離以及AIM-120類空對空飛彈射程比較示意

三、匿蹤性能在此相當於「電戰手段」

以上討論所得「Su-35BM將對隱形戰機具免疫力」係起因於Irbis-E雷達帶來的主動預警能力，這看似與戰機本身的匿蹤性能無關，但實際上是基於「1對1」推演出來的結論，頂多能推廣至「少對少」場合。大機群作戰中不能保證不會遭遇「少對多」的狀況，倘若Su-35BM遭遇多架敵機對其發動攻擊，則其有時亦難免疲於應付，例如若在短時間進行多次戰術機動，則能量不斷減少，戰術機動的效果便可能越來越差。而在實際的多機戰場中，要盡量滿足「1對1」或「少對少」的方法便是對絕大多數敵機匿蹤，因此「對隱形戰機的免疫力」的推論過程隱含著「採低可視度設計而對多數戰機隱形」的需求。

具有越高的匿蹤性能就能讓「具有交戰決定權的匿蹤戰機」的種類減少。此外，匿蹤性能越高，干擾來襲飛彈的成功率也越高。因此匿蹤性能對Su-35BM而言並非「決定生存性」的關鍵，而相當於「增加生存性」的措施，其意義相當於電戰系統，因此其匿蹤性能的「針對對象」主要是飛彈而不是敵機。因此戰機可在不像F-22那樣對各項匿蹤相關性能斤斤計較的同時仍具有相當的實戰價值。

就如前文所言，以Su-35BM的現行設計研判，其對於AIM-120這一等級的飛彈應具備很高的免疫力，但遇上「流星」等未來飛彈，則雖然生存性仍遠高

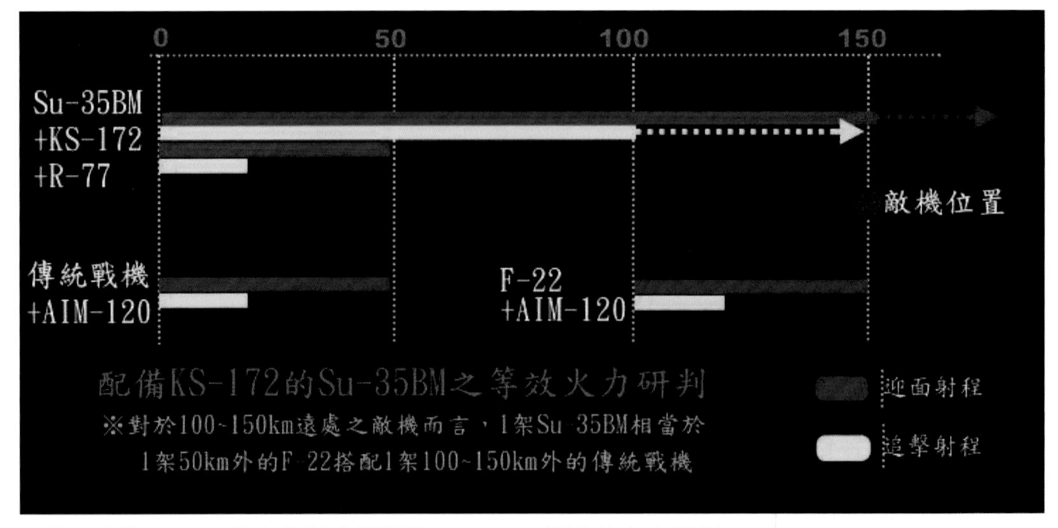

▲圖5 配備KS-172長程空對空飛彈的Su-35BM的等效火力研判

於傳統戰機，但除非能引進主動硬殺技術，否則實在沒有可靠的最後護身符。但主動硬殺技術需動用本該執行任務的空對空飛彈，因此實際上能省則省。故戰機需具備更好的匿蹤設計以降低飛彈的鎖定距離，與各種先進干擾技術與硬殺技術搭配才能有效面對「匿蹤+流星」的威脅。

四、「對隱形飛機免疫力」的實戰意義

須注意以上推論出的「Su-35BM對隱形戰機具備一定的免疫力」是種「被動的免疫力」，隱形戰機仍具有「決定交戰與否」的主動權，也由於具有主動權因此理論上仍享優勢。唯「對隱形戰機的免疫力」使得隱形戰機不是憑藉匿蹤優勢進入近距離發動奇襲並承擔與Su-35BM發生近戰的風險，就是充分運用「交戰主動權」在遠距離擬定好戰術而後動，換言之其優勢不再像對傳統戰機那樣在技術上便具壓倒性，反而略為類似性能相當的傳統戰機之間的戰鬥，戰術運用將佔很重要的地位。倘若這項推斷為真，則除非F-22充分運用「交戰主動權」並擬定適當的戰術，否則單純以技術性能看，很可能發生「F-22選擇不戰鬥，則雙雙無事；F-22選擇戰鬥，則約一比一」之結果。

如此一來Su-35BM等於沒有「天敵」，許多獨特的武器系統的實用性大為增加。如其KS-172超長程飛彈與R-77等傳統中程彈之射程差距極大，且在絕大多數敵機空對空射程之外便可發射，因此當KS-172與R-77混搭時可對敵方傳統戰機實施2個獨立波次的攻擊，其中第一波次在敵射程外因此敵機幾乎處於被動，相當於遭遇隱形戰機。在4枚KS-172與6枚R-77及2枚R-73外加2個電戰莢艙的配置下，1架100～150km外的Su-35BM之火力對傳統戰機而言相當於1架50km外的F-22外加1架100～150km外的傳統戰機(詳見第九章)

(圖5)，故威脅甚至大於F-22。而空戰的最終目的當然不是單純的「戰鬥」，而是後續的對地、對海攻擊。F-22理論上能憑藉匿蹤性到敵大後方攻擊，而Su-35BM即使可能暴露行蹤，然其對地、對海武器射程往往大於敵防空距離且自身自衛能力極強，因此亦能在威脅很少的情況下對敵發動攻擊。關於以上論點具體的描述是：「F-22與Su-35BM彼此對上，則兩敗俱傷；彼此互不侵犯，則彼此的友軍兩敗俱傷」。若然，則Su-35BM對敵方各軍種的威脅甚至不下於匿蹤戰機。於是，F-22與Su-35BM反制對方最有效的方法是一樣的—「破壞對方的機場」。

真實情況將比本文討論的有趣得多。本文所提的消極反匿蹤特性僅僅是考慮基上僅有Irbis-E的結果，並假設匿蹤戰機真的不會被發現。實際上在考慮Su-35BM上的L波段主動陣列雷達以及OLS-35光電雷達後，可以發現Su-35BM甚至具有積極反匿蹤能力(找到匿蹤戰機並且攻擊之)。這又引發一個有趣的循環：積極反匿蹤能力一定程度需得益於對匿蹤的免疫力(對匿蹤的免疫力讓戰機得以存活至反匿蹤措施有效的時機)，但又反過來強化對匿蹤戰機的免疫力，這又進一步強化各項特殊武器的實戰價值。積極反匿蹤能力詳見第八章。

參考資料

[1]MAKS-2007莫斯科航展期間NIIPP發放之型錄資料

[2]Евгений Ерохин, «Новые Оружие для Истребителя Нового Поколения»,Взлёт,2006.5,p33～35.

ГЛАВА 8

Su-35BM的積極反匿蹤能力 反擊匿蹤戰機

第七章討論僅侷限在「守」的層面，另一方面，Su-35BM的三大探測系統：Irbis-E、AFAR-L以及OLS-35賦予其一系列「攻」的可能性，進一步增強對隱形戰機的免疫力。

一、以主雷達發現隱形飛機

1. 以主雷達間接發現隱形飛機

對Irbis-E這種對戰機探距遠達350～400km的雷達而言，在雷達幕上「突然出現」的90km內目標便可視為隱形戰機或由隱形戰機所發射的飛彈。在戰術運用上，僅此資訊已可供機群預警，或策動機群逼近該區域，或至附近可能遭攻擊的據點警戒。另外這筆預警資料可引導其他探測手段(光電、其他波段雷達等)加強對可疑區域的搜索，而增強對匿蹤戰機的威脅。

倘若所發現的是飛彈，則發射飛彈的匿蹤飛機可能已經遠離，這樣要如何以飛彈位置預估戰機位置？這種預警功能是否有實用價值？

這種預警能力的精確度自然與探測飛彈的可靠度有關。假設對飛彈90km之探距的機率為100%(實際上不可能)，則傳統中程彈通常一發射就被測到(因為其射程不到90km)，此時剛發現飛彈的位置便是飛機位置。但雷達探距通常指機率50%之探距，因此這種反推隱形飛機位置的方法仍充滿變數。為討論其一般化特性，其實際作用方式經簡化如下(圖1)：

存在一臨界距離Lc，在Lc以下探測飛彈的機率為100%(這是簡易模型，實際上可視需要取用「探測機率夠高(如80%、90%等)的距離」作為Lc)，並假設90km以外探測機率為0(此假設非必要，但較方便)。如此，則在Lc以內「才」被發現的飛彈可視為剛發射的，即飛彈位置等同於隱形飛機位置；而在L1>Lc被發現的飛彈，則不是在L1剛被發射的，就是在L1～90km間的某距離L2被發射但到L1才被發現。在上述第二種情況下飛彈的位置與隱形飛機位置有較大的落差，要用以估計隱形飛機距離需要考慮飛彈速度與剛被發

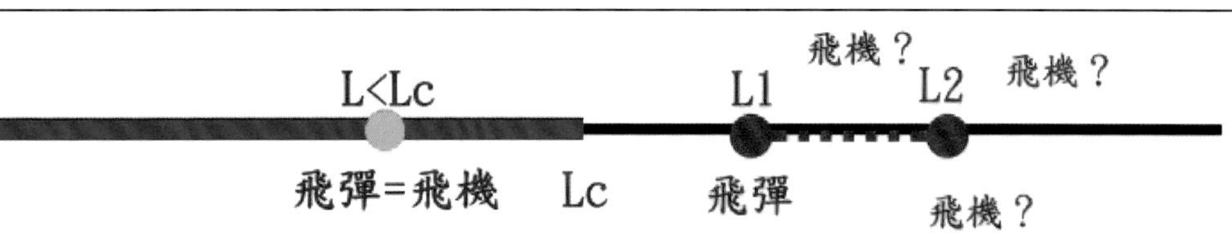

▲圖1 以飛彈間接找匿蹤飛機示意圖

現時的距離，若被發現的飛彈速度高達3～4馬赫則也很可能是剛被發射的，即隱形飛機仍在附近。通常雷達在最大探距的50%距離之探測機率已經很高，因此Lc在45km附近(註1)。簡言之，〈1〉在Lc以內才被發現的目標；〈2〉在Lc以上就被發現但速度高達3～4馬赫的目標，便相當可能是剛被隱形飛機發射的飛彈，這時飛彈位置幾乎就是隱形飛機的位置，可策動機群向該區域包圍，並以各種波段的探測設備加強對該區域的搜索。

(註1：注意此結論為簡化模型所推得。實際上不會有100%探測機率，因此只能說，45km內突然出現的飛彈位置「極可能」就是飛機位置。)

2. 以主雷達直接捕獲隱形飛機

由於空對空飛彈的RCS就在0.01平方米級，因此即使戰機的RCS是0，只要其外掛武器出戰，其RCS無可避免的「增加」至0.01～0.1平方米(除非連空對空飛彈也採用匿蹤設計)，將被Irbis-E在90km外發現之，因此不算「隱形」(即使其機體RCS低至0)。因此僅有武器全內掛的F-22、F-35、未來的無人戰機才可能對Irbis-E隱形。

不過，隱形戰機在發射武器時總要開啟彈艙，這時不只其飛彈外露，其武器艙門、內部機械也都暴露於外。現代空對空飛彈從接獲發射指令到發射出去約有1秒的時間差(新款R-77的數據)，因此估計隱形戰機武器艙開啟期間至少1秒。由飛彈試射影片估計，F-22發射AIM-120時彈艙開合週期約2秒(圖2)。若Irbis-E僅使用「水平機械掃描+電子掃描」，則全空域掃描週期約在2秒，除非隱形戰機巧妙的利用這空擋發射飛彈，否則開啟武器艙期間難保不被發現(圖3)。與前述「間接探測」實用距離在45km內相較，這裏的直接模式90km內便可用。

如果雷達有設定成「對於一定近距離內突然出現的目標必須優先處理」，那麼由於現代雷達至多200毫秒便可得到追蹤數據，因此匿蹤戰機一開彈艙就被精確定位並取得射控資訊的可能性並非沒有。需注意的是，這種射控資訊應考慮為「瞬間的」，因為匿蹤戰機最終會蓋回彈艙重新回到匿

▲圖2 匿蹤戰機發射武器時匿蹤能力大幅下降。圖為發射飛彈的F-22，其暴露間隔約2秒，Irbis-E應有充分時間捕獲之。 USAF

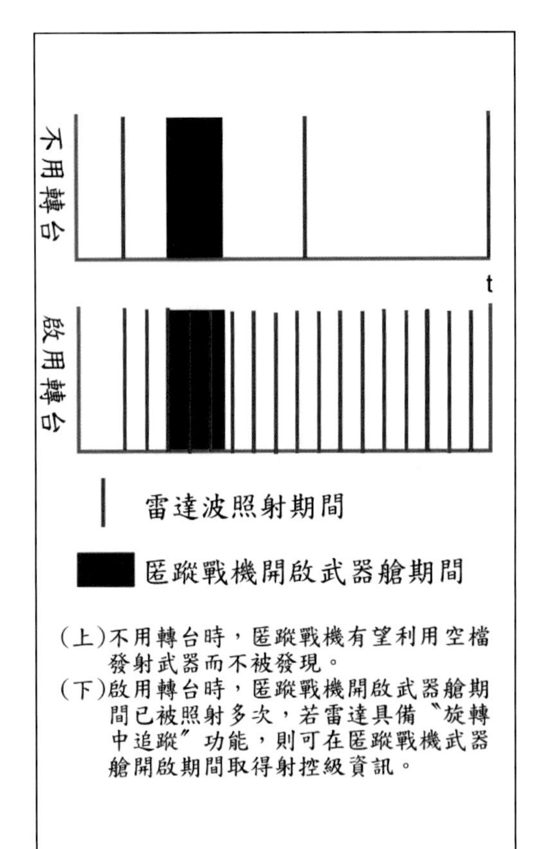

▲圖3 若資料更新週期低於匿蹤機開闔彈艙週期，便可在匿蹤戰機發射武器時發現之

蹤狀態。如此，若匿蹤戰機距離較遠，則射出飛彈後還是可能出現「飛彈找不到隱形戰機，載台也無新資訊可更新」的窘境，但若近至「慣導距離+導引頭對匿蹤戰機探距」內，則可對隱形戰機實施「射後不理」攻擊，對於現有空對空飛彈對而言，此距離上限不超過30km，KS-172應不超過40km。

二、與其他探測系統的協同

以上所述(在45km內由飛彈反推隱形戰機位置；或在90km內直接測得開啟彈艙的隱形戰機位置，甚至在30～40km開始有望發射飛彈反擊)僅單就Irbis-E之功能論，實際上還要考慮Su-35BM的其他2項自主探測系統：OLS-35光電儀與AFAR-L主動陣列雷達。

需注意的是，Su-35BM不一定會有AFAR-L。至2011年莫斯科航展的資料，僅根據照片判定俄軍版Su-35S可能有AFAR-L，外銷型可能只是用4283E敵我識別系統。因此以下分析的將是Su-35BM的最佳狀態，對於外銷型，必須先查明是否有AFAR-L，若沒有則反匿蹤能力當然要下修。

1. 分佈式光電探測儀

以上提及的飛彈預警能力僅限於Irbis-E所提供者，實際上Su-35BM可以配備分佈式光電系統，飛彈預警距離估計可達50km或更高。這一方面表示50km內的飛彈幾乎都會被Su-35BM發現，另一方面也減輕Irbis-E在飛彈預警方面的負擔。

2. OLS-35光電雷達

雷達捕獲目標或發現可疑區域後，可策動OLS-35紅外線探測儀搜索該區。

如果雷達的粗定位精度是10度，那麼目標的真實位置大約坐落在20x20度範圍內，即使在20km外，以1.8馬赫速度，最少要約10秒才能飛離，而以OLS-35對此區域掃描則比10秒快得多(其全視野掃描週期約4秒)。若採用UOMZ的OLS，則由於其瞬時視場達150x24度[1]，遠超過前述探測方法的誤差範圍，因此一但依雷達指示將視野轉到可疑方向，便可確保目標一定在視野內，僅需「凝視」而不需「掃描」。

剩下的就是探距問題。UOMZ的OLS在迎面與追擊時的「保證探距」分別為40與70km[2]，而NIIPP的OLS-35雖沒說明保證探距，但廠商表試測試中曾測達130km探距，與UOMZ人員表示「OLS最大甚至可到140km」類似，因此推測兩者探測距離相當，以下先以數據較充分的UOMZ版OLS為基礎做分析。

OLS的探距與Irbis-E對空對空飛彈探距範圍相當，若匿蹤戰機能令紅外線探測儀的探距減半，則40/70km也是「最大探距」，保證探距則在20/35km；有資料指出F-22在扁平噴嘴與排氣冷卻技術的使用下，可令尾部紅外線特徵降低90%[3]，即探距降為30%，此時OLS-35對其最大探距約25/40km。一但紅外線探測儀捕獲目標，理論上能以射程足夠的飛彈進行不測距射控(因為探距小於有效射程甚至不可逃脫射程)，或為發射出的飛彈進行中繼校正，增加在30～40km(或以上)對匿蹤戰機發動攻擊的可行性。

3. AFAR-L主動相位陣列雷達

AFAR-L主動相位陣列雷達。為第五代戰機無線電系統的一部分，可用於敵我識別、探測目標等。敵我識別操作距離約400km，2套AFAR-L可構成+-100度的視野。L波段雷達波長約為X波段的10倍，因此匿蹤戰機的吸波塗料與匿蹤外型對其效果較少，因此有可能較X波段更早發現匿蹤戰機。對於X波段雷達無法探測的匿蹤目標，AFAR-L可為OLS-35探測到的目標進行測距，縱而得到精確的射控資料，這可用來發射武器，或是增加對已發射武器的中繼導引精確度。AFAR-L對RCS=1平方米目標探距下限估計約在50km(並有數十%的上修空間)，與此同時理想外形的匿蹤飛機對L波段的RCS估計也在1平方米級，因此AFAR-L有可能在中程飛彈射程外便發現匿蹤戰機。關於此推論詳見附錄六。

另一方面，AFAR-L理論上也可自行取得相當於X波段精度的射控資料，而且不要求目標要打開彈艙。由AFAR-L的天線佈局(總口徑達波長的10餘倍、內含12個天線單元)可知，其在垂直方向無指向性，但在水平方向可調製出與小型X波段雷達同級的窄波束因此應有與X波段同級的水平方位解析度。若以不同滾轉角探測目標，理論上

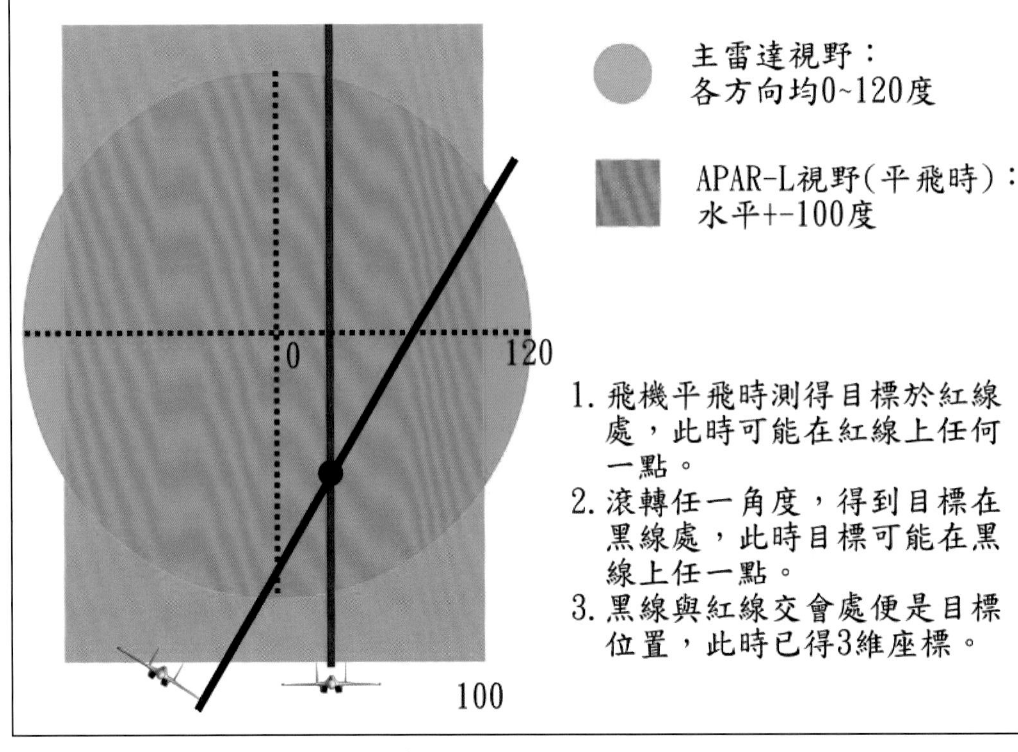

▲圖4 AFAR-L定訂三維座標方法示意圖

便能得到目標的三維座標(X波段級精確度)(圖4)。在俄國一份探討其90年代中期研製的專家系統的文獻中，便提及一種「間接測距法」：在受到敵方雷達照射時，讓戰機在水平與垂直面上進行特殊機動，經10～20秒累積足夠資訊以供電腦解算目標距離，供被動雷達導彈射控之用[4]。這表示新型俄國戰機考慮了「飛行過程中累積探測資訊並綜合解算」的演算法。AFAR-L僅需「原地滾轉」動作便能獲得目標的三維座標，遠較上述過程簡單，相當容易自動化且幾乎不影響戰機當下的其他戰術運用(因為不需要改變飛行軌跡)，也不影響Irbis-E雷達的運作(因為旋轉台移除了飛機滾轉對Irbis-E的影響)，因此用AFAR-L獲得射控資料有極高的可行性，這項推論在航空展中獲得NIIP一位資深專家的證實。

如此一來AFAR-L約可提供以下「反匿蹤服務」：〈1〉取代X波段雷達為發射出去打擊匿蹤目標的飛彈提供中繼導引；〈2〉為光電系統提供匿蹤目標的距離資料甚至包含速度資料；〈3〉完全獨立取得目標的射控資料並獨立進行射控。

不過，這種方法實際上仍有一些問題，例如若在相同距離R處有n個匿蹤目標，則滾轉一次再探測之後，對AFAR-L而言最多可能出現n^2個目標(圖5)，這樣就會需要以其他滾轉角再探測，或是取用其他探測系統的資料以便從n^2個可能目標中「過濾出」n個真正的目標。目標越多，過濾程序就越複雜。不過需注意的是，以上看似惱人的問題係發生於「有n個目標位在相同的距離R處」，實際情況下這種狀況的發生機會應該不高，但從中可以推論，AFAR-L在獨立運作時的射控功能的有效性將取決於目標的多寡，當目標較少時他可能可以獨立完成射控，此時可射控距離取決於AFAR-L的探距，可能超過40km；目標較多時，便需要搭配其他探測系統的數據方能射控，此時可射控距離受限於其他探測系統的有效性，由本文討論估計小於40km。關於綜合探測系統篩選匿蹤目標的方法附於本文結尾。

4. AFAR-L被動模式

一種很直觀的偵測匿蹤飛機的方法，是被動探測匿蹤戰機發出的電磁波，這其中主要包括雷達波以及通信信號。新一代戰機普遍使用戰機間資料鏈，使得機群中只需有少數飛機開啟雷達，其餘的僅需透過資料鏈便可取得作戰所需資訊。西方戰機的Link-16、JTIDS操作在1～1.2GHz，在一般戰術戰機雷達預警機收器操作範圍外(俄製者探測下限1.2GHz，歐美則為2GHz)，因此一般戰機其實無法藉由資料鏈通信抓到匿蹤戰機，也因此不開雷達而僅依靠資料鏈作戰的戰機被視為是「電磁緘默」的。然而這些資料練操作範圍乃至衛星通信頻道正好在AFAR-L操作範圍內，因此除非有非常先進的技術來避免被解讀或乾脆採用不會被偵測的波段，否則就有被AFAR-L抓到且被定出X波段級精確度的座標的風險。

三、「反匿蹤」能力總整理

1. 主要反匿蹤手段整理

簡言之，Su-35BM發現隱形戰機甚至允許射控的手段多：〈1〉以OLS-35取得精確方位，借用X波段雷達剛發現目標時的概略距離選擇追擊射程足夠的飛彈發動攻擊(例如在40km內用R-27ET，以上則用KS-172)，在配備R-27ET時，此模式可確保追擊40km內之目標，在配備KS-172時，可追擊任何被發現的匿蹤目標；〈2〉以OLS-35取得精確方位，以AFAR-L測距，操作距離取決於OLS-35與AFAR-L對匿蹤目標之探距的低端，約30km；〈3〉以AFAR-L自行取得與X波段同級的射控資料，筆者估計此操作距離最遠可能在50km以上(詳見附錄六)；〈4〉Irbis-E在匿蹤戰機開啟彈艙的第一時間發現目標，對目標實施「射後不理」攻擊，此模式射程應<30km，至多40km；〈5〉同〈4〉，第一時間發射飛彈反擊，唯借用OLS-35或AFAR-L之後續探測資料為飛彈提供中繼導引，此時最大射程可望超過40km。

上述探測與射控手段約自90km開始可用(此時開始可以發現開啟彈艙的匿蹤戰機)，考慮雷達、光電系統的保證探距、空對空飛彈對匿蹤目標之射程，這些射控手段的實用性在40km以內大增。當隱形戰機配備AIM-120飛彈時，對Su-35BM而言有3個特殊距離區間(圖6)：〈1〉對於在50～60km以上發射的飛彈，Su-35BM約只要側轉90度

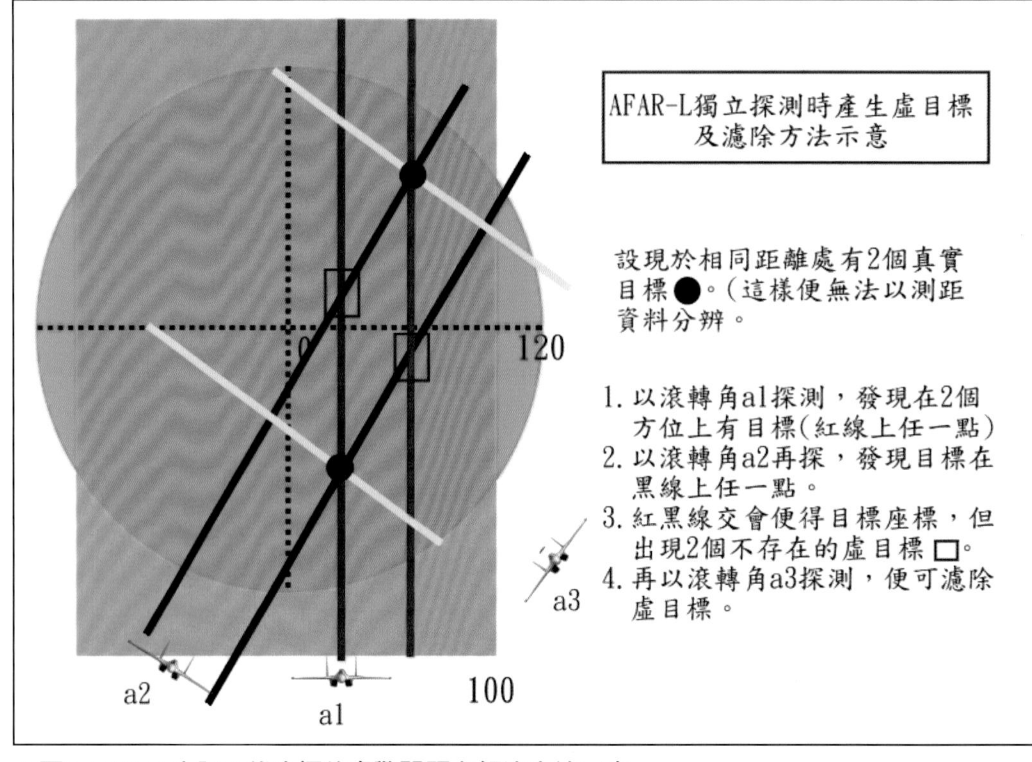

▲圖5 AFAR-L定訂三維座標的虛警問題與解決方法示意

以內便可反制之，同時保持對目標區的威脅。〈2〉對於40～60km區間內發射的飛彈，開始需要較複雜的反制措施，此時Su-35BM的作戰步調可能被打亂，對目標區的威脅減少或丟失。〈3〉40km以內發射的飛彈對Su-35BM的威脅固然更大，但隱形戰機也陷入險境。注意此處所言不包含主雷達視野不及的後半球。在後方+-60度範圍內Su-35BM的預警能力當然減少，然此時敵機起碼需進入25～30km內方能對其產生威脅，但自身處境也更危險。反言之，對匿蹤戰機而言，在90km範圍內攻擊Su-35BM便得開始承擔被反擊的風險，進入40km以內風險大幅增加，類似2架傳統戰機的對抗。

依據附錄六的分析，AFAR-L對匿蹤目標的探距可能在30～70km，與Irbis-E、OLS-35最可行的反匿蹤距離約重合，因此三者加成讓40km內的反匿蹤能力大增(註2)。至於AFAR-L探距大於40km的可能性則讓反匿蹤距離有向上增加的可能，上限可能達到70km甚至更遠，當然這個「極限模式」在遇到多個位於同距離外的匿蹤目標時，射控功能可能會出問題或受到限制，但在雙機以上編隊時，此限制則幾乎不存在。有關估算依據詳見文末討論。

(註2：這是個很簡單的中學機率問題。三個波段共同運作下仍然無效的機率會是個別無效機率的乘積。例如即使3個探測設備在40km發現匿蹤目標的機率都只有20%，共同運作下發現機率已接近50%。若按照本文假設在40km處X波

段探測機率為0，OLS-35約20%(假設在20km為50%)，AFAR-L大於50%，則整體探測機率大於60%。若進一步考慮真實情況下匿蹤戰機很難總是以最低RCS與最低熱訊號的方向面對Su-35BM，則匿蹤戰機在40km處被發現的機率將比60%更高。因此在Su-35BM跟前，已沒有理由認定匿蹤戰機能一路隱匿至視距內。)

2. 消極反匿蹤+積極反匿蹤的意義

總結以上Su-35BM對隱形戰機「守」與「攻」的能耐，雖然在「攻」的部份無法保證有效，但可以確定其對隱形戰機能構成威脅，使隱形戰機對Su-35BM有優勢的區間被壓縮在40～60km區間甚至更小(同圖5)，相較之下，遇上傳統戰機時，隱形戰機從進入AIM-120的最大射程至視距範圍(約10km)都是優勢區。這種「威脅匿蹤戰機」的潛力的戰術用途不在於Su-35BM要積極的找尋並摧毀敵方匿蹤戰機，而在於進一步增強對匿蹤戰機的免疫力，而確保Su-35BM執行其他任務的安全。

以上所言種種Irbis-E帶來的特點不外乎「增加戰機對隱形戰機的免疫力」以及「增加隱形戰機面臨的危險」，目前除了PAK-FA外，沒有一種戰機(包括計劃中的以及F-22本身)具備此可能性。

除了以上所述的各項來自「硬體」的「反匿蹤」潛力外，「軟體」也有重大的影響。相關的專家系統還可以進一步增強反匿蹤能力，例如在直接或間接捕獲隱形戰機位置後，即使隱形戰機「再度消失」，我方也可估計「可能

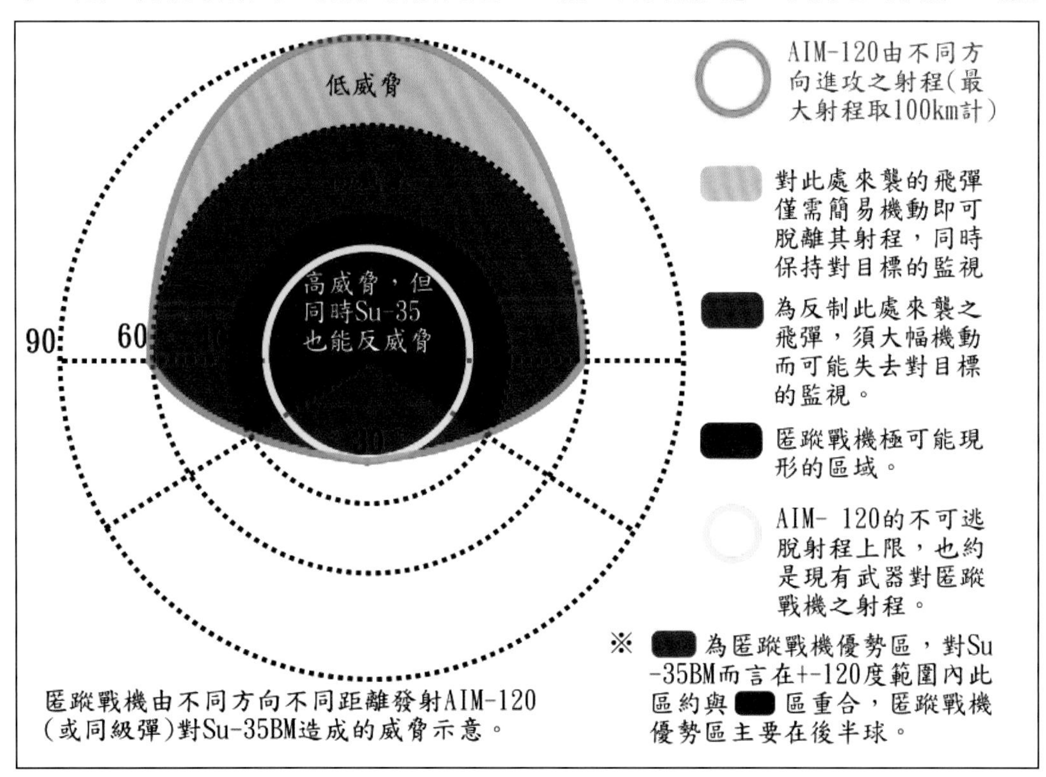

▲圖6 匿蹤戰機從不同方向對Su-35BM發射AIM-120所造成的威脅示意

存在隱形戰機的可疑範圍」對時間的關係，而後將這「整個可疑範圍」視為隱形戰機而做出需要的戰術動作，並策動各種探測設備對該區加強搜索，這種對小範圍加強搜索的方式讓隱形戰機更難以遁形，在團隊作戰中甚至可策動多機由不同方向對可疑區域搜索。

以上提到的方法在許多探討反隱形技術的文獻中多有提及，但不一樣的在於可行性的高低：現代飛彈的射程通常不超過100km，甚至要50km內才有較佳效果，而Su-35BM現有的探測系統在50～100km區間的某個距離以內開始具備發現理想匿蹤戰機的可能性，其可能性又在40km以內大為增加，讓匿蹤戰機就算能在有效射程內作到「先發射」也不容易「先脫離」。而Su-35BM的超遠程預警能力能迫使匿蹤戰機進入有效射程內發射飛彈(否則甚至連騷擾目的都辦不到)，使40km內的戰鬥成為一種「常態」。相較之下絕大多數戰機對理想匿蹤戰機的最大自主探測能力不超過30km，甚至可能在視距內，匿蹤戰機在遠方發射的飛彈效果也不錯(至少可以打亂作戰步調)因此可以避免近戰。簡言之，Su-35BM獨特之處在於其硬體大致滿足了反匿蹤的需要，因此一些過去被認為幾乎不具實質意義的資訊整合方式在此反而可以成為戰力的倍增器。

3. 考慮真實情況

絕大多數讀者看完以上一系列分析後通常會認定其「基於非常理想的假設，實際上的反匿蹤技術不可能運作得這麼好」，這是因為絕大多數現存的反匿蹤技術文章多是基於對匿蹤飛機較不利的環境去探討的，這些討論的價值在於「匿蹤並非不可破解」，然而在實際應用上限制重重導致匿蹤技術仍具有壓倒性優勢。然而本文的分析確剛好相反，本文給與匿蹤戰機相當理想的條件：〈1〉其完全無電磁外洩，或其訊號無法被解讀；〈2〉對戰機雷達而言只要其不開彈艙，其各個方向對X波段的RCS都是0，對雷達導引飛彈導引頭而言其RCS>0，鎖定距離在視距內(本文取5km計算)；〈3〉能令紅外線探測儀對其探距減至30%(即紅外線特徵降低90%)。本文所探討的正是反擊這種理想匿蹤戰機的能力；〈4〉L波段只有在機翼邊緣會發生繞射。.

而事實上不存在RCS=0的匿蹤飛機，即使有，如此低的RCS頂多成立於有限範圍。在理想狀態下，若匿蹤戰機總是將最低的RCS方向面對敵方，則可以考慮為全程都有如此低的RCS。然而當其在完成「發射後脫離」機動時，便難免露出反射訊號較大的方向，這時平均RCS就決定被發現的距離。即使其平均RCS低至0.01平方米也將在90km被Irbis-E發現，倘若平均RCS為0.1平方米，甚至在160km外便被發現。

另外在真實情況下，不只邊緣會發生L波段繞射，飛機上曲率半徑相當於L波段波長(1/10～10倍)的表面都可能會發生繞射。例如現代匿蹤戰機常見的DSI進氣道便可能是L波段的良好反射源(如果其外型要同時兼顧氣動效率、X波段匿蹤、L波段匿蹤這三大要求，可能性實在很低)。因此AFAR-L對真實匿蹤戰機的探距有可能大於50km。

必須強調的是，倘若匿蹤戰機配備AIM-120飛彈，則Su-35BM的超遠程預警能力將迫使其進入有效射程內發射飛彈(否則發射了也沒用)，這已是在50km以內，這時匿蹤戰機若要繼續以RCS相當小的正面面對Su-35BM便得承擔著與後者不斷接近而最後進入危險的近戰的風險，特別是Su-35BM若如本文所推測般依據匿蹤戰機發射飛彈當下的座標發射飛彈，則匿蹤戰機不改變航向就意味著要面對這種戰術的威脅；若要避免近戰則必須發射後盡速改變航向甚至調頭離去，但50km已幾乎是Irbis-E對RCS=0.01平方米目標的保證探距！此外側轉與調頭將曝露飛機後半球，增加紅外線探測儀的探測機率。前文提及Su-35BM在40km左右捕獲理想匿蹤目標的機率應大於60%，在這裡的真實情況中，由於X波段也有探測效果，故Su-35BM在此距離幾乎保證能發現匿蹤戰機！因此在真實情況下，中程飛彈有效射程內甚至可視為「與匿蹤戰機等價區」或「反匿蹤極有效區」，因而反匿蹤有效距離其實都可以再往上修正，這便可能超過中程飛彈射程。由於Su-35BM配有長程飛彈與超長程飛彈，因此甚至不能排除在某些情況下Su-35BM反而擁有「先射」優勢的可能性。

更值得注意的是，除非哪個國家直接跟美國開打，否則Su-35BM有可能遇上的「隱形戰機」將是F-35而不是F-22(因為在可預見的未來F-22因技術層次過高而不會外銷)。F-35並不若F-22般做到全方位雷達隱形，且其並未採用扁平噴嘴，紅外線特徵較大，若其採用與F-22一樣的排氣冷卻技術，熱訊號約降低4/5，即探距減少55%左右。因此Su-35BM對上F-35只會更得心應手，至於波音公司最新試飛的F-15SE「沉默鷹」對Su-35BM而言甚至只是一架傳統戰機。因此目前推向市場的「匿蹤戰機」對Su-35BM應不構成技術威脅。

內外銷型Su-35BM對匿蹤戰機(F-22等級)反擊能力整理表

	對飛彈的長程主動預警、多重反制機會	X波段粗定位+紅外線複合射控	X波段直接射控	X波段粗定位+紅外線+L波段複合射控	L波段直接射控	X波段直接射控+紅外線+L波段複合射控
		<30km (用R-77)	<30km (用R-77)	可能>40km	可能>40km	可能>40km
外銷型(無AFAR-L)	+	+	+	-	-	-
俄軍型(有AFAR-L)	+	+	+	+	+	+

※這裡的「匿蹤戰機」假設條件如下：
〈1〉對戰機X波段雷達的RCS為0；〈2〉沒有電磁外洩；
〈3〉熱訊號降低90%，即紅外線對其探距減至30%；
〈4〉X波段雷達導引飛彈對其鎖定距離5km；〈5〉L波段只有在機翼邊緣會發生繞射。.

以上還是考慮匿蹤戰機的電磁輻射信號複雜到無法被被動偵測的結果。真實情況下，匿蹤戰機機隊一定有少數戰機開啟雷達以便未其他僚機提供作戰所需資訊，此外如果採用Link-16、JTIDS之類的L波段資料鏈來通連，則有可能被AFAR-L偵測。因此考慮所有可能的偵測系統後，匿蹤戰機在Su-35BM跟前幾乎不可能隱匿至可以保證毀滅Su-35BM的地步。

四、總結

由於反匿蹤能力與資訊整合軟體有關，因此Su-35BM的反匿蹤能力的等級可能有年代與內外銷版的差別：只能警戒、能夠反擊、能夠以更多手段反擊、能主動發現並攻擊、能以各種可能手段攻擊並且有相關的空戰專家系統協助...等。總結以上，並參考其武器特性(武器部分的影響見第九章)可估計，即使在硬體系統不變的條件下，隨著軟體的改進，Su-35BM的探測與射控系統可望對抗F-22在內的隱形戰機，直至F-22配備「流星」或同級以上的空對空飛彈為止。在那之後，戰機的匿蹤性能與干擾、反飛彈性能將更顯重要，屆時便需要PAK-FA這類採用更徹底的匿蹤設計者方能有望與F-22對抗。

積極反匿蹤能力一定程度上得益於消極反匿蹤能力(正因為有消極反匿蹤能力，而能迫使匿蹤戰機進入積極反匿蹤能力的工作區間)，而積極反匿蹤能力又進一步強化Su-35BM對匿蹤戰機的免疫力，這便更加確保各種特殊

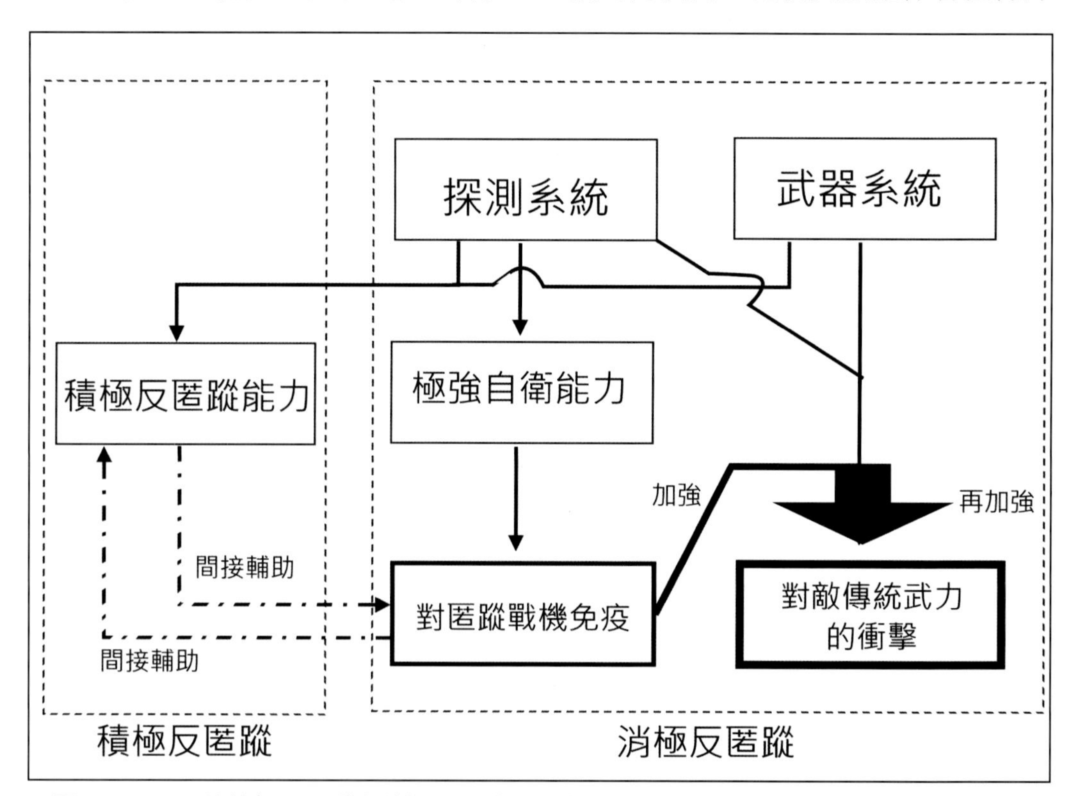

▲圖7 Su-35BM的消極反匿蹤與積極反匿蹤能力交互作用示意圖

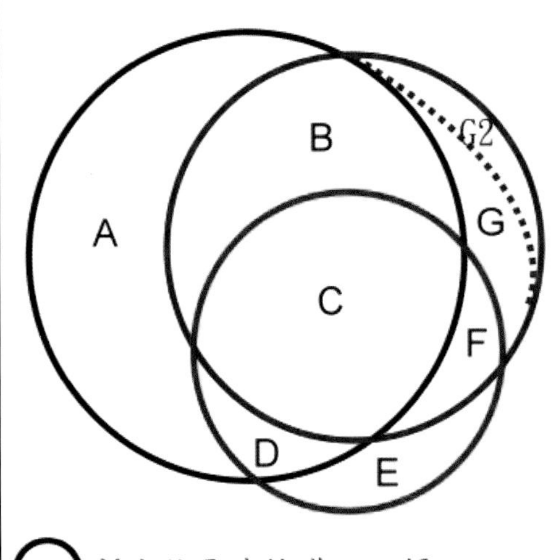

X波段雷達捕獲之目標

L波段雷達捕獲之目標

紅外線探測儀捕獲之目標

目標分類與射控方式

傳統目標：A~D中穩定存在者

A，B：X波段射控
C，D：X波段射控，IR校正方位

匿蹤目標(1)：E~G區

E：必要時進行不測距射控
F："IR取方位+L波段測距"
G：L波段獨立射控
G2：虛目標，緊急時比照G區處理

匿蹤目標(2)：A~D內突現者

A：X波段射控，射後不理
B：X或L波段射控，L波段後續校正
C：X波段射控，後續比照F區處理
D：X波段射控，IR做後續方位校正

各區間目標範例**
A：200~400km傳統戰機
B：200km以內傳統戰機
C：70km處之傳統戰機
D：低可視或匿蹤戰機後半球
E：低可視或匿蹤戰機後半球
F：40km處無紅外匿蹤之匿蹤戰機
G：30~60km之理想匿蹤戰機

**X波段取用Irbis-E數據；紅外探測儀取用OLS-35數據；L波段取用AFAR-L所用元件之技術數據估得(詳見內文)。

▲圖8 多探測系統協同探測下分類出匿蹤目標的可能方法

武器足以發揮做戰效能(圖7)。

※綜合射控系統篩選匿蹤目標的方法

承以上並考慮AFAR-L的探測性質(以不同滾轉角的探測資料標定目標的3維座標)，可以估計在Irbis-E、OLS-35與AFAR-L搭配以探測目標時，可以用以下程序分類目標：〈1〉空中的N個目標對於AFAR-L而言可能會成為Y個目標，其中N<Y<N^2(例如3個目標對於AFAR-L而言可能變成3～9個目標)，這Y個目標有明確的方位與位置，只是不確定目標存不存在。〈2〉接著參考Irbis-E雷達的探測資料，設其有X1個「穩定目標」(一直被監控的)以及X2個在一定距離內(例如90km)突然出現的目標，則每個目標都是存在的且有明確的位置，Y集合中與X1集合重合的就視為一般目標，由Irbis-E與OLS-35進行後續處理，〈3〉承上，剩下的則可能是匿蹤目標或不存在目標。這些剩餘目標中與X2重合的可視為明確的匿蹤目標，〈4〉承上，再剩餘的則是不存

在目標或是僅有AFAR-L能探測到的目標，這時就需要以其他方式篩選目標，例如再以別的滾轉角探測等等。若再加入OLS-35的使用，則還有機會發現X波段與L波段雷達均無法發現的目標，例如遠方的匿蹤戰機的後半球，而一但OLS-35也發現目標，其方位資料還可增強射控準確性。有關X、L波段雷達與OLS-35混合搭配下目標的分類與射控方式詳見附圖說明(圖8)。

這裡有個很重要的特性是，對AFAR-L而言，目標資料雖然具有不確定性，但目標並不是「在一個區域內的任一點」，而是「位在幾個有明確座標的點之中」，因此一旦將不必要的目標濾除，很快就有明確的目標資料，甚至可以取得射控資料。

透過對Irbis-E與OLS-35對理想匿蹤戰機的探測能力研析，可知這兩者約在40km以內有很高的探測機率，因此與AFAR-L搭配後，在40km內應該不會(或是不容易)出現不確定目標，而且有三種波段不同的探測系統彼此輔助，射控效率應該很高。至於在40km以上，可能出現AFAR-L必須獨立運作的時機，這時就可能出現待濾除的不確定目標。在單機操作時，由於以AFAR-L精定座標牽涉到飛機的戰術運動或滾轉，而不是單純的航電運作，因此時效較差，故在這種區間的射控效率較差。當然，在攜帶武器足夠且戰鬥強度較大時，也可以對任何疑似匿蹤目標(含不確定存在與否的目標)開火，這樣便能發揮最遠的反匿蹤距離，儘管很不經濟。另一方面，在雙機以上聯合探測時，除非敵機以非常密集的方式編隊(間距小於L波段雷達測距誤差)，否則這種不確定目標幾乎不會出現(戰機間可以透過資料鏈確定目標的座標)。

參考資料

[1]UOMZ官網型錄：http://www.uomz.ru/index.php?page=products&pid=100175

[2]MAKS-2007訪問資料

[3]"F-22 Raptor Stealth", Global security.org,參考網址：http://www.globalsecurity.org/military/systems/aircraft/f-22-stealth.htm

[4]V.K.Babich等14人，"Авиация ПВО России и научно-технический прогресс"(Russian Air Defense Aviation: Scientific and Technological Advance), Дрофа(俄)，2005，p.743。=

ГЛАВА 9

Su-35BM的超長程武器使用方式研析與其對反匿蹤的貢獻

▲Novator設計局的91RE1反潛飛彈，亦採用可收入彈尾的網翼設計

一、KS-172的新構型與其打擊戰機類目標之能力之研析

Su-35BM所用的超長程空對空飛彈是由Navotor「革新家」設計局於1991年為Su-35、Su-30攔截機研製的KS-172反預警機空對空飛彈，發射重750kg(舊數據)，射程400km，但外銷型KS-172S-1則降為300km。由於Irbis-E雷達對一般戰機探距可達350～400km，且敵我識別能力亦高達400km，故當前KS-172也將打擊戰機列入考量。該彈構型不斷有變動，最早僅有尾翼，而2003年首爾航展時其模型則有小主翼與尾翼。2007莫斯科航展展出的全比例模型彈則有4片小主翼，以及4片可收納的網格翼(圖1～3)。其網翼平常完全收在彈身內，使用時才張開，這種設計已經

▲圖1 MAKS2007展出的KS-172S-1模型彈，外型相當簡潔

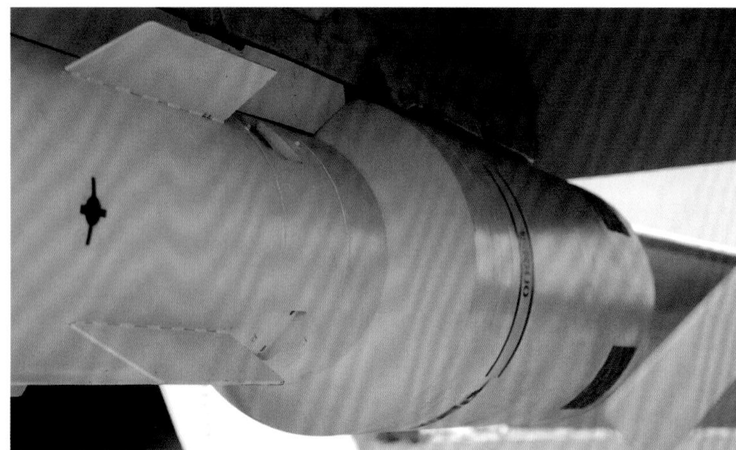

◀圖2 KS-172S-1彈尾特寫，含4片小主翼與4片網翼

▶圖3 KS-172S-1的折收網翼示意(此為模型彈，故看不到真正的網翼構造)，Novator設計局多款飛彈亦採此設計

用於數款同設計局設計的反艦飛彈及反潛飛彈中。估計能大幅提高該彈應付高機動目標的能力。

1. 對戰機類目標之射程及操作模式推測

導引頭對戰機的鎖定距離對KS-172打擊戰鬥機目標的實際操作距離有密切關係。研製主動雷達導引頭的「瑪瑙」研究院(AGAT MRI)於2003年於巴黎航展公佈暫稱為ARGS-PD「Slanyets(頁岩)」的主動雷達導引頭，其並非為特定飛彈研製，而僅是一種技術展示平台。其口徑28cm，對RCS=5平方米目標之鎖定距離達70km[1,2](相較之下，部份俄式地對空飛彈所用的9B-1103M-350，口徑350mm，鎖定距離40km)，能適用於射程350km之飛彈。KS-172前段彈徑約40cm，因此可以推測KS-172正式使用的導引頭性能應該更佳，即對戰機類目標之鎖定距離應該超過70km。

除了以ARGS-PD的技術研製的導引頭外，據AGAT MRI副總設計師表示，現有的9B-1103M-350在進行改良後也可以達到70km的鎖定距離(圖4)。

KS-172搭配Su-35BM的射控能力理論上固然能在300km外打擊戰機類目標(Su-35BM的Irbis-E的「追30打8」包含4個300km以上的目標[3])，但該種射程係針對預警機類低機動目標而言。雖然在如此遠的距離對「戰鬥機」發射飛彈仍可造成敵方的混亂，但其反制相對簡單因此實際威脅大減，故對戰機目標之實際使用射程會低於300km。

▲圖4 目前用於部分主動雷達導引防空飛彈的9B-1103M-350，據指出經過改良後能於70km以上鎖定戰鬥機而足以用於射程300～400km的空對空飛彈

一般中長程空對空飛彈對戰機類目標之有效射程約為最大射程之2/3，據此推算KS-172對戰機之射程應在200km左右，這剛好也大約是雷達開始追蹤戰機類目標的距離(通常追蹤距離約為最大探距的60%，註1)。而最具威脅之射程應在100～150km，因為這約為300～400km射程飛彈對戰機的追擊射程，此時即使是逃逸中之戰機也多在射程之內，換言之在100～150km內KS-172對戰機類目標開始具備致命的威脅，即使仍可能被反制(畢竟這種重型飛彈要對付高機動目標仍可能有某些漏洞)，但敵方將為反制KS-172之攻擊而混亂。

前面提及，KS-172之雷達導引頭

對普通戰機之鎖定距離應在70km以上，70km搭配現役中程飛彈之慣性導航系統已約可支援100km遠之「射後不理」模式(現役中程飛彈射後不理射程約50km，其中慣性導航階段約占25～30km)，若考慮平均速度較高而減少慣性導航誤差，或搭配更佳的慣導系統及導引頭，「射後不理」射程可以更長。依現有技術基礎估計，KS-172自主作戰距離可望在120km以上 (註2)。因此KS-172至少可在飛行末端100km對傳統戰機完全自主作戰。

(註1：這是就傳統雷達論，傳統雷達的射控條件之一是能穩定追瞄目標，這要求探測機率有80%以上，因此操作距離約是最大探距(探測機率約50%)的60%。然而俄國文獻表示，新一代戰機將採用特殊的程式而突破此一限制，使得即使在探測機率小於50%以及資訊不全的情況下亦能有效射控。這種程式的運作機制大致是在取得目標的概略資訊後，猜測出目標的各種可能動向，而後針對每一個動向進行計算，並參考其他資訊來源，最後得到最可能的目標動向而成為射控資訊。類似的方法也使得在遭到各種干擾時仍能保有射控能力。)

(註2：相同的發射機，操作波長相同時，天線口徑若增為n倍，則主波束立體角減為$1/n^2$倍，相當於發射機強度增為n^2倍，探距於是增為$\sqrt{n}$倍。由此估計，僅考慮天線口徑由28mm增為40mm，ARGS-PD鎖定距離可增至85km。若發射機也跟著放大，鎖定距離還可進一步增大。在慣導距離方面，超長程飛彈速度應較R-77為高，這樣在慣導誤差相同的情況下可以飛更遠的距離。若簡單的以極速比例來估計平均速度比例，KS-172極速若取4M(這種超長程飛彈極速約4～5M)，慣導距離可由30km增至35km，即最後的自主作戰射程可達120km。)

2. 對傳統戰機之衝擊性與「最強衝擊掛載」

即使自主作戰射程僅算100km，亦已在AIM-120、R-77等現役火箭動力中程空對空飛彈之最大射程處(這還是對低機動目標之射程)，故Su-35BM這類戰機在完成KS-172的整套導引工作並完全交手給飛彈時(在100km處開火或在遠方開火直到飛彈距敵100km再交手給飛彈)，仍在傳統中程彈之最大射程外，此時戰機可選擇脫離戰場，或進駐有利位置並以R-77或R-27系列對後續或殘餘敵機發動攻擊。換言之當傳統戰機在100～150km外面對Su-35BM時，幾乎完全處於被動態勢(圖5)，相當於遭遇隱形戰機(註3)。

Su-35BM至多可掛載5枚KS-172，此等火力介於掛載AIM-120A與AIM-120C之F-22之間(前者4枚後者6枚)，此時若翼端掛載電戰莢艙，則仍可掛「4中」或「2中2短」以應付後續威脅，總火力(5長+4中短+2莢艙)略大於F-22。若考慮Su-35BM操作完KS-172仍在敵機最大射程之外的特性，則以「先視、先射、先脫離」的「超視距空戰理想公式」觀之，Su-35BM對傳統戰機的威脅可能大於F-22(註4)。

相當值得注意的武器掛法是，移除機腹中線的KS-172而改用並列掛架

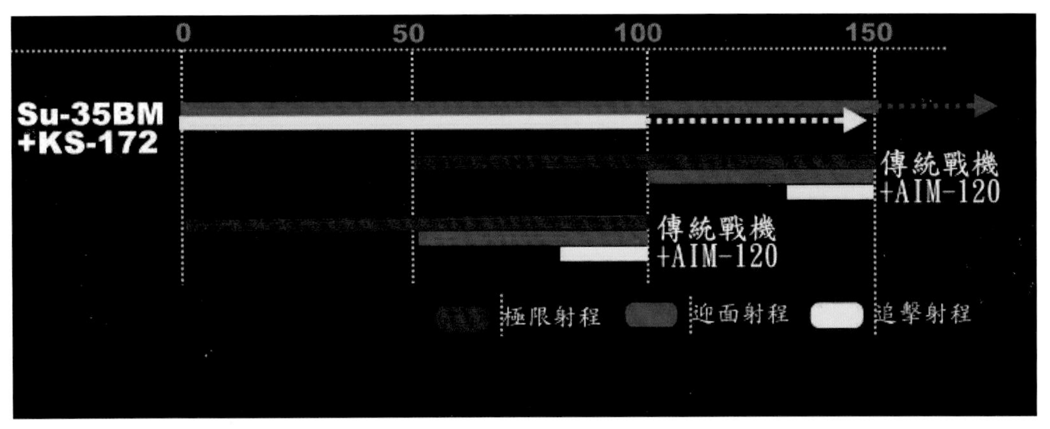

▲圖5 KS-172的自主作戰射程超過現役中程飛彈的極限射程，因此現役戰機遇上配備KS-172的Su-35BM時完全處於被動局面

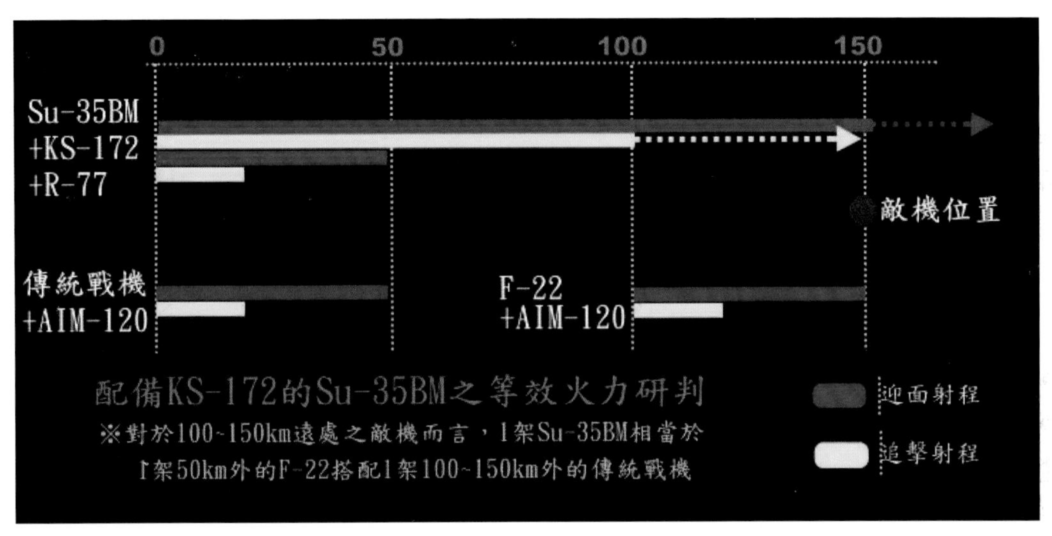

▲圖7 Su-35BM對傳統戰機衝擊性示意圖

攜帶4枚R-77(圖6)。此時Su-35BM擁有4枚KS-172，相當於1架搭配AIM-120A的F-22的火力。同時可在翼端掛載電戰莢艙以維持最佳自衛能力之同時，保有6枚中程飛彈(機腹中線可掛4枚R-77，進氣道下則可掛2枚R-77或R-27ER/ET)與2枚短程彈之酬載能力，後者相當於1架配備AIM-120C的F-22的全部火力(AIM-120C x 6+AIM-9 x 2)也相當於絕大多數戰機的空戰火力。因此對傳統戰機而言，位在100～150km外採用此種掛法之Su-35BM相當於1架約在50km外先遣打擊的隱形戰機(如F-22)外加1架在100～150km預備攻擊的傳統戰機(圖7)。為了方便，本文之後將這種掛法稱為「最大衝擊掛載」。

上述配置著實具備衝擊性，不過影響其實用性的一個相當重要的參數，便是KS-172的價格與使用效益之權衡。這種特大型、射程特遠的飛彈之價格理論上當然不低，用來反制敵方的「空中之眼」-預警機-則數量不需要很多，加上一但反預警機成功，後續效益極高，相對之下頗有「經濟效益」，

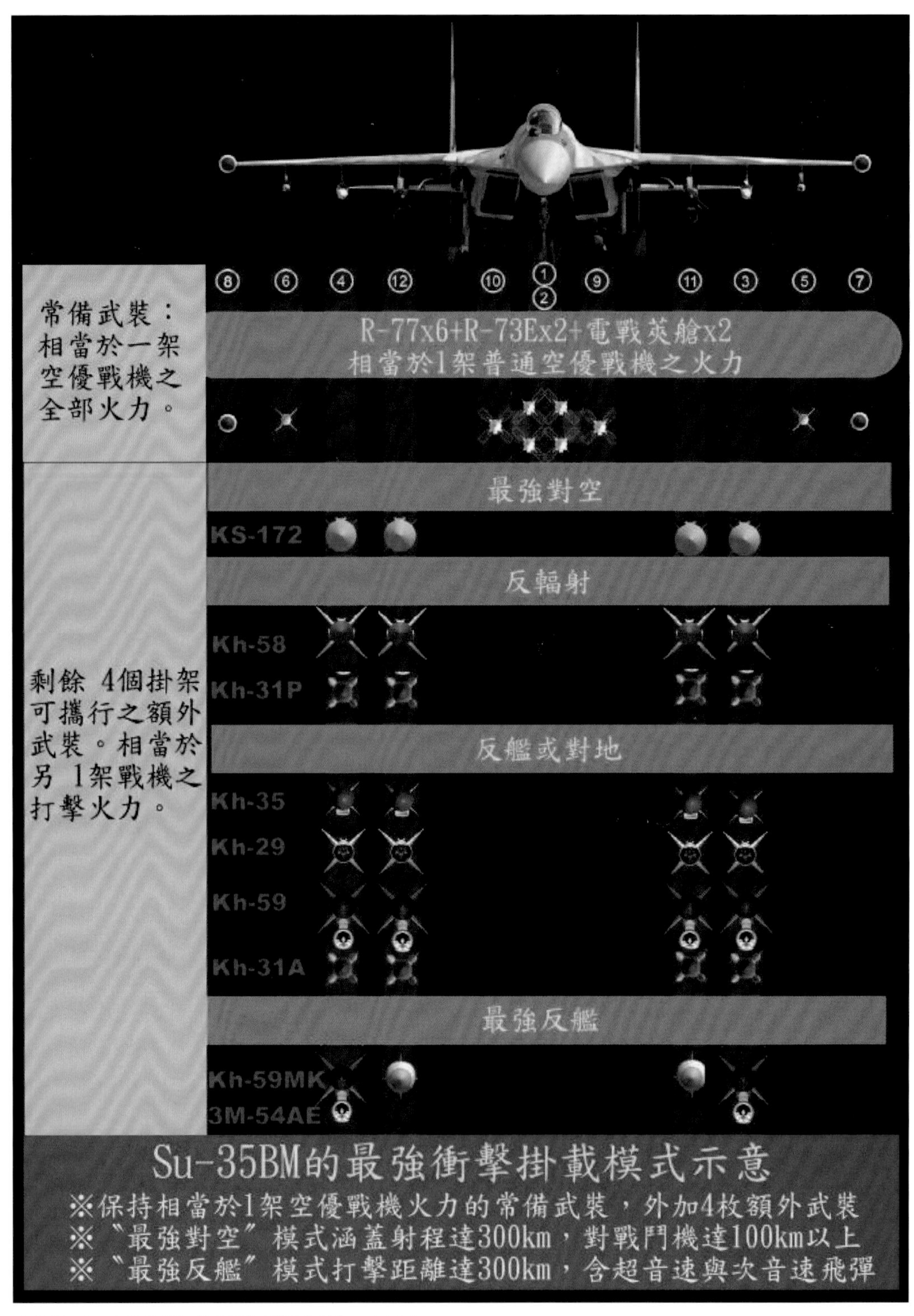

▲圖6 Su-35BM的「最強衝擊掛載」示意

一般使用國沒有理由用不起。不過若要用來反制戰鬥機，則需要龐大的數量，這時其價格便會成為制約其使用的因素。因此上述極具衝擊性的昂貴配置可能不會是常態，但是絕不能排除其可能性。因此日後對Su-35BM使用國所具備之KS-172之數量之追蹤、分析該數量究竟是剛好用於反預警機還是「多得離譜因此有用來打戰鬥機的企圖」，將是重要的情報課題。

上述酬載模式之負重約5000kg，戰機之翼負荷(重量/翼面積)不小，但這不意味著Su-35BM此時不利於空戰。由附錄二的飛行性能分析可知，這種重裝構型下(28噸)的Su-35BM大致擁有幻象2000-5的飛行特性(過載性能、維持能量的特性)以及Su-30MKI等級的過失速機動能力。

(註3：這是個粗操的類比，實際上相較於AIM-120與R-77，KS-172體型更大、速度更快且很早就開啟雷達，將更容易被先進戰機的預警系統如雷達預警接收器、環場雷達、或環場紅外線感測器所測知，此外，這種飛彈將在相當遠的距離就啟用主動雷達，故也可能很遠就被敵機之雷達預警接收器所發現，因此其隱匿性自然遜於匿蹤戰機。唯其在100～150km外發射時具備高能量，即使被發現也不易反制。這種「能將敵機置於被動、不易反制之態勢」的特性便相當於匿蹤戰機。)

(註4：這僅是假設F-22與Su-35BM所用之飛彈之命中率相同之情況下的簡單推論，實際上存在一個重要變數要考慮，即飛彈命中率差異：在上述命題中，F-22用的是AIM-120飛彈，而Su-35BM用的是KS-172。

AIM-120(及其他現役中程飛彈)對戰機類目標射程約50～60km級，理想狀態下至多亦不超過100km，但這種發射狀況下的AIM-120在靠近目標時能量有限，其對抗高機動目標之能力與100～150km處發射的KS-172之優劣目前難下定論。而倘若F-22要在AIM-120的不可逃脫射程內才發射飛彈，其與敵機已接近至20～30km以內，隨時有進入近戰的風險。而對KS-172而言，100～150km射程約是射程300km級飛彈之不可逃脫射程，即此時飛彈具備高能量。

換言之，在執行「先視、先射、先脫離」的作戰想定時，F-22約在50～100km發射AIM-120飛彈，與在100～150km外發射的KS-172相比，AIM-120較輕巧因此在飛行過程中「最佳機動性」可能較高，但KS-172全程具有能量優勢且控制面在尾端，操控力矩大，特別是新構型使用網格翼，對付高機動目標能力應該不差，因此真正與高機動目標接戰時，AIM-120是否優於KS-172很難說。就目前資料難以判定在100～150km發射的KS-172與在50～100km左右發射的AIM-120之命重率高低。仍須持續追蹤KS-172之性能方能下定論。)

二、異機種對抗淺析

1. 與各種等級的低可視戰機之對比

遇上RCS=0.1平方米級且配備AIM-120之類的傳統火箭動力中程彈之

低可視戰機時，KS-172之自主作戰射程約50km(假設導引頭為前述之ARGS-PD，慣導距離25km)，而可發射之距離約100km(Irbis-E對0.1平方米目標之迎面探距約150km以上，推算得追蹤距離約100km)，因此戰況與面對傳統戰機類似，唯面對傳統戰機時，約可在100km遠就完全讓KS-172飛彈自主，而面對0.1平方米級目標時，須為飛彈進行中繼導引直至飛彈距敵約50km為止。由於50km幾乎屬於AIM-120類飛彈對戰機目標的實用最大射程(有效射程)，加上KS-172距目標50km時敵我戰機相距必然超過50km，因此Su-35BM仍是在「幾乎無威脅」狀態使用KS-172，特別是要考慮到Su-35BM可在發射飛彈後改以側面面對目標以維持中繼導引，這種情況下其幾乎總是在敵飛彈的最大理想射程附近)，故採用前述之「最大衝擊掛載」時仍相當於1架隱形戰機加1架傳統戰機，唯中間需進行中繼導引，作戰彈性較受限制。

倘若Su-35BM遇上的是配備衝壓空對空飛彈的低可視戰機，如未來搭配「流星」飛彈之EF-2000或Rafale，則此時彼此的匿蹤性能與探測性能高下，以及KS-172與「流星」實際上的不可逃脫射程等會是相當重要的參數。若以歐系戰機現有之ECR-90及RBE-2雷達數據(對戰機探距約150km)、Su-35BM之RCS取2～3平方米、「流星」之射程80～100km計算，Su-35BM具有微小的「先射」優勢。即便如此，「流星」飛彈達80km以上之不可逃脫射程將使得Su-35BM在將作戰任務完全交手給KS-172前，須「認真看待」來襲的「流星」，如此，在Su-35BM反制「流星」期間，KS-172可能會失去中繼導引而失去戰力。在這種狀況下，Su-35BM與EF-2000算是平手，換言之，在此KS-172性能上沒有優勢，造價又極可能較貴，反而是種浪費。此時Su-35BM將需要「izdeliye-180」雙推力火箭動力飛彈以及RVV-AE-PD衝壓飛彈這類與現有飛彈重量同級但不可逃脫射程大幅增加之飛彈來維持「經濟性」。

若遇上RCS約0.01平方米且配備「流星」的戰機時，Su-35BM須至90km內才能發現目標，約60km以下方能發射飛彈，在此情況下，KS-172多出來的射程完全無法發揮，此外，此時雙方進入近戰之可能也大為提高。此時儘管Su-35BM在帶著KS-172的多數情況下仍有大於1之推重比，但空戰能力多少因KS-172的超大噸位而下滑(因翼負荷大為增加，失速前飛行能力下降)，反之，帶著「流星」的低可視戰機之空戰能力卻幾乎在最佳狀態(「流星」之重量與普通中程彈相當)，此時Su-35BM反而居劣勢。

需注意的是，當戰機本身RCS降至0.01平方米或以下，其整體RCS仍將因外掛武器之故而在0.05～0.1平方米以上，因此除非敵機外掛武器也引入匿蹤技術或幾乎用完武器，否則除F-22、F-35、無人戰機外，Su-35BM不會遇到本段所言之對手。

2. F-22+AIM-120未必優於EF-2000(Rafale)+流星

須注意的是，具更佳匿蹤性能但仍搭配傳統中程彈之戰機如F-22或F-35相對於Su-35BM是否較搭配流星的EF-2000等更具優勢仍待更精確的分析。以公佈的資料看，F-22與F-35固然號稱能讓雷達到幾乎視距內方能測得，因而能對絕大多數戰機構成奇襲，但考慮到Su-35BM達90km的飛彈主動預警能力能增加其反制成功率，F-22、F-35也得接近至50km以內(甚至25～30km內，這是AIM-120這類飛彈之不可逃脫射程)方能開火，這種距離內Su-35BM的各種探測手段的反匿蹤能力越來越高(詳見第八章)，且這距離應遠小於KS-172的不可逃脫射程，意味著只要有足夠精確度的方位資料理論上就能開打，這樣甚至可能出現Su-35BM已經打得到隱形戰機但反之不然的狀況。亦即對Su-35BM而言，僅配備AIM-120的F-22或F-35不見得優於掛流星的EF-2000與Rafale。這個議題牽涉到不同設計思想的飛機與飛彈的比較，因此需要對飛機與飛彈的技術特性與雙方可能的戰術運用做更審慎的研析方能下定論，在此僅點到為止。

3. 總結KS-172的優勢區與使用限制

簡言之，在反預警機、應付傳統戰機以及配備AIM-120的EF-2000之類低可視戰機方面，Su-35BM搭配KS-172極具效益與衝擊性，這種衝擊性幾乎不受Su-35BM本身匿蹤性能高下所影響。在此時間點，Su-35BM可很自由的使用本文所言「最大衝擊掛載」而對空權均衡造成衝擊。

一旦遇上配備「流星」之EF-2000、Rafale，或RCS=0.01平方米以下之對手，則KS-172故然有用，但優勢幾乎被抵銷而顯得浪費；而這時Su-35BM本身的匿蹤性能高下在此也相對重要。因此在這個時間點，須要引入「izdeliye-180」雙推力火箭動力飛彈以及RVV-AE-PD衝壓飛彈以及進一步的匿蹤設計。此外，武器的酬載方式將因考慮應付強大的對手而須多所折衷，「最強衝擊掛載」的使用時機受限。在此時間點Su-35BM雖仍在戰場上有立足之地，但衝擊性已被削弱，此時已是五代戰機T-50的舞台。

本文討論KS-172在100～150km對傳統戰機發動攻擊其實是較嚴格的想定，其實這種飛彈約在200km就進入有效射程，加上Su-35BM主雷達視野達+-120度因而能以側面面對目標區以為飛彈提供中繼導引，在飛彈整個導控過程中理論上沒有傳統戰機能威脅之。因此Su-35BM+KS-172對普通戰機的有效打擊半徑可以上探至約200km。這種打擊半徑搭配Irbis-E雷達的探距，相當於S-300PMU2或S-400對戰機的防衛半徑！這可能使得Su-35BM這種重型戰機反而成為小國建構有效防空網的廉價途徑，做個不可能發生但有利於讀者想像的比喻：倘若台灣有Su-35BM+KS-172，則戰機只需部署在東岸，其在東岸巡邏時，探測範圍與射程便可涵蓋至全台灣海峽！

這裡對KS-172的分析亦適用於izdeliye-810，兩者皆屬300～400km級超長程空對空飛彈，唯後者較短而可用於T-50的內彈艙。

三、對面武器的不對稱性與「最強衝擊」掛載

一但俄版JDAM與JSOW投入使用，俄系戰術戰機便擁有各種與西方對應的導引炸彈或廉價精準炸彈。在高價武器部分也處處對應，如Kh-59MK2、3M-14AE便相當於西方新銳的「暴風之影」、「金牛座」之類的300km級巡弋飛彈(圖8～9)。

至於3M-54AE、Yakhont、Kh-59MK反艦飛彈、Kh-58反輻射飛彈則可視為俄系戰機獨有的「神兵利器」。他們的第一個特點是「絕對的防區外射程」：其射程在包括S-300PMU-2甚至S-400在內的絕大多數區域防空飛彈射程之外，大幅減少戰機所面臨的威脅，一但敵方戰鬥機無法在飛彈發射前攔截Su-35BM，就只能「放任」Su-35BM自

▲▼圖8、圖9 混掛對空與對面武裝的Su-35BM。由右至左：R-73E、R-77、R-27ER、KAB-1500L炸彈、Kh-35UE反艦飛彈、傳統炸彈、Kh-38MAE、Kh-59MK反艦飛彈、火箭彈、R-77、R-73E

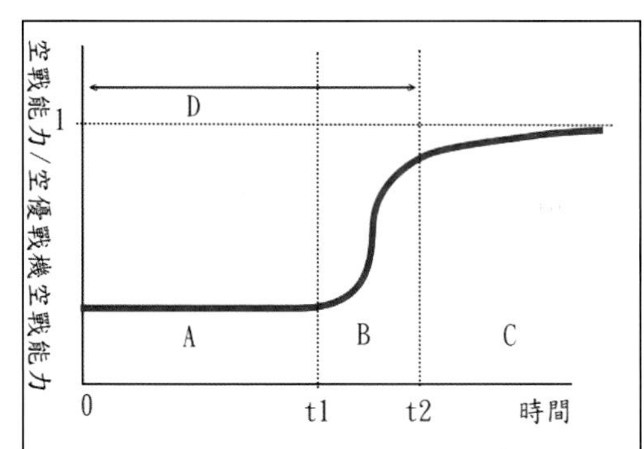

採用對地/對海〝最強衝擊籌載模式〞出擊的Su-35BM之空戰能力與出擊時間關係示意

A：t=0~t1，攻擊初始階段，因對地/海攻擊任務之故而往往不利於空戰(例如武裝較重、低空飛行等)
B：於t1完成攻擊，開始進駐有利之空戰位置至t2達到空戰位置而成為護航空優戰機。t1~t2歷時<30~60秒。
C：t>t2，之前的〝攻擊機〞如今成為〝空優機〞，佔據有利位置，並擁有空優火力。
D：因此在t=0~t2期間需要純空優板Su-35BM為機群護航。

▲圖10

由的發動攻擊；第二大特點是這些武器極難以現有系統反制：例如超音速反艦飛彈對西方現役軍艦的近迫快砲系統是極大的威脅，須待裝備「海公羊」之類的短程防空武器才可能有效反制之；而Kh-58反輻射飛彈極速大於多數短程防空系統的目標速度上限，大幅增強敵方的防禦難度。

類似地，比照空對空飛彈一段所言最具衝擊性的外掛配置，唯將KS-172改為Kh-59MK或Kh-35等反艦飛彈、Kh-58等反輻射飛彈、Kh-59ME/M2E/MK2等攻陸彈。以前者為例，Su-35BM在以4枚反艦飛彈完成反艦作戰後，便成為一架貨真價實的空優戰機(6枚中程彈+2枚短程彈+電戰莢艙)。由於4枚反艦飛彈也已相當於多數戰機反艦武器酬載量，故就火力論，Su-35BM相當於1架攻擊機外加1架空優戰機。其中又以2枚3M54AE(300km，末段超音速)與2枚Kh-59MK(285km，次音速，但彈頭320kg)的搭配最具攻擊性。需注意，掛載Kh-59MK與3M-54AE這種重型武器時空戰能力勢必受限不少(一方面是重量大，二方面是這些重型武器掛架有G值限制)，故在第一波反艦攻擊前可能仍需要純空戰配置的戰機護航，至於後續波次則可由前波次執行完反艦任務的戰機進駐有利空戰位置後護航，因此這裡提到「Su-35BM等效於1架攻擊機加1架空優戰機」僅適用於後續達到「穩定狀態」的攻擊波次，不適用於任務的初始階段(圖10)。

四、研析與總結

可以發現Su-35BM的武器系統有三大特色：〈1〉對空、對海、反輻射、對地打擊武器均有「防區外」彈種，如此將大幅提升其作戰的安全性。〈2〉承上，皆具有現有防空系統難以有效對抗的彈種，因而造成不對稱優勢。〈3〉採「最強衝擊酬載模式」時可具備1架攻擊機或長程攔截機與1架空優戰機的總火力。而其寬視野主雷達帶來的極強自衛能力也使敵方包括隱形戰機在內的空中武力都未必能有效攔截之，縱而保障這些獨特武器系統的使用效率(詳見第七章與第八章)。如反航艦作戰時，Su-35BM可避開神盾艦的防空火力，僅需應付來自敵艦護航機(如F/A-18E/F、未來的F-35C等)的威脅，且其自衛能力強並兼具足夠的對空火力，能增加敵機反制的難度。

這些特性使得Su-35BM即使不是徹底隱形的戰機，其戰場生存性與作戰效率卻未必遜於昂貴的隱形戰機：隱形戰機相當於靠隱形性能「降低」敵方防衛武器的操作距離因而能安全的施放武器後離去，而Su-35BM則是藉著射程大於敵方防衛半徑的武器來營造安全的作戰環境。這種「強大的火力」與「對隱形戰機的免疫力甚至反擊力」彼此互相增益：〈1〉如果只有前者而無後者，則敵方匿蹤戰機可以在Su-35BM強大火力發揮之前先行消滅之；〈2〉若只有後者而無前者，則Su-35BM就算不會被匿蹤戰機消滅，其也無法有效威脅匿蹤戰機的友軍，但反之他自己的友軍卻深受匿蹤戰機的威脅，如此一來即使Su-35BM本身的生存性不受匿蹤技術制約，但全軍的作戰結果仍將受到匿蹤技術制約。〈3〉反之同時具備這兩大特性時，雙方彼此增益，戰況可能會是「F-22與Su-35BM彼此對上，則兩敗俱傷；彼此互不侵犯，則彼此的友軍兩敗俱傷」。是故，僅管Sukhoi宣稱Su-35BM是與F/A-18E/F、F-16E/F、EF-2000、Rafale等競爭的機種，但考慮其極強的自衛能力以及對手所欠缺的獨特武器系統，筆者認為Su-35BM的戰力應已超越假想對手，而足與F-22、F-35等匿蹤戰機對抗。

參考資料

[1]«AGAT:New generation of active radar homing heads»(AGAT MRI總設計師訪談),http://www.missiles.ru/_foto/Slanec_1348/1.pdf

[2]http://www.missiles.ru/foto_ARS.htm

[3]Андрей Фомин," Новый подробности об РЛСУ «Ирбис» для истребителя Су-35",Вэдёт,2006.4,p41.(Andrei Formin,«更多Su-35的Irbis雷達的細節»)

第三篇

第五代匿蹤戰機—T-50與無人戰機

ГЛАВА 10

從MFI到PAK-FA：
第五代戰機發展始末

▲ 停在試飛院MiG專屬機庫的1.44實驗機

俄羅斯第五代戰機計畫可追溯至1980年代為抗衡美國ATF計畫而推出的「多用途前線戰機」(MFI)以及「輕型前線戰機」(LFI)計畫，後來適逢蘇聯解體，五代戰機命運長期不明確，直到2000年普亭總統上台，才又正式將第五代戰機研製推上檯面，成為現在的「前線空軍的未來航空複合體」(PAK-FA)計劃。

一、蘇聯的MFI與LFI計劃

蘇聯第五代戰機計畫最初起源於1983年，因應美國「先進戰術戰鬥機」(ATF)計畫而推出「多用途前線戰鬥機」(MFI)。其技術指標與ATF類似，都有匿蹤、超音速巡航、超機動性等。最初由三大「戰機設計局」投標，包括採用前翼三角翼佈局的MiG設計局1.42計畫、前掠翼佈局的Sukhoi設計局S-32計畫，以及採前翼三角翼但為單發佈局的Yakolev設計局計畫。

1986年由米格設計局的1.42獲選。其獲選原因是顯而易見的：1.42的佈局是在空軍研究院(NII VVS)與中央流力研究院(TsAGI)介入下完成的，其佈局充分反應空軍的需求，並採用TsAGI論證的最符合空軍需求的氣動設計。反觀S-32可說是Sukhoi自行論證的方案，其採用的前掠翼佈局甚至不受TsAGI推薦，設計速度較1.42低許多(前者2馬赫，後者2.6馬赫，而蘇聯空軍偏好高速)；而Yakolev設計局的方案雖有較明顯的匿蹤外型，但僅為單發戰機，難以同時兼顧所有性能需求。不過其實技術指標未必是1.42獲勝的唯一關鍵：在Su-27的發展過程中，Sukhoi設計局提出的舉升體佈局最初亦不被TsAGI接受(當時TsAGI推薦類似F-15的佈局)，但在設計局堅持下研究院仍然得硬著頭皮研究，最後反而推薦給MiG-29，成為這兩個俄系四代戰機的共同特徵。因此「S-32未能完全符合空軍需求」未必是落敗的唯一原因，其中一個原因是軍方內定。有專家指出軍方為避免壟斷局面，而傾向於讓MiG與Sukhoi輪流主導主力戰機研製，由於第四代戰機PFI計畫由Sukhoi勝出(後來的Su-27)，因此MFI計畫一開始其實早已內定給MiG設計局，從空軍研究院獨獨找上MiG設計局便可側證此一論點的真實性。

落選的S-32找上海軍，成為新一代艦載機Su-27KM，也就是後來的S-37(Su-47)。S-32採用的前掠翼佈局擁有極佳的低速性能，起降速度也很低，是艦載機的絕佳佈局。當年Sukhoi的前總設計師M. Simonov是否早已洞悉MFI要內定給MiG，所以才發展了這個一但落敗還可以找海軍的方案，就不得而知了。

蘇聯解體大大衝擊了MFI的命運。飛機研發經費完全中斷，1.42的原型機1.44於1994年僅能進行高速滑跑試驗，理由竟是「沒有足夠經費裝上堪用的制動器以用於試飛」，該機直至2000年2月29日才首飛，4月份二度試飛後便沒有再飛，直到2004年才又傳出為了米格新一代輕型戰機的研發以及部分PAK-FA的測試任務而要於年底重新試飛的

▲ 圖1 蘇霍設計局競標MFI計畫的第五代戰機S-37(Su-47)，採用獨特的前掠翼佈局。 AHK Sukhoi

消息[1]。Sukhoi則於1992年起對中國出口大量Su-27戰機而獲利，穩定的獲利不僅助其繼續推動各種改良戰機，還令其於1993年決定自費發展S-37(即S-32) (圖1)，該機搶先1.44於1997年9月25日首飛，似有後來居上、反客為主的意圖，但並未成功「扶正」，原因可能是其僅為技術驗証機，還不算原型機，故需要的經費也不少(有資料指出要100億美元)，加上速度表現不符合軍方要求，因此軍方即使有錢也寧願繼續發展MiG 1.44。

在重型戰機之外，本來還打算平行發展「輕型前線戰鬥機」(LFI)以與MFI進行「高低配」，LFI將採用1具MFI所用的發動機以及航電技術，以確保兩機的高度共通性。不過很快的蘇聯發現同時發展兩種戰機耗資龐大，因此將LFI的發展排到MFI完成以後，而全力發展MFI。

各設計局也紛紛以新技術改造Su-27、MiG-29等第4代戰機使成為4+代戰機，以做為五代機服役前的過渡方案。4+代戰機包括Sukhoi設計局的Su-35(Su-27M) 以及MiG設計局的MiG-29M，這些戰機最主要的特色是在航電系統上與西方戰機追平，擁有玻璃化座艙、多用途雷達、主動雷達導引空對空飛彈、各式精確導引對地與反艦武器等，後來Su-35甚至還加上第五代戰機才有的相位陣列雷達以及向量推力發動機。按原來計畫，4+代戰機將在90年代中期開始服役，而在2000年左右便要裝備第五代戰機。

二、全新的五代機計畫：PAK-FA

1. 從MFI到PAK-FA

在「黑暗的90年代」除了1.44與S-37仍繼續掙扎外，航空界也開始翻出當年的LFI計畫，發展單發輕型戰機。特別是在90年代中後期，俄航空業考慮到Su-27與MiG-29改型在十年後將無法與F-35、EF-2000、Rafale等歐美戰機爭市場，而一但市場被歐美戰機搶占，等於葬送俄羅斯航空工業。因此在1998年重新討論的五代戰機是稱為「輕型前線攻擊機」(LFS)的單發戰機，這是「輕型前線戰機」(LFI)的加強攻擊版本，其代表計畫有米格設計局的I-2000與蘇霍設計局的S-54。稍後又演變成要同時兼顧MFI與LFS的「中型前線戰機」(SFI)計劃，該計畫主要是藉由先進的航電技術打造重量小於Su-27但維持Su-27所有性能的中型戰機。

2000年普亭擔任總統後，俄政府

又開始推動第五代戰機的發展。新的五代戰機計畫稱作「前線空軍的未來航空系統」(PAK-FA)[2]，由Sukhoi、MiG、Yakolev三大戰機設計局競爭，2002年確定由蘇霍設計局取得主導權，並在2004年確定基本技術指標，2005年獲得經費，2006年完成細節設計，2007年開工建造。蘇霍設計局獲勝幾乎是內定的，因為整個計劃約需100億美元，俄政府在計劃中僅提供約15億美元，其餘需由廠商自籌，而當時僅有蘇霍公司有此財力。

至此第五代戰機等於重新發展，需求取向已大有不同。MFI時代需要1.69馬赫的巡航速度與2.6馬赫極速，以致機體大而笨重又需要推力18噸級的AL-41F發動機(後來達到20噸)。PAK-FA則一開始就設定為介於MiG-29與Su-27噸位的飛機，並使用AL-31F尺寸的發動機。許多媒體與評論家並未注意這一劇變，以至於後來出現許多誇張的數據。

2. 配套發動機的發展

MFI使用NPO-Saturn開發的AL-41F渦輪扇發動機，其最大推力設定在17500～18000kg，但在測試後期已達20000kg。按照1980年代的設定，這種發動機本來除了要用於MFI外，也預計用於採單發設計的LFI。在90年代，NPO-Saturn開始將AL-41F的技術用於改良AL-31F，稱為「產品117」(izdeliye117)，一方面用於改良Su-27系列，二方面為尚未正式開發的LFI提供尺寸與噸位不同的備選發動機。117發動機最早用於老Su-35，當時依安裝年代與改良順序分別稱為AL-35F、AL-35FM、AL-37FU等，最大推力14000～14500kg(依型號不等)。

2000年PAK-FA計畫啟動時，便選定2具NPO-Saturn的117作為動力來源，但軍方對新發動機除了有推力需求外也有高達4000小時的壽命需求，而當時的AL-31F系列均只有1500小時的壽命，此外由於這時新的發動機不只是要用於改良Su-27，而是要用於五代戰機，因此即使移植AL-41F的技術，到服役時也早已落伍。因此NPO-Saturn於2000年開始117發動機的再造計畫，以三個階段將AL-31F過渡到五代發動機：首先是壽命不增加但推力增至14500kg的117A(AL-41F1-A)，第二階段是將壽命提升至4000小時的117S(AL-41F1-S)，第三階段則是推力進一步增加並使用符合五代機的新技術的完整版117(AL-41F1)。117S與117發動機除了增推增壽外，還要確保超音速巡航能力與向量推力控制能力，而雖然計畫名稱與90年代相同，但實際上是2000年開始的再造品。

117發動機計畫用於第五代戰機原型機與初始型量產機，並非真正要跟著PAK-FA到除役那天的發動機。真正的五代發動機將是全新研製的。新發動機的研製計畫約在2000～2002年正式展開，一開始便希望集各發動機大廠之力共同研發。負責制定技術規格的聯席會成員除了軍方外便包括

NPO-Saturn高層，因此主導權幾乎是內定給NPO-Saturn。NPO-Saturn成了五代發動機的主導研發單位，將研發任務分派給各著名的俄國發動機大廠如Soyuz(曾發展供多型MiG戰機使用之發動機、Yak-141的R79V-300發動機)、Aviadvigateli(發展過MiG-31的D-30F6系列)、Klimov(發展過MiG-29的RD-33)等。但作為AL-31F生產大廠且於1999年成立自己的設計局的MMPP Salyut被排除在研發任務之外而僅獲配生產任務，以至於其脫離合作，而自行發展AL-31FM系列，搶攻Su-27升級版的發動機市場，後來由於進度順利，其最終型AL-31F-M3足以匹敵117，並期望以後續改良型競爭五代發動機。

2007年底俄空軍宣布五代發動機將須由MPO-Saturn與MMPP Salyut競標後決定。然而之後雙方均體認到以俄國的經費要去支持兩個廠商研發不同的發動機來競標不切實際，且2009年俄國政府整合幾乎所有MMPP Salyut以外的發動機大廠成立「聯合發動機公司」(ODK)，MMPP Salyut雖不在體制內(因其稍早前依總統命令轉型為持股公司，因此要整併入ODK會有較多法律問題)但其總經理出任ODK副總經理，雙方已於2010年莫斯科發動機展上確認將以約各半比例方式合作開發五代發動機。2011年NPO-Saturn方面宣布新發動機進度超過預期，預計2015年可研發完成。

3. 航電與武器系統的發展

雖然MFI計畫中途夭折，但第五代航電技術卻在90年代開始局部使用於改良型戰機，如Su-35、Su-30MK、MiG-29SMT上的人工智慧、相位陣列雷達、向量推力、超機動控制、遙控檢測等。1999年的Su-33UB則裝上百億次級中央電腦。此外在老Su-35的712號機、Su-47、Su-32/34上也都持續進行最新系統的測試與應用。這些最新成果最終去蕪存菁用於五代戰機，而為了確保進度，五代航電的原型便提早用於2003年開始研發、但氣動特性已被摸熟的的Su-35BM上。Su-35BM的航電系統便已體現出高度智慧化、整併設計、統一運算等五代特徵。

PAK-FA的航電系統在架構上與Su-35BM基本相同，但當然有所精進，如採用整合性與運算能力更高但更輕巧緊湊的中央電腦、更高頻寬的通信介面等。而最重要的是專門為PAK-FA量身訂做的「整合式無線電系統」(MIRES)，將所有無線電系統在一開始就視為單一系統進行設計，共用設計原則與基本元件，盡可能將不同的無線電功能整併在相同的主動陣列天線上，以達到降低重量與提升電磁兼容性等目的。

MIRES計畫於2004年交由Tikhomirov-NIIP主持，其擁有約40年的相位陣列雷達設計經驗，且是第一個發展出能用於戰機的相位陣列雷達(MiG-31的Zaslon)的廠商。MIRES於2006年通過技術答辯。2007年起陸續可見到主要的主動陣列天線的成果，如2007年莫斯科航展時公開了AFAR-L主動陣列天線實體以及AFAR-X天線單元，MAKS2009則進一步公開AFAR-X實體，當時AFAR-X實驗型已在進行地面試驗，並在建造原型。

除了MIRES計畫外，NIIP考慮到被動相位陣列雷達有許多優勢尚未被開發殆盡，因此於2004年開始研發Irbis-E。這種雷達被暱稱為「超級雷達」，其具有第五代雷達的多用途性、超大視野、以及西方主動陣列雷達都無法比擬的探測距離。其用於Su-35BM，也可能在主動陣列雷達有所耽誤的情況下用於PAK-FA。而且Irbis-E的軟體有50～60%可直接轉嫁到MIRES上，因此MIRES系統已有軟體基礎。

第五代武器系統也早已「偷跑」。2007年莫斯科航展已見到具有摺疊翼設計的Kh-58UShKE反輻射飛彈、Kh-38ME系列多用途飛彈等。而在2009年莫斯科航展更進一步公布Kh-35UE反艦飛彈等大型內置武器與RVV-SD增程型空對空飛彈。除了這些已公開的彈種外，在空對空飛彈方面已知仍有可內置的「產品760」短程飛彈、射程達140km的「產品180」中程飛彈預計在2010年完成，另有射程400km的「產品810」、射程250km的RVV-AE-PD(產品180-PD)、全新短程飛彈「產品300」(K-MD)將於2013年完成。

三、PAK-FA的發展

1. 計畫開始到開工

據總設計師A.N. Davidenko的說法，計畫最初時Sukhoi設計局內出現5個氣動佈局，後來在氣動性能、穩定性、可控性、酬載分配的整體考量下選出最有前瞻性的佈局。2003年空軍確立技術需求後，設計局才正式展開設計計畫。2004年通過設計答辯[3]。此時飛機代號為T-50，也約莫此時「前線空軍的未來航空系統」(PAK-FA)的名稱才廣為流傳，且已是最大起飛重量35噸級、技術指標直衝F-22而來的雙發重型戰機。2004年12月時任空軍總司令的V. Mikhailov下修技術規格，將PAK-FA的極速由2.15馬赫下修至2馬赫，其理由是2馬赫以上速度在實際使用上很少達到，而為了那多出來的0.15馬赫(註1)，飛機將需要更強的制動面等而增重[4]。

耐人尋味的是，重新啟動的五代機在短時間內從「市場取向」(爭市場的輕戰機)回歸「大國競爭與國防取向」(與F-22爭峰的重戰機)，目前沒有資料解釋其原因為何，但巧合的是，這個轉折點約為普亭政府上台初期，對照後來普亭政府的富國強兵路線，筆者推測PAK-FA的定位轉折可能與普亭政府的執政路線有關：葉爾欽時代軍方訂單極不明確，因此主要考量是市場，而普亭時代大搞國力復甦，需要的是實力。技術上的可能原因則是發動機：採用兩具AL-41F飛機會過大過重，一具AL-31F或AL-41F級的大型發動機或兩具

▲ 圖2 T-50的模擬座艙，除繞射式抬頭顯示器外，與Su-35BM基本上相同。Internet

RD-33級的中小型發動機則不足以令飛機兼顧航程火力與機動性，而發展全新發動機又不切實際且風險很高，因此有了以AL-31F過渡到五代發動機的計畫，而採用兩具AL-31F級的發動機便注定成為重型戰機(當然，還是沒有採用兩具AL-41F的MFI重)。

考慮到PAK-FA服役已至少是2012～2015年的事，使得在PAK-FA與4+代戰機Su-30MK之間將出現技術斷層，於是設計局在2003年啟動了屬於4++代的Su-27BM(也就是後來的Su-35BM)計劃，以成熟的Su-27機體設計搭配為第五代戰機研製的航電系統等技術而成為「四代皮五代骨」之戰機來填補技術空缺。T-50初期便將搭載Su-35BM的航電系統的進化版，成為所謂「5-」代戰機，之後再逐漸進化到5代或「5+」代。這種研發方式的優點在於，以Su-35BM這種氣動特性已被摸透的戰機作為五代航電試驗平台將可大幅減低試驗風險，同時第五代技術也可依附在Su-35BM上而提早服役，用於提升本國防衛能力與外銷競爭，可謂一石二鳥。

2005年設計局向軍方展示PAK-FA的電子設計圖與模擬座艙(圖2)並獲得撥款，同年Su-47恢復試飛，成為第五代戰機的實驗平台之一，此外沉默已久的MiG 1.44亦於2004年傳出接受五代戰機計畫的部分試驗而於年底重新試飛的消息[5]。2006年完成T-50的技術設計答辯[6] (圖3)，原型機於2007年在KnAAPO開工建造。

(註1：部分俄文資料指出其為「巡航速度」，關於極速則有2.45馬赫之說。這種極速已接進1.44，巡航速度則超過1.44，以T-50這種表面有70%複合材料且推力需求較小的飛機來看，應不可能有這樣的速度。此外在稍早的一些訪談中蘇霍官方也有類似「飛機不須追求太高的速度，那是飛彈的任務」的評論。因此研判巡航速度為2馬赫之說系屬誤植，其應為極速。)

▲ 圖3 2006年負責研製發動機的NPO-Saturn官網釋出的T-50想像圖。由於出自相當一手的單位，因此當時獲得相當大的關注。目前證實該圖與實機基本吻合，是在PAK-FA發展史上相當關鍵的一張想像圖。 NPO-Saturn

2. 測試進度

以下按時間順序收錄T-50試驗過程的要聞。

首飛之前

2008年起T-50的相關消息日趨熱絡，2008年底俄空軍總司令A. Zelin指出第五代戰機原型機將於2009年8月12日空軍節前完工並於同年試飛，並指出至2009年底將完成3架原型機[7]。2009年5月11日主管軍工企業的副總理S. Ivanov視察KnAAPO廠後指出他參觀了「若干架」原型機，並指原型機將於年底試飛[8]。在此之後官方有多次確認年底首飛的發言，直到年底才鬆口表示可能延到2010年初[9]。

2009年12月23日(一說22日)T-50在KnAAPO的測試機場進行首次高速滑行試驗(圖4～5)，驗證控制系統與煞車系統，之後直到首飛前仍進行若干滑跑試驗，包括濱臨起飛邊緣的高速滑行，在這之前已有另一架原型機在工廠進行地面試驗(圖6)。2010年1月21日由NPO-Saturn為T-50研製的新型發動機AL-41F1(izdeliye-117)裝設於編號710的Su-27M首飛，歷時45分鐘，之後幾天在進行若干必要試驗後獲准用於T-50原型機[10]。1月25日在莫斯科一場關於PAK-FA的討論會議訂定28日首飛(圖7)[11]，但28日當天因發現控制系統出問題，而將首飛延後至29日，當天連夜趕工排除問題。

◀ 圖4 1月23日高速滑跑中的T-50，此次試驗中達到臨界起飛狀態。照片中可見碩大的主彈艙門、調整中的導流板，以及大型繞射式抬頭顯示器。 AHK Sukhoi

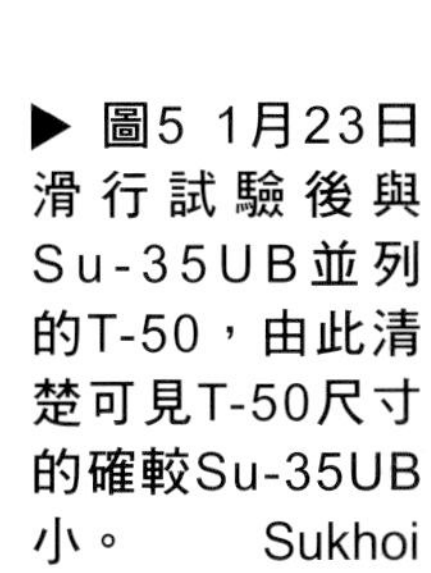

▶ 圖5 1月23日滑行試驗後與Su-35UB並列的T-50，由此清楚可見T-50尺寸的確較Su-35UB小。 Sukhoi

◀ 圖6 地面試驗中的T-50原型機，為3架最初的原型機之一。Internet

▼ 圖7 1月28日滑行中的T-50。原定於該日的首飛因不明原因推遲一天。 Sukhoi

破冰首飛與2010年進度

1月29日上午11時19分首架原型機T-50-1由試飛員Sergei Bogodan在遠東KnAAPO廠的測試機場進行首飛(圖8～11)，歷時47分鐘，驗證控制系統與發動機的運作，期間包括起落架的收放[12]，甚至飛達27度攻角[13] (相較之下，在Su-27上經歷了好幾次試飛才測高攻角)。如同所有飛機的原型機一般，T-50-1並沒有裝上完整的航電設備，僅配上飛行必須設備以及大量感測器，但為了維持重量及重心與設計值相同而進行配重。S. Bogodan同時也是Su-35BM的第一位試飛員。至此，萬眾矚目的PAK-FA終於飛上藍天，成為全球航空界一連好幾天的頭條，其出現也象徵著美國對匿蹤技術的壟斷局面被打破。總理普亭在隨後的檢討會表示，T-50應於2013年少量交付戰術研究中心，並於2015年正式服役。

經過約兩週的首飛狀況研析後，分別於2月12日進行57分鐘的第二次試飛[14](圖12～13)與2月13日(一說15日)的第三次試飛。這兩次已漆上俄空軍藍灰色破碎迷彩，並賦予「51」的編號。至2月24日已在進行航電設備的修改。至3月26日已完成6次試飛。

於4月8日由An-124運抵莫斯科近郊的Zhukovsky機場進行地面試驗以及準備後續測試(圖14)。6次初步飛試結果顯示，T-50並不需要重大的改進。4月29日於Zhukovsky進行歷時39分鐘的試飛，進入第二階段試飛計畫(圖15)。5月14日進行1小時10分的第二次(在試飛院)試飛，飛行員皆為S. Bogdan。

事實上T-50試驗準備最早可追溯至

◀ 圖8 1月29日在跑道上的T-50。 Sukhoi

▶ 圖9 1月29日破冰騰空的T-50。翼根鼓包明顯可見，應為短程飛彈彈艙。 Sukhoi

◀ 圖10 首飛後走出座艙的試飛員Sergei Bogdan。 Sukhoi

▶ 圖11 試飛員S. Bogdan首飛後向總經理M. Pogosyan報告狀況。 Sukhoi

▲ 圖12 2月12日第二次試飛降落的T-50。此時其已塗上迷彩，注意減速傘施放位置在尾椎上方，這種設計讓尾椎可容納雷達等設備。 Sukhoi

▲ 圖13 2月12日試飛後的大合照。 Sukhoi

▶ 圖14 運往莫斯科途中的T-50。 Internet

◀ 圖15 4月29日在Zhukovsky試飛的T-50，自此展開新的試飛階段。 Sukhoi

2003年，那時試飛員Bogdan已開始接觸T-50的相關資訊[15]。而全新飛機不在Zhukovsky的試飛院首飛而在工廠首飛也算是「創舉」。對此Bogdan表示，現代戰機已經複雜到很難在試飛院的實驗工廠組裝，而KnAAPO廠本身已有能力製造原型機，如果要讓飛機在KnAAPO製造好，拆解後運到莫斯科市郊再重組並試飛，將會拖延測試進度，例如Su-35在KnAAPO製造好再送到試飛院組裝待飛，在試飛院等了約一年才首飛！因此後來決定乾脆直接在KnAAPO完成T-50的首飛[16]。不過比起試飛院有全歐洲最長的5.5km跑道，KnAAPO只有2.5km跑道，這使得在試驗準備上必須更為嚴謹。單單是為了確保高速滑跑試驗的完成，就在模擬器上進行200多種情況的試驗，以確保試驗時不會衝出跑道[17]。

2010年6月17日，總理普亭、負責軍工業的副總理伊凡諾夫、以及一群軍工業大老至莫斯科近郊航空城Zhukovsky視察中央流力研究院(TsAGI)與試飛院，並視察T-50的靜力試驗與飛行表演(圖16～17)。試飛員S. Bogdan表示，T-50至此累積了16次飛行。至當時為止共有3架T-50原型機在進行試驗：1架用於靜力試驗、1架用於燃油系統的地面試驗、以及1架飛行試驗機，預計2010年加入第2架飛行試驗機、2011年再加入額外兩架。至此T-50已完成所有初步試驗與改造，已可進行全面性試驗而不需加以限制。會中總理普亭表示，PAKFA計畫至今已用了300億盧布(約10億美元)，還需300億盧布以完成之(需注意這只是政府投注的經費，不算蘇霍伊公司自籌以及印度投入的經費)，在這之後還要投入全新發動機、航電與武器系統的研發費用。國防部也在此行透露採購意圖。負責武器採購的副部長V. Popovkin表示國防部預計在2016年起裝備T-50，並將至少採購50架。但先期測試用的T-50將在2012年便開始裝備。M. Pogosyan表示，首批測試用數量目前不明確，仍需與國防部談，但他認為會在6～10架[18]。較新的新聞則指出2013～

◀圖16 6月17日對總理Putin等高層作展示飛行的T-50，至此飛機完成16次飛行，完成基本飛控試驗，接下來可進行不受限制的試驗。 Internet

▼圖17 6月17日表演完降落的T-50。Internet

2015年採購約10架，2016年起再陸續採購60架[19]。

2010年8月31日首次對印度參訪團進行飛行表演[20]。11月22日，Sukhoi公司總經理Pogosyan表示，原型機已試飛達40次，甚至較預計進度快[21]。

突破音障

2011年3月9日T-50-1首次突破音障[22]。之後已進行數次超音速試飛，「試飛結果令人滿意，允許下一階段的超音速課目試驗。[23]」

T-50-2投入試驗

2011年3月3日，二號飛行試驗機(實際為第四架)在KnAAPO廠商機場首飛，歷時44分鐘(註2)，試飛員仍為S. Bogdan，至當時為止，前三架原型機已完成所有先期的靜力、地面試驗與飛行試驗[24]。至3月5日累積4次飛行並完成驗收，準備送往試飛院[25]。4月3日二號機運抵Zhukovsky試驗場，在完成重組與必要試驗後將繼續試飛[26]。

2011年5月23日，俄方在Zhukovsky的試飛院向印度軍方展示T-50與MiG-29UPG，期間Sukhoi公司宣布，T-50兩架飛行試驗機已累計60次試飛[27]。6月14日又對另一批印度參訪團進行展示[28]。至8月為止，T-50-1已累積66次飛行[29]，至8月16日，T-50-1與T-50-2累積84次飛行[30]。

(註2：二號機首飛前幾個月中文網站上出現謠傳說T-50試驗中「震斷龍骨」因此進度嚴重受挫。這實際上是翻譯錯誤。最初是俄文討論區中出現「T-50前緣渦流與垂尾可能發生交互作用而引發垂尾震盪，最後像當年Su-27一樣毀掉垂尾，因此要對垂尾做修改後才可能推出二號機試飛」，而俄文中船艦的「龍骨」與飛機的「垂尾」是同一個單字，而且該單字翻譯成英文後剛好也是英文的「龍骨」，因此就在網路翻譯機從俄文到英文再轉到中文的過程中，垂尾的問題變成了主結構的問題。此外該網路消息的時態並非過去式，而是帶有預測性的進行式，換言之即使該消息屬實，垂尾也不是像中文消息所言般「已經震壞」，而是「有可能震壞」。還應注意的是，該俄文消息其實也僅是網路論壇的消息，真實性本來就有待商確。類似地，二號機首飛不久網路甚至傳出其墜毀的消息，但不久後該機已運抵試飛院。)

▲ 圖18 MAKS2011的T-50-2，只在飛行表演露面，在經過公眾區時批上帆布遮掩

MAKS2011對大眾公開

2011年莫斯科航展T-50首度對大眾公開(圖18～21)，8月17日總理普亭到訪航展會場時，T-50-1與T-50-2齊飛過場，並留下試飛員Bogdan駕駛的T-50-1進行單機表演，往後幾天則是T-50-2進行表演。2011年11月3日完成第100次飛行[31]。

T-50-3投入試驗

三號機在二號機首飛的同時便已在準備，不論是設備的完整性還是試驗內容都會超越前兩架[32]，上面將配備主動相位陣列雷達[33]。至2011年10月底，三號機基本上已完成地面試驗並準備試飛，而四號機也快要組裝完成[34]。11月22日，三號機在阿穆爾河畔共青城KnAAPO的試驗機場首飛(圖22)，驗證飛機的穩定性與動力系統等，試飛員仍是S. Bogdan，歷時略超過1小時[35]。三號機有更完整的航電配置。而根據照片顯示，三號機的機首已沒有前兩架所用的機首空速管，取而代之的是帶有防雷條的真正的雷達罩，而機尾也可看到誘餌發射口。

至2012年2月初，三架原型機累積

◀ 圖19 MAKS2011表演時起飛中的T-50-2

▶ 圖20 MAKS2011雙機表演的T-50-1(尖尾者)與T-50-2

◀ 圖21 表演後降落中的T-50-2

▲ 圖22 首飛的T-50-3。KnAAPO

飛行次數已達120次[36](圖23)。至6月中累積近130次，其中T-50-2便累積50次[37]。

三號機於2011年12月29日以An-124運輸機運抵Zhukovsky機場，在蘇霍伊實驗工廠進行再組裝與試飛準備。三號機的準備時間是最久的，與其配有主動陣列雷達有關，近半年的準備時間中也進行雷達與機上系統的初始測試。直到2012年6月中旬才進行滑行與滑跑試驗，在排除一些問題後決定試飛。6月21日下午3點20分才實現在Zhukovsky的首飛，飛行約1小時，是飛員仍是S. Bogdan。該機將進行雷達系統與其他機上系統交互作用的飛行試驗[38]。

8月8日Sukhoi公司新聞稿指出，T-50-3已帶著雷達進行空對空與空對面模式的飛行試驗，得到「顯著與可靠的結果」，並且確立了未來的試驗方向。光電系統的試驗也開始進行[63]。

T-50-4與後續測試計畫

T-50-4如無意外應在2012年加入試飛[39]。據俄空軍總司令Zelin的說法，2012年將有3架新的試驗機投入試飛，而到2015年總計將有14架飛機用於試飛[40]。有別於前三架都是在KnAAPO進行

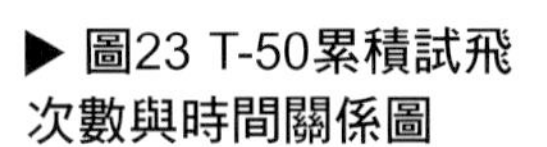

▶ 圖23 T-50累積試飛次數與時間關係圖

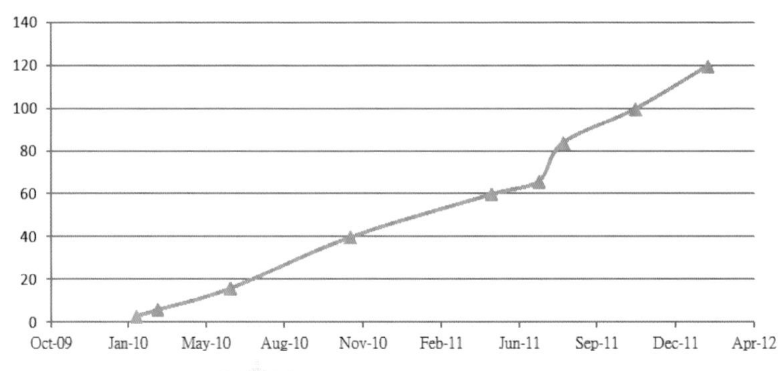

初始工廠試飛後拆解空運到Zhukovsky組裝再試飛，按計畫T-50-4將會自行由KnAAPO飛抵Zhukovsky[41]。

7月底M. Pogosyan表示，四號機會在年底前開始飛試，而2013年五號機會開始進行與軍方的聯合試驗，用於驗證作戰效能等[64]。

試飛員評價

首位試飛員Bogdan高度評價T-50，讚嘆這是他試飛過最好的飛機。他指出T-50有更大的翼面積、更多控制面與更成熟的氣動佈局以及更大的推力，因此操控性更好，飛起來有如輕型飛機，飛行特性接近Su-35但機動性更強，更易爬升、更易盤旋[42.43.44]。

至今絕大多數飛行都是試飛員S. Bogdan進行的。但為了加速後續的試驗，蘇霍伊設計局另兩位試飛員R. Kondratyev與Yu. Vashuk已於2010年9月開始加入試飛行列[45]。

經費分配突顯PAK-FA計劃的重要性

第五代戰機經費應相當充裕。2010年9月份引述副總理S. Ivanov的新聞指出，在2011～2020年軍備預算中，俄政府將撥款22～22.5兆盧布用於軍隊現代化，讓現代化裝備比率由現有的10%提升至70～80%，其中約13兆用於戰略核武、防空、空軍[46]。12月13日總理V. Putin指出這筆軍費為20兆，更親自點名部分用於「第五代戰機」，由此反應第五代戰機的重要性與戰略部隊、國土防空系統並駕齊驅[47]。

負面新聞

網路上經常出現T-50的負面新聞，但事後多證明為造假。例如T-50-2試飛後不久有消息說其墜毀，但不久該機已在Zhukovsky試飛場試飛。2012年4月波蘭軍事專家Piotr Putowski在英國Air International 雜誌發表的PAK-FA近況文章提到T-50試驗遭遇問題[48]，由於是白紙黑字的期刊文章，因此可能有一定的可信度，在此列出供讀者參考。

據該作者所言，T-50前兩架飛行試驗機都遭遇問題。T-50-1用於大攻角試驗，在2011年8月發現承力結構出現裂紋，而用於大過載試驗的T-50-2也過早遇到結構問題，發現結構需要補強。該作者也發現T-50-2換上了T-50-1的垂尾。該作者並認為，Sukhoi老總Pogosyan先前曾說4號機會在2011年底試飛，後來改口說2012年卻沒有明訂日期，表示4號機可能在進行結構大改，因此確切試飛日期未定。

俄羅斯「起飛」雜誌2012年6月報導指出，「目前在飛行試驗的還有T-50-2……T-50-1在MAKS2011後接受改裝…[49]」。此外跟據試飛次數統計，至2011年8月T-50-1完成66次飛行，至2012年6月中三架總共累積約130次，其中T-50-2本身有50次，這意味著從2011年8月到2012年6月中，T-50-1與T-50-3總共只試驗14次，如果扣掉T-50-3的若干次以及2011年8月初到MAKS2011結束為止T-50-1的若干次，則可以發現T-50-1在MAKS2011之後可能真的沒有飛過。由此可見波蘭專家揭露的T-50試驗問題應該是真有其事。

四、印度的參與以及FGFA計畫

印度在PAK-FA中佔有相當重要的地位。前面提及五代戰機研發需要近100億美元，俄政府僅提供幾乎可以忽略不計的15億美元，其餘需由設計單位自籌。早在PAK-FA計畫之初，蘇霍設計局便邀印度加入，但印度軍方較傾向於米格設計局所推薦的輕型戰機計劃因為未接受邀約，有俄國媒體指出，2004年空軍總司令Mikhailov將性能指標下修一方面就是在沒有印度資金的情況下為了節省開發成本的妥協結果[50]。

印度對輕型戰機的興趣以及俄軍方對「高低配」的考量，使俄國曾一度有「輕重並行」的打算，不過隨著俄國航空工業的整併，「集中火力於單一計畫」的意圖越來越明確，2008年莫斯科發動機展上，聯合飛機公司總經理A. Fedorov明確指出，聯合飛機公司(OAK)將集中資源攻第五代重型戰機計畫，之後在重戰機基礎上進行輕戰機的研發，而不會平行發展輕戰機，而對於想購買輕戰機的客戶，他推薦採用五代航電技術的MiG-35(圖24)。這項發言算是斬釘截鐵的排除短期內發展輕戰機的可能性。

或許正是眼見輕戰機發戰不樂觀，印度最終於2007年10月17日與俄方簽定共同發展PAK-FA的同意書[51]。2008年12月22日在經過一年多的磋商後，雙方正式簽約確定合作[52]。按這項合作條約，俄印雙方將在俄國單座型T-50的基礎上聯合發展印度所需的雙座攻擊型機種FGFA (FGFA - Fifth Generation Fighter Aircraft)，印度將分擔五代機約50%的研發費用與FGFA約25%的研發任務，且主要是航電系統部分。預計FGFA將於2013年配備AL-31FP首飛，印度計劃採購50架單座型與200架雙座型。稍早的報導指出，FGFA強調攻擊性能，因

◀ 圖24 飛行中的MiG-35戰機。2008年OAK高層明確表態短期內不會發展第五代輕型戰機，對於需要輕型戰機的客戶他推薦MiG-35戰機。 SK MiG

此採雙座設計且翼面積甚至體型都會較大。2010年10月初，俄國防部長訪印期間參訪團高層透露，「俄印聯合第五代戰機將不會是已存在的T-50的複製品，而將是進一步的發展……當然T-50的技術會用在該發展計畫上。[53]」。11月，副總理S. Ivanov在談及俄印即將就五代機合作問題簽約時表示「俄羅斯將不會暫停自己的五代戰機計畫，這兩個計畫將會平行發展[54]。」由以上官方言論便可整理出，俄印五代戰機是以俄製T-50為基礎各自衍生的型號，而不是共同研發單一通用機種。

不過，由於這是俄國第一次將最先進技術與外國共享，所以在合作計畫的細節與保密機制上做了多年的協商，直到2010年9月才將形成詳述分工的正式合約，按照該最新的合約，第五代戰機研發費用約120億美元，由俄印兩國平分，印度將負責FGFA的30%研發工作，包括機載電腦軟體、導航系統、座艙資訊界面、複合材料等。FGFA計畫草圖將在簽約後18個月內形成，並以8～10年完成試驗。由於按照印度規定新飛機必須試飛2000小時方能量產，故預計FGFA於2017～2018年(單座)與2019～2020年(雙座)服役[55]。2010年11月底，俄羅斯武器進出口公司(Rosoboroexport)與Sukhoi公司的專家團已在印度進行相關的工作[56]。

12月21日，在俄羅斯總統D. Medevedev訪問印度期間，Rosoborexport公司總經理A. Isakini與印度HAL公司代表A. Nayak簽訂FGFA的研發合約[57]。初始的研發經費(原型機的設計)約3億美元。印度將派約40名專家至俄羅斯參與研發工作，俄方參與合作研發的人員也大約是40名[58]。

FGFA的採購數量與單雙座配置後來又有重大轉折。2011年10月3日，印度空軍司令Kumar Browne表示印度空軍要採購214架FGFA戰機，其中包括166架單座型與48架雙座型[59]，按照初擬的計畫，單座型會在俄羅斯生產，雙座型則由印度HAL生產[60]。

俄印五代機實際上是雙方共同出資但平行發展的計畫，在技術方面俄國是完全獨立研發PAK-FA，而印度的FGFA計畫則是俄印共同在PAK-FA的基礎上依據印度需求並搭配印度自研技術(占30%)而設計的。由於俄羅斯本來就有完全獨立研發生產五代戰機的能力，缺的只是資金，因此在目前有明確資金(有印度資金與俄國政府10年軍隊現代化經費)的情況下，PAK-FA的進度應該會頗順利，而不會像歐洲的EF-2000那樣被「國際合作」所拖累。然而印度的FGFA能否按預定計畫問是倒是較有疑問，因為其中還牽涉到印度負責研發的部分以及印度的生產能力。例如Su-30MKI計畫從簽約到完整版戰機問世間隔達5～7年，難免造成「Su-30MKI技術不成熟所以有所拖延」的印象，然而實際上單單印度方面決定西方航電的配置就拖延了幾年，期間俄國部分已完成但卻無法測試。倘若印度方面造成進度拖延，將對俄國這種「以PAK-FA為基礎的客製化五代戰機」計畫的形象帶來負面形象。

2011年11月底，印度HAL公司在官方網站上發布FGFA想像圖與性能諸元：長22.6m，高5.9m，最大起飛重34噸，航程3880km，極速2馬赫，內掛武裝2.25噸，外掛武裝5.75噸，發動機推力14000kg(網站寫1400kg，顯然是誤植)，帶有15度轉向的向量噴嘴。FGFA具有低可視性、超音速巡航與超機動性，並且強調網路作戰[61]。雖然這只是紙上計畫的初步數據，但數據所示與原先「FGFA會略大略重於PAK-FA」之設定相符。不過這裡顯示的發動機推力約是Su-35S所用的AL-41F1-S等級，但2011年9月底印度方面已經選定FGFA所用的引擎，雖未指明型號，但據稱性能超越AL-41F1[62]，而AL-41F1推力是15000kg。另一方面HAL公佈的想像圖幾乎就是去掉前翼而改用PAK-FA的三角主翼的Su-30MKI，匿蹤外型顯然遠不如T-50，應該只是廠商隨手拿來用的想像圖。

參考資料

[1]Аэрокосмическое обозрение, №4. 2004, ст. 8

[2]Юрий АВДЕЕВ, «‹СУ›ДАРЬ РАСПРАВЛЯЕТ КРЫЛЬЯ», Красная Звезда, 24,Mar.,2010

[3]Юрий АВДЕЕВ, «‹СУ›ДАРЬ РАСПРАВЛЯЕТ КРЫЛЬЯ», Красная Звезда, 24,Mar.,2010

[4]Александр Пачков, «Российский невидимка», Популярная механика, NOV.2009,ст. 82

[5]Аэрокосмическое обозрение, №4. 2004, ст. 8

[6]Юрий АВДЕЕВ, «‹СУ›ДАРЬ РАСПРАВЛЯЕТ КРЫЛЬЯ», Красная Звезда, 24,Mar.,2010

[7]«В 2009 г. первый летный образец российского самолета пятого поколения поднимется в воздух - главком ВВС», АРМС-ТАСС, 26. DEC.2008

[8]«Иванов пообещал до конца года поднять в воздух истребитель пятого поколения», Lenta.ru, 11.MAY.2009

[9]«Летные испытания истребителя пятого поколения начнутся в конце декабря - начале января - вице-премьер Иванов», ИТАР-ТАСС, 23.DEC.2009

[10]«Успешно состоялись полеты двигателя – прототипа пятого поколения, разработанного НПО «Сатурн», в составе летающей лаборатории.», НПО-Сатурн, 27.JAN.2010, http://www.npo-saturn.ru/?act=gm_look&id=1264604947

[11]«ПАК ФА, завтра грянет ПАК ФА!», Военный паритет, 27.JAN.2010

[12]«Компания "Сухой" приступила к летным испытаниям перспективного авиационного комплекса фронтовой авиации (ПАК ФА)», sukhoi.org, 29.JAN.2010, http://www.sukhoi.org/news/company/?id=3142

[13]«Путин объявляет о сокращении списка стратегических предприятий», Везти, 01.Mar.2010, http://www.vesti.ru/doc.html?id=344792&cid=7

[14]«ПАК ФА успешно выполнил второй полет», Lenta.ru, 12.FEB.2010

[15]Юрий Овдеев, «Сергей Богдан: «Самое главное – движение вперёд»», Красная звезда, 07.SEP.2011

[16]Юрий Овдеев, «Сергей Богдан: «Самое главное – движение вперёд»», Красная звезда, 07.SEP.2011

[17]Ирина Паффенгольц, «Первопроходец», Время, 30. MAY.2011

[18]«Минобороны РФ планирует с 2016 года закупить не менее 50 истребителей 5-го поколения», ОРУЖИЕ РОССИИ, МОСКВА, 18 июня 2010 г.,

[19]«Россия вооружится до зубов», Правда, 23.SEP.2010

[20]Новости МАКС2011, No.1, p10

[21]«Контракт на проектирование самолета 5-го поколения между РФ и Индией может быть подписан уже в декабре - С.Иванов», ИТАР-ТАСС, 25.ноя. 2010.

[22]Новости МАКС2011, No.1, p10

[23]Новости МАКС2011, No.1, p10

[24]«Компания "Сухой" подключила к программе летных испытаний второй ПАК ФА», www.sukhoi.org, 03/MAR/2011

[25]Новости МАКС2011, No.1, p10

[26]Игорь Лот, «Второй Т-50 скоро начнет летать в Жуковском», Жуковские Вести, 08. APR,2011, http://zhukvesti.ru/articles/detail/19467/

[27]«Два опытных ПАК ФА выполнили 60 полетов - компания "Сухой"», ИТАР-ТАСС, 23.MAY.2011

[28]Новости МАКС2011, No.1, p10

[29]MAKS2011航展會報，8月16日。

[30]«ПАК ФА совершил 84 полёта», www.sukhoi.org, 2010.AUG.16

[31]«В ходе летных испытаний по программе ПАК ФА совершено 100 полетов», www.sukhoi.org, 03.NOV.2011

[32]«Второй прототип ПАК ФА присоединится к испытаниям в 2011 году», Lenta.ru, 20. DEC.2010, http://www.lenta.ru/news/2010/12/20/pakfa/

[33]MAKS2011航展會報NIIP總經理訪談，2011年8月16日

[34]«Третий летный образец Т-50 практически готов подняться в воздух

», РИА Новость, 28.OCT.2011

[35]«Компания «Сухой» подключила к программе летных испытаний третий ПАК ФА», www.sukhoi.org, 22.NOV.2011

[36]«Четвертый истребитель пятого поколения испытают в РФ в 2012 году», Голос России, 09.FEB.2012

[37]«Третий ПАК ФА приступил к летным испытаниям в Подмосковье», Взлёт, 25.JUN.2012

[38]«Третий ПАК ФА приступил к летным испытаниям в Подмосковье», Взлёт, 25.JUN.2012

[39]«Четвертый истребитель пятого поколения испытают в РФ в 2012 году», Голос России, 09.FEB.2012

[40]«Число Т-50, задействованных в испытаниях, к 2015 году вырастет в 5 раз», РИА Новость, 14.FEB.2012

[41]«Третий ПАК ФА приступил к летным испытаниям в Подмосковье», Взлёт, 25.JUN.2012

[42]Ирина Паффенгольц, «Первопроходец», Время, 30. MAY.2011

[43]Юрий Овдеев, «Сергей Богдан: «Самое главное – движение вперёд»», Красная звезда, 07.SEP.2011

[44]«Герой России Сергей Богдан: "Т-50 - лучший истребитель, который я пилотировал"», Комсщмольская правда, 22.AUG.2011

[45]Новости МАКС2011, No.1, p10

[46]«Россия вооружится до зубов», Правда, 23.SEP.2010

[47]«Председатель Правительства Российской Федерации В.В.Путин провёл в Северодвинске совещание по вопросу формирования проекта государственной программы вооружения на 2011–2020 годы», premier.gov.ru, 13.DEC.2010, http://premier.gov.ru/events/news/13391/

[48]«Piotr Butowski provides the latest news on the Russian PAK FA fighter», Air International, APR.2012

[49]«Третий ПАК ФА приступил к летным испытаниям в Подмосковье», Взлёт, 25.JUN.2012

[50]Александр Пачков, «Российский невидимка», Популярная механика, NOV.2009,ст. 82

[51] Виктор Литовкин, «Надежды и риски пятого поколения

Индия и Россия вместе приступят к созданию истребителя будущего», Независимая, 17.окт. 2007

[52]«HAL и ОАК подписали контракт на разработку истребителя 5-го поколения»'ИТАР-ТАСС, 26.дек. 2008

[53]Евгений Пахомов, «Российско-индийский истребитель пятого поколения не будет копией Т-50», РИА-Новость, 07.окт. 2010

[54]«Контракт на проектирование самолета 5-го поколения между РФ и Индией может быть подписан уже в декабре - С.Иванов», ИТАР-ТАСС, 25.ноя. 2010.

[55]«Индия и Россия подпишут контракт на разработку эскизно-технического проекта истребителя FGFA в декабре этого года», ЦАМТО, 13.сен. 2010

[56]«Контракт на проектирование самолета 5-го поколения между РФ и Индией может быть подписан уже в декабре - С.Иванов», ИТАР-ТАСС, 25.ноя. 2010.

[57]«Россия и Индия подписали контракт на эскизно-техническое проектирование истребителя пятого поколения», ИТАР-ТАСС, 21.DEC.2010

[58]«Группа из 40 индийских специалистов приедет в Россию для разработки FGFA», Военный Паритет, 20.DEC.2010

[59]«Заявление главкома ВВС Индии о планах закупки истребителей FGFA противоречит доктрине ВВС страны», ЦАМТО, 04.OCT.2011

[60]«Индия отказалась от покупки только двухместных FGFA», Lenta.ru, 04.OCT.2011

[61]HAL官網。http://www.hal-india.com/futureproducts/products.asp

[62]«Индия выбрала двигатели для истребителя FGFA», www.lenta.ru, 23.SEP.2011

[63]«Начались испытания ПАК ФА с новейшим радаром», www.sukhoi.org, 08.AUG.2012

[64]«Подготовка к войсковым испытаниям Т-50», Военно-промышленный курьер, 26.JUL.2012

ГЛАВА 11

T-50的機體設計與動力系統

▲首飛中的T-50，可以清楚觀察出其氣動佈局。上表面幾乎都由複合材料構成。
AHK Sukhoi

▲ 圖1 首飛當天滑行中的T-50，全動垂尾正在運作。另外可注意到繞射式抬頭顯示器、進氣口內側小鼓包。 Sukhoi

一、基本設計

T-50採用常規氣動佈局(主翼+平尾+垂尾)、分離雙發與突出尾椎設計，並考慮匿蹤外型，因此看似Su-27與F-22的融合。簡言之，T-50相當於將Su-27的機腹中線空間包覆以形成彈艙，並採用大量匿蹤外型設計因而與F-22些許相似，然其外型對氣動設計優化而非對匿蹤優化。

1. 氣動外型與結構

翼面佈局

T-50採用類似F-22的主翼與平尾共平面、平尾前緣少部份嵌入主翼後緣之設計，平尾外型類似Su-27所用者但後緣稍微前掠，與機體的連接方式類似Su-47；主翼構型類似F-22但後掠角略大(約53度)，為後緣前掠的梯形翼，這種設計擁有較大的機翼弦長，因此即使機翼較厚，相對厚度(厚弦比)確較小，可以減少穿音速與超音速阻力，同時還擁有較大的機翼油箱[1]；擁有1對前緣襟翼，後緣則有1對襟副翼與1對副翼。根據其專利明書，副翼(外側者)用與起降時的滾轉控制，襟副翼(內側者)用與起降增升與飛行時的滾轉控制[2]；

垂尾外傾(約25度)並採用全動式設計(圖1)，是繼美國YF-23以後又一使用全動垂尾的有人戰機，其優點是能以較小的垂尾面積達到較好的偏航控制力，並減少阻力與重量。全動垂尾在同步活動時賦予更好的偏航控制能力，而在差動時則可當減速板使用。

平尾與全動垂尾的制動機構均安置在垂尾基座(在T-50專利說明書上稱其為派龍架)，其具有若干優點[3]：〈1〉其內允許制動器有較大的力臂，能減少制動器的負荷，縱而減輕重量；〈2〉制動機構可安置於此一基座內，可不佔用後機身空間，這樣就比較容易安置大尺寸彈艙。這種垂尾平尾共用基座的設計應是取自Su-27的設計經驗：在T-10上平尾就採用具有較大力臂的制動器設計，因此其制動器有額外的整流罩，後來在T-10S上則出現將平尾制動器整合在垂尾基座的設計，可以減少表面積與阻力。

機背設計也相當酷似Su-27，除了是翼胴融合外還是能提供升力的舉升體機身，其機身有用類似機翼的縱剖面，升力效果應非常優異，用於優化其次音速性能。

進氣口設計

發動機與進氣道採用類似Su-27的分離佈局，連進氣道外型也相當類似，進氣道下方有百葉窗型輔助進氣門，進氣道兩側則有洩氣門(圖2)，但進氣口幾何形狀明顯較Su-27複雜許多，既融合了匿蹤外型也有用於震波位置調整的可調斜板，能賦予很好的超音速性能，可調斜板也保留Su-27的多孔式洩氣設計(圖3)。原型機右側進氣口之形狀較複雜尺寸也較大；進氣口前上緣有可上下偏轉的可動式導流板(圖4)，在高攻角時能進行整流而提供更好的進氣品質並延緩機身氣流的分離，能優化機身的

▲ 圖2 T-50進氣道外側與內側都有洩氣門，下方則有百葉窗型輔助進氣門，皆是傳承自Su-27的設計，可調斜板的洩氣孔洞也隱約可見。 Sukhoi

▲ 圖3 Su-27進氣口特寫，可觀察到開了大量孔洞的可調斜板，這些孔洞能排除低能量邊界氣流。

▶ 圖4 T-50的進氣道可動前緣下打幅度相當大，相當於前翼。 Sukhoi

次音速升力性能，並在接近90度攻角時仍能提供低頭力矩[4]。影片顯示其可下打數十度，與全動式前翼下打的自由度相當。由以上各項可見T-50高攻角性能應相當優異。

從T-50專利說明書進一步看其設計優勢

蘇霍設計局已為T-50的機體設計申請專利，該專利於2012年1月27日公開，專利號RU2440196C1。專利說明書透漏了些許設計思想，並與F-22的設計做了一些比較。

說明書中指出F-22的設計有幾項不足：〈1〉彎曲的進氣道需要足夠的長度來整流，重量較大；〈2〉緊靠的發動機設計使機體難以設計大尺寸彈艙，在低速時也難以提供足夠的滾轉與偏航控制力矩；〈3〉扁平的、上下活動的二維向量噴嘴無法提供偏航向量推力控制；〈4〉非全動的垂尾偏航控制能力有限，需要較大面積，導致較大的重量與阻力；〈5〉在向量推力故障後，無法保證從失速後攻角狀態中改出。

在T-50上則改善了這些問題：

〈1〉 氣動設計同時針對超音速與次音速優化。其中主翼針對超音速優化，而次音速性能則藉由具有機翼剖面的機身與進氣道可動前緣來優化。

〈2〉 承上，可動前緣在高攻角時向下打後，可以延緩氣流在機身上的分離，提升其氣動效率，相當於「升力機身的前緣襟翼」，同時又為進氣道整流，因此能提供很好的次音速升力性能。

〈3〉 承上，進氣道可動前緣下打時，可減少在飛機重心之前的升力，縱而產生額外的低頭力矩，這在接近90度攻角時仍能提供足夠的低頭力矩，確保在向量推力故障的情形下仍能自失速後攻角中改出。

〈4〉 採用分離雙發設計與特殊的向量推力安排，因而具有偏航向量推力控制能力與足夠的控制力矩，此外也允許在機身設計大尺寸彈艙。

〈5〉 承上，其軸對稱向量推力噴嘴只能在一個平面上活動，但轉軸分別外旋30度，因此能實現三維向量推力控制。在兩發動機同步偏轉時能提供俯仰控制，差動時能提供滾轉與偏航控制，並可用氣動控制面抵銷發動機的滾轉力矩而形成單純的偏航推力向量。

〈6〉 發動機採用稍微內八的安置，讓飛機結構來遮蔽發動機，因此雖然不是彎曲進氣道，也能降低前半球的雷達反射訊號(詳見匿蹤設計一段)。

〈7〉 承上，發動機內八安置的同時，其推力軸向靠近飛機重心，這樣在單發動機失效後較好控制。

彈艙佈局

進氣道間的部位則被包覆起來形成2個縱列的主彈艙(圖5)，向後延伸至突出的尾椎，尾椎內可容納後視雷達，減速傘施放口則安置在尾椎上方。發動機採用圓形截面的向量推力噴嘴，尾椎與平尾內側外型經修飾而不致影響未來三維向量噴嘴的活動。

進氣口外側，由主翼前緣至進氣道可動式整流板的過渡地帶有一段高後掠區域，有激起渦流而提升高攻角升力性能的效果，F-22與中共殲20也採用類似的設計。需注意的是，此部位下方有一凸起的小鼓包，為小彈艙的位置，能配備「產品-760」等短程空對空飛彈，由於其位置突出於主翼前緣之外，因此短程飛彈伸出後導引頭視野將不會被主翼所遮蔽，為相當成熟的彈艙設計。

T-50充份運用Su-27的機腹空間是相當直觀的設計，幾乎所有對Su-27稍有了解的人都會動到該部位的腦筋。事實上早在Su-27基本型尚未服役時蘇霍設計局就開始打該部位的主意，曾經計畫在該處採用並列掛架以並掛2枚R-27、使用適形油箱與適形彈艙、或使用擁有適形掛架的適形油箱。原本認為在此處使用適形油箱或彈艙後可以減少全機表面積因而增大航程，然而研究顯示適形油箱對Su-27的壓力分佈影響較F-15劇烈，因此其對Su-27的增程效果不若F-15優異，加上當時認為Su-27航程已足夠故沒有繼續從事適形油箱的研製，適形彈艙也遭遇類似的命運。另一方面，按蘇聯時的研究，倘若Su-27在設計之初就將進氣道再往外挪20cm，其便可輕易並掛2枚翼展近1m的R-27空對空飛彈[5]，這樣的空間算是相當龐大。因此可以想見像T-50這樣設計之初就將機腹中線空間設計為彈艙並加以優化，將是個相當理想的大型彈艙安置處，不但不占用本來的機內空間而且還有減少表面積而減阻的效果。

或許不少人會直覺的認為，T-50為何不乾脆將機腹「整個填滿」，讓機體下方整個是平的，像F-22與殲-20那樣，來換取更大的彈艙。事實上在其專利說明書上特別將「進氣口下緣低於機身」列入專利保護項目[6]，可見是經

◀ 圖5 圖中可見T-50的彈艙佈局，另外注意顏色分佈，藍灰色為複合材料，黃色為金屬。 Sukhoi

▲ 圖6 2010年1月28日滑行中的T-50。鼻輪的輔助斜撐架能將起降衝擊後送至機身吸收，注意其與鼻輪艙門一體，省略額外的艙門制動機，結構效率相當高，與Su-27的鼻輪設計有異曲同工之妙。 Sukhoi

過特殊的考量。真實原因目前雖不得知，但可以想見，若將機腹填滿，勢必增加橫截面積而增加波阻，這樣可能就要縮小上半部的橫截面積，那機身恐怕就不容易像現在這樣針對次音速優化了。

承襲Su-27的高效率起落架設計

起落架仍保持粗壯的俄式風格，可見其仍保有在半整備跑道起降的「傳統需求」。主起落架位於進氣道外側，支撐點位於主結構上，收起後收入機身與進氣道的交會地帶，此舉能使粗壯起落架的艙室所造成的橫截面積與表面積盡可能減小，並能由主結構吸收起降負荷，結構效率相當高，此亦為Su-27所用之設計；鼻輪則採用類似Su-35的雙小輪式設計，並如同Su-27系列一般有相當斜的輔助支撐架將部分衝擊「後送」至機身部分吸收。在Su-27家族上，該輔助支撐架收起時成為機腹中線結構的一部分，而T-50的輔助支撐架收起時成為鼻輪艙的一部分(圖6)，由此反應出T-50繼承了Su-27成熟高效的起落架結構設計。

滑蓋式艙蓋設計

前機身採用有稜有角的外型，是全機「最不流線」之處，座艙蓋採用向後平移方式開啟(圖7)，根據彈射椅測試影片可發現，這種艙蓋可被快速的向後炸開，而不像掀開式艙蓋還要等氣流將其吹開，因此這種滑蓋式設計可能是為了提升彈射救生的效果。風擋前方照例安置了光電探測儀，而座艙後方的球狀突起則是主動光電防禦系統。

其他可能的結構特點

本文提到「T-50相當於把Su-27的機腹中線空間包覆起來形成彈艙」僅是就外型而言的，不代表其結構設計上真的如此簡單。在網路論壇上許多人認為T-50機體看起來非常薄，中間卻又縱列兩個大彈艙，結構要如何負荷，甚至有人更極端的懷疑，T-50根本無法安置彈

▶ 圖7 T-50採滑蓋式艙蓋設計，可能是基於快速彈射的考量

艙。誠然，網路論壇的內容有時本來就很情緒化，但這的確反映了T-50的外型給人的印象。

T-50「很薄」一部分是來自整體視覺效果，實際上中央翼厚度不下於甚至大於Su-27，可見結構並不像視覺效果那樣弱(詳見稍候「內容積分析」一段的討論)。此外，由原型機照片可發現，兩個主彈艙被一個金屬構件隔開，該金屬構件與主起落架支撐點位在同一橫截面上，可見應是主結構體的一部分。由此可見T-50的機腹並不是一個超大的空腔，反而是有一個金屬結構體穿插在其中，若連中央翼部分考慮進去，該結構體的厚度相當於中央翼與彈艙厚度的加總，這在Su-27上也是沒有的。由此觀之，T-50在結構配置上不至於有「太單薄」的缺陷。

此外，從原型機未塗裝照片可以看出，雖然T-50表面幾乎都是複合材料，但主要承力部件為金屬材料，據此可推測其結構設計哲學可能是以成熟的金屬材料做主結構，輔以複合材料，算是頗為保守的設計。

綜合以上，筆者認為T-50的結構分配頗為合理，在材料的選用上也是以成熟材料做骨幹，結構強度上應不至於出現重大問題。這項結論並不是說T-50不可能出現結構問題，而是說其結構問題相對容易克服。就以近期波蘭航空專家撰文指出T-50出現裂縫等結構問題來說，很多全新設計的飛機都容易遭遇結構問題，其除了可能是單純的結構不夠強外，也可能是來自應力的集中或一些共振效應造成的結構發散。解決之道並非完全是加強加重，例如在後兩種狀況中，可以藉由改變結構分配、重量分配、或氣動改良來克服，例如Su-27本來採用平直頂端的垂尾，必須額外加上配重棒來克服振動問題，後來改用頂端下削的設計後就不再需要配重棒，既解決結構問題又減輕重量。筆者認為，由於T-50的結構分配與用料應該頗為合理與保守，因此在結構問題的克服上可能會以改變結構分佈、應力分佈為主，不至於過分增重。

簡評

整體而言T-50主翼掠角略大於F-22且稍微向後安置，進氣道為可調式，可能有針對超音速優化的意圖。寬體機身使得實際的機翼面積較小，這與較大的後掠角皆應不利於低速飛行，然T-50機身採用顯而易見的舉升體設計，其進氣道上方的機身部分宛如一片「貼在進氣道上的機翼」，並且還有進氣道可調前緣，具有相當於「升力機身的前緣襟翼」的效果，優化次音速升力表現。此外可動導流板與輔助進氣口、類翼前緣延伸構造、全動垂尾與三維向量推力技術等賦予其相當好的高攻角性能，甚至能在向量推力失效後由失速後攻角改出。因此單就機體論，T-50的飛行性能可能在F-22之上。在推重比方面T-50的推力空重比可能是所有五代機(包括F-22)中最高的，即使不開後燃器，在次音速也與F-22相當。唯超音速巡航部分因複合材料比例較大，應不至於達到

F-22的1.72馬赫[7]等級。關於飛行性能之比較詳見第十四章。

2. 複合材料的使用

原型機並未上漆，因此可輕易觀測其外層材料分布。T-50表面採用相當大量的複合材料(圖8)，除了機身主結構(即所謂「中央翼」部分)、機翼與進氣口前緣耐熱段、制動器基座，垂尾主體為金屬外，外殼幾乎全由複合材料打造，若觀其上表面，則除了垂尾之外，幾乎都是複合材料構成。總設計師表示其複合材料佔全機重量的25%與表面的70%[8]。為T-50提供複合材料的NPP Technology總經理指出，T-50-1上幾乎整個機身蒙皮與機翼蒙皮都是複合材料製造的，最初該公司有18項產品，稍後達到22個，之後連尾部結構都會由複材製造[9]。除了蒙皮外NPP Technology也提供制動機構[10]、機翼與機身材料等28個部件[11]。

蘇霍伊戰機以前的複材使用經驗

蘇霍設計局與KnAAPO在複合材料的應用上其實有相當的實力，1997年首飛的S-37(Su-47)表面有超過90%為複合材料，其主要測試目的之一便是複合材料技術。其複合材料採用先進的預成型技術，能先大量預製後再送至工廠加工，而不像當時主流的複材技術需大量人工，因而大幅減少生產成本並提升可靠性，Su-47上的最大塊複材蒙皮長達8m[12]。蘇霍公司總經理M. Pogosyan相當重視複合材料的開發，據報其相當積極的為複材產業與研究機構提供資金，目前進行中的最大型俄國民航機計畫MS-21的複合材料技術便曾向蘇霍公司取經。複合材料的使用除了有助於減輕重量與減少雷達反射截面積外，還減少了零件數。得益於複合材料的使用，T-50的零件數僅約為Su-27的25%[13]。

◀ 圖8 首飛的T-50仰拍圖，從中可推測機身主結構與前緣耐熱段採用金屬材料，也可見到酷似Su-27的進氣道設計。　Sukhoi

除了複合材料易於量產外，Su-47還採用「用於自適應(self-adaptive)與自卸載(self-dumping)設計的智慧型複合材料」[14]。這裡所謂「自適應」系指「依據飛行狀況適應出高效率的外型」，例如讓機翼任何時候都只彎曲而不扭曲，縱而提升氣動效率，這在前掠翼飛機上更可用來克服惱人的氣動發散問題(指機翼扭曲過大而造成翼尖提早失速)；而所謂「自卸載」是用來避免應力長期堆積在某些部位而造成結構疲勞，這對於自適應結構這種應力位置不定的設計相當重要。可以說「自卸載」設計是在為「自適應」設計背書。這種柔性自適應機翼也能提升傳統機翼的性能：傳統非前掠機翼的氣動中心在機翼的重心之後，因此本該扭轉的機翼被氣流自然的壓制回去，而顯得「沒有扭轉」，這一方面表示氣流產生向下壓的力去克服扭轉，使得升力比理想剛性機翼小。以往通常採用增強機翼剛性來解決問題。而有了自適應機翼後，可以讓機翼本來就不扭轉，這樣便沒有氣動力被浪費在克服扭轉，升力表現較好，也因為不需增強剛性因此有助於減重。T-50的表面複材比率很大，未來值得追蹤其是否採用這種智慧型複合材料技術。

NPP Technology公司

有必要稍微認識一下提供複合材料的NPP Technology公司(「科技」科學生產企業)，係於1978年結合科技玻璃研究院(NII TS)與航空材料研究院(VIAM)旗下的部門成立的(本段落資料與數據取自官網[15])，專門研製與生產非金屬材料，包括玻璃纖維、陶瓷、碳纖維等複合材料。其還專長於大尺寸複合材料的自動化製造，為俄製Proton-M、歐洲Angara等運載火箭提供碳纖維框架、整流罩等，其中碳纖維複合材料鼻錐除了顯著減輕重量(較金屬或玻璃纖維製品減輕28～35%[16])外還提供更大的酬載容積。許多俄製與國際合作的人造衛星上也都有該公司的複合材料產品，例如由18國合作、即將於2011年發射的RadioAstron(Specter-R)無線電天文望遠鏡衛星的大尺寸反射鏡面(總口徑10m)與其支架便是NPP Technology提供的碳纖維複合材料製品。這種天文望遠鏡部件除了講求相當高的精密度外，也需要很低的熱膨脹係數，NPP Technology提供的碳纖維支架與反射鏡熱膨脹係數分別不超過$0.3\times10^{-6}K^{-1}$與$0.7\times10^{-6}K^{-1}$，反射鏡表面相對於設計值的加工誤差不超過0.4mm[17]。這種低膨脹係數的複合材料也被用來取代昂貴的鎳合金以製造各式用來進行複合材料成形、接合、與表面加工等程序的加工機床，能減少機床本身的成本(因為鎳合金很貴)[18]，並能減少加工過程的能量損耗，並擁有更適合複合材料加工過程的環境。這種技術目前能進行面積達30平方米的大塊複材的高精度加工(表面誤差不超過0.3mm，滿足蒙皮對氣動力性能的需要)，能將製造成本與製程循環數減少1.5～2倍[19]。此外也擁有碳纖維自動化鋪設技術。Su-47的複材翼面便是NPP Technology的產品[20]。 T-50與Su-35BM座艙罩的奈米鍍膜亦由其負責，能隔絕紅外線與雷達波，前者可避免陽光照射下座艙過熱，後者則提升雷達匿蹤能力[21]。

複材的高溫安定性與T-50的超音速巡航性能

對於有超音速巡航需求的第五代戰機而言，複合材料在高溫下的安定性是其能否大規模運用的制約因素。雖然運載火箭僅需一次使用，與需要多次使用的飛機不同，不能因為製造得出火箭用複合材料就說一定能做出飛機用複合材料，但NPP Technology的碳纖維複材廣泛用在各式運載火箭的鼻錐等高熱處一定程度反應其碳纖維複材的熱安定性。

NPP Technology的碳纖維複材的熱安定性可以說是制約T-50巡航速度的關鍵因素之一。21世紀戰機表面的複合材料比率往往是判斷其操作速度的指標之一：一般來說操作速度越高，則基於冷卻需要，表面複材比率會比較低。例如EF-2000與Rafale中，EF-2000的操作速度較高，複合材料比率就沒有Rafale那麼高，而F-22為了追求1.7～1.8馬赫的巡航速度，原先設計的一些複合材料部件就被鈦合金取代。T-50的氣動佈局很類似三角翼設計，又有可調式進氣道，理論上很容易有很高的超音速巡航速度，在裝備推力類似F-119的第二階段第五代發動機後，巡航速度照理說能超越F-22。然而T-50表面有70%是複合材料，因此T-50能有多高的超音速巡航速度，主要是受到表面複合材料的熱穩定性的制約。

VIAM研製的安全碳纖維複合材料

大比例複合材料相對於金屬結構可以顯著降低重量以及雷達反射截面積，但其實有潛在的飛安顧慮：在飛機遭受雷擊時，碳纖維會導電，而且由於碳纖維的電阻比金屬大很多，所以會大量吸收雷擊的能量，而可能導致結構損壞。因此為了安全，機體結構要有夠低的電阻。全俄航空材料研究院(VIAM)便為T-50研製了一種碳纖維複合材料，具有夠高的導電性與導熱性，而能在不使用金屬網等傳統抗雷擊方法的情況下，讓飛機能夠抵抗雷擊，且每平方米可節省300～500克的重量，也有較小的雷達反射截面積[22]。

3. 更先進的控制系統

T-50的控制系統稱為KSU-50。其整合所有與飛機控制有關的功能於一體，在控制邏輯上其完全移除機械裝置的介入，而僅將機械裝置用於執行控制命令。系統採四餘度設計，制動面有自己的計算機與傳動裝置[23]，因此機械裝制是在最後關頭才執行控制命令的。蘇霍公司總經理M. Pogosyan在2010年3月1日總理Putin視察該公司期間向其介紹了測試中的KSU-50指出，KSU-50除了有更高的可靠性外，在次系統故障時能自動將控制任務切換給其他次系統，進一步提高可靠性，此外相較於舊型號(未指出是用於Su-27的還是Su-35BM的)重量減輕了30%[24]。

在Su-35BM的KSU-35上已經採用了這種「大一統控制系統」的設計，該系統已能支援超機動模式並早在2007年便在老Su-35的708號機飛試。同公司研製的超機動控制系統則早在Su-30MKI與MiG-29 OVT上使用多年，因此T-50的控制系統看起來先進其實已是一步一腳印走出來的成果。KSU-50的可靠性從首飛時便大膽飛到27度攻角可見一般[25]。

類似地，發動機的控制也全數位化，這樣一來全機控制邏輯完全是電子化的，其可靠性與抗戰損性(次系統故障可由其他次系統承接控制任務)都大幅提高，而在修改控制邏輯時也極為省時(以發動機為例，修改控制邏輯的時間由數個月縮減至數分鐘)。但仍保有一個平常不用的機械備份，讓電子系統全失靈時飛機仍能安全返回機場[26]。

4. 更簡便的後勤

提升壽命與減少操作成本亦為第五代戰機重要指標。因為以戰時需求為主要考量之故，武器壽命傳統上總是俄系武器的弱點，Su-27基本型最大壽命僅有2000小時或20年，而AL-31F基本型壽命900小時，且每300小時需大修一次。至Su-35BM機體壽命提升至6000小時或30年，發動機大修週期提升至1000小時(第一次1500小時)且壽命增至4000小時。從中亦可發現Su-35BM壽命計算是以年飛200小時計算，為Su-27S的兩倍，甚至超過歐美平均訓練時數。Su-35BM的壽命與大修週其實已達到西方先進戰機水準。

第五代戰機在發動機壽命與後勤成本上有進一步的改良，例如真正的第五代發動機在工廠完全掌握生產工藝的情況下，大修週期將達到2000小時，之後甚至要達到4000小時，與機體齊平[27]。此外在操作成本方面，Su-27每飛行小時之成本約10000美元，第五代戰機則計畫降至每飛行小時1500美元之操作成本[28]。

「站著就能維修」也是部分新世代戰機的特性。T-50高度較低，一般人的身高僅略低於機翼，因此這架中大型飛機的航電維護、掛彈多可站著進行，相當方便(圖9)。美製F-22也有此特性，但F-22艙門更低，主彈艙掛彈就

◀ 圖9 T-50高度適中，許多航電維護與掛彈工作可站著進行，對地勤而言是一大福音。從中也可觀察到進氣口外壁與垂尾的外傾角度一致的匿蹤設計。另外可觀察到進氣道內壁的鼓包。 Sukhoi

▲ 圖10 2010年1月23日高速滑跑後與Su-35UB並列的T-50。在這照片流出之前許多資料都推測T-50大小與Su-27相當甚至更大。這可算是一張「闢謠照片」。 Sukhoi

無法站著做，而T-50可以。此外T-50的零件數只有Su-27的1/4[29]，也有利於減輕後勤強度。

5. T-50尺寸與重量分析

T-50公開數月以來官方皆未公開其尺寸與重量諸元，所有報導上的數據都是媒體自行推測的，因此數據相當混亂，包括俄國媒體報導亦然。最早流行的數據是長度約22m，空重約18.5噸，在一張T-50與Su-35UB並列而顯得比較小的照片傳出後(圖10)，媒體報導的數據便修正為20.8m長，17.5噸重，甚至有認為19.7m長，18噸重的數據。但若參考Su-27家族的重量分佈與MFI的重量以及PAK-FA是「噸位小於Su-27的中型戰機」的先天設定，可發現這樣的重量數據相當不合理。除了重量數據不合理外，該空重搭配現有的推力15000kg發動機則T-50的推重比甚至會低於Su-35，但試飛員Bogdan對T-50的評價暗示T-50運動性比Su-35更好。

在被俄媒問及「是否會發展出只有第五代戰機能做的特技動作」時Bogdan指出，「當然，最主要是因為T-50有更大的翼面積與更多的控制面，在加上他有更大的推重比、、、」[30]。在另一筆訪談他還指出，「推力更大，阻力更小，確保不開後燃器超音速巡航、、、運動性能至少超越20～30%」[31]。以上兩筆訪問資料已顯示T-50的飛行性能已在水準之上，而不是「為了匿蹤而增重、降低飛行性能」，但畢竟在這裡都沒有提到「推力更大、阻力更小、運動性更好」是以哪一型飛機為比較基準。然而在另一筆訪問資料中，他更精確的指出「就飛行特性而言T-50非常接近4++代的Su-35，但這已是不一樣的飛機。他更好控制，機動性更強，推力更大因此很容易爬升，盤旋動作更容易實現，還有雷達低可視性。[32]」。

由此可見T-50的推重比應不下於Su-35，空重不應超過17噸(這時搭配推力15噸的117發動機其推力空重比為1.76，與Su-35幾乎相同，因此17噸應是臨界值)。以下依據筆者研究進行T-50的重量分析。

網路數據的疑點

「長22m，空重18.5噸」的數據可能是考慮到T-50有龐大的武器酬載能力而推測的。這筆數據在T-50明顯小於Su-35UB照片出現後已被推翻。但實際上即使不看照片也可以發現這筆數據犯了一個根本的錯誤：22m長18.5噸重，已是比MFI更大更重的飛機，而PAK-FA的前身SFI是「中型前線戰鬥機」，一開始的目的就是略小於Su-27的飛機，也因此才需要重新開發較小的發動機。要是T-50如此大而重，那發動機反而不是問題，直接把當年的AL-41F拿去改良便了事了。

稍後較流行的數據則下修為20.8m，17.5噸重。根據照片，將主輪等尺寸當作已知值類比，可發現T-50長度應在21m左右。根據Sukhoi授權Zvezda模型公司發行的T-50模型反算其長度則為21.24m。然而17.5噸的重量仍可能太過。就性質上而言，T-50長度較Su-35BM短，而內彈艙結構則是增重因素，一消一長之下，即使以相同於Su-35BM的材料建造其重量應在Su-35BM的16.5噸上下，即使考慮T-50有更複雜的航電系統也不至於衝到17.5噸那麼高。甚至考慮到T-50複材比例達25%，其重量小於Su-35BM也很合理。在定量估計上可以由MFI為基準比較後得出，也可由Su-27系列的重量比對得出。

由MFI為比較樣本估計T-50的重量

MFI空重18噸，其AL-41F發動機每具約1800kg，單單將之換成每具約1380kg的AL-41F1，便僅剩約17噸，考慮機身縮小，早已小於17噸。而MFI基於高速需求使得結構重近30%由不鏽鋼組成[33]，這種不鏽鋼比例以目前戰機來說高得很誇張，若採用正常的不鏽鋼比例，而將剩餘的不鏽鋼換成鈦合金等輕金屬或複合材料，再減少幾百公斤甚至上千公斤都可能(鈦合金的比重約是不鏽鋼的1/2，複合材料又是鈦合金的約1/2)，由此算來T-50空重亦與Su-35BM相當甚至更輕(這還沒考慮T-50的航電系統應該比MFI更輕)。

由Su-27為比較樣本估計T-50的重量

現在由Su-27家族的重量比對來看。基本型Su-27S空重16300kg，其中航電重2500kg[34]，發動機每具1530kg，換算得機體結構重10740kg；老Su-35空重18400kg，航電重4000kg，發動機重量相當，換算得結構重11340kg，較Su-27S增加600kg，這還是包括前翼的結構增重。因此，以Su-27S的結構為基礎，加上600kg的結構增重(用於提升酬載)以及2具AL-41F1-S，則Su-35BM航電重僅需比Su-27S輕100kg便可達到設計值的16500kg空重。Su-35BM航電比Su-27S輕幾百公斤的可能性是很高的：擁有相當接近五代航電架構的Su-33UB就結構設計而言相較於Su-33應該重了不少，但空重卻相同，可見航電減輕補償了結構增重。Su-35BM僅光電系統就較Su-27S輕了100kg，整套EKVS-E電腦僅相當於Su-27S上的幾部子電腦，加上其系統大量數位化並且整併設計，將較擁有大量類比電路的Su-27S輕巧，故航電總重輕個200kg以上都有可能，這樣在維持16500kg的設計空重下，其結構可以增強不只600kg，而換取更大的重力負荷極限或結構壽命。

了解了Su-27系列的重量分布，吾人可由Su-27S為出發點估算T-50的重量。相較於Su-27S，T-50縮短但增胖且增加內彈艙，姑且假設長寬縮小所減少的重量被用在增胖與增加彈艙(即不改變重量)，並假設增強結構以及適形前翼用了1000kg，再加上各約1400kg的發動機以及約2300kg的航電重，求得空重約16840kg。需注意，這裡假設結構增重1000kg很可能是多算的，因為觀察Su-27家族的重量演進，為了提升酬載而作的結構增強通常都在500kg左右(老Su-35即使增加前翼與增大垂尾，結構也才增加600kg)，這樣一來空重可能還不到16500kg。此外，這裡的估計都是假設使用與Su-27家族相同的材料，但在T-50上用了相當比例的複合材料，這又可能帶來數百公斤甚至上千公斤的減重。如此推算則T-50的真正空重甚至可能不到16噸。

以Su-35BM為比較樣本估計T-50重量

現在更精確的考慮航電需求增加以及複合材料的影響。在完整版的T-50上，部分航電設備會比Su-35BM更先進而進一步減重，例如完整五代設備上無線電設備統一設計，盡可能共用天線，便可能減重；但另一方面T-50的航電功能可能也更多，例如T-50全機感測器數量會是Su-35BM的數倍，這又可能導致增重，一消一長之下即使增重後極限應不會超過17噸，因為那已相當於擁有近30%不鏽鋼的MiG-1.44換裝AL-41F1後的重量。而在材料的影響部分，碳纖維比重約為鈦合金的50%以下，但這是單就碳纖維而言，實際上而為了賦予碳纖維剛性，必須添加樹酯等材料，縱而減少單位重量的強度。因此在達到所與取代的金屬的強度的前提下，重量不會減少到50%那麼誇張。參考NPP Technology公司的若干種航空用碳纖維複材構件的數據，用於機翼與控制面等高負荷部位之複材產品提供較所欲取代的金屬製品輕20%[35]，低負荷部件如整流罩、尾端結構等則可減重約35%[36]。今假設減重幅度為20%，並且假設「所欲取代的金屬」為鈦合金。Su-27系列的鈦合金比例超過40%，取40%計。今假設將Su-35BM半數鈦合金換為複材，則其空重將減至約15840kg，其中複材佔16%，鈦合金佔20%。若將3/4鈦合金換為複材，則空重約減至15500kg，複材約佔25%，鈦合金約佔10%。

類似地，若比照Su-35BM材料比率建造的T-50空重分別在17與17.5噸，則採用複材後分別降至16與16.5噸。由於比照Su-35BM材料建造的T-50再重也很難衝破17噸大關，因此其空重在15.5～16噸的可能性不小。

側面指標看T-50重量

另一個雖不直接但具有參考價值的「佐證」是發動機推力與飛機空重的關係。雙發第五代戰機的一個「不成文」(指未被特別提出)的共通特性，是接近2的空機推重比(總推力除以空重)，例如F-22在1.7以上，MFI約1.94，換裝新發動機的EF-2000(EJ-230)與Rafale(M-88-3)亦在1.8～1.9或更高。Su-35BM為1.75。T-50的空重若在15.5～16.5噸，則單具發動機推力為15噸時，空機推重比在1.81～1.93，正好符合五代戰機的「不成文指標」。T-50總設計師曾表示，雖然原型機的發動機並不是理想中的，但在推力與速度表現上「輕鬆的」實現飛機的性能需求[37]。而16噸級空重也正好符合PAK-FA「尺寸與重量介於MiG-29與Su-27之間」的原始設定。這些都可以間接支持T-50空重在16噸級的推論。

另一個側面指標是正常起飛重量與空重的比值。四代戰機約是1.4，五代戰機或是高比例複合材料的4+代戰機如Rafale、F/A-18E/F則約1.5。若依許多網路數據所言T-50空重是17.5～18噸，正常起飛重25噸，則其正常起飛重與空重比值只有1.38～1.42，僅相當於以金屬結構為主的四代戰機。由幾乎是全金屬的Su-35BM已達1.53來看，T-50若只有1.4上下著實不合理。

因此由PAK-FA的設計定位以及MFI、Su-27家族的數據「交叉會診」後，基本上可以排除空重在17噸以上的可能性，很可能在15.5～16噸，但不能忽略較樂觀的15～15.5噸的可能性，取較寬的範圍15～16.5噸以便後續分析。

在此補充一點，著名的俄國網站paralay(許多關於PAK-FA的資料出處)所估計的T-50空重便由最早的18500kg(剛首飛時)修正至17500kg(T-50與Su-35UB並列照片公佈後)到最近修正成15500kg，是目前媒體上唯一符合PAK-FA計畫噸位設定的推測數據，可信度至少比前兩者高。

6. 內容積分析

T-50長寬略小於Su-27，與Su-35UB並列時顯得相當嬌小，加上它又有內彈艙設計，故容易產生容積很小的錯覺。實際上如果稍微了解Su-27的結構設計史，便不難發現T-50容積甚至可能大於Su-27。

在視覺上T-50比Su-35UB小得多有幾個主要因素：〈1〉T-50垂尾比較小，起落架高度較低，因此顯得低矮許多。起落架較低的其中一個原因是T-50進氣道下並沒有設計掛點，不像Su-27在進氣道下還要攜帶R-27這樣的大翼展飛彈。這幾個因素都使T-50明顯低矮許多；〈2〉相較於Su-27的前機身橫截面較接近圓筒，T-50採用「壓扁」的設計，因此看起來很小。因此T-50看起來比Su-27小很多當然有一部分是真的比較小，但有一部分因素則是視覺效果，這也一定程度的反應其匿蹤設計上的成果。

但體型小不代表內容積也一定小於Su-27。事實上Su-27最原始的設計(T-10)的長度僅有約19～20m，空重約14

噸，其設定的飛行性能與航程等參數與現在的Su-27差不多。後來由於航電超重，於是才大幅修改機身，使其足以容納超重的航電。新修改後的Su-27長度增至21.94m，較原來多了約2m，但其他尺寸幾乎不變，燃油儲量也幾乎不變(8900kg略增至9400kg)。簡言之Su-27多出來的2m前機身主要是用於容納航電，與容積和酬載能力幾乎無關。

目前的航電設備與Su-27的時代相比更小更輕，因此T-50縮小縮短的前機身完全足以容納所需的航電設備，因此T-50長度更短、前機身更小基本上不影響燃油酬載能力。而彈艙設計直覺看來會占用空間，但T-50的彈艙相當於將Su-27的機腹中線空間包覆起來，兩側小彈艙也是外置適形艙的形式，都沒有排擠到內部空間。由此看來，T-50相當於裁掉Su-35BM部分用於容納航電的前機身，而碩大彈艙相當於直接將Su-35BM的機腹中線空間包覆而成，因此可以推測T-50的燃油容量不下於Su-35BM。甚至如果仔細觀察T-50中央翼(俄國對升力機身的稱呼)的弧線，可以發現他有著比Su-27更明顯的翼剖面曲線，在尺寸相當的機身上有更明顯的曲線，表示其中央翼厚度不下於甚至大於Su-27，因此燃油可能還更多。試飛員S. Bogdan便指出，「與Su-27相比，T-50尺寸更小，但所攜帶的燃油更多」[38]。若依本文估計，T-50重量與Su-27相當甚至更低，這樣燃油分率理論上很高。此外試飛員Bogdan表示，「T-50的飛行阻力更低、有更多控制面與更成熟的氣動佈局，讓飛機更好控制也增加航程」[39]。有資料指出其次音速航程達4300km，可能並非空穴來風。

二、匿蹤設計

1. T-50匿蹤設計概觀

在蘇霍設計局上一個匿蹤戰機設計—Su-47—中，飛機表面90%以上為複合材料，使用吸波塗料，並排除垂直交叉面、筆直進氣道等「匿蹤大忌」後，使得該26m長、翼展16m的龐然大物擁有0.3平方米的RCS值。當時俄國得到「有人戰機的RCS下限為0.3平方米」的結論，理由是Su-47缺乏天線罩與座艙罩等處的匿蹤處理，使得即使機身RCS進一步降低，座艙與天線罩等處也會使全機的RCS不低於0.3平方米級。在這之後蘇霍公司與理論與應用電磁研究院(ITPE)合作進行一系列匿蹤技術的研究，並在數架老Su-35原型機上進行試驗。這些技術包括飛機匿蹤外型的設計、選頻天線罩以及座艙罩的匿蹤處理等。在座艙罩方面以電漿沉積法與磁控濺鍍法交替鋪設聚合物與金屬膜以形成座艙蓋，能阻止雷達波進入座艙並防止座艙電子設備的電磁外洩等；在天線罩與雷達天線之間採用低溫電漿屏蔽，藉由電漿濃度的改變以控制允許通過的波段。而在外型設計上，已掌握考慮多種回波現象的複雜外型的RCS計算技術，可見Su-47的「遺憾」在T-50上已有解法。

T-50引入許多美式形狀匿蹤設計，除了稜稜角角的的機首外，其許多線條盡可能平行以使反射波集中到少數方向，如進氣道前上方可動前緣、主翼前緣以及平尾前緣便有相同的掠角(圖11)；可動導流板後緣與進氣口前上緣有相同掠角；平尾後緣掠角等於主翼後緣掠角；進氣道側壁外傾角度等於垂尾外傾角；武器艙與鼻輪艙採用鋸齒狀複合材料艙門等；空中受油管收納時由鋸齒狀艙門遮蔽。襟翼與副翼的制動機構也採用類似F-22所用的平滑整流罩。T-50-1上已可見到前視雷達稍微向上傾斜安置的設計，可避免正面來的雷達波直接反射回去，而T-50-2的雷達罩基座更有不規則的鋸齒狀結構。

全動垂尾與三維向量推力使小面積垂尾便能達到所需的偏航穩定性，T-50垂尾頂端到主翼水平面的垂直高度估計約2.5m，約只是Su-27垂尾的1/2。

戰機正面最大的反射源是發動機風扇。雖然由仰視照片觀之T-50進氣道看似筆直，然實際上發動機略為上移且內八而構成不明顯的S型進氣道，而進氣口的壓縮結構與主輪艙也相當程度遮蔽發動機，這些設計使得發動機正面絕大多數面積都被遮蔽(約50%被機身遮蔽，剩餘50%的大部份又被進氣口壓縮結構遮蔽)，此時若在進氣道進一步採用吸波塗料，則雷達波可能在裡面的反射過程中消耗殆盡。進氣道所用的吸波塗料技術難度將低於塗佈於風扇者(因為對溫度與應力的要求較低)。

座艙蓋以磁控濺鍍法在艙蓋內側鍍上4～5層20奈米厚的金-銦-錫混合金屬層，總膜厚80～90奈米，能減少日照熱量、紫外線對座艙內塑膠製品的傷害、座艙內電子設備的電磁外洩，以及雷達反射截面積。

T-50尾部設計不若F-22般採用扁平噴嘴是兩者最大的差異之一，也是看慣了F-22的人最「鄙視」的一點。F-22的鋸齒狀扁平噴嘴設計能顯著降低尾部雷達反射截面積與紅外線訊號並提供較低的尾部阻力。然而以T-50的分離雙發設計若要採用扁平噴嘴，只怕尾部會更「胖」阻力不見得低，此外F-22的設計雖然有較低的尾部阻力但發動機

◀ 圖11 T-50翼面的掠角都是盡可能平行的。
Sukhoi

推力也會有所減少(據1980年代中後期NPO-Saturn的研究扁平噴嘴會使發動機推力減少14～17%，目前則是減少5～7%)，一消一長之下F-22的設計優勢其實主要在匿蹤一項。另一個觀點看，倘若T-50採用F-22的並列雙發與扁平噴嘴設計，則難以使用三維向量推力、難以安置後視雷達、也不易安置大型彈艙，因此T-50的設計應是考慮很多功能的平衡的結果，而不僅是為了匿蹤而放棄一切。不過NPO-Saturn確實有繼續發展扁平噴嘴的五代發動機計畫，推力損失預計降至2～3%[40]。另一方面，V. Chepkin在2011年被問及T-50最被抨擊的尾部紅外線匿蹤問題時指出「…我們非常積極的降低發動機的雷達與紅外線特徵，得到了較F-22好過2倍的成果(至少是就公開資料以及我所推測的)…[41]」。

相較於Su-47，T-50擁有更嚴格的匿蹤外型設計，並採用了Su-47所沒有的天線與座艙遮蔽技術，其雷達反射截面積理應小於Su-47，並突破當時認定的0.3平方米下限。然而，2010年1月初印度媒體「Business Standard」報導了軍方於2009年底參觀五代戰機的消息時稱，「第五代戰機的雷達反射截面積為0.5平方米，是Su-30MKI的20平方米的1/40」[42]，該數據竟大於Su-47甚至F/A-18E/F等「低可視度」戰機，實屬詭異。且0.5平方米的RCS在現代雷達面前已經不算「匿蹤」，倘若發展多年的T-50真的只有這等能耐，此數據應當被隱藏才是，沒理由未首飛就放出來自砸招牌。不過這可能與數據的取用標準有關，根據T-50總設計師A. Davedenko的說法「Su-27與F-15的RCS約是12平方米，F-22是0.3～0.4平方米，T-50與F-22相當」[43]。

不過T-50的匿蹤外型的確不若F-22嚴格，種種細節顯示T-50是針對氣動性能與航電功能優化，而不像F-22那樣針對匿蹤性能優化。例如進氣口前可調導流板與進氣道下的百葉窗型輔助進氣口等提升高攻角性能的措施便可能不利於匿蹤，而其對「各種邊緣、縫隙盡量平行、交界處盡量鋸齒化」的追求也不若F-22徹底；機砲口也並非完全隱藏；此外，其流暢的機背舉升體構型很顯然是針對氣動力優化，其匿蹤性能應遜於F-22的機背。這種流暢的氣動外型若設計得好則針對X波段的RCS仍可能很低，但將難免有曲率半徑在L波段雷達波長等級的表面，這將引發相應波段在此處發生的與外型無關的繞射效應，不利於對預警機等雷達的匿蹤。機背的光電系統與機首的光電探測儀顯然沒有匿蹤外型設計，僅由此便可判斷單就外型論，其RCS不可能低至F-22的等級。

根據MAKS2011公佈的第五代光電系統101KS，其由前視光電探測儀、分佈式探測器、對地光電莢艙、主動光電防禦系統組成。其中分佈式探測器採用類似美製F-35的DAS的匿蹤設計，對地莢艙也有稜稜角角的外型設計，都是有利於匿蹤的設計。但前視光電儀與主動光電防禦裝置都有不利於匿蹤的球狀外型。除非以後型狀會有更改，或是採用伸縮設計，否則101KS系統其實就側面反映了T-50不那麼計較的匿蹤設計。研究美國匿蹤戰機習慣的人必然認為這是T-50的缺點，但如果考慮全機作戰性能，這未必是缺點： T-50靠很強的防禦能力來提升生存性，匿蹤就可以不用那麼徹底，那就可以省掉徹底的匿蹤處理的成本與維護費用。

對此，解決之道除了可以是改良以上缺陷以使其更接近美式匿蹤戰機外(當然這可能就要以進一步犧牲氣動效率為代價)，也可以是簡單的使用雷達波吸收塗料，有俄國報導指出「若使用奈米結構的超級吸波塗料，則不一定靠外型也可造出匿蹤戰機」。一種由聖彼得堡科技大學開發的含金屬奈米碳結構的吸收材料對0.8～10cm波段的吸收率為13～18dB，即可將回波降低至1.5～5%。

另一個機身對長波的匿蹤問題的解法則是據報於2005年通過國家級試驗的電漿匿蹤系統。該系統以電子束產生電漿，覆蓋在表面上，電磁波照射電漿後，一部分被吸收，然後在特殊機制下趨向表面行進，可讓反射訊號降低至約1/100。在實驗室模擬10000～13000m高空的情況下對10cm波長吸收率達20dB(反射訊號降至1/100)。對於T-50這樣引入匿蹤外形設計的飛機而言，飛機本身對X波段或更短波段的RCS應已夠低，此時若在機身外圍使用針對L波段或更長波隱形的電漿，則可令戰機同時對X波段與長波隱形。Keldysh研究院研製的電漿匿蹤系統耗電5kW～50kW，該功率若用於製造足以覆蓋機身、大面積、且對X波段隱形的電漿可能會有使用限制，但用於L波段或更長波則整機使用都游刃有餘，而對T-50這種大部分部位都可以對X波段隱形的戰機而言，可在更小的局部使用對X波段隱形的電漿，可行性相當高，且較沒有吸波塗料可靠性與後勤的疑慮，日後相當直得注意此系統的應用與否。關於俄羅斯的匿蹤技術詳見附錄十一、十二。

2. T-50進氣道匿蹤設計詳論

T-50公開後相當多討論聚焦在其進氣道匿蹤設計，因為進氣道對正面RCS「貢獻」極大。最初部分想像圖認為其發動機靠上安置使得進氣道必須向上彎曲，因此遮蔽效果極佳。然而之後出現發動機葉片被清楚拍到的照片(圖12～13)，該照片被認為是T-50進氣道設計失敗的證據。但早在為Su-35BM進行匿蹤性能提升的階段(早於2003年)，蘇霍設計局與理論與應用電磁研究院(ITPE)便已掌握進氣道雷達反射截面積的計算技術，不至於犯下那些負面評論所認為的愚蠢錯誤。

T-50的發動機艙雖然靠上安置，但輔助動力單元等安置在發動機上方(註1)，因此發動機進氣口略為下傾，故並沒有原先設想的向上彎曲進氣道，這使得發動機風扇約有略超過50%位在主翼平面下方，即沒有被機背結構遮蔽。但發動機採內八配置，因此有一部分又被機身遮蔽，這樣一來正面只能看到約25%風扇(圖14)。另一方面進氣口內側

▲ 圖12 2010年2月11日夜間的T-50，進氣道內部結構被清楚拍攝出來，可見到主輪艙對發動機的少許遮蔽。這張照片曾被視為「T-50匿蹤設計失敗」的「證據」，實則有相當大的討論空間。 Internet

◀ 圖13 2010年6月17日Putin視察T-50。照片中發動機風扇再次「入鏡」，又一次成為評論家打擊的依據

裝有形狀奇異的小鼓包(圖15～16)，其上部能適應可調斜板的活動，下半部則以相當複雜的稜稜角角的幾何外形與進氣道壁融和(註2)，這凸起的鼓包又遮蔽了前述25%中的一部分面積。而在超音速時可調斜板放下，正面便幾乎看不到發動機(圖17)。

(註1：6月17日總理Putin一行人視察T-50期間的照片顯示，T-50發動機前上方的機背部分有了輔助動力單元的通氣口。)

▲ 圖14 2010年1月22日拍攝的T-50正面特寫。由此角度顯然無法窺見整個發動機風扇正面。考慮到發動機入口略為內靠且上方被中央翼結構遮蔽，可估計在斜板放下前從正面約只能看到25%左右的發動機葉片。 Sukhoi

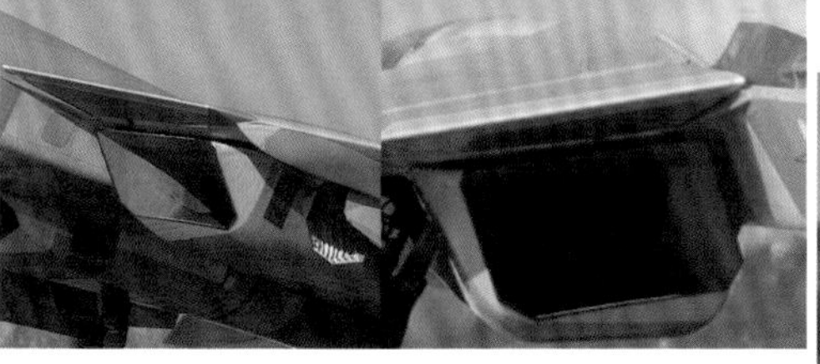

▲ 圖15 T-50的進氣道靠機身一處有一特殊造型的鼓包，類似DSI設計但卻又稜稜角角，應是針對匿蹤與超音速而設計。 Internet

◀ 圖16 T-50進氣道內壁小鼓包各角度特寫

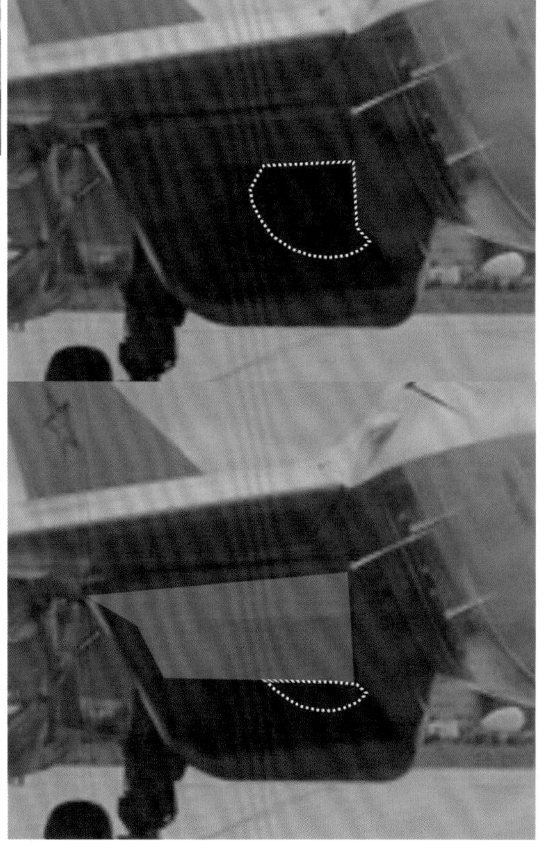

▶ 圖17 即使在發動機葉片已清晰可見的角度，只要可調斜板放下(估計為圖中灰白區塊部分)，將只剩極小部分葉片會被發現。注意這是仰視角度，若從正面以及與機身主軸共平面的各個方向觀察，則曝露的部分會更少或根本沒暴露

(註2：T-50的進氣口外型非常複雜，但又使用可調斜板，這使得進氣道上半部為了適應可調斜板的活動必須採用傳統設計(上壁與側壁彼此垂直)。可能正是為了將這個傳統設計的進氣道上半部與複雜外型的下半部融合，而在進氣道內壁設計這個鼓包。該鼓包不像F-35的DSI進氣道那樣採用流線型設計，而是有著稜稜角角的外型，應是基於匿蹤與超音速的考量。)

其實只有少數方向能直視T-50的發動機

了解這樣的進氣道設計後，不難想像要清楚看到發動機正面的唯一方法便是從機身斜前下方仰望，此時視線便可直通稍微內收的進氣道、機背結構也無法遮蔽。那些清楚拍攝到發動機葉片的照片正是從這些角度拍攝，而且是在可調斜板沒有放下時拍攝的。這種在特定範圍內暴露發動機的現象並不能完全歸因於設計失敗，即使是匿蹤設計相當為人稱道的YF-23(圖18～19)，也是在斜前下方某個角度可以清楚見到發動機葉片或遮罩(圖20)。要解決這種問題，可以在進氣道內安置額外遮罩(但這多少要犧牲氣動性能)，當然如果只有在極小範圍會暴露，甚至可以不用管，這樣便可以在有堪用的匿蹤性能下優化氣動效率。但以上只是對T-50而言較為悲觀的估計，事實上可調斜板放下後，約遮蔽了50%進氣道橫截面，但進氣道下緣超前於放下的斜板末端(兩者不在同一橫截面上)，又擋掉了一部分仰視觀察者的視線，使一些本來可以仰視到

▶ 圖18 匿蹤設計獲得高度評價的諾斯諾普格魯曼YF-23，亦擁有相當大的彈艙設計。 USAF

◀ 圖19 這一角度的T-50與美國YF-23相當類似。 Sukhoi

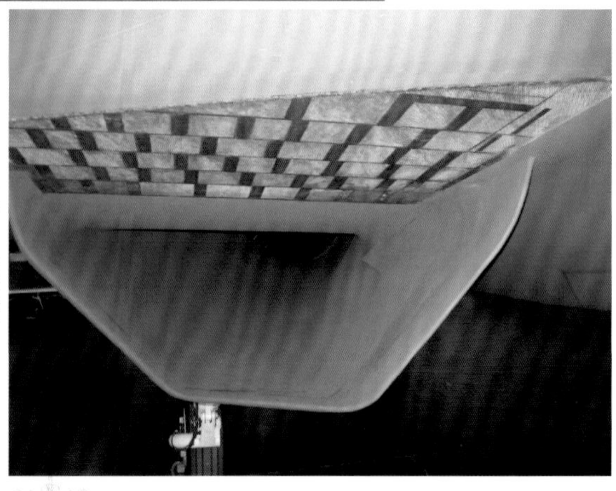

▶ 圖20 YF-23斜前下方亦可直視發動機，唯其可能用遮罩遮蔽。T-50當然也可採用類似的設計，但那難免會犧牲推進效率。但注意T-50擁有YF-23所無的進氣道可調斜板，亦有遮蔽作用。 Internet

發動機的方向的視線又會被斜板與進氣道下唇遮蔽，以至於能清楚看到發動機的角度範圍進一步縮小或幾乎沒有。

雖不完美但考量均衡

由進氣道匿蹤設計可間接推估設計時的折衷考量：原型機上採用這種沒有遮罩也沒有大幅彎曲的進氣道搭配可調斜板的設計，可以如傳統進氣道般兼顧次音速與超音速氣動效率。匿蹤性能的部分次音速時斜板收起使得遮蔽效果較差，超音速時斜板放下則擁有極佳的遮蔽效果。對於這種可以超音速巡航的飛機而言，次音速模式可能用在長程飛行或作戰的初始階段，此一階段離敵方較遠，突發性較低，只要戰情收集充分便可採用特殊飛行路徑讓RCS較低的方向面對敵方，此時問題不大；而在作戰階段則進入超音速而放下斜板，此時極佳的遮蔽效果剛好派上用場。

未來可能使用進氣道遮罩

當然也不能排除未來進一步使用遮罩的可能性，那樣將有更佳的匿蹤性能。特別是日後使用真正的第五代發動機後，發動機應會更短，而更有空間使用遮罩。俄國網路論壇上傳出在T-50-3號開始將使用可調式遮罩並出現該遮罩的3D示意動畫[44]。該遮罩由柔性複合材料構成，迎風一端固定安置，後端外環則可旋轉。藉由後端外環的旋轉，遮罩葉片可以完全筆直而不影響氣流進而優化推力表現，也可彎曲而進入隱匿狀態。若這種遮罩成真，無疑又是一種偉大的創舉：比起S型進氣道能省空間與橫截面積(例如T-50若將輔助動力單元安置在發動機下方，便會形成向上彎曲的S型進氣道，但這樣一來機背本來可以安置油箱的空間便被佔用了，而採用現有設計下機背油箱空間幾乎不被影響)，而比起固定外型遮罩則在必要時擁有較佳的推力表現。這種網路消息仍待日後證實，但就理論而言這種遮罩是完全可以用現有材料實現的：以現有的碳纖維複合材料為例，其本來就是相當柔軟的，通常要加上樹脂以增強其剛性而用於結構體，由於遮罩幾乎沒有負擔應力的需求，因此本來就可以相當柔軟，是故這種柔性可調遮罩的實現可能相當高。

一開始不裝備遮罩除了可能是要完善遮罩的設計外，也可以先測試在沒有遮罩的情況下的匿蹤能力與推力表現，之後再與有遮罩的情況作比對。西方匿蹤進氣道皆未採用可調斜板，若不採用大幅彎曲的S型進氣道設計也不用遮罩，便幾乎沒有匿蹤能力，因此自然不會有「比較使用遮罩前後的匿蹤性能」的必要，而對T-50而言這種比對試驗是很合乎邏輯的：遮罩可視為調整外銷型T-50匿蹤性能的要素。據以上分析，T-50即使在不採用遮罩的情況下也已在主要作戰模式下有很好的進氣道隱匿性，本身已具備外銷競爭力，也因為匿蹤性保有一點缺陷因此政治顧慮較低。而對於俄軍本身、關係較友好的客戶或日後各國戰機日趨先進以至於T-50

不配備遮罩便失去競爭力的情況下，再配備遮罩以完善匿蹤能力。

三、發動機

T-50原型機搭載的發動機是2010年1月21日才首飛的AL-41F1，正是與之搭配的第一階段第五代發動機，而不是早前許多媒體說的只是將Su-35BM的AL-41F1-S拿來代用。AL-41F1將用在原型機與初始量產型，至於真正量身訂做的第二階段第五代發動機可能有「產品30」與「產品129」。

1. AL-41F1

AL-41F1(izdeliye-117)是在AL-31F的基礎上大改而成的第五代發動機，與AL-31F相比有80%為新組件，包括932mm風扇、高壓壓縮機、燃燒室、渦輪、控制系統皆為新品，可視為全新發動機。後燃推力提升至15000kg，軍用推力9500kg[45]，重量約1380kg(較AL-31F輕150kg)，能確保飛機的超音速巡航能力。耗油率小於AL-31F，壽命方面因推力較大，因此技術需求上略小於AL-41F1-S，大修週期設定在750小時[46]。T-50原型機使用AL-31FP的向量噴嘴，系由兩個轉軸外旋30度的二維向量噴嘴搭配出三維操縱能力的。

AL-41F1採用無機械備份全權數位控制系統，液壓機械設備在此僅扮演執行者的角色而不介入控制邏輯，這使得改變發動機控制演算規則所需的時間由過去的數個月減少至幾分鐘，甚至不必卸下發動機即可完成。這種控制系統已是第二階段五代發動機的控制系統的雛型，屆時可直接轉嫁。類似的全數位控制系統也已用於MMPP Salyut研發的AL-31F-M3上。但AL-41F1保留一個獨立的機械裝置(俄原文稱為「離心式調節器」)，確保在所有電子系統失靈的情況(如核爆環境)發動機仍能以低功率輸出讓飛機返回機場。

為了能在高海拔、高空、無地面設備支援下啟動發動機，AL-41F1被要求能在無氧環境啟動，為此在燃燒室與後燃器裝設特殊的BPP-220-1K電漿點火裝置，能在燃油供給的同時點燃電漿以助燃。BPP-220-1K由烏法聯動裝置生產集團(UAPO)生產，能為使用汽油、柴油乃至氣體燃料的發動機燃燒式進行點火。壽命20年，第一次大修週期4000小時或1300次[47]，也配備於Su-35BM的AL-41F1-S[48]。

據T-50戰機總設計師的說法，現有的AL-41F1在推力與速度表現上已能輕易的實現飛機的性能需求，唯耗油率、發動機本身推重比、結構簡易性方面仍不屬於理想的五代發動機。

至T-50-3首飛(2011年11月22日)為止，UMPO共完成了16具AL-41F1發動機，其中6具用於地面試驗，10具用於飛行試驗[49]。

2. 「產品30」與「產品129」

第二階段五代發動機將是全新的，由NPO-Saturn為首的聯合發動機公司(ODK)團隊與MMPP Salyut以約略各半的比例合作研發。關於第二階段發動機的具體性能至2011 年底沒有公開，只知道NPO-Saturn有兩種第五代發動機方案：「產品30」與「產品129」。

2011年5月「今日俄羅斯」雜誌刊登的NPO-Saturn技術大老(前總設計師，現任副總設計師)V. Chepkin訪談指出「…事實上目前我們有兩種五代發動機，第二種目前暫稱為「型號30」，已在T-50上進行飛行試驗，其性能參數較「117」好過15～25%。…[50]」，以117發動機推力15000kg計算，總師所說的發動機推力可能在17000～18750kg。

另一個NPO-Saturn的五代發動機是「產品129」，比起「產品30」，這個型號的曝光率更高，更早被媒體批露。NPO-Saturn的總設計師Yuri Shmotin在2011年9月表示，這款發動機獨一無二的地方在他的大口徑整體式轉子，他在工作點以外的條件下效率也很高。他還表示，產品129還在優化當中，未來將採用平面噴嘴以提升隱匿性[51]。稍早俄媒報導指出，產品129的軍用推力107千牛頓(約11000kg)，後燃推力176千牛頓(約18000kg)[52]。

姑且不管最終的五代發動機是產品30還是產品129，近年中央航空發動機研究院與發動機廠商展出與研究成果推測，第二階段五代發動機可能採用2～3級風扇、5～6級高壓壓縮機、高低壓渦輪各1級的佈局(2-5-1-1或3-6-1-1佈局)；總壓比35～40；渦輪前溫度至少在1900～2000K甚至可能達到2100K，推重比可能在12～12.5或14～15，並且可能有變旁通比技術。

2011年4月NPO-Saturn已宣布五代發動機進度超過預期，預計可在2015年開發完成[53]。關於俄羅斯第五代發動機的發展與各衍生型的關係詳見附錄三。

參考資料

[1]T-50外型設計專利說明書，俄羅斯專利號RU2440196C1，2012年1月27日公開

[2]T-50外型設計專利說明書，俄羅斯專利號RU2440196C1，2012年1月27日公開

[3]T-50外型設計專利說明書，俄羅斯專利號RU2440196C1，2012年1月27日公開

[4]T-50外型設計專利說明書，俄羅斯專利號RU2440196C1，2012年1月27日公開

[5]Павел Плунский, «Исьребитель Су-27, Рождение легенды», Издательскпя группа «Бедретдинов и Ко», Москва, 2009

[6]T-50外型設計專利說明書，俄羅斯專利號RU2440196C1，2012年1月27日公開

[7]http://www.f22-raptor.com/technology/data.html

[8]Юрий АВДЕЕВ, ««СУ»ДАРЬ РАСПРАВЛЯЕТ КРЫЛЬЯ», Красная Звезда, 24,Mar.,2010

[9]«Технология «чёрного крыла»», Вести, 17.MAY.2011, http://www.vesti.ru/doc.html?id=452155

[10]http://www.technologiya.ru/tech/about/index.html

[11]«Предприятие "Технология" освоило производство деталей к перспективному истребителю», Интерфакс-АВН, 21/APR/2011

[12]Yefim Gordan, «MiG MFI and Sukhoi S-37»

[13]Игорь КОРОТЧЕНКО, «ПАК ФА встает на крыло», Национальная оборона, http://www.oborona.ru/110/754/index.shtml?id=5097

[14]«Долгий путь к пятому поколению», Аэрокосмическое обозрение, No.4, 2004, ст. 44-47

[15]http://www.technologiya.ru/tech/misc/main.html

[16]http://www.technologiya.ru/tech/composite/index.html

[17]http://www.technologiya.ru/tech/composite/index.html

[18]NPP Technology高層電視訪談

[19]http://www.technologiya.ru/tech/composite/index.html

[20]http://www.technologiya.ru/tech/composite/index.html

[21]«Перспективные российские истребители получат лобовое остекление с нанопокрытием

», Интерфакс-АВН, 21/APR/2011

[22]«Незаметная и важная сторона Т-50», Военное обозрение, 04.APR.2012

[23]Юрий АВДЕЕВ, ««СУ»ДАРЬ РАСПРАВЛЯЕТ КРЫЛЬЯ», Красная Звезда, 24,Mar.,2010

[24]«Путин объявляет о сокращении списка стратегических предприятий», Везти, 01.Mar.2010, http://www.vesti.ru/doc.html?id=344792&cid=7

[25]«Путин объявляет о сокращении списка стратегических предприятий», Везти, 01.Mar.2010, http://www.vesti.ru/doc.html?id=344792&cid=7

[26]Иван Карев, «Двухконтурная интеграция Началось объединение активов для создания авиадвигателя пятого поколения»,ВПК, 2010.04.27(http://www.aviaport.ru/digest/2010/04/27/194329.html)

[27]«Актуалбность опыта создания бестселлера АЛ-31---У России есть все шансы создать лучший в мире перспективный истребитель пятого поколения»,Военно-Промышленный Курьер,No.30(196) 8-14/08/2007.

[28]«ПАКФА Т-50 совершил второй испытательный полёт», infuture.ru,

[29]Игорь КОРОТЧЕНКО, «ПАК ФА встает на крыло», Национальная оборона, http://www.oborona.ru/110/754/index.shtml?id=5097

[30]Ирина Паффенгольц, «Первопроходец», Время, 30. MAY.2011

[31]Юрий Овдеев, «Сергей Богдан: «Самое главное – движение вперёд»», Красная звезда, 07.SEP.2011

[32]«Герой России Сергей Богдан: "Т-50 - лучший истребитель, который я пилотировал"», Комсщмольская правда, 22.AUG.2011

[33]Yefim Gordan, «MiG MFI and Sukhoi S-37»

[34]Павел Плунский, «Исьребитель Су-27, Рождение легенды», Издательскпя группа «Бедретдинов и Ко», Москва, 2009

[35]http://www.technologiya.ru/tech/composite/index.html

[36]http://www.technologiya.ru/tech/composite/index.html

[37]Юрий АВДЕЕВ, ««СУ»ДАРЬ РАСПРАВЛЯЕТ КРЫЛЬЯ», Красная Звезда, 24,Mar.,2010

[38]Ирина ПАФФЕНГОЛЬЦ, «Первопроходец», Время, 30.May.2011, http://www.timesaratov.ru/gazeta/publication/28090

[39]Юрий Овдеев, «Сергей Богдан: «Самое главное – движение вперёд»», Красная звезда, 07.SEP.2011

[40]Иван Карев, «Двухконтурная интеграция Началось объединение активов для создания авиадвигателя пятого поколения»,ВПК, 2010.04.27(http://www.aviaport.ru/digest/2010/04/27/194329.html)

[41]Александр КУЗНЕЦОВ, «Виктор Чепкин. Наш ответ... бразильцам?», РФ сегодня, No.10, MAY,2011

[42]«India, Russia close to PACT on next generation fighter», Business Standard, New Delhi January 05, 2010

[43]«От истребителя к ракетоносцу», Голос России, 01.MAR.2010

[44]網路搜尋關鍵字:Радар-блокер для Т-50

[45]«Piotr Butowski provides the latest news on the Russian PAK FA fighter», Air International, APR.2012

[46]MAKS2011訪問資料

[47]UAPO官網型錄:http://www.uapo.ru/stdnp8.php

[48]«Двигатели-2012»展覽資料,19.APR.2012

[49]«Качество новых двигателей производства ОАО "УМПО" и ОАО "НПО "Сатурн" обеспечило успешный полет ПАК ФА», ОАО УМПО, 25.NOV.2011

[50]Александр КУЗНЕЦОВ, «Виктор Чепкин. Наш ответ... бразильцам?», РФ сегодня, No.10, MAY,2011

[51]Илья Исаеев, « «Серце» 5-ого поколения», Ввести, 24.SEP.2011

[52]«"Изделие 129" для ПАК ФА создадут раньше срока», Lenta.ru, 13.APR.2011

[53]«Создание двигателя 2-го этапа для ПАК ФА идет с опережением сроков», ИТАР-ТАСС, 13/APR/2011

ГЛАВА 12

T-50的航電系統與機上設備

一、探測、射控、與電戰系統

PAK-FA最重要的作戰用航電系統稱為「多用途整合式無線電系統」(MIRES)，意思是包括雷達、無線電預警、電戰、通信、敵我識別等在內的所有無線電系統在一開始就視為單一的複雜系統而進行研發，而不是將獨立的系統加以整合，如此一來各無線電系統的相容性更高，更能發揮使用效率，另一方面各系統可使用通用技術，甚至能加以整併(例如同一天線兼具探測與識別功能等)，縱而減少重量與成本[1]。MIRES的研發主導權於2004年被授予Tikhomirov-NIIP公司，由其統合其他著名的航電研製機構執行研發計畫。2006年完成MIRES計畫答辯[2]。MIRES的探測雷達部份包括前、後、側視相位陣列雷達，在波段上包括X、L甚至毫米波段，而且為了滿足多用途的需求，將採用主動相位陣列天線。據NIIP總經理Yu. Beli早期的說法，側視陣列將不會內建於機身，而是配備於外掛莢艙內，而豪米波段則是未來的擴充項目。

除了無線系統外，PAK-FA還配有UOMZ研製的101KS光電系統，整個系統包含前視光電探測儀、分佈式光電感測器、對地攻擊莢艙、以及主動光電防禦系統。這樣一來PAK-FA使得不論是在探測、射控還是警戒都有多種頻譜可用。

MIRES計畫在硬體方面需要研製各種波段與用途的主動陣列天線。NIIP的副總經理暨X波段主動陣列天線總設計師A.I. Sinani指出主動陣列雷達是分三個層次發展：

〈1〉 建立基本元件庫：開發通用的高頻電路元件(放大器、移相器、衰減器等)、控制元件(智慧開關、記憶體等)、供電元件等。

〈2〉 完成天線單元：不同天線系統的設計者從前述基本元件庫中取得所需的元件，而後完成具有完整功能的天線單元。

〈3〉 總裝並完成整個雷達系統。總師認為這種多層次的通用設計方法相當具有彈性，可以輕易依據所需功能與波段而設計出適用的天線系統。他同時也指出，根據NIIP專家的分析，美製主動陣列天線的「磚」或「瓦」構造對於設計多用途的智慧化AESA來說太過僵化且昂貴，例如必須針對不同用途與波段的雷達開發專屬的發射接收單元等，因此NIIP並未跟進[3]。

參與MIRES計畫的都是重量級的無線電、雷達研究單位。如Tikhomirov-NIIP本身研製了世上第一種戰機用相位陣列雷達(MiG-31的Zaslon雷達)；Pharzotron-NIIR曾研製MiG-29改型的Zhuk系列雷達，更於1993～1994年獨立展開主動相位陣列雷達的研發，其於2005公佈的Zhuk-AE更是第一種完整的俄製主動相位陣列雷達；聖彼得堡的Leninets公司曾研製Su-34的相位陣列雷達，亦有多年研究主動陣列雷達的經驗。除了以上三個擁有完整雷達系統研發經驗的單位外，還加入了在主動陣列天線的研究上有特殊專精的單位，如NPP Istok(後來提供X波段GaAs天線單元)、NPP Pulisar(後來提供L波段天線單元)、由2000年諾貝爾物理獎得主Zh. Alferov(其獲獎原因正是在半導體、微晶片方面的成就)主持的Ioffe物理技術研究院等。而負責量產的梁讚國家儀器工廠(GRPZ)也加入研發計畫，讓研發與生產者之間不會出現斷層，在AFAR尚未公開時，GRPZ便已具備量產主動陣列雷達之能力。

第五代雷達系統型號為N-036。以下以各天線的型號分別介紹：

1. AFAR-X主動相位陣列雷達

技術諸元

暫稱為AFAR-X的主動相位陣列雷達(圖1～6)，約有1526個由NPP Istok研製的砷化鎵(GaAs)主動天線單元，每個峰值發射功率10～12W，能量效率超過30%[4,5]，接收模式噪音3dB，相位差控制的方均根誤差6度[6](注意這不是波束角度，而是相位差)。俄媒報導其能追蹤60個目標並打擊其中16個[7]。由天線功率估計其總峰值功率約15kW～18.5kW，小於Irbis-E的20kW。但考慮被動陣列雷達有傳輸損耗而主動陣列

▶ 圖2 AFAR-X雷達正面特寫

◀ 圖1 MAKS2009年首度公開(僅公開一天)的AFAR-X主動相位陣列雷達實體

▶ 圖4 MAKS2007展出的AFAR-X天線模組

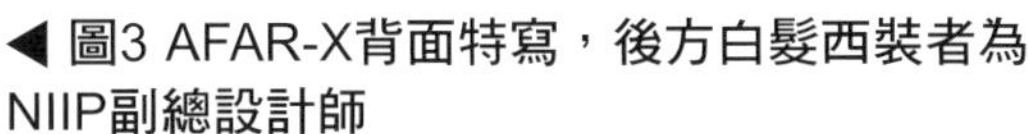

◀ 圖3 AFAR-X背面特寫，後方白髮西裝者為NIIP副總設計師

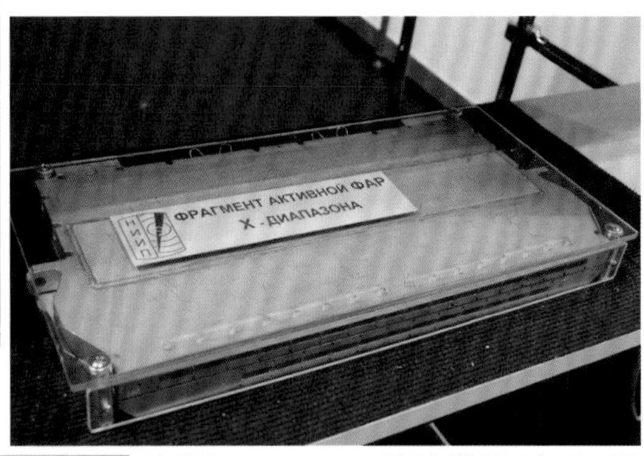

◀ 圖5 AFAR-X天線模組(右下)與AFAR-L，從中可感受AFAR-X模組的大小

▶ 圖6 裝配中的AFAR-X雷達。NIIP

雷達幾乎沒有，則Irbis-E真正發射出去的功率約是16～18kW(假設傳輸損耗為10～20%)，即在處理能力相同的情況下探距相當。如果再考慮T-50的電腦系統運算能力更強、以及主動陣列天線能在相同時間內變化出更多模式的波束來探測同一目標，則AFAR-X探測距離理論上會更高。

天線匿蹤設計

AFAR-X實體可發現雷達基座略為上翹的設計，而一號機與二號機的雷達罩與前機身交會處亦隱約可見有此安排，此種設計能減少天線造成的正面RCS。NIIP的多位專家表示，主動陣列雷達因為較厚重的關係而不會採用像Irbis-E那樣的機械輔助掃描設計，而是以側視陣列來增加視野。其中一位專家並表示，側視陣列因為較小所以探測距離當然會比主雷達小，但可藉由延長觀測時間來稍微補償探測距離。其實PAK-FA一開始就設定要有側視雷達，甚至由於側視雷達構造較簡單，而可能反而比前視雷達先完成開發[8]。

在相同處理技術下，主動陣列雷達的探測距離約與口徑成正比。因此若口徑900mm的前視雷達對戰機與空對空飛彈的探測距離分別是400km與90km，則口徑450mm與300mm的側視雷達分別是200/45km與133/23km。

仿生設計的雷達

NIIP的主動陣列雷達在設計出發點就與西方劃清界線：有別於西方式以像「磚」或「瓦」的發射接收模組為主像砌牆一樣建構出整個相位陣列天線，NIIP採用仿生設計。據報導，NIIP的專家在研究後認為，為了開發符合未來需求的智慧型多用途天線，必須捨棄西方的「磚瓦架構」而採用新方法，而其找到的方法便是採用仿生化聚合物設計。在AFAR-X研發前幾年，NIIP的天線設計部門便發現相位陣列雷達的運作機制皆可在生物催化反應中找到類比：

例如某些生化聚合物在催化反應中調整酵素的催化行為，可以類比成相列雷達中天線之間要有精準的振幅與相位差等；而某些生化聚合物在生化反應中能平衡合成與分解機制，可以類比成相列雷達中對操作溫度的控管；生化反應中的同化與新陳代謝過程則類比於發射與接收；而核酸在生物反應中的控制作用，就相當於相位陣列雷達中的控制系統、、、。

據此概念，NIIP工程師將相位陣列雷達的幾個功能與生化反應取得類比，而後從生化反應中取得靈感造出這種「仿生」雷達。據指出，生物體內化學反應對內外在影響的緩衝、自適應能力，正是一部未來雷達所需要的，而這種取自大自然智慧創造的雷達自然是有優勢的，因為眾所周知，生物的演進歷史是遠超過人類科技的。依據這樣的仿生概念NIIP開發了一系列技術，2005年公開的AFAR-68(Epaulet-A)微型主動相位陣列雷達便是這種仿生雷達的技術原型[9]，該雷達驗證了這種仿生雷達的設計概念與生存性。該雷達每個單元峰值功率6～8W，能量效率30%，接收端噪音係數3dB[10]。

據指出，NIIP的這種仿生天線設計在單位重量、耗電、能量效率方面與西方產品相當，而在雷達工作模式、信號處理(包括處理可以提升隱匿性與抗干擾性的超短脈衝)等方面擁有顯著的優勢[11]。

製造過程中做整體優化

不論是AFAR-68還是後來公布的AFAR-X，從中可見NIIP的X波段主動陣列天線是由許多內含有大量通道(超過10個)的線形陣列構成的。總設計師A.I. Sinani指出，每一個線形陣列內的每一個通道在製造過程中都接受自動量測，相關參數會傳至統一的資料庫；待整具天線組裝完成後，再進行振幅與相位分布量測，參數亦送至前述資料庫中；之後整具天線在設定有各種模式控制參數的電腦控制下進行各種模式的操作，以此搭配特殊的演算法對天線進行校正(校正個別天線的控制值以使總結果與設計值同)。整個過程需要數億次的測量[12]。以上過程簡言之便是在整個天線完成組裝後再進行最佳化，如此將可移除製造過程中的各種誤差，因此有理由相信AFAR-X至少在波束控制的精準度上會有相當出色的表現。

試驗進度

AFAR-X的收發模組於2007年莫斯科航展(MAKS)首度公開，並於MAKS2009公佈雷達實體，成為航展熱點。總經理Yu. Beli表示，實驗型AFAR-X已於2008年11月完成初步實驗室試驗並移師進行復雜的地面試驗，從中曝露一些設計問題。在分析這些問題的同時也進行第二具雷達的組裝，二號雷達已可視為原型雷達，預計於2009年底完成，將移除先前地面試驗曝露的缺陷[13]。據指出天線本身會更早完成，因此先前曝露問題可能並非出在主動天線。試驗計劃預計額外建造若干雷達，包括用於飛行試驗者，預計2010年中完成[14]。由於試飛基地稍早已完成NIIR的Zhuk-AE主動相位陣列雷達的飛行試驗，其經驗將有利於AFAR-X的飛試進度。據2010年底NIIP總設計師專訪，AFAR-X已準備進行飛行試驗[15]，可見進度如同預期。

在2011年莫斯科航太展前夕Yuri Beli表示，當時已有3具AFAR-X雷達，第一具是2009年展出的，第二具在2011年開始地面試驗，短期內將交給蘇霍伊公司用於PAK-FA的地面試驗。第三具雷達已完成廠商試驗，預計年內交付蘇霍伊公司用於第三架飛行試驗機(T-50-3)(圖7)。已開始組裝第四台，並開始製造第五台。同時GRPZ也在準備主動陣列雷達的量產工作[16]。

生產分工

AFAR-X基本上是全俄製的(無線電部件全俄製，控制晶片部分進口[17])，但生產收發模組的機具是由日本等國進口。目前已建立兩條生產線，一條生產晶片(建立在NPP Istok，用於生產X與K波段微波晶片，採用0.1微米製程，年產能100萬片[18])，另一條將晶片裝入電路板(圖8～10)，據稱生產線高度自動化，幾乎移除了人為因素。已開始轉移生產文件至梁贊國家儀器製造廠(GRPZ)進行生產準備，預計每年可生產50具AFAR-X[19]。俄國兩大雷達廠商均在MAKS2009期間透露主動相列雷達的量產能力，Pharzotron-NIIR的總經理在訪問時向筆者表示，其已改良生產程序，使Zhuk-AE的產能從過去的年產10具提升至50具。此外，AFAR-X也可用於改良型戰機。不過Yuri Beli也在MAKS2011前夕明白指出所遭受的困境在於提供基本元件的NPO Istok產能與良率不足。他表示，根據2007～2008年

◀ 圖7 T-50-3已裝上帶防雷條的雷達罩，應是裝備了雷達

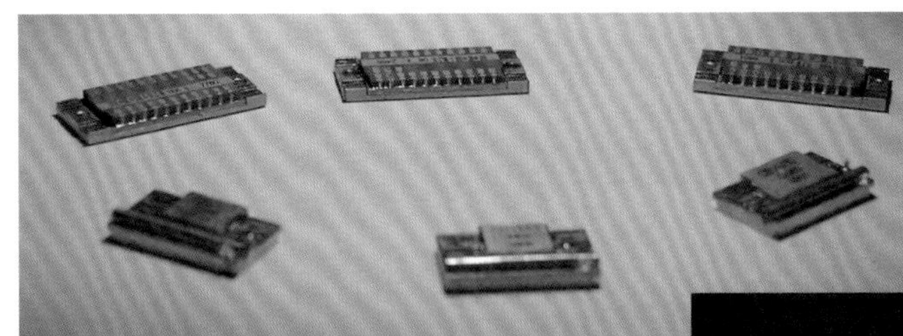

◀ 圖8 AFAR-X的基本元件

▼ 圖9 AFAR-X基本元件組裝

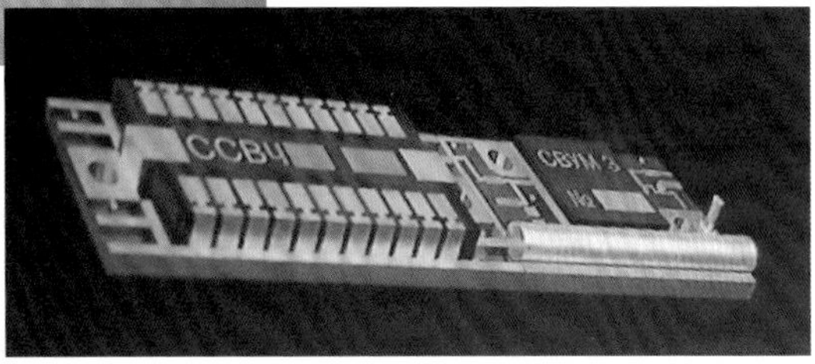

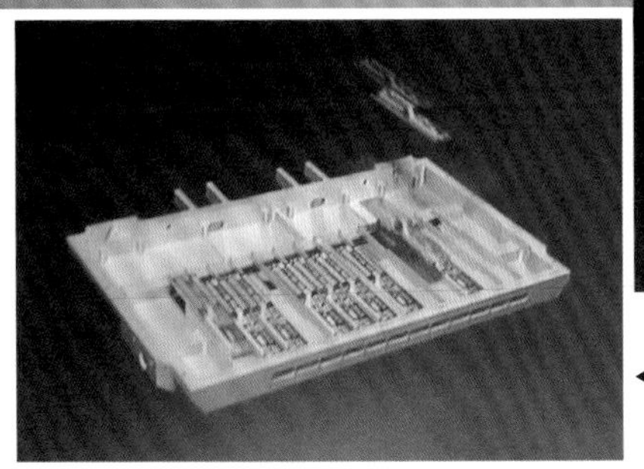

◀ 圖10 AFAR-X基本元件裝入模組中

的國防預算計畫，應提供資金給Istok進行生產設備的更新，但至今尚未落實，這導致生產的元件可靠性與精確性不足[20]。

未來展望

目前各國的主動相位陣列雷達的收發模組多採用砷化鎵(GaAs)半導體元件，峰值多在15W以下，如美製APG-77每個單元峰值亦為10W左右，俄製Zhuk-AE則為5W。這除了是考慮到飛機的供電能力外，其實主要是受到冷卻需求的制約。提高功率會伴隨越多的熱量而降低性能甚至損壞元件，這不僅需要更高功率的冷卻系統，甚至連冷卻系統都不好設計(一方面是因為半導體材料導熱性不夠好的原故)。解決這個瓶頸的方案之一是以氮化鎵(GaN)取代砷化鎵。為AFAR-L雷達研製收發模組的NPP Pulisar便在開發一系列氮化鎵收發模組，據稱其操作溫度範圍、極限溫度、飽和電流都較GaAs高出許多，因此發射功率可以較GaAs者高出一個量級。據介紹，GaN元件可以在30～50V，300以下工作。NPP Pilisar研製完成的一種GaN主動陣列元件是將GaN參雜在藍寶石基板製成。元件噪音係數<2.7分貝，放大係數>10分貝(對10GHz的波，即X波段)，功率30W，重要的是不需要冷卻系統與限流保護電路，因此重量與體積可以大為減少。目前還在開發一種將GaN參雜在矽或碳化矽上的元件，這種基材熱傳導性比藍寶石更好，允許更大的發射功率。屆時在C波段功率可達200W，在X波段則達80W[21]。

雖然這些高功率GaN元件構成的主動陣列雷達最大耗電量可能超過戰術戰機的供電能力，使得比較適合用於預警機、防空雷達等。但可以預料在戰術戰機上其可以降低功率方式完成射控雷達的任務並減輕重量(因為可以省略一些冷卻系統與保護裝置)，而本身耐受高功率特性則可用來防禦未來的「無線電聚焦硬殺」技術(將主動陣列雷達的高功率聚焦在小面積上燒毀敵方無線電天線線路)。

2. AFAR-L主動相位陣列雷達

T-50主翼翼根各裝有一組AFAR-L(L波段)主動相位陣列雷達(圖片見第三章與附錄六)，另外由原型機照片觀察，T-50的進氣道可動前緣前端有著與主翼前緣的AFAR-L相當的尺寸與顏色，故可能也裝設AFAR-L，換言之T-50上可能有高達4套AFAR-L雷達(圖11)。這意味著相當於8或16套完全獨立的L波段無線電設備。

AFAR-L有12單元與16單元之版本，MAKS2007與MAKS2009展出的是12單元版本。其每個收發單元內建

▲ 圖11 T-50進氣道可動前緣前端顏色與主翼前緣的AFAR-L的天線罩類似，長度亦接近，可能是第二對AFAR-L的位置。若然則T-50將有4套AFAR-L，相當於8～16套獨立的L波段無線電設備。 Sukhoi

4個獨立發射通道與2個接收通道，操作頻率1～1.5GHz，峰值200W，能量效率40～60%甚至達70%(視操作頻率而定)。能在水平方向進行+-60度的電子掃描。AFAR-L集敵我識別、空中管制、通信、射控系統、飛彈主動預警等多重功能於一身，研判可能還有針對許多資料鏈通信與預警機雷達的被動偵查與干擾功能。兩套AFAR-L的總視野取決於主翼掠角，在Su-35BM上總視野在+-100度以上，在T-50上角度更大，可能在+-110度左右。

AFAR-L最主要的特色是透過較大的總口徑而具備相當於MiG-21所用的X波段雷達的方位精確度，這使其可進行遠程高精度敵我識別、保密通信、以及以特殊方式訂定射控資料。此外L波段的繞射能力增強對匿蹤目標以及樹下目標的探測能力。12單元版本對RCS=1平方米目標探距應在50km以上。若採用16單元版本，則探距可提升15%左右。由於匿蹤戰機邊緣難免有繞射，使得RCS應難免在1平方米上下，這時AFAR-L可能會有很好的探測效果。除此之外AFAR-L可能可用來對Link-16等寬頻通信信號與衛星通信信號做預警與主動干擾。關於AFAR-L的詳細討論請參考附錄六。

3. 後視雷達、側視雷達與毫米波雷達

由T-50原型機減速傘安置方式、尾椎末端材料、以及尾椎尺寸顯示其設計上考慮了後視雷達(圖12)。MAKS2011公開飛行的T-50-1原型機的機尾便裝有類似Su-35的尾椎，應是用於試驗某種已經存在的後視雷達(先搭配以前已經

▲ 圖12 第二次試飛時降落中的T-50，降落傘艙位在尾椎上方，如此一來尾椎處便可安置雷達等設備。 Sukhoi

▲ 圖13 Irbis-E廣告影片上展示了與後視雷達並用的狀況

測好的雷達罩，這樣能避開T-50全新的雷達罩外型造成的影響)。目前除了在Irbis-E雷達的介紹片中出現與後視雷達並用的畫面外(圖13)，並沒有透露太多後視雷達的細節。一般認為後視雷達可能交由Pharzotron-NIIR研發，儘管NIIP也有類似口徑的雷達。

NIIR自老Su-35以及MFI開始便提供後視雷達。90年代末期推出的Faraon「法老」被動式相位陣列雷達便擁有+-70度的電子掃描視野，以及對RCS=3平方米目標70km的探測能力，更輕巧(45kg)但探距增至90km的改型可能已問世。

由此可見現成的後視被動相位陣列雷達探距大約在70～90km，就警戒用途論這已相當足夠：能在傳統戰機射程之外便發現之(現有AIM-120、R-77等級飛彈追擊射程約20km)、在15～20km發現後方來襲飛彈、或導引飛彈打擊位於後半球的敵機(若飛彈性能許可)等。PAK-FA所用的短程飛彈應是具有掉頭攻擊能力的R-73M2(產品760)，未來還有可反飛彈的K-MD(產品300)，與之搭配後即使要從後方偷襲PAK-FA都不容易。

但PAK-FA的後視雷達也可能是主動式的。可能提供後視雷達的NIIR也有主動陣列雷達。NIIR的主動陣列雷達研製始於1994年，並於2005年推出俄國第一款真正的主動相列雷達實體Zhuk-AE(圖14～16)，2008年開始進行飛行試驗，MAKS2009之前Zhuk-AE已完成飛行試驗。其研製過程大量參考西方主動陣列雷達的設計，甚至控制晶片也由西方進口，但收發模組由俄國研製。Zhuk-AE擁有680個峰值5W的天線，對戰機探距150km，採用類似技術打造的約400mm口徑後視雷達預計將

▶ 圖14 NIIR的Zhuk-AE主動陣列雷達。於1994年開始研製，是俄國第一種主動陣列雷達。 RSK-MiG

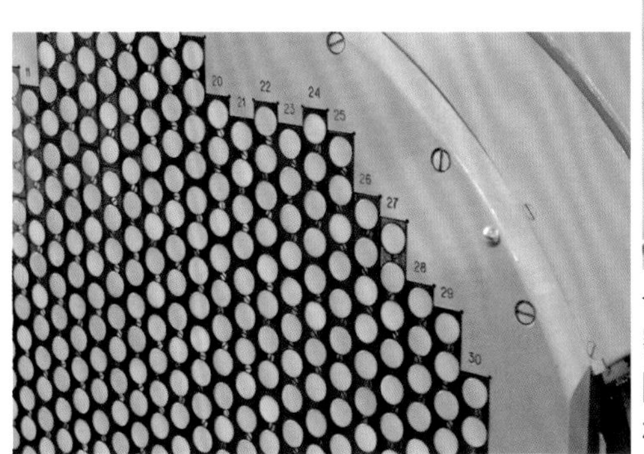

◀ 圖15 Zhuk-AE主動陣列雷達天線特寫，可觀察到天線是由許多4通道模組構成。NIIR的相位陣列雷達採用的圓形天線使其可以自由的改變極化方向，相當特殊

◀圖16 MiG-35機首特寫，深灰色部分為現有Zhuk-AE的雷達罩，其只占MiG-35雷達罩的一小部分，這種尺寸只相當於MiG-21的雷達，但卻擁有150km探距。真正給MiG-35用的雷達口徑更大，探距將達250km

有超過100km的探測距離。

MIRES系統包含了側視雷達，不過按總設計師於計劃初期的說法，側視雷達將外掛於莢艙內[22]。MIRES系統最終還可能具備毫米波雷達，不過其並非MIRES系統的當務之急，應屬未來擴充項目。俄國一些研製主動陣列天線的公司已有毫米波段的主動陣列天線技術。

4. 預警與自衛系統

多層警戒網

雷達預警接收器可說是現代戰機最重要的偵察系統(甚至重要於主動陣列雷達)。據Yu. Beli的說法，MIRES系統將包含電子偵察與電戰功能，且這些功能是建立於主動陣列天線的基礎上的。不過要以一種天線同時滿足各種任務目前實用上仍有困難(例如操作頻率不夠廣，此問題對西方國家亦然)[23]，因此這可視為MIRES的最終研發目標，或是有額外的專用於電戰的主動陣列天線，詳情仍待查證。不過像AFAR-L便可能具備預警能力：相較於AFAR-X僅能接收與主頻誤差30%以內的信號，AFAR-L可接收與主頻誤差超過30%的信號[24]，且其還要能相容於北約規格的空中管制系統，可見其操作頻寬相當高，可能足以肩負L波段電子預警甚至主動干擾任務(目前Link-16等寬頻資料鏈、衛星導航信號等皆在L波段)。估計T-50將至少擁有Su-35BM的1.2～40GHz範圍內的電子偵察能力，並藉由AFAR-L之助而對低至1GHz信號的X波段級精度預警能力等。

目前知道T-50將有相當大量的預警天線。Su-35BM的資訊來自高達150個天線感測器，這大量的感測器並非全部凸出於機身，有的是隱藏式的，因此彷彿蒙皮本身就具有感測能力一般，因此有資料又稱其為「智慧蒙皮」。這150個資訊來源扣除探測系統與大氣感測器可能就是電戰系統。據稱T-50的資訊來源是150個的數倍[25]。照片顯示T-50除了幾個已知無線電設備的天線罩外，機身各處仍有多處大小不一的疑似天線罩部分，如在風擋前方有3個白色疑似天線罩等，這些可能都是整合進蒙皮內的感測器(圖17～18)。

▶ 圖18 T-50進氣口前方的機身側面有一矩形區塊，顏色與AFAR-L天線罩類似，可能也是某些無線電感測器的位置。 Sukhoi

◀ 圖17 T-50機身上有許多疑似天線罩的部位，如圖中主雷達罩後方表面的白色小區塊(共有3個)便可能是某些感測器位置。 Internet

除此之外PAK-FA還將配有101KS-U分佈式光電系統以及101KS-O光電防禦系統(詳見稍後光電系統段落)。前者能對球狀周圍成像，用於飛彈預警與近戰，後者應是用來反制光電導引武器。至此，PAK-FA的預警系統便包括被動無線電接收器(含雷達預警接收器、資料鏈訊息等)、X波段雷達、L波段雷達、全週界光電感測器。在不考慮電磁靜默的情況下，T-50可以X波段側視雷達與AFAR-L進行主動預警，其中X波段雷達的預警距離至少在20km，甚至可能達45km以上(視陣列大小而定)，AFAR-L則估計可對+-110度範圍內，16km左右的飛彈做預警。分佈式光電系統的預警距離則應該在50km以上(詳見稍後光電系統段落)。

PAK-FA有多個預警頻道，其中又包括全自主的主動雷達探測與光電探測，將很難有漏網之魚，而相異系統間的合作甚至可以大幅增加預警可靠性，例如分佈式光電系統的探測距離甚至超過側視雷達，但資料未必齊全，若在其發現目標後引導雷達進行探測，便能在很遠的距離得到完整的目標飛行參數，這將有助於選擇正確的反制措施。

更積極的威脅反制

在威脅反制方面，除了傳統的誘餌與主動電磁干擾外，根據已公開的資料吾人已可窺見PAK-FA將採用更為積極的反制措施。例如101KS-U分佈式光電感測器能對近距離來襲飛彈進行精確定位，因此擁有指引飛彈對來襲飛彈進行「硬殺」的可能，專門為第五代戰機研發的K-MD(產品300)短程空對空飛彈便將具備反飛彈能力，過渡階段所用的「產品760」(即R-73M2)也可能有此能力。此外，101KS-O主動光電防禦系統可能用來摧毀光電導引飛彈的導引能力。

第五代戰機的電戰技術可由MAKS2009一窺端睨。2009年莫斯科航展大量展出電戰系統，甚至數個電戰廠家共同以「電戰公司」名義參展。參展的主動干擾設備(含白俄產品)的最大共同特色是數位射頻記憶體(DRFM)的使用，使能在接收信號後分析其性質(頻率、脈衝重複頻率等)並在10～100奈秒(ns)內即刻複製出相同的信號以干擾輻射源，一台干擾機便具備噪音、假距離、假速度、假方位、假目標(被鎖定後誘騙敵方使之追蹤穩定的假目標)、閃爍目標等多種干擾模式，白俄的類似產品Satellite據稱有90%的干擾效率(圖19)。此外這些主動干擾機多使用了主動陣列天線。T-50由於採用匿蹤設計，使得主動干擾所需功率不需很高，故不需要像Su-35BM那樣外掛明顯的電戰莢艙，而僅需內建於機身(圖20)。

T-50能發射雷達誘餌與光電誘餌。其中干擾絲可用後視雷達照射以產生欺敵效果；除干擾絲外，MAKS-2009展出了與干擾絲同尺寸的主動誘餌，能主動發射電磁波達6秒，並有干擾天線在前與在後兩種版本，使用時飛機可依據威脅方向而選用主動誘餌的種類(見Su-35BM自衛系統介紹)。

5. 101KS複合式光電系統

PAK-FA的光電系統式烏拉爾光學儀器製造廠(UOMZ)研發的「產品101KS」，其包含101KS-V前視光電探測儀、101KS-N對地攻擊莢艙、101KS-U分佈式光電感測器、以及101KS-O光電防禦系統(圖21～24)。上述系統一開始就被視為統一系統進行設計，並由一個處理系統整合處理。101KS系統於MAKS2011首度展出，但

◀ 圖19 白俄558工廠的Satellit-M電戰莢艙，採用DRFM技術，據稱有90%的干擾成功率。注意其下方還有掛點，其本身也可當武器掛架用

▶ 圖20 當必須的干擾功率較低時，干擾機甚至可完全內建。圖為歐洲供印度MiG-35選用的ELT-568V2電戰系統在MiG-35翼前緣延伸的部分

◀ 圖21 101KS-V(遠方者)與101KS-O(紅色遮罩者)，圖中可發現兩者體型相當

◀ 圖22 101KS-O主動光電防禦系統

▼ 圖23 101KS-U分佈式感測器

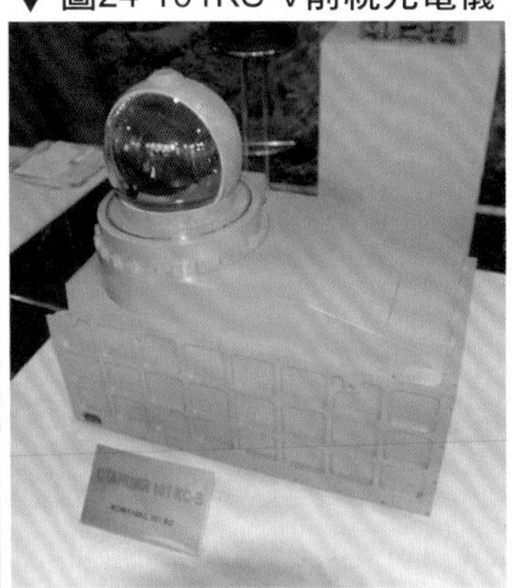

▼ 圖24 101KS-V前視光電儀

僅展示，沒有型錄也沒有解說，吾人至今只能由外觀搭配相關訊息進行推估。

其中101KS-V前視光電探測儀與101KS-N攻擊莢艙都是比較常見的光電系統類型。101KS-U則是相當於美製F-35上的「分佈孔徑系統」(DAS)，能對週圍進行熱成像，用於飛彈預警、近距導航與空戰。

最獨特的當屬101KS-O主動光電防禦系統。在飛機上安裝至少2組，各負責半個球面。該系統的尺寸與前視光電儀類似，差別僅在於具有360度操作範圍。筆者推測他可能是藉由發射雷射光來摧毀來襲的光電導引武器的導引頭；也可能其本身就是一種精確的光電探測儀，能在分佈式感測器概略發現目標方位後，對目標做更精確的方位測定與雷射測距，以便導控飛彈攻擊之。

關於101KS系統詳見附錄七。

在T-50-3的機鼻下方、鼻輪前方可見到不明的光學窗口(圖25)，還不確定是已展出的101KS的其中之一還是不知名光電系統。

6. 通信系統

PAK-FA的通信系統是由NPP Polet研發的S-111-N(圖26～27)。MAKS2011廠商展出實體。根據看板介紹，S-111N與機上的AIST-50天線饋電系統相連，採用可程式化無線電設計，具有系統架構的軟硬體重組彈性，能自行進行功能調整而同時在不同的系統與

◀ 圖25 T-50-3，可見到機首與機背的光電裝置。機背上的在未來會是101KS-O主動防禦系統的位置。鼻輪前方隱約可見不明光學窗口

◀圖26 S-111-N通信系統局部

▼圖27 S-111-N通信系統局部與天線

通信網路中工作。此外據廠商介紹，S-111-N比Su-35的S-108緊湊得多。

在資料鏈傳輸能力上將至少擁有Su-35BM的Link-16級資料鏈能力。除此之外，有幾個可能特點或未來發展潛力：

〈1〉 導引僚機飛彈的功能：在現代戰機上以資料鏈為僚機指示目標參數，讓僚機以自身飛彈作戰並不稀奇，但完全接管僚機的飛彈為己用便不甚尋常。MiG-31便已具有接管僚機的R-33飛彈的功能，此功能將可增大作戰彈性。AFAR-X雷達能同時攻擊的目標數量可能高達16個，已達到或超過T-50內掛彈數的極限，加上他將配備R-33的後續改型「產品810」因此不無可能考慮了接管僚機飛彈的功能。

〈2〉 透過AFAR-L進行L波段寬頻通信。AFAR-L操作波段正好與Link-16相當，且具有通信功能，只要有軟體支援應可達到Link-16約2Mb/s的速度。此外由於AFAR-L能調製窄波束，能只對特定方向發送，在保密通信與抗干擾能力上非常有利。

〈3〉 承上，考慮到與Su-35BM甚至其他Su-27家族的相容性以及400MHz以下無線電波段幾乎不會被偵測與干擾，筆者認為T-50不會以L波段作為唯一的資料鏈通信波段，而可能保留Su-35BM的資料鏈系統，作為最保險的語音、資料、圖片傳輸。

〈4〉 目前美軍甚至開始開發X波段主動陣列雷達的通信能力，X波段的波長更短因此可輕易提升傳輸速度，預計將可達1Gb/s級[26]。PAK-FA的電腦系統擁有相當大的運算速度並以許多1Gb/s級或1Gbaud級的傳輸介面當骨幹，若搭配主動陣列天線的高反應速度與高頻寬，則PAK-FA也將具有歐美發展中的數百Mb/s甚至1Gb/s傳輸速度的潛力。與印度合作的FGFA計畫中，便以達到或超越F-35的資訊化、網路化能力為目標[27]。

二、中央資訊系統

1. 電腦系統

PAK-FA將採用共點式資訊整合概念，由一套中央電腦統一處理全機資訊，如此一來中央電腦硬體可規格化、各種航電功能可共用許多運算邏輯，因而能節省成本並擁有較好的升級空間。

PAK-FA的電腦系統稱為Solo-21，目前缺乏正式資料，不過在MAKS2009與MAKS2011已分別出現性能超越Su-35BM的Solo-35系列電腦的中央電腦：RPKB設計局的BVS-1與GRPZ的N-036EVS。由於T-50的雷達系統就叫做N-036，故N-036EVS應該就是T-50的中央電腦。

GRPZ的N-036EVS機載電腦

GRPZ在MAKS2011展出了據稱是給下一代戰機使用的N-036EVS電腦(圖28)。由於T-50的雷達系統就是N-036，因此N-036EVS可能就是真正給T-50用的中央系統。

相較於Solo系列電腦與BVS-1那樣連處理器速度、記憶體容量都大方的公開，N-036EVS保守許多。N-036EVS由2台完全相同的高速電腦與1台轉換器構成，2台電腦本身就是統一處理全機信號與資料的中央電腦，彼此之間可直接交換資料，或透過轉換器交換資料而整合成為全機的運算核心。轉換器同時也擔負對外界數位-類比資料交換的責任。當其中一部電腦故障時，另一部電腦可接手其部分任務而不致系統癱瘓。電腦本體尺寸370x250x200mm，交換器為370x125x250mm，兩者都採密閉容器設計而具備抗機械負荷與耐濕能力，採高壓氣冷。

▲ 圖28 N-036EVS電腦。由兩台完全同的電腦與一個轉換器組成

電腦系統內的資料交換介面為8條1Gbaud光纖。對外交換介面則有6條1Gbaud光纖、2條備份用於影像輸出的1Gbaud光纖、ARINC-429單向傳輸介面(16發/32收)、8條備份用GOST R 52070-2003雙向交換介面、24個類比通道、以及16個串行代碼交換通道(RS-232C介面)。由此已能知道N-036EVS資料傳輸量相當龐大，至於實際傳輸速度，由於標示的1Gbaud是指每秒有1G(10億次)的信號變化次數，而實際上可用編碼技術讓1個信號週期內帶好幾個位元(bit)的資訊，因此1Gbaud實際上相當於好幾個Gb/s。

在場技術人員表示，2009年時N-036EVS便已在研發，目前展出的已是準備投產的成品。N-036EVS性能強大，目前其大量資源都還沒用上。

雖然廠商沒有公佈處理速度，但從其資料傳輸量便暗示其有相當強大的運算能力。Solo-35電腦由300MHz與500MHz處理器以及128和512MB記憶體組成，總運算量超過25億次資料處理與1680億次浮點運算，總共數GB記憶體，1Gbaud光纖通信僅局部採用，剩下的非光纖通訊介面亦多有1Gb/s級的頻寬。更新銳的BVS-1電腦重15kg，由1.5GHz晶片組成，有數GB記憶體，僅通用處理能力(不算信號處理能力)就達每秒120億次，並且已採用光纖當作資料交換骨幹。從這些參考數據不難猜出N-036EVS的速度等級。事實上就算是Solo-35的處理能力就已超越2005年時論證的第五代戰機基本需求。

關於第五代電腦的詳細內容(含Solo-35與BVS-1詳細資料)詳見附錄八。

2. 「電子飛行員」

T-50的許多操作過程都自動化，另外還配有被喻為「幾乎擁有人類智慧的電子飛行員」的專家系統以協助飛行員。所謂的「專家系統」其實是一套複雜的程式，能隨時分析各種資料並「審時度勢」而給予飛行員建議。相較於「自動化」旨在自動處理不需動腦的操作程序(如飛行時油門控制等)，專家系統特別適用於無法以電腦求解而需要人為「做決定」的場合(如遭遇飛彈攻擊時該如何反制)，在極短的時間內分析各種解決方案的可行性，並以建議方式告知飛行員。而在飛行員選定方案後，飛機便可自動執行。有了這樣的系統，飛行員可將絕大多數精力用於執行任務而不是操縱飛機與分析戰況，各種人為錯誤的可能性降到最低。

俄羅斯在專家系統的研製上頗有經驗，許多科研單位都有研究針對不同場合的專家系統，如「導航」、「團隊接戰」、以及「1對1遠程作戰」等，部分專家系統甚至已用於改良型戰機。由航空系統研究院(NIIAS)等單位研制的「決鬥」1對1遠程作戰專家系統便是以敵我飛彈性能參數(導引方式、射程等)與敵我戰機飛行狀態(速度、高度等)的分析為核心，分析出雙方攻守能力的比較，而提出作戰建議，這之中也包括主被動干擾系統的使用等。據俄國文獻指出，在與「決鬥」類似時期歐美開發中的遠程空戰專家系統還有美國與以色列合作的「飛行員諮詢系統」(PADS)，GEC等公司合作的「任務管理助手」(MMA)，與西方相比，「決鬥」是功能最複雜的一種。例如，PADS考慮沒有干擾的1對1空戰；MMA考慮含機動反制的1對1空戰；「決鬥」則考慮含干擾措施與機動反制的1對1空戰。而在PADS只完成交戰雙方在相同高度各發射1枚以下飛彈的電腦模擬試驗時，「決鬥」系統已完成交戰雙方在三維空間內各發射不只1枚飛彈且進行干擾的戰況的電腦模擬，可見俄國在專家系統研究上的成熟度。

依據2005年的文獻，第五代戰機專家系統約需每秒15億次的資料處理運算量，Su-35BM的中央電腦已足以支援該需求，而五代戰機的資料處理能力高達每秒120億次以上，為更近一步的人工智慧提供了硬體基礎。關於專家系統的介紹詳見附錄九。

三、其他設備

1. 座艙

T-50模擬座艙的顯示器佈局與Su-35BM幾乎相同，可能使用相同的顯示器，Su-35BM所用的MFI-35多用途顯示器與MFPI-35控制面板皆有1Gb/s頻寬的光纖通道，應足以應付五代戰機的需要。但T-50抬頭顯示器改為類似西方戰機的大尺寸繞射式抬頭顯示器(圖29)。

T-50的操縱桿採用「非接觸式」設計(圖30～31)，以觸動按鈕時按鈕與駕駛杆的相對差動造成的電磁感應傳遞操縱信號(而不是像電視遙控器或鍵盤那樣要接觸按鈕下的電路板)(註1)使得操縱鈕的分布可以更靈活、也可以在操縱桿上整合更多操縱鈕縱而讓「手不離桿」概念更加落實，而體積也更小，使用起來更舒適。此種操縱桿已研製多年，2007年莫斯科航展展出的移自測試平台上的實體樣本外觀看似歷經滄桑，可見至當時已測試一段時日。至MAKS2009甚至已推出供俄軍Su-35S使用的版本。

▼ 圖29 首飛當天的T-50，透過風擋可見到微發綠光的繞射式抬頭顯示。 Sukhoi

(註1：每一個操縱鈕含有一組線圈與非鐵磁性金屬。控制系統為線圈通電而建立磁場，非鐵磁金屬本身就是控制鈕因此在飛行員進行控制時會相對於線圈磁場運動，這時非鐵磁金屬本身會感應產生反向磁場，而改變線圈內的電流。控制系統便藉由感測這改變的電流而反推操縱命令。)

▲ 圖30 MAKS2007展出的為T-50研製的非接觸式操縱桿，其外觀相當斑駁，係移自實驗平台參展之故

▼ 圖31 非接觸式操縱桿的控制箱

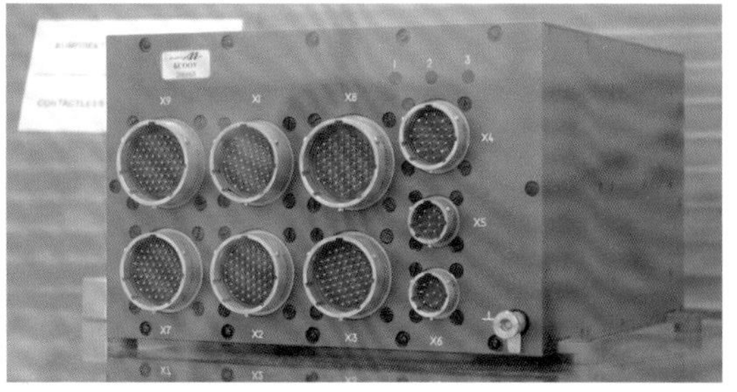

2. 新一代彈射椅、維生設備

從彈射椅、防護設備、到防護頭盔都是由專責人因工程與飛行員防護的星辰設計局(NPP Zvezda)研製的。該企業研製的K-36D系列彈射椅是最好的彈射椅，救生範圍較西方彈射椅大，且確實能發揮效用，幾乎能用於各種可能的飛行條件(海平面0～1400km/hr，高空達3馬赫皆可安全彈射，相較之下歐美彈射椅安全速度只有1000km/hr以下)拯救飛行員並且允許其返回飛行行列[28]。目前Su-30MK系列、Su-35BM上的K-36D-3.5E便是美國考慮到自身彈射椅不足以應付F-22超音速巡航時可能的彈射需要，而在90年代初期出資與俄羅斯合作開發的，其性能完全滿足F-22的操作需要與美軍規格。原計畫讓俄國開發完成後轉移技術製美國，用於F-22，但俄國政府基於國家安全的顧慮審核了5年才批准，等不及的美國則已轉而採用英國馬丁貝克的改良型彈射椅[29]。這段「與猛禽失之交臂」的歷史插曲雖然有點遺憾，但卻反應了K-36系列彈射椅的優越性。

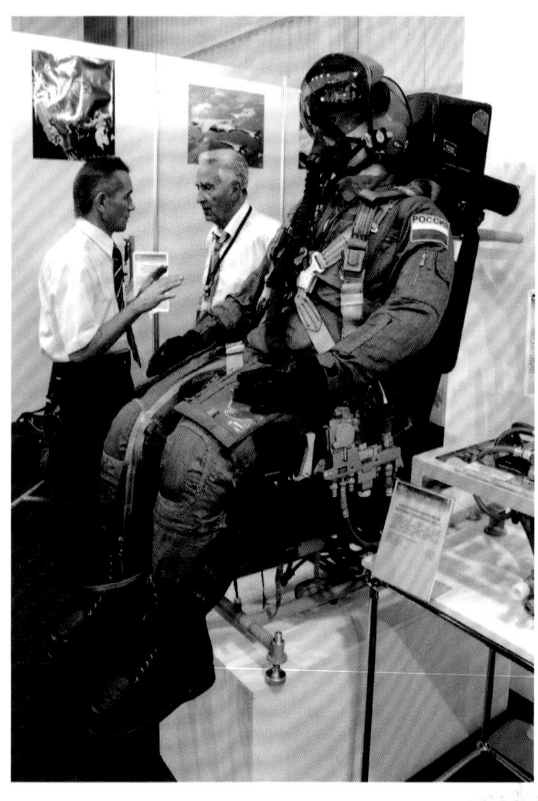

◀ 圖32 K-36D-5彈射椅，添加按摩與電熱功能，後方白髮者為K-36系列彈射椅的總設計師

K-36D-5彈射椅

第五代彈射椅稱為K-36D-5(圖32)，除了擁有更精進的救生能力外，還配有按摩與電熱等相當人性化的功能[30]。K-36D-5彈射椅能確保體重55～125kg的飛行員在高度0～20km，速度0～1300km/hr範圍內(包括0高度0速度)安全彈射[31]。與4+和4++代戰機所用的K-36D-3.5相比，飛行員允許體重更廣，低空彈射性能更好，操作更簡單。首席副總設計師Rafeenkov並且強調了K-36D-5的椅背設計，他表示現有座椅的頭靠與椅背設計是確保頭與背部幾乎在共平面以保證彈射時的安全，但這使得飛行員在空戰中不方便向後看，K-36D-5的椅背可以視飛行員喜好向前調，這樣在飛行員背部與頭靠之間便多出空間而方便飛行員頭部的活動(圖33)。而在彈射時，椅背會自動後縮，避免飛行員頭部因高速氣流的吹拂而撞上頭靠[32]。

部分資料(包括俄文維基百科)指出新一代彈射椅採用可調傾斜角設計，筆者向副總師求證，他表示，蘇聯時代的確有這研究，後來解體後沒經費，這研

◀ 圖33 K-36D-5的椅背平常可前移，方便飛行員向後觀望，彈射時椅背會自動收回，確保飛行員頭部與背部位在同一平面

究便沒再繼續，K-36D-5上是沒有這種設計的。

這種彈射椅的研製與T-50平行，已安裝於T-50原型機試飛，如無意外將於2010年底完成試驗[33]。

ZSh-10防護頭盔

防護頭盔稱做ZSh-10(圖34)，其技術需求是比現有的ZSh-7(圖35)更便宜，必須更輕且固定性要更好，因為新一代頭盔瞄準具要求頭盔必須能與飛行員頭部牢牢固定。此外頭盔使用壽命必須延長至15年。總設計師表示，研製ZSh-10頭盔時參考了法國與以色列的頭盔，不過不可能完全照抄，因為總設計師個人認為這些外國頭盔「看似塑膠玩具，大概只能用個兩三年……而更重要的是，這些西方頭盔未必能在俄製彈射椅的彈射速度下保護飛行員(西方彈射椅操作條件沒有俄製者廣)」。ZSh-10預計2010年底完成設計，在T-50首架飛行試驗機上用的仍是舊款的ZSh-7頭盔[34]。據MAKS2011的展出資料，ZSh-10頭盔減重至1.35kg，較上一代的ZSh-7APN輕了350公克，預計2012年投產。其內有電子系統，萬一彈射時飛行員忘了蓋下眼罩，眼罩會自動蓋下克服高速氣流的傷害。此外，ZSh-10頭盔、K-36D-5的頭靠、以及KM-36M氧氣面罩都有防爆設計，避免在碰撞事故時座艙破片傷及飛行員頭部。

▶ 圖34 第五代防護裝具與ZSh-10防護頭盔與PPK-7抗荷服

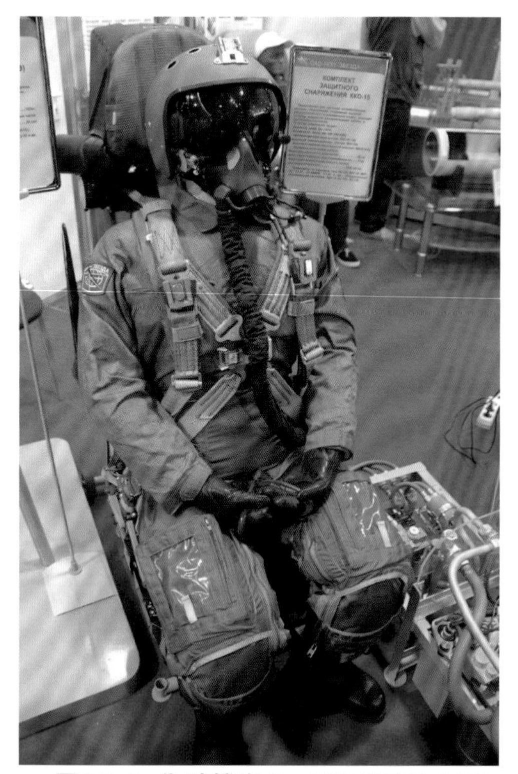

▲ 圖35 4+代戰機與Su-35BM的K-36D-3.5E彈射椅與裝具，其頭盔為ZSh-7，頭盔上的方塊狀物為頭盔瞄準具固定處

PPK-7抗荷服與主動抗荷裝置

T-50的維生系統包括新一代的PPK-7抗荷服與飛行員意識監測系統，能確保飛行員承受超機動下的三軸重力負荷、在飛行員喪失意識後挽救飛機、並提供舒適的溫度與提供氧氣。

PPK-7抗荷服最大的特點是擁有「三軸抗荷能力」：除了傳統的前後、上下的G值外，也能防護現有系統無法防護的側向G值，而這是超機動飛行中很可能出現的負荷[35]。抗荷服內有更多小型充氣囊以增加充氣囊與飛行員身體的接觸面積，再加上手部的加壓處理，提升飛行員的抗荷能力。相較於上一代的PPK-3R-120，飛行員的持續抗荷時間增至2倍[36]。此外與傳統抗荷服是在G值產生後才「被動」加壓不同，新型抗荷服藉由先進電子系統而能在重力負荷發生前1/10秒級時間內提前加壓，這樣可以避免飛行員在高G值發生瞬間因抗荷系統來不及反應而失去意識[37]。與K-36D-5彈射椅搭配下其抗荷能力為垂直方向-4～+9G，前後方向+-6G，橫向+-4G。PKK-7有10種尺寸，其中最大的重2.8kg[38]。

飛行員意識監測系統

飛行員意識監測系統能智慧化的監視飛行員的意識狀態，其詳情並未公開，但大致的運作機制是，一但飛行員沒有系統等待的某些回應，系統便判定飛行員已失去意識，此時系統會強制取回操縱權，而將飛機強制改為平飛，這種系統可以避免類似2009年3月時F-22的飛行員因機動過程中喪失意識而造成的飛安事故[39]。Su-35BM上也有所謂的「飛行員狀態監測系統」[40]，且跟據早期媒體(2005年)報導顯示，其運作機制與前述T-50使用者相同[41]，因此俄國對這類系統的發展可能已有相當時日。

筆者認為這套系統將可能是俄國繼K-36系列彈射椅後在航空救生技術上的又一大突破。在不參考飛行員意識的情況下，可以想見的安全措施就是自動防撞技術，這在現代低空攻擊機上已是很常用的技術。然而實際上要讓自動防撞技術擴展至低空飛行以外的所有場合未必實用：絕對安全的防撞技術可能在很多時候反而限制飛行員發揮飛機性能(例如如果嚴格限制飛機不能大角度俯衝，安全性會提升很多，但也意味著限制很多戰術機動的使用)，而允許飛行員發揮的系統在危急時可能來不及挽救飛機。因此究竟什麼時候該放手讓飛行員發揮性能、什麼時候該強制確保飛安？這並不是很容易的事。這時飛行員的意識狀況自然是一個相當值得參考的指標。換句話說俄國這套飛行員狀況監視系統除了有確保飛安的用途外，還可以允許最大程度的發揮飛行性能。這似乎正反映了已故的K-36系列彈射椅總設計師G. Severin所說的設計哲學：「我們研發的不只是救生設備，而是讓飛行員在戰鬥中獲勝的裝備…因為用了我們的裝備，飛行員感到舒適且有安全感，縱而與飛機融為一體…[42]」

總設計師指出，這種新型維生系統已裝設於T-50首架飛行試驗機測試，亦已安裝於二號飛行試驗機。此系統將在T-50開始進行高機動試驗後方能驗証其效能並加以改進。

3. 導航系統

MAKS-2011期間「Avionika」公司展示「整合式導航-計算系統」(UNVS)，由1部BTsVM-50多用途電腦(3.5kg)與1部BINS-05無機械慣性-衛星導航系統(13.7kg)構成(圖36)，做為全機導航與飛行系統的核心。對外資料交換介面有4條備份的MIL 1553B，16條ARINC429輸入頻道，8條ARINC429輸出頻道 以及1條250MHz光纖頻道。該導航系統性能精良且在型錄上印有T-50，極可能為T-50所用。

◀ 圖36 新一代UNVS導航系統，由左側的BTsVM-50電腦與右側的BINS-05軍民兩用無平台慣性導航系統組成。其精確度已直逼雙載台相對定位系統

BINS-05是一種軍民兩用非機械式慣性-衛星導航系統。擁有極高的精確度。其姿態感測精確度為滾轉與俯仰角0.05度，角速度(三軸)0.05度/秒，加速度(三軸)0.005G。其在慣性-衛星複合導引時位置誤差<5m，速度誤差5cm/s，航向誤差5角分。平均故障間格10000小時，壽限15000小時。

這種導航精確度相當驚人，在此之前，必須使用無線電相對定位技術(兩個載台之間都有自己的定位系統，並且透過無線電通聯彼此較正)才能達到這種精確度。例如格洛莫夫試飛院於2000年開發的用於空中加油時精確定位的SRNK系統，相對位置誤差2m，速度誤差1cm/s。GRPZ推出過的一種著陸系統，其機上次系統自主定位的位置誤差20m，速度誤差10cm/s，當機上次系統與機場次系統進行無線電通聯協同定位後，位置誤差降至0.5～0.7m，速度誤差降至5～7cm/s。由此可見BINS-05的定位精度竟已相對校正技術相當，實屬高竿。

BINS-05不同模式下定位精度比較			
	慣性導引	衛星定位	複合
位置精度	每小時0.93km	<11m	<5m
速度精度	0.5m/s	5cm/s	5cm/s
航向精度 陀螺儀 磁針	、(0.05+0.0075t) 度，t為小時 、0.8度		5角分

參考資料

[1]Андрей Формин,««Тихмировские» радары для «Сухих»», Взлёт, No.8-9, 2007, ст.77

[2]«АФАР в России: прошлое и будущее», Взлёт, MAR.2007, p34-35

[3]Владимир Ильин, «Российская АФАР, вчера – мечта, сегодня – реальность», Авиасалоны мира, No.3. 2007, ст. 20-22

[4]MAKS2007，AFAR-X模組的介紹看板資料

[5]«НИИП впервые представил свои работы по АФАР», Взлёт, 10.2007, ст. 6

[6]Владимир Ильин, «Российская АФАР, вчера – мечта, сегодня – реальность», Авиасалоны мира, No.3. 2007, ст. 22

[7]Александр Пачков, «Российский невидимка», Популярная механика, NOV.2009,ст. 82

[8]««Тихомировская» АФАР готова к летным испытаниям
Интервью с генеральным директором НИИП им. В.В. Тихомирова Юрием Белым», Взлёт, 2010. No.11

[9]Влидимир Ильин, «Рождение АФАР», Аэрокосмическое обозоение, No.4, 2005, ст. 108-111

[10]«Дебют «активных»», Взлёт, OCT.2005, p10

[11]Влидимир Ильин, «Рождение АФАР», Аэрокосмическое обозоение, No.4, 2005, ст. 108

[12]Владимир Ильин, «Российская АФАР, вчера – мечта, сегодня – реальность», Авиасалоны мира, No.3. 2007, ст. 22

[13]«Тихомировская АФАР проходит испытания»,Взлёт, No. 8～9, 2009, ст.14-15

[14]«Тихомировская АФАР проходит испытания»,Взлёт, No. 8～9, 2009, ст.14-15

[15]««Тихомировская» АФАР готова к летным испытаниям
Интервью с генеральным директором НИИП им. В.В. Тихомирова Юрием Белым», Взлёт, 2010. No.11

[16]Новости МАКС2011, No.2, p20

[17]Владислав Листовский, «Мы изначально закладываемся на максимально возможные характеристики», Национальная оборона, No.7. 2009, ст. 32

[18]Ж. Алфёров, «Перспективы электроники в России», Электроника НТБ, No.6. 2004, ст.90

[19]«Длинная рука пятого поколения»,

Независимое военное Обозрение, No.28, 2009, стр. 7

[20]Новости МАКС2011, No.2, p20

[21]И.Кокорева, «Твердотельная электроника, сложные функциональные блоки РЭА. Обзор по конференции», Электроника:НТБ ,2007.3,參考網址：http://www.electronics.ru/issue/2007/3/20

[22]原文約於2005年刊載於Аэрокосмическое обозрение

[23]Василий Касарин, «Мы переходим к «АФАР»», Национальная оборона, No.2, 2008, ст.24-31

[24]MAKS2007看板資料

[25]«В 2007 году в полет отправится Су-35», АвиаПорт.Ru, 01.aug., 2005, http://www.aviaport.ru/news/2005/08/01/93476.html

[26]AESA key to US airborne network, Flight International, 20.DEC. 2005,

[27]Ajai Shukla, "Fifth generation fighters to plug into satellite network", Business Standard, 26th,Oct,2010

[28]Г. Северин, «Мы создали уникальный комплекс жизнеобеспечения и спасения лётчика в небе», Аэрокосмическое обозрение, No.3, 2005,ст.32

[29]Г. Северин, «Мы создали уникальный комплекс жизнеобеспечения и спасения лётчика в небе», Аэрокосмическое обозрение, No.3, 2005,ст.32-33

[30]MAKS2007看板資料

[31]MAKS2011產商型錄

[32]MAKS2011訪問資料

33«На ПАК ФА установили катапультное кресло пятого поколения», Lenta.ru, 23,May,2010

[34]«Защитный шлем нового поколения для летчиков ПАК ФА будет создан до конца этого года», Военный промышленный курьер(ВПК), http://www.vpk-news.ru/news/actual/shlem

[35]«Пилоты российских Т-50 избегут участи испытателя Дэвида Кули», GZT.ru, 01.JULY,2010, http://www.gzt.ru/topnews/politics/-piloty-rossiiskih-t-50-izbegut-uchasti-/312953.html

[36]MAKS-2011廠商型錄

[37]«Пилоты российских Т-50 избегут участи испытателя Дэвида Кули», GZT.ru, 01.JULY,2010, http://www.gzt.ru/topnews/politics/-piloty-rossiiskih-t-50-izbegut-uchasti-/312953.html

[38]MAKS-2011廠商型錄

[39]«Пилоты российских Т-50 избегут участи испытателя Дэвида Кули», GZT.ru, 01.JULY,2010, http://www.gzt.ru/topnews/politics/-piloty-rossiiskih-t-50-izbegut-uchasti-/312953.html

40Su-35BM官方型錄(MAKS2007)

[41]" Су-35 – четыре с двумя плюсами.", Аэрокосмическое обозрение 02/2005

[42]Г. Северин, «Мы создали уникальный комплекс жизнеобеспечения и спасения лётчика в небе», Аэрокосмическое обозрение, No.3, 2005,ст.30-33

ГЛАВА 13

T-50的武器系統

一、武器艙設計與配彈量估計

1. 龐大的內彈艙

T-50的內彈艙是其有別於F-22、F-35的一大特色(圖1～2)，包括縱列於機腹中線的2個主彈艙以及進氣口與翼根交會處的2個用於安置短程空對空飛彈的小彈艙(圖3)(註1)。有別於F-22與F-35的主彈艙設計較淺而僅能攜帶中短程空對空飛彈與小型導引炸彈，T-50的彈艙能攜帶射程達250～400km

▲ 圖1 F-22的彈艙較淺，僅能攜帶空對空飛彈或小型炸彈。 Internet

▲ 圖3 T-50仰拍圖，機腹的前後主彈艙門清晰可見，注意進氣道外側還有小彈艙。 Sukhoi

◀ 圖2 F-35的彈艙略深，但仍無法攜帶反艦飛彈之類的武器。 Locheed Martin

◀ 圖4 MAKS2011期間TMC公司展示畫面，T-50前後各帶2枚Kh-58UShKE

的大型飛彈。至今研製了兩種通用內掛架：懸吊能力700kg的UVKU-50U(自重200kg)與懸吊能力300kg的UVKU-50L(自重100kg)，通用內掛架的出現化解了以往飛彈常需使用自己的掛架而造成的麻煩。近年航空展上俄國飛彈廠商推出了多種採折疊翼設計的大型飛彈如Kh-58UShKE反輻射飛彈等，早已透露五代機能內掛大型武器的意圖。也反應出其彈艙深度至少能容納上述大型飛彈，因此部份想像圖認為其僅具有攜帶空對空飛彈的深度是不正確的。

2009年底有俄國媒體指出，T-50可內掛超過2000kg的武器，外掛武器則約6000kg[1]。2011年印度HAL公司在官網發表FGFA(以PAK-FA為基礎發展的印度版雙座五代戰機)諸元，其內掛武器2.25噸，外掛5.75噸[2]。FGFA比T-50略大略重，因此兩者數據不會完全一樣，只是這兩筆數據極為接近，因此印度的數據很有參考價值。然而MAKS2011期間戰術飛彈公司(TMC)的影片上出現T-50內掛4枚Kh-58UShKE的畫面(圖4)，這相當於2600kg的內掛量。

(註1：事實上官方並未正式公佈其彈艙佈局，許多資料也忽略這兩個小鼓包，即使注意到小鼓包的作者也僅保守的認為其可能為電戰艙或側視雷達等。然而由原型機的顏色分佈可發現，小鼓包的前後端為金屬製，側面為與其他蒙皮一樣的複合材料製造。因此做為電戰系統，其前方視野被金屬遮蔽，極不可能；做為側視雷達，其半數視野被主翼遮蔽，亦極不可能(圖5)。此外照片顯

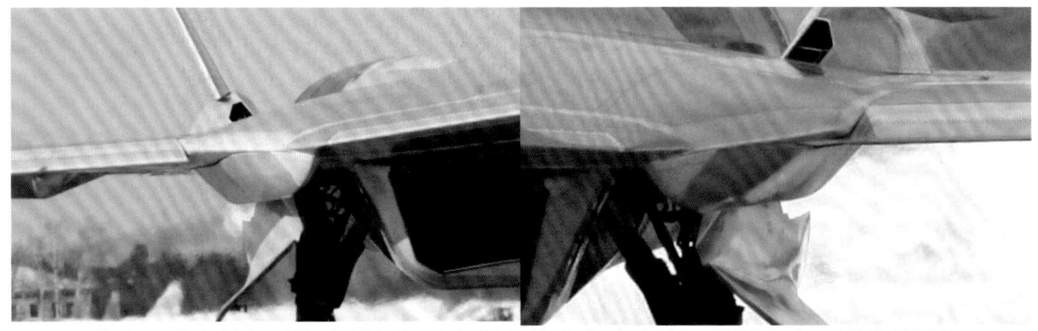

▲ 圖5 圖中可見小鼓包的複合材料部分與機身並未高度密合，看似可向下開啟的艙門

◀ 圖6 RVV-BD尾部特寫，僅上半部尾翼可折疊，為MiG-31上的R-33E的設計。但兩者構型不同，不可能是借用，因此研判T-50也有半埋設計

示小鼓包的複材部分與機身密合度不高，應以可開啟艙門可能性最高。加上在原型機公佈前，亦有俄國媒體批露T-50在兩個主彈艙外還有兩個小彈艙，以及擁有12枚空對空飛彈的驚人內掛量的報導[3]。因此兩個小鼓包應為小彈艙無誤。)

2. 彈艙尺寸估計

尺寸

依據照片推敲，主彈艙長約4.7～4.9m，寬約1.16～1.2m。這種長度能容納Kh-59系列、Kh-31、KS-172以外的所有俄製空射武器。

RVV-BD長程空對空飛彈是已確定可內掛的武器中收納尺寸最大的，其主翼展0.7m，控制面翼展1.02m。MAKS2011展出的樣本中只有上半部控制面採用折疊設計(圖6)。其折疊後與主翼同寬。雖然R-33E為了適應MiG-31的半埋式掛架也採用這種設計，但RVV-BD的尾舵、翼面與R-33E設計不同，因此不可能是借用R-33E的零件來做模型，而應是本來就這樣設計。從這裡可以推測T-50彈艙內也許採用半埋設計來節省空間。這種情況下扣除埋進去的彈翼，所需的彈艙深度為0.55m。

不過在上述配置下，2枚並列的RVV-BD會用去1.44m的寬度，這略超過了目前估計的彈艙寬度(1.2m)。因此可能兩枚RVV-BD稍微前後錯位，避開尾舵的交會，這樣主彈艙仍可掛2枚(RVV-BD長度不到4.2m，尾舵弦長也遠不及0.5m，因此前後錯位後的總長度仍不會超過4.7m)。

如果假設以後RVV-BD會將所有尾舵都摺疊，則其收納翼展略大於0.7m，約是0.5m x 0.5m的面積，由此可見T-50彈艙深度至少有0.5m，由機鼻尺寸與機腹的比對亦可推估，彈艙深度至少有0.5m。

至此由照片與可攜帶的飛彈之尺寸「交叉會診」可估計出，T-50主彈艙尺寸約為長4.7～4.9m，寬1.16～1.2m，深度0.5～0.55m，並且可能有半埋式構造。

很可能可配掛Kh-35UE

另一方面，目前已知的俄製反艦飛彈中，Kh-31A與Kh-31AD因為至少4.9m，內掛可能不高，Kh-35系列是最有希望的內掛反艦飛彈。基本型Kh-35E要內掛沒問題，但其射程僅約130km，將使T-50在隱匿模式出擊時失去俄系反艦飛彈長射程的優勢。不過MAKS2009公開的Kh-35UE射程激增至

260km，僅略遜於Kh-59MK，在T-50匿蹤性能的加持下，對敵造成的威脅自然超越Su-35BM所攜帶的Kh-59MK。Kh-35UE折收翼展約0.65m，即收納橫向尺寸約0.46m，但其發動機略為下移，因此收納時垂直尺寸較大(圖7)，約0.55m。如果考慮T-50的彈艙應有半埋設計，那麼掛載Kh-35UE需要的深度略小於RVV-BD，因此應該是可以配掛Kh-35UE。

掛載點佈置

若單純以彈艙尺寸來看，主彈艙內能並列2枚翼展較大的RVV-BD與Kh-35E(甚至有可能是Kh-35UE)。若是折收翼展約0.5m的飛彈，可並列約3枚。而對於R-77、Kh-58UShKE這類折收翼展約0.4m的飛彈，幾乎可並列4枚。

根據戰術飛彈公司在MAKS2011的影片，內容出現T-50前後主彈艙各並列2枚Kh-58UShKE的畫面，畫面中可觀察出彈艙剩餘的空間很大，寬度其實大約是3～4枚Kh-58UShKE的寬度。這與本文推側的寬度(約4枚Kh-58UShKE)相符。

◀ 圖7 Kh-35UE尾部特寫。發動機下移後使彈徑提升約30%

由於確定彈艙至多只能並列2枚RVV-BD，加上展示畫面顯示只並列2枚Kh-58UShKE的畫面，可推測彈艙的上壁只有2個可掛重型武器的主要掛載點，而不是可視彈種的不同而更換為3個。這是很合理的，因為如果要設計成可視彈種的需要而有時候並列2枚，有時候並列3枚，那麼彈艙上壁就必須有5個可掛重武器的承力點，操作時又要視彈種不同而更換掛架位置，複雜度較高。

筆者推測，T-50的主彈艙內的2個主承力點用於掛載500kg以上的重型武器，而對於輕型武器，可能在其他地方有安置輕掛架的位置，或是在主承力點接上多用途掛架，以增加載彈數量。

3. 備彈數量估計

至此，T-50每個主彈艙可並列2枚500kg以上的攻陸飛彈、長程空對空飛彈等重型武器。以其中發射重量較重的Kh-58UShKE(650kg)計算，內掛武器重至少有2600kg。

至於中短程空對空飛彈如RVV-SD等，以T-50碩大的彈艙，如果每個彈艙只能掛2枚中程空對空飛彈，那顯然是不合邏輯的。

空對空飛彈內掛數量上限估計

0.5～0.55m左右的彈艙深度幾乎足以疊兩層(即8枚)R-77，當然實際上疊兩層飛彈會有難以投放與懸掛的問題，但若採用「上四下三」法配置則可解決此問題，換言之每個主彈艙可望攜帶7枚翼展小於R-77(約0.4m)的空對空飛彈，部分網路流傳的線圖亦如是推敲；若保守一點估計亦可採「上三下二」方式配置，則主彈艙可攜帶5枚上述類型的飛彈。

這僅是就空間大小來考慮，可視為載彈數的理想上限值。如果彈艙內除了2個主承力點外，還有其他地方可擴充小型掛架，那麼這裡推側的掛彈數量就有可能成立。

空對空飛彈內掛數量下限估計

2個主承力點的間距約是彈艙寬度之半，約是2枚R-77、RVV-SD的並列寬度。因此如果在主彈艙正中間安裝額外的1個掛架，便可並列3枚中程空對空飛彈。這樣一來2個主彈艙可掛6枚中程飛彈，外加小彈艙的2枚短程飛彈，共計8枚，與F-22相同，也與許多資料吻合。這種配置最簡單，不過浪費很多主彈艙空間，只能當作下限值參考。

如果使用複合掛架

假設主承力點透過複合掛架之助來掛載空對空飛彈。那麼最簡單的假設是每個複合掛架可掛2枚中程空對空飛彈，這時以1.16～1.2m的寬度勉強可以在同一水平面上並列4枚R-77、RVV-SD飛彈。

實際上在同一水平面並列4枚R-77是有點勉強，特別是新的RVV-SD又稍為擴大了彈翼。不過可能採用以下兩種方式解決：

〈1〉2枚中程彈前後錯開，避開主彈翼的接觸，那麼便能稍微縮小橫向尺寸，縱向長度則增至約4.7m，約是主彈艙長度的估計值。在這種配置下，每個彈艙同一水平面便可有4枚中程空對空飛彈，整架T-50加起來便有10枚內置空對空飛彈。事實上目前公開的內掛彈種沒有一種超過4.2m，因此4.7～

T-50內掛中短程空戰武器數量的各種可能性

	主彈艙	小彈艙	總數	備註
A,下限	3x2	1x2	8	符合部分報導
B	4x2	1x2	10	
C	5x2	1x2	12	符合部分報導
D,上限(可能性低)	7x2	1x2	16	符合部分想像圖

T-50輕重武器混合掛載內掛數量估計

	主彈艙(重武器)	主彈艙(中程空對空飛彈)	小彈艙(短程空對空飛彈)	總數
A	2	3	1x2	7
B	2	4	1x2	8
C	2	5	1x2	9

4.9m長的主彈艙若不是針對不知名的新銳彈種所設計，就是考慮前後錯排的空對空飛彈。

〈2〉2枚中程飛彈上下錯開，此時飛彈不會在同一水平面上，每個主彈艙可攜帶4枚中程彈。

〈3〉承上，若在彈艙正中間再附加1個掛架，那麼每個主彈艙便可容納5枚中程彈，總內掛彈數便有12枚。需注意的是，的確也有報導顯示空對空飛彈內掛數為12枚。

至此，T-50的空對空飛彈內掛數量至少有8枚(6中2短)；並且有希望增至10～12枚。在這些情況下，內置武器的總重不超過2300kg。極限是14枚，但不論就空間還是重量來說，可能性都很低。

二、與Su-35BM的火力比較

隱匿模式的T-50

若比照Su-35BM的「攻擊與空戰兼備」的武器配置，T-50可攜帶2枚重型武器，外加2枚短程空對空飛彈與3～5枚中程空對空飛彈。總數7～9枚，僅有Su-35BM的50～64%。因此若單單考慮內掛武器，則T-50的火力可能遜於Su-35BM，因為Su-35BM在攜帶4枚重型武器的同時還帶有8～10枚空戰武器，而其重型武器的射程與威力也超過T-50所能內掛者。不過T-50的匿蹤性能帶來的奇襲性能略為補償武器射程與彈藥威力的下降。

外掛武器的T-50

不過要考慮到，由於俄國擁有多種射程300km級的長程武器，射程在敵方防區甚至探測距離外，因此外掛這些飛彈時雖然會破壞匿蹤，但對生存性的影響較不大，特別是T-50的生存性並非完全緊繫於匿蹤性能，故T-50採用外掛的可行性本身也比F-22與F-35高(F-22與F-35需在空優較無顧慮的情況下較適合外掛武器出戰)。若考慮外掛，則以T-50的主翼尺寸觀之，應可多出4個外掛點，而根據報導，外掛武器總重可達6000kg以上，這樣便可掛2枚3M54AE以及「寶石」，或4枚其他任意類型的重型武器，這已與Su-35BM相同。

因此在允許外掛武器的情況下，T-50可攜帶4枚重型武器，外加8～12枚空戰武器，此時其火力便超越Su-35BM。由於其長程飛彈200～300km的射程幾乎總是在敵方防區外，且往往具有極難反制的特點(註2)，使非匿蹤戰機如Su-35BM亦能在幾乎不受威脅的情況下發射飛彈縱而對敵方構成類似於匿蹤戰機帶來的不對稱衝擊，若與具備隱匿性的T-50搭配則衝擊性更加強大。長程武器用畢後，T-50便成為貨真價實的「空優戰機」而為後續戰機提供空優，如此一來整個攻擊機隊的生存性大為提高，且能減輕攻擊機隊與護航機隊搭配的麻煩。

(註2：如射程300～400km之超長程空對空飛彈若在100km處發動攻擊則敵機不但射程不足以還擊且幾乎無法逃逸；又例如Kh-58UShKE最大速度4200km/

▲ 圖8 由左至右：RVV-BD、RVV-SD、RVV-MD空對空飛彈。

hr，超過多數中短程防空飛彈的攔截能力。)

關於俄系第五代空用武器系統及其衝擊性詳見第四、第五與第九章。

三、種類繁多的武器系統

1. 空對空飛彈

T-50的空對空飛彈包括R-77家族中程空對空飛彈、RVV-MD短程空對空飛彈、「產品760」(R-73改型)或全新的「產品300」短程飛彈、RVV-BD長程空對空飛彈，以及「產品810」超長程空對空飛彈(圖8)。

R-77(RVV-AE)與RVV-SD

現成的R-77(RVV-AE)家族有最大射程80km的標準型與110km的RVV-SD(MAKS2009公佈的R-77新改型)。

RVV-MD與「產品760」

至今(2012年1月)已公布的最新型短程飛彈是RVV-MD(圖9)，為R-73家族的最新改型，其尺寸與重量與基本型幾乎相同，採用抗干擾能力更好的雙波段導引頭，射程增至40km。不過其翼展達0.5m，相當於折收後的重型武器，甚至超越R-77、RVV-SD的折收翼展，因此不確定小彈艙內能否攜帶之。

短程飛彈部分最可能採用的是即將完成改良之「產品760」，為R-73的增程改型，彈長略增至3.1m，翼展縮

▶ 圖10 MAKS2011展出的短程飛彈模型，應為產品760，其有較R-73E小的翼展與略長的彈身

▼ 圖9 RVV-MD短程空對空飛彈

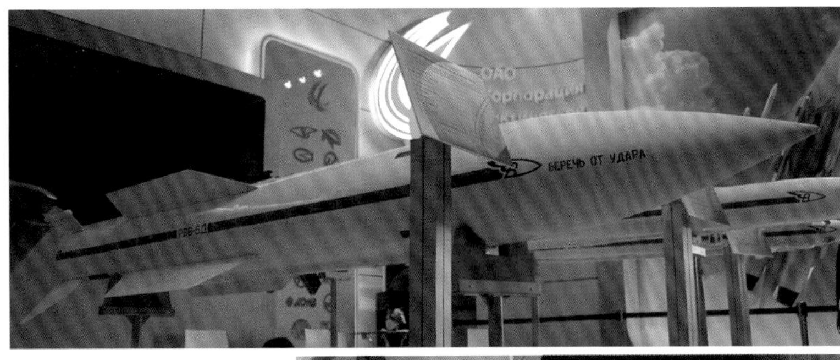

◀ 圖11 RVV-BD長程空對空飛彈，外型與R-33E大致相同，但採用縮小的彈翼，且射程增至200km

▶ 圖12 MiG-31BM所用的R-33E長程空對空飛彈。從中可觀察出其上半部尾舵有折疊翼設計。

至0.404m而更利於內掛(圖10)，其將增設中途資料鍊導引與射後鎖定功能，已相當於中程空對空飛彈。「產品760」之重量與尺寸皆與法製MICA飛彈相當，因此其射程應超越RVV-MD的40km而接近MICA的50～60km。

RVV-BD長程空對空飛彈

MAKS2011展出的供外銷型戰機所用的長程空對空飛彈(圖11)。其外型與MiG-31所用的R-33E基本相同，但配備雙推力火箭發動機，射程由120km增至200km，目標高度15m～25km，目標G限由R-33E的4G提升至8G。長4.06m，彈徑0.38m，主翼展0.72m，控制面翼展1.02m，折收後與主翼約略齊平(不過展出的樣本與R-33E(圖12)一樣只有兩個控制面採折收設計)。彈頭60kg，發射重510kg。俄新社引述戰術飛彈公司(TMC)總經理暨總設計師鮑里斯・阿布諾索夫的話說「這是獨一無二的200km射程的飛彈，這樣的東西我不知道還有誰有，歐洲人沒有，美國人也沒有。」他並表示，該飛彈2011年將進入試產階段，2012年開始量產。

至此T-50初始階段的空戰武器將有射程40km以上的短程飛彈、射程110km的RVV-SD，以及射程200km的RVV-BD。而預計在2012年開始還有一批更新銳的空戰武器會問世。

「產品180」與「產品180-PD」

「產品180」是應俄軍需求研製的R-77大改型，目標是全面超越美製

T-50已問世的空對空飛彈一覽

型號	RVV-MD	R-77	RVV-SD	RVVBD
最大射程(km)	40	80	110	200
問世年分	2009	已服役	2009	2011

T-50未來能用的空對空飛彈一覽					
型號	Izd.760	Izd.300	Izd.180	Izd.180PD	Izd.810
最大射程(km)	估計>50	不明	140	250	300 ～400
特殊性質	調頭打擊；相當於法製MICA	反飛彈	雙推力100秒火箭，複合導引頭	火箭-衝壓複合推進	
問世年分	2010(預)	2013(預)	2010(預)	2012(預)	2013(預)

AIM-120C7並與AIM-120D相當，其採用工時達100秒的雙推力火箭、主被動複合式導引頭、雙向資料鏈、捨棄網翼設計而改用同為電動馬達驅動的傳統彈翼以追求高速性能，其最大射程據報約140km，計劃在2010年左右問世，至2011年中廠商稱已在試驗中[4]。

「產品180-PD」是R-77家族中採用衝壓推進的大改型，最大射程預計為250km，但應不會早於2012或2013年問世。這種飛彈射程已超越RVV-BD，而根據早期資料，其發射重僅250kg，比RVV-BD輕巧得多。

「產品300」短程空對空飛彈

另一種更具威力的短程飛彈為全新研製的K-MD，又叫「產品300」，其採用低阻力氣動佈局、燃氣舵向量推力設計以及工時100秒的雙推力火箭發動機，並配有俄國第一種熱影像空對空飛彈導引頭，能識別目標影像之外，還有2倍於R-73的目標鎖定距離，並配有能依據目標特性而改變爆炸方式的自適應戰鬥部。除此之外，K-MD還能用於攔截來襲的空對空飛彈，成為戰機自衛系統的一部份。預計2013年研發完成。

「產品810」超長程空對空飛彈

「產品810」是MiG-31所用的R-33的大改型，用以打擊300～400km外的空中目標，Irbis-E或AFAR-X雷達的探測能力與AFAR-L、4283E的高精確遠程識別波束均能支援這種超遠程射控。「產品810」採用便於內置的氣動外型、雙推力火箭發動機、工時360秒的電源、雙向資料鏈、主-被動複合導引頭並可能添加半主動模式、可依據目標種類改變爆炸方式(窄環、寬環、定向三種模式)的自適應戰鬥部。將能打擊高度40km以下的目標。預計2013年研製完成。

2. 新式空對空飛彈導引頭

研製各種空對空飛彈導引頭的Agat-MRI在MAKS2011展示9B-1103M-200PA半主動-主動複合導引頭與9B-1103M-200PS被動-主動複合導引頭兩種新品。兩者皆是用於延長飛彈的射程。展出的樣本都是可用於RVV-AE系列(R-77)的200mm口徑設計，長38cm，重量皆為25kg(相較之下，9B-1348E為16kg，9B-1103M-200系列不到10kg，即使是口徑350mm的9B-1103M-350也只有13kg)；目標速度範圍0.1～5馬赫，準備時間5～8秒(無熱機)或1秒(熱機後)。

9B-1103M-200PS主動-被動複合導引頭

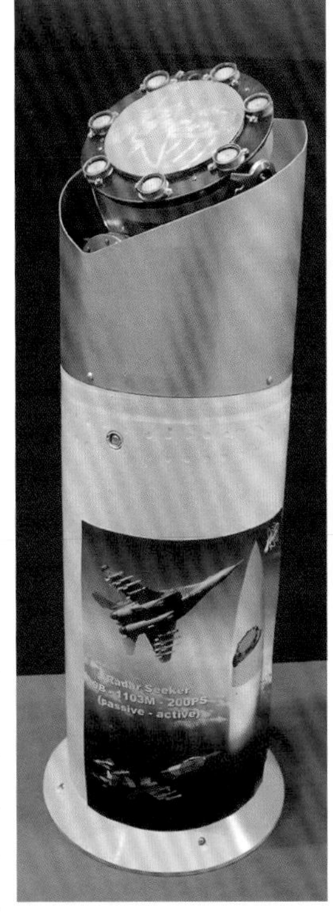

◀ 圖13 9B-1103M-200PS主被動複合導引頭

9B-1103M-200PS是在主動天線外圍繞一圈圓形天線供被動模式使用(圖13～14)。這種設計使得在相同總口徑下，主動天線的口徑小於全主動及半主動-主動複合版本，鎖定距離也較小。據稍早公布的資料，其對RCS=5平方米目標鎖定距離約15km，較全主動版的25km小得多。但被動模式使其能追蹤敵方飛機的輻射源，縱而大幅提升射程，在場技術人員表示這種導引頭可支援數百公里的射程。以稍早用於R-27P/EP反輻射飛彈的9B-1032被動導引頭為例，其能鎖定200km外的輻射源。而主動頻道使得即使到最後階段敵方關閉雷達，飛彈也有機會自行鎖定目標。

▼ 圖14 9B-1103M-200PS被動-主動複合導引頭特寫。由中間的主動天線與圍繞在旁的圓形被動天線構成

9B-1103M-200PA主動-半主動複合導引頭

9B-1103M-200PA是在9B-1103M-200主動雷達導引頭的天線上附加一組用於半主動模式的天線陣列(圖15～16)。半主動模式得益於戰機雷達的高功率而能延長射程。這種設計最早用於R-37的9B-1388導引頭，其在最初使用慣導+無線電指令較正，在達到無線指令校正的極限(約100km)後轉入半主動模式，待進入最後階段開啟主動雷達歸向。在9B-1388的年代主動雷達鎖定距離仍不足以支援300km

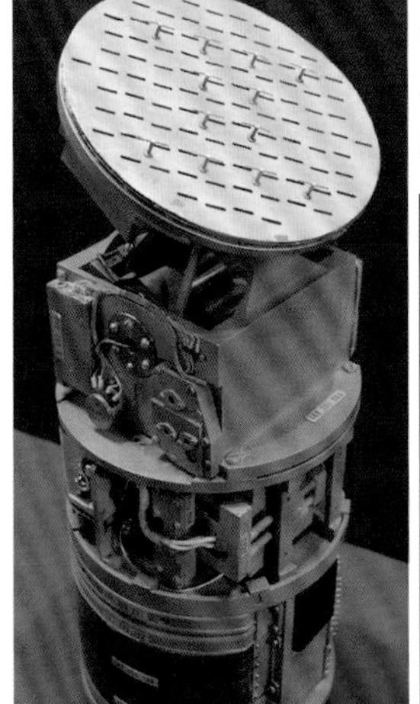

◀ 圖15 9B-1103M-200PS半主動-主動複合導引頭，由主動天線與寄生的半主動接收天線構成。

◀ 圖16 9B-1103M-200PS半主動-主動複合導引頭特寫。

▲ 圖17 9B-1103M-150導引頭首次公開天線真正樣貌，其採用8mm毫米波，因而有很高的精確度並且對許多戰機的預警系統緘默

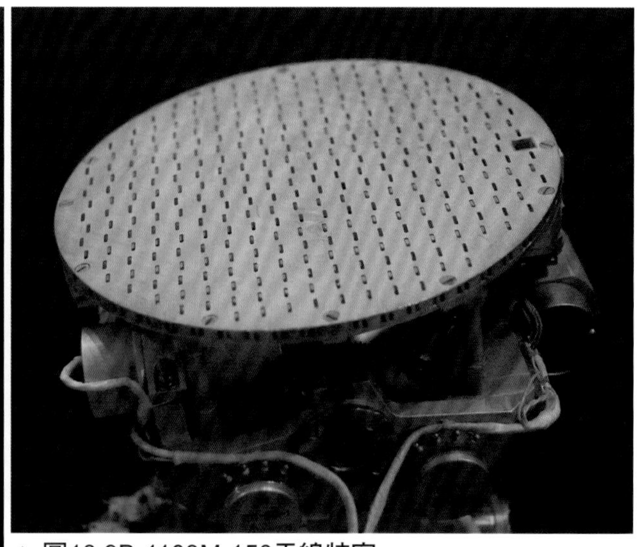

▲ 圖18 9B-1103M-150天線特寫

射程的飛彈，在使用這種設計後R-33的改良型「產品610」於1994年的試驗中命中300km外目標。半主動模式的優勢不難理解：高功率的主雷達波束打到目標後給飛在途中的飛彈接收即可，鎖定距離得以延長。在場技術人員指出，這種導引頭可支援100km以上的射程。

值得注意的是半主動模式可能提升對低可視度與匿蹤目標的打擊效果。以Su-35BM為例，對RCS=0.01平方米目標的探距可達90km，但R-77的9B-1348E與9B-1103M-200此時的鎖定距離只有3～5km。添加半主動模式後等於借用戰機雷達的高功率來提升飛彈的鎖定距離，這在面對未來滿天飛的低可視度與匿蹤目標將十分有利。半主動模式的缺點是戰機必須提供雷達照明，因此戰機若做了過度機動有可能導致目標超出雷達視野而使導引失效。不過對Su-35BM而言，由於雷達有+-120度視野，因此非常容易在進行戰術動作的同時維持對目標的照明，這等於確保了半主動模式在實戰狀況的有效性。

此外，雖然就最大操作距離而言半主動-主動版遜於被動-主動版，但不要求敵方開啟雷達，等於是全程自主。

9B-1103M-150毫米波雷達導引頭

9B-1103M-150是公開多年的口徑150mm主動雷達導引頭(圖17～18)，能用於R-73大小的短程空對空飛彈。重8kg，對RCS=5平方米目標鎖定距離13km。MAKS2011首次卸下天線的遮罩並進一步公開了其操作波段為8mm的毫米波(Ka)。這樣由其波長-口徑比可推測精確度高於9B-1103M-200系列。更值得注意的是其操作波段約在30GHz，而絕大多數戰機的雷達預警接收器警戒上限只有18GHz。換言之除了警戒頻率上擴至40GHz的少數最先進戰機或改良型之外，對絕大多數戰機而言9B-1103M-150是無線電緘默的。須注意的是，這些展品只是展示「已經能做到什麼程度」而不是「只能這樣做」，9B-1103M-150的問世表示已經可做出150mm口徑、8kg重的毫米波(Ka)尋標器，未來或許可以放大，做成中程彈尋標器。

3. 攻陸與反艦

對地與反艦武器部份，目前確定T-50能內掛Kh-58UShKE反輻射飛彈、Kh-38ME家族飛彈、250kg炸彈。研判可攜帶Kh-35UE反艦飛彈以及針對彈艙設計的500kg級炸彈。

Kh-58UShKE反輻射飛彈最大射程高達245km(依發射初速與高度而定)，在許多防空飛彈射程之外，並擁有4200km/hr之極速，超越許多中短程防空飛彈之目標速限因此可算是一種不對稱武器。Kh-35UE次音速反艦飛彈擁有260km的最大射程。Kh-38ME是一系列用於取代Kh-25與Kh-29等射程40km以下飛彈的家族，射程3～40km，有雷射、衛星、熱影像、雷達導引等四個衍生型，其彈頭重量比達48%是其相對於一般對地攻擊飛彈的最大優勢。T-50的每個主彈艙估計可並掛2枚上述武器。

至於另幾款威力強大的俄製攻擊飛彈如3M14AE攻陸巡弋飛彈、3M54AE末端超音速反艦飛彈、Kh-59MK反艦飛彈、Kh-59MK2(光學地圖比對)、Kh-59ME(電視導引)、Kh-59ME2(紅外影像導引)攻陸巡弋飛彈則因尺寸超過T-50武器艙而無法內掛。Kh-31系列反艦/反輻射飛彈之尺寸接近T-50彈艙之極限，無法確定是否能不經修改便直接運用。即便能掛載Kh-31系列，其較大的彈徑將使主彈艙至多能並列2枚。

早期有資料顯示T-50能內掛500kg級炸彈。不過根據MAKS2011前夕戰術飛彈公司總經理的說法，只能確定T-50能內掛250kg炸彈。倘若不能攜帶500kg級炸彈，那麼剛推出的俄版JDAM與JSOW這種相對低成本的武器便無法用於T-50，形成T-50的相對弱勢。

三、未來展望

T-50的武器系統第一階段研製任務要到2014年才結束，2015年則開始第二階段的武器研製任務，由此可見目前已知的武器還只是少部分。空對空飛彈的研製進度大至已知，而從前文分析可知，T-50在對面攻擊武器方面仍有缺憾，因此許多新的武器可能會關係到對地對海攻擊能力。筆者推測有以下發展趨勢：

〈1〉 以Kh-35UE為基礎的一系列攻擊武器：Kh-35UE射程僅略遜於Kh-59MK，又幾乎符合內掛需求。因此應可以此為基礎發展出類似Kh-59MK2的對地攻級巡弋飛彈。這樣便相當於內掛了Kh-59MK與Kh-59MK2。

〈2〉 內置超音速反艦飛彈：目前已

知的超音速反艦飛彈中，唯一勉強能塞入T-50彈艙的，是基本型Kh-31A，不過其射程僅有50～70km。因此射程足夠又可內置的超音速反艦飛彈可能會是俄國的一個發展方向。

〈3〉 可內掛的JDAM與JSOW等級武器：JDAM與JSOW相當於帶有滑翔能力與導引能力的炸彈，有成本低的優勢，特別適合攻擊固定式目標。目前已知的彈種是FAB-500M62-MPK以及PBK-500U，都是500kg級武器，尺寸不小，還不確定能否用於T-50。其中FAB-500M63-MPK的滑翔與導引套件可用於250kg炸彈，因此「俄版內掛JDAM」基本上無問題，但「俄版內掛JSOW」可能就要仰賴新彈種。

〈4〉 全新的彈種：目前已知的可內掛武器都不超過4.2m，而T-50彈艙確有4.7～4.9m長，因此未來可能出現針對T-50彈艙設計的武器，如類似美版JSOW那樣的方型武器。此外由於T-50允許內掛比Kh-35UE更長的武器，因此以Kh-35UE為比較基準可以預測，未來可能出現射程比Kh-35UE更遠，彈頭威力又更大的彈種，可能是射程300km級的攻陸巡弋飛彈之類。

參考資料

[1]Александр Пачков, «Российский невидимка», Популярная механика, NOV.2009, ст. 84

[2]HAL官網。http://www.hal-india.com/futureproducts/products.asp

[3]Александр Пачков, «Российский невидимка», Популярная механика, No.11.2009, ст.83

[4]IMDS2011訪問資料

ГЛАВА 14

T-50戰術技術特性總體檢

項目	數據	來源或推測依據
長(m)	>20.8	照片推測
	21.24	官方授權模型反算
翼展(m)	約14.7	
空重(T)	15～16.5	筆者推算範圍
	15.5～16	筆者推算較可能者
	15.5～18.5	網路數據範圍
翼面積(平方米)	90	網路數據
內燃油儲量(kg)	>9400kg	下限值，依據試飛員Bogdan「T-50燃油儲量大於Su-27」之說
	>11500kg	T-50與Su-35BM都沒有機背減速板，且翼面積更大，因此推測內燃油應大於Su-35BM
外掛武裝	約4個掛點，>6000kg	
內掛武裝	至多10～12枚空對空飛彈，>2400kg	詳見武器系統章節
可控攻角	>45度	以Su-35BM為下限值
	>90度	根據專利說明書，到90度都可以不靠向量推力改出
極速	2馬赫	依據前空軍司令將極速需求下修之文獻紀錄
超音速巡航速度	>1.5馬赫	參考早期F-22的數據推得
次音速航程(km)	4300(內燃油) 5500(副油箱)	網路
超音速航程(km)	>2000	網路
單具發動機軍用推力(kg)	9100～9500	AL-41F1
	11000～12000	產品30或產品129
單具發動機最大推力(kg)	15000	AL-41F1
	17500～18500	產品30或產品129
平均RCS值(平方米)	0.5	印度媒體報導
正面RCS值(平方米)	0.01～0.02	詳見本文

一、飛行性能

關於T-50的飛行性能，目前只知道極速2馬赫、起飛滑跑距離300～400m，最大起飛重約35噸。網路資訊指出有超過4000km的次音速航程(4300km，帶2個副油箱則為5500km)，以及2000km的超音速航程。不過由於網路上的數據多屬推估，即使是俄文網站的數據也是基於有疑點的空重數據作推測，甚至出現巡航速度達2馬赫、極速達2.45馬赫的不太可能的數據(要是那樣，T-50恐怕很難做小也不容易在表面用複合材料)，因此本文不予取用，僅進行有根據的分析。

據筆者研究(見第11章)，T-50的空重應在15～16.5噸，發動機推力15噸，據此估計其起飛重量與推重比應與Su-35BM相當，即約25噸的正常起飛重量。正常起飛重應超過空重的1.5倍，推力空重比1.81。正常起飛推重比約1.2，空戰推重比約1.4。這些指標即使與F-22相比都不遜色，而在其他戰機之上。

1. 與Su-35BM比對看T-50的性能

T-50的飛行性能與Su-35BM相比也有消長現象。推力與推重比應超越Su-35BM。高後掠機翼的次音速氣動效率可能不如Su-35BM的部分可由增加的推重比補償，高後掠機翼的升力效果可能不如Su-35BM的部分則可由較大的翼面機(含升力機身)補償(兩者都採用舉升體佈局故可直接以含機身部分的翼面積作比較，Su-35BM是62平方米，T-50則達80～90平方米)。而大後掠角與可大幅下打的「適形前翼」能提升失速攻角、在高攻角提供穩定進氣、控制兩邊渦流的不對稱性等，相當於提升戰機「先天的高攻角能力」，而全動垂尾與三維向量推力則提供額外的控制性，使得T-50的高攻角性能應當極為優異，這除了意味著最佳飛行性能得以提高外，也表示即使在本來不靈巧的狀態，如高高度、低速度、大酬載等狀態下仍能壓榨出很高的飛行性能。此外由於航電技術的進步使得T-50不必以犧牲結構強度為代價換取航電性能，因此應該如Su-35BM一般，將10噸級燃油當作貨真價實的內燃油使用(而不只是內燃油+內建副油箱)，且即使在28噸左右的重武裝狀態也能有相當於Su-30MKI的過失速機動能力與幻象2000的飛行性能(詳見附錄二)。

相當值得注意的是，雖然T-50與Su-35BM一樣都有超機動能力，但Su-35BM的超機動性主要是靠控制系統與向量推力來確保，其氣動設計並未考慮超機動性，只是很碰巧具有很優異的失速後回復能力，所以成為四代戰機中超機動性的先行者。相較之下，T-50除了有支援超機動性的控制系統以及向量推力外，在氣動力設計上T-50一開始就考慮了在向量推力失效下的超機動控制，進氣道可動前緣在下打的狀態可於高達90度攻角時仍提供足夠的低頭回復力矩，而全動垂尾則提供足夠的偏航控制能力。因此可以預料T-50的超機動性會超過Su-35BM。

2. 與F-22比對看T-50的性能

開後燃器時的比較

在這裡有必要稍微了解一下F-22的重量與推力演進。在還是YF-22的時代，其設定是空重約14噸，發動機推力約13噸，巡航速度1.5馬赫[1]。稍後可能是發現推力不滿足需求，故提升至156千牛頓(15918kg)。然而後來因為考慮到長時間超音速飛行的安定性，將許多複合材料部位換為鈦合金，因此重量不斷翻升，依據最新的Lockheed Martin官網以及美國空軍官網資料，

F-22的空重高達19700kg，而發動機推力仍為156千牛頓[2.3.4]。據此換算其推力空重比僅有1.61，甚至低於F-15、EF-2000、Rafale。然而這些數據不能排除有「欺敵」成分在，因為如果推重比如此不足，發動機不太可能十幾年不進展以茲補償。曾消息指出F-119的起飛推力已提升至37000磅(約16780kg)或39000磅(約17300kg)，若依此計算則推力空重比約1.7或1.756。反觀T-50在推力15噸的情況下，推力空重比約1.81～2，即使空重達17噸，空機推重比亦有1.76。

由此估計，在相同的酬載比例下，T-50推重比超過F-22的可能性很高，這將反映在它的加速能力上。在考慮使用後燃器的情況下T-50很可能在絕大多數情況勝過F-22。

不開後燃器的比較與超音速巡航能力

不過F-22更著眼在不開後燃器的性能，換言之應該分析的不只是最大推力時的推力空重比，而是在使用軍用推力的情況下。官方網站並沒有公開F-119的無後燃推力。不過由旁通比0.3的發動機最大推力約為軍用推力的1.5倍估計約在11000～12000kg(與之類比，旁通比0.2～0.3的AL-41F最大推力約17500～18000kg時，軍用推力為12000kg[5])。AL-41F1軍用推力取9100kg計，則為F-119的0.758～0.827倍。T-50空重分別取15～16.5噸計，為F-22的0.761～0.838倍。據此計算T-50的無後燃器推重比約為F-22的0.9～1.08倍。

由此估計在相同酬載比例、不開後燃器狀態下T-50次音速推重比與F-22相當，然而進入超音速後，AL-41F1旁通比較大使得軍用推力較小，推重比應遜於F-22。但另一方面T-50的大後掠機翼以及可調進氣道等有利於超音速的設計可一定程度補償推力的不足，因此在T-50的巡航速度範圍內，T-50是否輸給F-22仍有討論空間。較可以確定的是，採用較多複合材料的T-50恐怕無法像F-22那樣達到1.72馬赫級的巡航速度。若以早期F-22的數據來類比，則T-50的巡航速度可能就在1.5馬赫級(注意這是非常粗糙的類比，因為巡航速度主要取決於推力與阻力，而不是推重比)。

更多燃油確保長時間超音速機動

以上提到T-50的巡航速度上限應在1.5馬赫級而不超過1.72馬赫，主要是考慮軍用推力大小與複合材料長時間耐高溫能力的結果。T-50的大後掠機翼與可調進氣道等設計可能擁有比F-22更高的超音速氣動效率，當T-50點燃後燃器以於更高的超音速速度下短時間飛行，超音速性能便可能超越F-22(即使他也開後燃器)。T-50的燃油分率應該很大，可能有Su-35BM的等級(試飛員便表示，T-50比Su-27更小，但燃油更多)，達0.4。F-22內燃油取官方數據8200kg計[6.7]，燃油系數為0.29；若放寬假設為10000kg，則燃油分率約為0.34。這便允許T-50在航程相當的情況下還可以更長時間使用後燃器(除非耗油率差很多)。這樣一來T-50在作戰階段(空戰與突防)的速度特性就未必遜於F-22，僅能確定在以超音速巡航趕赴戰區期間F-22速度較高。

不拼極限，強調均衡

巡航速度的差距未必是缺點，他也可能是各項參數取捨的結果。F-22追求極高的巡航速度(1.72馬赫已相當於許多戰機的極速)固然帶來許多戰術優勢，但卻要付出大量增重的代價。然而超音速巡航帶來的部分戰術優勢在T-50上亦由其他手段取得，例如：

〈1〉 巡航速度越高可以讓飛彈射程更大，而T-50則可由大彈艙內攜帶的大型飛彈補償甚至超越。

〈2〉 高巡航速度提高穿透打擊時的突防能力，T-50有射程更遠的內置武器，在更遠的距離發射，則即使巡航速度不及F-22，安全性也仍然很高。

〈3〉 真的到了需要1.72馬赫以上的速度時，T-50可乾脆使用後燃器，此時其推重比便超越F-22，而由於燃油分率較大，因此即使稍微多用一點後燃器，航程也不一定輸F-22。

總結以上，整體而言T-50與F-22的飛行性能類比如下：

〈1〉 在使用後燃器時推重比應勝過F-22。

〈2〉 在次音速不開後燃器時推重比與F-22相當。

〈3〉 超音速巡航時推重比應遜於F-22但可能靠氣動力效率補償，因此在T-50巡航速度以下其未必遜於F-22。

〈4〉 T-50巡航速度應不超過F-22的1.72馬赫。

〈5〉 巡航速度不及F-22的弱勢有一部分可靠其他特點(如大型武器)補償，一部分固然無法補償但換來了輕巧的機體。

換裝第二階段發動機後飛行性能展望

在配備真正的第五代發動機後，T-50的推力會比F-22還大，搭配其適合高速的外型，屆時其巡航速度便可能超越F-22，但由於其表面有70%是複合材料。因此除非其複合材料在高溫下的穩定性很強，否則到時後可能也得限制巡航速度或像F-22一樣改用金屬材料。

附帶一提，F-22早期試飛中曾出現其不開後燃器但伴飛的F-16卻要開後燃器才跟得上的紀錄。這項能力意味著F-22即使不開後燃器也足以與開後燃器的上一代戰機進行空戰，同時又具有較低的熱訊號等額外優點，可說是相當具有戰術價值。然而這項特性已不適用於當今的F-22：當時的F-22軍用推力仍在11000～12000kg級，空重14～16噸級，即無後燃推力空重比1.375～1.71，而F-16C/D最大推力下的推力空重比1.35～1.5(推力取12150kg[8]，空重取8～9噸計)，換言之當時的F-22在與F-16相同的酬載比例下，無後燃推重比已與後者動力全開時相當。然而當前的F-22無後燃推力空重比約1.11～1.21，已不比當年。據此估計在次音速時不開後燃器的F-22已無法與開後燃器的上一代戰機相比。

T-50的空重約在Su-27基本型的等級，然而由於AL-41F1的軍用推力相對較小，無法達到早期F-22那種不開後燃器的推重比。但在未來換裝真正的五代發動機後，除了最大推力增大外還可能縮小旁通比或採用變旁通比設計，因而有較高的軍用推力，這樣將有機會重現早期F-22那種「不開後燃器便達到上一代戰機後燃推重比」的境界。

官方說法

2012年2月13日俄空軍總司令Zelin上將表示，經過分析，T-50在速度(極速與巡航速度)、推重比、航程、最大重力負荷等參數上超越美製F-22、中共J-20等外國對手。他並表示，雖然T-50與F-22、J-20尺寸與重量相當，但有更短的起飛滑跑距離，而且航電系統似乎更好[9]。

二、航電與武器

T-50的航電與武器的「有機結合」源自Su-35BM，因此可基於Su-35BM的研究為基礎，複參匿蹤性能、新式武器、彈艙空間後略做修正。

航電性能的消長

作為下一代戰機，T-50的航電性能相對於Su-35BM理應當是有增無減，例如機上感測器數目是Su-35BM的好幾倍而構成更強的「智慧蒙皮」、配有完善的主動陣列天線與整合式無線電系統，在光電系統上除Su-35BM已有的前視探測儀與分佈式感應器外，還多了主動光電防禦裝置；而中央系統在架構上已追上美系「大一統設計」與「高速資料幹線」架構。在這之中，側視X波段雷達、L波段雷達、主動光電防禦系統都是包括F-22、F-35在內的西方最先進戰機所無的。

側視與後視X波段雷達對戰鬥機類目標的探測距離估計約100～200km(視口徑與單元功率而定)，對空對空飛彈預警距離約24～50km。分佈式光電偵測系統的探測距離也可能是在50km(MiG-35的OAR-U數據)以上。而AFAR-L在+-100度範圍內也應可警戒約16km內的來襲飛彈。這樣的探測距離在對傳統戰機的視距外射控、對飛彈的預警、對低可視性目標的視距內戰鬥都已相當足夠，側視雷達在此理論上可與分佈式光電系統互補：在需要電磁緘默的情況下僅使用分佈式光電系統，在必要時使用側視雷達搭配，在較光電系統更遠的距離取得完整的追蹤資料，這甚至有助於發展以空對空飛彈反空對空飛彈的技術。特別是T-50還有101KS-O主動光電防禦系統，其應可用來破壞來襲飛彈的光電導引頭，甚至如果他也具有精確定位能力的話，便可以不靠側視雷達而完全靠光電系統對球狀週圍的目標做精確定位。

主雷達相對於Su-35BM則有消長現象。AFAR-X可能保持Irbis-E的探測距離並增添許多Irbis-E所辦不到的功能。不過，由於AFAR-X較Irbis-E的天線笨重許多，短期內並沒有採用機械輔助掃描的打算，其將只是固定安置，然後靠較小的側視雷達補充球狀視野。這樣一來，其主雷達視野將只有+-60度(頂多+-70度)，而且由於採用基座上翹設計，因此俯視視角還會小於仰視視角。此外由於天線固定，因此飛機在做戰術運動時，比較會有讓目標脫離雷達視野的顧慮，例如Irbis-E讓Su-35BM即使側轉120度，也仍能保持對目標的接觸，而T-50將如同一般裝備相位陣列雷達的飛機一樣，只能側轉60度以內。換言之T-50將需要比較複雜的控制軟體，以便藉由飛行路徑的規畫，以盡可能讓目標位在監視區內。由此觀之T-50的戰術機動彈性可能會較Su-35BM還小。此外T-50也因此無法像Su-35BM那樣在高達+-120度的視野內擁有主雷達的探距，其主雷達就不能像Irbis-E那樣可以當成+-120度範圍內90km內的飛彈預警系統

武器性能消長

對地對海攻擊方面T-50基於彈艙尺寸與內掛架酬載能力限制，將無法內掛Kh-59ME電視導引/M2E紅外影像導引對地攻擊飛彈、Kh-59MK次音速反艦飛彈、Kh-59MK2光電地圖比對巡弋飛彈、3M54AE末段超音速反艦飛彈、3M14AE攻陸巡弋飛彈、KAB-1500導引炸彈等，甚至「可能」連Kh-31系列反艦/反輻射飛彈也無法內掛。上述武器多屬重火力、遠程武器。因此在T-50只使用內掛武器的情況下，武器的射程與威力略小於Su-35BM，唯匿蹤能力補償了射程的缺陷。

倘若T-50允許外掛則當然不受此限，此外由於T-50的生存性不完全由匿蹤制約，加上外掛的長程武器發射完後戰機又回復匿蹤狀態，因此外掛重型武器可能會是T-50的正常使用模式之一，特別是在執行攻擊任務時。

現有資料指出，T-50內掛武器約2000kg，外掛約6000kg。這樣的外掛能力可攜帶2枚3M54AE、3M14AE或4枚Kh-59MK/MK2/ME/M2E攻陸飛彈，相當於Su-35BM的重型武器攜帶量，而內掛彈數可能高達10～12枚中短程飛彈，幾乎是Su-35BM滿載空戰武器的數量。

因此T-50在完美匿蹤考量而不外掛武器時，火力略遜於Su-35BM，但在較沒有匿蹤顧慮而外掛武器的情況下，其火力可能超越Su-35BM。

航電與匿蹤的綜合考慮

如果只看航電性能，那麼單單T-50少了Su-35BM那樣的+-120度主雷達視野一項，就讓他預警能力大不如Su-35BM而有「是否仍有消極反匿蹤能力」的疑慮。而如果只考慮武器性能，則T-50在隱匿狀態下所能使用的攻陸、反艦武器在射程、威力、與數量上都不如Su-35BM。

這時便要把匿蹤性能的影響加進來。即使T-50的RCS只降到Su-35BM的1/10(0.3平方米)，則敵方對其探測與攻擊距離會縮短為56%；若RCS進一

步降低至1/40(0.07平方米)或1/100(0.03平方米)，敵方對其威脅距離會分別縮短為40%與31%。傳統戰機已經很難在50km外對T-50發動攻擊，這樣一來50km的預警能力對T-50來說跟90km對Su-35BM來說是相當的。如果假設T-50的RCS值為0.1平方米，則配備主動相位陣列雷達的飛機就算有機會在50～100km對T-50發動攻擊，T-50藉匿蹤性能之助能大幅提升反制措施的成功率，對光電導引飛彈而言他甚至有主動防禦系統可反制。因此就「一對一」或「少對少」空戰情況來說，其實很難評判T-50與Su-35BM的自衛能力高下。在真實情況下，由於T-50匿蹤能力大幅增強，面對的威脅其實比Su-35BM少(Su-35BM的RCS與MiG-21相當，這樣一來許多傳統戰機其實都有機會在50～100km對其發射飛彈)，因此整體來說T-50的自衛能力應不會遜於Su-35BM。

換個角度看，Su-35BM的自主預警距離極不尋常，目前也就這架飛機有此能耐。如果不拿T-50與Su-35BM比，而是去與F-22、F-35在內的其他戰機相比，則顯然其自主預警距離與反制能力應是最強的。

因此，將航電、武器、與匿蹤技術做整體考慮後，T-50稍微不如Su-35BM的地方被匿蹤技術補償，因此若以本書的廣義第五代戰機定義來區分，T-50相當於兼具兩類五代戰機(F-22與Su-35BM)的雙重特性。

反匿蹤武器

儘管不知道T-50的匿蹤能力與F-22差異幾何，但必然遠高於Su-35BM，能大幅縮短F-22對他的探測距離，而隨著時間的進展會配備相當於AIM-120D的「產品180」與略超過「流星」的「產品180-PD」，這些相對長射程的飛彈更適合搭配資訊較不完整的非X波段射控頻道，等於是以長射程補償資訊不齊導致彈道不易優化的問題。此外RVV-BD、「產品810」將是反F-22中相當重要的一環，這種射程200km或300～400km的飛彈T-50可以內置，而美國暫時沒有，即使有也無法讓F-22內掛(外掛的話F-22就不匿蹤了)，由於這種飛彈射程極大，其不可逃脫射程甚至都超過多數情況下對匿蹤戰機的探距，因此即使只知道匿蹤戰機的方位而不知道速度與距離理論上亦可使用RVV-BD或「產品810」進行有效射控(不是擊落就是騷擾)。以RVV-BD或「產品810」打普通戰機可能有浪費之嫌，但用來打匿蹤戰機則絕對划算，因此在考慮T-50(以及Su-35BM)的反匿蹤戰法時，是必須考慮美國所沒有的超長程飛彈的。

還必須注意新型飛彈導引頭的影響。至MAKS2011為止俄國已公開毫米波雷達、主動-被動複合、主動-半主動複合導引頭等非傳統導引頭。其中毫米波導引頭可以做到150mm口徑而用於R-73E等短程飛彈，許多現役四代戰機的雷達預警接收器無法發現毫米波，也無法以光電或主動雷達發現來襲飛彈，因此毫米波導引頭對絕大多數現役戰機可構成不對稱優勢，此外匿蹤戰機的外型對毫米波雖然很有效，但表面難免有毫米等級的縫隙會產生繞射，再加上吸波塗料未必針對毫米波優化，使得毫米波有可能用於反制匿蹤戰機。主動-被動導引頭則可充當反輻射飛彈使用，在敵機開雷達時以被動模式接戰，敵機關閉雷達後則切換至主動雷達模式，這種導引方式的效果雖然受敵機開雷達與否所影響，但會讓敵機較有顧慮，而影響其雷達使用戰術(美國較新的AIM-120已有此類導引頭)。相當值得注意的是主動-半主動複合導引頭，這種導引頭的前半段導引過程等於是靠戰機的雷達，有可能利用戰機雷達的高功率來增加對匿蹤目標的鎖定距離，因此相當值得注意。

三、匿蹤性能

既然T-50不像Su-35BM那樣有旋轉的主雷達來大幅擴增視野，那麼在分析T-50與F-22的對抗時，就必須更精確的比較兩者的匿蹤性能。

根據印度「Business Standard」的報導，T-50的RCS是0.5平方米，為Su-30MKI的1/40[10]。而根據T-50總設計師A. Davedenko的說法「Su-27與F-15的RCS約是12平方米，F-22是0.3～0.4平方米，T-50與F-22相當」[11]。這些數據與西方戰機公佈的RCS差距甚大，這裡報導的F-22與T-50的RCS只相當於西方報導的低可視度戰機的RCS，而西方報導中的匿蹤戰機如F-117、F-22的RCS則遠低於此。如此大的差距可能起因於RCS的計算標準，報導並沒有明確定義所取用的RCS是「最小RCS」、「某些角度內RCS的平均」，還是「所有方向的RCS平均」。由於再完美的匿蹤戰機也會在某些角度出現不小的RCS，因此若取平均值，數據自然不可能很漂亮。

取用平均RCS有其實戰意義與陷阱。就實際層面而言，由於飛機在運動，而運動過程便會以好幾個不同方向面對觀察者，因此就觀察者而言，所觀察到的RCS會是一定角度範圍內的平均，而如果考慮到匿蹤飛機進入複雜的戰場，會有來自不同方向的戰機、防空雷達的探照，那麼全方位的平均RCS就有很大的參考價值。此外，一般沒有特別設計過的飛機的RCS與方位角的關係是忽大忽小的，極大與極小值在小角度範圍內交替出現，而且極大值的數量級又相差不大，這時平均RCS的確是實用的參數。

然而對於有特殊設計的匿蹤飛機而言，平均RCS有時候就失去意義。因為外型有特殊考慮過的匿蹤飛機可以將RCS極值集中在少數方位，越完美的匿蹤戰機其RCS極值集中的方位範圍越窄。這些飛機只要能避免將具有RCS極值的方位面向敵方，那麼實戰環境下敵方所觀察到的RCS其實只是非極值區的平均值，這會比全方位平均值小得多。在複雜戰場上，完美匿蹤飛機可能還是要面對來自四面八方的敵人，因此就「匿蹤戰機VS防空體系」而言全方位平均RCS仍需要參考，但就「匿蹤戰機

VS局部敵人」而言，全方位平均RCS意義已不大。

由於美俄公佈的RCS計算標準應該不同，因此直接將俄國公佈的T-50的RCS與西方國家公佈的F-22、F-35的RCS相比沒多大意義。不過我們可以就大原則來比較T-50與F-22的匿蹤性能。

大原則看T-50匿蹤設計

匿蹤外型的第一個大原則就是避免讓雷達波反射回原來方向，並且盡可能讓回波集中在少數幾個方向。對此，T-50的外型整體上應該是合格的，其外型相當於用很多大曲率半徑的表面構成，例如其前機身與機背的橫截面就大約是多邊型，而不是Su-27的圓弧型，而升力機身的弧線的曲率半徑也很大，對X波段等波長較短的波而言相當於大平面，不難做匿蹤處理。

一般而言正面最大的反射源是發動機與雷達天線。姑且不管T-50是否像Su-35一樣用了電漿選頻天線罩，其雷達天線有上翹的基座設計，已可以避免正向反射。T-50的正面也非常難見到發動機，而且未來會裝上發動機遮罩，進一步減少正面RCS。從側面看去，T-50的前機身、進氣道、與平滑的舉升體機身相當符合匿蹤外型的原則，即使是看起來似乎會破壞匿蹤性的短程彈彈艙，其也有與進氣道相同的傾斜角，因此回波會集中在一樣的方向，也是滿足匿蹤外型需求。以上這幾個大原則，T-50與F-22、F-35看起來並沒有太大的差別。

T-50與F-22、F-35看起來較大的差別在下半部機身，相較於F-22、F-35那總種機體底部幾乎只是簡單的平面，T-50的進氣道中間並沒有完全「填滿」而留有「溝槽」，而短程彈彈艙附加在翼根下方，與進氣道外側之間也有小溝槽，這些「溝槽」意味著一些複雜的交界面，對匿蹤可能會有影響，例如進氣道與主彈艙門之間就有幾乎90度的交角，而這正是「匿蹤大忌」。然而在實戰上上述問題的影響不一定很大，因為那潛在缺陷是發生在飛機的下半球，並不是主要的威脅來源。

發動機部分的確是T-50匿蹤設計的最大弱點。一般的分析僅侷限在噴嘴構型的討論，認為圓形截面噴嘴無法有效遮蔽渦輪，使得後半球RCS較大。其實除此之外，發動機艙的外型也是一個大問題。T-50的發動機艙與Su-27幾乎相同，相當於兩個圓桶放在後機身，這相當不利於匿蹤，其對X波段的RCS可能約是其幾何截面積。所幸上半部發動機短艙被垂尾遮蔽，中間一部分被機體遮蔽，使得從側面看只有不到50%的發動機艙裸露在外，其幾何截面積約是1～2平方米。由於發動機短艙像Su-27一樣露出金屬色，該處可能根本沒有吸波材料或塗層，因此發動機艙破壞了本來不錯的側面的匿蹤處理。

此外，發動機艙的半徑約60cm，與L波段等預警雷達波長量級相當，有可能變成很好的繞射來源，因此T-50的外型對L波段等預警雷達的匿蹤能力堪慮。

因此從幾個大原則看，T-50的匿蹤

T-50的雷達反射截面積估計表		
		備註
平均	0.5	印度公佈，應為平均值 類似標準下F-22為0.3～0.4
正面(保守)	0.1～0.2	、塗料降低1個量級RCS 、外型與表面複合材料降低1個量級RCS
正面(較可能)	0.01～0.02	、塗料降低1個量級RCS 、外型與表面複合材料降低2個量級RCS
		、塗料降低2個量級RCS 、外型與表面複合材料降低1個量級RCS
正面(下限)	0.001～0.002	、塗料降低2個量級RCS 、外型與表面複合材料降低2個量級RCS

外型應不如F-22，不過由於F-35身上與L波段曲率半徑量級相當的表面較多，也與T-50一樣採用圓形截面噴嘴，發動機艙外型也不像F-22那樣方正，因此T-50的匿蹤外型的等級可能比較接近F-35。如果再考慮T-50上面幾個球狀的光電系統外罩，其匿蹤性能甚至可能遜於F-35。

需注意的是，對T-50這樣已經大量考慮匿蹤外型的飛機而言，電漿匿蹤技術的實用性應該是非常高的。就功率5kW～50kW的電漿系統而言，大致可以產生局部包覆機身並針對X波段匿蹤的電漿，若要對10cm以上波長匿蹤，甚至可以全機包覆。T-50在針對X波段匿蹤方面整體處理不錯，可將電漿用在後機身以補償發動機艙外型的影響。而對於更長波長的雷達波的匿蹤，可以大範圍包覆電漿。有關廠商在實驗室模擬10000～13000m高空的環境，測試發現電漿系統可將對10cm波長的RCS降低100倍。因此若使用電漿系統，T-50對10cm、L波段的RCS有可能反而比F-22低。

定量估計T-50的RCS值

根據ITPE在2003年發表的Su-35匿蹤技術專文，其在進行匿蹤處理之前正面RCS值約是20平方米。正面RCS主要由整個機體、發動機進氣葉片、雷達天線所貢獻。天線本身是非常大的RCS源，在正向反射時RCS可高達幾十平方米，不過藉由基座方向的改變或特殊天線罩可以達到類似匿蹤外型的效果，為了簡單此時就可以將之與機體考慮在一起。在機體沒有匿蹤外型而只用吸波塗料的情況下RCS一般都可以降低一個量級，而Su-35的筆直進氣道在塗料的處理後也可以降低一個量級的RCS，這樣一來整機的正面RCS就可以降低一個量級，約是2平方米，這與公佈的數據雷同(降低至原來的1/5～1/6)。

假設T-50的吸波塗料與Su-35是相同的，那麼在匿蹤外型與表面70%是複合材料的影響下應該很容易再降低一個量級，這樣一來T-50的正面RCS便可能降到0.2平方米以下。如果更進一步假設匿蹤外型可以讓RCS降低兩個量級，則T-50正面RCS可望到0.02平方米以下。

但到了這種尺度就必須考慮繞射效應。只要機體或機翼表面有曲率半徑相當於X波段的部位，例如翼前緣，那麼該部位的RCS的尺度約是0.01x10=0.1平方米級，若使用吸波塗料降低一個量級，其RCS也是0.01平方米級，使得飛機的RCS比0.02平方米還大，可能達到0.1平方米。若要進一步的降低RCS，就必須靠更精緻的外型設計與表面工藝去降低繞射RCS，或是用更好的吸波塗料吸收之。

因此，如果假設匿蹤外型與表面複材能降低一個量級的RCS，則考慮能將RCS降低一個量級的吸波塗料，那麼T-50的正面RCS可以降到0.2平方米，若使用更新的匿蹤塗料如奈米結構吸波塗料，則可能降到0.02平方米。若匿蹤外型與表面複材能降低2個量級以上的RCS，則考慮能將RCS降低一個量級的吸波塗料，T-50的正面RCS會在0.1～0.0x平方米，若使用奈米塗料，可以到0.01～0.00x平方米。據此估計T-50的正面RCS不難降到0.01平方米級，而以0.001平方米為極限。

從簡單物理量看現代匿蹤技術的極限

在此也可稍微估計一下現代匿蹤技術的極限。即使誇張一點假設匿蹤外型可以將鏡面反射所造成的RCS降到0，翼前緣對X波段的繞射效應的RCS本來就在0.1平方米級，使用最新的奈米結構塗料降低兩個量級後，是在0.001平方米級。因此平均0.001平方米應該已是現有技術的極限。

在飛機正面由於雷達波以約40～60度(取決於後掠角)入射翼前緣，因此正面RCS可以再降低約一個量級，因此正面0.0001平方米約為正面RCS極限。但這裡只是將翼前緣取10m計算，實際上重型戰機主翼與垂尾前緣長度共有20～30m，再加上進器道等處的前緣長度，RCS可以是上述極限值的好幾倍，再加上實際上匿蹤外型不可能完美到其他地方的RCS都是0，因此實際情況下正面最低RCS可能會比下限值大一個量級，在0.001平方米級。

四、T-50 V.S. F-22

在了解T-50在航電性能、武器性能、匿蹤性能相對於Su-35BM的消長後，有助於進一步分析T-50與理想的匿蹤戰機如F-22的對抗。這裡比照Su-35BM的分析，先假設F-22是理想的匿蹤戰機(不開彈艙就不會被X波段雷達發現)，分析T-50的消極反匿蹤能力以及積極反匿蹤能力(也就是T-50在幾乎不可能存在的最極端假設下對抗F-22的能力)，最後再進一步考慮T-50與F-22的真實匿蹤能力的影響。

消極反匿蹤能力

假設F-22無法被發現，而總是能對T-50「先發現、先發射」，那麼除非F-22在T-50的+-60度視野內發射飛彈，否則T-50無法像Su-35BM那樣在高達90km就以主雷達發現飛彈。T-50的全週界光電系統以及側視、後視雷達對空對空飛彈的預警距離分別估計在50km

以上以及24～50km。簡單的說最大預警距離可達50km以上(用被動光電探測至少可知道方位)，而至少在20km左右可以掌握空對空飛彈的詳細運動資訊(加上雷達可知道方位、距離與速度)。

全週界自主預警能力讓T-50能發現任何導引方式的來襲飛彈，因此除非敵機在不可逃脫射程內發射，否則T-50總是能以反制機動方式拖離威脅。此外這種預警距離能提供至少數十秒的反應時間，而飛彈路徑的詳細資訊足以讓機上系統做出最有效的反制建議，這除了能增加反制成功率之外，也可以避免做出過度反制。此外T-50的主動光電防禦裝置應能摧毀追熱飛彈的導引頭，而量身訂做的「產品300」短程飛彈具備反飛彈能力，都能進一步增強其自衛能力。

既然F-22即使在具備先發現先發射的優勢下也無法有效摧毀T-50，那麼T-50就能以自己的武器系統衝擊F-22的友軍。T-50的武器系統性能與Su-35BM相當，而藉由匿蹤性能之助又可以讓絕大多數戰機、防空飛彈對其失效，故衝擊性應超越Su-35BM。因此以「消極反匿蹤能力」而言，T-50應該是超過Su-35BM。

積極反匿蹤能力

無可否認的，T-50的固定式主雷達視野只有Su-35BM的1/2，因此在反制來襲飛彈的過程中，比較有可能損失對目標區的接觸。因此T-50的作戰步調可能較容易被打破。另一方面，當理想的F-22躲到T-50的+-60度視野外發動攻擊時，T-50也無法以主雷達發現開啟彈艙的F-22。因此就「積極反匿蹤能力」而言T-50未必勝過Su-35BM。

Su-35BM算是一種特例。由於Su-35BM並沒有匿蹤能力，因此對於許多先進戰機與防空系統而言Su-35BM是個「人人得而誅之」的目標，但是靠著高達90km以上的自主預警能力來移除威脅。而以T-50的設計，將只剩下少數最先進戰機與防空系統能對其產生威脅。在真實的複雜戰場下，Su-35BM固然本應有更強的積極反匿蹤能力，但在同時需要面對較多威脅的情況下，能發揮的積極反匿蹤性未必能勝過T-50。

當然，若T-50主雷達能採用類似Su-35BM上的Irbis-E的旋轉基座設計，就能完全兼顧Su-35BM的優點。若T-50採用類似Irbis-E的旋轉基座設計，估計其必須改用口徑800mm的圓形天線，其面積與現有的900 x 700mm橢圓天線相當，因此操作距離也相當，是值得考慮的設計。

T-50沒有引入Irbis-E的設計，讓積極反匿蹤能力的分析變得較為困難。對Su-35BM而言，可以乾脆假設F-22最佳狀態下無法被發現，而仍然得到具備積極反匿蹤能力的結論，而對T-50而言就必須更仔細的考慮他自身的匿蹤性能以及F-22的真實匿蹤性能。

考慮T-50與F-22更真實的匿蹤性能的影響

前面考慮的F-22是「不開彈艙就不會被X波段發現」的理想匿蹤戰機，

而T-50則是完全處於挨打狀態。現在要進一步考慮「T-50具備匿蹤能力」以及「F-22的匿蹤性能畢竟有極限」的狀況。

在以下試算中，T-50的RCS取0.5平方米、0.1平方米、0.01平方米計算。其中0.5平方米應是平均值，0.1平方米是保守假設塗料與外型各能降低一個量級的RCS所估計的正面RCS值，0.01平方米則是最終很可能達到的正面RCS值。F-22對RCS=1平方米目標探距取220km計，則F-22可在185km、124km、70km發現T-50，有點像第四代戰機發現第四代戰機的距離，若使用AIM-120系列飛彈，則最多在約100km可發動攻擊。

在Su-35BM的反匿蹤能力分析中估計出，即使X波段雷達無法發現F-22的最佳匿蹤狀態，光電系統與L波段雷達共同探測下在30～40km發現F-22的機率已經很高，而L波段雷達甚至有可能在50km以上發現F-22，極限則應不超過100km。

據稍早的估算，即使假設匿蹤外型的鏡面反射RCS可以降到0，在使用能降低一個量級與兩個量級的吸波塗料後繞射RCS也會在0.01與0.001平方米級，極限則是0.0001平方米。對此T-50以X波段雷達約可在90km、50km與28km發現之，而如果假設F-22的平均RCS是俄國設計師所說的0.3～0.4平方米，則T-50可在225～240km發現之，如果放寬假設平均值是0.1平方米，T-50仍可在170km發現之。

乍看之下F-22總是能早一步發現T-50，但實際上在T-50這種有匿蹤處理的飛機面前，F-22無法總是以最小RCS面對T-50。

F-22由於可在300km以上發現Su-35BM(當然，以及其他傳統戰機)，因此理論上可以從容的保持以最佳匿蹤方向對著Su-35BM，然而在遇上T-50時，由於發現距離減少一半以上，小於T-50有可能發現F-22的最大距離，使得F-22對T-50不一定能維持最佳匿蹤性能。因此F-22與T-50的對抗情況中「F-22的RCS=0」的假設已失去意義。F-22不一定能確保先發現先發射的優勢。這裡也反映出匿蹤戰機之間的對抗與匿蹤戰機與傳統戰機對抗的重大差異：當匿蹤戰機對上傳統戰機時由於可以先發現，所以可以刻意的以最低RCS方向面對目標，這時匿蹤戰機的平均RCS較不具參考價值，而是得取用低得嚇人的最低RCS；而在匿蹤戰機之間的對抗情況，彼此都沒有先發現優勢，自然不能確保以最低RCS方向面對對手，故平均RCS就有參考價值。

即使還是放寬假設F-22可以維持最佳匿蹤狀態而獲得「先發現先發射」優勢，其發射距離的極限約100km，或是要到50km以內才會有騷擾效果。如果F-22採用的是「一擊脫離」戰術，則在轉向返回過程中必然會暴露RCS較大的方位以及溫度較高的後半部，這時T-50就可能在50～90km甚至更遠的距離發現並反擊。此外，由於50～100km發射的武器其實難以傷害T-50，因此若要確保擊中T-50，F-22必須繼續前行以維持最佳匿蹤方向並期待第二次攻擊，這種情況下被發現的機會就越來越高，例如到50km便幾乎保證會被發現。

因此簡單的說，即使F-22可以默默的發動第一次攻擊，該攻擊幾乎無效，而如果想接著發動第二次攻擊，就可以考慮為F-22與T-50可以互視互射。

在可以互視互射的情況下T-50占優勢

在T-50與F-22可以互視互射的情況下T-50極可能具備優勢。首先是T-50有射程更大的武器，可以補償射控資訊不齊全的情況下導致的射程減損。例如若T-50只知道F-22的方位、或是只知道方位與距離而不知道速度時，可以乾脆以超長程飛彈發動攻擊，這時F-22通常在超長程飛彈的有效射程甚至不可逃脫射程內。而當F-22默默發動第一擊而脫離時，T-50很可能以X波段雷達取得精確射控資訊，然而此時F-22在脫離狀態，一般中程飛彈基本上已打不到，這就是長程飛彈的使用時機。

第二是導引方式的優勢。日後R-77這一等級的飛彈以及超長程飛彈都可能配備半主動-主動複合導引頭，可以借用主雷達的高功率波束來增加鎖定匿蹤目標的機會。

而到了更近的距離，甚至要開始考慮飛行性能與近戰，這時T-50仍有很大的優勢，其只有在「不開後燃器超音速飛行」的領域遜於F-22，但油量相對較大可乾脆以後燃器推力補償。在中近距離R-77與RVV-SD中程飛彈相對於AIM-120系列有機動性優勢，R-73E後續改良型飛彈相對於AIM-9X有射程優勢。加上T-50有全週界光電預警系統以及主動光電防禦系統，甚至可能進一步具備反飛彈能力，使得F-22在近戰時完全占不到便宜。

T-50對遠程預警系統的匿蹤能力可能更好

既然T-50與F-22能發現彼此的最大距離在伯仲之間，都不能像對上傳統戰機一樣在300～400km就發現對方，這樣一來遠程警戒就還是要仰賴陸基、海基長程雷達以及預警機雷達。一般而言長程預警雷達大都操作在C波段或L波段甚至更長的波段。若T-50採用電漿匿蹤系統，則其5000～50000W功率足以維持包覆全機並對這些波段匿蹤的電漿。電漿系統可將對10cm波長的RCS降低至原來的1/100，相當於奈米塗料，若搭配本來的塗料，RCS可再降10～100倍。

因此採用電漿系統後的T-50對遠程警戒系統的隱匿效果應勝過F-22，而攜帶的內掛攻擊武器僅略遜於Su-35BM所攜帶者，這無疑對F-22的友軍產生極強的威脅。這讓F-22在與T-50交戰時幾乎必須發動第二擊，而陷入T-50的優勢區。

其他

T-50的匿蹤性能至少足以讓F-22發現他的距離下降到150km左右，這會讓F-22機群「一架開雷達，剩下緘默」的戰術的作戰效率打折，這可能會讓F-22

機群在面對T-50時必須更常開啟雷達，這會讓F-22的電磁緘默能力被打破。

早期許多大陸或俄羅斯的研究都認為，不管F-22之類的隱形飛機有多隱匿，他作戰時都必須開啟雷達而暴露行蹤。因此理論上一些被動式雷達就能捕獲匿蹤戰機。然而事實上在F-22有絕對匿蹤優勢的情況下，機群裡只要有少數戰機開啟雷達即可，剩下的還是可以保持隱匿。而在有了T-50這樣的戰機後，哪怕平均RCS只降到0.5平方米，還是能迫使更多F-22打開雷達，而暴露在T-50乃至陸基被動雷達的眼中。

類似地，如前文所述，即使T-50的最低RCS遠高於F-22，其匿蹤能力至少足以讓F-22不能總是先發現T-50然後以最低RCS方向面對之，以致於對T-50而言，F-22的RCS不會是最低值，而會是平均值，縱而導致兩者可能可以互視互射。這表示就空戰而言，追求極致的匿蹤性能不一定有必要。F-22「多出來的」匿蹤優勢可能用於對抗陸基、海基等雷達，極致的匿蹤讓F-22有機會攜帶精巧的武器深入敵軍攻擊高價值目標。T-50恐怕無此能耐，但可靠長程武器補償。

但書

根據以上分析，則F-22對T-50一點也不具優勢。不過需注意的是這些分析是依據兩者自主的探測系統所推得，而沒有考慮到雷達預警接收器。在考慮雷達預警接收器的情況下，只要開啟雷達就可能在探測距離之外被敵方被動偵測，而一旦以被動方式偵獲目標，就能以最低RCS的方向面對對手，這樣一來F-22的極致匿蹤能力就會產生優勢，但只要敵方不是持續開啟雷達，這一優勢又會慢慢衰減，最後又變成以平均RCS面對對手。只是雷達預警接收器的偵測能力取決於敵方雷達開機與否，並非完全「自主」，而且也不能保證解讀最先進的敵方信號。換言之交戰雙方的雷達運用戰術以及彼此雷達與雷達預警接收器的性能在此都會產生非常顯著的影響。

也許從這裡也可以稍微預測，在邁入第五代戰機以後，大家都具有一定的匿蹤能力的情況下，視距外作戰能力將很大程度取決於雷達預警接收器的性能、雷達信號是否易被解讀、以及雷達使用戰術(開關時機等等)。

五、T-50 V.S. 其他戰機

對上F-22、F-35以外的戰機時，T-50的優勢是壓倒性的，其衝擊性甚至超越F-22。理由是T-50與F-22一樣能遠在對手發現他之前發現之，而比F-22更優越的是T-50的武器射程更長且數量更多。

例如假設對手配備最新的主動相位陣列雷達，對RCS=3平方米目標探距取250km(俄製Zhuk-AE的數據，目前西方中輕型戰機的AESA的探距約200～250km)，T-50的RCS取0.5平方米計，則T-50約在160km被發現；而這些飛機的RCS在攜帶武器的狀態下好歹超過1平方米，在300km外便會被T-50發現。而在T-50率先發現對手後，可以用較低的RCS的方向面對對手，若其較低的RCS取0.01～0.05平方米計，則被發現距離會降到60～90km。據此計算，則在使用AIM-120、R-77這一級別的武器時，T-50在可以發射武器的距離已經有被發現的風險，然而T-50可以內掛射程較AIM-120、R-77(80～100km)大得多的武器，如預計射程140km的「產品180」、200km的RVV-BD、250km的「產品180-PD」、以及400km的「產品810」，這些武器確保T-50在被發現之前就發射武器，因此T-50仍具有壓倒性優勢。

需注意的是，F-22對傳統戰機構成的衝擊性是建立在絕對的「先發現」優勢之上，這其實有點淪為「料敵從嚴，料己從寬」，而這裡討論的情況中已經假設對手有非常好的AESA雷達，而在T-50的RCS方面則取用較保守的數據。在真實多機戰場中，匿蹤戰機不可能對所有對手都保持最低RCS值，這時匿蹤戰機的RCS要取用平均值較有意義，在這種情況下匿蹤戰機可以發射AIM-120、R-77的最大距離已經相當於可能被發現的距離，甚至若對手配備「流星」衝壓飛彈，則匿蹤戰機甚至未必具有「先發射」優勢。而對T-50而言，由於還有多種可內掛的長程對空武器可用，故還是具有先發射優勢。

由於4+代以上的戰機常常具有自主的最後防線預警能力，例如Rafale、MiG-35就配有全周界光電預警系統，能發現任何導引方式的來襲飛彈，而且距離應該不低，像MiG-35的光電感應器就可以在50km發現飛彈，這大幅提升戰機對飛彈的反制能力，減少匿蹤戰機的優勢。在應付這些越來越進化的傳統戰機時，F-22越來越吃力，而T-50的先天設計讓他還有性能提升空間去保持衝擊性。例如未來配備「產品180-PD」以及「產品810」的情況下，不可逃脫射程基本上已超過T-50自己被發現的最大距離，這時對手已不能靠戰術機動方式閃避飛彈，居於完全弱勢。

在沒有產品180-PD以及產品810的情況下，由於飛彈未必是在不可逃脫射程發射，加上對手有自主預警能力，故可能需要第二波以上的攻擊。特別是在T-50服役初期或是外銷型上，也許只有射程110km的RVV-SD可用，這時比較保守的考慮是，「T-50有先發射優勢，但需要第二擊以上才能摧毀敵機」，這種情況下雙方有可能進入近戰。

從以上「T-50 V.S. F-22」以及「T-50 V.S. 其他戰機」的討論可以發現，在大家都有匿蹤能力、先進雷達、以及自主預警能力的情況下，戰機進入數十公里以內的中近距空戰的可能性頗高，匿蹤戰機單單想靠匿蹤優勢擊敗4+代戰機未必如想像般簡單。而T-50強大的中近程武器、主動防禦系統、超機動性能賦予中近距空戰的優勢，是相當周全的設計。

六、不只是「戰鬥機」而是「複合體」

F-117公開不久便曾擔任科幻電影

相同技術背景下不同的匿蹤等級與武器射程的搭配之各項操作成本比較			
設計思路	絕對匿蹤+短程武器	均衡設計	不匿蹤+絕對防區外武器
範例	F-22+JDAM	T-50	Su-35BM+Kh-59MK2
飛機價格	高	中	低
武器價格	低	中	高
平時巡邏成本	高	中	低
戰時成本	不一定		

主角，儘管真實世界的F-117只是能攜帶精靈炸彈的攻擊機，影片中F-117是架敵人無法發現、可攻擊又可空戰的隱形飛機，這其實反映了人們對匿蹤戰機的最終期望。F-22的出現進一步讓電影夢想成真：匿蹤飛機可以很漂亮很流線而且可以空戰。但F-22較小的彈艙卻無法攜帶太大的攻擊武器，目前其攻擊武器主要僅限於具備導引能力的無動力武器。

性能與成本的均衡考量

T-50擁有流線的匿蹤外型、具備良好的空戰能力、超機動性、超長程攔截能力，並能夠攜帶大型對地、對海攻擊飛彈，完全是那種經常在電影出現但實際上卻不存在的匿蹤戰機。這正是T-50的獨特之處：其對匿蹤與超音速巡航的追求可能不若F-22般徹底，但兼顧了超機動性、更廣泛的攔截能力、更強的自衛能力、反匿蹤能力、長程對地攻擊能力等。均衡發展的結果使T-50應擁有相當高的效費比。戰機的任務說穿了只是將火力投射到目標區以摧毀目標，而在飛行員越來越「貴」的文明國家更希望上述任務能在不威脅飛行員生命的情況下達成。為達此目標，「完全看不見的飛機搭配短程炸彈」與「完全不隱匿的飛機配上絕對防區外武器」效果幾乎是一樣的，但研發費用與維操作成本卻可能大異其趣：前種方案的效力取決於匿蹤，仰賴售價昂貴且有高昂的維護成本的匿蹤飛機；而後一種組合之效力一份取決於武器，可使用可能不是最好但易於維護的匿蹤科技。由於武器平時可封存，故第二種方案在平時使用成本上可能低廉許多(詳見第十七章)。

T-50的機體設計也顯現一種均衡考量的結果。從附加了全動垂尾、可調進氣道及進氣口可動前緣等方面可發現其在追求匿蹤設計的同時仍極力追求氣動效率。其彈艙雖不足以攜帶所有種類的300km射程級俄製攻陸、反艦飛彈，但T-50沒有為了容納他們而硬是再擴增彈艙，可避免空間的浪費與重量的過度增加。而在飛行速度方面，由於沒有追求MFI的速度需求，改用超長程飛彈補償，這樣便可節省重量。因此從許多層面觀察皆可發現T-50在飛行性能、航電與武器系統、重量與成本等方面可說是考量得相當周全。

最成熟的匿蹤戰機設計

可以說，T-50體現的是一種更成熟的匿蹤戰機設計，如果說F-22是將匿蹤技術與傳統飛機融合，那麼T-50就是將F-22與更複雜的探測系統及各種獨特武器系統融合的產物。諸多跡象顯示T-50在設計之初就是將飛機與武器當作一個整體在開發的，這或許可以解釋，為何第五代戰機的名稱從MFI、LFI、LFS、SFI這些「戰鬥機」(I)或「攻擊機」(S)改為PAK-FA這種「複合體」(K)。「複合體」這個字眼便可能隱含著飛機與武器的融合，在蘇聯航空史上亦曾有類似的命名，例如1950年代曾發展一種專職反艦的Tu-95改型(Tu-95K)，其一開始就是將Tu-95與配套的Kh-20反艦飛彈當作一個整體的反艦系統研發，進行優化整合，其計畫名稱便是K-20，這裡的「K」表示複合體，「20」表示Kh-20飛彈，因此是K-20是「使用Kh-20飛彈的反艦武器複合體」之意。此外研發中的第五代轟炸機計畫名稱也是「遠程航空兵的未來航空複合體」(PAK-DA)。

這種在設計之初就考慮越全面的飛機，自然可以不需要在局部追求完美但卻能獲得相當好的性能。許多評論緊抓著T-50與F-22的匿蹤設計差距以及主動相位陣列雷達尚未定型等「負面消息」並忽略T-50的多波段探測與特殊武器系統的優勢，而作出T-50無法趕上F-22的評論，實乃無視於這種「複合體」與「戰機」的差異使然。舉個誇張的例子，F-16是當代纏鬥能力最好的戰鬥機之一，但是如果他去與二次大戰的零式戰鬥機玩機砲纏鬥，那肯定會輸。硬是拿T-50去跟F-22比匿蹤而忽略其他優勢，就有如硬是拿F-16跟零戰比纏鬥能力並忽略F-16的超音速、超視距、飛彈等優勢，而得到「F-16連零戰也無法超越」的謬論。

七、總評

可以預料，完整五代配備的T-50航電技術將超越包括F-22在內的歐美戰機，不過這種有時也被稱為「5+代」的T-50應不會早於2015年問世，初始型的T-50將是以Su-35BM的航電技術為基礎由「5-代」逐漸進化到「5+代」。初始型T-50雖不若全配版T-50強悍，但已足與列強爭鋒。需注意的是，T-50的初始航電基本上移植自Su-35BM，多是已成熟的技術， 甚至在原型機首飛時這些設備已能由生產線提供，因此初始型T-50要在2013年服役並非不可能。俄羅斯航空技術在過去20年其實已在「4+代」戰機上逐漸過渡到第五代，許多評論以F-22和EF-2000的首飛與服役間隔長達8～10年而認定T-50也需要這樣長的時間才能服役，其實是忽略了俄羅斯「有科技沒經濟的解體強權」這個尷尬的身分而致。

儘管許多評論喜歡咬著T-50初期尚未配備X波段主動陣列雷達與真正第五代發動機兩大「遺憾」不放，然而憑心而論，T-50是真正在匿蹤、飛行性能、遠中近程空戰、對地攻擊、反制匿蹤戰機等主要需求上取得平衡，此乃F-22與F-35所遠遠不及，因此其設計可說是極具前瞻性。而俄國特殊的經濟處境讓T-50的次系統有較多選項，使其在價格上較具彈性，有利於出口。過去Sukhoi總設計師M. Simonov曾表示，「俄羅斯第五代戰機的研發目的，在維持世界政治力量的均衡」，T-50的種種前瞻性設計以及其目前幾乎是「現成品」的狀態顯示，上述研發目的基本上已獲得成功：其大約與F-35同時投入市場，而F-22除非增產或改良否則也難以藉匿蹤技術維持優勢。

2010年6月17日俄羅斯總理普亭至Zhukovsky視察T-50時表示：「這將是一個可以超越我們對手F-22的機器，在機動性、武器系統與航程上」，Bogdan說：「還有士氣。」，普亭回答：「這是前題！」。筆者認為，T-50更為均衡而全面的設計的「有機交互作用」使其作戰性能將遠超過傳統觀點的想像。

參考資料

[1]http://www.f22-raptor.com/technology/data.html

[2]Lockheed Martin官方網站。http://www.lockheed-martin.com/products/f22/f-22-specifications.html

[3]美國空軍網站。http://www.af.mil/information/factsheets/factsheet.asp?id=199

[4]Pratt-Whitney發動機公司官網F-119介紹。http://www.pw.utc.com/Products/Military/F119

[5]Yefim Gordan, «MiG MFI and Sukhoi S-37»

[6]Lockheed Martin官方網站。http://www.lockheed-martin.com/products/f22/f-22-specifications.html

[7]美國空軍網站。http://www.af.mil/information/factsheets/factsheet.asp?id=199

[8]http://www.globalsecurity.org/military/systems/aircraft/f-16-specs.htm

[9]«Главком ВВС России заявил о превосходстве ПАК ФА над F-22 и J-20», Lenta.ru, 13.FEB.2012

[10]«India, Russia close to PACT on next generation fighter», Business Standard, New Delhi January 05, 2010

[11]«От истребителя к ракетоносцу», Голос России, 01.MAR.2010

ГЛАВА 15

俄羅斯中大型無人攻擊機淺談

▲ 蘇聯時代圖波列夫設計局研製了多種無人偵察機，圖為M-141「雨燕」偵察機，配有光學偵查設備，並採用特殊的滑撬式起落架

將無人飛機用於戰場以減少人員傷亡從而減少戰爭成本已是全球趨勢之一，也是一些非航太強國在航空領域的一絲希望(因為大家起步差不多)。近年各國的無人飛機如雨後春筍般在各大航空展現身。不過似乎是技術原因，大部分都主要侷限於無人偵察機，僅有美、法、瑞典等在發展具攻擊或戰鬥等更複雜用途的無人「戰」機(圖1～2)，可以說，功能複雜的無人飛機仍就是航太強國才有的計畫。身為航太強權的俄羅斯近年也公佈不少無人飛機，不過主要也都侷限於戰術偵查用途，例如圖波列夫設計局、Irkut公司(生產Su-30MKI者)很早便推出各式無人偵察機(圖3)，這些無人偵察機看起來與其他國家的計劃沒多大差別(圖4～5)，甚至曝露俄羅斯在這方面的不足：以2009年展出的Dozor-3無人偵察機(圖6)為例，其偵查設備與推進螺旋槳竟然得仰賴進口！而近來也傳出俄國向以色列洽談引進無人飛機的事宜。

然而俄羅斯在作戰用中大型無人飛機的發展上卻令人眼睛一亮。2007年莫斯科航展第一天，到訪的俄羅斯總統普亭臨時批准米格設計局公開其秘密研製多年的Skat「魟魚」無人攻擊機(圖7～8)(公佈的武器配置無對空武器，只能確定其為攻擊機，是否為戰鬥機仍待追蹤)。米格設計局於航展第三天在自家廠房對受邀的少數記者群公佈，這種神祕的公開方式以及獨特的設計，成了當屆航展的震撼彈。

一、機體設計

Skat採用翼胴融合設計，甚至更趨近於「全翼」設計，進氣口在機身中間上方，無垂尾，是故機如其名，像隻魟

▲ 圖1 中大型無人戰機或攻擊機是當前發展熱點。圖為中共的「暗箭」匿蹤無人戰機模型

▲ 圖3 M-141無人偵查機採用光學方式偵查

▶ 圖2 美國波音公司的X-45C無人戰機亦屬於中大型機種。 Boeing

◀ 圖4 MAKS2009展出的若干無人飛機，這些皆屬前線用途或民用無人機。

▶ 圖5 VEGA公司的無人偵察機與機動發射載具，這類輕型無人偵察機適合搭配前線部隊使用

◀ 圖6 MAKS2009公佈的外型酷似美製「全球鷹」的Dozor-3「觀察者」無人機。雖為俄製無人機，但光電偵查設備與推進螺旋槳卻仰賴進口

▶ 圖7 MAKS2007秘密公開的米格設計局Skat無人戰機，屬於能與現有戰術戰機協同作戰的中大型無人攻擊機。俄國在這方面已具備雄厚的技術基礎。 RSK MiG

◀ 圖8 Skat無人機側面，可觀察到類似B-2的全翼無尾翼設計以及扁平噴嘴。這種大航程無人機甚至可與主戰機佈署在同一機場，相當便利。 RSK MiG

魚，與美X-45C及X-47B無人戰機相似(圖9～10)。該機引入S型進氣道與內置彈艙等匿蹤設計，進氣道一開始就先向外拐而後再向內收至發動機，完全遮住發動機，內彈艙則位於翼根附近，共2個。內彈艙空間很大，長4.4m，截面0.65x0.75m^2，除250kg或500kg精靈炸彈外，甚至可容納2枚Kh-31A超音速反艦飛彈或Kh-31P反輻射飛彈 (註1)。該機長10.25m，翼展11.5m，高2.7m，最大起飛重10噸，武器籌載量2000kg，低空最大速度800km/hr，升限12000m，航程4000km，其發動機為克里莫夫設計局的RD-5000B，為RD-93(RD-33改版，為中巴合作的FC-1戰機所用)的無後燃器版本，最大推力5040kg。以尺寸、噸位及性能論，Skat略大於美X-45C。

該計劃據稱已秘密進行多年，於2年前正式展開，除米格設計局外，尚有TsAGI(中央流體力學研究院)、2nd TsNII MO (國防部第二中央研究院)、GosNIIAS(航空系統研究院)、VEGA(無線電與吸波材料)、KB Luch(「火炬」設計局)、ZAO Khius、Russian Avionica(俄羅斯航電)、克里莫夫設計局、「聯盟」(Sayuz)科學生產聯合體等介入。兩年來已確立了飛機的特性與需求，並完成必須技術的開發，原型機已建造完成，據稱不久將試飛，特別的是，將先由載人版「Skat-PD」首飛，之後再飛真正的無人機「Skat-D」，這一方面能保障研製進度。Skat-PD在機首增設座艙，並採用圓形截面噴嘴之引擎。

上述合作單位中，第二中央研究院自MiG 1.44發展期間就從事隱形技術的論證並為其提供相關建議。其曾提出下一代戰機的隱形設計構想圖，包括S型進氣道及內彈艙之使用；精美的機身表面工藝以減少接縫處之回波；鋸齒狀接縫；表面儘可能大量應用吸波材料；天線、座艙處的遮蔽；進氣道內設置吸波網以遮蔽發動機；以及電漿隱形系統。其方案就像一架多加了電漿隱形系統的F-22。

▲ 圖9 諾斯諾普-格魯曼公司的X-47A無人戰機。 Northrop Grumman

▶ 圖10 Skat噸位與性能最接近圖中的X-47B。 Northrop Grumman

進氣道與內彈艙的設計在照片上已顯而易見，亦可見彈艙門邊緣採用鋸齒設計。在吸波材料部分，其合作研發單位「VEGA」是一家生產吸波材料與無線電設備的公司，具有吸收波段在0.8～30cm，正反射係數小於3%之柔性吸波材料，以及達世界最先進標準的無線電實驗室用吸波錐；ZAO Khius則提供複合材料。而在天線遮蔽部分，俄國至少已有類似F-22所用的選頻天線罩與Su-35所用的低溫電漿屏蔽(注意這裡提的電漿是產生於天線罩內，不是包在外面的那種)可選用。至於電漿隱形技術，早期公佈的電漿隱形系統最大耗電量50000W，即使是Su-27這種重型戰機在沒有額外電源的情況下都吃不消，更何況只有一個發動機的Skat。再者，Skat這種小飛機是否有足夠的空間搭載100kg重的電漿系統與額外電源也是個大問題，除非有更小更輕更省電的電漿隱形系統，否則在Skat無人戰機上應用該技術的可能性應該非常低。不過即便不使用電漿匿蹤，Skat仍可說是具有相當徹底的隱形設計的飛機，而俄國也已具備相應的隱形技術。像EF-2000、Rafale、F/A-18E/F這類排除匿蹤大忌(垂直面、筆直進氣道等)的傳統構型飛機據稱都達到0.1平方米以下的RCS，可推估Skat這種體型更小、除去垂尾且幾乎全面使用各式隱形技術的飛機的RCS很容易就可以比0.1平方米低得多，有資料表示其隱形性能比美製隱形戰機更好。

(註1：廠商將飛機與飛彈同時展出並表示可攜帶，但事實上Kh-31A與Kh-31P基本型長4.7m，超過彈艙長度。若真要攜帶，則不是飛機需增大彈艙就是需要有專用的縮小版Kh-31。)

二、關鍵因素：自動駕駛技術

無人飛機能否實用的第一道關鍵技術在自動駕駛。相關技術俄國近年已在有人戰機上「偷跑」。如Su-33UB在機砲模式時便只需標定目標並扣住板機，飛機就會自己進行空戰機動，這與為無人機指示目標並讓其自動攻擊並無不同；在自動降落方面，格洛莫夫試飛院(LII Gromov)於1996年便因應戰機空中加油需要而開發一種稱為SRNK的衛星-無線電精確定位套件，將空中加油過程大幅自動化以減少飛行員在該期間的負擔，空中加油輔助功能已於2000年通過試驗並應用於具備空中加油能力的改型俄系戰機上。之後試飛院開始為其添加自動降落功能，至2000年止至少完成34次全自動降落試驗。據報Su-35BM便將具備自動降落功能。雖然Skat並非由蘇霍設計局研製，但俄系戰機的航電整合等方案基本上就是由參與Skat計畫的GosNIIAS負責的。因此可以說Skat所需的許多關鍵技術在俄國基本上都已是現成品，「萬事俱備，只欠盧布」。

三、強大的武器

只要Skat的內彈艙能像宣稱般掛載Kh-31A反艦飛彈，則反艦作戰時Skat之實戰價值相當有可看性。Kh-31A是一種超音速反艦飛彈，平均速度600到700m/s，極速1000m/s，彈頭重90kg，其在100m巡航，距敵7.5km躍升並俯衝加速，採主動雷達導引，遭受干擾時可切換為被動模式打擊干擾源，其超高速使其反制困難且破壞力極大。然該彈基本型射程50～70km，增程型110km(Kh-31M)或120～160km(Kh-31PD)，僅增程型勉強在艦載防空系統防區外，使得搭配有人戰機且面對有強大防空能力的艦隊以及有戰機護航的艦隊時，發射機會大為減少，實際威脅驟降。Skat無人戰機體型小且引入相當全面的隱形設計，勢必較絕大多數有人戰機難被發現，讓其攜帶Kh-31A將使得後者對船艦的實際威脅大為增加。在有預警機或Su-35BM之類長程探測平台為其指示目標的情況下，其對船艦的威脅估計將大於各式有人戰機上的Kh-31A、Kh-59MK長程次音速反艦飛彈以及3M-54E末端超音速飛彈(3M54E僅在末端20km超音速，Skat無人機搭配Kh-31A相當於在末端50～70km超音速)，而與Brakhmos(即Yakhont「寶石」飛彈)長程超音速反艦飛彈相當甚至更具威脅。

此外俄國目前導引炸彈的種類齊全，其中包括500kg衛星導引炸彈以及類似JDAM與JSOW的低成本導引滑翔武器(發射重皆約500kg，詳見第五章)，後二者在衛星定位與滑翔翼的作用下射程可達數十公里，彈頭重超過300kg，火力投射能力已相當於Kh-29TE等級的導引飛彈。這種衛星導引武器搭配無人戰機使得整個投彈過程可以相當高度自動化，而其射程與火力都超越美製無人攻擊機所能攜帶的武器。

Skat的小體型與全面隱形設計使其對地面防空系統的穿透能力理論上優於絕大多數的有人戰機(除非有人戰機搭配很好的電戰系統)，會是一種很好的先遣打擊平台。此特性各國的無人攻擊機都具備，但Skat有一項別人所無的，便是其所能搭載的Kh-31P超音速反輻射飛彈，這種導彈與Kh-31A反艦導彈採用相同彈體，但不像後者採掠海彈道，故射程可達110km，增程型達200km。即使只是基本型，射程也幾乎落在各式中程防空飛彈防區之外，而其隱形性能降低敵方對其之探測距離，也使得敵方要以關閉雷達來「反反輻射」的成功率降低。

四、使用模式

在使用模式上，這架飛機可以全自動作戰，也可與有人戰機協同。全自動時，目標資訊的取得與決定攻擊與否也是無人戰機的一個大問題，無人機若要自己攜帶遠程探測設備並具備決策能力，往往就要增大增重且目前還不可靠。短期內比較保險的方案自然是以有人機指揮無人機作戰，這時資訊來源不外乎就是有人機本身、別的無人偵察機、或是空中預警機，而「在決定目標後自動攻擊」對現代航電技術而言是相當簡單的，特別是俄製戰機一直都保有全自動與半自動武器射擊的設計，這與無人機自動作戰方向基本一致，因此俄製無人攻擊機的射控系統幾乎可直接用有人飛機的技術，差別只在於要人類不是在座艙內而是透過無線通信去下達攻擊命令。

以俄國而言，Su-35BM與無人機便能夠成良好的搭配：其對側面區域具有120度視野，能以側面對目標區進行合成孔徑探測但又不深入敵陣。其能掌握之資訊雖不見得比預警機或深入敵陣的無人偵察機齊全，但也因參與作戰的機種少以致任務較好規劃。這種技術背景使得Skat即使短期內無法全自動化，也可以很快具備實用性。

無人機的造價則是另一個敏感問題。無人戰機沒有人員傷亡顧慮，所以理論上具有「可耗損性」。然實際上目前無人機的發展走向已進入兩極化，無人「偵察機」的確照著低成本高產量路線發展，而無人「攻擊機」及「戰鬥機」卻有一部分走向有人戰機的噸位與價格，「可耗損性」短期內已不可能達成，尚待各項技術的成熟化。Skat無人戰機走的是哪種路線，將影響其實用時的數量、可耗損與否，這與其實戰價值有密切關係。此點有待日後查證。

Skat理論上將具備的實戰價值其他國家的無人戰機也將具備，並無特殊之處，唯俄國已具備造出這種無人戰機的多項現成關鍵技術，並具有Kh-31A、Kh-31P、500kg級炸彈這類他國無人戰機所無的武器。因此若無資金問題，俄國無人戰機的實用進度與實戰價值不無可能後來居上。

五、俄羅斯攻擊型無人機最新狀況

Skat公佈不久，俄政府便任命時任蘇霍伊公司總裁的Pogosyan兼任米格公司總經理，相當於兩者合併。之後俄軍開始醞釀正式研制攻擊型無人機時，蘇霍伊公司便參與競爭，但實際研發者據報是米格的團隊。

除了Skat以外，雅克列夫設計局很早就計畫將Yak-130進化成無人飛機，採用模組化設計，能成為無人攻擊機或是背著盤狀天線的無人預警機。亞克列夫設計局高層認為，Yak-130其實已經幾乎算是無人飛機，因為他能模擬各種先進戰機的飛行特性、修正學員的錯誤指令，更重要的是，當飛行員出現狀況如喪失意識時，Yak-130可以在指揮中心的命令下自動著陸[1]。

不過不論是Skat還是Yak-130改型，都是廠商自己論證的無人攻擊機，未必能完全滿足軍方需要。2012年4月，俄國防部正式確認攻擊型無人機的技術需求[2]，而稍早俄空軍總司令Zelin上將也表示，俄軍期望在2020年之前收到首架攻擊型無人機[3]。可以說俄國這時才正式出現攻擊型無人機的官方需求。近期的新聞指出，米格公司證實已沒有在研制攻擊型無人機[4]，而且Skat在MAKS2007後就沒有消息，因此該機可能已流產。流產的原因可能就是缺乏軍方需求的關係，據俄媒報導，蘇霍伊公司曾表示「我們有一切的資源來研製攻擊型無人機，但沒有軍方明確的表態，研製下去很不經濟」[5]。

附帶一提，俄軍目前也在新研製的A-100預警機上加入了指揮無人機作戰的需求。

參考資料

[1]«Удар в автоматическом режиме», Взгляд, 29.MAR. 2012

[2]«Военные определились с беспилотниками», Известия, 03.APR.2012

[3]«Удар в автоматическом режиме», Взгляд, 29.MAR. 2012

[4]«Военные определились с беспилотниками», Известия, 03.APR.2012

[5]«Военные определились с беспилотниками», Известия, 03.APR.2012

第四篇

以宏觀的眼光檢視
Su-35BM、T-50與無人戰機

ГЛАВА16

新世代俄系戰機的聯合作戰

一、反匿蹤防空網

1. 強大的戰機自主警戒網與預警機的搭配

4架Su-35BM能透過資料鏈建構2500～3000km之防衛正面(圖1)，這種視野寬度大於任何性能最優秀的預警機(甚至大於絕大多數國家的領土尺

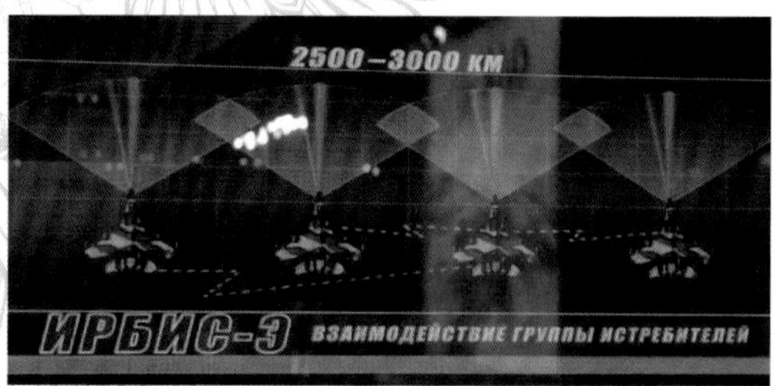

▲ 圖1 4架Su-35BM能構築2500~3000km防衛正面

▼ 圖2 Su-35BM警戒網與預警機的搭配，幾乎無限擴大空中管制範圍

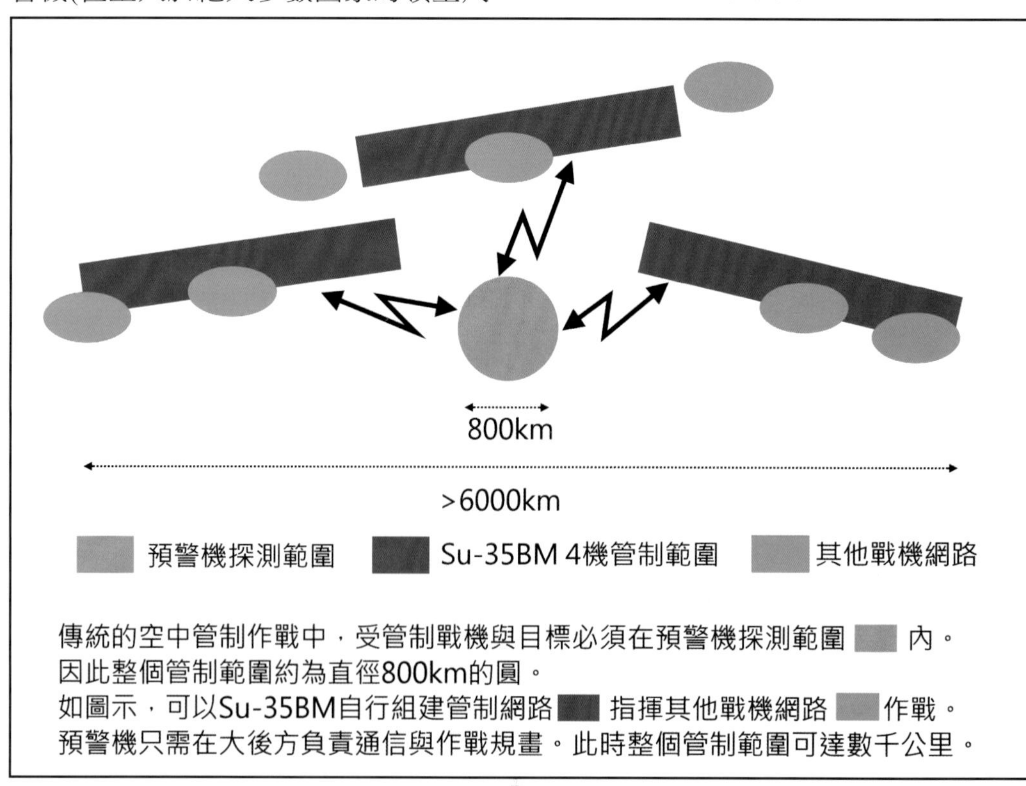

度)，加上其由對隱形戰機具免疫力的高機動戰機構成，生存性理論上優於預警機，因此戰術運用上可放在前線作為主要偵查者，並將資料後送給管制能力較強的預警機以供運用(圖2)。由於預警機可以放置在更後方因此敵方較難反制之。如此一來整套空中預警與管制系統(預警機+Su-35BM機群)之探測範圍與生存性都大為提高。這種構想蘇聯於MiG-31上便已落實，Su-35BM等於是大幅強化其探測範圍(4架MiG-31之防衛正面為800km)與自衛性能。

2500x350km^2的警戒範圍只要部署恰當，能讓絕大多數傳統攻擊、轟炸機及其武器在對地/海攻擊時勢必要與上述防線正面衝突，而難以繞道避開；而以其探距以及KS-172超長程空對空飛彈的操作範圍來看，Su-35BM對於傳統戰機相當於「飛在天上的S-400防空飛彈系統」，可謂銅牆鐵壁。

一但類似這樣的大範圍戰機自主防空網成為主力，則預警機就未必須要高探測精度，其僅需擁有寬頻通信能力與運算能力以處理大量空中資訊即可，用這種方式要顯示幾百架甚至上千架目標都不是問題。而既然一般的探測任務下放給戰術戰機，那麼預警機雷達其實可以採用精確度不那麼高的長波長雷達，縱而加強對匿蹤目標以及受掩蔽的地面目標的探測能力，相當於加強防空網的功能。

2. 以戰機建立「反匿蹤警戒網」

這種寬闊的防衛正面有利於構築大區域「反隱形」警戒網。Su-35BM的自主反匿蹤距離不超過90km，因此4架Su-35BM顯然無法自主監控2500～3000km防衛正面內的匿蹤目標，而是挾其對匿蹤戰機的高度免疫力而在2500～3000km的正面內擔任可靠的通信節點，由外界取得情資(例如知道哪裏有友軍遭受匿蹤戰機攻擊等)，即使不能以此導引武器反制之，但在情資完善之情況下(如確切了解附近重要據點、敵方可能意圖等)，可即時推估隱形戰機下一個可能的目標，而派機前往攔截。這種反隱形警戒網是以「對飛彈的預警」為基礎，因此其操作概念應是「反匿蹤之道而行」：隨時開啟雷達而不是保持緘默，這樣飛機本身的匿蹤設計就幾乎無用武之地。因此讓PAK-FA去建構這樣的警戒網理論上固然可行但實屬浪費。若將PAK-FA與Su-35BM混合出擊，由後者建立警戒網，前者採取緘默，待命對付隨時可能出現的匿蹤戰機，便能以較低的成本達到所需的「反匿蹤」性能。

這種寬闊防衛正面其他飛機並非做不到，但需要更多數量，例如若以對普通飛機探距約150～200km之戰機要構築2500～3000km之防衛正面，至少須7～8架飛機，但其警戒「深度」約150～200km，若欲同Su-35BM般建構深度約300～400km之警戒範圍則約需14～16架飛機，這還是考慮雷達視野達到+-90度的情況，對於採一般固定式相列雷達之戰機，雷達視野不超過+-70度，故所需數量更多。「必要數量」越多，警戒網被破壞的可能也越大。此外，其他飛機即便能做到該警戒網，若戰機對隱形戰機缺乏免疫力，這種警戒網也等同於虛構。這種「大範圍警戒網」的實用性須靠戰機對隱形戰機的免疫力來支持，因此也算是Su-35BM與T-50的「獨門絕技」。

3. 戰機的反匿蹤戰鬥編組

以4架戰機構築的2500～3000km警戒網對匿蹤戰機而言仍有相當多「漏洞」可鑽，因此這種警戒網主要是「替代預警機作為具備匿蹤免疫力的空中警戒與管制體系」但無法「反制匿蹤戰機」。要做到後者，需要有較小範圍的「反匿蹤戰鬥編組」，成員間距小到讓對飛彈的探測視野能夠重合以便發現警戒範圍內使用武器的匿蹤戰機。以這樣的編排，2架Su-35BM可構築360x90km^2的警戒區；或是戰機間距更小，使得對飛彈的保證探距重合，此時2架Su-35BM可構築180x45km^2警戒區，需註意在上述第二種模式下，Su-35BM與T-50的三大探測波段對匿蹤戰機的探測能力已相當高，因此甚至可以完全自主的發現理想的匿蹤戰機(而不是被動等待對方開彈艙)；而第一種模式對真實的匿蹤戰機亦相當有效(所謂「有效」系指發現機率可能超過50%)。這樣的範圍雖無法充當預警機，但已相當於許多中程(如Buk，圖3)或中長程(S-300早期型，圖4)防空飛彈防禦範圍。若以4架Su-35BM以

▶ 圖3 兩架Su-35BM的反匿蹤戰鬥編組對匿蹤戰機的防衛能力相當於Buk防空飛彈對普通戰機的防衛能力。圖為Buk家族的最新成員Buk-M2E的自主飛彈發射車

反匿蹤編組成員間距與反匿蹤能力的關係

成員間距	<45km	45～90km	>90km
反匿蹤等級	即使對理想匿蹤戰機都有效 對真實匿蹤戰機極有效	對真實匿蹤戰機有效	主要用於擔任「不怕匿蹤戰機的通信節點」
雙機警戒範圍	180 x 45 (相當於Buk防空飛彈)	360 x 90 (相當於早期S-300防空飛彈)	
4機方型編隊	180 x 90 (相當於Buk與S-300之間)	360 x 180 (已相當於A-50管制範圍)	
4機線型編隊	360 x 45	720 x 90	

▲ 圖4 圖為仍採用拖運式發射車的早期S-300防空飛彈，對普通戰機射程在5～75km

方型編組，則可構築360x180km^2或180x90km^2防禦範圍，前者甚至已相當於A-50預警機的空中管制範圍之半(圖5)；也可採4機並列編組，而建構720x90km^2或360x45km^2警戒範圍(圖6)。

上述「反匿蹤戰鬥編組」搭配「反匿蹤警戒網」(其實反匿蹤警戒網可以由數個反匿蹤戰鬥編組連結而成)為反匿蹤作戰提供了契機。傳統的防空作戰中目標是一個明確的點，而在反匿蹤作戰中，匿蹤目標是一個隨時間擴大的不確定區域內的任一點。以數架Su-35BM建構的警戒網逼近或包圍匿蹤戰機的不確定區，能有較大的反匿蹤可行性。以機群反制匿蹤戰機並非全新概念，唯十餘架或更多傳統戰機的反匿蹤範圍，以Su-35BM僅需2～4架便可達成，僅相當於平時巡邏、訓練的編隊規模，實用性與效益都大為提高(簡言之，甚至不需改變出勤習慣)。此外，以上推論所提到的2～4架編隊係用於擴大警戒區與實現「多機多方探測」，因此不只能對付1個匿蹤目標，而是可對警戒區內的多個匿蹤目標發動攻擊。當然，倘若匿蹤戰機有足夠的數量，理論上便能以其中一部分牽制一部分Su-35BM而為其他匿蹤戰機提供突破防線的機會，但由此可見匿蹤戰機在面對Su-35BM時將需要更詳盡的戰術規劃，匿蹤技術在此能增加匿蹤戰機戰術運用的成功率，但已不是能讓其橫行藍天的殺手鐧。而像F-22這樣的匿蹤戰機相當昂貴，價格約是T-50的1.5～2倍，Su-35的3倍以上，因此要突破Su-35BM及T-50的防線將需要一定的代價。

▼ 圖5 A-50U預警機，管制半徑約400km。

4. 陸基防空系統的反匿蹤能力

由基本特性便可推估新銳的S-400防空系統應具有區域反匿蹤能力。S-400相當於在現役S-300PMU2防空系統上外加若干更強悍的雷達系統與射程遠達400km的防空飛彈而成。由於本系統對普通航空目標的射程遠達400km(通常防空系統所針對的標準目標之RCS設定為1平方米)，因此不論搜索雷達還是射控雷達皆有400km以上的探測距離，由此可見即使是RCS低至0.01平方米的目標也難免在100km左右被S-400發現，S-400對這類目標的防空能力雖不至於到400km，但也相當於S-300PMU～PMU1對傳統戰機的防空距離，範圍已相當可觀。

若進一步考慮細節，S-400可用被動雷達、L與S波段主動相位陣列搜索

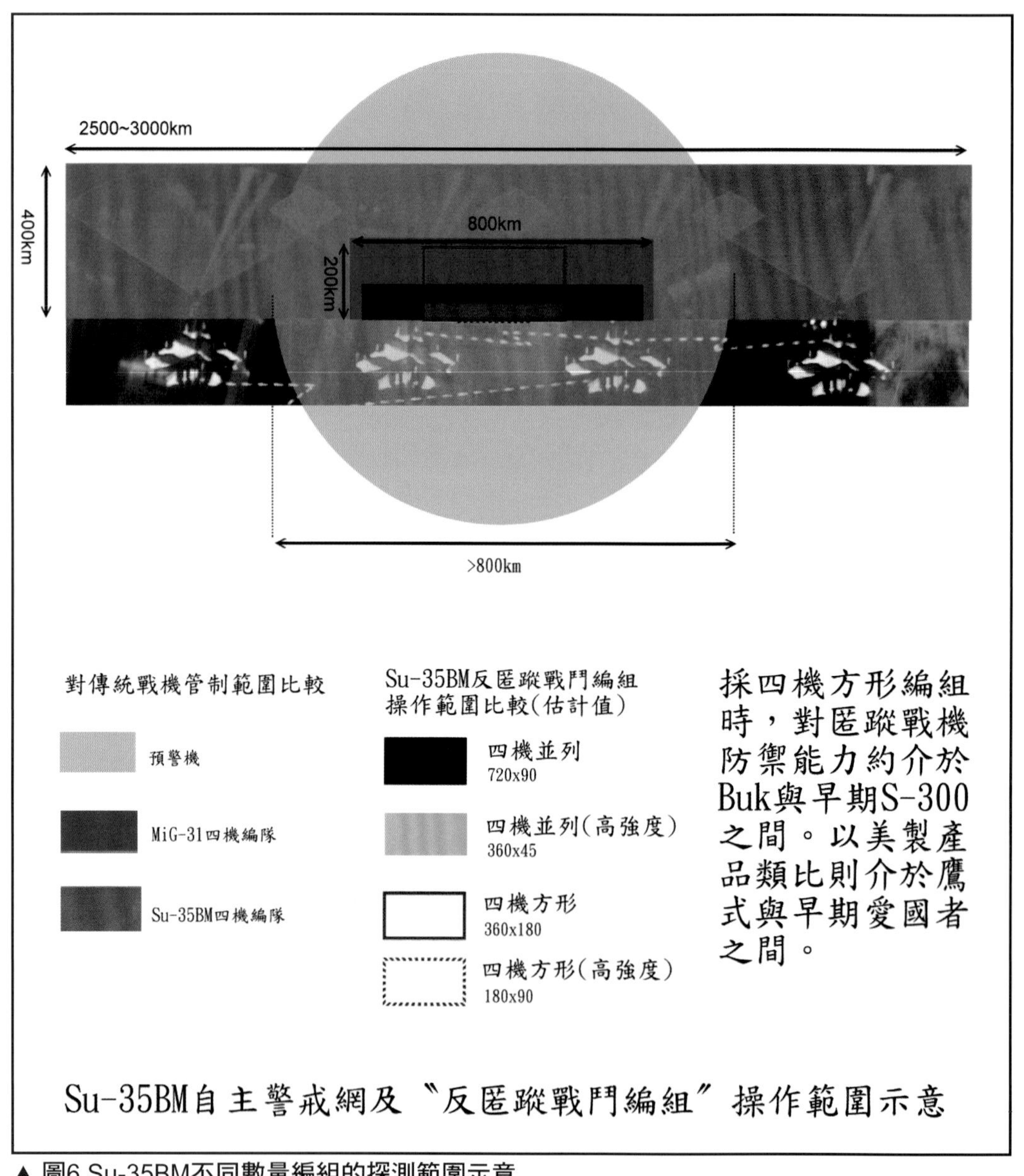

▲ 圖6 Su-35BM不同數量編組的探測範圍示意

雷達搜索目標，並以X波段主動相位陣列雷達進行射控，其中射控雷達也可獨立完成搜索以降的完整接戰過程，唯處理目標的數量較低。

假設今出現理想的、X波段難以對付的匿蹤戰機。此時由於邊緣繞射效應，匿蹤機對L波段的RCS很難降到1平方米以下，頂多到0.1～1平方米級，這時以類似AFAR-L的200W天線元件構成的2m x 2m陣列應不難在200km上下發現匿蹤戰機，陸基雷達可使用更高功率的天線(可能達500W)進一步增加探距，在這類雷達跟前理想匿蹤戰機也極難隱匿。而長寬尺度皆在數公尺的L波段雷達的方位精確度相當於戰機用X波段雷達，例如S-400所用的Protivnik-GE雷達方位精度便在0.5度左右，與機載X波段相當。如此一來便完全沒有理由排除S-400對匿蹤戰機進行視距外射控的可能性。

試設想最惡劣的狀況：即使整個防空系統中只有L波段能掌握匿蹤戰機行蹤，那麼理論上也可以設計特殊的接戰通道，讓L波段雷達的追蹤資料即時傳給防空飛彈進行全程資料練導引。而實際上S-400的X波段雷達操作距離相當遠，即使RCS低至0.01平方米的目標也難免在100km左右被發現，加上防空陣地中有多部X波段雷達，現代匿蹤戰機幾乎不可能同時對陣地中的每個X波段雷達都有遠低於0.01平方米的RCS。因此實戰中，當L波段雷達在約200km偵測匿蹤戰機後，陣地內的X波段射控雷達可及早對匿蹤戰機附近區域進行偵測，在多部雷達從不同方向共同探測下，匿蹤戰機全程隱匿的可能性不是沒有，但恐怕比被打下來的機率低。

在以上接戰過程想定中，L波段雷達必須整面同時偵測一個目標，而不能分區多工，這必然導致搜索目標數量的銳減，所幸S-400系統仍有S波段搜索雷達，而X波段射控雷達本身也可搜索，因此S-400系統是可以在「反匿蹤」與「大規模反傳統目標」方面取得平衡點的。

據此簡單分析，可推估S-400的反匿蹤距離可能達到100km級，相當於S-300PMU與S-300PMU1對傳統目標的防衛範圍，距離實在不算小。

5. 建立空地一體反匿蹤防空網

如此一來，以上述俄式戰機與新一代防空系統建構大範圍的「反匿蹤」防空體系具備相當的可能性：俄國推出了一系列跨系統整合指揮車(圖7)，能統一整理防空飛彈探測雷達、陸基防空雷達、預警機資料、各種老式雷達，並

▶ **圖7 MAKS2009展出的2種跨系統整合指揮車，右為Universal-1E，能處理300個目標，左為Baikal-1Me，能處理500個目標**

指揮所管轄的防空飛彈接戰。這些指揮車依種類大致分為〈1〉能統合各種新舊型長程監視雷達並將探測資料轉換成與整體防空網路相容的雷達資料整合車；〈2〉整合Buk等級的中程防空飛彈到肩射型防空飛彈的中短程防空指揮車，這種指揮車設計在輪型裝甲車上，有較高的越野能力；〈3〉能統合Tor-M1至S-300V在內的各種防空飛彈及〈1〉與〈2〉的指揮車。例如一種叫9S52M1的指揮車能指揮從Tor-M1到S-300V在內的各式長程到短程防空飛彈並連結來自A-50空中預警機等飛機的空中情資，等於將整個防空體係連在一起，能處理500個目標，追蹤(指示旗下的雷達去追蹤)並顯示255個。有了這樣的整合系統，便能將分散在多處的現有雷達納入一個網路作戰(圖8)，增加對匿蹤戰機的警戒能力。前述由Su-35BM構成的反匿蹤戰鬥編組便能在有可疑目標時前往攔截，至於在重要據點則加強部署S-300V(圖9)或S-400這種最新銳的防空系統(圖10)以及類似Protivnik-GE之類的擁有X波段精確度的L波段防空雷達(圖11～12)等。這種配置雖然無法在中、俄這等大國領地內建構全國等級的反制匿蹤能力，但要在戰略目標等要地落實區域防空應不成問題。對於許多小國而言，這些措施可以建構幾乎全國等級的反匿蹤防空網。重要的是，上述系統已陸續服役或開發中，如S-400已於2007年服役，加強部署於莫斯科等要地周圍，Su-35BM的量產型也已在國家級試驗中。

還需要注意以上反匿蹤系統的「可取得性」。S-400短期內對俄國而言算是不外傳的國寶級武器，其中一個原因在於完整的S-400系統相當於以操作距離更大的探測與指揮系統來指揮S-300PMU2系統作戰，並添加射程400km

▲ 圖8 9S52M1指揮車能指揮下至短程飛彈上至S-300V的各種防空飛彈

▶ 圖9 附加對低空目標射控雷達的S-300V防空飛彈發射車。S-300V據稱已可以打擊匿蹤目標，解說人員表示反匿蹤射程可達70km

◀ 圖10 S-400的許多設備與圖中的S-300PMU2相同，主要差異在探測與指揮系統。在反匿蹤作戰時由於距離不會很遠，因此不會用到射程400km的飛彈，只需用S-300PMU2的飛彈即可

▶ 圖11 新推出的擁有X波段精度的L波段搜索雷達，圖為用於高空目標的Protivnik-GE雷達，對普通飛機探距達400km

◀ 圖12 1L122-2E(履帶者)與1L122-1E(地上)小型L波段雷達，用於低空中近距目標的搜索，亦擁有X波段級精確度(方位精度0.5度)

的防空飛彈。很顯然全配版的S-400對許多地區的勢力均衡將構成衝擊，不太可能任意外銷。然而就反匿蹤用途而言，對普通戰機探距400km的L波段雷達對匿蹤戰機探距約100km上下，這時採用射程100km、200km、與400km的防空飛彈效果是差不多的。換言之，只要S-300PMU2甚至S-300PMU1搭配S-400的探測系統便具備相當於S-400的反匿蹤能力，而這種配置對區域安全的衝擊性不會太大，可取得性遠高於完整的S-400系統。因此這裡提到的反匿蹤防空網不僅在技術上具備可行性，也具備相當高的可取得性。

二、奇正搭配效益最佳

孫子兵法提到「以正合，以奇勝」，意思是說兩軍交戰，以對稱的力量與敵抵抗(以正合)，然後再以奇兵(不對稱力量)出擊取得勝利(以奇勝)。筆者認為這就是匿蹤戰機現實上的效益：在匿蹤戰機還無法占空軍的多數時，傳統戰機就是所謂的「正」，而匿蹤戰機則是其中的「奇」。

「以正合，以奇勝」對匿蹤戰機能否真的發揮號稱的以一擋百的效能扮演著相當大的角色。任何戰機都有載彈量限制，因此那種「以一擋十」或是「以一擋數十」的電腦分析結果實際上是建立在「後勤無虞」的想定上。因此除非匿蹤戰機數量可以多到完全靠匿蹤戰機進行戰鬥、護航、保護後勤體系等，否則這上述作戰想定就需要傳統戰機支援(特別是由於匿蹤戰機很貴，加上現在世界局勢不像冷戰那麼緊張，因此真的要花大錢把空軍大量匿蹤化並不切實際，連美國都吃不開。因此這種「匿蹤戰機居少數」的想定很符合現實狀況)。這樣一來可預見的是，在短期內，匿蹤戰機的實戰效益仍與傳統戰機的表現有關：如果傳統戰機成功的為匿蹤戰機營造出後勤無虞的作戰條件，那匿蹤戰機就可以以一擋數十，反之，飛彈用完的匿蹤戰機別人就算打不到，他也不能打人。既然對傳統戰機應該仍有依賴，因此匿蹤戰機實際上對敵傳統戰機的交換比未必會如想像般誇張。

例如以上討論的反匿蹤警戒網當然也可以由T-50達成，唯這種警戒網需持續開啟雷達，使得匿蹤設計失去優勢。倘若Su-35BM對匿蹤戰機不具備免疫力，那當然還是得讓T-50自己犧牲匿蹤性來建構警戒網，只是恰好Su-35BM具備匿蹤免疫力與反匿蹤特性，使得足以建構警戒網，而且當然比T-50建立的警戒網更便宜。在此T-50僅需穿插其間充當奇兵，加強反匿蹤警戒網的威脅即可。

Su-35BM的火力與武器射程甚至超越隱匿狀態的T-50，而在重裝構型下，在完成一波攻擊任務後還能保有傳統空優戰機的武裝而為後續機隊護航，因此對於匿蹤戰機以外的傳統武力而言Su-35BM的威脅甚至可能超越T-50。以這樣的飛機搭配T-50，則可以為T-50提供後勤無虞的環境。這種配置相當類似F-15搭配F-22。F-15的火力也超過F-22因此對傳統武力威脅甚至大於F-22，然而F-15並不具備Su-35BM那樣的反匿蹤特性(單其雷達視野便辦不到)，甚至未必能擊敗Su-35BM，故以F-15機隊搭配F-22並不能發揮Su-35BM搭配T-50的效果。

因此，有錢的空軍可以僅採購T-50，一部分犧牲匿蹤而建構警戒網與攜帶重火力，一部分完全隱匿以擔任奇兵；不那麼有錢的可以採購不同等級的T-50，以相對便宜但匿蹤性較差的T-50當Su-35BM用，全配版T-50當奇兵；而「經濟拮据」者，則可採購Su-35BM做為主力並搭配T-50為奇兵。這也意味著在T-50投入市場前採購的Su-35BM在未來仍大有可為，而不只是當T-50的過渡產品。

除了經費上的效益外，如果潛在使用國在一開始就將這種奇正搭配考慮進去，那麼從採購Su-35BM開始就相當於開始使用第五代戰機，日後進一步引進T-50時由於用兵思想與後勤技術的連貫，作戰能力應是穩定成長而較不會有換代障礙，這對軍隊建設與訓練也相當有利。

三、以Su-35BM專任電戰機的可能

還有一個Su-35BM可能比T-50更能勝任的任務，便是擔任電戰機。由於先天飛行特性同源，以戰術戰機改裝的電戰機能與作戰機群全程集體行動。美軍E/A-6、E/A-18以及俄軍Su-32電戰型皆是這種思想下的產物。

就戰機自衛用途而言，匿蹤的T-50搭配內建低功率干擾機效果不下於甚至優於翼端外掛電戰莢艙的Su-35BM。然而這是就「戰機自衛」與「針對敵方探測與射控系統」而言，若論及機群防護、對敵方通信等系統的干擾，仍將需要高功率干擾機，這方面Su-35BM似乎是比T-50更合適的平台，因為Su-35BM可以直接將莢艙配掛於最沒有死角的翼端，而更大型的干擾機則可掛於機腹。T-50除非經過特殊改裝否則無法如此配備。

專職電戰系統研製的KNIRTI為Su-30MK、Su-32/34等開發的電戰方案包括掛於翼端的SAP-518莢艙與掛於機腹的SAP-14，兩者都採用數位射頻記憶體(DRFM)技術。其中SAP-518操作在北約G～J波段(約4～20GHz，包含C、X、Ku、與一部分K波段)，用於戰機自衛與群體防護，而SAP-14則操作在北約D～F波段(L與S波段，1～4GHz)用於干擾敵方防空體系的探測與指揮系統。Su-32的電戰型便採用這兩種莢艙。

其中特別值得注意的便是SAP-14干擾機的用途。依據看版介紹，他是用來干擾敵方防空雷達。然而，類似愛國者這類的美系防空飛彈是採用單一波段的大一統設計，以一部X波段雷達涵蓋探測至射控的一切過程，因此該莢艙就突防西方防空系統而言用處應該不大，筆者推測其主要用途有三：

〈1〉 突防俄製防空系統：儘管航空展的明星永遠是Su、MiG等戰機，但俄國銷售額最高的軍火公司往往卻是負責防空系統的

Almaz-Antey公司，其所生產的防空系統除最新的S-400外皆已外銷，並且分佈廣泛。這意味著不論俄國本身還是外銷客戶的俄系戰機在未來戰場上皆有遭遇俄製防空系統的可能性，因此自當要未雨綢繆，配備相對應的干擾系統。

〈2〉 對抗預警機與船艦雷達：預警機雷達操作波段多在L～S波段，美國海軍「神盾系統」亦操作在S波段。因此SAP-14應能用來干擾船艦防空雷達或預警機雷達。

〈3〉 干擾敵軍指揮網路：對於像美軍這樣的限代化軍隊而言，衛星通信、衛星定位、戰術資料鏈已成了軍隊不可或缺的一部分，也是軍隊戰力的倍增器。在美系軍火商廣告中，常可見到各軍種透過寬頻資料鏈共享訊息，而後無人飛機或有人戰機攜帶以衛星導引的JDAM或JSOW等出擊，不一會兒便將摸不著頭緒的敵軍全數殲滅。而在這彷佛電影般的攻擊過程中，所用的通信波段幾乎都是L波段！因此只要成功干擾整個指揮體系中的幾個節點，對美軍這樣仰賴衛星與資料鏈的軍隊而言應當是沉重的打擊。因此像SAP-14這樣針對L～S波段的干擾機對衛星通信與JTIDS戰術資料鏈的干擾效果以及對敵軍戰力的影響將是相當重要的研究課題，其在未來戰場上也相當有發展前景與必要性。

四、T-50、Su-35BM與無人戰機的搭配

雖然說Su-35BM與T-50擁有的長程武器能辦到絕佳的匿蹤性能搭配短程武器的作戰效果，但後者有一個優勢是難以取代的：以匿蹤飛機近距離識別並攻擊。在100km以上發射的飛彈僅能以雷達、無線電、衛星資訊取得射控資料，而20km以內發射的武器卻可以用光電系統進行識別，後者在對付小型非固定目標時更具優勢。然而即使是最完美的匿蹤飛機要接近到光電探測器的作用距離其實都是有危險的：這種時候肩射式防空飛彈都是威脅。這種高危險任務與其讓昂貴的匿蹤飛機進行，不如交給無人飛機。

米格設計局的Skat中大型無人攻擊機便相當適合與有人飛機搭配。相較於目前各國服役中的輔助前線的無人攻擊機，Skat擁有更高的速度(800km/hr，相當於次音速攻擊機)、更大的航程(4000km，已足以伴隨重型有人機出戰)、更強的火力(內掛數枚500kg級炸彈甚至反艦飛彈)。

這樣的無人飛機甚至可以與Su-35BM、T-50佈署在同一機場，而不像小型無人機一樣需要前進佈署。與Skat搭配時，Su-35BM與T-50僅需在大後方，以側面面對目標區並進行合成孔徑探測，並指揮Skat無人機至目標區進行

先遣攻擊，甚至若Skat攜帶光電偵查設備，還可能將影像回傳給有人戰機。其中T-50的中央電腦傳輸介面以寬頻光纖為骨幹，與F-35同級，在實施高品質影像無線傳輸方面至少具備硬體基礎。

雖然Skat在2007年莫斯科航展後狀況便不明確，但無論如何，從中可知俄國已有這種中大型長程無人攻擊機的設計方案。而以俄國已有的航空技術觀之，Skat所需的技術大都是已掌握者。儘管俄國在小型戰術無人機的發展上目前居落後局面(落後到軍方想要買以色列無人機)，但在中大型無人機的技術上反而可能相反，一但其完成開發，將是Su-35BM、T-50的強力助手。Skat本身是機密程度極高的計畫(2007年航展上他是臨時被批准公開的，而且僅對小眾公開)，因此儘管目前音訊全無，也不能忽略其繼續祕密發展的可能。

五、結語

總體而言，在21世紀空中戰場上，不論Su-35BM、T-50編組乃至於S-400防空系統，皆大致具有對匿蹤戰機的區域防空能力，這至少足以守護要地。另一方面以上三者對傳統戰機還將構成不對稱衝擊而間接消滅匿蹤戰機的存在意義。而可外掛於Su-35BM的專職L、S波段干擾機的用途相當值得注意，因為其可能用以破壞以L波段為主的各種戰術資料鏈、衛星通信之效果，一但奏效則對美軍這樣的現代化軍隊殺傷力將非常大。而在日趨重要的無人機方面，現有技術顯示俄羅斯在中大型無人機的開發上已具備技術基礎，未必會重演小型無人機領域落後西方的窘境。

※從團隊作戰看F-22的不足

本文提到團隊作戰，現在就稍微提一下F-22的聯合作戰能力。

為了貫徹匿蹤設計，F-22現有的通信系統僅能與F-22進行資料交換，或僅能接收Link-16信號，因此在與非同型號友軍的協同作戰上實有困難。本來在稱作Increment 3.2的升級計畫中F-22要配備F-35的MADL通信系統而能與異型號友機交換資訊，然而由於MADL尚未成熟，因此基於成熟性與經濟性的考量，升級計畫在2010年取消。如此一來，F-22與友軍的協同作戰能力便大幅受限：正常情況下其僅能接收異機種友軍的資料，而無法發送資料，換言之其無法像MiG-31、Su-35那樣成為高機動高生存性的空戰指揮平台，而一但僚機被敵方先進戰機摧毀，F-22便損失許多資訊來源。

這正是F-22被詬病的原因之一。在稍早的利比亞空襲行動中，一下傳出F-22出征的消息一下又沒有，便有報導指出，原因之一是F-22根本無法與異種僚機通聯，而空襲利比亞行動又偏偏不需要F-22所擅長的空戰。美國空軍情報局前局長David Deptula便曾抨擊F-22說：「發展一種全世界最先進的戰機，結果卻無法與現有飛機協同作戰，這實在是沒意義的。」

美軍目前的解決方法是，在真正高強度的戰場上以「全球鷹」之類的無人機作為F-22與其他飛機的通信中繼站，然而這種方案中，已經牽涉較大規模的機群運作，而無人機與戰機的機動性差異使其很難隨隊進出，在使用彈性上必定大大受限，而且這種指揮網路很容易因為無人機被摧毀而受損。

以傳統團隊空戰來看F-22

F-22雖然在模擬空戰中創下幾乎無敵的記錄，但由於其僅有6中2短的空對空飛彈配置，因此真要「以一擋百」的先決條件是「能夠安全的回到機場，準備好後再升空」。F-22以外的友軍的作戰表現會關係到這條後勤線的安全性，而F-22對絕大多數敵機的衝擊性也能為友軍削減威脅。由此可見F-22與其他戰機有種「共生共榮」的關係，但由於通信系統不直接相容，使得F-22與友軍相當於獨立的作戰集團(特別是在預警機或中繼無人機不在的情況下。在面對Su-35BM與T-50時，無人機或中繼通信機被擊落或遠離戰場的可能性較高。)。在實際作戰中兩個獨立集團要互相搭配並發揮加乘效果顯然不簡單(除非有非常完美的作戰規畫、指揮與訓練，但那樣的話用什麼武器幾乎都可以打贏)。因此如果F-22被用來當作空優機隊的一部分，則其能發揮的戰鬥力應該不會有模擬空戰所表現的那樣大。

不能忽視F-22的「點穴」能力

不過，雖然F-22模擬空戰中的「以一擋百」既不代表升空一次就可以打下一百架敵機(彈藥不夠)，也不代表他可以連續往返機場補充彈藥後斬殺百架敵機(妥善率不夠)，但卻表示他少數次出擊的生存性大大超過傳統戰機。帶著少數彈藥少次出擊並不能決定大規模空戰結果，但卻可以有效的摧毀敵方最重要的目標。因此雖然F-22設計的最初目的是奪取制空權，但目前來說其最值得注意的，恐怕是其特種作戰能力。

ГЛАВА 17

「守舊的創新」——開創有別於F-22的設計思路

美製F-22的設計理念目前被奉為圭臬當然並非偶然。空戰經驗顯示空戰致勝的關鍵便是「先發現、先發射」，因此長久以來各國都致力於提升雷達、飛彈、敵我識別系統的操作距離，以期在遠距離擊敗對手。但雷達與飛彈技術大家差距都不大，到頭來也只能獲得少量的優勢而且不持久，若採用匿蹤這種不對稱技術，便能大幅拉開敵我雙方探測距離的差距。F-22將傳統戰機的技術特性加以優化，又與良好的匿蹤技術結合，因此理所當然成了理論上的空中王者。F-22問世以後的許多新型戰機或改良戰機分分追隨其腳步，但或礙於先天外形限制或是礙於研發者的技術水準，往往只能做出「低可視度」戰機。在作戰思維相同的狀況下，自然沒有一種飛機能超越面面俱到又全面優化的F-22。

然而傳統路線並沒有考慮所謂的「超遠程預警」的效力，這是因為一般戰機的自主飛彈預警距離只有20km左右。Su-35BM擁有的90km預警能力自然不在傳統原則的考慮範圍內。在考慮這種超遠程預警能力、三波段聯合探測、以及獨特的武器系統後可以發現看似傳統的Su-35BM應能以非匿蹤戰機之姿抵抗甚至反制F-22。對Su-35BM而言「匿蹤技術」固然是增加生存能力的手段之一，但已不是「制約生存力與戰鬥力」的先決條件。

在Su-35BM這樣的非匿蹤戰機都能跳脫F-22的遊戲規則，而有機會與F-22抗衡之際，擁有全新設計的匿蹤機體的T-50的問世等於宣告了一種更為成熟的匿蹤戰機設計，甚至就如同第五代戰機的計畫名稱所稱呼的，俄羅斯第五代戰機已不只是一種「戰鬥機」，而是一個更複雜的「複合體」。

一、性能層面—跳脫美式匿蹤戰機的遊戲規則

在「以匿蹤能力決定生存性」的思想中，必須對各項匿蹤設計細節斤斤

▲ 圖1 若採取西方式發展路線，即使Su-35BM採用昂貴的主動陣列雷達而不添加機械掃描，並像FA-18EF或F-15SE那樣大改匿蹤性能，礙於先天沒有匿蹤外型以及武器需外掛，其在F-22的遊戲規則中仍將是被壓倒的一方。 Sukhoi

計較，縱而構成許多設計限制：武器必須內掛，因此往往限制武器尺寸，這樣就難以使用類似KS-172、「寶石」等大型遠距武器，即使可以，內掛量也很少；若要兼顧酬載量及匿蹤性，便須特別研製具匿蹤性能的外掛武器及掛架，或適形彈艙，這自然又是一筆成本，且限制所能使用的武器種類；此外為達成「電磁靜默」以避免與僚機通訊過程被敵機電戰系統察覺，完美的匿蹤戰機的特殊通訊系統甚至無法兼容於其他友機，這將造成戰管方面的困難。

而一旦跳脫匿蹤至上的思維，像Su-35BM這樣戰鬥力與生存性很大程度來自探測系統與武器系統的複雜交互作用，對匿蹤性能不必如此苛求，上述種種限制便因而解除。帶來這項便利的關鍵因素之一──機電複合掃描雷達一可說是沒有技術難度，至於雷達的遠距探測能力方須較高技術，但以Irbis-E的諸多固有科技可知，其遠距探測能力僅需局部技術突破而不仰賴全面新技術。故Su-35BM賴以達到「與匿蹤戰機等價」的技術所需成本理論上遠低於徹底的匿蹤設計以及先進的主動相位陣列雷達。

換個角度看，倘若Su-35BM未採用輔助機械掃描設計，僅按照主流思想般引入主動相位陣列雷達以及更徹底的匿蹤設計。則礙於Su-27先天構型限制以及武器需要外掛，其匿蹤性無法與F-22等匿蹤戰機媲美(圖1)，而要建構超遠程主動預警視野，不但要增設側視陣列，且側視陣列之探測性能還須等同於主雷達，這必然造成價格飛漲。這也是為何以主流眼光觀之，「沒有戰機能超越F-22」的原因：若循著F-22的設計路線，則需要大量時間與金錢去開發對應的科技，而F-22的造價連美國都感到吃不消，縱而導出「足與F-22對抗的飛機極不可能問世」的推論。

因此由Su-35BM便可窺見，俄國戰機已經跳出F-22為戰機發展所設定的框架，能以不對等的技術達到在技術性能上與美式隱形戰機平起平坐的地位，而這些不對等技術之複雜度與成本又遠低於美式隱形戰機。

可以說，Su-35BM與T-50(圖2)體現一種「守舊的創新」，其不像F-22那樣走出新的思路(匿蹤技術)，而完全是上一代戰機的大幅強化版(因此說「守舊」)，但卻因其強化幅度夠大，而足以跳脫由F-22所帶動的主流設計思想(因而謂之「創新」)。因此吾人分析Su-35BM之戰力時，萬不能侷限於當

▲ 圖2 匿蹤性能極為不利的Su-35BM都已展現跳脫F-22遊戲規則的態勢，設計之初就引入大量匿蹤考量的T-50自然更不在話下。 Sukhoi

前主流的「以匿蹤外型衡量一切」之框架，而應將之視為一種「新概念系統」，將航電、武器、匿蹤技術視為一個彼此交互影響的複雜有機體，如此方能更準確的估計其實際戰力。畢竟萬法歸一宗，武器的目的就是達到作戰目的，匿蹤能力只是達到該目的一個「途徑」，而不是「目的本身」，唯目前匿蹤之壓倒性優勢太大，使得「匿蹤」幾乎等同於「生存性與戰鬥力」，因此往往被當作「目的」。透過對Su-35BM「引發的新概念」的研究，將能進一步了解吸收了匿蹤思想的T-50的真實特性，另一方面透過吸收Su-35BM與T-50的思想，將有助於戰機設計者開發出更成熟、效費比更高的匿蹤戰機。

二、軍售層面—「可控的」性能

Su-35BM的性能可以隨著軟硬體的不同而有巨大的差異。例如外銷型Su-35BM不一定會有AFAR-L雷達與超長程飛彈，這樣一來對敵方傳統兵力的衝

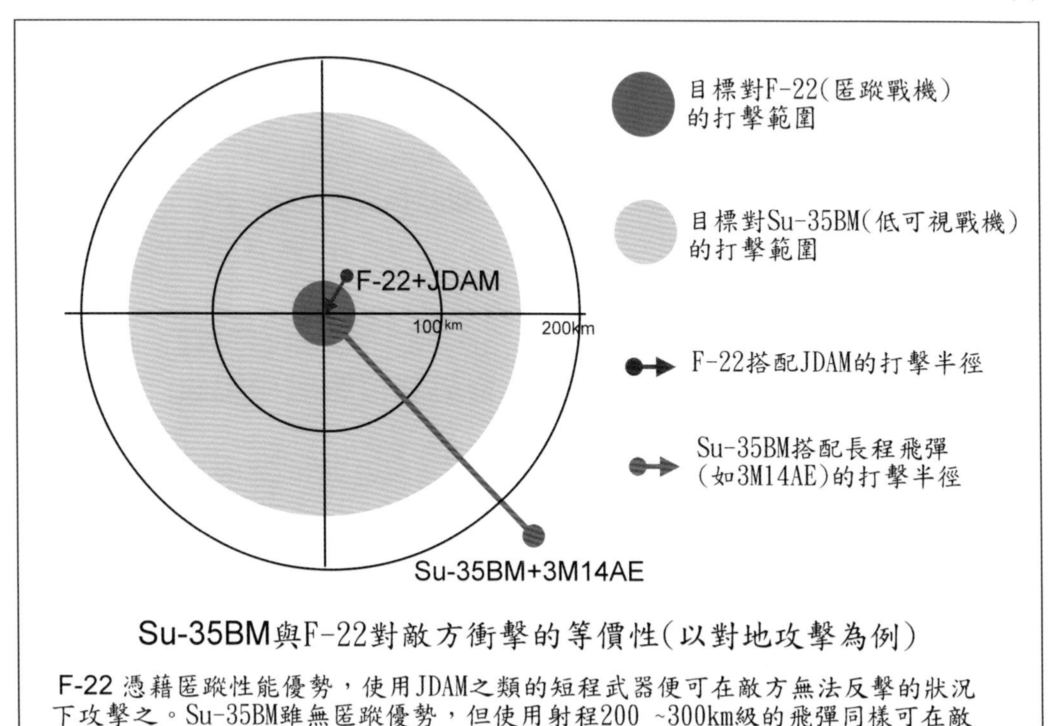

▲ 圖3 「絕對匿蹤+短程武器」與「不匿蹤+超長程武器」的等價性

擊性以及積極反匿蹤能力就會減少。而即使有了AFAR-L，其射控能力也會與控制軟體有關。除航電軟體外，武器配置也是制約其性能的一大關鍵。例如若其不配備KS-172或RVV-BD長程飛彈，其就無法確保在敵機防區外發射武器而具備不對稱優勢。此外，即使使用者採購了KS-172或RVV-BD，若數量不足以大量運用於空戰，則也無法對傳統戰機造成不對稱衝擊，而僅適用於反預警機。

因此可以預見的是，俄方其實可以輕易的藉由航電設備軟硬體的等級與特種武器的銷售數量來制約使用者的Su-35BM的戰力。在這種人為控制下，Su-35BM的戰力可以從「與歐洲四代相當」到「壓制傳統戰機而超越歐洲四代」乃至「反擊匿蹤戰機」。

這其實是個非常有趣的戰機發展路線。現代武器的另一個重要「任務」，是「外銷創匯」，對此，戰機的配備與性能的彈性便相當重要。有了Su-35BM這樣的戰機，賣家便可以更有彈性的銷售武器，較不受政治力的影響。舉例來說，美國F-22或F-35這類匿蹤戰機的「匿蹤」本來就是一種「武器」：藉著匿蹤性能，他們可以靜悄悄的將很便宜的彈藥攜帶至敵方據點投放(圖3)，由於匿蹤技術本身就衝擊了傳統的空防技術，因此銷售匿蹤技術勢必引發一些政治爭議，除此之外，美國本身也擔心先進的匿蹤技術隨著外銷而落入潛在敵人之手，故集匿蹤科技結晶的F-22仍難以獲得外銷許可。相較之下，Su-35BM搭配KS-172也對空權造成強大衝擊，其外銷也很可能引發政治爭議，但只須減少KS-172的出口量或是不出口，就可以減少衝擊程度，這與F-22為獲得外銷許可需進行改造以降低匿蹤性能的處境大相逕庭。簡單的說，F-22、F-35的「匿蹤」對敵方的威脅，Su-35BM藉由「防區外火力」達成，並且藉由強大的自衛能力而能跳脫匿蹤技術對生存性的制約，而在21世紀初期的天空獨闢蹊徑。

T-50的狀況也相當類似，由於其作戰能力來自許多系統的複雜交互作用，而不單只是複雜的匿蹤技術，因此其作戰效能也可輕易「調整」，因此以上提到Su-35BM的「性能層次可控性」亦大致適用於T-50。

三、從「使用者付費」眼光看美式匿蹤戰機與Su-35BM

綜合考量Su-35BM的航電與武器

Su-35BM與F-22對敵造成衝擊性所需成本比較

載台	單價	武器	單價	少次使用代價	多次使用代價
F-22	1.5～2億美元	JDAM	數萬美元	高	可能較低
Su-35BM	7000～8000萬美元	長程飛彈(如3M14AE)	數十～數百萬美元	低	可能較高

的複雜交互作用後可以解釋一個「悖論」：為什麼科研停滯許久的俄羅斯能在「不遵守遊戲規則」(指匿蹤技術)的情況下造出如此具有衝擊性但又低價的產品？

這一方面得益於將上下左右各120度的範圍都納入主雷達視野的機電複合掃描設計，再加上Irbis-E雷達的探測技術突破，使得戰機對空對空飛彈的自主預警距離激增至90km，相較之下，目前先進戰機的自主飛彈預警距離僅約20km左右。另一方面，所謂「天下沒有白吃的午餐」，機電複合掃描雷達帶來的是強大的防衛能力，仍不足以對敵方構成衝擊。Su-35BM的衝擊性很大程度來自KS-172、Kh-59、3M-54AE等防區外武器，這些超長程武器西方戰機都沒有，因此能形成衝擊性也不奇怪。這些超級武器的價格當然比普通武器高昂，因此飛機本身可能不貴，但是考慮配套武器則未必便宜。因此可以說Su-35BM的衝擊性是「透過採購配套武器來附加」、「靠機電複合掃描雷達帶來的預警能力來確保」的。反過來說，如果只是依照傳統觀點，把西方的「匿蹤」當作圭臬的同時，又刻意忽略上述兩項Su-35BM所獨有的重要因素，所得到的結論哪怕是用超級電腦模擬出來，也都是有問題的。

換個角度看，匿蹤戰機的「衝擊性」來自「飛機本身的匿蹤性能」，這需要錢；Su-35BM的衝擊性來自特殊武器，也需要錢。因此「讓敵人不知所措的衝擊性」可以說是一種「使用者付費」的項目。差別在於，匿蹤戰機是將這筆費用附加在每一架飛機上，哪怕這架飛機是在根本不需要匿蹤性能的領空執行再簡單不過的任務；而Su-35BM則是將這筆費用放在武器系統上，對於那些和平時期執行簡易任務的飛機，就不需負擔這筆費用。此外，為了維護匿蹤飛機的衝擊性所需要付出的後勤成本也絕對高於Su-35BM之所需，這是因為戰機匿蹤技術等於「有出勤就有使用，有使用就需要保養」，而武器系統多數時間可以封存。這也意味著，要達到等同於美國匿蹤戰機的性能，未必要跟著付出天價級經費。這也是許多以俄國經濟實力質疑Su-35BM乃至五代戰機的盲點所在。

T-50則相當於F-22與Su-35BM的平均產物，其航電技術、飛行性能為Su-35BM的小幅進化、匿蹤性能遠超越Su-35BM，若僅考慮內掛武器性能與雷達視野則略遜於Su-35BM但藉由匿蹤彌補。此外由於生存性較不受匿蹤制約，故可更常外掛大型武器作戰，故T-50基本上仍擁有Su-35BM武器系統的衝擊性甚至因為大幅匿蹤而更強悍，此乃F-22、F-35所遠遠不及。

四、T-50與F-22發展路線的差異

筆者一再強調Su-35BM的反F-22潛力以及主張T-50是更成熟的多用途匿蹤戰機，並不是說F-22的發展方向錯誤。如今的Su-35BM說穿了只是傳統戰機的極致發展，而T-50則相當於匿蹤大

改後的Su-35BM(只是因為外型重新設計所以改動幅度比任何匿蹤改良型戰機都大)。倘若當初美國沒有開創匿蹤路線，則航空歷史將演變成美俄在傳統路線上的爭霸，屆時雙方都會有類似Su-35BM與KS-172的組合，甚至美國一樣可以趁蘇聯解體而拉大差距。而為了繼續壓過對方，就要有探距更遠的雷達、射程更遠的飛彈，以及更好的飛行性能，而這樣一來飛機難免要變大變重，這些又將引出對發動機等科技的嚴格需求。而這種在雙方都擅長的技術領域追求極限以競爭的方式只是一個死胡同：越逼近極限性能，就需要越可觀的經費去提升微不足道的性能優勢。美國後來走向匿蹤設計一方面就是要跳脫這個死胡同，從F-117到F-22終於成功的結合匿蹤外型與氣動設計，結果靠著AIM-120、AIM-9X、JDAM、SDB等小巧且不具備明顯性能優勢的武器卻能發揮極大的衝擊性。由此看來匿蹤技術無疑是個正確的發展路線，只是在冷戰時設計來稱霸的F-22遇上晚了20餘年的「吸收匿蹤思想的極致型傳統戰機」(T-50)是否還能稱霸則是另一回事(註1)。

對於既沒有匿蹤技術也沒有俄國的航電整合經驗與「大、遠、快」武器技術的國家而言，「仿F-22」是更簡單的途徑，因為「仿F-22」不需要一口氣發展多種探測系統，而是只需要加強雷達與雷達預警系統這兩個最基本的探測系統，並搭配足以克制絕大多數雷達的匿蹤技術，便能大幅提升戰機的作戰效能與生存性。目前匿蹤外型已可由商用電腦與套裝軟體設計，而令匿蹤飛機安全飛行靠的是控制系統，以目前的數位系統而言這只是程式編寫問題；而匿蹤塗料牽涉到的技術說穿了就是「找到一種材料」然後「將它妥善的附著在另一個材料上」，而不需一口氣考慮好幾種高科技。相較之下，航空發動機、「大、遠、快」的飛彈與其發動機技術等，卻牽涉到基礎科學、應用科學與工藝技術的複雜交互作用，通常被航太大國壟斷。因此對許多國家而言，F-117甚至比F-15還要好研發。「仿F-22」相對而言只需投注心力於較局部的技術便可大幅提升戰機的作戰效率。相較之下，即使僅是走「仿Su-35BM」路線(注意，還不是「仿T-50」)，便要一口氣發展先進的雷達、光電系統、L波段雷達甚至其他波段的高效探測系統並將之高度融合，還要同時發展各種獨特的武器，包括射程300km級的武器，並解決衍生的超遠程射控問題，這種「全面進化的傳統路線」正是當年美國想要跳出的死胡同，算是僅有全面性的航太大國方能辦到的，對美俄以外的國家而言，單單是發展射程超過300km的機載飛彈都不是易事，其難度或許還超過匿蹤設計。由此可以想見，F-22的路線仍將是最值得許多國家追求的目標。

但對美俄這種全面性的航太大國而言，匿蹤技術的出現讓提升戰機效能變得更簡單。就像將一杯清水倒入快要飽和的食鹽水(快要溶不下多餘的鹽的水)中，將食鹽水稀釋掉，這樣就可以再溶入更多鹽。如果說趨近極限的航空技術是那杯食鹽水(繼續增加新技術已快要無法提升優勢)，則匿蹤技術就是那杯稀釋用的清水。反過來說，當匿蹤技術也走向極限時，極致發展的傳統技術也成了那杯稀釋用的清水。

因此吾人必須正視匿蹤技術的「能」與「不能」而做出正確的判斷，萬不能落入極端思考。匿蹤技術無疑是個更文明的發展方向，只是他並不是無敵的神話。F-22的強大其實便是歸因於匿蹤技術與更先進的傳統技術(雷達、發動機、控制等)的結合，只是相對於F-22，T-50又將更複雜的探測技術與更強大的武器系統整合進來，是另一種「文明的」設計：如果說匿蹤技術是要跳脫追求傳統技術極限的死胡同，那麼T-50的方針可以說是跳脫追求極限匿蹤的死胡同。當然，這些評論目前都是對美俄而言，因為其他國家甚至還沒有進入任何一個死胡同的門票。

(註1：研究現代美俄武器總是要記住蘇聯解體的影響。F-22的設計背景下傳統技術遠不如今日，當時也不會想到蘇聯會解體以至於F-22拖到2006年才服役。若蘇聯一直存在，則基於美蘇競爭，F-22會提早數年服役，並且在那之後不久開始規劃一系列改良型甚至更新一代的戰機，屆時也不無可能出現類似T-50這樣的成熟設計。只是蘇聯解體後國際局勢丕變，強敵不再的結果是連F-22都不見得需要，因此發展方向反而趨向反恐等需求，自然暫時不會在F-22的基礎上作太大的改進。)

五、兩大類廣義五代戰機比較

正如本書序章所言，廣義的第五代戰機可以概分為兩大類：「匿蹤+低成本小射程武器」與「長程重型武器」兩大派。F-22與F-35是前者的代表，Su-35BM是後者的代表，T-50則可視為吸收F-22特性的Su-35BM。以下更具體的對兩種廣義五代機做比較。

1. 就性能論

就對地、對海攻擊能力而言，第一類五代戰機如F-22、F-35可以藉著絕佳的匿蹤性能深入敵陣，之後拋出SDB等小型炸彈摧毀重要目標；第二類五代戰機指歐洲戰機、Su-35、MiG-35，其雖然不匿蹤，但武器射程200～300km，在絕大多數武器的防衛距離以外，因此與F-22、F-35一樣是「在自己較不受威脅的情況下發動攻擊」。

這兩大派系的衝擊性幾乎是等價的，但略有差異：〈1〉第一類戰機(匿蹤戰機+小火力)較不易被發現，敵方不易反制，特別是F-22，其整個攻擊過程除了最後幾公里(炸彈拋出)外都是超音速的，更加縮短敵方反應時間。不過在現代化防空網中，匿蹤戰機能否安全逼近目標到如此近的距離其實有疑問，因此奇襲效果很好，但戰機本身的安全性堪慮。〈2〉第二類戰機就算大老遠就被發現，其也能在敵方防區外發射武器，面對的威脅比較少(主要是前來攔截的敵機)，如果有低可視度設計，面對的威脅更少。然而因為較早被發現，加上就算戰機可以超音速巡航，整個攻擊階段最後200～300km有時是次音速的(次音速飛彈發射後)，敵方較有時間反制，因此戰機自身安全性不低但奇襲效果差。

T-50算是特例，其匿蹤能力是Su-35、歐洲戰機所難望項背，內掛武器射程僅小幅縮減(250～300km)，因此總效果更強，能兼具「奇襲性」與「自身安全性」，這點其實超越F-22與F-35。因此雖然F-22、F-35仍可視為「匿蹤技術」的最高標準，但論及「整體性能」(含武器等)則T-50反而應該是當代最高標準。

2. 就操作成本論

而以操作成本的眼光觀之，第一類五代戰機(F-22、F-35)的單機成本較高但武器成本低，第二類單機成本低但300km級武器成本高。需注意的是，T-50由於有匿蹤設計，因此也有較小的KAB-250內掛型炸彈可供使用，可說是既屬第一類也屬第二類。

3. F-22與F-35的獨門優勢

KAB-250是T-50所用的最輕型、射程最短的內掛武器，因此地位相當於F-22與F-35的「小口徑炸彈」(SDB)。不過KAB-250較重(約是SDB的2倍)，威力更強。而以彈艙尺寸估計，T-50甚至不無可能內掛500kg級炸彈(只是至MAKS2011為止只確定可以內掛250kg炸彈)。這一方面反應出F-22與F-35在攻擊火力上的弱勢，但另一方面卻也是他們的獨家優勢：用於特種攻擊。

前文提到攜帶重型武器的非匿蹤戰機對敵方的衝擊與攜帶短程炸彈的匿蹤戰機是等價的，這是就傳統任務(攻擊軍事據點、戰略要的、防空系統等)而言，然而在現代國防情勢而言，有時候恐佈份子的威脅比戰略核武還強大，這點美國更是有切身之痛。從美國發動反恐戰爭到近期賓拉登被擊斃，吾人可以觀察出強大的傳統武力未必能解決問題，反而是以特種攻擊進行「斬首」更具威力，而SDB較小的破壞力便意味著在非軍事區域獵殺重要目標時可以最大幅度的減少平民的傷亡。換言之以F-22、F-35發射SDB進行「斬首」所造成的平民損傷理論上小於T-50+KAB-250，更是遠小於其他使用重型武器者，這便是F-22與F-35的獨家優勢。恐佈份子其實也是俄羅斯重要的「國防威脅」之一，像T-50這樣重火力的戰機在反恐戰爭上理論上就不如F-22與F-35。

然而另一方面，許多國家的主要國防威脅還是傳統武力，這樣一來F-22、F-35就不一定是最佳解。此外，以F-22、F-35這樣的超高單價戰機進行斬首行動是否划算其實很難說，以現代而言，武裝直升機與無人攻擊機可能可以更簡單的實現「斬首」。拿F-22來丟小炸彈，由於爆炸力量小的緣故，炸彈必須有非常高的精準度才能在高速投放下還能精準命中目標，這樣一來成本當然就比較高，而戰機本身為了能深入敵陣到可以投擲炸彈的距離，需要的匿蹤技術成本也就相當高昂，而且還必須有非常好的後勤能力以便保持匿蹤能力。

因此以成本效益來看，F-22當然不是執行斬首行動的最佳解。

誠然，以成本效益的眼光看，不會有人開發F-22這樣的戰機卻只為了丟小炸彈執行斬首任務。但事實是F-22與SDB已經服役了，那麼他的優勢自然就不能忽視：他能夠以超音速長程奔襲，讓敵方反制時間更短，然後以小威力炸彈精準的命中目標，同時將平民傷亡降至最低。單單超音速奔襲一項便是武裝直升機與現代無人攻擊機所辦不到，而機上最棒的敵我識別系統—「飛行員」—也不是無人攻擊機所有。因此雖然F-22最初不是為了「斬首」一類的任務而生，但他在斬首攻擊方面的確有著無可替代的優勢。F-35少了F-22的超音速巡航能力，但其他優勢相當，也是很好的「斬首」工具。如果再考慮到F-22的數量僅約180架、維修不易、火力較小等事實，可以發現F-22已不可能像原本的計畫那樣擔任「主力戰機」，而更像是執行決定性任務的「特種戰機」。

五、結論

總結以上，若單以F-22的遊戲規則觀之並且刻意忽略其他戰機獨有的特性，則目前沒有一種戰機是F-22的對手。然而經過更仔細的分析可以發現Su-35BM與T-50其實已足以另立門戶，不只在作戰性能上與F-22分庭抗禮，而且在價格與銷售彈性上還有更大的優勢。F-22的開發與採購門檻已高到美國都快吃不消，因此一味的追隨F-22的步伐為必是正途。如今Su-35BM與T-50顯示「離經叛道也能有一番作為」，為日後開發新戰機或是分析戰機性能提供了新的標竿。

就傳統軍事任務如維持空優、打擊軍事目標等需求而言，Su-35BM與T-50雖然不是F-22這樣的匿蹤戰機，但實戰效能未必會比較差，甚至T-50體現出更成熟完善的一面。如果考慮到真正會外銷的美製五代戰機是F-35而不是F-22，則Su-35BM與T-50才應算是當代最強戰機。不過，如果考慮反恐、「斬首」行動等非傳統軍事需求，則F-35與F-22仍應穩坐第五代戰機之首。

因此未來在分析第五代戰機性能時，不能簡單的以「是否有匿蹤技術與主動陣列雷達」為標準，還要考慮飛機的武器系統、以及使用者的需求等等。

ГЛАВА 18

Su-35BM與T-50的市場分析與政治影響

▲ MAKS2007第一天，潛在客戶於Su-35BM 901號機座艙內聽取總設計師Igor Demin(白衣蹲姿者)的介紹

一、市場分析

1. Su-35BM與T-50的單價

雖然Su-35BM可能具有「下壓傳統戰機，上抗匿蹤戰機」的能力，其價格卻遠低於匿蹤戰機。造就Su-35BM這種神乎其技的有兩大關鍵，一是武器系統，二是Irbis-E雷達。Irbis-E雷達價格低於主動相位陣列雷達，而Su-35BM也不若F-22使用大量昂貴的匿蹤科技。事實上就戰機本身而言，Su-35BM與歐洲四代、美國三代半大體相當，只是機電複合雷達以及武器系統的搭配讓其有如此神乎其技的特性，由此觀之其機體價格也不會與歐洲四代機之類相差太多。Sukhoi總裁Pogosyan在2008年初曾表示，「Su-35的價格將依據市場承受力而定」，這便暗示其價格將與對手戰機相當或略便宜(以增加競爭性)。2009年莫斯科航展第一天(8月18日)，俄國防部與Sukhoi公司簽訂航展的第一筆合約：以800億盧布(約25億美元)採購64架戰機，包括48架Su-35S、12架Su-27SM、以及4架Su-30M2(Su-30MK-2俄軍版)。即使25億美元僅用於採購48架Su-35S，單價也僅5000萬美元左右，不僅低於EF-2000、F-35，甚至還低於新型F-16！當然這只是給本國空軍的價格，加上Su-35S的許多後勤設備與武器俄國已有，不需重複投資，因此價格當然會較低，只是由此可發現這架飛機的價位實在很平易近人。另有資料指出，Su-35S的價格約是舊型號的1.5倍，約6000萬美元左右[1]，較對手機種便宜許多。2012年3月6日俄羅斯「生意人報」引述「軍事技術合作聯邦辦公室」(FSVTS)的消息來源指出，中俄近期將簽署48架Su-35戰機的採購合約，價值約40億美元[2]，換算每架約8300萬美元，相當於歐洲中型戰機的國際報價。

▲ 圖1 F-35單價本來超過1億美元，直逼F-22，但在T-50首飛後不久，卻大幅降價至6000萬美元，明顯是受到T-50的影響。但事後証實6000萬美元不包含電戰系統等重要設備，因此降價之舉其實只是宣傳手法。 Locheed Martin

T-50狀況也類似，雖然其價格將明顯高於Su-27，但將大大低於美式匿蹤戰機，2010年6月17日總理普亭視察T-50後在檢討會上表示，T-50的價格將是同類產品(指F-22)的1/2.5～1/3[3]。在當前T-50正在試飛且缺乏所有真正五代設備的階段，廠商並未祭出「性能超越對手」的具有爭議的廣告，而是保守的主打「效費比高於對手」牌。最早公佈T-50售價的是印度軍方，其於2009年底參觀T-50實機後對印度媒體透露，該機造價約1億美元[4]。此一價格雖為Su-30MK系列的2倍左右，卻遠低於F-22的

1.46億與F-35的1.38億[5]，甚至F-15K與F-15SG都要價8000萬到1億美元。有趣的是，物美價廉的T-50一起飛便衝擊到F-35的價格，2010年5月中，洛克希德馬丁公司為此將F-35售價下修至6000萬美元(圖1)，而面對外界質疑為何可以如此大幅度修正售價，官方以「軍售內容涉及硬體之外還包括後勤設備與人員訓練等的價格」做為回應[6]。但這個例子充分說明了T-50的出現衝擊了F-35在匿蹤戰機市場上的壟斷局面。

Su-35BM的性能已很優異，而由於接下來還有T-50，所以買方也不用擔心「是否有更好的俄製戰機來繼承Su-35BM」的問題(註1)。與之相比，歐洲國家沒有匿蹤戰機，美國匿蹤戰機中F-22暫時不考慮外銷，F-35昂貴不說，想買還得排隊看關係，而抓住F-35的銷售弱點的波音F-15SE、F/A-18E/F等採用適形彈艙的匿蹤大改型戰機甚至未必是Su-35BM的對手，要價卻高達T-50的等級。因此單就技術性能與售價論，Su-35BM與T-50絕對大大衝擊著歐美戰機的銷路，能制約其銷售的主要還會是政治經濟因素。

◀圖2 美製FA-18EF超級大黃蜂戰機，為FA-18CD的放大匿蹤改良型，是傳奇艦載戰機F-14的廉價繼任者。 Boeing

(註1：這在之前是個不利點。美國F/A-18E/F、F-15、F-16有「之後有機會買F-35」支持，而T-50問世前，俄系戰機與歐洲四代機一樣，會讓客戶有「下一代在哪裡」的隱憂。)

2. Su-35BM的市場分析

據Sukhoi公司預估，Su-35BM將有約200架(一說150架左右)的市場需求[7]，俄空軍總司令Zelin上將亦曾表示俄空軍將訂購約80架Su-35BM[8]，而2009年實際定購的是48架。換言之至少有120架的外國市場需求。

一個很巧妙的現象是，當前許多國家都面臨戰機更新潮，而不論是提出採購意圖還是展開研發計畫，大家都獨衷匿蹤戰機。而市場上可供選擇的匿蹤戰機僅有美製F-35與俄製T-50，雙方投入市場的預計年份也相差不大，都是在2015～2020年左右，因此不論是想採購哪種匿蹤戰機，都需要墊檔機種，這也是Su-35BM、F/A-18E/F(圖2)、F-15K、F-15SG(圖3)等戰機的舞台。而由於美俄後勤體系大不相同，因此當前這些「墊檔飛機」的買家便是T-50與F-35極可能的買家。因此吾人可先由Su-35BM的市場來估計T-50服役初期的銷售狀況。

Su-35BM可預見的主要客戶為使用Su-27、Su-30系列之國家，如俄羅斯本身、中共、印度、馬來西亞、印尼、越

◀圖3 飛行表演中的新加坡F-15SG戰機，是F-15家族最先進改型之一，擁有主動相位陣列雷達等先進裝備。邱仁傑(馬來西亞)

南等，亦有少數非洲國家如埃及、利比亞對其感興趣[9,10]。

縱觀當今採購Su-27系列戰機的國家，除中共、印度、巴西、馬來西亞外都是採購總數小於10架的小客戶。印度方面與俄羅斯合作五代戰機，自身的Su-30MKI量產與改良計劃仍在進行，應不會採購Su-35BM；馬來西亞算是東南亞大戶，其採購18架Su-30MKM(圖4)相當於東南亞其他國家裝備的Su-27家族戰機的總和；巴西的部份，2001年首度提出新世代戰機採購案F-X計劃，當時老Su-35呼聲很高，隨後因政治因素而延至數年以後才又重新提出F-X2計畫。2008年10月1日公佈的初步評估結果中，Su-35、EF-2000、F-16遭淘汰。2009年2月，在俄國與西班牙分別願意提供Su-35BM與EF-2000供測試評估後，巴西國防部決定重新評估[11]。2010年7月20日英國法茵堡航展期間俄官方指出Su-35BM在巴西落敗，但基於過去巴西多次改變決策的記錄，認為仍有轉圜機會[12]。巴西的F-X2計劃至2014年裝備36架新型戰機，至2020年採購約120架戰機[13]，即使只算初始採構的36架，也已相當於東南亞國家可能採

▲圖4 馬來西亞的Su-30MKM，系以Su-30MKI為基礎，換上若干法國航電設備而成。其也是第一種壽命達6000小時的俄製4+代戰機。 邱仁傑(馬來西亞)

購數量的總和(以Su-30MK、Su-27SKM採購數量估計)，算是一塊誘人的大餅。

中國亦是Su-35BM龐大的潛在市場，目前的中國面臨早期購入的Su-27抵達壽限的更新風潮，Su-35BM自然是合理的選項之一，不過面對中國自己的殲-11B、殲-10系列的競爭，以及近年中俄因「山寨風波」鬧得不甚愉快，使得Su-35BM能否順利進入中國充滿著不確定性。至2010年7月雙方還有相關的談判[14]，可見雙方合作並未完全告吹。關於中國市場的分析詳見第十九章。

筆者認為中國與巴西的訂單對Su-35BM乃至五代戰機計畫都扮演極重要的角色。這兩個國家任何一個的潛在採購量都相當於其他潛在訂單的總和。若失去這兩大訂單，則剩餘的全球潛在訂單加起來恐怕還不到俄軍初始採購量(48架)，更遑論預想的100架以上。這些訂單的用途不僅是維持飛機製造業的生計，其還將帶來銀行的額外貸款，例如俄國防部在航空展上簽約採購Su-35S後，俄外貿銀行(VEB)立刻聲明繼續貸款給Sukhoi進行Su-35計畫，這任何一點經費來源對於Su-35BM乃至PAK-FA計畫都相當於救命甘泉。相當重要的是，當前採購Su-35BM的客戶便相當可能是日後採購T-50的客戶，反過來說，這幾年放棄Su-35BM而採購歐美戰機的客戶在短期內幾乎不可能採購T-50(後勤體系大大不同)，因此當前Su-35BM的銷售狀況可充分反映T-50問世初期的市場概況。換言之若一口氣丟失中國、巴西市場，則T-50便需獨力開拓市

◀ 圖5 繼Su-35BM在巴西競標失利後，MiG-35亦在在印度MMRCA計畫中落敗。除非日後有變，否則除中國市場之外，俄製4++代戰機將只剩「零售市場」。 RSK MiG

▶ 圖6 EF-2000是印度MMRCA計畫決賽機種之一。 EuroFighter

◀ 圖7 繼傳出極可能獲得巴西FX計畫合約後，法製Rafale亦入選印度MMRCA計畫決選。Rafale擁有歐製戰機中最佳的匿蹤設計，並有完善的航電與武器系統，可謂獨樹一格。 Dasault

場。因此或許可以說，倘若巴西採購Su-35BM，俄方較無「後顧之憂」而可能就「山寨問題」限制與中國的軍事技術合作；然而若巴西確定不採購Su-35BM，則俄國基於市場考量將可能不得不對中國有所讓步。

至2010年8月，除了Su-35BM在巴西落敗外，另一架4++代戰機MiG-35在競爭印度高達126架的MMRCA計畫中也落敗[15](圖5～7)。若中國市場沒有站穩，則這些性能優異的4++代戰機將只剩下「零售市場」。

3. T-50市場分析

需注意的是，「這幾年放棄Su-35BM而採購歐美戰機的客戶在短期內幾乎不可能採購T-50」這句話並不適用於「這幾年既不買Su-35BM也不買歐美戰機，而仍在觀望的國家」。T-50其實也有獨力開拓市場的潛力，因為他不只便宜，而且潛在訂單不若F-35般龐大，因此可能不用讓買方等太久。許多等不到F-35的國家以往可能只能選擇F-15SE或F/A-18E/F改型，現在有了性能更好的T-50使得這些國家除非受到特別的政治因素限制，否則當然可以選擇T-50。特別是這些本來要等很久才能買到F-35的國家正好大都不是投資F-35研發計畫的國家，故自然沒有「不買就白投資了」的顧慮。因此只要俄國能順利打動這些本來非F-35不買的國家，則即使Su-35BM的銷售平平，T-50卻可能自己闖出一片天。此外，據俄羅斯「世界武器市場分析中心(TsAMTO)」的分析，T-50對法國、德國之類自己已無力獨立開發第五代戰機，但基於政治獨立立場又不願與美國合作的國家將有機會構成吸引力[16]。

據印度媒體透露，印度將購買214架FGFA戰機，其中包括166架單座型與48架雙座型[17]。俄羅斯的部分，在目前的採購計畫中(約2015～2020年期間的採購計畫)，俄國防部只表示將挪出預算採購50～60架[18]，較新的新聞則指出2013～2015年採購約10架，2016年起再陸續採購60架[19]。

據俄羅斯「世界武器市場分析中心(TsAMTO)」的分析，俄羅斯將生產約1000架T-50戰機，其中俄國空軍將在2020～2040年裝備200至250架，若考慮經濟成長，則可能達400～450架，剩餘的產量即為預計的外銷量。TsAMTO對俄國戰機的用戶與潛在客戶的技術需求與換代進度進行分析，列出T-50的外銷年分與數量估計：阿爾及利亞24～36架(2025～2030年)、哈薩克12～24架(2025～2035)、中國100架(2025～2035)、利比亞12～24架(2025～2030)、敘利亞12～24架(2025～2030)、委內瑞拉24～36架(2027～2032)、印尼6～12架(2028～2032)、巴西24～36架(2030～2035)、越南12～24架(2030～2035)、阿根廷12～24架(2035～2040)、伊朗36～48架(2035～2040)、馬來西亞12～24架(2035～2040)、埃及12～24架(2040～2045)。若算進印度的產量則將有548～686架的外銷量[20]。

二、市場競爭對手淺析

在F-22尚未取得出口可能性的情況下，Su-35BM與T-50遇到的市場對手有歐洲的EF-2000、Rafale、美國的F-35、F/A-18E/F與改型、F-15後期型、F-16後期型等。這些市場對手可概分為兩大類：無內彈艙設計的EF-2000、Rafale、F/A-18E/F、F-15後期型(K/SG等級)、F-16後期型；以及有彈艙設計的F-35、F-15SE、F/A-18E/F含彈艙版。

第一類的每一架飛機皆屬上乘之作，例如已服役的F-15K、F-15SG等美製戰機甚至都已普遍裝備先進的主動相位陣列雷達。然而這些飛機匿蹤設計並不徹底，在Su-35BM強大的探測性能與武器系統時除非配備「流星」飛彈否則難以招架，而遇上擁有更徹底匿蹤設計的T-50，這些飛機的處境可能比遭遇F-22還要惡劣。

不過這裡我們更感興趣的是第二類對手(有彈艙設計者)。這三種飛機都標榜是「匿蹤」戰機，且問世年分正好與Su-35BM、T-50相當，特別是由於他們都是「美國製造」的匿蹤戰機，故自然免不了令人猜想他們是否又有何神話般的匿蹤性能。例如波音公司在2009年3月公開F-15SE改良計畫，讓不少人認為他又是什麼登峰造極的新戰機，甚至猜想是否是要在F-22訂單不保時取代F-22而延續鷹式家族的主力第位。而在進行未來區域安全與軍售分析時，這類飛機的重要性甚至高於F-22，其主要原因有二：〈1〉如無意外，F-22不會外銷也不會有大改，因此以其僅約180～190架的數量，與其說其是主力戰機，不如說是特種戰機。真正大量生產的美製五代機將是F-35。〈2〉F-35定單量過於龐大，導致許多國家甚至快要到世紀中才能買到，因此F-15SE等「匿蹤版傳統戰機」預計也將活躍一段時間。

在本書的研究中，Su-35BM與T-50的反匿蹤能力主要是針對理想化的F-22而言，F-35的匿蹤性能只會比F-22更差，因此F-35對T-50甚至Su-35BM並不具備技術優勢，競爭力實在堪憂。不過那些參與F-35研製計畫的國家半途而廢的可能性不高，因此F-35至少有「鐵票」，Su-35BM與T-50會與F-35打對檯的市場會是那些沒有參與F-35計畫的國家，不過目前在這些市場還多出F-15SE與匿蹤版F/A-18E/F的競爭。

1. 匿蹤強化的F-15、F/A-18

F-15SE(圖8)與超級F/A-18E/F說穿了是出自商業考量。F-35的行銷策略非常好，在計畫初期便包裝成「廉價、多用途」的普及化匿蹤戰機，而吸引了許多合作夥伴與潛在訂單。正因為訂單過於龐大，那些非計畫參與國即使能採購F-35，也得等到美國空軍以及合作國裝備F-35以後，換言之可能是十幾年後的事。除此之外，美國兩種第五代戰機(F-22與F-35)合約都被洛克希德馬丁公司奪去，波音公司自然得想辦法維持軍用部門的生計。就在這種背景下，波音推出了這些以F-15和F/A-18E/F為基礎的匿蹤大改計畫，讓那些短期內沒希望

▲ 圖8 2010年進行AIM-120試射中的F-15SE原型機。 Boeing

獲得F-35但又難抵匿蹤誘惑的國家折衷的選擇，另外這些方案也可有助於吸引客戶採購F-15及F/A-18E/F。

正如在本書序章所討論的，這兩種匿蹤大改戰機其實很自我矛盾。就像F-15SE真要以匿蹤狀態出擊，便會失去F-15E的大航程大籌載優勢，火力只相當於輕型戰機。其優勢不在於可以兼顧F-15E的航程、載彈量與新增加的匿蹤性能，而在於提供使用者在「傳統作戰模式」與「匿蹤模式」之間靈活的選擇權：可以犧牲匿蹤，當成F-15E那樣使用，也可以放棄航程與籌載，以匿蹤模式突襲。這樣的飛機競爭力應不會很樂觀。

2. F-35

就技術特性與市場占有率而言，美製F-35將是最具影響力的第五代戰機。F-35繼承了F-22的成熟技術與經驗，移除部分昂貴而機密的技術，並搭配最新銳的電子設備發展而來。其局部技術，特別是對現代戰機影響比重最大的感測器、資訊整合、電腦、網路作戰等層面甚至是F-22所不及。此外F-35早已取得需要相當長的時間方能完成的訂單，因此在後續的改良方面有著其他戰機望塵莫及的優勢。這些先進的設備加上廠商與媒體的大力廣告，營造出F-35穩坐F-22以外的戰機龍頭的印象。實際上有幾件事必須考慮：

〈1〉 了解F-35的先進航電的優勢範圍：F-35的航電特性在於球狀的雷達與光電視野、以光纖傳輸為主的寬頻數據處理系統、高頻寬的戰術資料鏈等。這些設備確保其能清楚的、自主的掌握周遭情資，並由遠方友軍取得遠方情資，甚至具備以資料鏈傳輸高品質光學影像的潛力。這些特性的確能賦予其非常好的作戰效能，特別是在執行須要近距離識別的任務時，但以空戰用途或遠程攻擊等用途而言，高品質光學影像傳輸幾乎是多餘的，因此強大的資訊化能力固然是F-35的技術優勢，但他未必任何情況都有優勢。

〈2〉 承上：既然F-35的一大優勢在於資訊化，那麼資訊來源的完善與否自然就是該優勢能否發揮的關鍵。這些外界資訊來源還包括預警機、偵察機、前線部隊偵察資料等等，這些週邊資訊來源只有美國自己具備，而潛在用戶若要具備這樣的周邊訊息來源，將需要龐大的建軍成本，甚至有錢也辦不到：例如預警機，美國不一定賣，自己做，美國不一定協助整合；又例如地面部隊，世上也只有美國陸軍有那種可以輕易將前線甚至單兵偵察資訊後送至三軍網路的行頭。換言之，可以預料絕大多數F-35的用戶將無法發揮F-35真正的作戰效能。

〈3〉 F-35的先天限制：JSF計畫的初衷是在F-22控制天空後進行支援與打擊用的低成本支援型戰機，這就構成其先天限制：採用單發設計，偏重攻擊，而在速度與空戰性能方面先天不足。

因此大體而言，論及空戰、對遠方重要據點與船艦的攻擊等方面，F-35可能不如T-50甚至未必勝過Su-35BM，然而論及網路作戰能力、對短程隨機目標的攻擊能力，則沒有戰術戰機能勝過F-35。只是，如前所述，F-35的主要優勢在於相對近距離與隨機目標的攻擊，對於防空與遠程攻擊等基本任務而言未必有優勢。

三、政治與區域安全影響

1. 第五代戰機對空權均衡的影響—以東亞個案為例

蘇霍設計局前總設計師M. Simonov曾表示「俄羅斯第五代戰機的研發目的，在確保世界政治力量的均衡」可說是簡要的詮釋了第五代戰機的一個重要功能。有了Su-35BM與T-50這樣可以對抗匿蹤戰機的飛機存在，美國可能無法似無忌憚的藉由出口匿蹤戰機而對潛在對手進行圍堵，而獲准採購F-35的國家也可能要多作考慮方能「安然的」使用F-35。

說明這一論點的最佳範例是當

前的中國週邊。近年來中國空軍大量採購先進戰機以替換老舊的殲-6、殲-7等，至今擁有近400架Su-27系列戰機、與總數至少破百的殲-10、殲轟-7等。以中國廣大的領土以及文革以後長期缺乏先進裝備而言，這樣的數量實際上要達成基本防衛都略嫌勉強，但西方國家卻藉此在週遭散佈中國威脅論，並出口各式先進武器給中國周邊，如售予韓國F-15K、新加坡F-15SG，並以F/A-18E/F推銷於馬來西亞等，並進一步試圖將匿蹤技術散佈到中國周邊。這些國家亦有部分可能採購F-35，而美國波音公司鑒於F-35不會太早投入「非合作夥伴市場」因而推出採用適形彈艙等大幅匿蹤改良的F-15SE、F/A-18E/F改型等，特別是F-15SE，其實可視為已在韓國、新加坡服役的F-15K、F-15SG日後的性能提升方案。更甚者，美國於2006年起以訓練為由將少部分F-22前進佈署至日本嘉手納基地，雖然演習後F-22便離去，但相關設備與操作經驗必然在該地生根，之後F-22仍以演習為名進出加首那基地便是最佳例證。除此之外台灣也成為F-35的潛在銷售對象，美方便常以「是否售予台灣F-35」做為與中國對話的外交籌碼之一。

中國的「大量先進戰機」中真正具備90年代以後技術的，也只有約100架Su-30MKK、50～100架殲-10、以及一定數量的殲-11B與殲轟七/殲轟七-A，剩餘的相當部分是老舊的Su-27SK/UBK。而即使是較新的自製殲-11B、殲-10A/B，亦只相當於西方90年代中後期水準，F-15K、F-15SG、F/A-18E/F要應付他們都已綽綽有餘，而一旦F-15SE、匿蹤進化的F/A-18E/F甚至F-35以及F-22出現在中國週邊，則反而是中國空軍居於技術劣勢。這種情況下，倘若沒有能有效對抗匿蹤戰機的技術存在，美國自然可以有效的利用「匿蹤技術出口與否」做為與中國談判的籌碼。

有了Su-35BM與T-50的存在，這一情況便可能大幅改觀。倘若中國能取得Su-35BM，則完全足以抵抗甚至壓制F-35以下的匿蹤戰機，即使遇上F-22也未必吃虧。更重要的是，Su-35BM還足以壓制其他非匿蹤戰機。考慮到匿蹤戰機短期內仍居少數，而以中國操作Su-27多年的經驗，要操作Su-35BM應可輕易上手，如此一來，周遭國家在尚未發揮匿蹤戰機的優勢之前，反而讓自己的大量傳統武力暴露在Su-35BM的衝擊之下，可說是「未蒙其利，先受其害」(註2)。另一方面，由於Su-35BM的戰力可由軟體與武器種類加以「調整」，因此在出口上應不若匿蹤技術般受到太大的政治壓力，這也可能成為俄羅斯與期他國家的外交籌碼。Su-35BM都如此，更甭論本身也具備匿蹤性能的T-50。

簡言之，在匿蹤技術為美國壟斷而又無人可反制的情況下，美國可相當無顧慮的以匿蹤技術做為軍事、政治、以及軍售等層面上的籌碼，而如今出現足以對抗匿蹤戰機的Su-35BM以及本身也是匿蹤戰機的T-50，預料將為許多國家「出一口鳥氣」。

(註2：這個狀況更適合中國周邊。以中國目前逐漸自主的航空工業以及發展經濟優先的環境下，在沒有特殊威脅下，中國大可不必購買Su-35BM而助長「中國威脅論」氣燄，而僅以自製的殲-11、殲-10系列擔任空防大任並逐步過渡到自己的四代戰機。這種情況下中國戰機與週邊是技術上對等的。然而一但週邊開始出現匿蹤技術以至於中國認為不得不引進Su-35BM或其相關技術以茲因應時，這些Su-35BM將很快對周邊(包括匿蹤技術的擁有國)構成衝擊。)

2. 難分難解的「第五代戰機全球化」現象

至此，吾人可以預料「第五代戰機全球化」的現象：美俄第五代戰機在技術上彼此制衡但又彼此刺激銷售量，最終導致第五代戰機技術的普及化。而第五代戰機的重要特性之一便是不對稱的壓制傳統戰機與防空系統，並具備精準攻擊能力，因此第五代戰機的擴散將可能造成空防建設競爭。對軍火商來說這當然是一塊大餅，但對被第五代戰機波及的地區而言，由於美俄五代機衝擊性不盡相同，故除了需要有錢來進行空防升級外，也需要準確的掌握第五代戰機的特性以便真正有效的反制假想敵的第五代戰機。

前文以中共空軍的處境為例說明俄系五代戰機抵銷美系匿蹤戰機衝擊的狀況，這問題還是簡單的。實際上，美俄第五代戰機都將瞄準東南亞市場。一旦第五代戰機擴散到東南亞這種擁有複雜地緣關係、各國縱深皆不大的地區，所引發的複雜交互作用更耐人尋味。東南亞任何一個國家不論是裝備號稱可以神出鬼沒的F-35還是一起飛就有機會攻擊鄰國的Su-35BM或T-50，都必將引起鄰國的緊張與跟進而購入類似的戰機或足以反制的防空系統。除了五代戰機外，足以反制五代戰機的防空系統對傳統戰機而言也是「災難性」的。例如據筆者分析，最新銳的S-400或採用S-400的雷達的S-300PMU2有可能像S-300基本型防禦傳統戰機那樣防禦匿蹤戰機(約50～100km，詳見第十六章與附錄六)，應足以守護重要據點，而這類雷達對傳統戰機的探距卻高達400km，搭配射程200km的防空飛彈(S-300PMU2)甚至最新的400km飛彈(S-400)，對東南亞國家而言甚至可以封鎖敵方領空。簡言之不論是第五代戰機還是能反制五代戰機的防空系統對傳統空中武力而言都是災難性的，也因此區域空權均衡對他們的存在與否將格外敏感。

而一旦整個東南亞進行空防建設的更新，自然也將引起中共的反應；當然也可能反過來：中共因應日韓匿蹤戰機而進口俄五代戰機或加速本身的四代戰機進度，造成東南亞的跟進，而東南亞只要一個國家跟進，剩下的國家也就被迫跟進。類似的狀況也可能發生在北非、南歐、東歐等美俄都可能出售五代機的地區。

這之中還有一個更大的變數：當前美國因為作戰需求改變而將F-22束諸高閣，使得F-22像是一種「特種戰機」，F-35反而成為主力。但俄製T-50的問世將使得F-35難以具備優勢，這樣，吾人便不能排除哪天F-22重出江湖的可能性，倘若F-22真的因為T-50的問世而敗部復活，甚至推出外銷版而投入市場，第五代戰機全球化與引發的區域均衡問題將更為複雜。

另一方面，EF-2000、Rafale等歐洲戰機若不能在F-35正式進入外銷市場之前成功出口，將可能意味其後續命運甚至歐系軍用航空業的未來將相當不樂觀。因此歐洲軍用航太業如何因應美俄五代機的衝擊將是個很有趣的問題。以第五代戰機的技術複雜度、英國等西歐國家已經加入F-35計畫、戰爭可能性減低等情況來看，歐洲地區想要獨立完成(單一國家或歐洲合作)五代戰機可能性並不很高，這時便可能出現諸如俄媒推測般與俄國合作第五代戰機，或像瑞典提供自身技術用於韓國五代戰機等狀況。在後一種狀況中，意味著歐洲先進軍用航空技術將可能流向亞洲新興國家而成為亞洲自製第五代戰機的重要技術，其意義等同於第五代戰機的擴散！

這正反應了研究第五代戰機的急切性：對工程人員而言，研究第五代戰機技術以創造更好的戰機或反制技術，對戰略學者而言，研究第五代戰機有助於正確掌握未來區域均衡以及引發的政治、軍售角力狀況。僅管第一種第五代戰機—F-22—問世已逾20年，第五代戰機對世界的複雜影響在2015～2020年間才正要開始。

參考資料

[1]«Проблемы с продвижением Су-35 и разработкой ПАК ФА», Военный Паритет, 29.07.2010,

http://www.militaryparitet.com/perevodnie/data/ic_perevodnie/984/

[2]«Су-35 защищают от китайской подделки», Коммерсанть, 06.MAR.2012

[3]«Путин: Т-50 будет в три раза дешевле аналогов»,Взгляд,18.06.2010

[4]«India, Russia close to PACT on next generation fighter», Business Standard, New Delhi January 05, 2010

[5]"Российский истребитель ПАК ФА заставил американцев в два раза снизить цену на F-35», http://vpk.name/news/39415_rossiiskii_istrebitel_pak_fa_zastavil_amerikancev_v_dva_raza_snizit_cenu_na_f35.html

[6]"Российский истребитель ПАК ФА заставил американцев в два раза снизить цену на F-35», http://vpk.name/news/39415_rossiiskii_istrebitel_pak_fa_zastavil_amerikancev_v_dva_raza_snizit_cenu_na_f35.html

[7]«До 2020 г. «Сухой» планирует поставить более 200 истребителей Су-35», АХК Сухой, http://www.sukhoi.org/news/company/?id=1744

[8]«Су-35 показали заказчикам», Взгляд, 07. июля 2008, http://vz.ru/soci-

ety/2008/7/7/184512.html

[9]«Египту могут быть поставлены истребители МиГ-29 и Су-35 - "Рособоронэкспорт"»,http://vpk.name/news/42298_egiptu_mogut_byit_postavlenyi_istrebiteli_mig29_i_su35__rosoboroneksport.html

[10]«ВВС России получат первый серийный Су-35С в конце этого года», http://vpk.name/news/42370_vvs_rossii_poluchat_pervyii_seriinyii_su35c_v_konce_etogo_goda.html

[11]«Су-35 может вернуться в число участников бразильского тендера на поставку истребителей по программе F-X2», ИТАР-ТАСС,http://arms-tass.su/?page=article&aid=67720&cid=24

[12]«Истребитель Су-35 не вошел в число участников бразильского тендера – ФСВТС», http://vpk.name/news/41915_istrebitel_su35_ne_voshel_v_chislo_uchastnikov_brazilskogo_tendera__fsvts.html

[13]«Су-35 может вернуться в число участников бразильского тендера на поставку истребителей по программе F-X2», ИТАР-ТАСС,http://arms-tass.su/?page=article&aid=67720&cid=24

[14]«Россия и Китай продолжают консультации по истребителям Су-35 и Су-33 - "Рособоронэкспорт"»,http://vpk.name/news/42299_rossiya_i_kitai_prodolzhayut_konsultacii_po_istrebitelyam_su35_i_su33__rosoboroneksport.html

[15]« Rafale и Typhoon обошли МиГ-35 в индийском тендере», Lenta.ru, 09.aug. 2010, http://www.aviaport.ru/digest/2010/08/09/200240.html

[16]«Россия может поставить на экспорт свыше 600 истребителей пятого поколения», ЦАМТО, 08. сентября, 2010

[17]«Заявление главкома ВВС Индии о планах закупки истребителей FGFA противоречит доктрине ВВС страны», ЦАМТО, 04.OCT.2011

[18]«Минобороны РФ планирует с 2016 года закупить не менее 50 истребителей 5-го поколения», ОРУЖИЕ РОССИИ, МОСКВА, 18 июня 2010 г.,

[19]«Россия вооружится до зубов», Правда, 23.SEP.2010

[20]«Россия может поставить на экспорт свыше 600 истребителей пятого поколения», ЦАМТО, 08. сентября, 2010

附　錄

深入研究資料

ПРИЛОЖЕНИЕ 1

Su-35BM用電分配與輔助發電機用途研析

一、Su-27的電力系統簡介

首先對Su-27基本型的電力系統做一瀏覽，相關數據有助於之後一些計算與比較。置於AL-31F附件箱內的GP-21交流發電機是Su-27的主要電源，能供應115/200V，400Hz的三相及單相交流電，功率30kW。當其中1具發動機或發電機故障時，另1具可超限發電50%，即輸出45kW電力2小時，此時戰機沒有用電限制[1]。這數據意味著Su-27基本型的全機耗電量在45kW左右。同時，Su-27雷達平均發射功率1kW，當時雷達能量效率(平均發射功率對輸入功率的比值)約10%，換算得雷達耗電約10kW[2]，全機系統扣除雷達用電需求約35kW。

當2具發電機都故障時，直流電源轉換成交流電源供應給應急迴路，不過直流電源功率只有6kW，只能維持最基本的安全需求，此時戰機無法作戰，需回航。

二、Su-35BM多出的耗電量

Su-35BM的許多航電系統雖然功能比以前大大增強但耗電量也低很多，這與西方戰機功能越強耗電通常也越多剛好相反，主要原因在於俄製戰機從

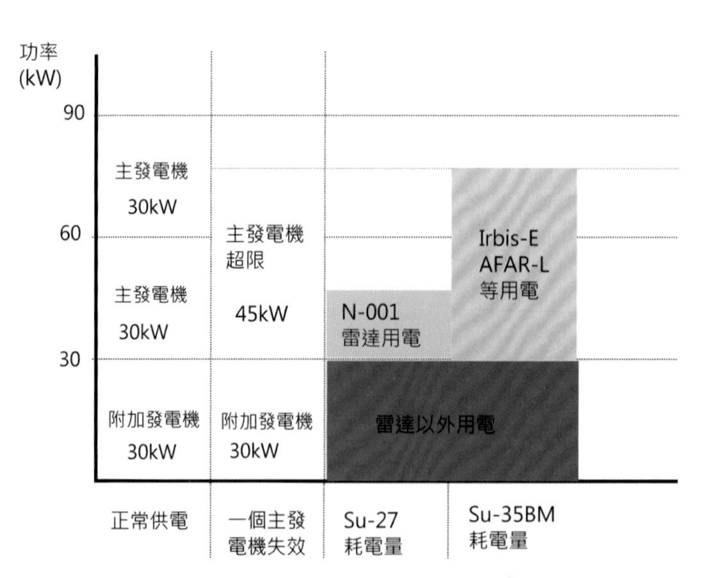

◀圖1 Su-27與Su-35BM用電與供電簡圖。附加發電機足以供應雷達以外所有系統的用電，單發動機失效下亦可正常供電而沒有功能限制。

Su-27到Su-30MKK、Su-35BM經歷了「剛脫離真空管時代」到「微電腦時代」的變遷。數據完全支持這點。例如Su-27的Ts-100電腦耗電200W，後來的Ts-101則耗電300W，管飛控的A-313耗電180W，管顯示的「Orbit-20」需80W[3]。其中單單射控電腦就用了至少2台Ts-100或Ts-101。反觀Su-35BM的整套中央電腦不超過750W，Su-27光射控電腦的耗電就跟Su-35BM的整套電腦打平。因此在機載電子設備方面，Su-35BM因為採用較先進的電子技術而較省電，這是「消」的部份。至於「長」的部份，很明顯的就是那些亮眼的高功率無線電裝備。其中，Irbis-E雷達與AFAR-L主動相位陣列雷達算是多出來的、顯然很耗電的設備。至於其他的通信設備之類由於Su-27也有，故可假設能耗差不多，而只用Irbis-E與AFAR-L這兩個耗電設備來估計Su-35BM多的耗電量。

Irbis-E平均發射功率5kW，經查詢俄製Osa、Zhuk-MSFE被動相位陣列雷達以及Zhuk、Zhuk-M機械掃描雷達等4+代戰機所用的雷達的發射功率與輸入功率可發現，這些4+代雷達的能量效率約在15～20%(大部分都是15左右，只有天線設計與Irbis-E相近的Osa接近20)，MiG-31所用的Zaslon能量效率則約8%[4]，N-001與N-019不明，但可以估計可能在10%左右。如此估計，N-001耗電10kW，Irbis-E則在25～33kW間，兩者相差15～23kW。在Su-35BM上AFAR-L整套系統共12x2個天線模組，每個天線模組內有4個發射單元與2個接收單元。每個的發射峰值功率200W[5]，以一般平均功率約是峰值的1/4計算，所有發射單元同時運作時平均發射功率約5kW。另外由相關文獻可知，這種主動陣列天線的能量效率逾50%，因此輸入功率約10kW。需注意的是，以上系考慮所有發射單元用於探測的計算結果，實際上每邊的AFAR-L只能當2部獨立波段的雷達使用(因為只有2個接收通道)，而其實際上也要兼顧敵我識別與通信功能，因此實際使用上，每個模組內至多應只有2個發射單元用於探測，剩下2個用於敵我識別與通信。由於敵我識別與通信是Su-27本來就有的功能，加上AFAR-L因為是主動陣列天線之故而可能還更省電，故以上計算出的10kW並非全然是多餘的耗電量，其實可取5kW計算，唯此處以嚴格標準計算而取10kW。

依此計算Irbis-E與AFAR-L會需要25～33kW的額外電力。亦即，若其他航電設備的耗電條件相同，僅考慮「把N-001換成Irbis-E+AFAR-L」，則戰機需要45kW+25～33kW=70～78kW。實際上，如前所述，在先進微電子系統的使用下，航電系統大都比較省電，但都是省幾十瓦幾百瓦，加起來大概只省個幾千瓦，應不超過萬瓦，因此電力需求推測仍舊是70～78kW等級。而且應該更接近70kW(因為在上面引用的雷達能量效率中，15%的都是NIIR的產品，而NIIP的Osa則是20%，Irbis-E與Osa為同一公司研製，也借用了Osa的技術，因此取用Osa的能量效率可能更逼近實況，且如前述，AFAR-L也負責敵我識別、通信等功能，故其10kW耗電並非全是多餘的)。

電戰系統亦然，Su-32的L-175噪音干擾莢艙平均功率約1kW，設其能量效率亦為10%，耗電約10kW。不過這種1kW級的電戰設備Su-27也有，加上電戰系統不會隨時開啟，使用時其他無線電系統通常不操作(不是關掉，而是不發射)，因此可以不用算在多出來的能耗上。

三、多出來的電力哪裡來？

很多戰機在經過大改後也都會遇到原本電力系統不夠力的問題，但可以藉由提升主發電機的功率來解決。前面提到的30kW x 2的發電量是基本型Su-27的數據，由於發電機這方面的數據跟戰鬥力沒有直接關係所以缺乏新數據，不過可以由引擎推力與APU的功率成長來估計之(其實沒有直接的關係，只是依據機械功率的成長來估計發電功率的成長)。

與基本款GTDE-117相比，最新款的GTDE-117M啟動功率成長了22%，用於Su-35BM的TA14-130-35啟動功率多了58%。這樣大概可以估計Su-35BM的主發電機功率有可能到73～95kW。這沒有很誇張，F-22的發電能力大概是150kW左右，由於發電能力與引擎推力關係很小，主要是牽涉到發電機的效率(F-119的推力比AL-31F多了40%左右，但是發電能力卻多了100～150%)，因此F-22的發電能力可以考慮為第五代航空發電機的發電能力水平。

由此可以發現考慮航空發電機技術的進展，Su-35BM的引擎發電能力也勉強可以支援本文估計出來的耗電需求。樂觀的情況是電力系統仍有10kW左右的餘裕，不樂觀的情況是需要額外的10kW電力。

四、第3發電機的用途

安裝於Su-35BM兩個發動機中間的輔助動力單元(APU)TA14-130-35供電能力是30kW[6]，這個電力剛好可以補Irbis-E與AFAR-L多出來的用電。這又可分成兩個情況考慮：〈1〉如果主發電機完全「不長進」，而需要由APU協助為新的雷達供電：則全系統仍會有10～20kW的發電餘裕；而在一個發電機故障時，可由另一個發電機應急供應其他航電系統運作，而由第三發電機供應雷達，這樣全系統仍能全力運作，但時間受限，約2小時，或在航電限制使用的情況下(例如AFAR-L不要全系統運作)不受時間限制的運作。〈2〉若主發電機本身發電能力足以支援全機的用電，則在一個發電機故障時，可啟動APU補償雷達的用電，另一個發電機則維持正常工作(其他系統用電需求約35kW)，此時航電系統可全力運轉，同時不須啟用應急模式因此沒有2小時的時間限制。〈3〉一但2個主發電機都故障，APU的30kW供電其實可以供應雷達以外的全機航電，包括光電雷達。因此在基本型中2個發電機都故障後飛機只能返航，而Su-35BM卻還可以不使用雷達作戰！

五、電漿匿蹤系統與未來航電的使用

據報電漿匿蹤系統(這裡指在飛機外開放空間產生的電漿)需要5k～50kW的能量，由此觀之第三顆APU的30kW無法保證電漿系統在任何情況均可用，若要保證電漿系統的運作，需要從主發電機取得額外的20kW。

20kW看起來很多，但可能性仍然存在。在前面的估算中，估計Su-35BM的電力需求應該在70～78kW，這是以嚴格標準估計的範圍，實際上若X波段雷達的能量效率取用與Irbis-E最接近的Osa計算，而AFAR-L取用較符合實際情況的功能配置(一半用於探測，另一半用於識別與通信等)，能量需求可能僅有65kW。因此考慮主發電機的發電能力成長，可能有約5kW～10kW甚至20kW的多餘發電量。搭配APU的使用後，要弄出40kW給電漿系統應該不難，甚至更理想情況下，可以擠出50kW。故現有的配置理論上勉強足以供應電漿匿蹤的需要。

如果不能供應50kW的用電，則戰機可能要在更高的高度才能對X波段隱形。對L波段或波長更常的波段則沒有影響，幾千瓦便足夠。

若考慮未來使用主動相位陣列雷達。NIIP的AFAR-X主動陣列雷達由約1500個收發單元組成，每個單元峰值功率12W，能量效率30%。若以平均發射功率為峰值的1/4計算，AFAR-X耗電僅15kW左右，甚至較Irbis-E少10kW左右。因此在全面使用主動陣列雷達後反而有更多發電餘度。

六、五代機的進展

據以上估計，Su-35BM的主電力系統應足以支援Irbis-E與AFAR-L的用電，特別是將Irbis-E換為主動陣列雷達以後。若搭配第三發電機的運作，甚至可以一定程度或完全的使用電漿匿蹤系統。從中也可大致估計出，採用前、後視主動陣列雷達、AFAR-L、毫米波雷達的PAK-FA外加電漿匿蹤系統，需要120～130kW電力，這大約是五代戰機的發電能力等級。

倘若五代機發電量真的達到120～130kW級，那麼還需不需要像Su-35BM這樣裝第三個發電機？筆者認為不能排除可能性。如前述，30kW的發電功率可以供應雷達以外的航電系統的正常運作，因此在更耗電(這些耗電主要來自多出來的各種無線電設備)的五代機上，第三顆發電機仍然能在1個主發電機故障時讓所有航電系統(不算電漿匿蹤系統)仍能正常運作而不受時間限制，在2個主發電機都故障時仍能讓戰機不使用雷達作戰，由於這攸關戰機的生存性，因此即使五代機本身發電能力足夠，也仍可能保留Su-35BM上的第三發電機設計。在T-50原型機上已可見到輔助動力單元排氣口，因此上述假設基本上已確定。

參考資料

[1]Andrei Formin, «Flanker Story», AirFleet,2000年出版

[2]V.K.Babich等14人,"Авиация ПВО России и научно-технический прогресс"(Russian Air Defense Aviation: Scientific and Technological Advance), Дрофа(俄), 2005, p307表格

[3]V.K.Babich等14人,"Авиация ПВО России и научно-технический прогресс"(Russian Air Defense Aviation: Scientific and Technological Advance), Дрофа(俄), 2005, p689表格

[4]V.K.Babich等14人,"Авиация ПВО России и научно-технический прогресс"(Russian Air Defense Aviation: Scientific and Technological Advance), Дрофа(俄), 2005, p307表格

[5]И.Кокорева, «Твердотельная электроника, сложные функциональные блоки РЭА. Обзор по конференции»(固態電子與複雜功能無線電模組研討會報導), Электроника:НТБ("電子科技:科學、技術、商務"雜誌,2007.3,參考網址:http://www.electronics.ru/issue/2007/3/20

[6]Аэросила公司官網型錄。http://www.aerosila.ru/index.php?actions=main_content&id=72

ПРИЛОЖЕНИЕ 2

Su-35BM的結構特性與飛行性能詳析

Su-27輔一問世就以超越同時期戰機的整體飛行性能著稱，相較於同為傳統氣動佈局的戰機如F-16、F-15，其除少數指標(如滾轉率)外幾乎全面勝出；相較於幻象2000之類的三角翼戰機，其在瞬間指向性方面稍微遜色但其餘指標幾乎仍勝出，互有優勢區。即使Su-30MK、Su-33等改型因重量增加而飛行性能稍降，但整體仍屬一等一的高機動戰機。直至西方F-22、EF-2000、Rafale等相繼問世，才因極大的推重比優勢而勝過Su-27/30家族。因此整體而言Su-27系列的飛行性能應歸類於美規三代戰機之中上層，四代戰機之底層。不過這個狀況在Su-35BM開始必須重新檢視。

Su-27問世已近30年，這段時間出現的各種改良型主要都是在電子設備與多用途性方面著手，因此與一般改良型戰機一樣，都有「總體性能提升，但飛行性能略降」的特性。其中老Su-35與Su-30MKI因為引入超機動性與更好的控制系統，因此飛行性能部分超越基本型Su-27，但若論及氣動效率，則這些超機動版本仍然略遜於基本型。由於基本結構與飛行特性的相近，使得一般在探討Su-27改良型時已沒有必要像新飛機剛問世時那樣詳加探討其結構設計與飛行性能。然而在最新版的Su-35(Su-35BM)上，吾人已可驚訝的發現其結構特性已滿足第五代標準，因此可以說，他除了外型長得跟Su-27一樣外，根本就是新型飛機。

儘管Su-35BM有著與Su-27基本型類似的外型與作戰重量，但稍微仔細的觀察可以發現其相對於Su-27有大幅度的躍進。簡言之，Su-35BM空重輕、推力更大、正常使用攻角提升至45度又引入超機動技術，故能在更多情況(更廣的籌載模式)下具備空戰狀態的Su-27的飛行性能。更重要但卻鮮少被注意到的是，Su-35BM因為結構的大幅減輕，使得其龐大的內燃油儲量已是貨真價實的「內燃油」，而不只是當成「內建副油箱」使用，此特性也是其跳脫Su-27世代的證據之一。以下將透過簡易的數據比較，判斷Su-35BM相較於Su-27的幾個主要差異，由於Su-35BM與Su-27外型基本上相同，故可以較安全藉此估計其飛行性能，進而推估其與EF-2000等戰機的差異。

一、基本指標

以最粗淺的數據指標觀之，第四代戰機的正常起飛重約是空重的1.4倍，第五代戰機則約為1.5。如Su-27SK約為1.39，MiG1.44與F-22約1.5。Su-35BM則達1.53。因此就結構與籌載特性而言，Su-35BM與Su-27家族已有代差，已是五代標準。而在推力空重比(最大推力與空重的比值)方面，F-22在1.7，MFI約1.94，未來換裝新發動機的EF-2000(EJ-230)與Rafale(M-88-3)亦在1.8～1.9或更高。Su-35BM為1.75，已超過現有EF-2000(配備EJ-200)與Rafale以及F-15的1.66～1.68甚至超過F-22，亦遠超過Su-27SK的1.48。因此就推力空重比而言Su-35BM與Su-27家族亦有代差。若考慮無後燃器推力空重比，則歐洲雙風與F-22約在1.1～1.15，Su-35BM為1.06較為遜色，不過由於Su-35BM燃油分率高於對手，故允許更長時間的使用後燃器而不失航程優勢，故無後燃推重比的弱項相當於由後燃器推力補償。此外以上是就外銷型而言，俄軍版可能是推力15噸的發動機，若然則推力空重比為1.8。由此已可初步判定，Su-35BM在結構與動力特性上已達五代標準。

二、重力負荷(G值)

Su-35BM在過載性能方面較其他改型出色，除了最大G值因結構的增強而提升外，其能在更廣泛的飛行條件下(速度、高度、飛行重量)達到高過載。在此將先探討結構的影響及限制，再討論氣動力的影響。

相較於美製F-15的5000kg內燃油儲量，Su-27油箱儲量高達9400kg以上，相當於F-15內油箱與副油箱的總和。然而精確的說，Su-27算是採用所謂的「內建副油箱」設計：正常情況下

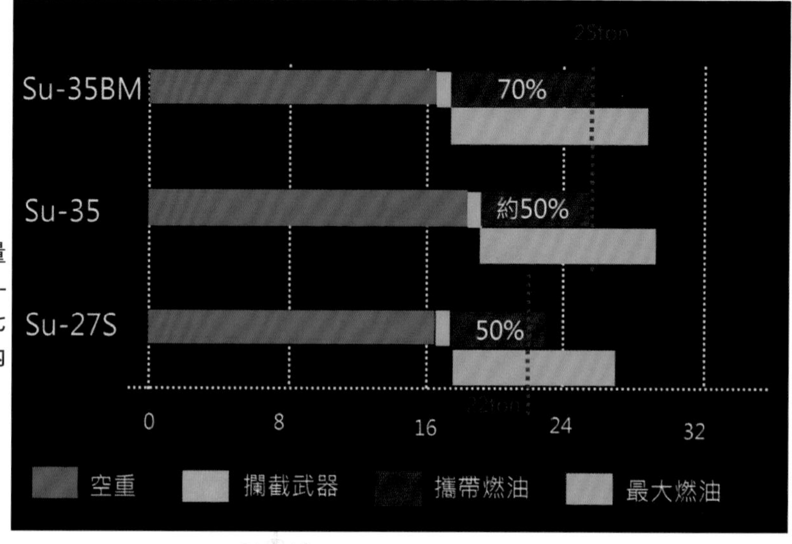

▶ 圖1 Su-27，Su-35，Su-35BM正常空戰重量下燃油比例示意。Su-35BM此時燃油超過七成，因此11500kg的內油箱乃「貨真價實」。

攜帶5000～5500kg燃油而具備2000～2500km航程，幾乎全程具備高機動能力(8～9G)，剩餘的約4000kg油量則用於增加航程至3500～4000km，但在油量過半時機動性受限(註1)。因此多出來的4000kg用途與一般飛機的副油箱類似(增加航程但機動性下降)，唯「內建」於機身因此不會破壞氣動效率且亦不損失外掛點(圖1)。

上述折衷方案一般而言並無傷大雅：雖然戰機滿載狀況下機動性能受限，但抵達預定作戰區域後已消耗1/3左右燃油，便可具備高機動性，這與攜帶副油箱之戰機無異。然若面臨緊急狀況時，採用副油箱者可拋副油箱而即刻具備高機動性，Su-27就無法這麼做(就算放油也需要時間)，為美中不足。

(註1：Su-27設計之初以美製F-15A的各項指標的1.1倍為設計目標。F-15A內燃油航程2300km，於是定出2500km航程之指標，並在參考AL-31F引擎的耗油率後，定出5500kg內燃油的需求。後來在舉升體佈局獲選後，設計師發現該佈局之結構能使燃油儲量達9000kg並具備4000km的航程。不過依據蘇聯軍規，戰機在80%「內燃油」情況下要能達到諸如8G過載等飛行性能，這意味著飛機必須增強結構，對當時已經超重的T-10來說這是不可能的。後來在與空軍工程單位專家的協調下得出這種折衷設計，將多餘的燃油視為「內建副油箱」(這樣在使用增程燃油時可不考慮高機動性)。)

Su-27系列的正常起飛重量大致就是據此原則制定的：以2枚R-27或R-77搭配2枚R-73為武裝，攜帶5000～6500kg燃油(依型號而異)而成為正常起飛重量。若依據80%正常起飛儲油時需具備高機動性的原則計算，4+代Su-27(老Su-35/Su-30MK等)的結構可允許戰機在24～25噸情況下進行8～9G過載機動。若以滿油起飛，則戰機必須消耗近半燃油方能達到該重量。在Su-35BM上情況則非如此。

上述「允許高機動的重量」僅略小於Su-35BM正常起飛模式下剛起飛

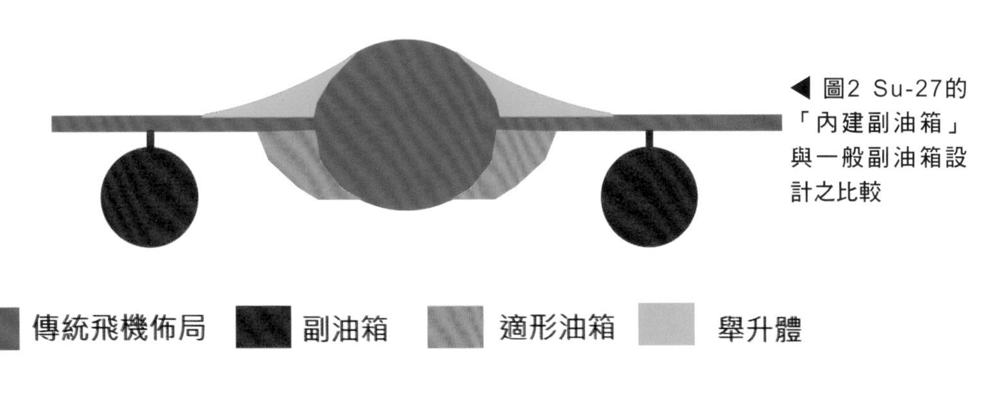

◀ 圖2 Su-27的「內建副油箱」與一般副油箱設計之比較

時的重量(25300kg)，考慮到Su-35BM的結構有所強化(其結構重量佔空重的比例更高，壽命增至6000小時，且G值顯示到11～12G)，可以估計其結構允許其在正常起飛重量下就即刻(不需要等待消耗燃油)具有8～9G的過載能力。需注意的是，正常起飛模式下的Su-35BM燃油攜行量達8000kg以上，為Su-27基本型儲油量(9400kg)的85%以上，約為Su-35BM最大儲油量的70%，總結以上可估計出，攜帶空戰武裝滿油起飛的Su-35BM在消耗約1/3燃油時可具備8～9G的機動能力，相當於一般戰機的「1/3去，1/3回，1/3空戰」燃油使用原則，因此Su-35BM的11500kg油箱可考慮為「真正的內油箱」而不只是「內油箱+內建副油箱」(圖2)。此特性與F-22相當，可視為Su-35BM在結構特性上跳脫Su-27、Su-30世代的主要徵兆之一。

性能諸元中的航程數據也透漏一點耐人尋味的訊息。Su-35BM氣動佈局與Su-27幾乎相同，發動機耗油率亦不變。這意味著若Su-35BM比照Su-27的方式操作(使用Su-27的推力大小與飛行方式)，則以11500kg的燃油攜帶量，其最大航程理當超過4000km(純空優型Su-27S/P用9400kg燃油的最大航程便約為4000km)，但數據僅顯示3500km。這可能暗示了Su-35BM的飛行階段用的推力較大，這可能意味著其在空戰武裝時以較高的巡航速度飛行，或是在某些重武裝模式的航程，實情有待追蹤。

以上所言僅考慮結構的影響，但實際上結構並非影響過載性能的唯一因素。如果說「結構允許Su-35BM在25噸時能做出9G過載」，只表示其「結構在這種狀況下仍很安全」，而不表示「飛機在25噸時的任何情況下都能做到9G機動」。例如，飛機在速度低、高度高(空氣密度過低)、穿音速(升力係數較低)等情況下升力性能較差，而超音速時升力中心後退而穩定性增高而降低飛機的抬頭能力。這些因素使得傳統戰機其實只在某些較狹小的範圍內才具備最佳盤旋性能。但Su-35BM具有推力向量控制(TVC)能力，TVC使戰機即使在0速度都能有頗快的抬頭速度，其用途除了在失速後還能指向外，也讓飛機在幾乎不受速度、籌載的影響下輕易進入高攻角狀態，縱而「壓榨出」飛機的升力極限。這使得飛機的過載性能較不受氣動穩定性的影響。

由顯示器的攻角指示項目可知，Su-35BM的正常使用攻角已提升至45度，為Su-27的1.5倍。由於45度仍在Su-27氣動佈局的失速攻角(約50～60度)以下，這意味著Su-35BM的最大升力係數約達Su-27的1.5倍，而TVC技術使戰機能幾乎不受障礙的達到該攻角。這擴展了戰機的高機動範圍：〈1〉在相同高度下，速度下限估計將減少約20%；〈2〉在相同速度下，高度上限提升；〈3〉在結構與飛行員體能許可的情況下提升最大過載值(G值)。Su-35BM的G值顯示範圍已達-3～+11或+12G，可能表示其在必要時有超限使用的能力。

三、持續機動性能

「持續機動性能」指的是戰機持續進行空戰機動的能力，這牽涉到戰機補充機動過程中所損失的能量的能力。其主要參考指標是戰機的推重比與阻力。Su-35BM正常起飛推重比約1.14，空戰推重比(消耗1/3燃料後)約1.28，未來改型如俄軍版之最大推力可能在30000kg，空戰推重比甚至達1.32。

儘管如此，Su-35BM之表面積負荷(重量/表面積)仍小於EF-2000、Rafale等鴨式佈局飛機，表示高次音速平飛時單位阻力很可能大於後二者[1](註2)；又其「推重比/表面積負荷」仍較EF-2000及Rafale小，暗示其推力仍可能不足以補償增加的阻力。故Su-35BM與EF-2000、Rafale在各速度條件之飛行性能差異仍可套用老Su-35的結果來近似：即高次音速平飛加速性能可能較差，而在高機動時維持速度、低次音速平飛加速等方面具有優勢[2]。而機動狀態時，傳統布局的Su-35指向性可能不如EF-2000、Rafale等鴨式佈局之狀況在Su-35BM可由TVC補償甚至超越[3]，因此Su-35因氣動佈局特性之故產生相對於EF-2000、Rafale之先天劣勢到了Su-35BM估計將只剩下在某些超音速狀態以及高次音速平飛之場合。

(註2：表面積當然並非唯一影響寄生組力之參數，唯其佔相當之比重，故以表面積估計寄生組力大小，並以單位質量之表面積估計單位質量之寄生阻力大小。由於這僅是估計，因此以下一再使用「可能」字眼)

四、過失速機動

TVC可在較不受酬載、速度等條件之限制下將飛機之指向性能極限壓榨出來[4]，必要時TVC可以輕易的讓飛機以最短的時間進入過失速領域，而具備無與倫比的指向性。過失速機動能力的存在擔保飛機的失速前指向性可被無限制的壓榨出來，也是極危險狀況(雙方短程飛彈性能相當彼此距離又在飛彈最大射程附近，或自身酬載過重或速度太低而無法以傳統飛行方式保命等情況)下最後的保命符。

過失速機動能否真的實用化以 失速前極限指向性「背書」，或是在必要時犧牲速度解決眼前敵人(而不是以高速脫離戰場待下回合再戰)，將取決於過失速飛機能否「任何時候、快速、任意指向」。若可，則解決眼前敵人後較能繼續對抗後續威脅，具實用性；反之，解決眼前敵人後有身陷險境之慮，實用性較低。

過失速機動的兩大元素是「失速後大攻角」與「大幅度偏航」，兩者的搭配構成看起來極度詭異的超機動動作。前者如「眼鏡蛇」、「大法輪」、「鉤拳」等，後者如「可控平螺旋」(又稱「直升機動作」)，或同時融合兩者的「大攻角滾轉」等。在沒有使用TVC技術的情況下也是可以完成許多超機動動作，但氣動控制面的控制來來源畢竟是氣動力，因此其失速後控制能力便會與速度有關，這一方面表示飛控軟體較難編寫，二方面在速度過低時超機動性也跟著受限。而若引入向量推力，則即使速度為零，也仍有可控性。

Su-30MKI與MiG-29M OVT都曾展現出以TVC強制抵抗當前的運動趨勢並朝反方向運動的特技，例如在「直升機動作」中飛機像失速螺旋一般水平螺旋下墜，Su-30MKI與MiG-29M OVT都可做到停止螺旋並朝反方向螺旋，這已展現了向量推力的強勢控制。Su-35BM的超機動表演中向量推力的表現更為強勢，其改變姿態的過程快到在視覺上有「不掉高度而原地改姿態」的效果，而超大攻角與偏航改出動作之間流暢到難以區分。做個簡單的比喻，如果說Su-30MKI與MiG-29M OVT的超機動性展現了「不受氣動力左右」的特性，那麼Su-35BM甚至彷彿「不受慣性左右」，其超機動的等級已非Su-30MKI與MiG-29M OVT所能比擬。Su-35BM如此絕非偶然，其推重比較Su-30MKI、MiG-29M OVT高出不少，超過超機動研究先驅—德國赫伯斯特博士—所提出的推重比需求(1.2)(註3)。須注意的是，不論是Su-30MKI、MiG-29M OVT還是Su-35BM，其飛行表演時從發動機聲音可觀察出並未使用最大推力，這意味著超機動技術在理想重量下相對省油，也意味著飛機其實可以在更重的狀態下仍保有飛行表演時的超機動性。

(註3：嚴格講，過失速機動能力好壞不只決定於推重比。過失速指向性最主要取決於「力矩-轉動慣量比」但這項參數吾人根本無法由公佈的數據求得。因此暫用推重比估計。畢竟除非質量分佈差距太誇張，否則推力大重量小(即推重比大)的要改變姿態應當容易些。吾人僅需切記以推重比衡量失速後指向能力只是近似，不是絕對。)

「Su-35BM很可能是具備實用型過失速機動能力的戰機」這項結論相當重要，因為其過失速機動的「實用性」使其具備攻擊性。所謂具備攻擊性並不是說Su-35BM一遭遇對手就要立刻減速進入過失速，而是飛行員可以盡情壓榨其失速前性能，倘若真的進入過失速狀態，他也可以較從容的應付後續威脅(因其指向快，加速逃逸也快)[5]。俄系飛彈在中近程有R-73與R-77二強，若其電子系統可靠性足夠，則Su-35BM之類俄係實用型過失速戰機在中近程空戰上的設想是最周到的。隨著隱形技術的進展，吾人難以確保低可視度戰機之互視互射距離永遠在超視距範疇，加強中近程乃至視距內戰力某些情況看好像是倒退走，但卻可能是符合實際需要的。

五、超音速巡航

廣義的說，所謂的「超音速巡航」係指能長時間以超音速飛行的能力。傳統戰機只有在開啟極為耗油的後燃器時才能超音速飛行，因此時間很短，通常僅用於緊急攔截、高G空戰時維持能量或加速、逃離飛彈射程等時候使用。若戰機能超音速巡航，便能更快搶位、提升飛彈射程、隨時擁有較高能量等優勢，在引擎技術的進步下，第五代戰機(西方四代)開始將超音速巡航性能列為性能需求，或至少是性能提升的目標。

▲ 圖3 MiG-25攔截機能持續開啟後燃器維持超音速飛行，極速接近3馬赫

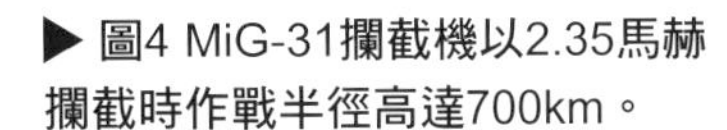

▶ 圖4 MiG-31攔截機以2.35馬赫攔截時作戰半徑高達700km。

長時間超音速飛行的方法大體分為三大類：〈1〉長時間開啟後燃器，如俄製MiG-25與MiG-31(圖3～4)；〈2〉以後燃器推力突破音障以後降回軍用推力以維持超音速飛行，這是多數據稱可以超巡或具備超巡潛力的戰機的超巡方法；〈3〉F-22所達到的「不開後燃器就能突破音障」。而在巡航速度上，雖然超過1馬赫就算是突破音障，但在0.8～1.2馬赫屬於穿音速區，氣動效率非常差，因此要到1.3馬赫以上才能較有效率的進行超音速飛行。目前已服役的戰機中，僅有俄製MiG-31與美製F-22具備1.3馬赫以上的超音速巡航性能[6]，其他仍在追求超巡能力的先進戰機多還徘徊在1.1～1.2馬赫之間。Su-35BM最終也可能具備超音速巡航能力。以下僅就其相關消息作一整理。

早在2006年，NPO-Saturn總設計師在接受其內部刊物訪問時便提及「117S引擎推力較AL-31F提升2000kg，其最主要特性是確保飛機的超音速巡航性能」[7]。2007年莫斯科航展時NPO-Saturn的受訪人員指出，實際上用於測試117S的老Su-35原型機(710)僅測到0.98馬赫的巡航速度，對於Su-35BM能否具備超巡性能則沒有多談，僅指出五代戰機可以。2008年7月初，在Su-35BM原型機首飛約5個月後，Sukhoi在Zhukovsky機場向軍方及客戶進行歷時數分鐘的Su-35BM飛行展示。據當時試飛員Sergei Bogodan的受訪紀錄整理出一些重要訊息。

至當時為止，Su-35BM完成了約14次飛行，大體完成第一階段試驗。該階段主要用於測試動力系統、飛控系統、以及中央資訊系統與機上系統的聯繫狀況，算是基本功能與安全性的測試。依據初期試驗結果進行的飛機加速性能分析預測，Su-35BM在中等高度略超過音速的情況下能以最大軍用推力繼續加速。Bogodan曾在此狀態下達到1.1馬赫，隨後因測試課目的限制而回到次音速飛行。Bogodan因此認為，在一定的燃油儲量與高度下，Su-35BM應可以最大軍用推力維持超音速飛行，目前仍需進行後續測試，以了解允許超音速巡航的重量以及高度-速度關係(即飛行包洛線)[8]。

值得一提的是，Su-27雖然極速高達2.35馬赫且擁有適合超音速飛行的可調式進氣道，但其氣動力外型主要是針對次音速優化。據俄國在2009年新出版的Su-27發展史，由於為了要優化次音速纏鬥能力，Su-27在超音速時的氣動效率很多時候不如F-15，為此當時的總設計師西蒙諾夫甚至又想要對已經大改一次的T-10S進行超音速優化，只是由於飛機已經大改過，時間與經費都用了相當多，到了不得不服役的地步，這才使西蒙諾夫放棄該念頭。因此，雖然Su-35BM的超音速巡航性能尚未完全測試出來，但大概可以預料的是，其超音速性能先天不如針對超音速優化的F-22與EF-2000，但藉由適合超音速的進氣道以及相對更多的燃油使其能更長時間開啟後燃器，而補償氣動效率的不足。

六、整體評價及與異機種類比

簡言之，透過簡易的比較歸納出，Su-35BM相較於其他Su-27改型有以下機動性能優勢：〈1〉真正的航程與高機動兼得；〈2〉在更廣泛的飛行條件下(速度、高度、籌載)具備高機動性(指向性、盤旋性能)；〈3〉更大的攻角、更大G限；〈4〉超機動性(過失速機動)；〈5〉更高的巡航速度，甚至可能是超音速巡航。

以Su-27已在傳統佈局戰機領域執牛耳的飛行性能觀之，Su-35BM在面對採傳統佈局的對手(F-15、F-16改型及F/A-18E/F)時幾乎具備全面優勢。軍用推力推重比略遜於F-22、EF-2000、Rafale，但後燃器模式超越，且Su-35BM燃油相對較多而允許較長時間使用後燃器。在面對EF-2000、Rafale這樣的三角翼佈局戰機時，若推重比相當則因氣動佈局的關係其可能在「高次音速平飛加速」以及「機頭指向性」較為遜色，然前者可靠較大的後燃器推重比補償，後者可透過TVC與過失速機動彌補。故就「最佳空戰狀態」論，Su-35BM除了超音速巡航能力遜於F-22外，並沒有明顯遜於任何對手。

這裡要再進一步討論的是Su-35BM在「非最佳空戰狀態」下的空戰能力。最佳空戰狀態指攜帶中程彈與短程彈各若干枚的狀態下，然而Su-35BM的空戰武裝可能包含重750kg的KS-172或重510kg的RVV-BD這類長程飛彈，因此其在攜帶該種重武器狀態下的空戰能力也相當值得研究。Su-35BM在最強衝擊武裝的情況下(4枚KS-172+6枚R-77+2枚R-73E+2個電戰莢艙+內燃油全滿)起飛重量約34000kg，在消耗1/3燃油抵達戰區與用掉2～3枚KS-172後約28000～29000kg，這可以考慮為Su-35BM的「最不利於空戰的空戰籌載」，可以視為其空戰運動性的下限。

Su-35BM攻角可能達45度，即最大升力可達Su-27的1.5倍，又具有TVC能幾乎在任何時候壓榨出飛機的升力極限，而28～29噸僅為25噸的1.12～1.16倍，因此在升力性能上Su-35BM足以讓自己在28噸時擁有做出25噸時的重力負荷的能力。在結構限制上，若Su-35BM的結構限制是25噸以下能做8～9G，則換算28噸時結構限制是7～8G，由於其最佳空戰狀態的最大G限可能到11～12G，故其28噸時重力負荷亦不無可能達9G。此外28噸時其推重比仍略大於1，故此時Su-35BM在過載性能方面可能與一般西方三代戰機相當，頂多少1G左右，若考慮TVC在任何狀況都能壓榨出飛機的升力極限，則28～29噸狀態下的Su-35BM的過載性能甚至比許多傳統戰鬥機多數時候要好。而以其推重比相當於Su-30MKI觀之(使用推力14.5噸的117S時為1～1.03，使用增推型117S引擎則推重比可能達1.03～1.07)，其過失速機動能力將相似於Su-30MKI的最佳狀態。因此可以用Su-30MKI最佳狀態的過載性能與過失速機動性能來類比28噸下的Su-35BM。

不過由於重量較重，因此在相同重力負荷時所用的升力也較大，誘導阻力亦較大，因此儘管過載與過失速機動能力可能近似於Su-30MKI，其能量維持卻較不利。以28噸與25噸狀態比較，相同過載時升力為1.12倍，即誘導阻力增為1.25倍，因此其能量會掉得比Su-30MKI快。因此其機動能力不能全然以Su-30MKI類比，幸運的是，這時的Su-35BM與空戰狀態的幻象2000-5卻有許多相似之處。

分析戰機過載性能的一個重要參數是「翼負荷」，28噸時的Su-35BM翼負荷約450kg/平方米，幻象2000-5在空戰狀態(10000kg)時翼負荷為244kg/平方米。不過事實上「翼負荷」只有在被比較的樣本具有類似的氣動佈局時才可以直接用來比較過載性能，Su-35BM與幻象2000-5一為傳統佈局一為三角翼佈局，一有舉升體另一則無，故需對數據進行校正方能得到較準確的估計值(圖5)。考慮舉升體與否的影響後，Su-35BM翼負荷仍約為450kg/平方米，幻象2000-5則約為317kg/平方米。由於雙方升力係數斜率差異較大，應將上述校正後的翼負荷除以升力係數斜率(升力係數斜率約正比於1/4弦長掠角的餘弦值)再加以比較，此時28噸的Su-35BM的升力負荷約為605kg*度/平方米，幻象2000-5則為634kg*度/平方米。由此觀之，雖然幻象2000-5的空戰翼負荷比28噸時的Su-35BM小得多，但「升力負荷」(翼負荷/升力係數)反而略大，雙方過載性能可能相當(意思是，相同高度、速度、攻角下，28噸重的Su-35BM與空戰狀態的幻象2000-5有類似的G值)，另外在相同攻角時三角翼誘導阻力其實較大，而幻象2000-5推重比也僅在1左右，因此28噸時的Su-35BM空戰時應該較幻象2000-5更能維持能量。

因此透過簡易的分析可推估，28噸時的Su-35BM大致擁有幻象2000-5的飛行特性(過載性能、維持能量的特性)以及Su-30MKI等級的過失速機動能力。

總結以上，整體而言，Su-35BM的飛行性能在最佳機動狀態(沒有KS-172的空戰武裝下)已達到現役戰機最高等級，而在28噸的重裝狀態下仍大致具有幻象2000-5等級的傳統飛行性能與Su-30MKI等級的過失速性能，此時傳統戰機對其不具優勢，但F-22、EF-2000、Rafale、或是具有極高推重比的F-15、F-16後期型對其可能具有能量機動優勢。

以上提到的重裝構型Su-35BM的飛行性能也大致適用於攜帶對地攻擊武器的狀況，唯部分攻擊武器的掛架具有過載限制，因此在攜帶對地/海攻擊武器時的飛行性能將主要受到掛架性能的制約，倘若對地武器掛架只能承受5G，則飛機當然只能受限於5G。

參考資料

[1]楊可夫斯基,"從氣動力性能看歐陸下一代前翼戰機",尖端科技(2005.1),p74～83

[2]楊可夫斯基,"從氣動力性能看歐陸下一代前翼戰機",尖端科技(2005.1),p74～83

[3]楊可夫斯基,"從氣動力性能看歐陸下一代前翼戰機",尖端科技(2005.1),p74～83

[4]"Supermaneuverbility",AirFleet,1.2004

[5]楊政衛,「過失速機動能否提升戰機中近程空戰性能」,空軍學術雙月刊,民95年12月

[6]«Су-35 показали заказчикам»,Sukhoi官網, http://www.sukhoi.org/news/smi/?id=1729

[7]"Новый двигатель закладывается зв гранью существующего знания»,журнал «Сатурн»,2006.2(參考網址http://www.npo-saturn.ru/!new/upload/editifr/51_0_new_engine_by_marchukov.pdf)

[8]«Су-35 показали заказчикам»,Sukhoi官網, http://www.sukhoi.org/news/smi/?id=1729

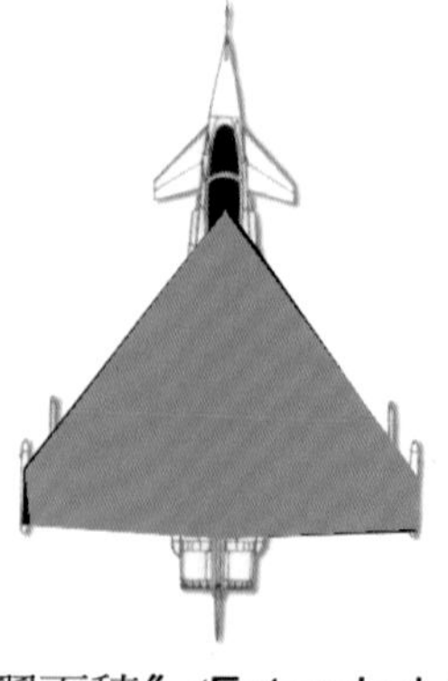

陰影部分面積即一般所謂的〝翼面積〞(Extended Area)
很顯然，Su-35少算的機身面積比例較大

◀圖5 計算翼面積時，三角翼戰機多算到的機身部分比例較大。在分析Su-27這種舉升體佈局與三角翼戰機的飛行性能時，「翼面積」是個太粗糙的參數，需加以校正。

ПРИЛОЖЕНИЕ 3

俄製第五代航空發動機發展與最新動態

▲ MAKS2007展出的117S發動機

一、支節橫生的俄製第五代發動機發展

俄羅斯五代航空發動機最早可追溯至1980年代中期NPO-Saturn為多用途前線戰機(MFI)計畫發展的AL-41F發動機，另外用於Yak-141垂直起降戰機的R-179M亦具備第五代技術。不過僅有AL-41F勉強發展完全至備產的程度。AL-41F軍用推力與後燃推力分別達12000與17700kg，推重比10[1]，旁通比0.2～0.3，渦輪前溫度1800～1900K(較AL-31F高250度)[2]。在蘇聯解體初期已達設計指標並完成官方試驗，至1998年最大推力已增至20000kg，推重比達11.1[3]。

AL-41F於1994年便裝設於MiG 1.44(izdeliye1.44)上計劃試飛，但因經費不足故直至2000年2月29日才首飛，4月27日第二次試飛[4]，之後便再無公開飛行紀錄。那時起，NPO-Saturn便有了以AL-41F技術改造AL-31F以用於舊戰機的計畫[5]。另一方面，2000年普亭當選總統後俄國醞釀重啟五代戰機發展計劃[6.7]，此時的五代戰機已是體型與噸位均小於MFI的「中型前線戰機」(SFI)，需要較AL-41F更小更輕的發動機，此外也確定五代發動機將延後數年服役，屆時AL-41F的技術早已落伍，因此無論如何都不可能沿用已發展好的AL-41F，計畫幾乎要重新來過。

至此，五代發動機發展進度亦明朗化：先以AL-41F之技術用於尺寸稍小之AL-31F上成為推重比10的AL-41F1系列，用於Su-35BM等4++代戰機以及第五代戰機PAK-FA(T-50)原型機與初始量產型上；而後再以累積出之技術發展第二階段五代發動機(型號未定，部分資料暫稱為AL-41F2)，推重比12～12.5(2004年數據，2年後有文獻指出為14～15)，用於PAK-FA(T-50)量產型[8]。因此這個五代發動機雖然目前仍稱為AL-41F但只能算是傳承AL-41F的經驗而新發展的發動機。

AL-41F2一開始就被內定為PAK-FA之心臟，不過在其發展過程中卻旁生枝節。主導計畫的NPO-Saturn依據蘇聯習慣分配工作：研發者專管研發，工廠專責生產，也因此AL-31F的兩大量產工廠之一的MMPP Salyut被排除在研發計畫之外而僅被賦予製造工作，儘管該廠已於1999年成立附屬設計局。MMPP Salyut在爭取研發未果後自行發起AL-31F-M系列改良計劃，搶攻Su-27SM等改型戰機市場。該計畫進展迅速且行銷積極，特別是後來技術水平直逼NPO-Saturn的117計劃，故搏得軍方注目，俄空軍於是在2007年宣布，五代量產型發動機將由NPO-Saturn與MMPP Salyut競標[9]。而MMPP Salyut更在2007年在總統命令下晉升為持股公司(Holding)，彷彿與NPO-Saturn形成「一官(MMPP Salyut)一民(NPO-Saturn)」對抗的局面。當時競爭雙方除在技術上競爭外，也在媒體上進行「文宣戰」。參與NPO-Saturn計畫的眾廠家認為，五代引擎已非單打獨鬥能完成，即使美國的F-135也已是集體計劃，而該團隊成員

多有自己的科技中心，相較之下MMPP Salyut只能靠TsIAM協助，因此難以研製出真正的五代引擎[10]；MMPP Salyut則認為自身擁有AL-31F各系列生產與優化經驗，並指出自家的AL-31F-M1已通過國家級試驗，而對手卻已多年未有通過國家級計畫的產品[11]。

NPO-Saturn的計畫多年來進展緩慢的一個主要原因是公司體制問題。其為民營公司，主要客戶為俄羅斯石油天然氣公司等而非軍方(AL-31F其實是由其他工廠生產)，因此該公司很難讓股東支持投入不公開且獲利不高的軍用發動機項目的研發。或許正是如此，俄空軍於2007年底宣佈五代發動機將開放國營的MMPP Salyut加入競標，後者自己的AL-31F-M計畫進展順利，並計劃以AL-31F-M3為基礎換裝6級高壓壓縮機而進化成第五代發動機。讓雙方競爭的決定本來可能有促進良性競爭的作用，然而俄航空發動機產業在這之後卻出現大洗牌，而前述部分決策卻反而成為後來引擎發展上的絆腳石。

首先是俄政府在2008年趁金融風暴之便大量買下NPO-Saturn的股票並持過半股份，將這個民營公司收歸國有。2009年更集合幾乎所有航空發動機產業成立聯合發動機公司(ODK)，其中也包括NPO-Saturn與加入其五代發動機計畫的廠商，至此五代發動機成為ODK與MMPP Salyut競爭的局面。ODK與MMPP Salyut很快便取得共識，認為以俄國國情不可能同時投資兩種原型發動機供比較，因此不如以合作取代競爭。但這首先需要軍方取消競標的要求，此外，MMPP Salyut是總統命令下成立的持股公司，短期內難與ODK合併。就這樣又拖了一年，至2010年莫斯科發動機展，狀況才稍微明朗，MMPP Salyut雖未加入ODK，但其總經理卻出任ODK副總經理之一，雙方並同意平分五代發動機的研發費用(但ODK稍微過半)，但仍在爭取主導權。

2010年8月初，負責軍工業的俄副總理S.Ivanov指出參與計畫的雙方必需最短時間內消除彼此的競爭，盡快讓第二階段的五代發動機開始研發，他表示，「時間就是金錢…任何拖延都會降低我們的優勢與競爭力」，他同時鼓勵發動機產業更積極的將五代軍用發動機的成果用於下一代民用發動機：「因為現代與未來的軍民用發動機可以有70%共通性。」[12]。8月10日，「國防工業公司」(Oboroprom)總經理A. Reus指出「第二階段五代發動機的研發工作將在近期決定，此外發動機可能會在最短的期限內研發完成。[13]」由政府高層近日來緊密關注來看，五代發動機的研製漸露曙光。

2011年4月13日，NPO-Saturn執行經理Iliya Fedorov表示，第二階段五代發動機進度超前，預計2015年完成研發並交付國防部[14]。

但無論如何，第二階段五代發動機至少也要好幾年才可以完成，至少第一批量產型T-50應會使用第一階段發動機[15]，但所幸已問世的改良型發動機至少在推力、速度、與控制技術上滿足五代戰機需求，應足以撐過這非常時期。此外，也因為五代發動機發展延後，故屆時問世的發動機其實將不只是五代，而是「5+」代發動機。

二、NPO-Saturn的117系列與「5+」代發動機

對Su-27家族稍有涉略的讀者應都知道老Su-35在90年代中期換上推力14000kg的AL-35F、14500kg的AL-35FM，以及後來用於Su-37的AL-37FU向量推力發動機(帶向量噴嘴的AL-35FM)。事實上這幾款發動機的設計局代號是一樣的：izdeliye-117。此計畫是NPO-Saturn逐步將AL-41F的技術與經驗應用在AL-31F上改良而成，目的是用於提升Su-27系列戰機的性能，並做為當時還不明確的輕型前線戰機(LFS)與輕型前線攻擊機(LFS)提供AL-41F以外的候選發動機。2000年左右第五代戰機發展日趨明確，選定噸位略小於Su-27的中型前線戰鬥機(SFI)，該計畫選定2具AL-31F大小的發動機做為動力，而在真正的五代發動機問世前，便先使用117發動機。除此之外117發動機也用於4++代戰機Su-35BM上。至此117發動機又面臨再造，成為所謂的「第一階段第五代發動機」，後來並得到正式名稱為AL-41F1。

新的117計畫主要是以更先進的技術(註1)，使在達到當年AL-35FM與AL-37FU的推進能力時，還要滿足空軍提出的4000小時的壽命需求(大於AL-35FM的1500小時與AL-41F的3000小時)。NPO-Saturn分三階段完成117計畫，首先是壽命不明顯增加的前提下達到推力需求的AL-41F1-A(117A)，接著是壽命提升到需求值的AL-41F1-S(117S)，最後才是滿足五代戰機需要的版本，正式型號未定，暫稱AL-41F1(117)。

(註1：大體而言117系以AL-31F為基礎，應用AL-41F的材料、氣動力、熱力學、設計等成果，與AL-41F有高度共通性，又被稱為「AL-31F尺寸的AL-41F」。不過按前總設計師Chepkin的說法，該引擎除引入AL-41F的成果外，還應用部分近年最新的技術[16]，這一部分是因為再先進的發動機到服役時也已落伍，更何況已發展十餘年的AL-41F，因此為了維持發動機得先進性，只要還沒服役就有必要持續以最新技術改良。)

1. Su-35BM所用的AL-41F1-S(117S)

新的117計畫(五代戰機確立以後)是NPO-Saturn與中央航空動力研究院(TsIAM)合作改良的。最初計畫分3個階段預計5年進行AL-41F的優化，並最終於2007～2008年推出真正的第五代發動機。第一階段改型AL-41F1-A原計畫於2002年5月中組裝完成，該引擎換裝增大進氣量與效率之風扇及新的數位控制系統，而使推力增至14500kg[17]。至2003年9月，AL-41F1-A已完成地面試驗，並著手裝設於編號710的Su-35原型機上待飛[18]。2004年3月5日該Su-35左側換裝AL-41F1-A首飛，此試驗最大高度

達10000m，滯空55分鐘。至2005年底完成25次飛行試驗(原計畫是35次[19])，其中5次為雙發試驗，在雙發試驗中曾達飛機之最大馬赫數，至此第一階段飛試結束，並進廠改良[20]。按計畫，改良後將以3年650次試驗完成之[21]。

約自2005年起，這款引擎已改稱「117S」而不是AL-41F1-A，由年底前總設計師Chepkin接受紅星報專訪時提及之「117S」的改進項目可知所謂「117S」已換裝風扇、渦輪、控制系統等，不只是僅換風扇與控制系統之AL-41F-1A[22]。

據前總師Chepkin所言，實驗機先僅於一邊換裝117A試飛約20次確認可靠性後，開始進行雙發試驗，又測了約20餘次而確認發動機可用於Su-35BM原型機，因此首飛的Su-35BM(901號機)便是採用117S[23]。整理各項新聞可以推測前20次試驗是117A單發試驗，第21～25次是117A雙發試驗，第26次開始則已是修改過後的117S發動機。其中117S發動機在2008年2月5日獲得中央航空發動機研究院(TsIAM)認證而得以用於原型機首飛[24]。

117S(圖1～3)則是117A的增壽版本。沿用117A的新型風扇，與AL-31F基本型風扇相較，其口徑由905mm增至932mm、壓比由3.4增至3.9，吸氣量由112kg/s增至122.5kg/s，但仍為4級風扇(圖4)；採用新冷卻技術的高壓渦輪，渦輪前溫度提升到1700～1800K(約1740K)；燃燒室、低壓渦輪、數位控制系統亦換新，並換裝向量噴嘴；將發動機控制系統的電子部分移植至機上，完全整合進飛控系統以進行發動機控制的最佳化[25]；重量並減少150kg(即發動機約重1380kg)。簡言之117S上僅剩高壓壓縮機沿用AL-31F者(9級，圖5)，已可謂新型引擎。其軍

▲ 圖1 117S發動機噴嘴特寫

▼ 圖2 Su-35BM 901號機上的117S噴嘴內部結構特寫

▲ 圖3 MMPP Salyut為AI-222-25發動機生產的風扇，亦使用一體成型技術

用推力8800kg，最大推力14000kg，特殊模式推力14500kg，大修週期1000小時，第一次大修週期1500小時(同等於AL-31F後期型之最大壽命)，最大壽命4000小時，向量噴嘴壽命「與發動機相當」。

117S發動機的14500kg其實是依據飛機性能需求而制定的，而非此型發動機的極限。單單為AL-31F換裝該932mm新型風扇早已能達到14500kg推力，由此可窺見117S本身的極限絕不只如此，其只是以「過度設計、降低使用條件」來滿足壽命。

前總設計師Chepkin便指出「我們在2005年莫斯科航展展出的發動機在正常使用模式下能確保14500kg之推力，但這仍不是極限，發動機仍保有不小的餘裕」[26]。

除了推力以外，117S的另一個特性是更好的超音速性能。2006年2月NPO-Saturn內部期刊對留里卡設計局副總設計師E.Marchukov專訪便指出，117S最主要特性是保證飛機的超音速巡航性能(註2)。NPO-Saturn網站還特別強調，飛行試驗證明117S即使到2馬赫以上穩定性與可靠性都很好[27]。

至2008年4月，總結在901號機逾50次的試飛與710號機的試驗，117S已驗證了在各種實用飛行條件下的性能，包括空戰機動、最大與最低速度、最大高度、起降操作(含向量推力的使用)等[28]。

(註2：至今並未正式測出，但公開資訊已展示其潛力：〈1〉僅有一邊換裝

▲ 圖4 AL-31FP風扇部分剖視，從中可見4級風扇設計，117S發動機亦採4級設計

◀ 圖5 AL-31FP的9級高壓壓縮機構造。不論是117S還是AL-31F-M系列都維持原來的9級高壓壓縮機。

117S的老Su-35可不開後燃氣達到0.98馬赫；〈2〉Su-35BM已發現在某些環境略超過音速下，飛機可以最大軍用推力加速。)

至2005年底117S已按計畫完成5具原型，其中117S-01用於特殊試驗，驗證能否供試飛使用；117S-02用於氣動力穩定性與持久性驗證；117-03用於早期飛行試驗(T-10M-10上)；117S-04及05在經過必要測試後，於2007年春裝設於Su-35BM901號機上。至2008年初，還在準備另外8具完整版117S引擎：2具用於壽限試驗；1具供引擎研究院(TsIAM)進行熱力學試驗；3具用於即將於年中投入試飛的第2架Su-35BM原型機(不過後來二號原型機902號用的是AL-31FP)；1具用於特殊試驗；1具用於國家級試驗[29]。此款引擎將由UMPO發動機工廠生產。生產線已建立完成，2009年初撞毀的Su-35BM 904號機上便裝設生產現出產的117S發動機。

2. T-50的AL-41F1

T-50的AL-41F1相較於117S在推力、油耗、控制系統等方面都更加進化。留理卡設計局總設計師Evgeny Marchukov表示，儘管AL-41F1外形與AL-31F幾乎相同，但有80%為全新技術，包括風扇、高壓壓縮機、燃燒室、渦輪、全權數位控制系統、電漿點火系統等[30]。

有別於117S考慮與舊戰機相容而在控制系統中保留部分機械控制，AL-41F1採用全權數位控制系統，液壓機械系統僅扮演命令執行者的角色。總設計師指出，在保有機械控制的情況下，修改發動機的演算規則費時數個月，在全權數位控制系統上僅需幾分鐘便可完成，甚至不需拆卸發動機，因此可以大幅加快發動機的研發時程。不過AL-41F1保有一個機械備份(原文稱為「離心式調節器」)，確保在所有電子系統失靈的情況(如核爆環境)發動機仍能以低功率輸出讓飛機返回機場。T-50的總設計師更指出，這種控制系統基本上已挖掘出AL-41F1應有的所有控制潛力，這種控制系統幾乎能直接轉移到第二階段的五代發動機上[31]。

最特別的是電漿點火技術。以往為了在高高度啟動發動機，需要有供氧系統，甚至機場也要有相應裝備，但在五代發動機的技術需求上多了「無氧環境點火」一項，為此開發了電漿點火系統，安置於燃燒室與後燃器，能在供油的同時點燃電弧電漿而啟動發動機(註3)。與此對比，Su-35BM上的TA-14-130-35輔助動力單元已可在10000m以下啟動發動機。

電漿點火系統型號為BPP-220-1K，由烏法聯動裝置生產集團(UAPO)生產，能為使用汽油、柴油乃至氣體燃料的發動機燃燒室進行點火。其本體(含供電系統等)尺寸215x118x105mm，重4kg，第一次大修週期4000小時或1300次，壽命20年。點火裝置可使用SPL-01或SPL-03-3，前者擊穿電壓5000V，重150g，後者擊穿電壓6000V，重250g，兩者壽命都是15年或1300次。以往的報導僅強調本系統用於

T-50的AL-41F1發動機，但根據「2012莫斯科發動機展」的廠商新聞，該系統也用於AL-41F1-S[33]。

(註3：更詳細的原理沒有多談，但其可能是以電弧電漿將燃油分解成易於反應的小分子而助燃。這種技術其實可用來提升燃油的燃燒效率，因此這個電漿點火系統未來是否會發展成常備使用的助燃系統相當值得觀察。)

AL-41F1的最大推力提升至15000kg，軍用推力網路資料由8800～9800kg[34]都有，但按AL-41F1-S的比例計算則約9100kg，波蘭航空專家Piotr Butowski的資料則指出是9500kg。這個推力的版本早在2007年便在改良中。其實以架構論，AL-41F1的推力仍有相當大的提升潛力，2004年4月14日俄羅斯航空新聞網便指出，這種「AL-31F尺寸的AL-41F」推力在14～16噸[35]，另外綜觀部分俄媒報導以及NPO-Saturn舊版官網資料可推估，這種AL-31F的終極改良型最大推力應可達15500～16000kg。事實上，117S的風扇吸氣量與壓比的乘積以及渦輪前溫度與MMPP Salyut研製的AL-31F-M3相似(壓比4.2，口徑924mm，進氣量大於或等於119kg/s，渦輪前溫度較基本型約提高100K)，後者最大推力已測達15300kg[36]。由此可推知僅僅117S的性能極限便可能達15噸級，AL-41F1要超過15000kg應該是輕而易舉。

AL-41F1尚未發揮應有的推力極限可是基於技術需求。T-50的總設計師便表示，儘管其並非最優化的五代發動機，但已讓飛機設計師實現所有的技術需求而且游刃有餘[37]。另外有分析指出，AL-41F1在推力與超音速巡航方面滿足五代戰機需求，而在油耗與後勤維護上不滿足五代需求，後勤方面的缺陷來自較複雜的先天設計，其中包括較多的壓縮機級數。此外，AL-41F1由於推力較AL-41F1-S增大500kg，使其壽命有所減少，其技術需求制定的大修週期由1000小時降為750小時[38]。

AL-41F1的飛行試驗與T-50幾乎同步。2010年1月21日才裝設於編號710的Su-27M首飛，歷時45分鐘，之後幾天在進行若干必要試驗後獲准用於T-50飛行試驗機。試驗中的AL-41F1用的向量噴嘴採用AL-31FP的設計。據留里卡設計局總設計師E. Marchukov的說法，至2011年8月底已製作出20具PAK-FA所用的117發動機，地面試驗完全滿足設計值，而空中試驗數據將在2011年底完成分析，並預計在2013年進行國家級試驗[39]。

在2010年T-50剛首飛後，俄媒曾報導指出NPO-Saturn有117的最後增推方案，當作五代發動機進度真有拖延時的備案。MAKS2011時筆者由留里卡設計

▶ 圖6 NPO-Saturn的五代發動機想像圖與研發分工。 NPO Saturn

局參展人員處求證得知，117將不會有更大推力的改型，在現有117發動機之後就會直接跳入第二階段五代發動機。而NPO-Saturn的執行經理I. Fedorov在2011年4月也已指出，117發動機只會用在原型機與2015年服役的初始量產型，之後若繼續發展與生產117「是沒有好處的」[40]。這其實是「好消息」，因為這意味著真正的五代發動機將可能如期問世。

3. NPO-Saturn的「5+」代發動機

第二階段五代發動機將引入近年新技術以超越歐美對手，前總設計師Chepkin稱其為5+代引擎。據2004年俄航空新聞網，AL-41F2將引入更多新的材料技術，包括新的單晶鑄造技術、更多陶瓷與陶瓷合金之應用等，並採用具有新型高負載葉片的渦輪及壓縮機、變旁通比技術等，推重比由11.1提升至12～12.5[41]，而2006年3月號漢和評論(KDR)則表示推重比將提升至14～15。

a.集各家所長研製新的引擎

由2007年8月8～14日的「軍工通信」周報(VPK)對總設計師Chepkin的採訪確知，這款5+代引擎基本上算是重新研製，主因在於五代戰機PAK-FA的噸位與當年MFI差異頗大，因此對發動機的尺寸與推進能力有新的需求。Chepkin同時表示，為了發展出日後有競爭力的引擎，不能只基於現有技術，還在為之預研一些8～10年後才會實用的技術[42]。

這款5+代發動機由俄國各大引擎公司合作開發，各獻所長，並由NPO-Saturn主導(圖6)，事實上整個合作計劃一開始就是由NPO-Saturn所發起。當時已網羅了11個機構，其中4個機構分別負責幾個主要部件的研發：克里莫夫設計局(Klimov)主導引擎附件箱(gear box)與向量噴嘴的研製；NPP Motor負責低壓壓縮機與後燃器；「航空引擎」(Aviadvigatel)負責燃燒室等；NPO-Saturn本身則負責高壓壓縮機、控制系統、噴嘴匿蹤處理等[43.44]。

在協力廠中，AMNTK Soyuz的技術相當值得注意。Soyuz曾研製出第一種帶後燃器的垂直起降戰機發動機R79V-300供Yak-141使用。以該發動機為基礎的改良發動機曾與AL-41F競標MFI發動機而落敗。然而Soyuz後來仍以自有經費繼續發展相當於AL-41F的五代發動機R119-300，其最大推力達20000kg，其無後然器民用版R134-300推力達11000kg，設計用於2馬赫巡航的超音速客機[45]。R119-300完全沿用R79V-300的高壓段(高壓壓縮機-燃燒室-高壓渦輪)，附加新設計的風扇與低壓渦輪等，其最主要特色是採用變旁通比技術(據指出R79V-300的高壓段的尺寸使得可以輕易的附加變旁通比技術)，使得在渦輪前溫度不需要很高的情況下可以達到五代發動機的技術指標。在匿蹤處理方面，Soyuz還設計噴嘴內遮罩，能降低後半球的雷達反射截面積與紅外線特徵[46.47]，此外Soyuz在高效率後燃器、新型向量噴嘴等方面亦有相當成就[48]，可說是NPO-

Saturn之外另一個擁有完整五代戰機發動機原型的廠家。在Su-35BM發展初期Soyuz也提供備選發動機，其最大推力約14750kg，與117S相當，但軍用推力卻達10260kg[49]，大大超過117S而更適合超音速巡航。然而最終NPO-Saturn還是被選為五代發動機領導廠家，Su-35BM也選用了117S，其主要原因可能在發動機的尺寸：Soyuz的五代發動機也是與AL-41F相當的大型發動機，例如前述無後燃器的R134-300便重達1900kg[50]，這樣的發動機要用在Su-35BM或PAK-FA上想當然與AL-41F一樣都必須大改，而NPO-Saturn正好有AL-31F這一大小的先進發動機，故以NPO-Saturn的方案過渡到五代發動機似乎是最安全的路徑。

b.技術特性

目前關於NPO-Saturn的第二階段五代發動機的資料相當缺乏也相當混亂，俄文版維基百科指出其稱為產品127(izdeliye-127)，軍用推力與後燃推力分別為11000kg與17500kg。另有俄文報導指出新發動機稱為產品129，軍用

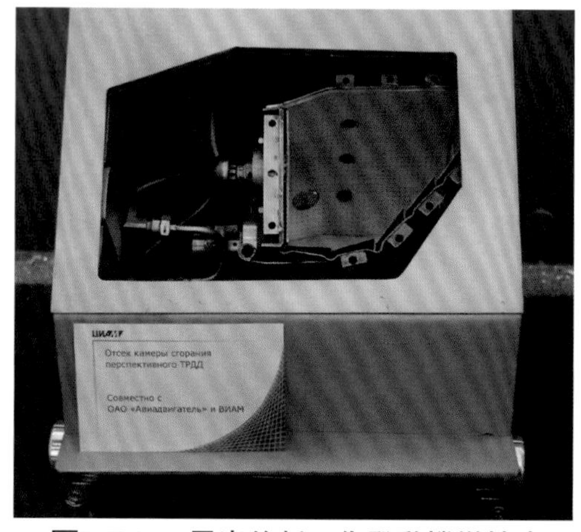

▲ 圖7 TsIAM展出的新一代發動機燃燒室

◀ 圖8 TsIAM展出的一系列基於三維流體力學設計出來的風扇葉片

▲ 圖9 高機動飛機的第二級高壓壓縮機定向裝置

◀ 圖10 若干用於渦輪的高壓高溫部件。除左下角半透明者為模型外，都是真品。右下角黑色者為鑽石-碳化矽複合材料非冷卻葉片。左上金屬製者為工作溫度可達2100K的冷卻葉片。

推力與後燃推力分別約為107千牛頓(約11000kg)與176千牛頓(約18000kg)[51]。而2011年5月「今日俄羅斯」雜誌刊登的NPO-Saturn技術大老(前總設計師，現任副總設計師)V. Chepkin訪談指出「…事實上目前我們有兩種五代發動機，第二種目前暫稱為「型號30」，已在T-50上進行飛行試驗，其性能參數較「117」好過15～25%。…[52]」，以117發動機推力15000kg計算，總師所說的發動機推力可能在17000～18750kg。

除此之外，筆者亦整理多年來在NPO-Saturn官網上蒐集到的相關資料，有助於一窺其五代發動機技術特點。

舊版NPO-Saturn官網的一幅五代引擎示意圖指出，基本款的高壓壓縮機壓比<6.7，渦輪前溫度1950～2100K，供船艦、發電站等所用者壓比提高至12～14，並有縮小版供攻擊機、教練機等其他飛機使用。更舊版的官網(約2003～2004年)上亦曾公佈一些該公司已攻克之發動機技術，包括：提升引擎機械及熱力學性能之新型合金及複合材料；用新材料製造之燃燒室及渦輪使渦輪前溫度提升至2000～2200K；將總壓比提升至35～40之新型壓縮機。總結這些資料可發現新的五代發動機渦輪前溫度較AL-41F更高，應該在1950K以上甚至可能超過2000K，這種操作溫度加上35～40的總壓比，已達到歐美發展中的推重比14～15的發動機指標。

以上這些以往只有看板與網站用文字描述的技術在2011年莫斯科航展多有實物展出。中央航空發動機研究院(TsIAM)於MAKS2011展出名為「未來發動機」的風扇部件、高壓壓縮機與渦輪葉片、以及燃燒室等(圖7～10)。其中風扇部件有著複雜的外型，是透過

▲圖11 AL-31F-M1外觀

▶圖12 AL-31F-M1外觀

▲ 圖13 裝設於Su-27 595號機的AL-31F-M1，其裝機時略為突出的制動機構整流罩是其外觀上最主要特色

三維流體力學的研究設計出來的。高溫高壓組件的部分，有鑽石-碳化矽複合材料製成的非冷卻式空心渦輪葉片，操作溫度1450～1550K；還有操作溫度1850～2050K的冷卻式高壓渦輪葉片，另有一種高壓渦輪葉片，用在氣渦輪機時操作溫度1700K，用在「高機動飛機」時則是2100K。與MAKS2007時只展出工作溫度2000～2200K的陶瓷渦輪葉片模型相較，MAKS2011展示的幾乎都是實體，且展示範圍涵蓋低壓到高溫高壓組件。這些小細節或許反映了俄國發動機產業這幾年的進展。

2007年8月8～14日的「軍工通信」周報中，Chepkin指出，目前服役中的引擎的第一次大修週期已達到1000小時，但其研製中的實驗品已可達2000小時及4000小時。他指出五代發動機原型的第一次大修週期約300小時，定型後達2000小時。在長遠方面，將讓發動機大修週期達4000小時[53]，與戰機齊平。

三、MMPP Salyut的AL-31F-M系列與5+代發動機

MMPP Salyut是AL-31F的兩大量產工廠之一，於1999年成立「前瞻計畫設計局」(FPDB)，具備引擎研改能力。但2000年6月23日NPO-Saturn接受「產品117S」(izdeliye-117S)的研製計畫時，MMPP Salyut以其僅為引擎生產廠的身分而不能參與研製。故其於2000年夏開始進行自己的AL-31F改良計畫—AL-31F-M系列[54]。其改良進度甚至較117S更快，而能趕上Su-27SM改良案，成為Su-27SM改良計畫所用之引擎。MMPP Salyut並與中央航空引擎研究院(TsIAM)合作，計畫以AL-31F-M系列為基礎一路引入TsIAM的新技術而演進到「5+」代引擎。雖然這種單打獨鬥的發展方法受到參與研製AL-41F2的各廠家的批評，但俄空軍最終決定讓MMPP Salyut與NPO-Saturn在5+代引

▲ 圖14 編號595的Su-27實驗機，用於測試AL-31F-M1發動機

擊計畫上競爭[55]。而MMPP Salyut更於2007年初跳脫「工廠」身份，而改組為「持股公司」(Holding Company)。

1. AL-31F-M系列發動機

AL-31F-M系列發動機是MMPP Salyut在被排除於五代發動機研發行列後，於2002年7月自行發起的改良計畫，目標是競爭Su-27改良型戰機的發動機市場。原計畫是至2005年分三階段改良AL-31F發動機，包括最大推力13300kg的AL-31F-M1、14000kg的AL-31F-M2，以及14600kg的AL-31F-M3。從這推力與年分的演進不難看出頗有與NPO-Saturn的117系列一別苗頭的味道。本系列發動基因為進展快，故輔一推出便被選為Su-27SM的發動機。本系列發動機是以MMPP Salyut自己的設計局接受TsIAM的科研支持所改良的，據說有相當部分研發資金來自中共。

AL-31F-M1(圖11～13)換裝KND-924-4風扇(4級，口徑924mm，壓比3.68，吸氣量119kg/s)、SAU-235無液壓機械備份全權數位控制系統、KRD-99Ts數位引擎管理器(governer)。2002年1月25日裝上Su-27的37-11號機(595號機，圖14)並於年底首飛。當時其軍用推力與後燃推力分別提升至8300kg與13300kg，此外其低速加速性能更好，其令Su-27在11000m高空從300km/hr加速到1200km/hr較過去少了26秒。新數據顯示，AL-31F-M1可選用最大出力模式或增壽模式。前者之最大推力達13500kg，軍用推力達8250kg，渦輪前溫度1690K(較基本型提昇25K)，吸氣量119kg/s(基本型113kg/s)，最大推力

▶ 圖15 AL-31F-M3的KND-924-3風扇，是一體成型的六代技術風扇

▲ 圖16 TsIAM展出的一體成型風扇。一體成型風扇是未來的趨勢，擁有更好的氣動性能。

▲ 圖17 AL-41F1-S發動機的風扇近觀，從中可觀察其並非採用一體成型技術，而仍是採用傳統的一片片接上的做法

◀ 圖18 MMPP_Salyut與TsIAM合作的含陶瓷塗層的新型渦輪葉片，能將溫輪前溫度提升至2000K。

MMPP Salyut

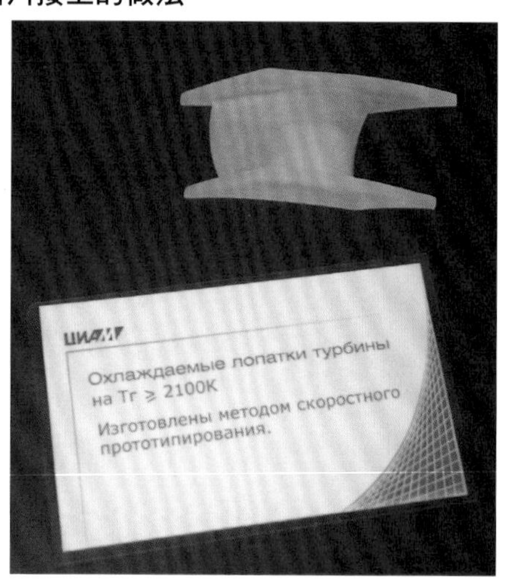

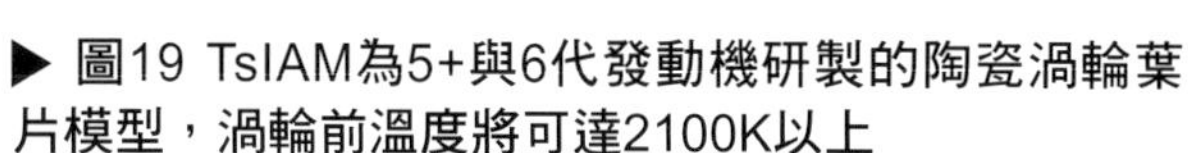

▶ 圖19 TsIAM為5+與6代發動機研製的陶瓷渦輪葉片模型，渦輪前溫度將可達2100K以上

耗油率與基本型同為1.96kg/kgf*hr，軍用推力耗油率則略降至0.77kg/kgf*hr(基本型為0.78)。採第二種模式時，吸氣量為114kg/s，渦輪前溫度降為1630K(小於基本款)，最大推力耗油率略增至1.97kg/kgf*hr，軍用推力耗油率0.77kg/kgf*hr，而最大推力與軍用推力則維持在基本型的7670與12500kg，但大修週期與壽限分別增至1000hr與4000hr。引擎重1520kg，但加上附件等則為2100kg。

2006年10月10日由空軍總司令米哈伊洛夫對外宣佈其通過國家級試驗[56]。2007年2月28日開始量產，並於4月交付俄軍。另外按廠商消息，2005年底俄海軍考慮為Su-33系列戰機換裝AL-31F-M1，並準備為中共Su-27SK、J-11、Su-30MKK提供AL-31F-M1；此外，2005年MMPP Salyut以AL-31F-M1之技術造出齒輪箱在下的AL-31FN原型，稱為AL-31FN-M1(izdeliye-39M1)，供中共J-10戰機使用，該引擎並配有向量推力噴嘴。而在進行國家級試驗中的5架Su-34戰鬥轟炸機中有一架也用於測試AL-31F-M1，試驗結果良好因此空軍將考慮為後續的Su-34配備此型發動機。

原定2004年試驗的AL-31F-M2於2006年初才著手試驗。其又被稱為AL-

31F-SM，末尾的「SM」表示專用於Su-27SM戰機。這款引擎主要的改進項目是更換渦輪(渦輪前溫度約提升100K)，並改良KND-924-4風扇之葉片，2006年秋測得推力達14200kg，目前有消息指出其最終推力可能達14500kg，已相當於原訂的AL-31F-M3推力。至2012年3月，AL-31F-M2已在中央航空發動機研究院(TsIAM)完成地面試驗，包括模擬飛行狀態的試驗。地面推力達到14500kg，較AL-31F-M1多7%，而飛行狀態推力增幅較大，比AL-31F-M1多9%。Salyut公司已建議將這種發動機用於Su-27、Su-30、Su-34的後續型號[57]。

AL-31F-M3改用3級寬葉片風扇KND-924-3(圖15)，其由中央航空引擎研究院(TsIAM)協助研製，一體成形且無扇葉間邊緣隔板(圖16～17)，壓比增至4.2，有專家指其已屬6代技術[58]；改良渦輪葉片；並改良燃燒室，並採為PAK-FA研製的全數位式控制系統[59]。至2008年實際測試達15300kg推力，新資料指出未來可能達15500kg，這筆數據也間接反映T-50的推力需求在15500kg左右。

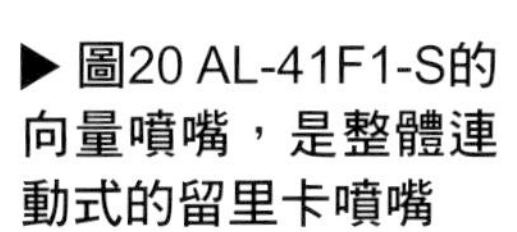

▶ 圖20 AL-41F1-S的向量噴嘴，是整體連動式的留里卡噴嘴

◀ 圖21 AL-31FP的向量噴嘴，亦可見到整體連動的留里卡式特徵

▲ 圖22 借用AL-31FP發動機的Su-35BM的902號機，噴嘴轉軸外旋30度使得垂下時噴嘴向內靠

2. MMPP Salyut的「5+」代發動機

MMPP Salyut的「5+」代引擎便是以AL-31F-M3為基礎的下一階段改良，首先將換一種6級高壓壓縮機[60]。MMPP Salyut型錄指出，正與TsIAM合作研製一種壓比9.3的高壓壓縮機，研判便是上述6級壓縮機。此外，其亦與TsIAM及VIAM(航空材料研究院)進行新型渦輪材料的研製(圖18)，將使渦輪前溫度提升至2000K以上[61]。TsIAM本身亦在研究操作溫度2100K以上的陶瓷渦輪(圖19)，預計用於5+或6代引擎[62]。

▲ 圖23 AL-31FP發動機的「二維仿三維」示意

◀圖24 AL-31F-M1的克里莫夫式向量噴嘴，從中可見噴嘴葉片彼此差動，以及噴嘴基座的制動機構整流罩。其活動速度達每秒45度，已超越歐美研製中噴嘴

▶圖25 MiG-29OVT的向量噴嘴，從中可見相對差動的噴嘴葉片與制動機構整流罩。這種噴嘴有正負20度的活動範圍與每秒60度的活動速度，本身已是第五代噴嘴

四、向量推力技術

向量推力控制能力(TVC)已成為俄系4++代戰機的標準配備，而且其使用目的除單純的提升飛行效率外，還提供飛機失速後機動能力。俄國向量推力技術可分為「留里卡式」與「克里莫夫式」兩大宗。

由留里卡設計局研製的向量噴嘴是俄國最早實用化的，其研製早於1986年便展開，當時一方面應西蒙諾夫(Simonov)之要求為Su-27M計畫研製，二方面也為五代引擎AL-41F做技術儲備。最早的實驗噴嘴早於1989年便進行飛行試驗，之後便開始研製制式化向量噴嘴，即後來用於AL-37FU及AL-31FP的AL-100噴嘴，在AL-37FU上該噴嘴僅增重100kg，後來在AL-31FP上則僅增重70kg。1996年時用於Su-37的已屬實用型噴嘴之原型，相較之下，約略同期的美國F-15SMTD與F/A-18的向量推力實驗機所用者僅噴嘴機構就重逾1000kg，也因此仍需額外配重，距實用尚遠。唯蘇聯解體無力添購Su-37，使得這種向量推力技術延後至2000年才隨Su-30MKI近入印度空軍服役，因此被

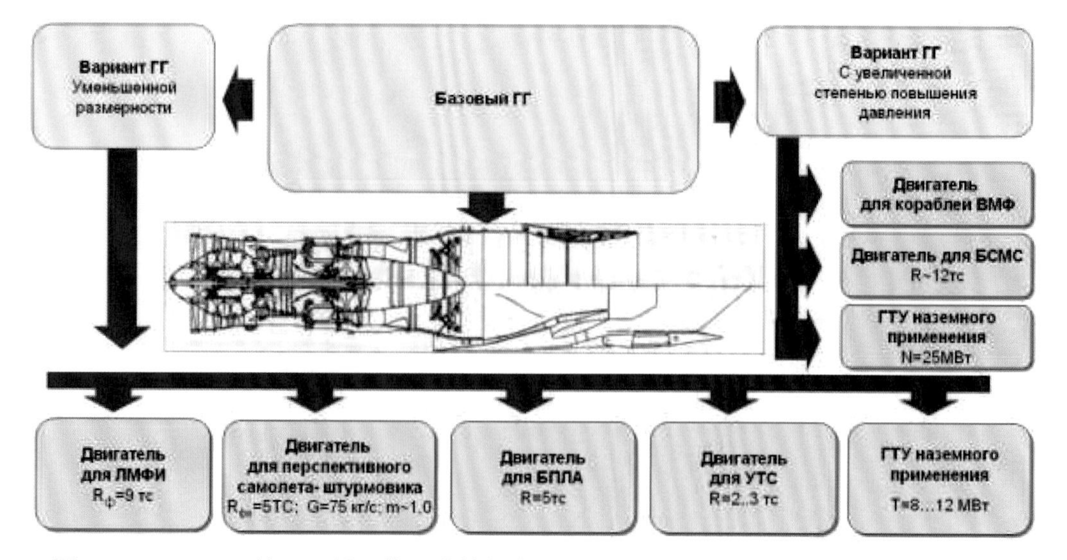

▲ 圖26 NPO-Saturn的另一種五代發動機想象圖，圖中也暗示了扁平噴嘴的設計。

NPO Saturn

F-22所用的F-119擠下，成為全球第二種服役的向量推力技術。

留里卡式噴嘴簡言之就是「整體連動」(圖20～21)，即一口氣讓整個噴嘴活動。在AL-31FP上，其噴嘴運動幅度為上下15度，移動速度約30度/秒。AL-41F引擎之噴嘴開始具備三維活動能力。這類向量噴嘴的最大特色是就是構造簡單，這便是其能如此快實用化的關鍵。但與歐美研製中，預計2010年前後實用化的向量噴嘴則有部份參數相對遜色。

在AL-37FU上的最初的留里卡式向量噴嘴甚至簡單到僅能在一個平面上活動，但在Su-30MKI上採用特殊的設計，將兩個噴嘴的活動軸分別向外旋轉32度，這樣一來兩個噴嘴便能搭配出三維向量推力控制(圖22～23)，這種設計以相當簡單的技術便能賦予雙發戰機三維向量推力，已用於Su-30MKI、Su-30MKM，甚至Su-35BM以及T-50。MAKS2011時留里卡設計局參展人員指出，這種「二維仿三維」的設計能滿足雙發戰機的需求，加上構造更簡單，因此雖然設計局也有真正的三維向量噴嘴，但暫不打算用於雙發戰機。

克里莫夫設計局研製的向量噴嘴則與歐美研製中的類似，係藉由調整每個或部分噴嘴葉片來改變推力方向(圖24)，因此其活動時每個噴嘴葉片之間有相對差動，看起來不像留里卡式噴嘴那般生硬，而是有種「軟綿綿」的感覺。這種噴嘴最初是為MiG-29所用的RD-33系列引擎研製，後來MMPP Salyut將之引進用於AL-31FN與AL-31F-M系列引擎。克里莫夫噴嘴活動幅度較大且運動速度更快。用於AL-31F-M1的噴嘴在各方向的活動幅度為16度，MiG-29M OVT所用者則達20度(圖25)，後者已與西方研製中的噴嘴相當；而AL-31F-M1所用之噴嘴活動速度達45度/秒，後者更高達60度/秒[63]，皆超過西方研製中的噴嘴(約40度/秒)。克里莫夫式噴嘴似乎較具前瞻性，故其目前已成為5+代引擎的向量噴嘴的研製者。該公司總經理指出，這種用於新款RD-33的向量噴嘴已經屬於第五代噴嘴[64]。

類似F-22所用的扁平噴嘴也在研製中(圖26)[65]，這種噴嘴因為大量遮蔽渦輪葉片與後燃器而有更低的雷達與紅外線訊號，然而氣流從渦輪流出後將快速的由圓形截面過度到矩形，而造成推力損失。在1980年代的早期研究中發現會損失14～17%推力，因此僅發展圓形截面噴嘴。而目前技術進步後，推力損失降至5～7%，這樣程度的推力損失搭配伴隨而來的匿蹤性，已滿足穿透打擊的需要。不過NPO-Saturn在嘗試將推力損失降至2～3%。

五、關於俄製「5+」代引擎之研析與近況

由於俄國引擎研製仍都有TsIAM與VIAM的技術支持，因此NPO-Saturn與MMPP Salyut的產品指標可視為俄國引擎科技目前的成果。總結這些新資訊以及過去AL-41F已達到的成果研判，俄製5+代引擎的技術指標大致為：2～3級風扇、5～6級高壓壓縮機、高低壓渦輪各1級(2-5-1-1或3-6-1-1佈局)；總壓比35～40；渦輪前溫度至少在1900～2000K甚至可能達到2100K。這些大致符合推重比14～15的引擎之指標，因此俄製5+代引擎推重比在2006年報導之14～15的可能性很高。以117發動機約1400kg重量估計，若推重比提升到12～12.5則最大推力在16.8～17.5噸。若推重比為14～15，則最大推力在19.6～21噸。向量推力則可能有+-20度活動範圍與60度/秒活動速率。

參考資料

[1]Yefim Gordon," Sukhoi S-37 and Mikoyan MFI",Midland Publishing(England,2001)

[2]Andrei Formin," Victor Mikhailovich Chepkin"(NPO-Saturn總設計師訪談),AirFleet,1998

[3]"Двигатель для ПАК ФА"(PAK-FA的引擎)，2004.4.14，俄航空新聞網，參考網址http://www.aviaport.ru/news/2004/04/14/76004.html

[4]Yefim Gordon," Sukhoi S-37 and Mikoyan MFI",Midland Publishing(England,2001)

[5]"Двигатель для ПАК ФА"(PAK-FA的引擎)，2004.4.14，俄航空新聞網，參考網址http://www.aviaport.ru/news/2004/04/14/76004.html

[6]«Салют» вооружает китайские ВВС и не теряет надежду в своем отечнстве"(«Salyut»武裝中國空軍同時不忘服務祖國),Взлёт,2006.4,p44～47。(本文為俄媒參訪MMPP Salyut之報導)

[7]Юрий АВДЕЕВ ,«Сильным ВВС - сильные моторы», Красная звезда,2005.12.10,(«強大的空軍-強大的引擎»，紅星報，參考網址http://www.redstar.ru/2005/12/10_12/4_01.html)

[8]"СЕЙЧАС В РОССИИ ЕСТЬ ВСЕ, ЧТОБЫ ДЕЛАТЬ САМОЛЕТ И ДВИГАТЕЛЬ ПЯТОГО ПОКОЛЕНИЯ"(現在俄羅斯擁有發展第五代戰機和引擎的一切條件)，Авигателъ(航空引擎雜誌，2002年1月)，參考網址：http://engine.aviaport.ru/issues/19/page10.html

[9]«Генерал Зелин:двигатель ПАК ФА должен создаваться в условиях тендера»,Взлёт,2007.6,p.41

[10]«Другой не дано.звдвчу по созданию двигателя пятого поколения сможет решить только кооперация интеллектуальной элиты двигателистов», Военно-Промышленный Курьер,No.26(192) 11-17/06/2007.

[11]«Новые горизонты «Салюта»»,Энергетика. Промышленность.Ригионы,2007.7-8,p.32～34

[12]«Сердце истребителя будущего», Красная Звезда, 07.aug. 2010, http://www.redstar.ru/2010/08/07_08/1_04.html

[13]Новый двигатель для истребителя пятого поколения может быть создан в кратчайшие сроки - "Оборонпром", ИНТЕРФАКС-АВН,10.AUG.2010

[14]«Создание двигателя 2-го этапа для ПАК ФА идет с опережением сроков», ИТАР-ТАСС, 13/APR/2011

[15]«Главком: ПАК ФА выйдет в серию со старыми двигателями», Взгляд, http://vz.ru/news/2010/7/13/417932.html

[16]Юрий АВДЕЕВ ,«Сильным ВВС - сильные моторы», Красная звезда,2005.12.10,(«強大的空軍-強大的引擎»,紅星報,參考網址http://www.redstar.ru/2005/12/10_12/4_01.html)

[17] "СЕЙЧАС В РОССИИ ЕСТЬ ВСЕ, ЧТОБЫ ДЕЛАТЬ САМОЛЕТ И ДВИГАТЕЛЬ ПЯТОГО ПОКОЛЕНИЯ", Авигателъ,2002年1月,參考網址: http://engine.aviaport.ru/issues/19/page10.html

[18]AirFleet,(Russia)2003.5,p6

[19]AirFleet,(Russia)2003.5,p6

[20]Юрий АВДЕЕВ ,«Сильным ВВС - сильные моторы», Красная звезда,2005.12.10,,紅星報,參考網址http://www.redstar.ru/2005/12/10_12/4_01.html)

[21]AirFleet,(Russia)2003.5,p6

[22]Юрий АВДЕЕВ ,«Сильным ВВС - сильные моторы», Красная звезда,2005.12.10,,紅星報,參考網址http://www.redstar.ru/2005/12/10_12/4_01.html)

[23]«Пламенные серца Сатурна», Арсенал, No.4.2008, ст.154-157

[24]«Программа первого полета самолета Су-35 с двигателями 117С НПО "Сатурн" выполнена полностью», Sukhoi官網2008.2.20, http://www.sukhoi.org/news/company/?id=1524

[25]«Пламенные серца Сатурна», Арсенал, No.4.2008, ст.156

[26]Юрий АВДЕЕВ ,«Сильным ВВС - сильные моторы», Красная звезда,2005.12.10,,紅星報,參考網址http://www.redstar.ru/2005/12/10_12/4_01.html)

[27]NPO-Saturn官網117S發動機網頁。http://www.npo-saturn.ru/index.php?pid=156

[28]«Пламенные серца Сатурна», Арсенал, No.4.2008, ст.154

[29]«Су-35 в воздухе!»,Взлёт,2008.3(No.39),p26～31

[30]ИВАН КАРЕВ, «ДВУХКОНТУРНАЯ ИНТЕГРАЦИЯ НАЧАЛОСЬ ОБЪЕДИНЕНИЕ АКТИВОВ ДЛЯ СОЗДАНИЯ АВИАДВИГАТЕЛЯ ПЯТОГО ПОКОЛЕНИЯ»,ВПК, 2010.04.27(HTTP://WWW.AVIAPORT.RU/DIGEST/2010/04/27/194329.HTML)

[31]Юрий АВДЕЕВ, ««СУ»ДАРЬ

РАСПРАВЛЯЕТ КРЫЛЬЯ»,Красная Звезда, 2010.3.24

[32]UAPO官網型錄：http://www.uapo.ru/stdnp8.php

[33]«Двигатели-2012»展覽資料，19.APR.2012

[34]«Piotr Butowski provides the latest news on the Russian PAK FA fighter», Air International, APR.2012

[35]"СЕЙЧАС В РОССИИ ЕСТЬ ВСЕ, ЧТОБЫ ДЕЛАТЬ САМОЛЕТ И ДВИГАТЕЛЬ ПЯТОГО ПОКОЛЕНИЯ", Авигателъ，2002年1月，參考網址：http://engine.aviaport.ru/issues/19/page10.html

[36]«Генерал Зелин:двигатель ПАК ФА должен создаваться в условиях тендера»,Взлёт,2007.6,p.41

[37]Юрий АВДЕЕВ, ««СУ»ДАРЬ РАСПРАВЛЯЕТ КРЫЛЬЯ»,Красная Звезда, 2010.3.24

[38]MAKS2011訪問資料

[39]« «Серце» сдаёт экзамен», Военно-промышленный курьер, 31. AUG.2011

[40]«"Изделие 129" для ПАК ФА создадут раньше срока», Lenta.ru, 13.APR.2011

[41]"СЕЙЧАС В РОССИИ ЕСТЬ ВСЕ, ЧТОБЫ ДЕЛАТЬ САМОЛЕТ И ДВИГАТЕЛЬ ПЯТОГО ПОКОЛЕНИЯ", Авигателъ，2002年1月，參考網址：http://engine.aviaport.ru/issues/19/page10.html

[42]«Актуалбность опыта создания бестселлера АЛ-31---У России есть все шансы создать лучший в мире перспективный истребитель пятого поколения»,Военно-Промышленный Курьер,No.30(196) 8-14/08/2007.(«研製AL-31的現實意義—俄羅斯擁有一切作出最好的五代戰機的機會»，軍事工業通訊(周報))

[43]2007莫斯科航展廠商型錄或採訪資料

[44]«Другой не дано.звдвчу по созданию двигателя пятого поколения сможет решить только кооперация интеллектуальной элиты двигателистов», Военно-Промышленный Курьер,No.26(192) 11-17/06/2007.(別的行不通。第五代引擎只能透過引擎界菁英合作方能完成。)

[45]http://www.amntksoyuz.ru/engines/airengines/last/#r134-300

[46]Андрей Юргенсон, «Что имеем, не храним...или как разваливаем не только советский «Союз»», Аэрокосмическое обозрение, No.4.2006, ст.125-126

[47]М.О. Окроян, «Вторая жизнь двигателя Р79В-300», Аэрокосмическое обозрение, No.2. 2004, ст.89

[48]«Другой не дано.звдвчу по созданию двигателя пятого поколения сможет решить только кооперация интеллектуальной элиты двигателистов», Военно-Промышленный Курьер,No.26(192) 11-17/06/2007

[49]Андрей Юргенсон, «Что имеем, не храним...или как разваливаем не только советский «Союз»», Аэрокосмическое обозрение, No.4.2006, ст.126

[50]http://www.amntksoyuz.ru/engines/airengines/last/#r134-300

[51]«"Изделие 129" для ПАК ФА создадут раньше срока», Lenta.ru, 13.APR.2011

[52]Александр КУЗНЕЦОВ, «Виктор Чепкин. Наш ответ... бразильцам?», РФ сегодня, No.10, MAY,2011

[53]«Актуалбность опыта создания бестселлера АЛ-31---У России есть все шансы создать лучший в мире перспективный истребитель пятого поколения»,Военно-Промышленный Курьер,№.30(196) 8-14/08/2007.

[54]"«Салют» вооружает китайские ВВС и не теряет надежду в своем отечнстве",Взлёт,2006.4,p44～47。

[55]«Генерал Зелин:двигатель ПАК ФА должен создаваться в условиях тендера»,Взлёт,2007.6,p.41

[56]«АЛ-31Ф-М1 прошол госиспытания »,Взлёт,2006.11,p8(AL-31F-M1通過國家試驗)

[57]«Двигатель АЛ-31Ф М2 интересен ОКБ Сухого», www.vpk.name, 14.MAR.2012

[58]«Двигатель на МАКС-2007»,Крылья родины,2007.9,p.30～32

[59]«Новые горизонты «Салюта»»,Энергетика. Промышленность.Ригионы,2007.7-8,p.32～34

[60]«Генерал Зелин:двигатель ПАК ФА должен создаваться в условиях тендера»,Взлёт,2007.6,p.41

[61]2007莫斯科航展廠商型錄或採訪資料

[62]2007莫斯科航展廠商型錄或採訪資料

[63]http://klimov.ru/production/aircraft/tvn/

[64]«Другой не дано.звдвчу по созданию двигателя пятого поколения сможет решить только кооперация интеллектуальной элиты двигателистов», Военно-Промышленный Курьер,№.26(192) 11-17/06/2007.

[65]ИВАН КАРЕВ, «ДВУХКОНТУРНАЯ ИНТЕГРАЦИЯ НАЧАЛОСЬ ОБЪЕДИНЕНИЕ АКТИВОВ ДЛЯ СОЗДАНИЯ АВИАДВИГАТЕЛЯ ПЯТОГО ПОКОЛЕНИЯ»,ВПК, 2010.04.27(HTTP://WWW.AVIAPORT.RU/DIGEST/2010/04/27/194329.HTML)

ПРИЛОЖЕНИЕ 4

超級被動相位陣列雷達 Irbis-E

Su-35BM所用的雷達是Tikhmirov-NIIP於2004年研製的Irbis-E「雪豹-E」被動相位陣列雷達(PESA)(圖1～2)，可說是Su-35BM最主要的賣點，任何一個介紹Su-35BM的文章無不聚焦在他高達400km的對戰機探距與多目標處理能力。甚至在2007年莫斯科航展上Su-35BM首度公開時，Irbis-E成了Su-35BM總設計師對潛在客戶介紹的第一個要點。其以成熟的4+代雷達組件搭配必要的五代技術發展而成，在探測性能上直逼昂貴的主動相位陣列雷達(AESA)，在其他技術參數上(反應速度、能量效率、壽命等)雖仍遜於AESA但遠超越普通PESA與傳統雷達，相當於PESA與AESA的平均值。廠商為這種雷達給了一個有趣的標題：「超級雷達」(Superradar)，其字頭正好是「Su」而且刻意使用蘇霍設計局的符號樣式，因此同時也有強調是「給Su戰機用的超級雷達」之意。此外，多數資料沒有提到的是，Irbis-E是比照第五代雷達設計的，整合了許多一般射控雷達所沒有的功能，整體而言，Irbis-E幾乎與現階段尚未發展到極致的主動相位陣列雷達並駕齊驅，甚至在探測距離這種直接關係到作戰能力的性能方面還超過不少。

▲ 圖2 Irbis-E全系統後方外觀

◀ 圖1 Irbis-E全系統外觀

一、發展緣起與與動機

Irbis-E在2004年正式開始發展[1]，目的是用於當時研發中的4++代戰機Su-35BM，以及第五代戰機T-50的原型機或初始量產機，甚至計畫用於Su-27SM2改良方案。在一開始就當作五代雷達來設計：作為一種整合式無線電系統，除了是射控雷達外，還要整合敵我識別、電戰等用途[2]。

Irbis-E被賦予的任務包括[3]：

〈1〉對空中、陸地、海上目標的主、被動探測；
〈2〉敵我識別；
〈3〉識別空中目標的類型甚至具體型號；
〈4〉解析密集編隊目標的成員數量；
〈5〉各種解析度的對地雷達影像；
〈6〉「地圖凍結模式」；
〈7〉低空飛行安全資訊的建立，確保地形迴避的安全；
〈8〉氣象探測；
〈9〉校正導航系統；
〈10〉為光電探測儀測距；
〈11〉在各種距離的戰鬥過程中與我機甚至僚機的機上系統通聯。
〈12〉其他一般射控雷達的功能、訓練模式等。

開發這種性能直逼主動相位陣列雷達(AESA)的被動相位陣列雷達(PESA)有兩個主要原因。首先俄國第五代戰機的主動相位陣列雷達系統是在五代戰機計畫確立以後才正式開始研發(註1)，按NIIP總經理Yuri Beli在計畫初期的說法即使資金全數到位，完整的第五代雷達系統也要到2015年才會問世，在這之前會採用漸改的方式邁入五代。因此在五代雷達問世之前當然要有過渡版本的雷達。

(註1：NIIR的Zhuk-AE早在1994年就開始研發，是俄國的一種戰機用主動相位陣列雷達(圖3)。不過相較於這裡提到的NIIP的雷達，Zhuk-AE是NIIR在五代戰機不明確的情況下自己進行的計畫，因此考量比較沒有那麼先進，甚至要考慮與舊戰機的相容，例如飛行試驗中的Zhuk-AE實際上是把主動陣列天線安裝在Zhuk-ME而成。而NIIP所提到的五代雷達系統全名為「多用途無線電複

◀ 圖3 NIIR的Zhuk-AE主動相位陣列雷達是俄國第一種機載AESA，於1994年開始研製，設計之初便考慮較多外國的成熟科技與經驗。這種幾乎可以用於MiG-21的雷達竟有150km探距，體現了AESA非凡的潛力

合體」(MIRES)，是將全機的無線電系統，包括雷達、通信、電戰等在最開始就視為一個單一系統進行設計，不是只有一個前視雷達。因此相較之下NIIR的Zhuk-AE是商業需求的結果，並非與第五代戰機配套的雷達。)

再者，NIIP考慮到AESA在先進性之外還有一個「缺點」，那就是太貴，約是PESA的好幾倍，且NIIP已相當擅長的PESA的潛力尚未完全被開發，因此認為仍有必要繼續改良PESA[4.5]。NIIP總經理Yu. Beli進一步指出，價格因素限制了AESA的使用範疇，例如在像教練機這樣的超小型飛機上使用AESA「根本不合邏輯」，而被動相位陣列雷達卻可以，例如NIIP開發的Osa相位陣列雷達便是可以給Yak-130高級教練機使用的雷達。NIIP的專家們還證實，在無人飛機上使用被動相位陣列雷達的價格與普通機械雷達差不多，性能則倍數提升。此外被動相位陣列天線較輕因而可以輕易地藉由機械輔助掃描來擴展視野、對未來的高能微波武器具有較高的免疫力等也是其優勢之一[6]。

NIIP繼續積極發展超級PESA是一個非常務實的考量，而且這種考量也只會發生在俄羅斯等少數國家，因為目前有戰機用PESA的國家只有俄羅斯與法國，特別是俄羅斯早在MiG-31就採用了戰機等級的PESA，已擁有數十年經驗。對其他國家來說，從無到有開發「比較便宜」的PESA成本未必會比開發AESA便宜，因此當然直接邁入AESA時代，而對使用PESA超過20年的俄羅斯來說開發超級PESA只是舉手之勞。此外在綜合比對NIIP的數款新型被動相位陣列雷達可發現，NIIP的被動相位陣列雷達技術已遠超過傳統雷達，並且不少指標還達到同時期的AESA，本文稍後詳述。

二、硬體架構與設計

「薪火相傳，穩紮穩打，承先啟後」可說是對Irbis-E設計架構最好的寫照。其以此前NIIP最新產品Bars與Osa相位陣列雷達的成熟硬體如Bars的同步器、低頻接收機、高頻接收機、信號產生器、真空管放大器、機械輔助掃描裝置、Bars與Osa的天線等為基礎，夠好的部分就沿用，不夠好的就加以改良，並搭配全新的電腦系統與多年來開發的各種新操控軟體而成。

發射機由Oliva「橄欖」固態信號產生機以及內含兩組Chelnok「獨木舟」真空管放大器的功率放大裝置組成。Oliva信號產生器是由Bars上的Oliha信號產生機發展而來，擁有2倍以上的操作頻率範圍，能產生相當複雜的信號以確保多用途性與抗干擾性。Chelnok真空管放大器乃直接延用自Bars，早已是相當成熟的硬體，早已在老Su-35的712號機上通過飛行試驗，兩個這種放大器讓Irbis-E擁有峰值20kW與平均5kW的發射功率，照明模式的平均功率則為2kW。超大功率是大幅提升操作距離的關鍵之一，也提升了抗干擾能力[7]。

接收機是一種建立在低噪音輸入

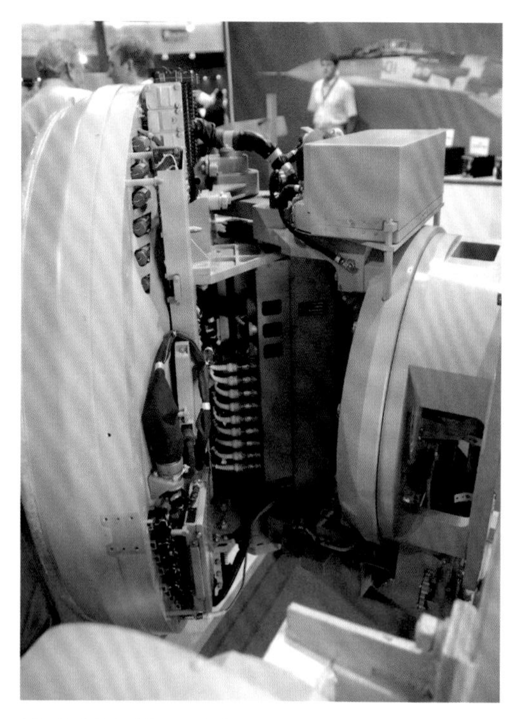

◀ 圖4 Irbis-E的機械掃描裝置，右方的圓形基座便是旋轉台

放大器上的、含保護裝置的四通道接收機，噪音係數3.5dB。其擁有「超高解析度」，用來接收與預處理高頻信號，並進行類比-數位轉換[8]。

接收機預處理出來的數位信號直接傳送至緊鄰在旁的Solo-35.01數位信號處理電腦，得到的資料再送至一旁的Solo-35.02資料處理電腦以進行資料處理、雷達控制、任務控制等[9]。Solo-35.01與Solo-35.02其實不只是雷達處理電腦，而是Su-35BM上的EKVS-E中央資訊系統的一部分。Solo-01擁有高達每秒800億次的浮點運算能力，並有頻寬1Gbaud的光纖對外通聯，Solo-35.02則至少擁有每秒20億次的通用資料處理能力，甚至足以滿足五代戰機中央電腦與專家系統的需要[10]。

相位陣列天線主要由Osa「黃蜂」小型相位陣列雷達所用的Skat「魟魚」相位陣列天線放大發展而來，又稱作「超級Skat天線」。口徑900mm，擁有+-60度的電子掃描視野，建立波束的反應時間0.4ms[11,12]。並且比Bars的天線更輕，因而允許更快速的機械輔助掃描。

天線安置在EGSP-27雙軸液壓機械輔助掃描裝置上(圖4)，係由Bars的EGSP-6A單軸裝置改良而來，由水平掃描機械與旋轉台構成。前者的水平擺動幅度由EGSP-6A的+-30度擴展至+-60度並且運作更快(這一方面也得益於Irbis-E的天線較輕)，後者則將整個裝置(天線+水平掃描機械)進行+-120度旋轉，賦予Irbis-E超大的總視野與一系列性能優勢，詳見本文稍候「機械輔助掃描」段落。

雷達控制軟體將集NIIP多年經驗於大成。得益於中共、印度、俄國在過去幾年的訂單，NIIP陸續在N-001VE、Bars、N-001V上開發許多先進的控制模式，這些經驗都將用於Irbis-E[13]，例如型號識別、密集編隊機群解析等先進功能便是為N-001V雷達(用於Su-27SM)所研發。在「承先」之外也將開發許多新模式而「啟後」：過渡到第五代雷達。Irbis-E的控制軟體有50～60%可以轉嫁到第五代雷達上，其進步性更可見一般[14]。

三、性能諸元

1. 對空模式 (無特別註明則出自文獻[15])

Irbis-E對空模式必須支援對各式有

人飛機(戰機、電戰機、預警機等)、無人機、巡弋飛彈、直升機(含懸停中的直升機)、甚至要對付未來的高超音速巡弋飛彈、戰術彈道飛彈、空對空飛彈與防空飛彈的交戰：

〈1〉 全天候全方位探測與追蹤目標，將座標傳給中央資訊系統。特殊模式下可以將目標類型甚至具體型號傳給中央系統；

〈2〉 自動區分特殊追蹤模式下的目標類型，依尺寸分為大、中、小目標，依類型分為飛機、直升機、巡弋飛彈、空對空與防空飛彈、彈道飛彈等；

〈3〉 承上，甚至判定20種飛機(俄製與西方製)的具體型號以用於飛彈的最佳化選擇。並以不同形狀及顏色之符號及數據標註被識別出的目標，影片內的模擬測試片段中，出現以紅色標出F-22的畫面(圖5)；

〈4〉 偵測10個實施主動干擾的飛機的方位，並測定其中1個的距離以用於攻擊；

〈5〉 近距戰鬥時，自動或手動切換至「垂直空戰模式」(5x60度視野)或「抬頭顯示器模式」(10km內30x20度視野)追蹤目標的時間少於1秒，確保空戰機動不受到追蹤模式的限制；

〈6〉 採用「追蹤暨掃描模式」時能追蹤30個目標，對其中的8個目標取得足以射控的追蹤精度；

〈7〉 承上，可用於導引2枚半主動雷達導引飛彈或8枚主動雷達導引空對空飛彈攻擊。

〈8〉 承上，使用主動雷達導引飛彈時可同時打擊4個300km外的長程目標。對此有資料指出是「4枚射程300km以上的超長程飛彈或8枚RVV-AE中程飛彈」[16]，亦有資料指出是「8個目標，其中4個是300km以上者」[17]。

〈9〉 能用來探測並追蹤來襲的空對空飛彈與防空飛彈，並在確保能做出有效反制的距離之外便追蹤之。據指出這至少是在飛彈抵達的6秒之前[18]，換算約是幾公里的距離，這種「最後警戒距離」與多數預警系統如MiG-35的光電感測器相當。但

◀ 圖5 Irbis-E雷達的操作畫面中，F-22被以紅色標註。這表示雷達可能有區別目標威脅等級甚至識別型號的能力

另一方面由於空對空飛彈的雷達反射截面積約是0.01平方米，因此最大探測距離其實可達90km，這在NIIP的展示畫面中便有呈現出來。

在對空探測距離方面([19.20])：

〈1〉 在100平方度視野內(約10x10度範圍)對RCS=3平方米目標(如MiG-21)之迎面探距達350～400km(探測且測距)，當目標高度5000m以上且以天空為背景時探距超過400km；

〈2〉 10000m高空追擊探距(RCS=3平方米，以天空為背景)>150km；

〈3〉 在300平方度範圍內(約17x17度範圍)，則迎面探距降為為200km(空中)或170km(低飛目標)，追擊探距則降為80km(空中)或50km(貼地目標)；

〈4〉 對RCS=0.01平方米之低被偵測率目標如部份隱形飛機及空對空飛彈之探距達90km (圖6)；

〈5〉 對50km外密集編隊機群之解析度：間距50～100m，速度差5m/s，視角2.5度。

〈6〉 較新數據指出，外銷型對空探測距離為250～300km，追擊60km以上，但未指出是哪一種視野模式[21]。

2. 對地與對海模式
(無特別註明則出自文獻[22])

對地模式的主要目標是以地面為背景的低空飛機、直升機(含懸停者)、移動中或集結中的摩托化步兵、坦克群、火砲群；移動中或在陣地內的防空系統；彈道飛彈、交通幹道，以及強反射目標如通信站、雷達站等。

對海模式的主要目標是船隊、飛彈快艇以上的船隻、匿蹤軍艦、油輪、海上油井等。這些目標對雷達的徑向速度可達90km/hr。

〈1〉 Irbis-E能繪製地面與海面的雷達影像，含三種解析模式：真實波束(低解析度)、督卜勒波束銳化(中解析度)、以及解析度1m的合成孔徑模式((圖7，此前最先進的Zhuk-MSFE為3m)[23]。並能從地圖中區分出移動中目標[24]；

〈2〉 「地圖凍結模式」：即「地圖不動飛機動」的顯示模式；

〈3〉 可控的成像區域；

▶ 圖6 Irbis-E可探測來襲空對空飛彈

◀ 圖7 Irbis-E的合成孔徑模式示意，解析度高達1m，超越此前最先進的Zhuk-MSFE的3m

〈4〉 對RCS=50000平方米目標如航空母艦之探距400km，對鐵路、橋樑類目標(RCS=1000平方米)探距150～200km，對快艇(RCS=200平方米)為100～120km，對戰術飛彈基地或坦克群(RCS=30平方米)探距60～70km，可同時追蹤4個目標，打擊其中2個[25]；

〈5〉 對空對地模式可併行(圖8)，但空地模式並行時其中一個模式會有所限制，例如對地追蹤目標數由4個降為1個[26]，或對空模式僅保留監視功能或僅對1個目標取得射控級資料[27]；

〈6〉 量測飛機相對於地面的飛行參數，供低空飛行時自動迴避使用；

〈7〉 氣象雷達模式；

〈8〉 對海模式時，可用旋轉台旋轉天線以將極化方向改為水平，提升對海探測的效果。

3. 其他

〈1〉 Irbis-E能以與主頻誤差+4%內的工作頻率調製出各種脈衝重複頻率的信號並實現「單脈衝指向法」。並能產生非常複雜的信號以提升探測能力及抗干擾能力[28]。Irbis-E的信號產生器也是固態式的，因此與主動陣列雷達應該沒有本質上的差別。而除了複雜信號外，Irbis-E超大功率自然也相對不易干擾。

〈2〉 航展影片指出，僅僅4架Su-

▶ 圖8 Irbis-E對空對地模式並行示意圖，但此模式下對地追蹤目標數由4個降為1個，或犧牲部分對空模式的多目標能力

35BM以資料鏈互通資訊便能構成2500～3000km防線(相較之下，4架MiG-31僅能夠成800km的防線)。然而有趣的是，Su-35BM的AT-E資料鏈通信系統的對空通信距離約500km[29]，以這樣的距離4架飛機總間距至多1500km，能形成的防線不超過2500km。因此可能需要額外的通信頻道。在Irbis-E的介紹中提到其要能確保「在近程與遠程空戰中與飛機自己的航電系統甚至編隊或機群中的其他飛機的航電系統交聯」[30]，這是否意味著Irbis-E自己能進行資料鏈通信？仍待查證。此外翼前緣的AFAR-L相位陣列雷達也是可能實現遠距離寬頻資料鏈傳輸的通道。

四、設計特色與技術進步性分析

1. 超大功率與超高速電腦對操作距離的影響

Irbis-E峰值發射功率達20kW，平均5kW。此等高功率是之前最強悍的Zhuk-MSFE(峰值8kW，圖9)的2倍以上，甚至超越多數主動相位陣列雷達(註2)。而處理系統則以中央電腦負責。Su-35BM的中央電腦為EKVS-E，在運算性能上至少已超越早期F-22的中央電腦，T-50的中央電腦則又比EKVS-E強好幾倍。

(註2：主動相位陣列雷達由於天線損耗較低，因此略小的功率可以達到等同於被動相位陣列雷達的等效功率。例如NIIP的AFAR-X峰值發射功率約18.5kW，但考慮天線損耗因素後，相當於略超過Irbis-E。不過即便如此，Irbis-E有效功率仍然超過多種AESA，如F-35、F/A-18E/F所用者。)

Irbis-E的超大探距主要便來自更大的功率與更強的電腦。以NIIR的Zhuk-MSFE為比較樣本(口徑980mm，峰值8kW，探距190km(RCS=3平方米))，考慮雷達功率的增加(8kW增至20kW)、口徑的減少(980mm減至900mm)、能量效率的增加(約15%增至20%)，在假設採用之前舊款電腦的情況下，這樣的功率可使探距增強至250km左右。因此

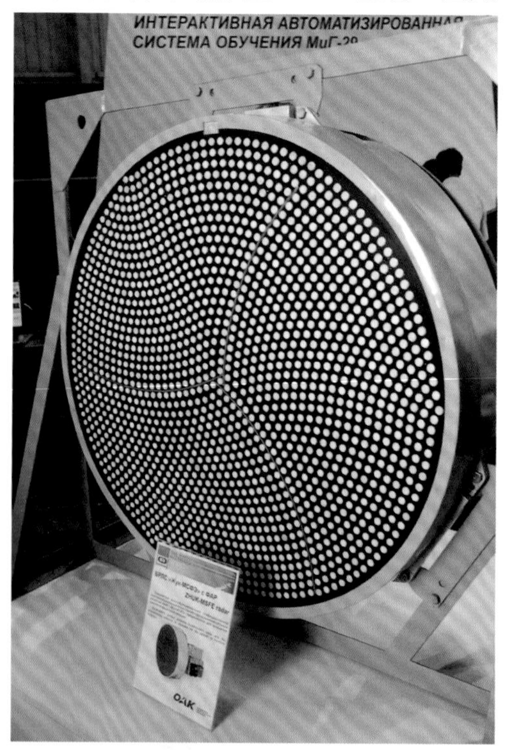

▲ 圖9 NIIR的Zhuk-MSFE被動式相位陣列雷達是Irbis-E問世前最強悍的被動相位陣列雷達，採用非等距圓形天線單元為其特徵

其實際上350～400km探距應有相當程度由先進電腦貢獻。Irbis-E採用中央電腦進行運算，Su-35BM的中央電腦的Solo-35.01用於信號處理，Solo-35.02用於資料處理(圖10)。Solo-35.01擁有高達每秒800億次的浮點運算能力(32個500MHz信號處理器)與1個500MHz的資料處理器以及總共數GB之記憶體。新的電腦使Irbis-E能使用更複雜的信號分析，進一步提升探距。處理系統對探距的提升相當顯著，以Su-27SM為例，在採用新的Baget-54電腦後探距便增強50%。從以上分析大致可估計功率與電腦對Irbis-E探距的貢獻比重。

超大功率帶來超大探距與更強的抗干擾能力，但擁有先進接收能力的敵人也有可能在更遠的距離被動發現之。就匿蹤技術的眼光觀之，這種設計等於大方的將自己的行蹤暴露出來。然而對Irbis-E而言，還必須考慮到其超大視野帶來極大的主動預警範圍(+-120度，90km)，這使得敵方就算能發現Su-35BM並率先發射武器，效果也非常差。因此可以說超大功率在隱匿性上的缺陷被其帶來的主動預警能力補償了。

2. 新型天線的優越性

天線則結合Bars與Osa的經驗。其前身Bars的許多性能缺陷其實來自天線設計。Bars的天線電子掃描角度僅有+-40度，搭配水平機械掃描後增加到+-70度(詳見下段「機械掃描設計」介紹)，與NIIR或外國的其他相位陣列雷達+-60～+-70度的電子掃描視野相比Bars相當遜色。Irbis-E則使用更新的科技，達到+-60度的電子掃描視野，重量卻反而比Bars的天線更輕，這種更輕巧但性能更好的天線的技術在總設計師2005年的訪問中便有提及。2006年其進一步指出，測試中該天線在+-60度範圍內性能絕佳(unique)，而即使到+-70度效果都很好[31]。

一位NIIP的天線設計師受筆者採訪時還表示，Bars將L波段敵我識別天線寄生在主天線上，其實對探距造成不良影響，因此Irbis-E將敵我識別天線

◀ 圖10 Irbis-E後端處理系統-上排左起4通道接收機與類比數位轉換器(1)，Solo01信號處理電腦(2)，Solo02資料處理電腦(3)，同步系統(4)，發射機(5)，電源與信號產生器(6，兩者分開，但信號產生器安裝在在內側所以圖中見不到)

◀圖11 Osa相列雷達的天線，這款雷達擁有相當高的能量效率

移除，也有助於提升探距。至於Osa雷達(圖11)在能量效率上有獨到之處，其能量效率在20%左右，相較之下一般雷達能量效率在10%，Zhuk-MSFE約15%(註3)，主動相位陣列雷達約25～30%。

(註3：這裡的能量效率係由「平均發射功率」除以「雷達系統所需輸入功率」所得的參考數值。計算參數取自文獻[32])

反應速度一般是PESA相對於AESA的大弱項，兩者的反應速度一般分別在0.1～1毫秒與1～10微秒級，差了10～1000倍[33,34]！這主要是非固態的亞鐵鹽移相器與固態移相器造成的差別。MiG-31的Zaslon的反應速度為1.28毫秒[35]，目前則進步至Irbis-E的0.4毫秒以及Osa的0.15～0.3毫秒[36]，相較之下，Osa的固態移相器(應是用於敵我識別)反應速度50微秒[37]。目前還不清楚為何Irbis-E的反應速度會比前身Osa還要慢，一種可能是功率較大而必須的犧牲，一種可能是僅公布保守數據。

3. 機械輔助掃描

NIIP是全球第一個在戰機上將機械輔助掃描與電子掃描結合的廠商。有趣的是，歷年採用機械掃描的動機頗有「見山是山，見山不是山，見山還是山」的味道。最初在Su-37搭配Bars雷達時，NIIP便打算附加能+-30度掃描的機械裝置，在搭配「預計」能+-60度掃描的Bars雷達後，能將水平視野擴張到+-90度，縱而兼顧相位陣列雷達的敏捷性與機械掃描雷達的大視角(當時俄製機械掃描雷達視野已達+-90度)，因此機械掃描的最初目的是要「增大視野」。

但在實際使用時發現Bars的天線在超過+-45度範圍時探測性能會下降，要解決該問題必須增加天線重量，在成本考量以及考慮到實際上95%戰術狀況只需要+-45度電子掃描(依據Zhukovsky學院的研究)[38]，NIIP接納Bars天線的缺點而將電子掃描範圍限制在+-40度，並額外搭配EPGS-6A機械掃描裝置將水平視野增至+-70度，因此Bars的機械掃描實際上是在「補償天線性能的不足」。

而到了Irbis-E上，機械掃描的目的再次回到「增大視野」。Irbis-E的天線採用更新的技術，使得天線不但比Bars更輕，而且擁有+-60度的電子掃描視野。更輕的天線允許使用掃描角度倍增

(+-60度)的機械並附加可+-120度旋轉的旋轉基座，使雷達可以擁有兩種超大視野模式：〈1〉以電子掃描搭配水平輔助機械，此時視野為垂直面+-60度，水平面+-120度，旋轉台在此用於移除飛機滾轉的影響；〈2〉電子掃描、水平掃描、旋轉台複合使用，可獲得各個平面皆+-120度的超大視野，此時運作過程較複雜，資料更新週期較長，而且至少在初始型上，這種模式只用於搜索而不用於追蹤。

事實上如此大幅度的機械輔助掃描並不完全因為「天線變輕」所以「剛好可以用」而已，而是與設計需求有關。相關文獻指出，五代雷達的要求之一是要有超過+-100度的視野[39](當年MFI計畫的的N-014雷達視野便由1部前視雷達與2部側視雷達組成，賦予+-130度視野[40])，達成此需求最簡單的方法就是雷達搭配機械掃描，但若僅使用類似Bars那樣的「電子掃描+水平機械掃描」的配置，則該寬廣視野會有相當大的使用限制，例如飛機滾轉後，本來在大視角處的目標便會脫離雷達視野。旋轉台的第一個目的便是解決此問題：讓旋轉台來平衡飛機的滾轉，這樣一來「電子掃描+水平機械掃描」所構成的總視野便能不受飛機滾轉影響(圖12)。當然在附加了旋轉台後，也多出了各個平面上都有+-120度視野的功能(只是這樣的話資料更新會較慢)。另一方面藉由天線旋轉也可改變極化方向，在對海模式時具有將垂直極化轉為水平極化以增強對海處理能力的附加價值[41]。

這種雙機械輔助掃描讓Irbis-E在極大的範圍內都保有主雷達的探測與射控能力，甚至超越了「主雷達+若干小型側視雷達」的設計(這是因為小型側視陣列探測能力必不如前視雷達，若側視雷達要有主雷達探距，則相當於同時安裝若干部主雷達，是相當不經濟的設計)。這讓戰機在戰時能採用更靈活的戰術機動而不失去對戰場的接觸，甚至賦予飛機極強的警戒能力。在歐洲EF-2000改良方案中，其主動相位陣列雷達也是安裝在類似的雙軸機械輔助掃描台上的。

雖然就直覺而言這種方式可能因為機械掃描的關係而無法即時監控整個空域，但全空域掃描週期其實在個位數秒，這麼短的週期內只有視距內目標有辦法橫越1道探測波束的寬度，對其他目標而言(也就是絕大多數的目標)這種雷達視野等效於即時的。據設計師指出，Irbis-E的機械輔助掃描裝置與旋轉台旋轉速度大約都是每秒120度[42]，因此在第一種大視野模式(垂直+-60度，水平+-120度)時資料更新週期約2秒；在第二種大視野模式(上下左右各120度)時資料更新週期約4秒。在這樣的時間差內飛機、來襲飛彈等目標一般而言很難飛越探測波束寬，因此對雷達而言幾乎算是靜止。除非是纏鬥距離(<10km)內的飛機、來襲飛彈，或一定距離以內橫越的高超音速目標，才有機會在這時間內飛超過一道波束的寬度。需注意第一種大視野模式的更新週期約2秒，大約是F-22發射武器時彈艙開關

的週期，因此F-22在發射武器的過程中很容易曝光。

4. 對高能微波武器的免疫力

所謂的「微波武器」或「電磁脈衝武器」係藉由高功率電磁波或超強脈衝以破壞對方無線電系統接收電路的技術。戰機的AESA由於總功率比一般非AESA雷達多出甚多(例如APG-77與APG-81的總峰值功率約15～20kW，而一般高功率雷達峰值常在5kW以下)，因此可以將能量會聚在敵方天線以燒毀其電路，相當於一種微波武器。

對此NIIP總經理Yu. Beli指出，PESA的接收模式中，收到的信號要先經過移相系統，再經過保護系統，才會進入輸入放大器(接收端放大器)，因此需要相當大的功率才有機會燒毀接收電路(註4)。反觀對AESA而言，外來信號一開始就先進入放大器(AESA的放大器安置在最外端)，要防護在技術上反而比較困難，此外防護措施必須做在每一個天線單元上，也就是一做就是上千個，價格也相當驚人，因此其認為在抗微波武器的能力上PESA具有極大的優勢[43]。

(註4：移相器會造成高功率信號的衰減。正是因為PESA的信號經過放大後才進入移相器，而AESA是先將低功率信號移相後才放大輸出，才造成「PESA功率損失大於AESA」的現象，換言之移相器(特別是非固態移相器)本身相當於一種衰減器，在遭受微波武器攻擊時剛好可以用來保護接收機。)

Irbis-E除了擁有PESA先天的抗微波武器特點外，由其20kW的峰值功率亦可窺知其抗微波武器能力。20kW的峰值功率相當於甚至大於各種同時期的戰機用AESA，換言之敵方AESA聚焦過來的「殺傷脈衝」跟Irbis-E自己的波幾乎沒兩樣，真要燒電路可能得接近至已經不具意義的距離。這個距離不難定性估計：假設Irbis-E探測距離L以內的目標會有危險，則表示其發射信號在行進2L距離後強度可能足以傷害接收機，那麼總功率同樣是20kW的AESA如果在距離2L以內便有機會傷害Irbis-E。然而L必然小於雷達的最小操作距離，而最小操作距離通常僅有數百公尺，換言之AESA必須進入個位數公里才較有機會使用其微波武器功能，幾乎可以考慮為無意義。而在此時，甚至在AESA可以燒壞Irbis-E之前，或許Irbis-E已經先擁有燒壞AESA的可能性。因此理論上AESA的微波武器功能對Irbis-E而言意義並不大。

5. NIIP的其它優勢技術

除了前面提到的探測距離以及能量效率外NIIP還有多項足以在「非AESA」領域稱霸的技術。目前絕大多數最先進的非AESA雷達(機械雷達與被動式相位陣列雷達)平均故障間隔約100～250小時(例如NIIR的Zhuk-MSFE為200[44]或250[45]小時)，但NIIP的Osa被動相列雷達平均故障間隔已高達400～550小時[46]，已相當於甚至高於尚未達到理論極限的現有AESA(例如NIIR的Zhuk-AE主動陣列雷達平均故障週期為900小時[47]，美製AN/APG-77約450小時[48])。

據設計師所言，Irbis-E的天線是由Osa雷達所用者放大修改而來，更大零件更多，功率也更強，因此平均故障間格較小，預計是100小時[49]。此外根據NIIP官網，Irbis-E的使用壽限與戰鬥機相同，是6000小時或30年，第一次大修週期與大修週期都是1500小時或12年。平均修復時間(找出問題並換上備件)為30分鐘。

五、測試與生產

Irbis-E的早期發展階段還稱作Irbis，於2005年6月24日搭配Pero反射式被動相位陣列天線在Su-30MK2上進行飛行試驗，驗證探測距離與多目標處理能力，當時已測達對9個目標的多目標處理能力(含2個真實目標與7個虛擬目標)。Pero是一種廉價的相位陣列天線，其性能與能量效率都不是最好的，但使用Pero試驗的其中一個原因是其擁有很廣的操作頻率範圍等優勢，故能用以模擬許多未來雷達的複雜工作模式[50]。

第一部Irbis-E原型於2006年秋準備安裝於Su-30MKK 503號機。不過基於「不是NIIP的原因」直至2007年1月前後才完成裝配(但沒有裝設機械裝置)，並進行飛行試驗，測試對地功能，展現很高的對地處理效能，空中試驗則於3月進行[51]，據稱第一階段試飛中已取得「正面的成果」[52]。2008年初刊登的Yu. Beli訪談指出，「飛行試驗證實那些許多人不相信的參數都是可能實現的，對目標探距達到250～290km，這原則上證實我們達到設計參數。」[53]這裡需注意的是，用於飛行試驗的Su-30MK2本身採用的雷達平均功率1kW，Irbis-E則是5kW，因此這筆測試數據可能是降低功率後的測試結果。

至2010年末Irbis-E的基本工作模式已趨近測試完成(包括超遠程模式)[54]，至於根據雷達反射特性識別型號、判定密集編隊機群內飛機數量等(這些被歸類於「特殊模式」)功能則仍需要時間測試[55]。

最初4具原型雷達是由NIIP與GRPZ合作生產的，第5具之後則完全由GRPZ生產[56]。2008年已可從生產線生產。生產線出產的Irbis-E最早裝設於Su-35BM 904號機上，然而該機首飛時便在滑行過程撞毀。因此NIIP生產額外的Irbis-E用於901或902號機進行試驗。

Irbis-E可以如此快速完成量產準備反應了生產者介入研發的好處。蘇聯的軍工體系下設計單位與生產單位彼此獨立。這個限制在蘇聯解體後慢慢被打破，例如蘇霍伊設計局很早就與主力廠KnAAPO合做改良後續的Su-27戰機。Irbis-E便是在設計之初便由負責生產的梁讚國家儀器製造廠(GRPZ)參與研發，之後的AFAR-X主動陣列雷達亦是採用此一模式。生產者在一開始就介入將大幅減少「從設計完成到掌握生產技術」以及「從掌握生產技術到能可靠的生產」的時程。此外，GRPZ在雷達研發的地位並不僅於生產技術的介入而已，他本身已是一個先進機載電腦的研發重地，Su-35BM的Solo系列電腦便是

GRPZ研發製造的(註5)。

（註5：GRPZ成為機載電腦研發重地其實是誤打誤撞的結果。故事得從Mi-28N攻擊直升機的毫米波雷達說起。該雷達本來由莫斯科一個設計局研發，並選定GRPZ生產。但中途總設計師與主要研發者相繼脫離團隊，導致計劃無法繼續。最後Mil設計局乾脆找GRPZ負責完成整個雷達的研發工作。GRPZ夥同一些科研單位檢視該雷達的設計後，發現雷達的設計多無法符合需要，因此除了天線之外乾脆從新設計，為此在企業底下成立幾個設計局，進行雷達軟硬體的研發，其中包括機載電腦。經過這一折騰之後GRPZ便同時掌握雷達與機載電腦研發與生產能量[57]。）

六、總結

總體言之，Irbis-E在技術指標上相當於位在PESA與AESA的平均，遜於AESA但與一般的PESA卻已不是同一等級的產品。而AESA雖然理論上能擁有比PESA多許多的操作模式，但現階段各國仍未完全釋放AESA的潛力 (註6)，因此以西方的觀點認定Irbis-E是落後產品有失真確。與同時期的AESA相比Irbis-E主要作戰性能劣勢僅在處理目標數量、操作頻率範圍、多頻率多波束同時工作、反應速度等，畢竟這是PESA這種要分時多工工作的雷達與相當於好幾部獨立雷達組成的AESA相比的先天弱勢。

（註6：NIIP總經理Yu. Beli論及美國已將AESA普遍用於改良型戰機一事時指出，這些改良方案只是將天線與高頻部件換成AESA，後端處理系統幾乎不變，這樣根本無法充分發揮AESA的優勢，甚至比起PESA也好不了多少，等於只是拿AESA將機械掃描升級成電子掃描而已，「而這正是我們在PESA方面已走過的路，因此不能因此說他們在AESA上比較進步…而真正的新雷達，像是F-35用的，也只是剛開始而已」[58]。）

NIIP的「超級雷達」並非一蹴可及，而是在約40年的時光中逐漸演進的成果。1968年開始為MiG-31研製的Zaslon是第一種戰機用相位陣列雷達，稍後MFI計畫中的N-014相位陣列雷達亦由NIIP負責，雖然最終隨MFI計畫流產，但得到的經驗被用於後來的Bars雷達，算是真正用於「戰鬥機」的相位陣列雷達(因為MiG-31太大太重，Zaslon光天線就重1000kg，不適用於戰鬥機)，從中暴露的問題也在十餘年的時光中陸續解決，同時NIIP還開發小型化的Bars-29(用於MiG-29的Bars)以及全新的Osa來累積研發能量。在長期的演化中，除了解決許多技術問題外，NIIP的專家也得到了「哲學層次」的提升，能以更全面的角度在性能、價格等方面找到平衡點，並對相位陣列雷達的各種技術的利弊有了更客觀的了解，這些經驗都有利於開發最新的AESA。NIIP目前為五代戰機開發的AESA團隊便是由走過完整的PESA時代的老設計師帶著新人一起做的。Yu. Beli並指出，即使西方在AESA的研發上看似領先，但從側面消息看出，其實仍不脫NIIP已走過的路[59]。

因此Irbis-E可說是「身世非凡」。如果說各種性能優異的系統總是要面對「可靠性不足」的考驗，那麼Irbis-E至少有著40年經驗當靠山，此一「優勢」並不存在於其他相位陣列雷達。而靠著這種優良的血統，Irbis-E幾乎具備了同時代AESA的功能，甚至在操作距離這種與作戰能力直接相關的性能上超越了西方戰機的AESA(包括APG-77)。就NIIP的觀點，Irbis-E就架構來說是4++代，但就性能論卻達到甚至超越西方的五代雷達。

參考資料

[1]«РЛСУ «Ирбис-Э» - радар нового поколения», Аэрокосмическое обозрение, No.1. 2006, ст.20

[2]«НИИП имени В.В. Тихомирова Этаты большого пути», Аэрокосмическое обозрение, No.3. 2004, ст. 6-7

[3]«РЛСУ «Ирбис-Э» - радар нового поколения», Аэрокосмическое обозрение, No.1. 2006, ст.20

[4]Тамерлан Бекирбаев, « «Барс»: большие потенциальные возможности», Национальная оборона, JAN. 2009, p66-67

[5]«РЛСУ «Ирбис-Э» - радар нового поколения», Аэрокосмическое обозрение, No.1. 2006, ст.20

[6]«НИИП им. В.В. Тихомирова: не снижая набранного темпа», Арсенал, No.4.2008. ст.149-150

[7]«РЛСУ «Ирбис-Э» - радар нового поколения», Аэрокосмическое обозрение, No.1. 2006, ст.20-22

[8]«РЛСУ «Ирбис-Э» - радар нового поколения», Аэрокосмическое обозрение, No.1. 2006, ст.20-22

[9]«РЛСУ «Ирбис-Э» - радар нового поколения», Аэрокосмическое обозрение, No.1. 2006, ст.20-22

[10]楊政衛,"俄羅斯第五代航空電腦",航太工業通訊雜誌,2009年12月(第66期)

[11]Андрей Фомин," Новый подробности об РЛСУ «Ирбис» для истребителя Су-35",Вэдёт,2006.4,p41.(Andrei Formin,«更多Su-35的Irbis雷達的細節»)

[12]«РЛСУ «Ирбис-Э» - радар нового поколения», Аэрокосмическое обозрение, No.1. 2006, ст.21

[13]РЛСУ "Ирбис-Э" - радар нового поколения, Аэрокосмическое обозрение No.1, 2006 г., ст.22

[14]Беседовал Иван Лукашев, «НИИП им. Тихомирова устремлен в будуще», Военный Диплоиат, NOV.2006, p69-72, http://www.niip.ru/modules/Downloads/docs/2006/2006_11.pdf

[15]РЛСУ "Ирбис-Э" - радар нового поколения, Аэрокосмическое обозрение No.1, 2006 г., ст.20-22

[16]РЛСУ "Ирбис-Э" - радар нового поколения, Аэрокосмическое обозрение No.1, 2006 г., ст.22

[17]Андрей Фомин," Новый подробности об РЛСУ «Ирбис» для истребителя Су-35",Вэдёт,2006.4,p41.

[18]РЛСУ "Ирбис-Э" - радар нового поколения, Аэрокосмическое обозрение No.1, 2006 г., ст.21

[19]«Су-35 в шаге от пятого поколения»(«5代戰機腳邊»的Su-35),Взлёт,8-9.2007,p.44～51

[20]РЛСУ “Ирбис-Э” - радар нового поколения, Аэрокосмическое обозрение No.1, 2006 г., ст.20-22

[21]«НИИП им. В.В.Тихомирова на острие технического прогресса», Вестник авиации и космонавтики, 10.OCT.2011

[22]РЛСУ “Ирбис-Э” - радар нового поколения, Аэрокосмическое обозрение No.1, 2006 г., ст.20-22

[23]Андрей Фомин, ” Новый подробности об РЛСУ «Ирбис» для истребителя Су-35”,Вэдёт,2006.4,p41.

[24]РЛСУ “Ирбис-Э” - радар нового поколения, Аэрокосмическое обозрение No.1, 2006 г., ст.20-22

[25]«Су-35 в шаге от пятого поколения»(«5代戰機腳邊»的Su-35),Взлёт,8-9.2007,p.44～51

[26]2007莫斯科航展期間Irbis-E型錄

[27]РЛСУ “Ирбис-Э” - радар нового поколения, Аэрокосмическое обозрение No.1, 2006 г., ст.21

[28]РЛСУ “Ирбис-Э” - радар нового поколения, Аэрокосмическое обозрение No.1, 2006 г., ст.21

[29]NPP Polet官網型錄。http://www.polyot.atnn.ru/prod/prod_04_03.phtml

[30]РЛСУ “Ирбис-Э” - радар нового поколения, Аэрокосмическое обозрение No.1, 2006 г., ст.20

[31]Беседовал Иван Лукашев, «НИИП им. Тихомирова устремлен в будуще», Военный Диплоиат, NOV.2006, p69-72, http://www.niip.ru/modules/Downloads/docs/2006/2006_11.pdf

[32]V.K.Babich等14人，”Авиация ПВО России и научно-технический прогресс”, Дрофа(俄)，2005，p307

[33]«СУВ “ЗАСЛОН” С ФАР ДЛЯ ИСТРЕБИТЕЛЕЙ МИГ-31», NIIP官網，http://www.niip.ru/modules.php?name=Content&pa=showpage&pid=8

[34]Тамерлан Бекирбаев, « «Барс»: большие потенциальные возможности», Национальная оборона, MAR.2009, p66-67

[35]«СУВ “ЗАСЛОН” С ФАР ДЛЯ ИСТРЕБИТЕЛЕЙ МИГ-31», NIIP官網，http://www.niip.ru/modules.php?name=Content&pa=showpage&pid=8

[36]«РАДАР “ОСА” С ФАР “СКАТ-m” »,NIIP官網，http://www.niip.ru/modules.php?name=Content&pa=showpage&pid=17

[37]«РАДАР “ОСА” С ФАР “СКАТ-m” »,NIIP官網，http://www.niip.ru/modules.php?name=Content&pa=showpage&pid=17

[38]Беседовал Иван Лукашев, «НИИП им. Тихомирова устремлен в будуще», Военный Диплоиат, NOV.2006, p69-72, http://www.niip.ru/modules/Downloads/docs/2006/2006_11.pdf

[39]Киреев В.П., «Системы управления вооружением истребителей», Машиностроение, Москва, 2005

[40]«АФАР в России: прошлое и будущее», Взлёт, No.2.2007, ст.34-35

[41]РЛСУ “Ирбис-Э” - радар нового поколения, Аэрокосмическое обозрение No.1, 2006 г., ст.20-22

[42]MAKS2011採訪資料

[43]«НИИП им. В.В. Тихомирова: не

снижая набранного темпа», Арсенал, No.4.2008. ст.149-150

[44]«Дебют «активных»», Взлёт, OCT.2005, p10

[45]Вестник авиации и космонавтики, 6.2000 (珠海航展特刊)

[46]V.K.Babich等14人，"Авиация ПВО России и научно-технический прогресс"(Russian Air Defense Aviation: Scientific and Technological Advance), Дрофа(俄)，2005，p307表格

[47]«Дебют «активных»», Взлёт, OCT.2005, p10

[48]«AN/APG-77 Radar System", http://www.globalsecurity.org/military/systems/aircraft/systems/an-apg-77.htm

[49]MAKS2011採訪記錄

[50]Влидимир Ильин, «Рождение АФАР», Аэрокосмическое обозоение, No.4, 2005, ст. 108-111

[51]Андрей Фомин, « «Ирбис» - В воздуже!», Взлёт, MAR, 2007,

[52]««Сухие» В Китае –Сегодня и Завтра»(Sukhoi在中國，今天與明天),Взлёт,2006.11,p.28～31

[53]Василий Касарин, «Мы переходим к «АФАР»», Национальная оборона, No.2, 2008, ст.24-31

[54]««Тихомировская» АФАР готова к летным испытаниям Интервью с генеральным директором НИИП им. В.В. Тихомирова Юрием Белым», Взлёт, 2010. No.11

[55]Игорь Кошуков, «НИИП имени В.В. Тихомирова – 55лет», Национальная оборона, 2010

[56]«Глаза и уши" истребителей», Аэрокосмическое обозрение, No.4. 2007, ст.48-49

[57]«Радар для Ми-28Н»,Взлёт,5.2008. ст.18-20

[58]Василий Касарин, «Мы переходим к «АФАР»», Национальная оборона, No.2, 2008, ст.24-31

[59]Василий Касарин, «Мы переходим к АФАР», Национальная оборона, No.2, 2008, ст.25

ПРИЛОЖЕНИЕ 5

從Irbis-E看 機電複合掃描相位陣列雷達設計

相當重視武器的資訊自主權的俄國人在後蘇聯時期便開始嘗試建立球狀雷達視野。在90年代已經出現前視X波段相位陣列雷達、口徑較小的X波段後視雷達、以及可安裝於翼前緣之微型X波段相位陣列雷達。至此以高精度的X波段雷達建立球狀主動雷達視野已具備可行性，甚至在老Su-35上已開始測試前後視雷達的共用。但這種設計使得主雷達視野以外的部分探測距離難免較小，為此俄國人想到以機械輔助掃描來拓展主雷達視野。Irbis-E便採用兩級機械輔助掃描，天線首先安裝在往復擺動的機械上，而後整個裝置再安裝在旋轉基座上。

除了俄製Irbis-E外，瑞典JAS-39NG改良方案以及EF-2000所採用的主動相位陣列雷達都有採用機電輔助掃描設計。英國的早期方案有只採用單軸機械輔助掃描(只用旋轉台)的，但後來公佈的卻與Irbis-E一樣是雙軸式的。可見雙軸式機械輔助掃描在未來的重要性。

本文旨在探討這種獨到設計之特性。另一方面在未來不能排除主動陣列雷達僅搭配旋轉台的單軸機械掃描設計，因此本文最後亦對之做分析。

一、機械輔助掃描的用途

雙軸機械輔助掃描裝置包括一個可來回擺動的機械與一個旋轉基座。在Irbis-E上，擺動機械與旋轉基座的活動速度都約是120度/秒。

1. 擺動式機械

Irbis-E搭配能左右60度擺動的機械掃描裝置使水平視野擴張到+-120度，垂直視野+-60度。若進一步搭配類似Faraon「法老」(或譯「警察」)類的小型相位陣列雷達(視野+-70度)，則水平方向視野達360度，但於上下半球各有一小塊「盲區」(至多60度)。以超視距作戰以及充當預警管制機等任務而言該視野已完全夠用，這是因為對上述任務而言，主要考慮遠方目標，較不具「突發性」：目標位置大致已知，因此可以機械裝置將雷達面向所需區域，而後完全以電子掃描對120x120度區域進行即時監控。這樣，來自機械裝置的慣性便不會制約戰機的資料更新能力。甚至即使持續使用機械掃描以獲致240x120度之視野，則由於僅在水平方向有機械擺動，因此資料更新率仍高於傳統機械雷達，一般機械雷達全空域掃描周期約

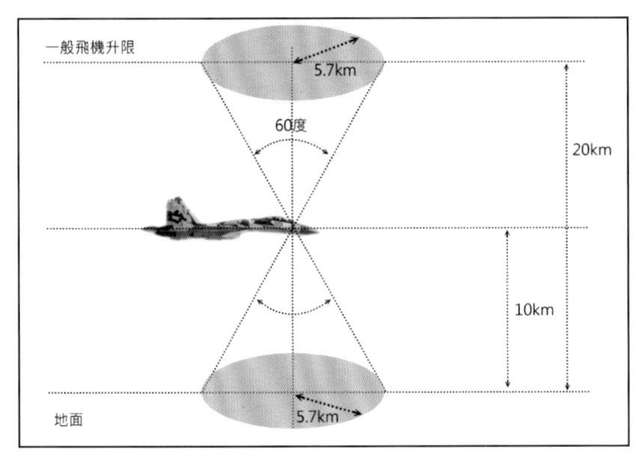

▲ 圖1 採用電子掃描搭配水平機械掃描時，上下半球的60度錐形內為盲區，不過盲區範圍很小，約在視距內，故問題並不大。

10秒，Irbis-E搭配水平機械掃描之全空域(240x120度)掃描周期約在2秒，此期間一般飛機至多飛行約1公里，對於約30km外的飛機目標，這種距離造成視角差有限，因此雷達資料更新的即時性仍足夠。

是否要考慮盲區

在飛機平飛狀況下，存在的盲區約是在鉛垂方向上下半球的圓錐型區域，其最大半徑通常不到5km(圖1)，幾乎可以不用考慮，而匿蹤飛機若要進入該盲區便無可避免讓Irbis-E以高仰角或高俯角在不到20km距離內探測之，因此在進入盲區之前，其較大RCS之方向可能已曝露而提早被雷達捕獲。因此在平飛狀態下，上下半球的盲區其實可以忽略。

注意上述優點僅成立於戰機平飛時，在戰機進行滾轉時上述寬廣視野有一部分會「跑」到目標較少的鉛垂方向去。例如當平飛中的戰機滾轉了90度，則這個相對於戰機的「水平+-120度，垂直+-60度」視野實際上成了「地平線方向+-60度，鉛垂線方向+-120度」的視野(圖2)，這時飛機的大視野等於用在威脅較少的鉛垂線方向，而丟失大量的地平線方向的目標，換言之，戰機滾轉後相當於自己把許多目標「放到」上下半球(相對於飛機)的盲區中，這不論在對付傳統戰機還是低可視與匿蹤戰機都相當不利。

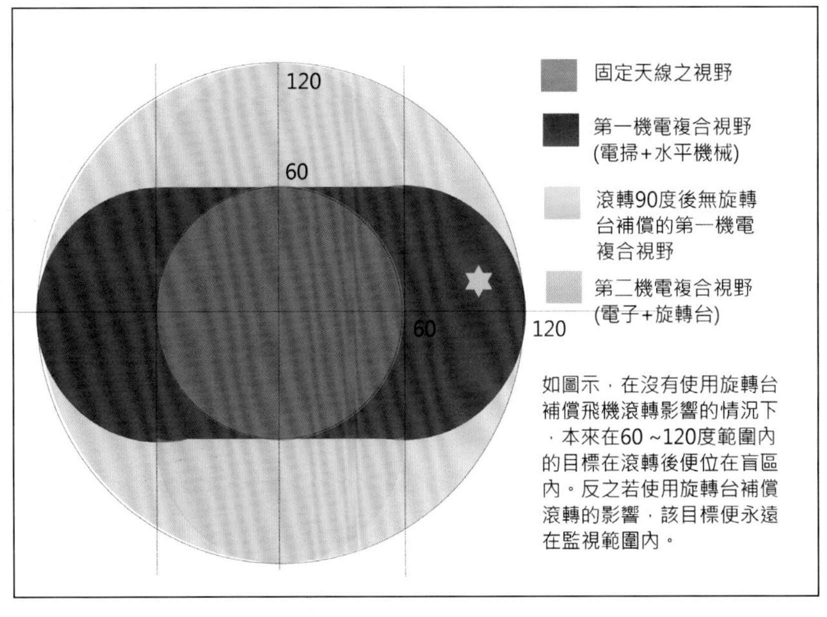

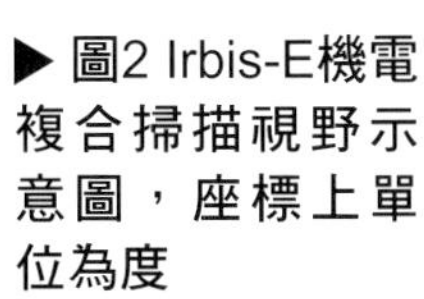
▶ 圖2 Irbis-E機電複合掃描視野示意圖，座標上單位為度

2. 旋轉基座功能之一：移除飛機滾轉的影響

為了移除上述問題，研發人員將整個天線與掃描機械安裝在一旋轉基座上(圖3～9)。由於雷達天線與後端系統之間有波導管和各種線路，所以為了避免管線糾纏，旋轉基座並不能持續360度旋轉，而是繞主軸做左右120度旋轉，轉速約是120度/秒。

有了旋轉基座以後240x120度的機電複合視野便不受戰機滾轉的影響，例如戰機向右滾，旋轉台便施加向左滾的力矩以使雷達相對於外界而言與戰機滾轉前無異。如此一來戰機對戰區的監視便不會受到自身滾轉的影響，相當於沒有盲區，而僅剩理想的匿蹤戰機有可能藉著機械往復擺動的時間差發動奇襲。此外這種讓雷達視野不受戰機滾轉影響

▲ 圖3 Irbis-E 雷達後方特寫，可觀察到往復機械與旋轉台構造

▲ 圖4 Irbis-E 雷達往復機械與旋轉台並用示意模型

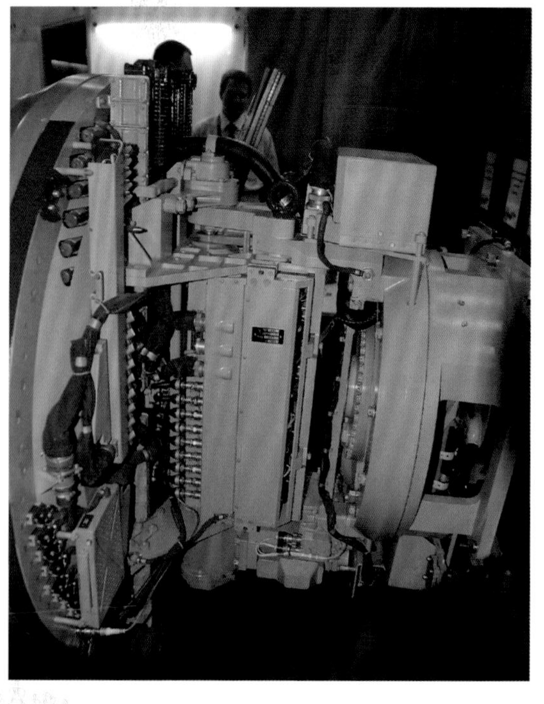

▶ 圖5 Irbis-E 雷達往復機械與旋轉台並用

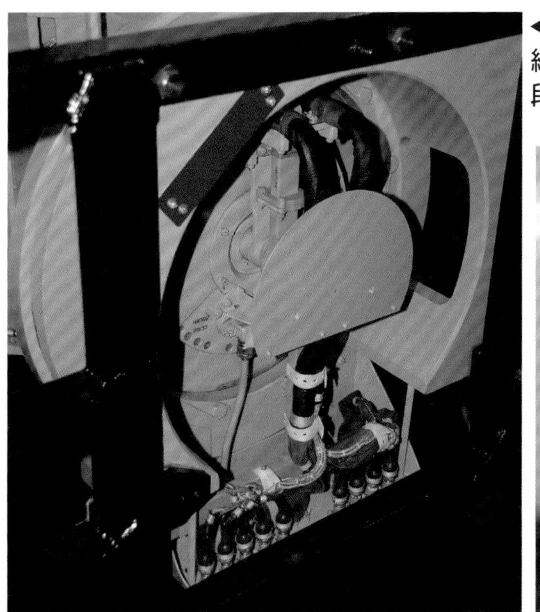

◀ 圖6 Irbis-E旋轉基座後方特寫。旋轉台可繞主軸+-120度旋轉。其中藍色波導管的上段通往天線，下段通往發射機。

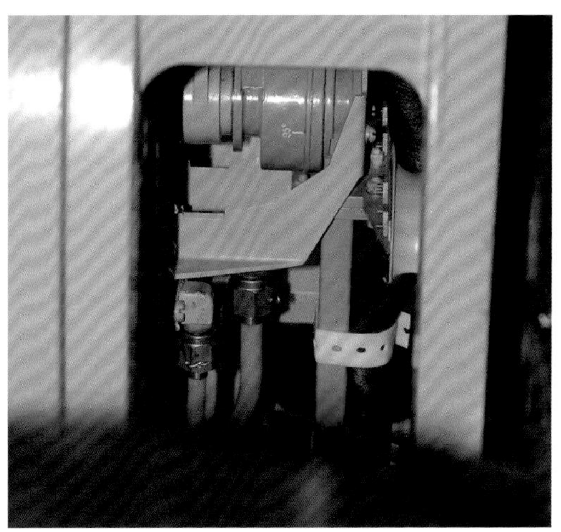

▲ 圖7 Irbis-E旋轉基座波導管接合方式特寫。

▲ 圖8 Irbis-E雷達水平擺動機械處的波導管特寫

▲ 圖9 Irbis-E信號進出口特寫。藍色波導管末端將連往雷達的後端系統如發射機等

的特性也能簡化雷達處理程式的設計。

擺動機械與旋轉基座搭配電子掃描除了能維持不受戰機滾轉影響的超大視野外，也可以讓戰機機動過程中雷達的120x120度電掃視野都對著固定的方向，增強對高威脅區域的資訊接觸。

3. 旋轉基座功能之二：超大近球狀視野掃描

雙軸機電複合掃描還可以讓Irbis-E獲致上下左右各120度的視野，已經幾乎是球狀。前面提到旋轉檯並不能持續旋轉，而只能+-120度旋轉。當轉台還沒轉到盡頭時，只要將天線往另一個方向偏，再讓轉台往回轉，如此周而復始，便可建構上下左右各120度的視野。例如：

〈1〉 先將天線向正上方偏轉60度，旋轉台向左旋180度，約需1.5秒，雷達就完成垂直方向+-120度，水平方向-120度範圍內的掃描，此時天線已面向下方60度。

〈2〉 將天線往上擺，回到向上60度的姿態，此過程需時約1秒。

〈3〉 旋轉台右旋180度，約需1.5秒，完成垂直方向+-120度，水平方向+120度的掃描。此時天線又再次面向下方60度，而旋轉台已回歸本位。

〈4〉 再將天線向上擺動到向上60度，需時1秒，並回到步驟〈1〉，如此周而復始。

據此初步估算，當以機電複合掃描獲得上下左右各120度的超大視野的更新週期約為5秒。依據2007年莫斯科航展期間NIIP的Irbis-E型錄，這種模式的視野甚至可以稍為擴大到「上下左右各125度」，但此模式僅適用於監視模式，追蹤暨掃描模式之視野則為水平+-120度與垂直+-60度。

二、預警能力的即時性分析

由以上分析可知，Irbis-E的240x120度視野的更新週期約是2秒，240x240度視野的更新週期約是5秒。這當然不能與純電子掃描比快，但就預警用途而言，重要的是目標在這時間差裡面會飛越幾道波束寬。如果在更新週期內目標橫越的視角小於或等於探測波束寬，那麼其相對於雷達而言便幾乎等於靜止不動。以下取Irbis-E遠程模式的波束(約是10x10度)計算。

以現有空對空飛彈極速4馬赫來計算，5秒內約可飛6.6km，如果完全以橫越方式飛行，則只有約40km以內的飛彈可飛超過一道波術的寬度；當資料更新週期是2秒時，要15km以內完全以橫越方式飛行的4馬赫目標才能飛超過一道波束寬。

在真實情況下，目標不會剛好都是橫越，而且完全橫越的目標通常比較不具威脅。例如正對我方直奔而來的飛彈威脅當然比較大，但這時他的橫越速度很低，因此在雷達的資料更新週期內對我有威脅的飛彈是很難飛超越一道波束寬的。

而對戰鬥機目標而言，速度通常不超過2馬赫，以這樣的速度，5秒內飛行3.3km，要在距離約20km以下才有機會趁空檔飛超過一道波束寬；當雷達的資料更新週期是2秒時，要在8km內才有機會飛超過波束寬。特別是絕大多數飛機巡航速度都低於1馬赫，那麼基本上除非到了10km的視距內，否則都沒機會趁空檔飛超過一道波束寬。

因此Irbis-E的機電複合掃描視野雖然有著2或5秒的資料更新週期，但其意義幾乎等於是即時的。

值得注意的是，像F-22戰機發射武器時彈艙開啟到關閉的整個過程約為2

秒，這個期間其實是匿蹤戰機很容易曝露行蹤的時期。由於Irbis-E的機電複合掃描週期約為2秒，因此除非F-22發射武器的時間點控制得恰到好處，否則其在武器發射期間便很可能被Irbis-E抓到。

三、機械輔助與主動相位陣列雷達的搭配

主動陣列天線(AESA)比被動式天線更為厚重(圖10)，故像T-50所用的主動陣列天線若採用Irbis-E的雙軸機械輔助掃描又要維持一樣的機械掃描速率，必然需要增強制動機構的強度與機械功率。也因此首度實現雙軸機械輔助掃描的俄國NIIP公司目前並不打算在主動陣列雷達上採用機電複合設計。為Irbis-E設計機電輔助裝置的設計師甚至說「主動的要這樣做，等十年吧！」

不過歐洲國家的EF-2000與JAS-39NG的主動陣列雷達則也都採用雙軸機械輔助掃描設計(圖11)。這可能讓人聯想到是不是歐洲的AESA技術較進步所以比較輕巧？當然可能性不是沒有，但還有其他可能性：〈1〉這些歐洲戰機的雷達本來就比較小，因此就算用同樣技術，本來就會比較輕；〈2〉T-50的AFAR-X的天線單元功率10～12W，所以需要在冷卻上下功夫，而有的輕巧的主動陣列雷達只用5～10W元件，冷卻需求較少，如果用的是低功率元件而不需冷卻，那當然可以比較輕。

其實對AESA而言，由於與後端系統只有電線等相連而未必要有波導管相連，因此或許有機會實現360度旋轉的轉台。若真如此，便可採用「電子掃描+旋轉台」設計，也就是天線固定向一個方向偏轉，然後旋轉台持續旋轉。例如若天線固定偏轉60度，則搭配旋轉台360度旋轉後便可獲致上下左右各120度的視野(圖12)。如果能採用這樣的設計，便可以省掉來回擺動機械的空間與重量，而持續旋轉的轉台由於沒有往返

◀ 圖10 AFAR-X主動陣列雷達(前)與後方的Irbis-E天線比較，主動陣列天線明顯厚重許多，約是被動天線的兩倍厚度

▼ 圖11 JAS-39NG計畫使用的主動相位陣列雷達也有搭配旋轉台的構想

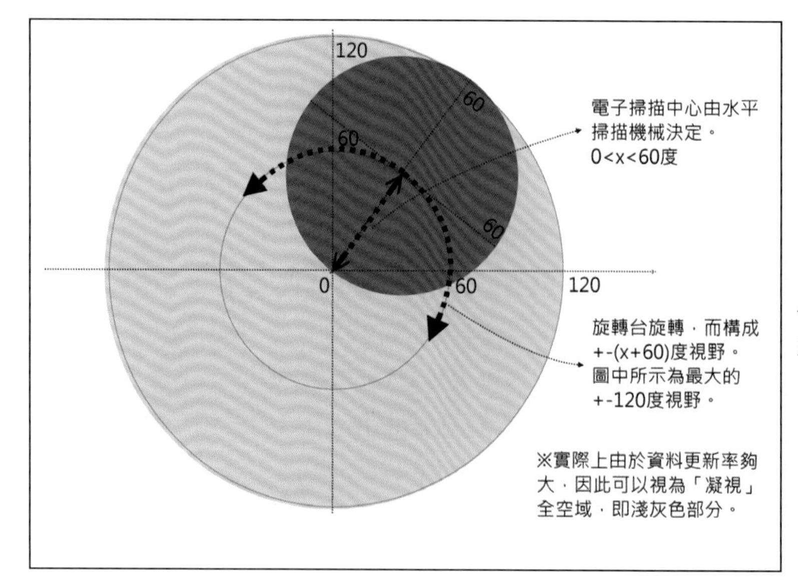

◀ 圖12 電子掃描搭配旋轉台視野示意

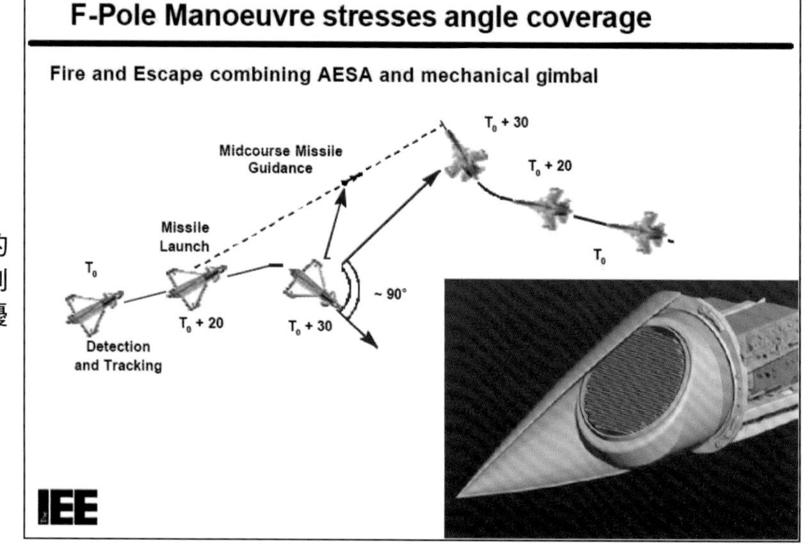

▶ 圖13 EF-2000的旋轉台主動相位陣列雷達構想與其作戰優勢示意圖

運動，較不需克服天線的慣性，所需功率也較低。在EF-2000的改良方案中便曾出現這樣的構想(圖13)，只是後來還是換成雙軸式設計。筆者在MAKS2011詢問NIIP的設計師是否可能對AFAR-X採用這種設計，對方表示「這只是一種點子，目前沒有做」

不過須考慮到相位陣列雷達在大角度時由於等效口徑減少，會使得探距降低。若純粹考慮等效口徑的影響，則離軸40度與60度時探距分別是0度時的93%與84%。因此若天線固定偏轉60度，固然可以獲致最大的視野(+-120度)，但對正前方的目標探距卻不盡理想。因此偏轉角度也不宜太大。可僅偏轉30～40度，這樣對正前方目標探距衰減較小，總視野卻仍可過半球(+-90度～+-100度)。

另一方面，單純使用「相位陣列天線+旋轉台」的設計又帶來另一符合潮流的附加價值：匿蹤。當前許多相位陣列雷達都稍微向上偏轉，目的是為了讓迎面而來的雷達波不要正反射回去。這種設計偏轉角通常不大，因為偏轉太大的話會失去很多必要的視野(例如太往上偏，則幾乎無法俯視)。採用旋轉台後本來失去的視野可以靠旋轉而復得，因此允許使用大偏轉角，如此一來雷達天線正面的RCS便可以顯著降低。

ПРИЛОЖЕНИЕ 6

AFAR-L主動陣列雷達性能研析與其反匿蹤潛力

AFAR-L是第五代多用途無線電系統的一部分，是設計安裝於翼前緣的L波段主動相位陣列雷達，在T-50上除了兩翼前緣外，在進氣道可動前緣處似乎也有安裝。未來Su-35不無可能使用之(目前在外銷型上用的是4238E主動陣列敵我識別天線)。其集射控雷達、敵我識別、通信、空中管制等複雜功能於一身。這種系統是俄國依據MiG-31的敵我識別系統使用經驗逐步改良與演進而來，至今已成為一種多用途雷達，擁有非常驚人的戰術價值。

一、發展緣起與技術數據

在現代戰機上L波段微波常用在敵我識別(IFF)系統與短程警戒(圖1～2)，這一方面是L波段不會影響作為探測主力的X波段的運作，且波束通常較寬，對IFF功能來說剛好適合「廣播」識別信號，對飛彈預警來說能快速掃描[1]。俄製MiG-31在主雷達天線上寄生了一組L波段敵我識別相位陣列天線，開機載L波段相位陣列之先河，然而該設計限制了L波段的性能：一方面是天線總

▲ 圖1 NIIR的Zhuk-MFE被動相位陣列雷達，為Zhuk-ME的相位陣列版。其上亦寄生IFF天線，其天線佈局顯示水平方向精確度高於垂直方向，但精確度畢竟受限於天線口徑而不夠理想

▲ 圖2 MAKS2007展出的NIIR的Zhuk-ME雷達，寄生有IFF天線，其IFF天線陣列相當簡單。新版的Zhuk-ME則移除該寄生天線

口徑受限於機鼻尺寸，二方面針對X波段優化的雷達罩多少限制了L波段的性能。由此產生了將L波段移植到翼前緣的想法。翼前緣的尺寸動輒數公尺，因此可以讓L波段擁有足夠的口徑，俄國開發的翼前緣L波段陣列擁有2～3m口徑，確保了超遠程敵我識別能力[2]。老Su-35與Su-30MK上便可能安裝了這種敵我識別天線(圖3)。

翼前緣L波段陣列天線被賦予以下要求[3]：

〈1〉 敵我識別系統，得益於更大的總口徑，識別距離與精度都更大，AFAR-L能確保400km的敵我識別。

〈2〉 用於飛航管制，甚至要能相容於北約的飛航管制信號。

〈3〉 擔任「第二監視雷達」，即北約規範的「S模式」。

〈4〉 接受射控系統的指示進行對空、對地、對海通信。

〈5〉 最新的AFAR-L還添加射控雷達的功能，在這方面還因為L波段的使用而強化對樹下目標的探測能力。

除此之外也可推測AFAR-L可能具有對L波段範圍內的各種電磁波進行被動預警與主動干擾的能力。

AFAR-L(圖4～7)的發射-接收模組由NPP Pulisar研發，採用「共用窗口多頻譜設計」，每一個發射-接收單元內整合了4個獨立發射通道與2個獨立接收通道，每個發射通道的峰值達200W，能量效率40～60%(依頻率而定，最高接近70%)，頻率1GHz～1.5GHz，接收機噪音係數<4dB。供電與穩定裝置位於收發模組的中間，能確保持續30us的持續照明。採流體冷卻以確保

▼ 圖3 Su-30MKK翼前緣特寫，從中可發現其已有類似AFAR-L的翼前緣L波段天線(左側較長者)，可能是敵我識別天線。另外注意右側較短的帶突粒的天線罩，為L-150預警接收器之感測器。老Su-35的翼前緣已使用這樣的設計

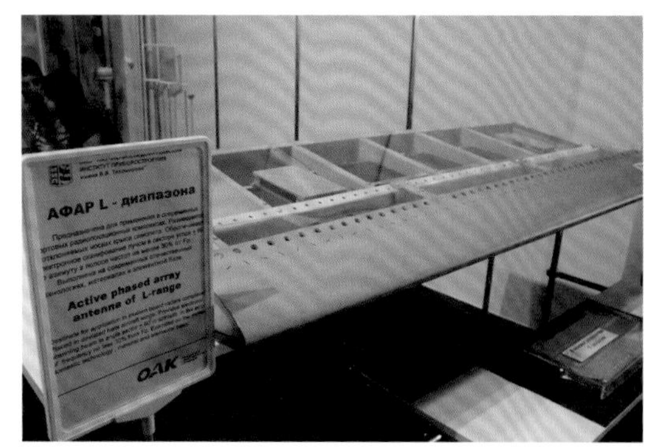

▲ 圖4 AFAR-L雷達全貌

▲ 圖5 AFAR-L細節，可見後方的處理系統、中間的波導管、以及前方的雷達罩 (1)

▲ 圖6 AFAR-L細節，可見後方的處理系統、中間的波導管、以及前方的雷達罩

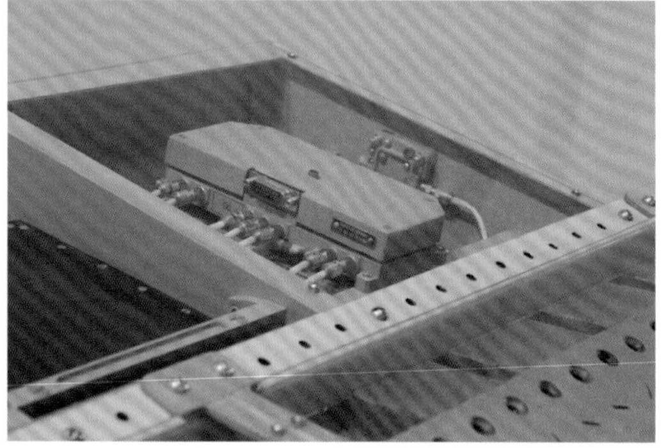

▲ 圖7 AFAR-L細節，可見後方的處理系統、中間的波導管、以及前方的雷達罩

大功率。每一個收發單元本體尺寸為60x174x214mm^3[4,5]，在MAKS-2007展出的成品含12個天線，故總口徑達2.08m。但另有16單元版本，總口徑約2.78m。這種一維陣列僅用於水平方向掃描，能接收水平方向+-60度，與主頻F_0誤差超過30%的訊號[6](換言之其主動模式頻率在1～1.5GHz但被動模式超過此一範圍)。

二、性能分析

1. 使用配置

由於每個發射-接收模組整合了4個獨立發射通道與2個獨立接收通道，故每一組AFAR-L(指整個1x12或16線列)至少相當於2套完全獨立運作的射控雷達，「剩餘」的2個發射通道則可用於純粹發射信號或比較少接收信號的用途如發射識別信號等。由於實際上接收通道當然可以分時工作，因此這裡視之為2套完全獨立雷達是估計其下限，若將其視為4套獨立系統亦無不可。此外，以上是假設12或16個天線單元共同使用，此乃性能最佳的狀況，實際上約4～6個天線已可達成相當於以往寄生在主天線上的IFF陣列的功能(波束較寬距離較短)，因此AFAR-L實際上等效於更多套獨立設備。

一對AFAR-L相當於擁有4～8套L波段無線電設備。而由照片觀之，T-50在進氣道可動前緣也裝設了AFAR-L，這樣一來便相當於有8～16套L波段無線電設備(註1)。也由於AFAR-L實際上相當於好幾部獨立運作的雷達，這可能有助於提升探測機率，例如假設一部雷達對某種目標的最大探距是L，這通常表示有50%的探測機率，則兩部雷達在L探測該目標的機率便是75%，三部一起則機率高達87.5%，這便相當於提高最大探距。此外當然也可能用好幾個發射通道同步運作以加大發射功率，例如採用2、3、4個通道一起進行探測分別可提升18、31、41%的最大探距。

(註1：在只有兩套AFAR-L的情況下，飛機相當於擁有4套完全獨立的L波段搜索雷達外加4套獨立發射裝置，透過特殊處理方式可能達到8套獨立雷達的效果；而在裝備4套AFAR-L的情況下，則相當於8套獨立的L波段探測系統外加額外8套獨立發射裝置，透過特殊處理方式可能達到16套雷達的效果。)

AFAR-L本身電子掃描角度為+-60度，安裝在翼前緣後總視野受掠角影響。裝設在掠角約40度的傳統戰機上，總視野可達+-100度；T-50掠角約50度或以上，則AFAR-L可提供超過+-110度視野。這種寬廣的視野讓AFAR-L也可用來做飛彈預警，並且在劇烈的戰術機動中保持對目標區的接觸(探測、識別)以及與友軍的聯繫。

以下將探討AFAR-L的戰術技術優勢，這些優勢主要來自兩大特點：〈1〉波束的高指向性：關係到操作距離以及隱匿性；以及〈2〉操作頻率：賦予其威脅Link-16、JTIDS等西方戰術資料鏈甚至探測匿蹤飛機的能力。

2. 相當於X波段的方位精度與其影響

AFAR-L的許多獨特功能實乃得益於其大口徑。以較小的12單元的版本看，其總口徑約為7～10個波長，內含12個發射單元，這數據與小型X波段雷達相當。例如NIIP的Epaulet-A微型相位陣列雷達最大口徑亦相當於10倍波長，內含約10個天線；又如MiG-21所用的X波段雷達口徑30～40cm，亦約為波長的10倍。因此理論上AFAR-L水平方向波束指向性與上述小型X波段射控雷達相同(註2)，故能以X波段射控雷達之數據預測其指向性能：約0.5度級的方位精確度。需注意的是，這款L波段雷達只在橫向構成陣列，所以僅用於測方位，在垂直方向上並無指向性可言。

(註2：在干涉式天線中，「波長-總口徑」比約與主波發散角成正比，該值越小，主波越窄；此外，口徑內天線數越多，旁邊峰值越低但主波越強。換言之，「波長-總口徑」比越小，口徑內天線數越多，就表示主波越窄且旁波越弱，即指向性越好。指向性越好就表示波束精確度更高，且能量更集中。因此這裡將AFAR-L與X波段雷達比較時，必須同時考慮「孔徑是波長的幾倍？」以及「孔徑內有幾個天線？」兩大參數。附帶一提，AFAR-L的發射單元有「波長越長能量效率越高」的特性，因此操作在1GHz頻率時發散角會比1.5GHz時大，精確度會稍差，但主軸強度卻因為功率也稍微提高而幾乎不變，因此在定性分析上可以假設各波段的操作距離都相同。)

相較之下，傳統的敵我識別天線

幾乎無指向性可言：如俄系N-011M、Zhuk等附加L波段天線的雷達，總口徑不超過1m；美製F-16等則將敵我識別天線安置在風擋前方，總口徑甚至僅約50cm；上述各式敵我識別天線之天線數通常約5個左右，其指向性自然遠不如這種安置在翼前緣的大口徑陣列天線。MiG-31之敵我識別天線陣列數較多，在識別距離與精確度上應優於其他戰術戰機，但礙於口徑的限制，其方位精確度無法達到AFAR-L的等級。

這種X波段級精確度的L波段雷達帶來一系列利益：

〈1〉 更精良的敵我識別能力[7]：事實上敵我識別器本身並無指向性的需求，其只須發送信號，待友機收到信號後發出標示自身位置之信號以供確認，因此友機的精確位置其實可由其回應之識別信號得知，不需要敵我識別器有多高的指向性。不過，敵我識別器具備高指向性自然更具優勢：首先，高指向性表示能將大部分能量集中在小角度內，此即在相同發射功率下能有較大的操作距離，或是用較小的功率滿足所需之操操作距離；其次，高指向性使戰機能僅對目標區發送信號，能大幅減少暴露自身電磁訊號的機會。據廠商介紹，AFAR-L可支援400km遠的敵我識別能工作，這為KS-172、izdeliye-810等超長程飛彈提供了使用前提。

〈2〉 保密寬頻通信：高指向性以及大操作距離使其具備作為高保密性寬頻通信天線之條件：現有Su-27系列之通信天線，VHF/UHF波段操作距離約400km，HF波段約1500km，而這種新的「L波段雷達」通信操作距離便與VHF/UHF相當，故若能作為通信用途，理論上可部份取代後者。由於L波段波長較VHF/UHF短得多，故理論上通信頻寬可以更大，加上這種L波段雷達能發出指向性波束，隱密性自然優於不具指向性的傳統通信天線，相當適合戰術資料之保密傳輸。可能正是因為如此AFAR-L也被賦予對空對地對海通信的使命。事實上，如Link-16、MIDS、JTIDS、衛星通信等許多先進的寬頻通信早已使用L波段。AFAR-L操作範圍1～1.5GHz，相當於Link-16、JTIDS的1～1.2GHz，因此有潛力達到後者的2Mb/s傳輸速度上限。

〈3〉 精確度相當於X波段的射控雷達：既然精確度達到小型X波段的等級，就表示AFAR-L不只可以用來警戒，還有潛力用來射控。雖然其僅能用於測方位，但若飛機滾轉後再探測，便可獲致三維坐標(這與船艦上的「頂版」3D雷達工作原理類似，註3)(圖8～9)。這種推測得到NIIP資深專家的卻認。

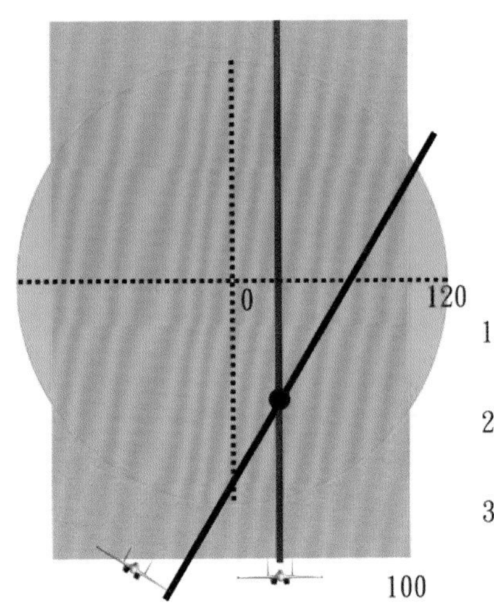

◀圖8 AFAR-L以不同滾轉角訂定三維座標示意

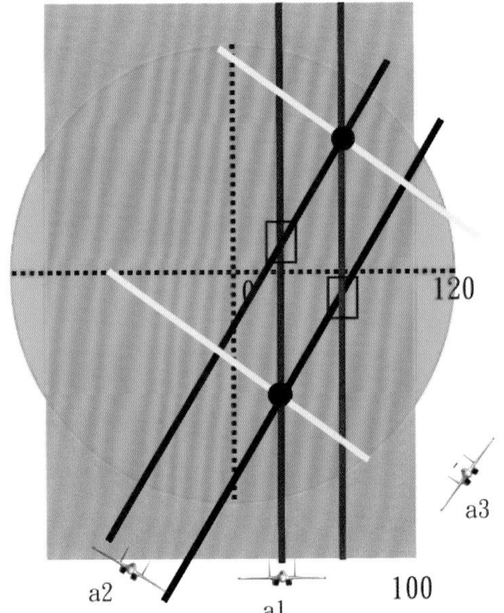

◀圖9 AFAR-L訂定三維座標時可能出現的難點與解決之道，這還牽涉到資訊整合問題，詳見第八章關於AFAR-L的段落與文末附錄的討論

在Su-35BM上，由於主雷達有旋轉台，因此主雷達的視野完全不受飛機滾轉的影響，因此AFAR-L若要實施滾轉後定位，並不會影響主雷達的工作。

(註3：在知名的「澳洲空中武力」網站的雷達專家於2009年9月發表的一篇分析文[8]中亦提及此種推測，然而該文也提到也可能在垂尾等地方安置可以垂直掃描的AFAR-L，這樣便能不滾轉便進行定位。但筆者認為，這種方案雖然方便，但姑且不論俯視視野可能被機身遮蔽(這樣要定位有時候甚至要進行俯仰運動)，垂尾頂端的尺寸不足，會降低垂直方向解析度，這樣一來能否定出X波段級的三維座標就很難說。)

〈4〉 更精準的前半球被動偵查：AFAR-L也可用來進行被動偵查。被動偵察系統的精確度通常也隨頻率的減少而降低。如俄製SPO-32(L-150)雷達預警接收器偵測範圍在1.2～18GHz，其中對8～18GHz最高定位精度2～3度，4～8GHz時降低為5度，對1.2～4GHz者精度降低為15度。AFAR-L對1～1.5GHz定位精度達X波段級意味著有可能發展出對此一波段的反輻射硬殺能力。由於西方現代化的寬頻通信系統正好操作在此一波段，因此AFAR-L此一潛力有極高的實戰價值。

3. 1～1.5GHz波段帶來的其他優勢

除了敵我識別外，許多寬頻資料鏈與預警雷達也是操作在L波段，如部份預警機雷達、Link-16/MIDS/JTIDS等資料鏈(1～1.2GHz)、敵方敵我識別信號、衛星導航信號、飛彈資料鏈信號等。

換言之可以合理的判定，AFAR-L可用來對這些通信行為進行被動預警與定位，甚至不能排除主動干擾的可能[9]。這種被動警戒的操作距離可以由敵我識別距離作為參考(因為電磁波都是單向行進，而非探測波束要一來一回)，即400km左右。第五代雷達系統MIRES的設計目標便是將所有無線電功能集中整合在幾個主動陣列天線上，其中便包括電子偵察[10]，加上AFAR-L的接收頻譜很廣，能接收與主頻誤差超過30%的信號[11](即被動偵測範圍超過1～1.5GHz)，甚至要能兼容於北約空中管制信號，因此看似與範圍不那麼大的AFAR-X(能接收與主頻誤差小於30%的信號[12])有不小的差異。在T-50戰機上AFAR-L甚至可能增加至4套(根據照片研判)，若然則更暗示AFAR-L有著不凡的多功能性。

在作為被動偵測系統方面，將有助於偵測以戰術資料鏈通連的匿蹤戰機。一般而言，現代俄製戰術戰機用雷達預警接收器探測頻率下限為1.2GHz，西方系統則為2GHz(升級後才能下放至0.5GHz[13])，因此Link-16、JTIDS相當於「緘默」的。然而AFAR-L操作波段正好涵蓋Link-16、JTIDS工作範圍，因此除非後兩者的信號複雜到AFAR-L無法解讀，否則以這類資料鏈通信中的匿蹤戰機將可能被AFAR-L發現甚至定位。需注意現代雷達預警接收器早已發展成電子情報系統，即使收到的信號是「不認識的」也都會記錄下來供日後研究，因此除非Link-16、JTIDS的信號特殊到讓AFAR-L誤以為雜波，否則應是難逃被偵測的命運。此外未來也不能排除AFAR-L對戰術資料鏈進行干擾的可能。此外如前文所述，由AFAR-L對1～1.5GHz的高定位精度可推測其在未來可能支援對此一波段的反輻射硬殺技術。

在作為主動探測與射控系統方面，其頻率範圍只有一部分在俄製RWR偵測範圍內(1.2～1.5GHz)，而完全在西方升級前的主流RWR探測範圍(>2GHz)外。因此在以AFAR-L偵測目標時，絕大多數戰機將無法察覺，相當於「隱形波段」。

4. 主動探測距離估算

AFAR-L的主動探測距離並未公佈，不過總結現有的數據已足以進行數量級計算。在估計AFAR-L的探距之前，必須先對陣列天線的物理特性有基本的認識。有別於最早的拋物面天線是以反射面將發散的雷達波聚焦，陣列式天線用到光學中的「多狹縫干涉」原理。每一個天線單元相當於一個點波源，不同天線發出的波發生干涉而產生集束現象。多狹縫干涉公式相當繁雜，但從中可找出幾個最具影響力的參數：波長-孔徑比、波源間距、波源數目。波源間距決定干涉後的峰值數目，當其小於波長時便只存在中央峰值，因此陣列天線單元間距總會小於波長；波長-孔徑比決定波束寬，比值越小波束越窄；波源數越多則主軸相對強度越強，且其影響甚至比單純加強功率更為劇烈，例如在固定距離下10W波源的輻射強度是1W的10倍，若改成10個1W波源，則儘管總功率還是10W，但主軸強度卻達1W時的100倍。有了以上的概念便可輕易經由比對法估算出AFAR-L的探測距離。以下以12單元版本的AFAR-L與AFAR-X、Irbis-E交叉比較後做計算。

在主軸上，1x12線列的輻射強度為12x12陣列的1/144倍，而AFAR-L天線單元功率為AFAR-X的200/12倍，故1x12的AFAR-L主軸方向強度為12x12的AFAR-X的0.11倍，換算探距約0.58倍。

對主動陣列天線而言，口徑增為n倍，功率增為n^2倍，主波束立體角減為$1/n^2$倍，即主軸強度增為n^4倍，探測距離於是與口徑成正比，或與天線單元數的平方根成正比。依據現有資料，AFAR-X主動陣列雷達天線單元峰值發射功率10～12W，能量效率30%[14]，天線總數約1526個[15]，據此計算峰值功率約15～18.5kW，小於Irbis-E的20kW。但考慮被動陣列雷達有傳輸損耗而主動陣列雷達幾乎沒有，則Irbis-E真正發射出去的功率約是16～18kW(假設傳輸損耗為10～20%)，即在處理能力相同的情況下探距相當。由此估計AFAR-X對RCS=1平方米目標探距約300km，12x12陣列的AFAR-X探距則降為92km。

由此得知AFAR-L對RCS=1平方米目標探距約53km。這項推論(50～70km)亦獲得NIIP資深專家的認同。除此之外，知名的「澳洲空中武力」網站的雷達專家亦於2009年9月於該站發表其對AFAR-L的分析文，據其計算12單元版本的AFAR-L對RCS=1平方米目標之探距至少達73km，甚至可能達90km或110km[16]。即使只取筆者粗估的53km計算，對空對空飛彈探距亦約在15km，故AFAR-L也具有最後階段的飛彈預警能力。

值得注意的是，筆者的估計是由物理特性的類比得來，該網站專家的估計是由更精確的無線電技術知識而來，兩種不相干的估計方式最後得到相當接近的結果，可說是互相間接證實。此外，筆者的估計值較該網站估計的下限

AFAR-L對RCS=1目標探測距離估計表				
發散角(度)	+-90	+-60	+-45	+-30
12單元版本探距(km)	53	58	63	70
16單元版本探距(km)	61	67	72	81
備註	理論下限			

略低亦是可預料的：在筆者所用的估計模型中，AFAR-L被考慮為理想的「線波源」，其傳遞特性是朝+-90度均勻散開因而在垂直方向上完全沒有指向性，然而AFAR-L畢竟是真實天線，有限尺寸的天線使雷達波傳遞範圍小於+-90度，即在垂直方向仍有一定的指向性，特別是在特殊設計的波導管甚至天線罩的影響下，指向性可以進一步提高(註4)。所以真正的探測距離會較筆者估計的為高，例如若實際發散角為+-60度、+-45度、+-30度時探測距離會較筆者估計的多出10%、18%、與31%，換算在58～70km間，基本上已與該網站估計相同。本書取用筆者估計的下限是為了探索Su-35BM與T-50的積極反匿蹤距離下限。

▲ 圖10 AFAR-X天線正面局部特寫，NIIP的相位陣列雷達天線都與之類似，雷達波會透過導管通往外界而不是直接發出(像Zhuk-AE那樣)，這種設計是要增加每個單元的天線增益

對於這種線型主動陣列而言，天線單元數變為n倍，則總功率與口徑都變為n倍，相當於波束強度變為n^2倍，故探距變為$\sqrt{n}$倍。故16單元版本的主動探距(被動探距較無影響)會較12單元版本提升約15%。例如若12單元版的探距在53～70km，則16單元版會在60～80km。

(註4：這裡說的波導管不是位在天線背後、將波由發射機傳送到天線的波導管，而是在天線前方，將天線發出的

▶ 圖11 MAKS2009展出的AFAR-L，可與2007年展出的版本作比較

▶ 圖12 MAKS2009展出的AFAR-L近觀

波導到外界的導管。NIIP的新型雷達天線如Bars、Osa、Irbis-E、乃至AFAR-X外觀上很明顯的特徵，就在其天線的最外層(也就是吾人實際上看到的那一面)並不是「天線陣列」而是「導管陣列」，也就是雷達波並不是由天線直接發出，而是經過一小段波導管。這很顯然會增加些許重量，然而據NIIP資深專家所述，這種設計可以減少天線自己的反射，讓每一個發射單元的能量都更向前方集中，有增加天線增益的效果(圖10)。AFAR-L也有類似的構造，從2007年MAKS展出的版本可觀察到在後端的控制系統與天線罩之間便有一個導管段。不過在MAKS2009展出的版本則與2年前略有差異(圖11～12))

5. 探測匿蹤目標的可能性

接下來的問題是，匿蹤目標對L波段的RCS幾何？雖然這此問題相當複雜，但仍可用簡單觀念得到其數量級。當物體的尺寸遠大於雷達波長時，RCS與波長無關，回波遵守反射定律，即RCS由外型決定；當物體尺寸與波長相當或略大於波長時，因為繞射等關係，RCS隨波長而變，忽大忽小，甚至有RCS達到橫截面積的數倍的狀況(球狀物體，圖11)[17]。對於波長在20～30cm左右的L波段而言，戰機絕大多數地方的尺寸都遠大於波長，因此匿蹤外型依然有效，對於理想的匿蹤外型而言，可以假定這些地方造成的RCS為0。但飛機的邊緣就有尺度或曲率半徑與L波段波長同級(波長的1/10～10倍)的部份，例如機翼邊緣等，因此這些地方的橫截面積可能就是飛機對L波段的RCS的量級。以雙發重型戰機而言，主翼與垂尾的前緣橫截面積便在1～5平方米，取1平方米計求得AFAR-L之探距約53km。接著考慮吸波塗料的使用，大部分吸波塗料據稱都能將RCS減至原來的1/10，有的甚至到1/100。這些數據主要是對X波段而言，但假設也有類似的用於L波段的塗料，則AFAR-L的探距降至約30km或17km。

以上估計非常粗略，仍有很大的修正彈性。RCS也與表面的曲率半徑有關，若戰機某部份表面曲率半徑相當於L波段波長，其RCS也會有放大作用(但若邊緣都設計成尖銳狀，當然L波段RCS也可以很小，但那樣一來氣動效率可能會降低而尖銳邊緣卻又剛好與X波段匿蹤衝突)。以上僅計算邊緣部份造成的L波段RCS其實僅適用於非常理想的匿蹤外型設計，且1平方米又是取前緣截面積下限，故匿蹤戰機

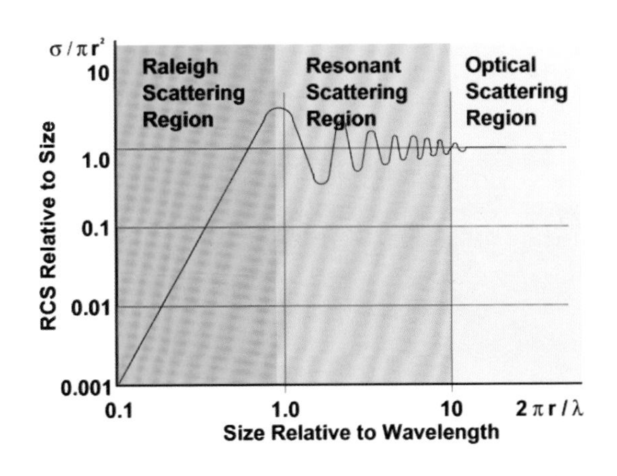

◀圖13 圓球的RCS-波長關係圖。最右邊的區域是波長遠小於曲率半徑時，RCS取決於形狀，中間區域為波長與取率半徑相當的情況，此時RCS受到繞射影響。 www.ausairpower.net

對L波段的RCS實際上可能更大。另外在吸波塗料的性能方面，以上估計考慮了吸收90%與99%的塗料的影響，分別求得約30km與17km。然而實際上以當代匿蹤技術看，一般不具匿蹤外型的飛機在小幅修改外型與塗料的使用下RCS也只能降低至原來的1/10，再者，翼前緣之類的地方可能安置波長與L波段相近的VHF通信天線等，故在這種地方使用吸收能力絕佳的吸收材料恐有影響自身性能之慮，因此在實際因素的考量下，應可假設匿蹤戰機在邊緣部份對L波段只有90%吸收率。因此在一消(吸波材料)一長(實際上應該更大的RCS)之下，可用RCS=1平方米做為採用吸波塗料後的RCS概略值。若再考慮筆者估計的探測能力實乃下限值，實際上仍有十至數十百分比的上修空間，與目標RCS再降低90%減少的探距幅度相當，則可以推斷「匿蹤飛機RCS=1平方米，AFAR-L對其探距53km」的估計大約在各種影響下的平衡點附近，是相當值得參考的數據。

儘管以上估計有非常大的修正空間，但從中可知，即使對於具有完美匿蹤外型設計而能將X波段RCS降至0的匿蹤戰機，其邊緣繞射效應仍使得AFAR-L可望在中程飛彈有效射程附近發現匿蹤飛機。相較之下，F-22據稱可讓X波段雷達對其探距降至視距內。據此粗略估計，以AFAR-L測距來支援OLS-35並進行40km以上的視距外射控具備可能性，而以AFAR-L自行取得射控資料的操作距離甚至可望達50km以上。

值得繼續追蹤的是，本文探討的AFAR-L之特性仍不是同類系統的極限。例如航展展出的成品有12個收發單

▲ 圖14 MAKS2009展出的Protivnik-GE雷達，採用L波段，擁有相當大的探測距離與X波段等級的精度

元，總口徑約2m，這在翼前緣只佔很小的部份因此理論上總口徑可以做更大，這樣可以提高精確度與探距。例如若採16單元版本，則探測距離與方位精確度可再提升15%與30%。此外，同一公司還有發射功率500W的L波段發射單元[18]，以這種元件建造約2m x 2m左右的防空雷達，對RCS=1平方米目標探距將可達230km，並擁有小型X波段雷達精度，可能會是很有效的反匿蹤射控雷達。MAKS2009展出的「反抗者」(Protivnik)雷達(圖14)便是一種尺寸略大於2m x 2m的L波段雷達，不但擁有數百公里探距，精確度還高過0.5度。這種雷達機動性相當高，與X波段雷達一樣天線向下一「蓋」便可機動。至此可窺見俄製機動型反匿蹤射控雷達其實已悄悄問世。

三、AFAR-L在T-50與Su-35BM上的運用狀況

AFAR-L的最早在MAKS2007展出，當時NIIP的參展人員便表示這是給Su-35BM用的；直到MAKS2009，NIIP參展人員仍然表示，Irbis-E上面沒有IFF天線的干擾，IFF功能已由AFAR-L達成。然而2010年NIIP總經理Yuri Beli的訪談指出，蘇霍伊方面尚未提供AFAR-L的天線罩外型參數，因此仍無法做進一步測試[19]。

MAKS2011的Su-35BM 902號機的翼前緣天線佈局與之前相比有重大變化，其天線佈置與Su-35S相同。其主翼最內側有一段相當長的天線罩，外型正好與航展公開的AFAR-L天線罩相符。因此俄軍Su-35S不無可能率先採用AFAR-L。

T-50的主翼內側與近氣道可動前緣都有很長的天線罩，其中進氣道可動前緣上的天線罩也與AFAR-L相符。另一組天線罩(主翼內側者)雖與展出的AFAR-L不同，但長度卻類似，有可能是另一種無線電設備，或是另一組AFAR-L。

四、總結

AFAR-L的波段與指向性特性，使其剛好適合破解匿蹤外型設計與絕大多數主流的高速通信系統。其除了應能勝任遠距敵我識別功能外，其在對敵方資料鏈的被動偵測能力甚至對匿蹤目標的主動偵測能力方面的潛力不容忽視，可說是俄製第五代戰機反匿蹤系統的一環。

參考資料

[1]Киреев В.П., «Системы управления вооружением истребителей», Машиностроение, Москва, 2005

[2]Киреев В.П., «Системы управления вооружением истребителей», Машиностроение, Москва, 2005

[3]Киреев В.П., «Системы управления вооружением истребителей», Машиностроение, Москва, 2005

[4]И.Кокорева, «Твердотельная электроника, сложные

функциональные блоки РЭА. Обзор по конференции», Электроника:НТБ,2007.3, http://www.electronics.ru/issue/2007/3/20

[5]В.Аронов, А.А.Евстигнеев, А.С.Евстигнеев, «Транзисторные передающие модули L- и S- диапазонов»(, Электроника:НТБ,2005.4,http://www.electronics.ru/issue/2005/4/4

[6]MAKS2007航空展看版

[7]Киреев В.П., «Системы управления вооружением истребителей», Машиностроение, Москва, 2005

[8]Dr. Carlo Kopp, Assessing the Tikhomirov NIIP L-Band Active Electronically Steered Array, Air Power Australia(網站), http://www.ausairpower.net/APA-2009-06.html

[9]鄧大松，«俄羅斯新型L波段AESA戰鬥機雷達詳細評估»，電子工程信息，2009年第6期，p10～16

[10]Андрей Формин,««Тихмировские» радары для «Сухих»», Взлёт, No.8-9, 2007, ст.77

[11]MAKS2007展示資料

12MAKS2007展示資料

[13]Griffin Radar Warning Receiver (RWR)/Electronic Support (ES) system (United Kingdom), AIRBORNE SIGNALS INTELLIGENCE (SIGINT), ELECTRONIC SUPPORT AND THREAT WARNING SYSTEMS, Janes, JREWS

[14]«НИИП впервые представил свои работы по АФАР», Взлёт, 10.2007, ст. 6

[15]Александр Пачков, «Российский невидимка», Популярная механика, NOV.2009,ст. 83

[16]Dr. Carlo Kopp, Assessing the Tikhomirov NIIP L-Band Active Electronically Steered Array, Air Power Australia(網站), http://www.ausairpower.net/APA-2009-06.html

[17]Dr Carlo Kopp," Russian Low Band Surveillance Radars

(Counter Low Observable Technology Radars)" ,Air Power Australia(網站), http://www.ausairpower.net/APA-Rus-Low-Band-Radars.html

[18]Александр Пачков, «Российский невидимка», Популярная механика, NOV.2009,ст. 83

[19]««Тихомировская» АФАР готова к летным испытаниям

Интервью с генеральным директором НИИП им. В.В. Тихомирова Юрием Белым», Взлёт, 2010. No.11

ПРИЛОЖЕНИЕ 7

俄羅斯4++與5代光電系統

光電系統是現代戰機上相當重要的裝備，依用途可概分為探測射控用，被動預警以及主動預警用途。本文檢視俄國在這方面的成果。

目前最先進的俄製機載光電系統可分為烏拉爾光學儀器廠(UOMZ)以及精密系統研究院(NII PP)兩大宗。UOMZ雖是工廠，但在承製Su-27的36Sh光電探測儀後便進行後續改良品的研發，Su-33的46Sh以及老Su-35的52Sh便是其自行研發的成果，近年開始與法國Thales公司合作，引進生產該公司的光電系統(主要是陸軍熱影像觀測儀)，可能從中吸收部分先進光電技術。NII PP專精太空光學系統，如用於衛星定位用的角反射器陣列以及雷射定位系統，歐洲加利略衛星系統上便配有該公司的角反射器陣列，NII PP為MiG-35研發一系列探測與警戒用光電系統，而跨足航空領域。

一、UOMZ的13SM-1、OLS、與Sapson-E

UOMZ的4++代的機載前視光電儀有MiG-35的13SM-1(圖1)與Su-35BM的OLS(圖2，註1)，以及對地攻擊用的Sapson-E光電莢艙。

(註1：雖然UOMZ與NIIPP雙方供Su-35BM用的產品都曾被稱為OLS-35，但UOMZ的型錄稱自家產品為「OLS」，而NII PP的稱為「OLS-35」，在此延用各自型錄的型號以示區別。)

OLS尺寸766x540x763(mm^3)，內含掃描式紅外線探測儀、電視攝影機、雷射測距儀。掃描範圍垂直-15～+55或+60度，水平+-60或+-90度(詳見下文)，視場(指瞬間的視場，非透過掃描達成) 150x24度[1](依據新版官網資料)，操作溫度攝氏-40～+60度，全空域掃

▲ 圖1 UOMZ為MiG-35研發的13SM-1光電探測儀

▼ 圖2 UOMZ為Su-35BM研製的OLS光電探測儀

描週期4秒，能同時跟蹤4個目標，雷射對空測距距離20km(Su-27則是3km，老Su-35為8km)，對地30km(Su-27為5km，Su-35為10km)，測距誤差5m。電視攝影機能用於晝間目標(對空對地)識別，距離10～12km[2]。重71kg(Su-27的36Sh約173kg，Su-35的52Sh達220kg)，且體型更小，因此裝機時所用的整流罩也更小(圖3)，整流罩由新的輕型藍寶石玻璃製成，據稱有6倍於舊型號的可靠性並降低故障率[3]。

在探距與視野方面，OLS型錄上記載其視野為水平+-60度，垂直-15～+55度，追擊與迎擊探距分別為70與40km。這其中有幾件事有待討論。

筆者向UOMZ展方詢問，為何之前Su-30MKK所用的52Sh都達到迎面40km追擊90km之探距，而OLS-35反而只有70km。展方表示，那是數據取用標準的不同，52Sh的90km是「最大」探距，而OLS-35的70km是「保證探距」(guaranteed range)，若以相同於

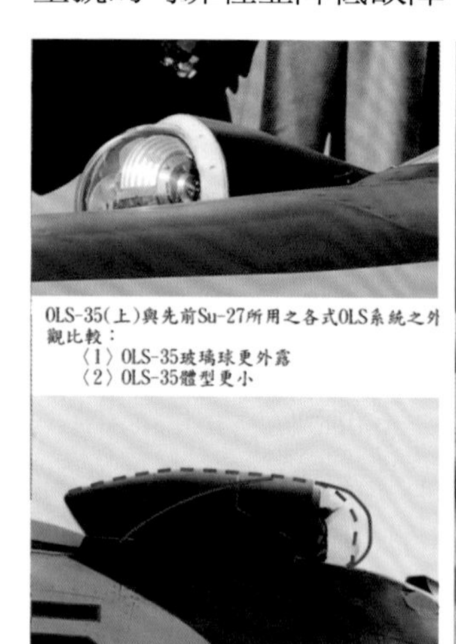

◀ 圖3 大幅縮小的4++代光電探測儀使整流罩明顯縮小

52Sh的標準看，OLS-35要探到140km都沒問題(註2)。若以40/70km之保證探距換算回最大探距，則探距可達80/140km。

(註2：雖然廠商未指出所謂「保證探距」的條件是指「任何天候下的保證探距」還是「在某些天候下具有很高機率的探距」，但依據其後來指出「以52Sh標準看其探距可達140km」研判，其指後者，因為70km為140km之半，而一般雷達、光電系統對「最大探距」的定義約是探測機率50%時之探距，而在最大探距之半探測機率則達到80%、90%或更高，相當於「保證探距」。因此研判所謂「保證探距」係在正常天候條件下探測機率很高的探距。若換算成最大探距，則OLS-35迎面探距可達80km。)

視野的部份，UOMZ公佈的數據應該是以極高的掃瞄速度的結果。需強調的是，UOMZ這款光電探測儀設計思路有別於當前世界潮流—熱影像識別—而仍是以傳統的「方位測定與軌跡追蹤」為主要訴求，然而在設計上由於使用陣列感測器，使得不需逐點掃描，而是一口氣凝視120x24度(MAKS2007型錄)或150x24度(新版官網)的超寬廣視場。這樣一來OLS的機械裝置其實僅需在垂直方向上掃描便可兼顧左右+-60度或+-75度的範圍，有點類似垂直方向電子掃描搭配水平機械掃描的艦用雷達一般，其全空域掃描速率應該會相當高。不確定OLS是否因此乾脆取消水平掃描機械，不過只要加上水平機械掃描，則其僅需小幅擺動便可輕易獲致+-90度甚至更大的視野。與此對比，採用點狀掃描的OLS-27雖然全視野亦為水平+-60度、垂直-15～+60度，但實際作戰時會選用60x10度、20x5度、3x3度視野進行監視，而OLS-35的瞬時視野已是OLS-27最大監視模式視野的6倍，等於不必動就能監視遠大於OLS-27的空域。

為MiG-35設計的13SM-1性能與特色與OLS大體相同，唯迎面探距由40km稍降至28km，尺寸787x412x386mm^3，重60kg，瞬時視場120x24度。

Sapson-E(圖4)是研發相當久的對地攻擊光電莢艙。配有電視攝影機、熱影像儀、雷射測距儀與照明儀、以及雷射定向儀。其口徑360mm，長3m，

▲ 圖4 Sapson-E對地攻擊用光電莢艙

▲ 圖5 NIIPP為MiG-35研製的OLS-UE光電探測儀

重250kg，使用溫度攝氏-60到+50度。垂直視野+10～-150度，水平視野+-10度，但探測頭可繞軸+-150度旋轉[4]，因此實際上可探測整個下半球。

二、NII PP的前視光電探測儀與對地攻擊光電莢艙

NII PP從MiG-29K開始涉足航空領域，為MiG-29K提供OLS-UE前視光電探測儀。在MiG-35上更添加OLS-K下視光電探測儀[5]。

OLS-UE光電雷達(圖5)含熱影像儀、電視攝影機、及雷射測距儀。其中熱像儀操作波段在3～5um，解析度320x256相素；電視攝影機操作波段為0.6～0.8微米，640x480相素，雷射測距機波段1.06及1.57微米。系統視野左右各90度，下15度上60度；瞬時視場10x7.5度；對MiG-29之探距追擊50km迎擊15km；雷射對空測距範圍最大15km，對面20km，重78kg。型錄中有一張OLS-UE所捕獲的MiG-29的熱影像(圖6)，非常清晰，連翼端後緣這種較低溫處都清晰可見。

OLS-K下視光電雷達(圖7)主要用於低空飛行時繪製地面影像，其配備同OLS-UE唯增加更窄視野模式。對坦克探距20km，對船舶40km，雷射對地測距距離20km，視場10x7.5度～1x0.75度。OLS-K以適型莢艙型式裝設於MiG-35右進氣道下方，相當緊湊，其功能與UOMZ推出的Sapson-E光電莢艙類似，但後者重達250kg且體型比OLS-K大得多，OLS-K應是更先進的設計。

NII PP目前更將市場指向蘇霍伊戰機，推出OLS-35光電探測儀(圖8)。其與目前主流的新世代光電探測儀類似，具備熱成像能力因此能以熱影像進行

▶ 圖6 OLS-UE攝得的MiG-29熱影像。NII PP

▶ 圖7 OLS-K下視光電探測儀，以適形莢艙方式安裝於MiG-35進氣道下方

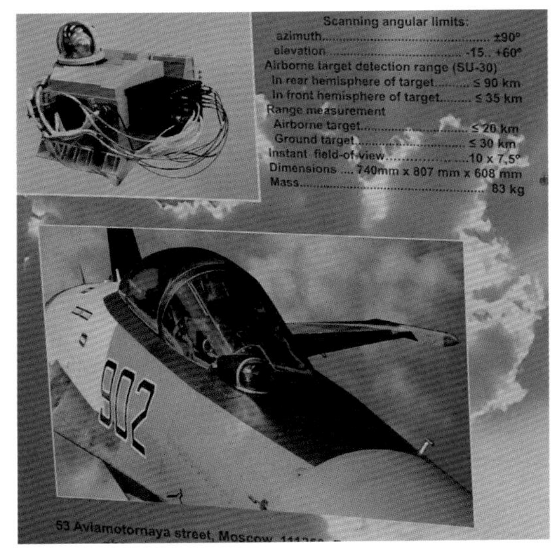

◀ 圖8 MAKS2009期間Su-35BM的902號機安裝的便是NIIPP研製的OLS-35

目標識別等。其基本構造與技術等級應與OLS-UE類似。其對Su-30的追擊與迎面探距在90與35km，對20m尺寸目標之成像距離約20km；水平視野+-90度垂直-15～+60度，雷射測距距離對空20km對地30km，重83kg。其瞬時視野10x7.5度[6]。

NII PP與UOMZ分別以研究院而有較高科研水準以及量產工廠有成熟技術自居。NII PP的OLS-35於2009年裝設於Su-35BM 902號機進行飛試。兩者都是相當具吸引力的產品，且各有優勢：NIIPP的可以熱影像識別，搭配分佈式光電預警器(見下段介紹)可獲致球狀視野；而UOMZ的則本身也可充當前半球預警系統，物美價廉。

三、光電預警系統

光電預警系統能提供飛機最後階段的可靠預警。雖然他無法像雷達預警接收器那樣在敵方飛彈發射前便感應威脅，但能感測飛彈飛行中無可避免的摩擦熱，因而能對以無線電緘默方

▲ 圖9-1 Tu-95MS機背上的飛彈來襲警告器

◀ 圖9-2 Tu-95MS機首下方的半球形物體便是飛彈來襲感測器

式飛行的飛彈進行警戒。老Su-35、Tu-95MS、Su-24M便有這種裝置(圖9)。如老Su-35上的MAK-F(L-136)飛彈來襲警告器，為安置於機背上的球狀物，內有一可360度旋轉的反射鏡，將目標的紅外輻射反射到下方的感測器上，藉此警戒20km內之短程空對空飛彈(AIM-9)、33km內之中程空對空飛彈(AIM-7)、55km內的區域防空飛彈(愛國者)或5.5km內之短程防空飛彈(刺針)[7]。

MiG-35的OAR-U、OAR-L與Solo

NII PP為MiG-35研發了一套光電警戒方案(圖10)[8]，已經具有「分佈孔徑光電系統」的雛型」。MiG-35的上下半球各有一個感熱式飛彈來襲警告器負責，上半球的是位於機背上的OAR-U(圖11)，下半球的感測器稱為OAR-L(圖12)，裝於左進氣道下的適形莢艙；另外在兩翼端各有一組SOLO雷射警告器，分別負責左、右半球。各感測器資訊經電腦整合後供中央資訊系統使用。這套系統能發現來襲飛彈及雷射波束，並在一定距離內測定威脅方位及飛彈軌跡。

OAR-U與OAR-L飛彈來襲警告器採用魚眼鏡頭設計，因此單一感測器便能感應+-90度範圍(即半個球面)，能於

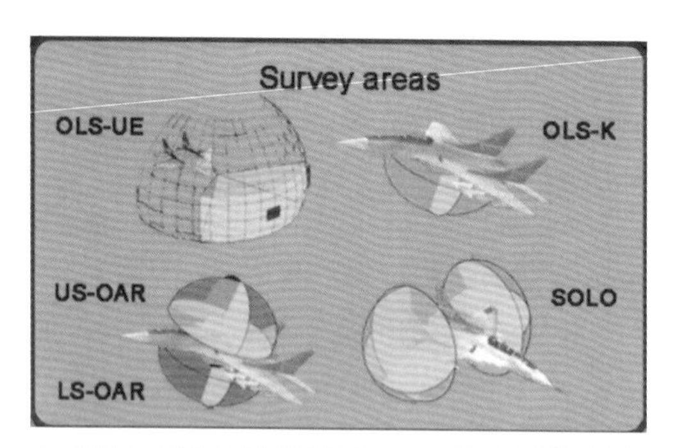

▲ 圖10 NIIPP提供給MiG-35的光電警戒方案。 NII PP

▲ 圖11 MiG-35機背上的OAR-U飛彈來襲警告器

▲ 圖12 MiG-35進氣道下的的OAR-U飛彈來襲警告器

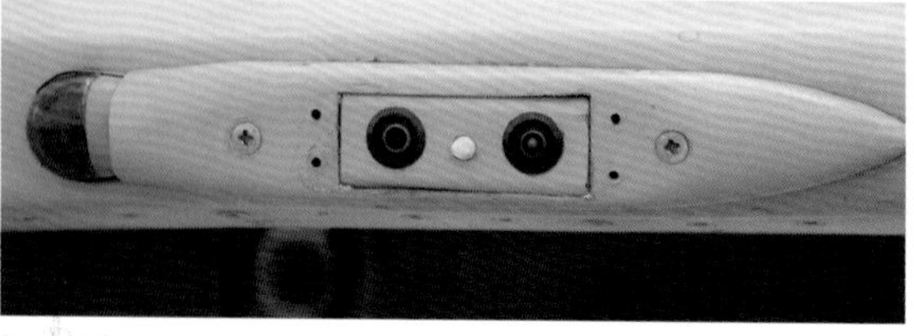

▶ 圖13 MiG-35翼端的Solo雷射警告器，每組含2個接收器，能負責整個側半球

50km外偵得來襲導彈，這種警戒距離甚至超越L波段飛彈預警雷達與小型X波段雷達！對於5km內之飛彈能偵測其飛行軌跡與方位。SOLO雷射警告器(圖13)每組含2個雷射接收器，操作波段1.06、1.5～1.6um，頻率<10kHz，能偵測雷射源之方位與頻率。

OAR-U與OAR-L分別負責上下半球，共同組成球狀預警視野，算是具備了「分佈孔徑光電系統」的雛型。稍候NIIPP又推出了更完善的分部孔徑系統，供Su-35與MiG-35之用。

首見於Su-35S的分佈孔徑光電系統

NII PP稍後推出更完善的分佈式光電探測器，官網甚至以「光電偵察系統」稱呼之。這種探測器由至少6個紅外線成像儀與至少2組雷射接收器構成，建構球狀視野。

▲圖14 Su-35S的分佈式光電設備中的熱影像儀

紅外線影像儀(圖14)操作在3～5微米波段，視野+-45度，在6個(也可視需要增加)感測器搭配下可構成球狀視野。據官網資料，其用途為[9]：

- 對球狀週圍成像
- 自動偵測空中目標與飛彈的紅外線訊號
- 對空中目標與飛彈進行識別和追蹤
- 區分威脅等級
- 在多用途顯示器上顯示空中目標與飛彈，並透過語音系統發出警告
- 對空中目標的定位誤差小於1度

雷射警告器(圖15)位在機首兩側，各1對，分別負責左右半球。其偵測1～1.7微米、脈衝重覆頻率0.1～100Hz的雷射波束，誤差小於5度[10]。

這套系統類似美製F-35上的分佈孔徑系統(DAS)，而不只是簡單的飛彈來警告器。例如他其實能對球狀週圍成像，這便能用於近距離導航(如夜間降落時供飛行員觀察周邊)與近距空戰。由於目前美俄雙方都沒有詳細的數據，因此無法進行數據比較。不過如果由前視熱影像儀的參數來看，俄國版DAS的陣列數可能較少，精確度可能不如美製者。

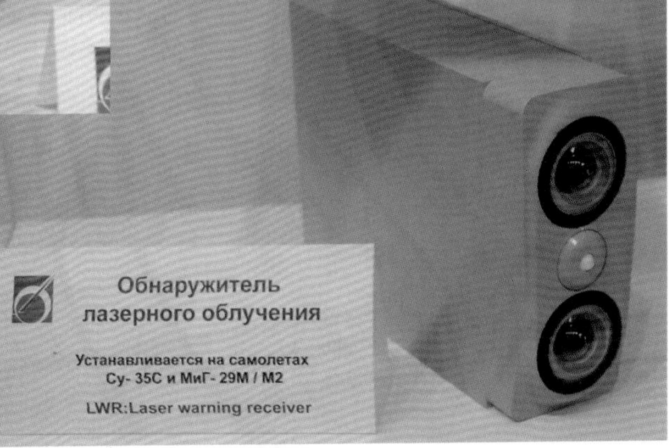

▶圖15 Su-35S分佈式光電設備中的雷射預警器

須注意的是，MiG-35所用的紅外線感測器包括2個分別負責上下半球的魚眼鏡頭，像差較大，而Su-35S的6感測器設計中每個只需負責+-45度視野，甚至不同感測器視野可能彼此交會，精確度很容易便超過MiG-35所用者。合理推測Su-35S的紅外線預警系統最大偵測距離至少與MiG-35同級，在50km或以上，追蹤距離則應超過5km。就距離看，這已超越絕大多數飛彈預警系統，僅次於Su-35S自己的Irbis-E雷達。

四、第五代光電系統

PAK-FA的光電系統是烏拉爾光學儀器製造廠(UOMZ)研發的「產品101KS」，其包含101KS-V前視光電探測儀、101KS-N對地攻擊莢艙、101KS-U分佈式光電感測器、以及101KS-O光電防禦系統。上述系統一開始就被視為統一系統進行設計，並由一個處理系統整合處理(圖16)。101KS系統於MAKS2011首度展出，但僅展示，沒有型錄也沒有解說，吾人至今只能由外觀搭配相關訊息進行推估。

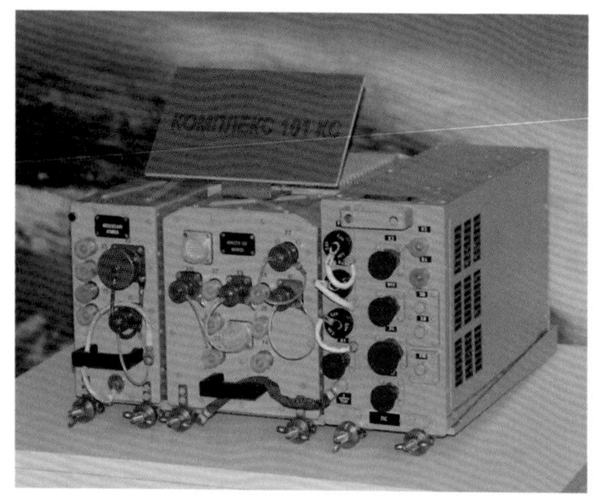

▲圖16 101KS的處理系統

▲圖19 101KS-V前視光電探測儀

◀圖17 101KS-U分佈式光電探測儀，用於對飛機的球狀周圍預警。

▼圖18 101KS-U分佈式光電探測儀特寫

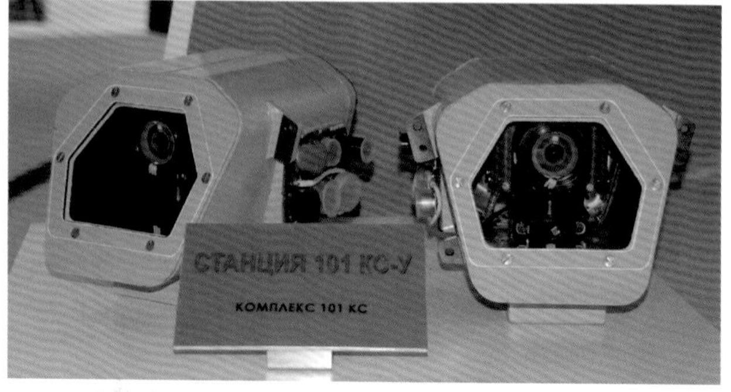

101KS-U分佈式感測器

101KS-U分佈式感測器(圖17～18)不只用途類似F-35的分佈式孔徑系統(DAS)，而且連外型都類似，應考慮了匿蹤設計。Su-35S的分佈式系統已經擁有周圍成像、近戰探測、來襲飛彈感測與追蹤、區分威脅等級、近距導航等用途，除感測器陣列數較少之外，與DAS幾乎沒有分別。

101KS-V前視光電儀(圖19)

前視光電探測儀較UOMZ之前推出的OLS體型更大，而類似NII PP研製的OLS-35。兩者的研製年代相近，前者無熱成像功能後者有，因此後者略大可能是與其熱成像功能有關。也因此101KS-V的體型暗示其應是熱影像儀。在探測距離方面，OLS與OLS-35對採用最大軍用推力的雙發戰機探測距離分別是70(追擊)/40(迎面)km與90/35km。帳面數據看這與老Su-35的52Sh類似，但經詢問得知，OLS的70/40km是「保證探距」，若以52Sh的標準看，最大探距可到140km。而NII PP的技術人員也表示，實測中抓到過130km外的目標。可見這兩款光電探測儀的實際探測能力都超越帳面數據。

101KS-N攻擊莢艙

101KS-N攻擊莢艙(圖20)的特點在於感側頭部分具有匿蹤幾何外型設計。其俯仰視野的變化完全在感側頭內部達成，因此整個感側頭只會繞主軸旋轉而不會有俯仰活動，這樣便能盡可能保持匿蹤外型。

101KS-O主動光電防禦系統

最有趣的當屬101KS-O。乍看之下他是一個透明球體，藉由可360度旋轉的反射鏡而獲致整個半球的操作範

▶ 圖22 101KS-O特寫

▼ 圖21 101KS-O光電防禦系統。101KS系統已將主動光電防禦納入設計考量。

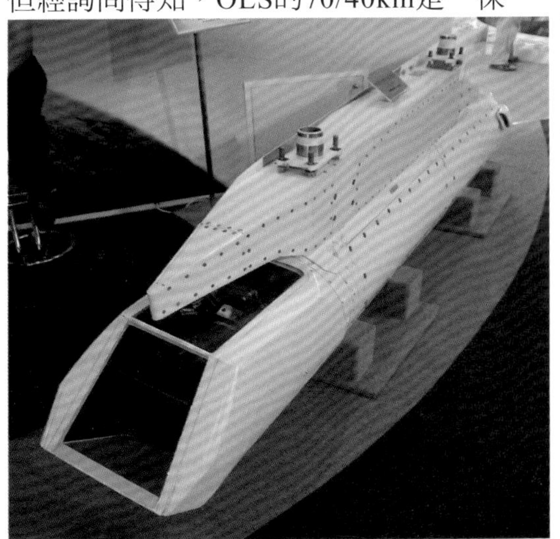

▲ 圖20 KS101-N頭部特寫，其採用匿蹤外型設計，整個頭部只會繞軸旋轉，鏡面則都在內部完成活動因此可以維持匿蹤外型

圍(圖21～220)，與老Su-35上用於飛彈預警的MAK-F(L-136)系統設計類似，航展報導中也認為他是全週界感測系統之一[11]。但令人納悶的是，在這個全新設計的複合系統中，已經有了可以凝視周圍的101KS-U分佈式系統，為何還要類似MAK-F的設計？此外，這個101KS-O下方的處理系統不小，相當於前視光電儀，而MAK-F的處理系統只與光電球差不多大，因此相當不尋常。

經詢問在場人員，101KS-O並不是預警系統，而是主動防衛系統！T-50將有兩個這樣的系統，一個位在駕駛座後方，另一個則位在飛機下方。由此可見T-50已將主動光電防禦系統納入設計，這可是航展上的一大驚喜！

根據外型推測該系統可能是在預警系統發現目標後，以高能雷射摧毀敵方光電導引頭，也可能本身同時也是一個類似前視光電儀的精確探測裝置，能在預警系統發現目標後進行更精確探測與測距並引導飛彈攻擊。

關於主動光電防禦的側面資訊

其實在數年前，有關文獻便已點出第五代戰機將使用主動光電預警措施，其是在被動預警發現目標後，主動發射雷射光束照射目標，並以機上裝備的角反射器陣列解讀回波以進行精確定位[12]。角反射器陣列能進行極精確的定位，雖然飛機上的相關系統性能不明，但可由NII PP的太空產品窺知一二。

◀ 圖23 前法國總統參觀NIIPP的Larets角反射器定位裝置。 NII PP

◀ 圖24 Larets角反射器定位微衛星

▶ 圖25 NIIPP提供給英國加利略衛星的角反射器陣列

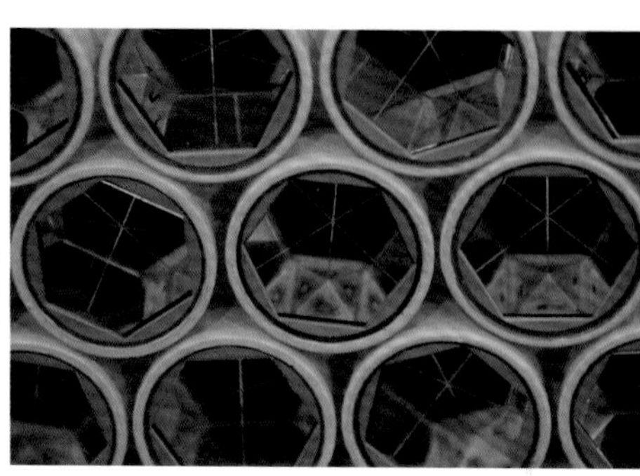

▶ 圖26 角反射器陣列近觀，每個餃反射器由三個彼此垂直的鏡面組成

▲ 圖27 BLITs奈米衛星

▲ 圖28 Su-27實驗機翼端的角反射器裝置近觀

◀ 圖29 掛於Su-27實驗機翼端的角反射器裝置

NII PP研製的一種稱為「Larets」(俄文「精美的珠寶盒」之意)的角反射器陣列定位裝置(圖23)(圖24)，用於衛星間相對定位，經其校正後的測距資料大約是在1000km僅有1mm之誤差！NII PP以這種技術製作供精確定位的反射鏡陣列給加利略導航系統(Galileo)的實驗衛星GIOVE-A(英製，圖25～26)與GIOVE- B(德製)使用。後來更推出一種口徑只有6cm的球型反射鏡，經其校正後在1000km外更只有0.1mm之誤差。採用類似技術的17cm口徑、重7.5kg之「BLITs」奈米衛星，藉由對地精確測繪來預測地震(圖27)。值得注意的是，俄方曾在實驗用的Su-27的兩翼端掛著類似「Larets」的角反射器陣列(圖28～29)。以「Larets」的性能觀之，若類似系統供戰機用於對來襲飛彈的精確定位，將可能大幅提高未來戰機對飛彈的反制能力，例如以空對空飛彈攔截來襲導彈等。

參考資料

[1]UOMZ官網OLS-35型錄(http://www.uomz.ru/index.php?page=products&pid=100175)

[2]УОМЗ представляет новое поколение оптоэлектроники для Су-35», Взлёт, No.8-9,2007, ст.68

[3]УОМЗ представляет новое поколение оптоэлектроники для Су-35», Взлёт, No.8-9,2007, ст.68

[4]UOMZ官網Sapson-E型錄(http://www.uomz.ru/index.php?page=products&pid=100065)

[5]MAKS2007，NII PP參展資料

[6]MAKS2009展覽資料

[7]Авиационное вооружение и авионика, издательский дом «Оружие и технологии», Москва, 2006, ст. 389-390

[8]MAKS2007，NII PP参展資料

[9]NII PP官網。http://www.npk-spp.ru/deyatelnost/avionika/126-optiko-elektronnaya-razvedka-.html

[10]NII PP官網。http://www.npk-spp.ru/deyatelnost/avionika/126-optiko-elektronnaya-razvedka-.html

[11]Новости МАКС2011, №.2, p2

[12]Киреев В.П., «Системы управления вооружением истребителей», Машиностроение, Москва, 2005

ПРИЛОЖЕНИЕ 8

第五代航空電腦簡介與俄羅斯的發展

一、第四代與第五代戰機資訊整合的差別

對戰機而言，理想的資訊整合就是飛機上相異系統取得的資訊能於各功能之間共享，以增強彼此功能。例如雷達預警接收器(RWR)最早僅用以感測照射我機的雷達波以供預警，後來則演變成能標定出有威脅的輻射源，並將座標提供給射控系統使用；飛機控制(引擎與控制面)最早完全由飛行員控制，演變到現在還考慮了其他各系統的訊息，繼要能保證安全飛行，又要能確保武器發揮較佳性能...等等。在機載電腦問世後到第五代戰機(美規四代)問世以前，戰機的各個次系統，如引擎控制、飛機控制、雷達、武器管理、導航、通信等，漸漸演變成有各自的電腦進行處理，最後再將這些電腦連結在一起而形成網路，以共享資訊。這與最早的飛機須由飛行員的人腦來整合全部資料已是極大的進步，並帶給飛行員極大的方便。而隨著科技的進展，資訊共享程度與使用效率也越來越高。但這種蜘蛛網式的資訊整合中的各個電腦的軟硬體都具有獨立用途，不能通用，整個網路的功能需要由提升個別電腦來達成，可靠性則透過每個電腦的多餘度達成(使用多部相同功能的電腦)，隨著戰機需求日益複雜，各種專用電腦的開發週期與經費也越來越多，蜘蛛網式的資訊整合已走入死胡同，且逼近發展極限[1]。

第五代戰機採用的航電整合理念簡言之便是「共點式」整合(圖1)：所有的資訊送至單一運算核心統一處理並

▼圖1 蜘蛛網式資訊整合示意圖

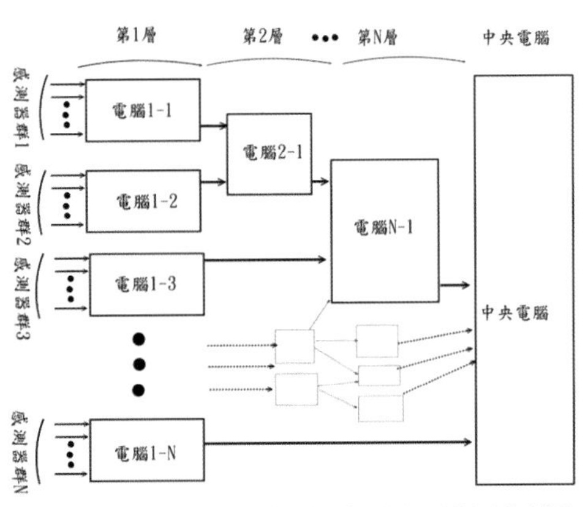

傳統的〝蜘蛛網式〞資訊整合示意：資料透過各種不同層次的電腦層層處理並最終整合在一起，越高層次整合程度越高，低層次階段次系統間甚至彼此不相通。任一次系統電腦的癱瘓可能造成嚴重後果，例如若圖中〝電腦1-1〞故障，則全系統相當於失去〝感測器群1〞的資料。
※在〝共點式〞資訊整合中，感測器資料直接送至中央電腦，由中央電腦內的虛擬次系統電腦取代原先各種實體次系統電腦。

統一發出控制命令並顯示給飛行員。這種新架構具有以下特點[2]：〈1〉相較於過去那樣依功能不同而有硬體區分，這裡大量採用通用處理器等硬體設備，而透過軟體介面便能讓通用處理器就能處理絕大多數任務。如此一來處理器等通用硬體便可大量生產以降低成本，更重要的是，能允許使用市面上的商規元件。商用電腦的換代速度遠高於軍用電腦，成本也低得多，因此使用商用電腦來提升性能並降低成本已是多種現代軍事設備的共通趨勢，如Su-30MKK的BTsVM-486電腦(圖2)便採用Intel的486DX2-50等個人電腦處理器。〈2〉承上，但局部使用特殊處理器來確保某些重要性能，例如在信號處理上使用專職的信號處理晶片，在控制功能上採用性能較差但可靠性更高的處理器。〈3〉除硬體通用外，整套電腦也採用共用的軟體。經驗表示過去許多功能不同的次系統常常用到相同的運算邏輯，因此系統統一並共用運算法則後，可節省記憶空間與成本。〈4〉引入規格化的資料傳輸介面並採用「開放式架構」。所謂〝開放式架構〞意指只要符合規格的硬體就可以直接相容於整個系統，類似目前個人電腦上的「隨插即用」功能，這樣就能僅藉由附加更高性能的晶片而提升整套電腦的運算能力而不需更改原有硬體架構，減低升級成本。〈5〉承〈1〉與〈3〉，由於軟硬體通用化，因此可由人工智慧建構出「虛擬次系統電腦」來解決原本各次系統電腦的任務。各虛擬電腦所配得的運算資源也由人工智慧隨時依據需求調整，例如在接戰初期尚無電戰需求時，便可將電戰系統的運算量分配給前視雷達，在緊急狀況下戰機已自顧不暇時，就可將前視雷達的運算資源多分一點給電戰系統。這種「性能可變的虛擬電腦」在正常情況下賦予各「次系統」最佳的運算資源，在緊急情況下(如部份電腦故障)確保系統的正常運作。此外，透過軟體的升級也可以改變整套系統的性能，這也減低升級成本。〈6〉由於最低層次資訊(如感測器感測之信號)就被直接整合，而不是整合各次系統電腦整理過的高層級資料，因此每一項運算結果都是參考更大量的數據得到的，這樣能提升全系統的可靠性。例如在舊架構中，大氣數據系統的感測器訊號(空速管、攻角感測器等)先送至專用電腦處理後再上交中央電腦，若大氣數據電腦故障就等於整套大氣系統故障，例如若偏航感測器故障則無法確知

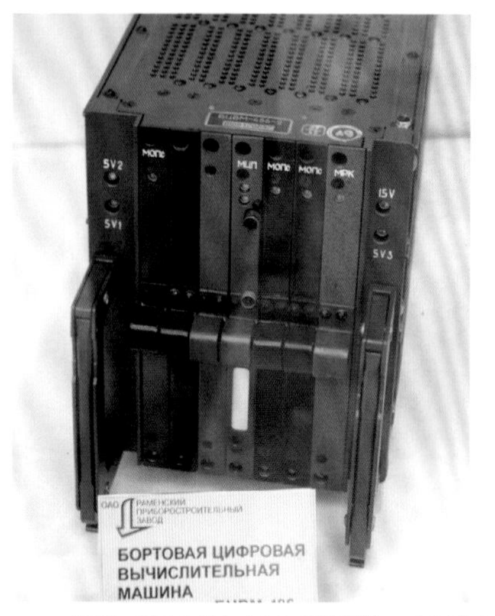

▲ 圖2 BTsVM-486-2電腦，用於Su-27SKM與新型Mi-24直升機。Su-30MKKM用的是BTsVM-486-6

航向；而在第五代的架構中，上述故障發生時，甚至可由本應屬於慣性導航系統的陀螺儀估計航向(其實這在功能更齊全的蜘蛛網式架構中也可辦到)，即感測器或中央電腦的局部故障通常只造成性能的虧損，而不致於整個次系統癱瘓。〈7〉承上，這種新電腦架構相當於在蜘蛛網架構中的每個次系統電腦都採用多餘度設計，並在平時可將這些備份電腦挪作他用，兼顧可靠性與性能。

需注意的是，以上提到的特性是「共點式」設計的必然特性，但並不完全是獨有特性。除了可任意改變運算資源的「虛擬次系統電腦」、可單用軟體輕易升級的特性外，其他特性高階的蜘蛛網式設計也可達成。例如Su-30MKK的BTsVM-486中央電腦也可直接處理部份感測器的資料，例如直接處理雷達資料而充當對地攻擊電腦等。可靠性的部份也可藉由各系統的多餘度設計達成，唯其成本效益不如共點式。另外，「共點式」並非一定是一部單一電腦，只要採用通用軟硬體、具備可變虛擬次系統功能、從低層級資料就開始整合，就可算是廣義的共點式系統。

二、第五代中央電腦的運算需求

俄國研究指出，為統一處理可預見的未來的戰機的一般航電功能(導航、通信、控制、警戒、一般資訊處理等現有功能)，至少需要每秒6000萬次的運算能力以及10MB記憶體[3]。在飛控、引擎、電源管理上需要可靠性更高的電腦並採用多餘度設計。在先進雷達信號處理上需要每秒20～30億次浮點運算，影像處理需每秒200億次浮點運算[4]。

除此之外，還有一些傳統上不易求解或是有多種可能解的問題。例如在目標的位置、速度等資訊不全時，就無法確知如何處理該目標，這時就需要做各種假設(假設對方是戰鬥機，高速迎面飛來；假設對方是運輸機，不構成威脅...等)並對各種假設一一求解[5]，最後找出最適當的解，或是提供建議給飛行員。為了解這些不確定問題還需要更大的運算量。

為了滿足以上所有運算需求，需要有每秒1.5～2億次定點運算(單晶片架構下)的通用處理單元，以及每秒40～80億次浮點運算的信號處理單元，利用符合上述需求的處理單元〝堆砌〞出需要的電腦。在記憶體部分則視〝次系統〞功能而定，在20MB～1GB[6]。

三、第五代中央電腦的範例：美國F-22的中央電腦

美國F-22戰機的中央電腦(common integrated computer,CIP)[7]是最能代表共點式中央電腦的產物。F-22上小至感測器資料都直接送至CIP中，CIP內含66個插槽，可安置資料處理模組及信號處理模組，各模組由資料幹線中取得所需訊息。F-22裝有2台CIP以於平時增強性能並於戰時增強生存性。1號CIP安置47個模組，含33個信號處理器與43個資料處理器，每秒能處理105億個指令(instructions)，並擁有300MB記憶

體。其處理器時脈約25MHz(1983年)或100MHz(1986年)。2號CIP則使用44個模組。由此估計2台CIP每秒運算能力約200億次，記憶體約600MB。

四、俄國的第五代中央電腦

1. 第一階段：折衷型五代電腦EKVS-E(Solo-01～05)

由於俄羅斯在先進傳輸介面(如統一的寬頻幹線等)方面缺乏規格與研製經驗，因此俄羅斯五代「共點式電腦」並未一開始就追隨上述美式架構，而是採用一種較簡單、整合性略差、但仍具備基本的共點式電腦特性的方案[8]。這種中央電腦在硬體上仍略有分工，概分為通用、信號、與飛機控制(圖3)。也具備「可變虛擬次系統」功能。通用電腦能負責全機所有任務的執行，也包含基本的信號處理與飛機控制，可以說是中央電腦的核心；信號電腦專門處理需要龐大信號處理的特定任務如雷達信號等；控制電腦則是加強對飛機的控制與安全性，例如採用更穩定的晶片與記憶體，與控制介面採用多餘度傳輸介面連結等。在傳輸介面上，由於缺乏寬頻幹線技術，因此透過加強傳統傳輸介面(如MIL-STD-1553B、RS-232等4+代戰機介面)的總頻寬，並局部使用光纖等寬頻傳輸線路來滿足資料傳輸需求，且主要是傳統的單向式傳輸，僅在必要之處使用雙向傳輸介面。

Su-35BM上的EKVS-E便是這種折衷式的五代電腦的原型，由Solo-01～05電腦組成，主要功能分別為信號、資料、影像、控制、類比-數位轉換。這些電腦的通用晶片便採用美國MIPS公司的R7000系列RISC處理器，時脈300～500MHz不等，01～03型用500MHz，04～05型用300MHz。整套電腦重約60kg[9]。

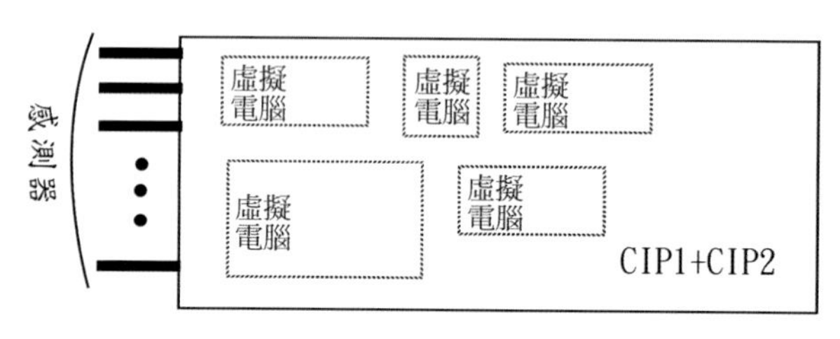

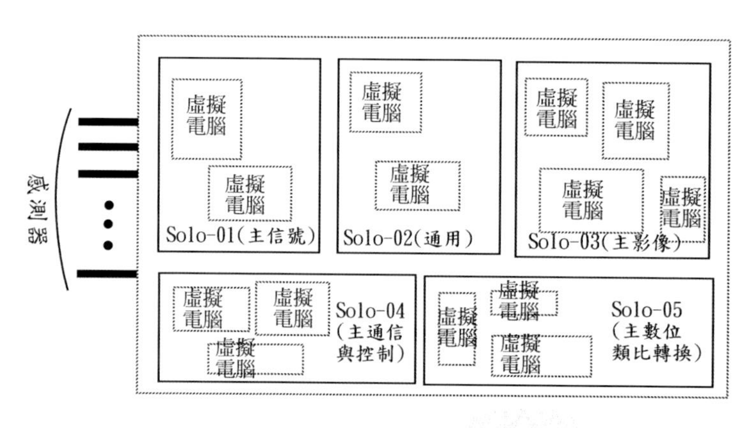

◀圖3 F-22與Su-35BM的中央電腦架構的區別

◀ 圖4 Solo-01信號處理電腦

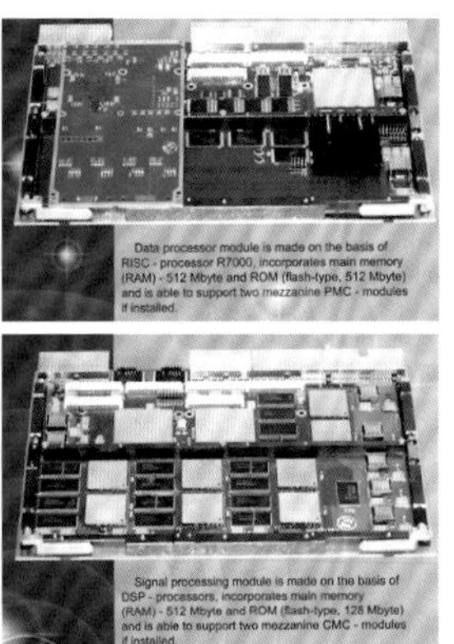

◀ 圖5 Solo-01與02電腦的資料處理模組-GRPZ

◀ 圖6 Solo-01與02電腦的信號處理模組-GRPZ

Solo-01信號處理電腦(圖4)

用以進行影像、數位信號處理。含1個資料處理模組(DPM，圖5)與4個信號處理模組(SPM，圖6)。耗電小於150W。

資料處理模組含：〈1〉1個MIPS R7000或SPARC R500)處理器，時脈500MHz。〈2〉512Mb的隨機存取記憶體(RAM)。〈3〉512MB的FLASH型唯讀記憶體(FLASH-type ROM)。〈4〉2個PMC擴充插槽。

信號處理模組含：〈1〉4或8個數位信號處理器(DSP)，每個時脈最高達500MHz。〈2〉最大浮點運算能力：10Gflops(4個DSP)或20Gflpos(8個DSP)，即每秒100億或200億次浮點運算。〈3〉512MB的RAM。〈4〉128MB的FLASH型ROM。〈5〉2個CMC擴充插槽。

Solo-01電腦每秒可處理800億次浮點運算。擁有1條用於傳輸數位圖形的光纖通道(解析度達1024x768)，Q-bus、ARINC-429、RS-232C、LVDS等資料傳輸介面，重12kg。

Solo-02資料處理電腦(圖7)

含4個與Solo-01相同的資料處理模組。有Q-bus、MIL-STD-1553B、ARINC-429、RS-232C等規格之資料通道。重10kg。耗電小於150W。

Solo-03影像電腦(圖8)

用以進行影像、類比-數位信號處理、及控制問題。採與Solo-01相同的MIPS R-7000處理器及數位信號處理

▲ 圖7 Solo-02資料處理電腦

◀ 圖8 Solo-03影像電腦

◀ 圖9 Solo-04控制與通信電腦

▼ 圖10 Solo-05耦合與轉換電腦

器，不確定DPM與SPM模組之數量分配，唯其浮點運算能力與Solo-01同為每秒800億次(故研判採用4個SPM)。

這款電腦傳輸頻寬在家族中最大，有4條資料交換用的光纖通道及1條供影像輸出之光纖通道，ARINC-429、RS-232C等通道。重20kg，亦為家族之最。

Solo-04通訊與自動控制電腦(圖9)

用以解決通訊與自動控制(飛控、引擎控制、電力系統等)問題。採MIPS R7000處理器，但時脈為300MHz。有RS-232C、RS-343A、MIL-STD-1553B、SCSI-2、Ethernet10/100等通道，重8kg。

Solo-05數位-類比轉換電腦(圖10)

用以解決類比-數位轉換、信號處理、及控制問題。與Solo-04一樣採時脈為300MHz之MIPS R7000處理器，及數位信號處理器。每秒處理80億次浮點運算。有1條輸出影像的光纖通道，ARINC-429、MIL-STD-1553B等通道。重8kg。

概括計算EKVS-E擁有每秒1680億次的浮點運算能力、大於25億次資料處理能力，數GB的記憶體，及特定用途的數Gbaud級的傳輸頻寬。這樣的資料處理能力與傳輸頻寬大致滿足需求，信號處裡能力與記憶體容量則達需求值之數倍。並預留升級空間。

Solo系列電腦諸元詳表					
	Solo-01	Solo-02	Solo-03	Solo-04	Solo-05
用途	信號處理	資料處理	影像處理	通訊與控制	數位-類比交換
處理器	R7000 x 1, DSP x 32	R7000 x 4	R7000x?, DSPx?(應為32)	R7000 x?	R7000x?, DSPx?
每個處理器時脈(MHz)	500, DSP者亦為500	500	500	300	300
資料處理能力	5億次/秒	20億次/秒	?	?	?
信號處理能力(浮點運算能力,Gflops)	80	--	80	--	8
隨機存取記憶體(RAM),MB	512x1(資料)+512x4(信號)	512x4(資料)	不明	不明	不明
唯讀記憶體(ROM),MB	512x1(資料)+128x4(信號)	512x4(資料)	不明	不明	不明
平行交換頻道(Q-bus),個	1	1	--	--	--
MIL-STD-1553B資料匯流排,個	--	4	--	2	2
光纖資料交換頻道,個	--	--	4	--	--
ARINC-429規格加密資料交換頻道,個	--	8發/16收	8發/16收	--	16發/16收
ARINC-429規格一次性命令頻道(one-time command exchange channels),個	8發/8收	8發/8收	--	--	8發/8收
RS-232C規格加密資料交換頻道,個	2	8	8	8	--

圖表輸出光纖頻道(digital graphical information output fiber channel, 1Gbaud)，個	1	--	1	--	1
數位輸入頻道(16bits，LVDS，56MHz)，個	2	--	--	--	--
類比輸入頻道(sampling rate 180MHz，12bits)，個	--	--	4	--	--
類比輸入頻道(sampling rate120MHz，14bits)，個	--	--	8	--	--
類比輸入頻道(輸入頻率84MHz，sampling rate 112MHz，12bits)，個	--	--	--	--	2
重量，kg	12	10	20	8	8
其他	PCI擴充卡(PMC)插槽x2(資料處理)；擴充卡(CMC)插槽x2x4(信號處理)	PCI擴充卡(PMC)插槽x2x4(資料處理)		RS-343A數位圖表輸出頻道x1,外接記憶體輸出頻道x1,Ethernet 10/100網路頻道x1,聲音輸出頻道	

Solo-01與Solo-02操作環境一覽	
操作溫度	-50～+60度c/-60～+85度c(極限)
氣壓下限	15mmHg
震動	10～2000Hz，5G以下
衝擊(Shock)	15G以下
線性加速	10G以下
噪音	140dB以下，50～10000Hz

2. EKVS-E與F-22的CIP的差異

若要將Solo系列電腦動輒「80億次甚至800億次」運算能力之運算能力與F-22或EF-2000之電腦相比需注意單位一致性的問題。F-22的中央電腦運算能力為每秒105億個指令(instructions)，2台CIP的總運算能力約每秒200億個指令。但「指令」(instruction)與「浮點運算」(floating point instruction)意義不同，不宜直接比較。Solo-01的信號處理部份總時脈為16GHz，即每秒160億個週期(clocks)，並以每個週期5次浮點運算達成80Gflops的運算能力。以RISC處理器通常1個週期對應1個指令(instruction)來看，Solo-01每秒能處理160億個指令(instructions)。若用上述方法換算成相同單位，整套EKVS-E電腦在資料處理部份在每秒25億個指令(instructions)以上(僅算Solo-01與02)，信號處理部份在每秒320億個指令以上(僅算Solo-01與03)。另外F-22的1號中央電腦記憶體為300MB，因此總記憶體約600MB，而EKVS-E則有數GB之記憶體。

因此以運算能力看，EKVS-E電腦系統已優於90年代末期F-22的中央電腦。這並不是說美國航電技術已被比下去，而是意味著俄五代戰機擁有符合時代潮流的電腦系統。事實上美國新式航空電腦(F-35所用者以及F-22的擴充卡)也採用500MHz等級的通用晶片，而EVKS-E也是藉助美製R7000處理器滿足其性能的。在短期內，EKVS-E仍可藉由擴充處理單元與傳輸頻寬來與對手競技，然而就長期論，F-22的CIP採用之理念較為先進，在整合層次與發展潛力上較有前瞻性。例如F-22的CIP的所有資料都在總線裡，而EKVS-E的次電腦間有時還得彼此交換資料，前者的資料整合性當然更好(只是研製難度較大)。EKVS-E只是一種在時效、經費與性能上取得協調的產物。

3. 完全趕上五代架構：RPKB的BVS-1電腦與GRPZ的N-036EVS

a. BVS-1

在拉緬斯基儀器設計局(RPKB)的網站上可看到一種稱為BVS-1(「機上計算站台」的俄文簡寫)的新架構電腦系統[10]，從中可見俄國五代電腦已有類似F-22、F-35上的採用統一架構與寬頻幹線的技術。

BVS-1採用類似F-22的中央電腦架構，其上整合了MPON-2通用處理模組、信號處理模組、MGK-8-1影像控制模組、MK-15資料交換模組、MK-14網路耦合模組、MVE-1電源轉換模組、MMP-1記憶模組等，並以頻寬1Gb/s級ARINC-664(GigabitEthernet 1000Base-SX)寬頻傳輸介面與ARINC-818光纖等進行模組間通聯，對外則以50/125微米多模光纖(操作波長850nm)通聯，且多為雙向傳輸介面。但也保有部份傳統介面如RS-232、100Mb/s Ethernet等。來自外界的光纖主要透過3個MOK-2光纖耦合接口模組與BVS-1連結，每個耦合模組內含大量(15～20個)光纖通道。(圖

◀ 圖11 BVS-1電腦系統與其內部模組。

▼ 圖12 BVS-1電腦主體特寫。上排左邊3個接口為光纖束接口。RPKB

▲ 圖13 BBVS-1電腦的MPON-2通用資料模組，採用1～1.5GHz處理器，擁有每秒30億次處理能力，一個模組的資料處理能力便超越Solo-02電腦

▶ 圖14 MMP-1記憶模組特寫

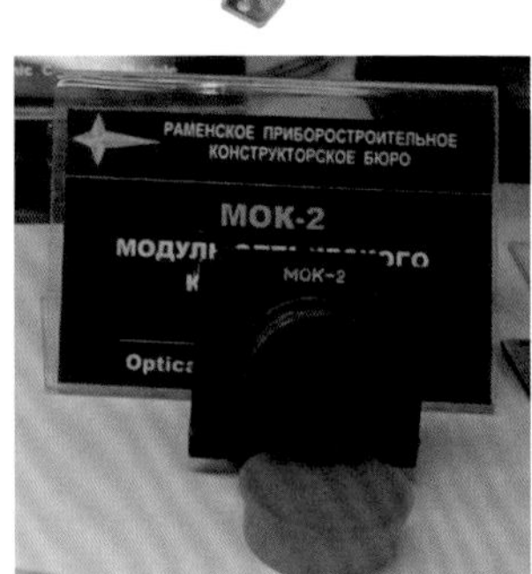

▶ 圖15 MOK-2光纖耦合器，安置於BVS-1電腦左上方(3個)，為連外光纖的接口

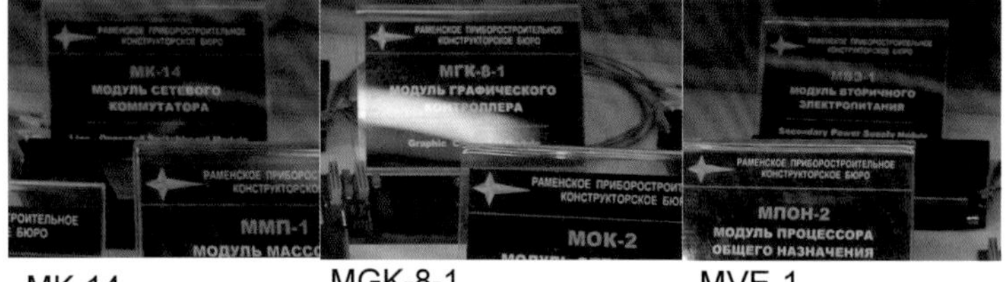

MK-14
網路耦合模組

MGK-8-1
影像控制模組

MVE-1
電源轉換模組

◀圖16 其他模組特寫

11～16)

MPON-2通用處理模組採用時脈1～1.5GHz的MPC8548處理器，運算速度為3065MIPS(每秒30.65億次，時脈為1.3GHz時)，另有用於儲存運算程式的256MB快閃記憶體(Flash)、512MB隨機存取記憶體(SDRAM DDR2 200MHz)等，部份處理模組上還附加圖形處理模組或永久記憶模組。MPON-2對外以2條雙向的1Gb/s級Ethernet(1000Base-X)、1條雙向100Mb/s級Ethernet(100Base-TX)、RS-232C、PCI(PCI2.2，32核，33/66MHz，用來附加圖形模組或記憶模組)、等介面通聯。

整套BVS-1電腦擁有數個MPON-2模組，總通用處理能力為每秒120億次以上，3GB隨機存取記憶體、用於運算模組的1.5GB永久記憶體、以及用於資料儲存的額外8GB永久記憶體。

MK-15模組是屬於一種符合ARINC664P7(AFDX)規格的資料交換模組，用於管理與整併電腦內模組間以及電腦與外界的資料交換。擁有12條1Gb/s級Ethernet(1000Base-X)實體傳輸介面，4024個虛擬傳輸介面，512個緩衝埠，時間延遲不超過100微秒，總交換容量為24Gb/s。

廠商尚未公佈信號處理模組的資料，不過從中比對已可發現BVS-1相對於Su-35BM的EKVS-E有了飛躍式的進步：〈1〉其採用了類似F-22那樣的真正單一電腦架構。〈2〉採用了高頻寬的雙向傳輸介面為主要傳輸介面，EKVS-E大部分僅用到單向介面，且僅有影像與信號處理等處用到1Gaud光纖。由此相信BVS-1的信號處理能力亦有驚人的進步。這樣強大的運算能力對於空戰性能的增加有限(因為空戰用不上那麼高的運算量)，但對於大頻寬通信、指揮、以及高品質對地攻擊影像的傳輸相當有利。

BVS-1重量為15kg，雖然沒有明確指出這是否包含處理模組，但由於各模組重量約在0.6kg上下，因此即使15kg僅為機殼，實際總重量不會與之相差太遠，應會在EKVS-E的1/2以下。此外，BVS-1與EKVS-E一樣採用氣冷，比需要液冷的F-22中央電腦更簡便。

b.N-036EVS

GRPZ在MAKS2011展出了據稱是給下一代戰機使用的N-036EVS電腦(圖17)。由於T-50的雷達系統又稱為N-036，因此基本上確定N-036EVS便是T-50的中央電腦。

相較於Solo系列電腦與BVS-1那樣連處理器速度、記憶體容量都大方的公開，N-036EVS保守許多。N-036EVS由2台完全相同的高速電腦與1台轉換器構成，2台電腦本身就是統一處理全機信號與資料的中央電腦，彼此之間可直接交換資料，或透過轉換器交換資料而整合成為全機的運算核心。轉換器同時也擔負對外界數位-類比資料交換的責任。當其中一部電腦故障時，另一部電腦可接手其部分任務而不致系統癱瘓。電腦本體尺寸370x250x200mm，交換器為370x125x250mm，兩者都採密閉

▶ **圖17 N-036EVS電腦，由兩個完全相同的高速電腦與中間的轉換器構成。電腦彼此可直接或透過轉換器交換資料，並透過轉換器與外界的數位-類比系統相連。**

容器設計而具備抗機械負荷與耐濕能力，採高壓氣冷。

電腦系統內的資料交換介面為8條1Gbaud光纖。對外交換介面則有6條1Gbaud光纖、2條備份用於影像輸出的1Gbaud光纖、ARINC-429單向傳輸介面(16發/32收)、8條備份用GOST R 52070-2003雙向交換介面、24個類比通道、以及16個串行代碼交換通道(RS-232C介面)。由此已能知道N-036EVS資料傳輸量相當龐大，至於實際傳輸速度，由於標示的1Gbaud是指每秒有1G(10億次)的信號變化次數，而實際上可用編碼技術讓1個信號週期內帶好幾個位元(bit)的資訊，因此1Gbaud實際上相當於好幾個Gb/s，至於這之間的倍數是多少，就是GRPZ不透露的資訊了。

在場技術人員表示，2009年時N-036EVS便已在研發，目前展出的已是準備投產的成品。N-036EVS性能強大，目前其大量資源都還沒用上。

雖然廠商沒有公佈處理速度，但從其資料傳輸量便暗示其有相當強大的運算能力。Solo-35電腦由300MHz與500MHz處理器以及128和512MB記憶體組成，總運算量超過25億次資料處理與1680億次浮點運算，總共數GB記憶體，1Gbaud光纖通信僅局部採用，剩下的非光纖通訊介面亦多有1Gb/s級的頻寬。更新銳的BVS-1電腦重15kg，由1.5GHz晶片組成，有數GB記憶體，僅通用處理能力(不包括信號處理能力)就達每秒120億次，並且已採用光纖當作資料交換骨幹。從這些參考數據不難猜出N-036EVS的速度等級。事實上就算是Solo-35的處理能力就已超越2005年時論證的第五代戰機基本需求。

至此，俄國中央電腦不僅在應體效能上滿足第五代需求，也由於架構趕上西方，使得未來雙方能在公平的狀態下進行技術競技，資訊系統再也不是俄國戰機的先天弱點。

參考資料

[1]V.K.Babich等14人，"Авиация ПВО России и научно-технический прогресс"(Russian Air Defense Aviation: Scientific and Technological Advance), Дрофа(俄)，2005，p541

[2]同[1]，p541～544

[3]同[1]，p547

[4]同[1]，p548

[5]同[1]，p548

[6]同[1]，p548

[7]" F-22 Raptor Avionics", http://www.globalsecurity.org/military/systems/aircraft/f-22-avionics.htm

8同[1]，p551

[9]MAKS-2007採訪資料，GRPZ公司Solo系列電腦型錄

[10]RPKB官網型錄，http://www.rpkb.ru/index.php_page_id=20+.html

ПРИЛОЖЕНИЕ 9

「電子飛行員」——俄羅斯戰機專家系統的發展

第五代戰機T-50上裝有號稱為「幾乎擁有人類智慧」的「電子飛行員」。雖然這很顯然是誇飾法，但從中反映T-50上安裝有高度人工智慧的事實。所謂的「電子飛行員」實際上是一套程式，其能在統合全機資訊後審時度勢並參考資料庫中儲存的專家經驗，而給予飛行員建議，其彷彿是一個思考速度遠超過人類的隨機專家，這在新世代戰機上已是必備系統，在俄國這種系統稱做BOSES，是「機上執行與建議專家系統」的俄文縮寫。本文旨在簡介專家系統的用途，以及在俄羅斯的發展。

一、為什麼需要專家系統

飛行員駕機升空後所做的事可概分為兩大類，一者「執行任務」，如攔截來襲目標、攻擊敵方據點等；二者「操縱飛機」，如控制油門、操作電子設備、使用武器等。

現代化的飛機都要儘可能將「操縱飛機」一事變得大幅自動化，好讓飛行員可以將絕大多數思緒用在執行任務，而不在操縱飛機。這是因為「操縱飛機」的過程往往非常繁雜但很多時候很死板因此較適合自動化，而自動化以後不但可以減輕飛行員負擔還可以減少錯誤操作的可能。例如飛機在不同速度、酬載等條件下氣動力會對其產生不同的俯仰力矩，這意味著在沒有電腦輔助的情況下，飛行員必須時時調整操縱桿以調整配平力矩才能維持平飛；又例如在有攻角的情況下施加滾轉命令，飛機在滾轉與升力的耦合作用下出現不必要的動作...，有了飛控電腦協助微調，就可以在電腦的工作範圍內讓飛行員簡單的做出想要的動作，而不須費心於那些多餘的調整工作，這在線傳飛控系統問世以後陸續達成。此外，飛機的機動過程中，往往需要不同的引擎推力，單單一個簡單的爬升動作，飛行員可能要調整油門多次，較新型的戰機則將推力控制也編入飛控系統內，讓飛行員不需人為調整推力。航電系統的操作也類似，航電系統越來越複雜，本該造成飛行員很大的負擔，但在一些既定操作過程的自動化後，可以簡化飛行員的負擔。

但並非所有過程都適合自動化，例如飛行員想要迴旋，他可以視情況選擇最大G值迴旋，也可選擇較不浪費能量的低迴轉率迴旋；在使用武器時，飛行員可以選擇在較大射程發射但命中率較低，或是在較近距離發射以提高命中率。這些過程當然也可以自動化，但那樣一來就失去很多操作彈性，在這方面「自動化」對飛行員而言反而顯得綁手綁腳。飛行員此時反而喜歡一個提供建議的「助手」，而不是一個處處自己來的「獨裁飛機」。因此在協助飛行員「操縱飛機」方面，一方面要將機械式的過程自動化，而在一些需要人為決定的部份則需要能提供建議的人工智慧來協助飛行員[1]。

在「執行任務」方面，隨著科技日新月異，戰場情況越來越複雜，飛行員也就要接收越來越多的資訊，這些資訊可能來自管制中心、僚機、或是來自飛機本身。飛行員往往要在很短的時間內從大量訊息中釐清資訊並做出決定(例如知道被敵機鎖定，從主動干擾、拋誘餌、戰術機動等措施中擇其一加以反制)，這些匆促的決定往往不是最佳決定，甚至可能是致命的錯誤決定。據研究，空戰時飛行員在同時考慮3～5個參數的情況下已需要數秒的時間做決定，如果同時有10個參數要考慮，則即使是很熟悉的情況，考慮時間也遠高於此[2]，這種時間對瞬息萬變的空中作戰不算短。因此現代戰機設計者開始寄望於以人工智慧來協助飛行員執行任務。由於戰場情況瞬息萬變，不像姿態微調、推力控制那樣容易自動化，甚至根本不可能自動化，例如戰機可能間接的發現空域中有敵機存在但是只能知道概略位置(例如附近友機莫名被擊落)，這時該繼續執行既定任務，還是前往搜出可能目標，就難以由電腦決定；另外，一架開啟後燃器遠離我方的匿蹤戰機可能被紅外線探測器發現，但卻可能無法測其距離，這時是否要對其發射飛彈或做其他處置，也需要人來決定。因此在這方面需要的主要是提供建議的人工智慧。

因此，從4+～5代戰機開始，在考慮飛行員需要與習慣後，將一些機械化操作過程自動化，而在一些不適合或不可能自動化的環節則建立一個能整理資訊並提供飛行員有用建議的人工智慧，也就是所謂的專家系統(圖1)。專家系統簡單的說就是將各種相關專家(空戰菁英、航空工程師等)的意見與經驗編寫成機載電腦內的程式，其能在繁雜的資訊中依據情況即時給予飛行員最有用的建議，也最大程度簡少飛行員於忙亂中做出錯誤操作的可能。相當重要的是，空戰經驗表明，不論哪個年代，絕大多數的擊墜紀錄都是由相對少數的菁英飛行員創下的。考慮這些菁英飛行員的意見與經驗的專家系統被認為能讓絕大多數的飛行員發揮接近菁英飛行員的戰力。

二、專家系統的架構

專家系統大致上由三個部份組成：資料庫、公式庫(數學模型庫)、以及知識庫。

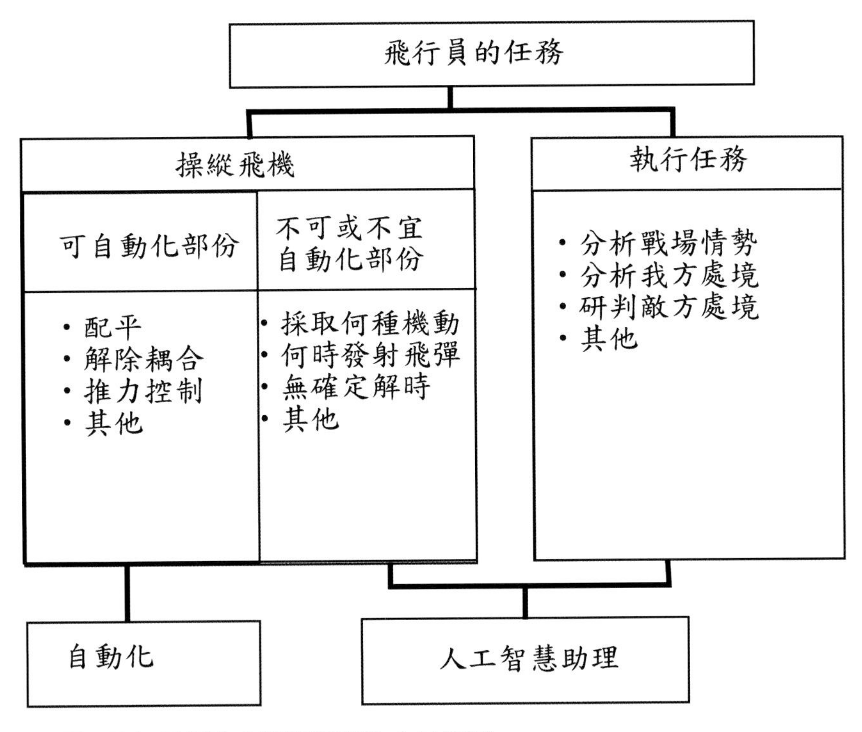

▲圖1 飛行員任務分類與需要的人工智慧

「資料庫」匯集各種原始資料以及被整理過的資料，如雷達探測所得資料、飛機狀況...等。「數學模型庫」裡面存放用於分析各種情況的數學公式，電腦能依據情況選用需要的公式(當然，電腦如何「依情況」選用公式也是專家系統的工作範圍)，然後從資料庫擷取需要的數據代入公式分析，求出分析結果後由「知識庫」諮詢專家經驗，最後將得到的建議呈現給飛行員(圖2)。

例如，當預警系統發現遭受飛彈攻擊，專家系統就將所知的來襲飛彈參數、我方戰機飛行狀況、自衛系統性能等資料代入有關的公式，而得到各種反制措施的可行性，然後將可行措施條列出來，或是直接指示飛行員該怎麼做。至於專家系統如何給予飛行員建議，還牽涉到設計理念，以及設計時與飛行員的溝通等，較詳細的範例詳見後文。

專家系統處理一整個分析與建議的週期必須與人類反應時間相當甚至更小，這樣即使飛行員在專家系統開始分析後又做了新的操控，專家系統重新分析後所呈現的建議仍然是最即時的。

三、俄國開發的專家系統的範例

儘管第五代戰機的發展因經濟問題而落後，五代戰機所需的專家系統則已有成果，這是因為專家系統很多時候可以在桌上型電腦進行驗證，研發成本較低廉之故。俄羅斯一些研究單位已在桌上型電腦完成了不同功能專家系統的研發與測試，甚至開始用於改良型戰機。

針對空中攔截作戰，可將作戰過程概分為三個階段，針對不同階段研發專家系統。這三個階段為「導航」、「團隊接戰」、「1對1遠程空戰」。

1. “導航”專家系統

“導航”專家系統[3]負責未接戰狀況下的飛行階段，其以油料管理為核心，藉由分析燃油儲量與任務中的油耗狀況進行路徑規畫與飛行限制。

正常情況下飛機所攜帶的燃料中有一部分屬於安全儲油，用於緊急狀況如臨時更換降落機場等，剩餘的才用於執行任務。在實際情況下，真實的大氣條件(溫度溼度)或是臨時的作為(臨時遇到敵機而做出反應)都會讓油耗偏離預設值，專家系統便時時監控這些改變，重新估計油料的使用狀況以及接下來的剩餘航程，目的在確保飛機不會因為多餘的操作而沒有足夠油料安全降落。例如，團隊中的一架戰機可能因為臨時遭遇敵機，而在應付過程中消耗了多餘的燃油，以至於無法按既定計畫與友機完成任務。此時專家系統便會衡量狀況給予建議，例如「允許減少安全儲油，以便繼續進行任務」；「繼續執行任務，之後選擇較近的機場降落」；「脫離機群反航」等。除此之外，專家系統也在飛行員選定航線以後為飛機設定最佳飛行路徑。

「導航」專家系統給予飛行員的訊息可能是：〈1〉指示或建議：如「提升高度」、「進入超音速」、「提高許可的風險等級以便進入危險區域」...等。〈2〉提示：如「燃油足夠返回原來的機場」、「只能降落在鄰近的機場」...等。〈3〉協助：如「建議降落在某某機場」等。

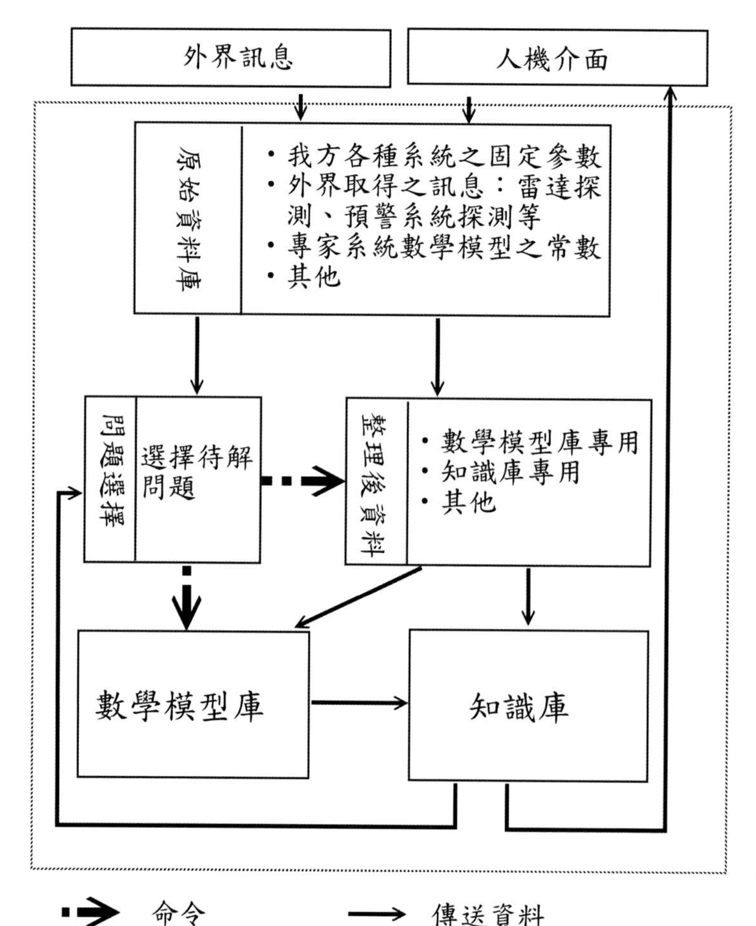

◀圖2 專家系統架構示意

據介紹，Su-30MKK便有「精確計算燃油儲量，而規劃最佳飛行路徑」的功能[4]，可能就是應用了導航專家系統。

2. 「團隊接戰」專家系統

當機群發現目標，或已逼近預設的戰區時，團隊接戰專家系統[5]開始運作。如何共享資訊、如何分配目標、如何逼進目標等議題都在此專家系統的工作範圍內。這種系統考慮了雙機、四機、16機、乃至多個中隊的聯合作戰管理。

此種專家系統給予飛行員的訊息可能是：〈1〉建議；〈2〉對所提出的建議做出解釋；〈3〉提醒：例如「請注意...」。此外，專家系統也整理出需要傳給友軍的必要資訊，透過資料鏈傳遞。

3. 「1對1遠程空戰」專家系統

任何作戰過程最終無可避免牽涉單機操作，例如戰機按照長機分配逼近目標到最後要發射武器，或是中途被突如其來的對手打亂而必須應付之...這時便是「1對1遠程空戰」專家系統[6]的處理範圍，俄國文獻將一種開發出來的空戰專家系統稱為「決鬥」很是貼切，以下便沿用此稱呼。

「決鬥」專家系統主要是以敵我飛彈性能參數(導引方式、射程等)與敵我戰機飛行狀態(速度、高度等)的分析為核心，分析出雙方攻守能力的比較，而提出作戰建議，這之中也包括主被動干擾系統的使用等。

透過資訊系統取得敵機的飛行狀態(高度、速度、動作等)的有關參數，專家系統可以推測敵機的可能意圖、推測其發射飛彈的有效性及反制我方飛彈的有效性等；如果對方發射飛彈，則可依據對方距離、接收到的相關訊號推測來襲飛彈可能的種類，並預估其射程等；同時，透過對我方戰機飛行狀態與配備武器性能的分析，並與上述敵方參數比對，可估計我方飛彈對敵射程、以及敵方反制的可行性、我方反制敵飛彈的成功率等等。最後給予飛行員建議。例如，當戰機擁有充足的飛彈，任務設定又不要求要保證摧毀目標時，專家系統可能在最大射程處就建議發射飛彈；當戰機遭受攻擊卻不利於還擊時，建議飛行員作反制措施；當遭受攻擊但本身也可反擊時，建議飛行員進行反制措施並發射飛彈...。由於空戰場合分秒必爭，「決鬥」專家系統對「即時性」的需求非常強烈，在我方飛彈發射前一但出現任何一個新的事件(飛行員新的操縱命令、敵機有新的動作等)，專家系統就重新分析而即時給予新的建議(這是任何一個正常飛行員甚至隨行專家都辦不到的)。

「決鬥」專家系統提供給飛行員的訊息包括：〈1〉建議：如「建議進行戰術迴旋」(指迴旋期間不丟失對戰場的監視能力)、「建議使用被動干擾並降低高度」、「必須做最大G值迴旋，同時不可能使用假目標干擾」、「必須施放干擾絲」、「主動干擾缺乏有效性」...等；〈2〉對當前建議的解釋；〈3〉提醒：如「擁有優勢」、「以最大G值迴旋脫離飛彈射程將具備可行性」、「沒有有效的建議」...等；〈4〉必要時，專家系統在提供建議時，還會說明不落實建議的可能後果。

「決鬥」專家系統在設計時考慮了己方飛機使用R-27、R-27E、R-33，敵方使用AIM-7、AIM-54、以及AIM-120的狀況。在使用100MHz處理器與600KB記憶體(RAM)的情況下，分析問題並提出建議的全過程週期約0.25～0.35秒[7]，已幾近即時，對於五代戰機的電腦，處理時間應可小於人類反應時間，這也意味著可以用更複雜的專家系統。據稱這種專家系統已經「以套件方式應用於具備玻璃化坐艙的戰機」，比對Su-30MKK可能已經使用「導航」專家系統以及上述專家系統考慮R-33飛彈可推測，這種專家系統可能已用於Su-30MKK、Su-27SM、MiG-31改良型等戰機。

據俄國文獻指出，在與「決鬥」類似時期歐美開發中的遠程空戰專家系統還有美國與以色列合作的「飛行員諮詢系統」(Pilot Advisory System, PADS)，GEC等公司合作的「任務管理助手」(Mission Management Aid, MMA)，與西方相比，「決鬥」是功能最複雜的一種。例如，PADS考慮沒有干擾的1對1空戰；MMA考慮含機動反制的1對1空戰；「決鬥」則考慮含干擾措施與機動反制的1對1空戰。而在PADS只完成交戰雙方在相同高度各發射1枚以下飛彈的電腦模擬試驗時，「決鬥」系統已完成交戰雙方在三維空間內各發射不只1枚飛彈且進行干擾的戰況的電腦模擬[8]。

需注意的是，專家系統不只在資訊齊全的情況下進行分析，其更大的幫助是在資訊不齊全的情況下做的分析。空戰時，飛機所能取得的目標資訊有些是充分的，例如透過雷達的追蹤，可以得到目標的位置、航向、速度等，這種資訊就相當充份，對這種目標發動攻擊甚至可以高度自動化。然而，當目標資訊無法由雷達追蹤而獲得時(例如目標太遠，或是遇到匿蹤目標等)，其資訊可能不夠全面，這時，這是什麼目標？對我方是否有威脅？該如何處置・・・就需要參考其他資訊，甚至加上經驗來處理。「決鬥」專家系統便考慮了在資訊不全的情況下的作戰狀況。例如，在被敵方雷達照射時，為得到目標距離，戰機須在水平面或垂直面上進行一些特殊機動，機動過程中持續與目標接觸，經10～20秒累積足夠的資訊而定出目標距離，以供被動雷達導彈射控之用(稱為「動態測距法」)[9]。專家系統可將這些經驗納入，遇到類似狀況時就建議飛行員該怎麼飛，以便飛機取得所需資訊。筆者推測這在與匿蹤戰機的對抗中是相當重要的功能。

上述在模糊資訊情況下仔細分析狀況的邏輯不只可用於提供建議，其也大幅提升現代戰機的射控能力。傳統的少數資訊來源的戰機必須在探測機率高達80%以上時方能穩定追蹤並射控，而在使用多訊息來源以及複雜的邏輯後，即使在探測機率只有50%以下也可以射控。

做個簡單的比較，可以更輕易的瞭解專家系統的功效。在最早的儀表式坐艙中，飛行員必須從雷達顯示幕上取得敵機的相關訊息，從電戰系統顯示面板得知是否遭受攻擊以及攻擊的概略方位，除此之外他還要讀取攻角指示器、G值指示器等儀表來知道座機的狀態，然後依據教範或經驗甚至隨機「創作」決定應該怎麼攻擊敵人或是進行防禦；進入玻璃化坐艙以後，許多資訊可以更有效的顯示出來，例如有關坐機的飛行狀態資料可以在一個顯示畫面就完整呈現，省略許多讀資料的時間，但飛行員依舊要自行整理這些資料，然後依據教範或經驗做出反應。在這個環節，飛行員的經驗、天份、心理狀態對作戰效果產生非常大的影響。而在引入專家系統後，戰機甚至是直接「告訴」飛行員，可以有哪些處置措施，這樣，不只可以大幅減輕飛行員負擔，也讓飛行員的心智可以用於更宏觀的思考。

四、結語

以上只是具體的說明專家系統的運作方式與所提供的協助的範例，這當然還不是全部。例如這裡的1對1空戰只考慮到遠程作戰，而尚未考慮到纏鬥；此外，進行對地攻擊時，戰機要面臨多種防空武器的威脅，如何安全的接近目標？如何反制威脅？方法又與空戰有所不同，這當然也需要有關的專家系統的協助。在一份關於第五代戰機機載電腦運算能力需求的文獻中提及，所需的總資料處理能力約為每秒25億次，其中專家系統就佔了15億次，可見所需比例之高。Su-35BM的EKVS-E電腦的總資料處理能力恰好每秒25～30億次，而T-50上的中央電腦僅僅通用資料處理能力便高達每秒120億次以上，超過上述需求的10倍，這些都已滿足這種五代電腦的需求。

參考資料

[1]V.K.Babich等14人，"Авиация ПВО России и научно-технический прогресс"(Russian Air Defense Aviation: Scientific and Technological Advance), Дрофа(俄)，2005，p723

[2]同[1]，p751頁末

[3]同[1]，p727～734

[4]AirFleet，1998或1999年Su-30MK介紹文

[5]同[1]，p734～742

[6]同[1]，p750～766

[7]同[1]，p766

[8]同[1]，p726表格

[9]同[1]，p743

[10]同[1]，p549圖表

[11]MAKS-2007採訪資料(GRPZ公司Solo系列電腦型錄)

[12]RPKB官網BVS-1整合式計算系統型錄(http://www.rpkb.ru/index.php_page_id=20+.html)

ПРИЛОЖЕНИЕ 10`

超機動性簡介與淺析

一、什麼是「超機動性」？

邁入90年代已後先進戰機總會在研制需求或宣傳上強調「超機動性」。顧名思義，「超機動性」就是指超越平凡的「機動性」，這又特別指「靈巧性」，也就是能夠快速改變姿態的特性。

在這裡我們以這種含糊的「顧名思義」作開頭，這是因為對超機動性而言，這個含糊的定義剛好也是最方便的定義，原因在於，不同國家、不同時期對超機動性的嚴格定義都不盡相同，唯一相同的正是這個含糊籠統的「靈巧」性質。例如在Su-27研發初期，設計師希望這架飛機具有超機動性以便提升近戰能力之餘提升安全性，因此將超機動性定義為「擁有2倍於對手的可控攻角」[1]，後來老Su-35問世後，由於可以輕易完成「眼鏡蛇」、「勾拳」等攻角超過90度的機動動作且全程可控，故已稱為超機動戰機；美國ATF計畫競標時，YF-22以一般飛機無法辦到的持續60度攻角展現其達成超機動要求的能耐；俄製MFI的超機動性則要求90度以上的可控攻角；部分現代戰機如F/A-18E/F甚至號稱已沒有攻角限制；而自Su-37問世起，俄國人的超機動性則指配有向量推力且能在失速後保有控制性的能力。

最早的超機動研究是1970年代中期由德國進行的[2]，當時不但沒有飛機能在失速後機動，甚至連線傳飛控系統都還沒普及化。然而德國人卻認為，在線傳飛控系統普及化的將來，飛機有可能將飛行範圍擴展至失速後領域，於是透過物理模型、數值分析、模擬空戰等方法探索出幾種過失速機動動作並研究其實戰價值，並且制定過失速飛機所需的能力指標。最早提出過失速研究報告的是被譽為「超機動之父」的賀伯斯特博士(Herbst)於1980年提出的。他認為過失速飛機應具備以下條件[3]：〈1〉在馬赫數低至0.1，攻角達70度都要可控。〈2〉高度4000m，馬赫數0.6以下時，飛控系統與動力系統要能允許飛機達70度攻角仍保持穩定且可控。〈3〉推重比大於1.2。〈4〉飛機要有線傳飛控系統與向量推力。這個定義與現有的超機動戰機或許有所出入，但其點出「超低速超大攻角都要可控」、「先進飛控」、以及「向量推力」這三個要素。

正因為超機動性的定義因時因地因人類科技等級而易，故討論時拘泥於任一種出現過的嚴格的定義並無太大意義。本文所要討論的超機動性是已存在的最好的超機動戰機如F-22、MiG-29 OVT等所具備的，即「短時間拉到超大攻角」、「失速後都要可控」、「配備向量推力」。這基本上就是當前俄國對超機動的定義，也與賀伯斯特的定義大體吻合。至於老Su-35、F/A-18E/F這類可以失速後控制但不具備向量推力者，便不在此超機動性定義內，其原因詳見內文討論。

二、超機動性的具體用途

超機動性的用途最簡單也最通俗的說法就是「增加近距空戰獲勝機率」(圖1)。法國曾以數值模擬方法算出，向量推力超機動戰機遇上傳統戰機時，高空與低空擊毀比分別為3.55和8.1[4]。關鍵就在於超機動帶來的高攻角能力。可將過超機動性的貢獻概分成三個階段討論：失速前、失速後高攻角、以及失速後高攻角的後續機動。

▲ 圖1 在纏鬥中，如果像這樣被敵機鑽到後方，通常已是待宰羔羊，若具備超機動能力，則仍有轉圜餘地

〈1〉 失速前：具備過失速控制能力飛機能提高失速前可控攻角，進而增強傳統空戰領域的戰鬥力。近距空戰時，若提高攻角，一方面可以減少敵我視角差，爭取發射武器的機會；另一方面就是增加翼面氣動力，使可以在同樣的高度速度下更快達到高過載，或是在速度更低、高度更高的情況使用高過載。傳統飛機失速攻角大約在35度以上[5]，但礙於偏航穩定性限制而往往侷限在25度以內。有了過失速控制能力後，就能突破攻角限制，縱而發揮更強的迴轉能力，增強傳統空戰領域的戰力。特別是搭配向量推力後，可以在更廣的條件下(更低的速度、更高的高度、更重的飛行重量下)壓榨出飛行性能。Su-35BM的飛行表演便體現了這種將超機動性用於提升傳統飛行性能的能耐。

〈2〉 失速後高攻角：失速後高攻角對迴轉能力幾乎無貢獻，但機首在極短時間拉出極大攻角，能比迴轉方式更快的指向目標(圖2～3)。例如Su-27S的眼鏡蛇動作就是在1.5秒左右將攻角拉至90～100度，比迴轉方式少了幾秒，幫助飛行員搶得發射武器的機會。除了更快指向目標外，失速後大攻角能幫助飛機減速，這不但可用於纏

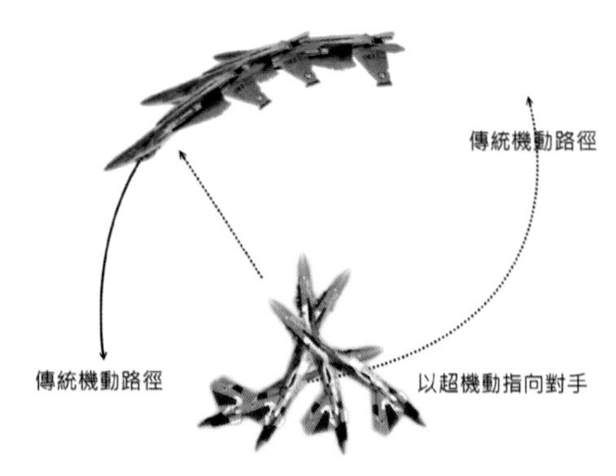

▲ 圖2 超機動近戰優勢示意

▲ 圖3 以超大攻角持續飛行的Su-30MKI戰機。在高下難分的纏鬥戰中這種極限攻角有時可以保命。 Sukhoi

鬥，還能用於射完視距外飛彈後迅速脫離戰場。失速後高攻角更適合在纏鬥打得難分難解，而稍有閃失就會被消滅的情況，例如飛行性能相當的戰機在進入纏鬥時彼此為了搶得射擊位置常會進入所謂的「剪式運動」，通常最後能量損失較多或推力不足的一方會被擊落，這時便可進入過失速大攻角以自救，Su-27的眼鏡蛇動作便可在剪式運動中實現。如果是在正常飛行下進入失速狀態，通常由於有一定的起始速度，氣動力通常足以讓飛機有相當高的俯仰率，也足以進行快速的高攻角滾轉，此時向量推力的作用不是那麼明顯，當然也是會有輔助效果。

〈3〉 失速後高攻角的後續機動：使用「失速後高攻角」後，速度驟減。此時對於翼控過失速飛機而言，由於翼面氣動力有限，使得戰機難以進行快速指向，為了重新獲得高機動性，它必須盡快加速或落下高度以便重新獲得能量或藉此換取額外的指向性，這與傳統飛機失控後的解除方法類似，只因在先進飛控系統的協助下飛機能更快回到可控狀態。但對於向量過失速飛機而言，它還能藉由向量推力快速指向對手，瞄準並消滅對方，這是他與翼控過失速最大的不同，也是最大的優勢。例如Su-30MKI與MiG-29 OVT在完全沒速度下還可以進行360度零半徑筋斗，或是在失速動作後讓飛機機腹朝下並以向量推力進行可控的平螺旋(又稱為「直升機」動作)，這一方面可以減少掉高，二方面還有機會應付後續敵人。

上述三種功能與現在大行其道的能量機動理論相結合，就成為過失速戰機的獨門武功。過失速戰機平時可以遵守能量空戰的原則與敵機戰鬥，此時藉由過失速飛機的失速前高攻角性能，其轉彎與過載性能更好，加上攻角又比較大，因而有更多發射武器的機會。但有時候這只是理想，事實上這個方法未必真能有機動能力優勢。兩個主要原因可能會奪走其優勢：

〈1〉 首先，戰機未必能永遠確定保持能量。因為戰機要咬住敵人、搶得射控機會就往往要用高過載，而高過載往往就要犧牲能量。也許戰機前一刻才用了高過載解決當時的對手；又也許之前連續用了很多小過載對付許多敵人...這些，都會奪走其能量。倘若此時遭遇新的敵人，就可能因為能量不足而無法施展該有的能量機動優勢。另一方面，所謂的「能量」也包括高度(位能)，空戰時往往需要搶得高處以利後續作戰，而爬升過程必然損耗能量。傳統戰機此時若遭遇敵機將處於不利的地位，過失速戰機此時反而相當有優勢(見下文)。

〈2〉 再者，實戰情況下，理論上擁有能量機動優勢的飛機(如Su-27S相對於同期歐美戰機)對於對手未必有能量機動優勢。這是因為同時代的飛機能量機動能力差異不是非常顯著，而實戰時的籌載條件又未必公平。以Su-27與F-16的比較為例，當比較兩種氣動設計的能量機動能力時，會設定一些公平條件，如燃油籌載比例、武器籌載比例等。但實戰環境中未必如此公平：如在同樣籌載條件下Su-27翼負荷較低，但實戰中Su-27卻可能遇到酬載比例低一點的F-16(例如Su-27進攻而F-16防守)，這樣Su-27的翼負荷就可能比較高；Su-27的最大爬升率比F-16大，但實戰中因為籌載、爬升起始速度等因素，這個優勢又未必能發揮；Su-27的最大攻角、最大轉彎率比F-16高，但同樣的，在速度、籌載等條件不同時這個優勢也不見得能發揮...換言之，由於現代戰機飛行性能差異不是非常顯著，使得實戰狀況下常常是優劣難判。

在這些情況下，如果飛行員還抱著偉大的「空戰聖經」不知變通，那麼下一刻可能就被擊落。反之，飛行員可以用過失速機動在極短的時間內指向眼前的對手並消滅之。例如，當兩架傳統戰機互相試著咬住對方時，就有可能進入所謂的「剪式運動」，Su-27S能在這過程中使用眼鏡蛇動作[6]，令對手無力招架；另一個例子可見於一場Su-35與Su-30MK的模擬空戰，當時雙方進入傳統的盤旋咬尾空戰，Su-35就以「勾拳(Hook)」指向Su-30MK並「擊落」之[7]。

當然，在進入超機動並解決眼前對手後飛機可能較為被動，有可能受到敵方後續戰機的威脅(關於這點將於文末討論)，但如果不使用過失速機動就會馬上被擊落的情況下，後續威脅當然是之後再說，畢竟遠方敵機反而比較好應付，而我方也可以有僚機掩護。以「過失速機動必需面對敵方僚機威脅」為由而否定其優點的，實乃假設過失速戰機必需以寡擊眾的不公平結果。此外，與超視距作戰不同的是，即使是有絕對近戰優勢的戰機，也沒有「絕對安全」這回事，過失速機動亦然，傳統空戰方式亦然，因此以過失速機動無法像理想超視距作戰那樣保證安全來否定其價值是不正確的。

在此要特別強調過失速機動在戰術爬升過程中的應用。「占據高處」是相當重要的空戰作為，一方面高空空氣稀薄而阻力較低，往往可以有較佳的速度與航程，而高高度與高速度又換來較大的武器射程；另一方面必要時飛機可以降低高度以迅速進入利於空戰的環境(以位能換取動能)。因此爬升動作相當重要。但爬升過程必然損失能量，倘若戰機不幸在爬升過程中遭遇敵機，便會處於相當不利的態勢。在中遠程作戰中飛機大都是事先爬升搶位以待戰鬥，但對於混亂戰場或剛執行完上一場空戰而欲爬升的戰機而言，並不能排除在爬升中遭遇敵機的可能性。對傳統戰機而言，爬升過程中除了速度降低以外，探測視野與武器射界的限制也使其未必能發射武器(例如大角度爬升時遭遇水平方向的敵機)，處境極為不利。而對於過失速戰機而言，爬升過程中除了提升高度外，速度也較利於超機動的發揮，此時若遭遇敵機，可盡快進入過失

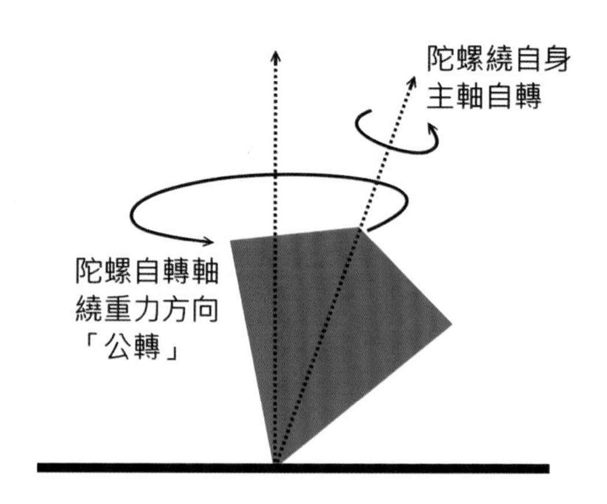

▲ 圖4 陀螺進動性示意

速領域以擊敗對手，之後可以機腹朝地面的方式盡量減少下降速度(Su-30MKI與MiG-29OVT常表演這種動作)，而以「可空平螺旋」像直升機一樣在水平面上作360度指向以對付後續威脅，或執行水平加速，如此在戰鬥後高度並不會下降太多。簡言之就是「超機動性可以提升戰術爬升動作的安全性」。

三、超機動性的技術需求

超機動動作最主要的特徵是極大攻角(甚至超過失速攻角)下的運動能力，這通常又包括「拉出大攻角」、「在極大攻角控制俯仰姿態的能力」、「持續維持高攻角飛行」、以及「高攻角滾轉」。前兩項可視為一體，確保了俯仰方向的控制，末項其實是第三項的進化，確保橫向的控制，因此這四項特性確保飛機在三維方向的超機動指向。

在平飛狀態下對飛機施加滾轉控制(繞機身主軸的力矩)只會令飛機繞機身主軸旋轉，不會改變指向。然而在有

攻角的情況下施加滾轉控制，飛機的升力與滾轉會發生耦合現象，此時「滾轉動作」將同時包括「飛機繞自身主軸自轉」以及「飛機主軸以重心為支點繞飛行方向旋轉」兩項，後者對飛機而言相當於偏航，會改變飛機指向。高攻角滾轉動作除了可以用升力滾轉耦合現象解釋外，也可以用陀螺進動性來解釋。旋轉中的陀螺(或生活範例，旋轉中的錢幣)在轉軸偏移重力方向時會出現「轉軸繞重力方向旋轉」的現象，稱為「進動性」(圖4)。高攻角滾轉時，升力便提供力場，旋轉的飛機相當於陀螺，因此發生進動現象。要能安全的運用高攻角滾轉，需要有很可靠的偏航控制能力。

因此超機動性說穿了就是仰賴「拉攻角」、「高攻角穩定與可控」、「偏航穩定與可控」。拉攻角可由好的氣動佈局甚至搭配向量推力來達成，但攻角超過一定限度後開始遭遇安全問題。首先是高攻角下的進氣自然不若平飛時安定，因此需要好的進氣系統(導流進氣道、輔助進氣口等讓氣流穩定的措施)以及較能忍受不平穩進氣的發動機。而在超過一定攻角但尚未失速時(以Su-27而言，在35～60度)，有時候飛機的渦流體系被破壞而變得不對秤，此時會出現強大的偏航力，而引起螺旋，其力度甚至超過向量推力的力道，必須解決此問題方能安全的在這個快要失速的區域機動。在Su-27的「眼鏡蛇」動作過程中由於短時間內攻角便越過該不安定區而進入過失速區，渦流體系已完全破壞故反而沒這種問題，Su-35BM的正常攻角可能提升到45度，可能已解決該控制問題。

單就以上特性而言，向量推力看似不是必需的。老Su-35也可以在一定速度下猛然抬頭並藉由慣性而完成360度筋斗，並表演許多Su-37的超機動動作，F/A-18E/F也據稱在酬載對秤的情況下沒有攻角限制，F/A-18的實驗機還曾經展示在落下的過程中以奇異的擺盪方式改變指向的特殊機動。不過歸根究底，控制面的控制力來自氣動力，他取決於外在環境與飛行速度，當速度趨近於零時控制力也極小，不可能顯著改變飛行姿態，而僅能給予飛機一個運動趨勢，讓飛機隨著時間的增長去朝該趨勢運動。這也意味著老Su-35、F/A-18E/F這類「翼控過失速戰機」在執行完超機動動作後除了掉速度也會掉高度，與傳統戰機本質上類似。而向量推力則是直接以發動機的推力進行控制，即使在速度完全為零而控制面沒有控制力的情況下，向量推力仍能控制飛機。此外，幾乎所有超機動動作的第一個條件都是「短時間拉大攻角」。在沒有向量推力的情況下拉攻角的能力取決於飛機氣動穩定性、酬載、飛行速度等，只有在某些酬載與速度條件下飛機方能發揮最佳運動性能，當飛機酬載過重、速度過低、或高度過高時，便可能因為氣動力不足或氣動力矩不足而無法快速拉大攻角，這時有再精良的控制系統也無法發揮超機動性(因為那是物理限制)。另外在超音速時也因氣動穩定度提高而難以拉攻角。F-16、Su-27這一代的戰機在次音速狀況良好時能有25～30度攻角，而高速下卻只有6～10度[8]。

反之若採用向量推力，則幾乎任何時候都可以拉大攻角，這一方面是他認何時候都有控制力，二方面是向量推力的力臂幾乎是固定的(只受重心位置影響)而不會受到氣動中心的影響。Su-30MKI與MiG-29 OVT表演的「連續雙法輪」動作中的第二個法輪便是完全依賴向量推力而完成360度筋斗的動作，這時飛機的俯仰率變化可以考慮為「超音速時升力中心後退至皆近重心以至於氣動力矩極小的情況下，向量推力所能提供的俯仰率」。此外有別於無向量推力超機動戰機往往必須以落下高度換取指向性，向量推力超機動戰機甚至可以用向量推力讓自己盡快指向上方而維持高度，可控性更高。因此有了向量推力後，飛機便能幾乎不受酬載與氣動條件限制的拉大攻角而壓榨飛機的升力性能或進入超機動區(唯一的限制只有結構強度)，並在包括零速度的環境下仍能顯著改變機首指向，例如在執行完超機動動作後可進行「可控平螺旋」之類既可應付後續威脅又可盡量維持高度的動作。就此觀點而言，向量推力實乃超機動戰機的必備條件。

四、超機動性在現代戰機的必要性

看似「奢華」的超機動性其實與飛機的頭號要求—飛安—是一體的兩面。超機動性體現在空戰上是更靈敏的改變姿態的能力，而另一方面極大的可控攻角甚至失速後控制能力表示飛機在壓榨飛行性能的同時較不會有失控墜毀的顧慮，而超低速可控性與向量推力的運用能減少起飛滑跑距離甚至降低起降速度，亦是傳統航空技術所追求的。事實上，Su-27的設計師一開始追求超機動性的一大原因正是飛安問題，根據前總設計師M. Simonov的訪談紀錄，其體認到有相當大量的飛機損失是源自於飛行員操作失誤，因而認為如果能大幅提升可控範圍(包括可控攻角)，就可以大幅減少失事機率[9]。

因此可以說，超機動性所需的技術能直接用於大幅提升安全性。具體的說，兩者所需的硬體是共通的，唯超機

▲ 圖5 表演「尾衝」機動中施放熱焰彈的MiG-29戰機。這種動作在Su-27的一次意外飛行中發現，按常理推論最後應該會墜毀的Su-27後來自行改出。「尾衝」是相當早被發現的超機動徵兆。現成為一種常備表演動作。

動性所需的軟體當然比卻保飛安複雜許多，而且越強的超機動性自然需要越複雜的軟體。軟體的等級大體上可以分三層：確保飛安、確保飛機失速攻角以內的控制性、確保失速後控制性。換言之超機動技術並非一般想像的那樣是獨立於傳統航空技術之外的，追求超機動性實乃一箭雙鵰之路線。不過，超機動性要追求到多高的層次則是另一個問題。對當前的超機動戰機而言，失速後控制性已成為必備條件，某種程度而言這是來自意外。

除了德國以外，美國與蘇聯也分別在不同時間有自己的超機動研究，不過紛紛得到類似的結論：超機動性的確可以提升近戰效果，但要實現則有不少技術問題需要解決，然而在超視距空戰時代，與其加強近戰性能不如加強超視距戰力。因此並沒有特別為飛機開發目前Su-30MKI、MiG-29 OVT經常在展現的超機動技術。然而在Su-27服役以後被意外發現其在超過失速攻角後還可以回復平飛(圖5)，甚至即使已進入螺旋也會自發的改出，經一系列研究與試驗後探索出讓Su-27短暫進入90～110度攻角的飛行技術，其中之一便是聞名全球的「眼鏡蛇」動作。這種還不可控的極限攻角動作可說是天上掉下來的禮物，這種本來要仰賴相當複雜的科技方能獲致的飛行性能現在卻因為種種的巧合而成為「現成」技術，讓俄羅斯能輕易的順水推舟而研究失速後控制技術，在後來的老Su-35已經以翼面控制達到失速後的可控性，而自Su-37起更整合了向量推力。也因為這種失速後機動已成為現實，故若不具備此能力則可能意味著近戰時會居於弱勢，因此導致先進戰機「被迫」追求失速後控制技術。

因此對現代戰機來說，應以追求超機動性為「目標」，即使達不到最高水準也至少能大幅提升飛安，而若要與列強爭鋒，則一定要具備失速後控制技術，儘管這在超視距作戰中用處不大。

五、幾種常見的過失速機動爭議的探討

失速機動—特別是向量過失速機動—對近距空戰的增益是顯著的，有向量過失速能力後，Su-37與F-22這種在能量機動領域具備壓倒性優勢的對手間的差距就大幅拉近了，更別說遇到其他不具壓倒性優勢的對手了。這些優勢將改變近距空戰的模式，甚至有可能影響戰機設計思路。這項優點基本上已無疑議，但至於是否要在開發戰機時將過失速機動列為必備性能，則牽涉到設計者認為值不值得作投資。就公開資料看，目前僅有俄國繼續從事過失速機動的戰術研究，有將之應用於下一代戰機設計的意圖，而歐美廠商或研究歐美戰機的航空專家則普遍認為不值得投資，反對者所持的依據主要為：〈1〉過失速機動的操作原則違反了當代戰機近戰機動的準則—「能量機動」理論—〈2〉超視距空戰時代不值得投資僅能用在近戰的過失速機動技術。〈3〉離軸發射飛彈與頭盔瞄準具的搭配在近程作戰時可快速鎖定並打擊周圍目標，因此不必強

◀ 圖6 第二代戰機講求高速攔截，採高翼負荷設計，不利纏鬥

▶ 圖7 F-16開創了現有戰機的低翼負荷設計方針，針對「能輕易運用能量於空戰，也能迅速補回能量」的使用思想而設計

調戰機本身的機動能力。〈4〉過失速機動狀態的戰機容易淪為遠方敵機的活靶。

1. 過失速機動與「能量機動」是否衝突？

「能量機動」理論是現代戰機氣動外形的設計依據之一，其大體是說，飛機必需盡可能保持在高能量(高高度、高速度)以及適合機動的狀態，以便於必要時將能量換取成空戰動作(轉彎、指向、追擊咬尾等)，在空戰動作期間要能盡可能維持能量，並在空戰後損失能量後能盡快回復。換言之，所謂的「要維持能量」，其實是說不要沒事做高機動浪費能量，以便為必要時的高機動做準備，而不是說不能用高機動。如果所謂「要維持能量」就等同於「不能做高機動」的話，那麼戰機應該要做成F-104、MiG-25那種低機動構型，而不是Su-27、F-16這種高機動設計(圖6～7)。

過失速機動進入超低速狀態看似與能量機動抵觸，實則未必。能量機動提出時並沒有向量推力技術，當時飛機的控制力完全來自氣動力，因此飛行性能大大受到外在大氣條件、飛行速度、本身酬載等的影響，而有了向量推力後，可以直接由推力進行指向控制，因此過去飛機的指向能力與能量大小成正相關，使得為了高機動當然要維持能量，但有了向量推力後，指向能力已不決定於能量大小，因此對於向量過失速戰機而言，少了能量當然不表示不能應付威脅。

另外，向量過失速機動的一項優點就是「指向能力較不受籌載、速度之限制」。這個優點讓飛行員可以把「空戰聖經」中的一些有關能量管理的教範擺一邊，但卻依然能發揮強悍的空戰性能：飛機能量太低，會因氣動力不足而無法產生高過載，能量太高，又會導致靈敏度降低以及迴轉半徑增大...，種種實際因素都限制了飛機的指向性。例如現代戰機在理想條件下攻角可達20～30度，但高速時就只有6～10度[10]。因此，為了讓戰機保有最佳指向性，飛機的能量不是越高越好，而是要限制在某個區間。反之向量過失速戰機即使不在這個區間也能有絕佳的指向性能。這種「便利性」(飛行員可以忽略以往許多操作限制)與「普適性」(飛機在各種狀態下都有強悍的機動性能)正也是武器設計時的重要考量。

因之，雖然向量過失速機動操作方式沒有完全比照「空戰聖經」，但具有更強更不受限的纏鬥性能，又由於過失速控制能力主要取決於控制系統而與飛機取得能量不相衝突，因此，讓飛機具備過失速機動能力並沒有違反「空戰聖經」的初衷。例如Su-37就是一種很能維持能量，指向能力又一等一的戰機，這正是「空戰聖經」所追求的高機動戰機。

2. 超視距時代是否必要增加近戰性能？

隨著低可視與匿蹤技術的發展，未來戰機彼此互相發現與開火的距離未必很大，特別是匿蹤戰機之間的交戰距離恐怕仍只有剛邁入超視距時代的等級甚至視距內等級。而匿蹤技術搭配各種干擾措施也提升反制威脅的成功率，因此將來中近距空戰仍應佔有不可忽視的比例，為了保險，增加纏鬥性能自然有其必要性。

3. 全方位纏鬥飛彈與高機動飛機的取捨

目前許多飛彈廠商認為，飛機的機動性再強也不如纏鬥飛彈，加上纏鬥飛彈的離軸發射角越來越大，甚至推進至全方位。因此空中芭蕾舞者應該是飛彈而不是飛機。飛機應該還是以維持能量為最高原則，讓離軸發射飛彈與敵機纏鬥即可。無可否認的，幾年內或許是如此，武器工程師不斷拓展離軸發射飛彈的射界與射程以確保優勢，但當離軸發射飛彈逐漸普及化，且彼此性能都相當時，飛機機動性將再度扮演纏鬥中的要角，與飛彈相輔相成。

以上論點是有歷史可循的：第一代纏鬥飛彈只能鎖定飛機尾部，戰機必須咬住敵機6點鐘方向，因此纏鬥勝負仍取決於飛機機動性，與機炮纏鬥沒兩樣，只不過飛彈可以打得遠些且較精準。緊接著，全向纏鬥飛彈問世，這種飛彈可以對頭攻擊，使得飛機只需將機首對準敵機即可，不一定要咬尾，即不需做猛烈機動就擊落敵人，這使得配備全向纏鬥飛彈的戰機能做相對較少的機動就擊落只有追尾式纏鬥飛彈的敵機。但飛機並未因此只成為飛彈的載台：全向飛彈逐漸普及，能先指向敵機、將敵機「放」進可射擊區域的就是勝利者，此時，飛機機動性就再次抬

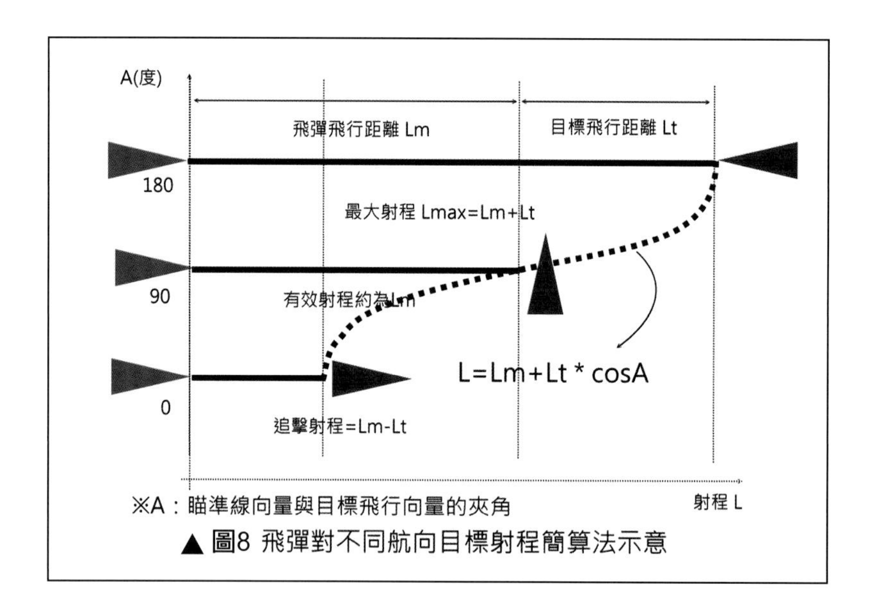

▲圖8 飛彈對不同航向目標射程簡算法示意

頭。俄國R-73與頭盔瞄準距搭配相對於傳統全向纏鬥飛彈的優勢，就如同全向飛彈對追尾飛彈的優勢。只要離軸發射角大於對手，就可以做相對少的機動擊落之。今日的纏鬥飛彈離軸角又比當年R-73優越許多，AIM-9X、ASRAAM等已具備+-90度的離軸發射能力，而俄製R-73M2還具備打擊後方目標的能力。配備這些飛彈的戰機在近戰場合遇上傳統飛機時的確可讓飛彈包辦纏鬥工作。

然而，筆者推測，當離軸發射飛彈漸漸普遍，戰機都擁有同級的離軸發射能力時，飛機指向能力將再次抬頭，與飛彈相輔相成以期早一步殲敵。原因與飛彈射程有關，飛彈射程通常隨離軸角增大而減少。因此當敵機位於飛彈在該方向的離軸最大射程附近或更遠處使得無法以離軸發射打擊他時，若飛機能盡可能指向目標，減少飛彈離軸發射角，就能延長飛彈在目標方向的射程，延長防衛半徑[11]。

簡言之，在近距空戰場合，過失速機動能讓戰機以較差的纏鬥飛彈與對手打平，或是以同級的纏鬥飛彈取得空戰優勢。

4. 過失速戰機在超視距空戰場合的處境

許多評論認為過失速戰機在面對後續威脅時會顯得無招架之力，其主要依據主要是「這時飛機速度過低而沒有反制威脅的能力」而已，在探討這個問題之前，可以依據飛彈性能與過失速機動特性而概略區分出過失速戰機與不同距離下的敵機的優劣性。

飛彈的射程是隨情況變動的，實際上是飛彈飛行距離與目標飛行距離的總和(圖8)。所謂的「最大射程」大約是指目標面對飛彈飛行時的射程，而「有效射程」通常是從側面攻擊的射程，也就大約是目標接進速度為零時的射程，而「追擊射程」是目標完全背著飛彈遠離時的射程，大約就是敵我機相對速度為零時的射程。以最大射程

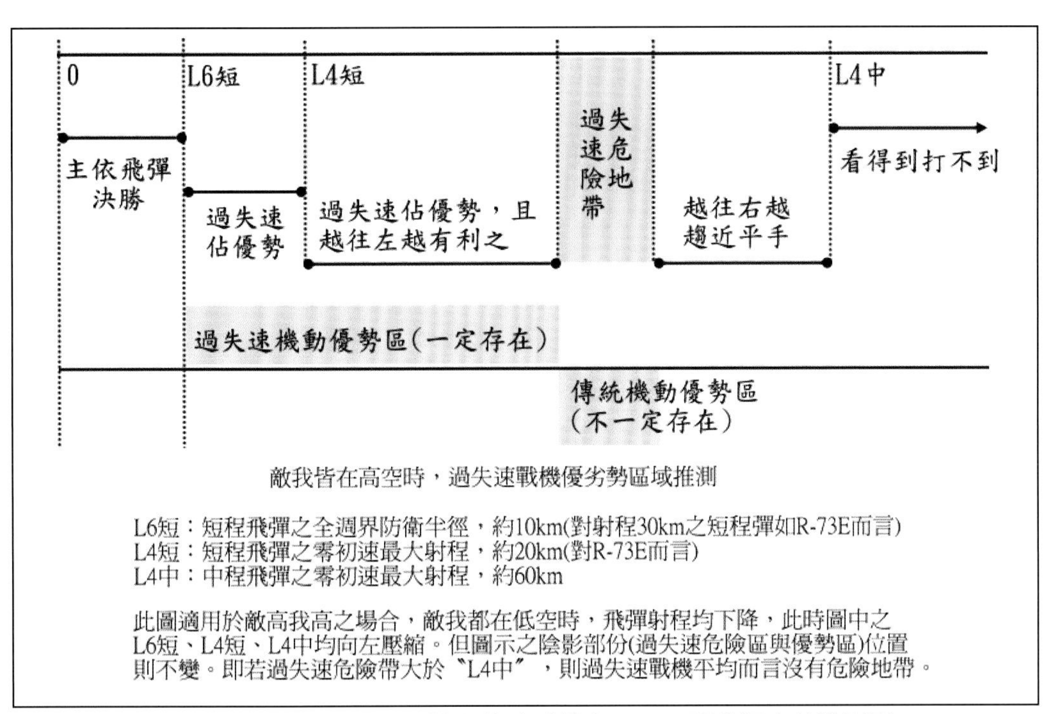

▲ 圖9 敵高我高時過失速機動後的飛機與傳統戰機在不同區間的優劣勢推測圖

100km的飛彈而言，有效射程約為50～60km，追擊射程不超過25～30km。過失速狀態下的飛機可以假設為靜止，這種零速度狀態不只降低我機射程，也降低敵機射程，而且敵機射程可能還降得比較多，為了簡單假設降幅相同。

據筆者分析，在「敵高我高」(雙方都在高空)時以有效射程與不可逃脫射程可概分出三個特徵區間。雙方距離超過有效射程時，基本上彼此打不到；當雙方距離進入有效射程，雙方開始有機會互相攻擊，距離越接近有效射程，雙方越有充足時間逃跑，因此這個區域的敵機也不會構成威脅；而越靠近追擊射程，則過失速戰機越難以加速方式逃逸，這時便必需主動攻擊對手或使用各種反制手段，而敵機卻有充分時間脫離我方飛彈的威脅，因此這會是過失速機動的劣勢區；然而若雙方距離再靠近，便可能出現「如果敵方一開始已經指向過失速戰機，則過失速戰機居於劣勢，但若雙方尚未指向對方，則過失速戰機基於指向性優勢而有較大的獲勝機會」的情形，這時雙方其實互有優劣[12](圖9)。

以上特徵區間的系依據「敵高我高」時假設雙方用同一種飛彈所訂定的參考值，高度不同時飛彈射程會減少但上述參考值不變。低高度時飛彈射程會下降，例如最大射程100km的R-77低空最大射程僅有25km，在這種距離內飛機指向性變得相當重要，過失速戰機便幾乎沒有劣勢區間。因此大致上整理出，過失速戰機的明顯劣勢區只有在「敵高我高時短程飛彈有效射程與中程飛彈有效射程之間的前半段」以及「敵高我低」的情況，但須注意的是傳統戰機在「敵高我低」時亦處於不利態勢，故這並非過失速機動獨有的缺點。

此外以上簡易分析是假設雙方使用相同的飛彈，實際上若配備射程相對較長的飛彈，便可以增加優勢區間。例如俄製R-73系列短程飛彈遇上美製AIM-9系列便具備射程優勢，因此「俄製過失速戰機」與「美製傳統戰機」比較時，優勢區間將更廣泛。

經由簡單分析可以了解，真正能威脅過失速戰機的敵機並不在遠方，而是位在中近距離的一小部分距離區間，對於更近的敵機雙方平手或是過失速戰機占優勢。詳細的優劣比較有待更精密的研究，但由此已可判定所謂的「過失速戰機很慢所以對於後續威脅沒有招架之力」是不正確的論點。

六、將過失速機動引入飛機設計

向量過失速機動對中近距空戰有不可磨滅的貢獻，而近距空戰在可預見的未來又難以避免，甚至占不小的比例，且在超視距場合並不若反對意見所言般危險。因此打造一架具備向量過失速能力的戰機相當值得考慮。其中又包括兩種設計思路：其一是將向量過失速作為輔助，其二是將過失速機動視為主要近戰方法。

向量過失速作為輔助：這種飛機在氣動外型設計上仍依據「空戰聖經」設計，平時以傳統機動方式空戰，維持速度，借助向量過失速能力而提高失速前高攻角；必要時再使出向量過失速機動保命。這種設計思路的成果是「好上加好，無可挑剔」的飛行性能，如俄製Su-30MKI、MiG-29M OVT、Su-35BM、T-50、美製F-22等。

以向量過失速機動作為主要近戰手段：這種飛機在氣動外型的設計上已經不必理會種種嚴格而又互相矛盾的要求，飛機只要飛得起來，在很小的攻角範圍內有高升阻比即可，至於近戰機動則完全交給控制系統以及向量推力。

第二種飛機的總體飛行性能當然比不上第一種，如第一種可以進行大攻角持續盤旋而第二種就未必可以，但第二種思路無疑大大簡化飛機設計的難度，其成果或許不是飛行性能最好的飛機，但近戰性能卻未必遜色多少，此外可能還有更多好處。例如倘若F-117具備向量過失速性能，則雖然它總體飛行性能遜於Su-37，但近戰性能卻仍不容小看，另外又多出Su-37望塵莫及的匿蹤能力。又例如如果要用比較小的推力達到像F-22那樣的超音速巡航能力，可以藉由增大後掠角與縮小翼面積來達成，這顯然不利於高機動，倘若這架飛機擁有過失速機動能力，便能彌補追求低飛行阻力造成的機動能力過低問題。當然，「過失速F-117」的例子太極端，該例只是要說明過失速機動可能帶給飛機設計的變革，而不是說一定如此設計。如果要採取第二種思路，應該還是要與傳統的設計方法綜合考慮，造出「雖不完美，但最起碼擅於取得能量，又擅於瞬間指向」的理想戰機。

除了機體的高機動性外，再搭配如R-73M2、R-77、MICA、IRIS-T這類相對長射程的纏鬥飛彈，以及相應的自動控制機制，才能與過失速機動相輔相成，確保中近程空戰之技術優勢。

七、總結

過失速控制、向量推力控制、射程相對長的纏鬥飛彈恰恰皆為俄羅斯所有，他們不但掌握這些技術，而且老早就能量產之。除推重比尚不及赫伯斯特博士推薦的1.2之外，Su-37、Su-30MKI等90年代問世的俄製戰機早已屬於實用型過失速戰機。在使用新型AL-31F引擎如AL-41F-1S後，推重比的不足也將獲解決。而歐美除歐洲擁有MICA、IRIS-T等射程較長之纏鬥飛彈外，目前並不具備立即擁有實用型過失速戰機之可能，因為就公開資料看，歐美不熱衷於過失速機動之實用化，歐洲的向量推力引擎尚未達量產階段且著眼點在短場起降而非過失速控制。因此估計在一段時間內，既存的過失速戰機如Su-30MKI、MiG-29OVT、Su-35BM、T-50將在中短程空戰領域佔有技術性優勢。考慮低可視度技術對交火距離的拉近作用以及實戰環境中遠程空戰的不確定性後，新型俄製戰機具有不可忽視的空戰性能。

參考資料

[1]T.Novgorodskaya," Interview with Mikhail Simonov",Science&Life(4.2002),translated by Venik

[2]陳啟順，宋忠毛，「對幾種過失速機動的討論」，國際航空(3.1994)，p22～p23

[3]陳啟順，宋忠毛，「對幾種過失速機動的討論」，國際航空(3.1994)，p22～p23

[4]陳啟順，宋忠毛，「對幾種過失速機動的討論」，國際航空(3.1994)，p22～p23

[5]知日，「「眼鏡蛇」等動作的進攻性—談戰鬥機超機動飛行的戰術作用」，國際航空(2.1998)，p30

[6]Andrei Formin," Flanker Story" (Russia,AirFleet,2000),p.91

[7]蕭雲，「Su-27側衛家族戰鬥機」，全球防衛雜誌社(11.1997),p.93

[8]"Supermaneuverbility",AirFleet,1.2004

[9]T.Novgorodskaya," Interview with Mikhail Simonov",Science&Life(4.2002),translated by Venik

[10]"Supermaneuverbility",AirFleet,1.2004

[11]"Supermaneuverbility",AirFleet,1.2004

[12]楊政衛，"過失速機動能否提升戰機中近距空戰性能?"，空軍學術雙月刊，2006年12月

ПРИЛОЖЕНИЕ 11

俄製戰機匿蹤技術的發展(一)：主流匿蹤技術

目前相當熱門的「匿蹤技術」是一種減少被敵方偵測機率的技術。越晚被發現則我方行動安全性越高，即使被發現，各種反制措施的成功率也會提高。目前匿蹤技術是以美國居領導地位 從F-117到現在的F-22、B-2、F-35，大致是以兩大途徑達成匿蹤：首先是以特殊設計的形狀，將敵方雷達波反射到遠離接收機的方向，其次是以吸波塗料與材料吸收雷達波，甚至採用特殊技術遮蔽天線等。這兩大路線也為各航空強國採納，筆者稱之為「傳統匿蹤技術」(雖然對於新穎的匿蹤技術來說「傳統」是個奇怪的描述)。另一方面俄羅斯於1999年公佈其電漿匿蹤技術，並於2005年通過國家級試驗，由於尚未正式採用且僅俄羅斯擁有，故可排除於「傳統匿蹤技術」之列而分開討論。

至此，匿蹤技術可以概分為三項：〈1〉匿蹤外型；〈2〉非外型匿蹤，如吸波材料與天線罩選頻技術等，但主要是牽涉到材料技術；〈3〉電漿匿蹤(指產生於機體外的電漿)。第一項必須在全新設計的飛機才能徹底落實，第二項可用於舊戰機，第三項理論上可用於舊戰機，但考慮耗電問題，可能要發電能力提升後的舊戰機才適合使用。需注意的是這三大路線並不具排他性，是可以同時使用的(當然因為有時會衝突所以必須經過一些優化設計)。本文旨在探討俄羅斯在傳統匿蹤技術的發展，其中匿蹤外型的落實方式詳見T-50外型介紹專文(第十一章)，電漿匿蹤技術由於不屬傳統技術之列，故另外附於附錄十二供參考。

俄羅斯理論與應用電磁研究院(ITPE，此為俄文字頭直翻英文，有資料亦取用其英文字頭ITAE)所長A. N. Lagarikov與蘇霍伊公司總經理M. A. Pogosyan於2003年共同發表在俄羅斯科學院期刊的「匿蹤技術的基礎與應用問題」[1]一文總覽了研究團隊在數年期間開發的匿蹤技術與測試結果，內容涵蓋外型設計與材料技術，其中許多技術都已用於Su-35BM上。ITPE於2003年參加英國的一場匿蹤技術研討會，發表了類似的內容，當時西方媒體以「Su-35的匿蹤技術」為標題做了報導[2]，然該報導相對於俄文原文報導不僅內容縮水甚多，而且與原文多少有出入，本文基於俄文原文報導對ITPE與Sukhoi合作的匿蹤技術作一總覽。

該文內容大致包括：複雜外型的雷達反射截面積(RCS)計算技術、座艙蓋雷達波反射層技術、吸波材料的加工、天線遮蔽技術等。

一、複雜外型RCS計算

匿蹤科技可以說是以雷達反射截面積(RCS)的計算為基礎的，擁有RCS的估計能力便有助於設計好的匿蹤外型，或是為傳統戰機找出急需進行匿蹤處理的部位。許多人都知道最早提出飛機RCS計算方法的是蘇聯科學家，事實上這並非偶然，因為這一切的基礎正來自粒子物理上的散射理論，這方面的創始人正好也是蘇聯物理學家V.A. Fok。因此蘇聯早已有深厚的理論基礎。然而RCS的計算方法最初因涉及複雜的電腦運算而未被蘇聯重視，反而被美國發揚光大。不過俄國人大可藉由檢視大量的「母語」論文而將這些關於散射截面積的科學研究與RCS的計算聯繫在一起。此外，現有的商用套裝軟體已經允許計算不起眼的小細節所造成的散射截面積，換言之便可計算複雜外型的RCS。ITPE便以商用軟體為基礎發展複雜外型的RCS計算方法，在其計算中考慮了反射、邊緣繞射、爬行波、腔室內的多次反射等現象。其中在計算飛機大部分面積對小波長的反射現象時，將飛機表面分割成無數的小型反射面(圖1)，每個反射面相對於考慮的波長都很大以至於可以不用考慮不同小反射面間的干擾。

▲圖1 外掛武器的Su-27的RCS計算模型，表面被分成無數個小面積進行計算。VRAN

相當重要的是發展出進氣道RCS的估算法。傳統戰機的進氣道是飛機正面相當大的RCS來源。其反射現象相當複雜：裡面大部分物體尺度都大於雷達波長故可以考慮為鏡射，但這之中又要考慮腔室多次反射以及風扇葉片複雜外型造成的影響。不過ITPE已解決了該問題，開發出的計算方法與實驗結果相當吻合(圖2)。這意味著不論是要為舊戰機開發發動機遮罩還是為新戰機設計高度隱匿的進氣道都具備理論基礎，從T-50的照片便可發現其進氣口有著極為複雜的匿蹤外形。

二、座艙蓋匿蹤技術

座艙內的構造是相當大的反射源，因此座艙蓋要能阻擋雷達波進入。最簡單的方法是在座艙蓋材料內添加金屬使得以反射雷達波。另一方面，部分熱帶客戶反應座艙內太熱，空調不夠力，為此座艙蓋也要能反射紅外線。換言之新的座艙蓋必須滿足對可見光有絕佳的透光率，但必須反射雷達波與紅外光。為了製造這種座艙蓋並讓反射層有足夠的壽命，ITPE採用電漿製程製造出由金屬薄膜與聚合物層交替構成的座艙蓋：以電漿化學沉積法製作聚合物艙蓋主體，以電漿磁控濺鍍上金屬薄膜，重複此一步驟而造出多層結構。

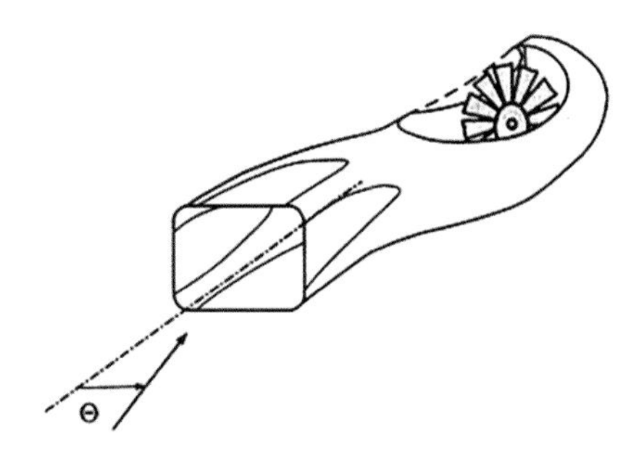

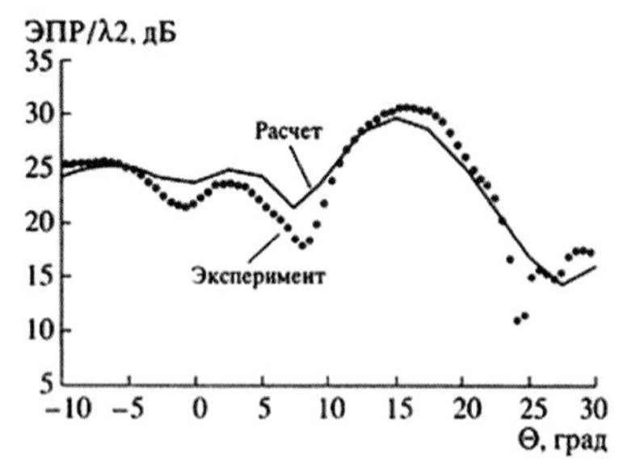

ITPE的進氣道RCS計算結果(實線)與實驗值(點線)比較圖。橫軸為相對於進氣道主軸的角度，縱軸為RCS對波長平方的比值。

▲ 圖2 ITPE的進氣道RCS計算結果與實驗值比對。 VRAN

目前較新的俄式戰機如Su-35BM、MiG-35、MiG-29K的座艙蓋便顯得「五彩繽紛」而非過去的全透明，應是應用了這種加工技術的結果。此外這些戰機的風檔上有成對的金屬線或金屬條，為除霧用的加熱電極。

2012年3～4月，負責生產這種新型座艙蓋的NPP Technology陸續公開座艙蓋的進一步性能細節。3月23日，俄媒刊登NPP Technology總設計師V. Vikulin對T-50座艙蓋匿蹤鍍膜的介紹[3]。他指出T-50座艙蓋的金屬鍍膜未來將引入黃金，屆時其金屬鍍膜將是黃金、銦、錫的混合物。每層膜厚約20nm，總膜厚約90nm，可將座艙電子設備的輻射外洩降低250倍。黃金鍍膜的價格尚未確定，但估計每個座艙蓋約需要2～3g黃金，少於1百萬盧布，較座艙蓋本身便宜許多。總設計師表示，這種複合鍍膜除了可以降低雷達訊號之外，也能阻止紅外線與紫外線，其中紫外線會導致塑膠材料的劣化而有潛在危險，他舉例說2010年印度就曾因為座椅安全帶劣化而失去固定能力，導致飛行員彈射後喪生。T-50的這種新座艙蓋將可以避開這種問題。找出這種黃金-銦-錫混合配方的研發人員Oleg Prosovskii還因此獲得國家獎項。

4月12日，NPP Technology旗下負責生產玻璃材料的Steklo公司經理V. Temnuh進一步指出，金屬鍍層是鍍在座艙蓋的內面，總膜厚約80奈米(之前總設計師說是90奈米)，能減少40%的日照熱量，30%輻射，至於座艙內電子設備的無線電外洩則減少250倍，雷達反射信號減少30%，透光率不小於70%。並指出新的鍍膜會用在T-50、MiG-29K、Su-30、Su-34的座艙[4]。

三、吸波材料

原文有相當大的篇幅在探討吸波塗料的運用。其強調當時研製中的吸波塗料與80年代末90年代初的大有不同，不僅可以視需要塗上不同厚度的塗層，塗層的電磁性質也具有顯著的非等向性：電磁性質不僅可以依位置也可依厚度而變。

1. 進氣道處理

進氣道的隱匿是藉由在進氣道壁塗上多層鐵磁性材料塗層達成的。其中主要的技術難點是黏著劑的研製，因為別的地方的塗料可以脫落，但進氣道的塗料脫落可能會引發事故！在量產時塗層將以機器噴塗，而在實驗品上則由人工噴塗達成。原文指出至當時已開發出特殊技術，能顯著的調整所用的鐵磁材料的雷達吸收能力。

而在英媒的報導中指出ITPE打算在進氣道壁及第一級風扇處使用吸波塗料，其塗料不能影響該處的氣動與機械性能，且必須忍受攝氏200度高溫。ITPE開發了新的材料以取代原先設想但不符需求的鐵氧材料，該新材料以機器噴塗，在進氣道壁塗層厚0.7～1.4mm，在風扇塗層厚0.5mm。使用這種技術能使進氣道的RCS縮小至原來的約1/10(10～15dB)。

2. 噴嘴處理

全新飛機可以設計特殊噴嘴來匿蹤，但改良型飛機最簡單的匿蹤方法當然是吸波塗料。用於噴嘴的吸波塗料需忍受高達攝氏1200度的高溫以及極端的應力外，其電磁性能必須在攝氏600～1200度的龐大溫度區間保持恆定。ITPE採用電弧電漿熔出非導體、金屬、半導體的微粒後再鍍上噴嘴。這種方法製做的多層鍍膜在原文發表時已進行過數種模式下的飛行試驗。

一般而言，匿蹤塗料是由「工作物質」與「黏著劑」構成。其中工作物質就是用來吸收或散射雷達波的物質，如半導體、磁性材料等，但工作物質並不總是能附著在表面，所以要將之溶在黏著劑內，以漆上表面。匿蹤塗料的性能通常由「工作物質本身的性質」、「工作物質的顆粒大小與波長的比例」(以下簡稱顆粒-波長比)、以及「工作物質顆粒間距與波長的比例」(以下簡稱間距-波長比)決定。當間距-波長比>>1時，雷達波較不被影響；當間距-波長比<<1時，對雷達波而言就相當於連續介質(而實際上是分散的顆粒)；而當間距與波長相當時，雷達在塗層內除了會被吸收外，還會經歷特殊的干涉過程。

正由於工作物值實際上是分散的顆粒，因此理論上如果能在黏著劑中混合不同功能的顆粒，那麼一種塗料就可以同時針對多個波段隱形，然而實際上這一點都不容易。溶在黏著劑中的工作物質不一定會乖乖的均勻分布，他們會有同類凝結的趨勢，這可能導致有的地方顆粒小，有的地方顆粒大的現象，而顆粒大小偏偏又會影響與電磁波的交互作用。此外，要讓不同性質的工作物質溶解在相同的黏著劑裡也未必簡單。

電漿製程是解決上述問題的有效方法之一。其一般是用電弧把工作物質氣化並解離，然後在電場加速下轟擊物體表面，將那些工作物質沉積在物體表面甚至植入內部。這種製造過程的顆粒大小與分佈都是很均勻的，而且也可以更容易的把多種工作物質鍍在表面上(因為這等於是把工作物質直接打在表面上，不需要考慮工作物質與黏著劑的溶解問題)，甚至可以輕易的控制鍍層的厚度。此外這種鍍層相對牢固不易脫落，也由於工作物質本身就經歷了電弧電漿的高溫而仍很安定，因此能以這種方式製作的鍍層性能較不會被高溫所破壞，故能用於發動機噴嘴。

不過在電弧的作用下被氣化的工作物質大都會被分解成小顆粒，小到幾乎都是原子的型態，因此對於需要大顆粒(原子團、分子、分子團)的鍍層，就不一定可以用電漿製程來製造。此外，電漿製程通常要在高度真空下進行，也就是要在真空腔室內製造，因此無法為太大的物體鍍膜。例如為戰機座艙蓋鍍膜的真空腔室已經算是相當大了，但其大小卻無法為大塊蒙皮鍍膜。因此至少就現階段而言，電漿製程只能為急需的局部進行鍍膜。

3. 奈米吸波材料

2003年的原文主要著眼於加入鐵磁性材料顆粒的吸波塗料，當時還提到要繼續研究鐵磁性顆粒的大小與吸波材料性能的關係，以及克服製造問題(如濃度較高時顆粒間的凝聚現象)等，並沒有特別提到奈米吸波材料。然而該文發表至今已近10年，現在甚至已出現添加奈米結構顆粒的新型塗料。有俄國報導指出，使用新的奈米結構塗料後，就算不靠外型也能造出隱形飛機。

以下列舉2007年由聖彼得堡科技大學的專家出版的「隱形科技的物理基礎」一書所提及的奈米吸波塗料研究成果[5]。

在含鐵磁性吸收體的吸波塗料中，鐵磁性吸收體的尺寸必須在50～100微米，若要進一步縮小其顆粒尺寸，吸收能力就會變差，而當顆粒小於1微米時便已不具備需要的電磁性能。此外這類塗料中鐵磁性材料的重量必須占總重的20～50%(如果塗料主體是聚合物)，重量太大。

為解決鐵磁性吸收材料過重的問題，可使用「含金屬奈米碳結構」(MFNS)，其主要是用到碳在縮小到奈米尺寸後會出現的磁性現象。一種由聖彼得堡科技大學開發的MFNS吸收材料的吸收體顆粒尺寸3～5nm以及10～15nm，在含3%金屬的情況下就擁有磁性以及對超高頻波(VHF)的吸收能力。添加這種物質的吸收塗層對0.8～10cm波段的吸收率為13～18dB，即可將回波降低至1.5～5%。

四、天線遮蔽

天線通常是很理想的反射面，特別是主雷達天線便有好幾平方公尺的面積。若像傳統戰機般使用透波天線罩，則單單天線的反射可能會讓其他的匿蹤處理便得毫無意義。為了匿蹤，必須要有具備選頻能力的天線罩。俄國在開發天線遮蔽技術時，也考慮到給改良型戰機使用，故其並非開發全新的天線罩科技，而是在傳統的全透波天線罩內動手腳。ITPE探索了三種主要的方案：光控半導體薄膜、開縫選頻罩、電漿選頻罩。

1. 光控半導體薄膜

這種方案是在傳統的透波天線罩的內表面鋪設能依據照射的光是可見光還是紫外光而顯著改變導電性的半導體

薄膜，藉由安裝在天線附近的可見光與紫外光源的照射而開關屏蔽(圖3)。這種屏蔽的問題是在屏蔽的同時自身雷達也被屏蔽，此外尚未找到符合需要的半導體材料(註1)。

(註1：在之前的英媒報導中，提到俄方找到CdSn或CdS，但由於未能量產所以沒有使用。但在原文內，上述二種材料僅是具備這種光控性質的「例子」，但並未符合設計需求，且至當時尚未找到符合需求的半導體材料。)

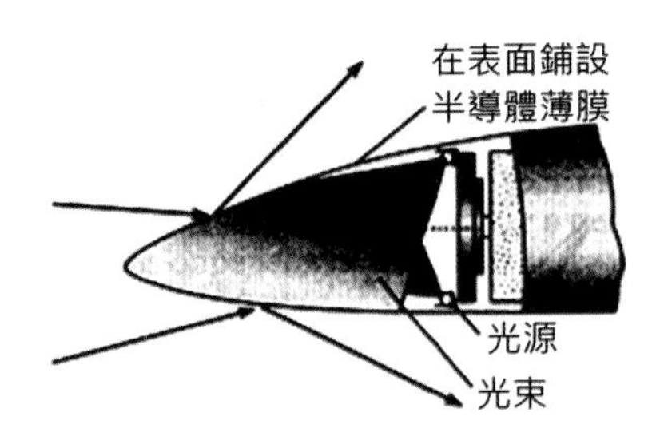

▲ 圖3 光控半導體選頻罩示意。 VRAN

2. 開縫選頻罩

開縫選頻罩是在遮罩上依固定間隔佈置特定尺寸與形狀的縫隙，這些縫隙相當於共振腔，使得只有特定頻率附近很窄範圍內的波可以穿透，其餘的則被反射。必要時這種遮罩可以搭配可控的半導體系統，以達到完全的遮蔽。在俄國的方案中，由於考慮舊戰機改良方案，因此這種遮罩並不是做在雷達罩上，而是額外做在雷達天線外，並且設計成匿蹤外型，將被隔絕的波反射到遠離接收機的方向。按照英國媒體的報導，俄國人認為這種天線罩會限制雷達的性能，所以採用電漿選頻罩(詳見下段討論)。

3. 電漿選頻罩

電漿頻罩與前述開縫天線罩類似，是在雷達天線外包覆一個具有匿蹤外型的遮罩，遮罩內可以形成低溫電漿(圖4)。當電漿遮罩不啟動時，雷達波不受任何影響，而當電漿遮罩啟動後，頻率低於電漿頻率的雷達波會被部分吸收後被反射到遠離接收機的方向，高於電漿頻率的波則不受影響。這種技術由於是在封閉環境產生電漿，所以電漿性質可控性較高，能依據性能需求選擇適當的氣體成分與反應速度(註2)。這種遮罩在該文發表前已搭配Bars雷達進行飛行試驗[6]，相當有效。

至於在T-50戰機上由於機鼻本身已採用匿蹤外型，因此可以想見天線遮罩應會與雷達罩整合：以類似技術製作雷達罩，或是在雷達罩內壁製作與雷達罩一樣形狀的選頻罩。

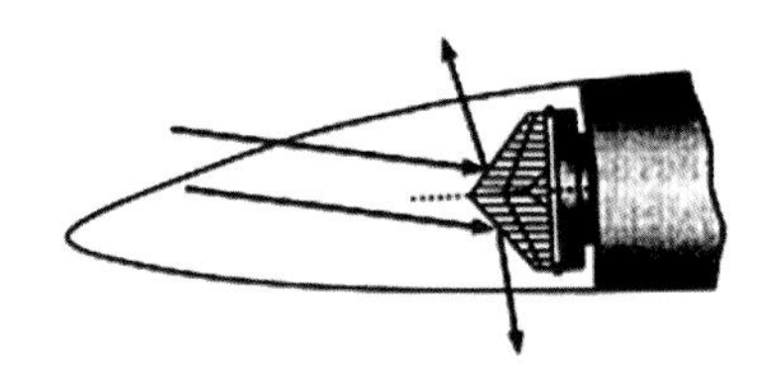

▲ 圖4 電漿選頻罩示意：額外附加具有匿蹤外型的透波罩，內可產生低溫電漿。 VRAN

(註2：原文提及所用的電漿為「碰撞電漿」，系指電漿內有顯著的碰撞效應之意，這就意味著氣體內參雜有較多的中性分子，能大幅減少電漿的生命週期，縱而提升反應速度。原文僅提及「足以應付變化迅速的外界環境」，而在英媒的報導中指出其反應速度在數十微秒級。)

4. 開縫選頻與電漿選頻的主要差異

在此簡單比較一下電漿選頻罩與開縫選頻罩。開縫選頻罩僅允許自己的工作頻率附近的雷達波通過，而且允許通過的頻寬可以做得很窄，因此除非敵方雷達波工作頻率剛好與我方相同，否則就會被隔絕。允許通過的主頻與頻寬由縫隙的尺寸與形狀決定，且是雷達罩製造時便決定的(圖5)。允許通過的頻寬做得越窄，遮罩效果當然越好，但另一方面也表示我方的雷達也只能工作在很窄的頻率區間，這等於限制自己雷達的性能，對於能充當電戰系統的主動相位陣列雷達而言這更是不理想。

電漿遮罩則可以設定成完全遮蔽、完全透明、以及部分遮蔽，且操作模式是自由調控的(圖6)。在選用部分遮蔽模式時，可以遮避我方雷達工作頻率以下的雷達但不影響我方雷達運作，例如在遮蔽預警機與防空雷達常用的L與S波段的同時不影響我方X波段的運作，然而此時若敵方X波段雷達操作頻率大於我方，則此時部分遮蔽模式的電漿遮罩將無效(相較之下，開縫遮罩此時可能有效)。不過這個缺陷到底影響大不大仍有待商確，因為在開啟雷達時，本來就要有曝露行蹤的打算，因為此時就算敵方主動雷達無法發現我方，其也可能以被動探測在更遠的距離發現我方。因此電漿選頻罩的使用思維可能是「不開雷達時全力隱蔽，開啟雷達時允許雷達發揮所有性能並在不影響雷達性能的情況下遮蔽部分雷達波」。

附帶一提俄羅斯「守衛級」巡邏艦(Project20380)上的選頻罩技術。守衛級艦橋上方有一個有稜有角的匿蹤主塔，其內是3Ts25E反艦雷達(圖7)，該雷達具有超地平線主動探測能力外，也是一部被動搜索雷達。這種需要以被動

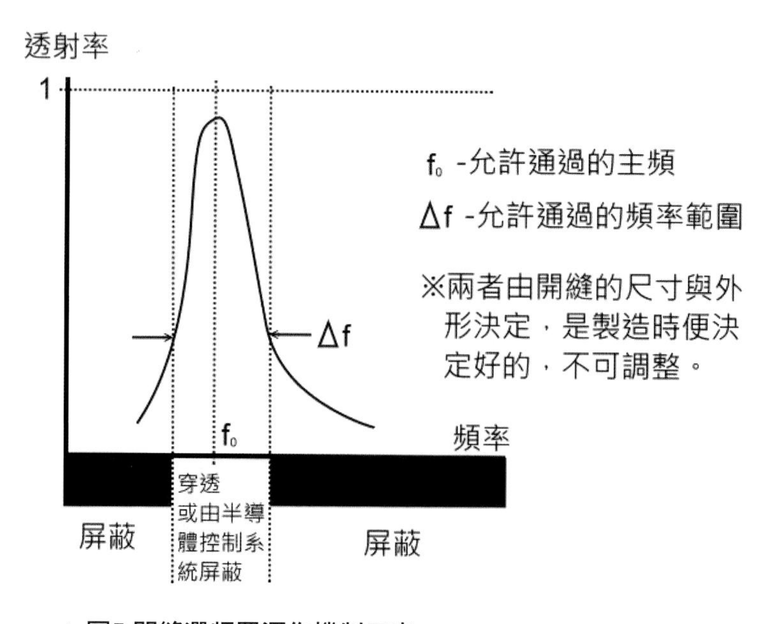

▲ 圖5 開縫選頻罩運作機制示意

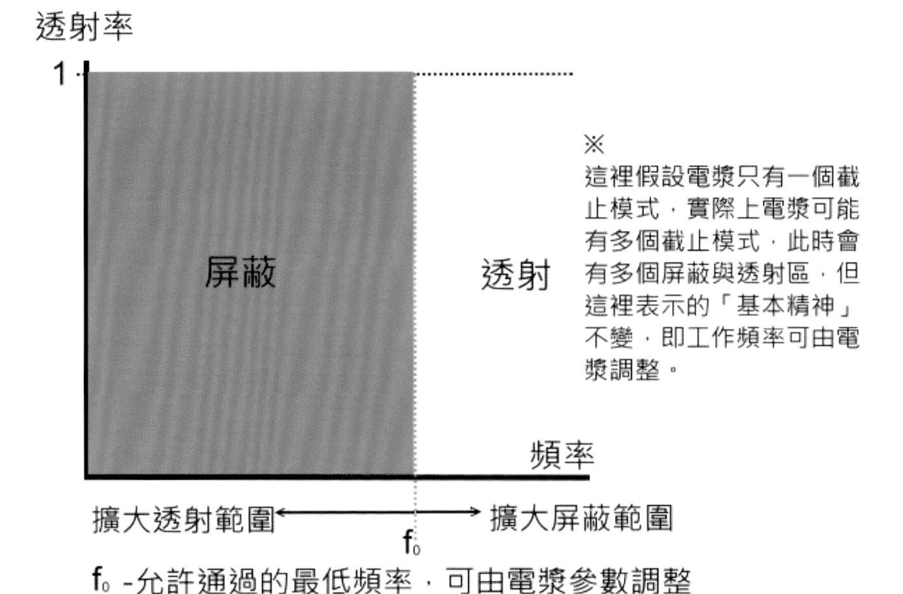

▲ 圖6 電漿選頻罩運作機制示意

模式工作的雷達是如何在選頻罩內工作的？原來這種匿蹤主塔是以單向透波的半導體材料製成的，其對從內到外的雷達波是透明的，但對由外到內的波則幾乎全反射，僅允許極少量穿透，而3Ts25E擁有解讀那些少量的入射波的能力。不過這種方案可能不適合用在飛機上，因為3Ts25E採用拋物面天線，因此能將小到天線本來感應不到的信號放大到天線可以感應的程度，而機載雷達多使用陣列天線，這樣一來只要回波信號小於天線敏感度，便會無法解讀。

五、其他

ITPE與Sukhoi也重視大塊蒙皮的應用。採用大塊蒙皮便可以減少表面接縫與鉚釘，這樣便能減少在鉚釘以及表面不連續面(接縫處)的反射與繞射。Su-47的表面便採用許多大尺寸蒙皮，最大的長達8m，而Su-33UB也用了許多大塊蒙皮因此表面相當簡潔。當然俄國也考慮到整塊式座艙蓋的運用，不過至T-50試飛為止都還沒出現這種艙蓋，可能是仍未攻克其製造問題(2003年的文章便指出尚未攻克製造問題)。

實驗設備也相當重要，這又概分為室內的電磁實驗室以及戶外實驗室。室內無回波電磁實驗室用於測試局部匿蹤設計的效果。俄國人對自己的無回波電磁實驗室相當有信心，原文指出「在這方面，俄國的電磁實驗室甚至可以出口給工業發達國家」。而在戶外，2001～2003年老Su-35原型機T-10M-8被改造成匿蹤技術試驗機，安置在戶外台架上，允許量測各個水平方向上的RCS，包括在發動機運轉的情況下，該機於2006年起改用於進行五代航電系

▲ 圖7 project20380巡邏艦的匿蹤主塔(頂端大圓球下方的大型幾何結構物)採用特殊的單向透波半導體製成

統的試驗，如2007年時試驗Su-35BM的KSU-35綜合控制系統。T-10M-12原型機則被改為飛行實驗室，於2002年開始進行匿蹤技術的飛行試驗[7]。至該文發表為止以上所述的各種匿蹤技術已完成100小時的地面試驗與30小時的飛行試驗，其中包括雙機(以另一架無匿蹤處理的Su-27或Su-35當比較樣本)比對試驗。

由這篇2003年發表的文章可窺見俄國至當時為止在傳統匿蹤的各個領域都已有所涉獵並有初步成果。相當重要的是本來因為電腦科技的關係而被美國壟斷的RCS計算技術，如今以商用電腦搭配套裝軟體便可達成，可說是大幅拉近了雙方本質的差距，但當然美國仍多了一二十年的經驗優勢；材料技術上壟斷性沒那麼強烈，因此在傳統匿蹤技術上，俄國跟美國相比應不會像當年MiG 1.44與F-22的差距那樣誇張。另一方面俄國還有電漿匿蹤技術這個壓箱寶，在戰機整體已經採用傳統匿蹤而顯著降低RCS的情況下，電漿僅需更小幅度的使用便可加強匿蹤效果，這樣一來可以消耗更少的電力，因此更具實用性。

參考資料

[1]А.Н. Лагарьков, М.А. Погосян, «ФУНДАМЕНТАЛЬНЫЕ И ПРИКЛАДНЫЕ ПРОБЛЕМЫ

СТЕЛС-ТЕХНОЛОГИЙ», ВЕСТНИК РОССИЙСКОЙ АКАДЕМИИ НАУК, том 73, №. 9, с. 848 (2003)

[2]" Stealth design SU-35 aircraft Hostile radar range cut on Su-35s", INTERNATIONAL DEFENSE REVIEW,2004.1.1,參考網址：http://www.fighter-planes.com/stealth2.htm

[3] «Для самолета пятого поколения сделали позолоченное стекло», Известия, 23.MAR.2012

[4] «В России создано защищающее от радиации покрытие стекла», Lenta.ru, 12.APR.2012

[5]А.Г.Алексеев, Е.А.Штагер, С.В. Корырев, «Физические основы технологии Stealth», Санкт-Петербург, BBM, 2007, p.147

[6]«Су-35 – четыре с двумя плюсами», Аэрокосмическое обозрение, №.2, 2005, ст. 34-36

[7]Павел Плунский, «Исьребитель Су-27, Рождение легенды», Издательскпя группа «Бедретдинов и Ко», Москва, 2009,ст. 495

ПРИЛОЖЕНИЕ 12

俄製戰機的匿蹤技術(二)：
電漿匿蹤技術

當美式匿蹤科技到了F-22、B-2上已能融合匿蹤外型與氣動效率，彷彿已登峰造極而成為軍事研究者的一種常識時，俄羅斯卻在1999年公開了一種截然不同的匿蹤技術：由科學院Keldysh研究院研發的電漿匿蹤技術，據稱能在不修改外型的情況下將雷達反射截面積(RCS)降低至原有的1/100。

不過由於電漿匿蹤技術並非主流、加上多年來並未服役，使其倍受保守軍事媒體的非議。也由於電漿性質並不廣為人知，使得絕大多數抨擊電漿匿蹤的文章的論據本身已有錯誤，而讀者也無從判斷的情況下，形成一種對電漿匿蹤的普遍質疑。

一、Keldysh研究院的電漿匿蹤系統

粗淺定義上，電漿係指混有中性粒子與等量陰陽離子且成份間碰撞可忽略的混合物。電漿隱形簡言之便是在機體周遭包覆電漿，改變該處空氣之電磁性質而影響電磁波。1999年俄通社-塔斯社(ITAR-TASS)首度第一手報導用於戰機之電漿隱形系統之發展狀況[1]。此系統由俄羅斯科學院所屬Keldysh研究院研製的，系統的負責人卡拉提葉夫(Koroteyev)院士表示「其將飛機周圍空氣電離成電漿，當雷達波照射過來時，部分能量被電漿吸收，而後在特殊的物理機制下雷達波會趨向於貼著機身表面行進，兩種效應使得飛機的RCS約降至原來的1/100」。該系統重僅100餘公斤，耗電5000～50000瓦。當時研製中的新一代電漿隱形系統(第二或第三代)除了保有上述隱形機制外，據稱還進一步添加主動干擾功能。2002年6月詹氏電戰期刊提及該系統遭遇之問題，如耗電量大因此需要額外電源或只能於發現被雷達照射時方能開啟，以及有可能遮蔽自身的雷達或無線電通訊，因此必須設法安排「電磁窗口」排除此缺失等[2]。

2005年10月19日莫斯科新聞網(Mosnews)引述電漿隱形系統負責人卡拉提葉夫(Koroteyev)院士所言，表示

「俄羅斯航空工業界將即刻生產使用電漿隱形技術之隱形戰機」[3]。該訪談提供了更多明確的資訊：〈1〉在隱形機制方面：與美國F-117、B-2等藉由反射雷達波達成匿蹤的方法不同，電漿隱形靠著吸收(cushion)及「打散」(disperse)雷達波達成(註1)。〈2〉電漿隱形系統可用於空中及陸上系統，但以空中效果較佳，故特別適用於飛機。〈3〉在電漿產生機制上：電漿發生器係藉由打出高能電子束而將空氣電漿化。〈4〉電漿之副作用解決上：過去電漿系統會妨害其他航電系統之運作及遮蔽與地面站台之無線通信的問題目前已獲解決。〈5〉電漿隱形系統已通過國家級試驗，並將即刻用於俄製戰機(註2)。

(註1：似乎是用更文雅的語句重述1999年所言之「電磁波被部分吸收，然後在特殊物理機制下繞著電漿雲行進」)

(註2：「通過國家級試驗」的層級已在「定型」或「量產」之上。有的系統甚至是在量產服役後數個月甚至數年才通過國家級試驗並正式得到成軍命令，如Su-32戰鬥轟炸機在2006年交機時便尚未通過，而預計2010～2011年交付俄軍的Su-35BM預計2015年才會通過國家級試驗。能通過國家級試驗表示該系統已有相當高的成熟度。)

俄羅斯科學院Keldysh研究院的前身是NII-1，主要研究方向為火箭引擎等，二次大戰著名的Katyusha「卡秋沙」火箭便是其產品(圖1)。其也進行電漿技術的研究，並已研製出多種電漿製造機，例如「Minor」用以製造能主動影響大氣電離層性質的電漿，可見該

▲ 圖1 二次大戰著名的BM-13「卡秋莎」多管火箭，其火箭彈(放在一旁地面者)便是Keldysh研究院的產品。

研究院可能是基於火箭的通信問題而研究電漿，並因此掌握電漿匿蹤技術的。電漿通信研究與電漿匿蹤可說是同一個領域，差別在於一個是要讓信號通過，另一個是要隔絕或吸收信號。由Minor這種可以改變電離層性質的電漿機可以推測，Keldysh研究院可能已經掌握某些電漿與電磁波交互作用的機制或控制方法。此外其還研製數款可在大氣壓力下製造電漿的高能電子束發射器，如其中的M-13，可發射100KeV的電子束，功率4萬瓦。用電子束製造電漿的優點之一是較不受外界壓力影響，反之若以電極放電法製造電漿，則電極的間距還會與週遭壓力有關。據說早期開發的電漿匿蹤系統僅能用於10000m以上高空，為此開發了電子束電漿，使得即使在地面(1大氣壓下)都能產生電漿(註3)。此外許多電漿氣動力學研究也表明，以電子束製備電漿是能量效率最高的一種方法。

(註3：這是可以理解的，不論是用高能微波還是電極放電法製造電漿，在高壓時已經游離的電子往往尚未得到足夠的能量去解離其他中性分子便已與中性分子相撞而損失能量，這種情況下產生電漿會相當困難。就產生電漿而言，200～300torr已算是高壓，而10000m高空的壓力約為100torr。因此放電法在10000m以下會有運作困難是可以理解的。而採用電子束法，則由於電子束是在電漿機內先加速好再釋出，且電子束電子-束縛態電子間能量交換效率很高(因為質量相同)，故即使在地面大氣壓力也可產生電漿。)

2004年6月，俄羅斯官方的「聯邦科學與創新工作入口網」公佈了一種專用於飛行器匿蹤的電漿設備，名稱是「機上電源暨非平衡電漿製造機」(俄文簡寫為BEGP)。根據網頁的簡述，BEGP專門設計用於降低飛行器的雷達反射截面積。其主體是一種小尺寸的電子加速器，能產生20～25萬伏特的加速電場，並在0.15～20微秒期間釋放1J能量(換算相當於50kW～6MW的峰值功率)，總重不超過135kg。根據在壓力室的試驗，該設備在0.02～0.03MPa壓力下(換算約150～230Torr，即約10000～13000m高度)對10cm波長吸收率約20dB[4]。

二、電漿匿蹤技術的緣起與複雜性

電漿匿蹤靈感起源於太空船重返大氣層期間的無線電通訊失聯現象。經研究這是太空船周圍氣體在高速磨擦生熱下所形成的電漿所引起。在這之後許多科學家對此進行大量的研究。當然這些研究一開始並不是為了匿蹤，而純粹是為了解決太空載具重返大氣層時的通信問題，畢竟這牽涉到太空飛行的安全性。

科學家提出種種物理模型，例如最簡單的模型是電磁波擾動了電漿內的帶電粒子，這些帶電粒子與中性粒子碰撞後損失能量而導致電磁波被消耗在電漿內；也有模型認為電磁波在電漿層表面部分反射部分透射，透射的部分最後又被太空船表面反射，只要電漿層厚度

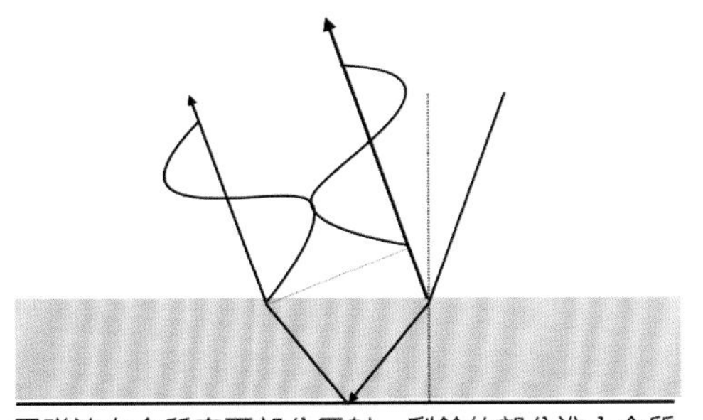

電磁波在介質表面部分反射，剩餘的部分進入介質之後再經由物體表面反射而離開介質。若電磁波在介質內行程為半波長之整數倍，回波便會產生破壞性干涉而減弱。

▲ 圖2 部分反射與破壞性干涉示意

適當，則以上兩道反射波便可能發生破壞性干涉而大幅減弱訊號(圖2)(此原理與部分吸波塗料類似)…。有趣的是，各種提出的模型往往都能合理的解釋特定場合，但換了情況誤差又大幅增加，例如前述第一種模型較適合解釋正向入射(電磁波垂直於表面入射)的場合，而第二種模型需用在物體表面曲率半徑遠大於波長的情況…。後來發現，同時考慮每一種模型則能良好的解釋電磁屏蔽現象，換言之便是，電磁屏蔽現象來自許多不同效應的共同結果，不同效應的貢獻又依具體情況有所不同。由此便可知電漿匿蹤原理的複雜性。

本文並不試圖找出電漿匿蹤的詳細機制，但可透過電漿的幾個基本原理掌握電漿匿蹤可能具有的基本特性。

三、從電漿的特性看其達成隱形的可能性

1. 選頻

電漿依各種參數的不同而有自己的特有的靜電震盪頻率，例如在無外加磁場的情況下電漿具有的特徵頻率是由離子濃度決定的「電漿頻率」(plasma frequency, ωp)，在有外加磁場的情況下還會出現由磁場決定的「迴旋頻率」(cyclotron frequency, ωc，又分電子迴旋頻率ωce與離子迴旋頻率ωci)，以及由「電漿頻率」與「電子迴旋頻率」共同決定的「上混合頻率」(upper hybrid frequency)、「下混合頻率」(lower hybrid frequency)、「左截止頻率」、「右截止頻率」等。這些特徵頻率區分了電漿與電磁波的不同交互作用區間。當電磁波入射時，這些特徵頻率彷彿法官一般決定電磁波要被反射、允許穿透、還是共振吸收等。

例如在不考慮外加磁場時，「電漿頻率」便是唯一的特徵頻率，頻率大於電漿頻率的電磁波允許穿透，小於者則被隔絕。有外加磁場的情況複雜性瞬間飆升：除了允許穿透與隔絕的區間不只一個外，還有機會發生共振吸收等複雜效應，此外此時還要考慮磁場方向以及電磁波行進方向、極化方向等。在電漿匿蹤的場合，地磁便是外加磁場，會導致與電漿頻率差距在至多數百KHz級的各種特徵頻率，幾百KHz的頻率相對於微波而言極小，因此這個「特徵頻率帶」大致上就是在電漿頻率附近。

通常頻率遠高於電漿頻率的電磁波便可無視於電漿的存在。例如毫米波、紅外線便可自由進出剛好屏蔽X波段的電漿；X波段可以自由進出剛好可以屏蔽L波段的電漿等。正因為電漿具有選頻特性，故許多媒體所說的「電漿

會遮蔽所有波段」是不正確的。太空船返回階段會遮蔽幾乎所有頻率的電磁波的其中一個原因是其磨擦高溫使得空氣電離度高到電漿頻率超過所有通信波段之故，而不是說電漿一定會屏蔽所有波段，人為產生的電漿可以借由離子濃度等的控制來改變所要遮蔽的波段。

2. 不等向性

電漿的另一個重要特性是「方向性」(或是說「不等向性」)。電漿的各種性質(波的傳遞、帶電粒子擴散(diffusion)與漂移(drift)等)幾乎都與種種特殊「方向」有關：外加磁場與其梯度方向、外加電場與其梯度方向、各成分(因陽離子、中性粒子)的濃度梯度方向、粒子在各方向的動能(各方向的溫度)，甚至在某些情況下(低頻運動時)還與重力方向有關。而對進入電漿的電磁波而言，其行進方向、極化方向(電磁波的電場震盪方向)等與上述各特殊方向的相對關係都與其接著會發生的效應有關。因此電漿的許多性質都具有方向性：從一個方向觀察到某個效應在另一個方向可能就不存在。因此電漿其實是個很挑剔的物質，他與電磁波的交互作用除了「選頻」還要「選向」。

3. 共振與非共振吸收

電漿吸收電磁波的機制可概分為「共振吸收」與「非共振吸收」。前者又分為「電磁振盪共振吸收」與「能階吸收」。

電磁震盪共振發生於電磁波頻率與電漿的某些共振頻率吻合時。例如有外加磁場時，當電磁波頻率與「上混合共振頻率」相同時，其垂直於外加磁場行進的分量的「無序波」分量會引發極大的電磁振盪而被吸收。

能階吸收發生於電漿內電子的能量與氣體原子或分子內的某些能階差(如電子能階、多原子分子的震盪能階等)相當時。由於電子能階至少在數個電子福特級，因此除非是電子平均動能很高的電漿(如電弧)，否則多數電子其實無法引發能階躍遷，倒是較容易引發分子振動。如空氣中的主要成分—氮氣—便是雙原子分子，會吸收電子能量而振動。

非共振吸收發生在一些無可避免的碰撞，特別是與中性分子的碰撞。當電子與電漿內的中性分子碰撞而未引發能階共振吸收時，這種碰撞便是簡單的彈性碰撞，此時電子會將自己動能的約1/2000傳給中性粒子。這種吸收與共振

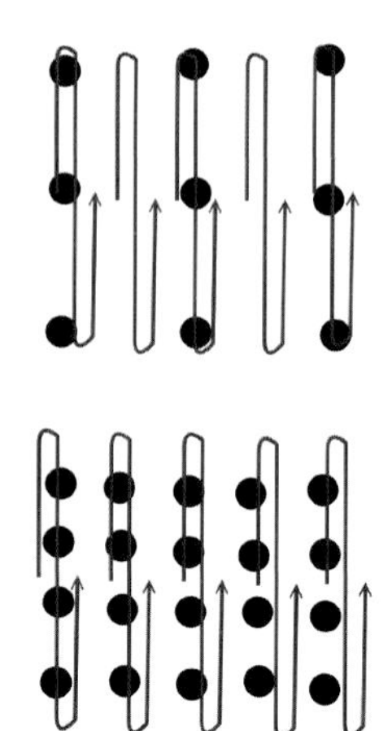

如圖
1.黑球表中性粒子
2.紅色曲線表每一電子的震動軌跡
3.上圖表低空氣密度(高空)，下圖表高密度(低空)。
4.下圖中，電子一個震盪週期的行程遠大於平均碰撞間隔，故有較多能量被電漿吸收。

▶ 圖3 電漿內的非共振碰撞吸收示意

吸收相比微不足道，但由於碰撞機率較後者高很多，所以也是很重要的吸收機制。

在真實的低溫電漿中，電子與分子的碰撞是非彈性碰撞，其吸收主要包括彈性碰撞吸收與分子振動能階吸收。一般來說，除了每碰撞一次電子會將約1/2000能量傳給分子外，每撞好幾次也會引發一次震盪能階的躍遷。

另外其實在不考慮碰撞效應的情況下，有一種稱為「藍道衰減」(Landau damping)的機制，在沒有碰撞的情況下也會吸收波的能量。

4. 部分反射

事實上即使電漿頻率高到足以隔絕電磁波，也需要足夠的厚度去「執行」這項隔絕「任務」，而且所需厚度通常隨波長增大而增加，換言之實際上仍有部分電磁波能穿透至一定的深度，倘若電漿厚度不足，便可能出現「一部分電磁波仍然可以抵達物體表面然後反射」的現象，這時甚至可能發生「在電漿表面反射的波與經由物體表面反射的波發生破壞性干涉而減弱回波信號」的現象。

另一方面，真實的探測雷達波不可能只有單一頻率(並不是簡單諧波)，而是多個頻率的混合，因此如果電漿的某些截止頻率剛好穿插在雷達信號的頻率範圍內，便可能發生其中一部分可以穿透電漿而一部份被隔絕的現象(圖4)。

電漿雖然是一種「介質」，但與一般介質有一個極大的差異是，電磁波在電漿內部的「相速度」會大於光速，因此電漿相對於空氣屬於「快介質」，使得電磁波從空氣入射電漿時會類似從水中入射到空氣中的狀況般，即使電磁波頻率大於電漿頻率，也可能在入射角超過臨界值時發生全反射現象。換言之，倘若電漿的「外型」是不規則的(例如包覆物體表面的電漿)，那麼一道頻率大於電漿頻率的入射的平行波將被拆成好幾部分，有的在表面就被反射

▼ 圖4 截止頻率在載波頻率範圍內時信號被拆散示意。

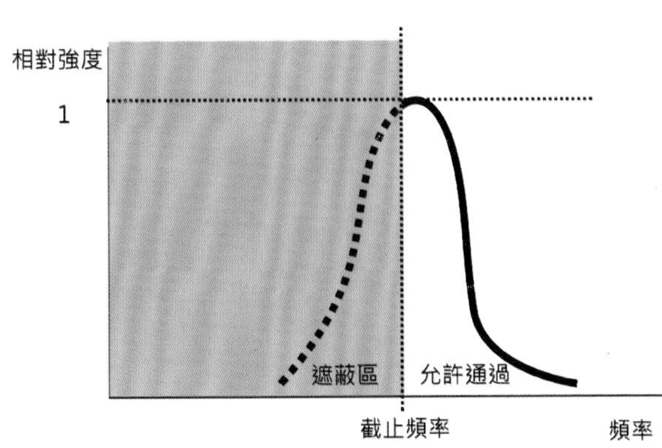

如圖，某個截止頻率剛好在載波的頻率範圍內，雷達信號便會被拆開，一部分被隔絕，一部分進入電漿。

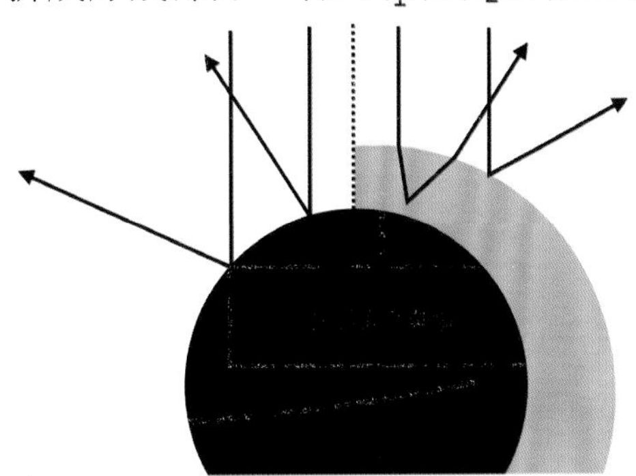

圖，假設入射波為理想平面波(絕對的單一頻率)
電漿時(左半邊)，波束照到表面依據反射定律反射
電漿時(右半邊)，1號波束進入電漿而被物體表面
內層高頻電將反射。2號波束雖然頻率與1號相同
但入射角超過臨界角，故在表面被反射。

▲ 圖5 位置不同造成的部分反射示意

(入射角太大)；有的進入電漿後打到物體表面才反射(入射角很小)；有的進入電漿但尚未碰到物體表面便被反射(穿透外層低電離密度部份，但被內部高密度部份反射)(圖5)。與因為電漿厚度與電磁波波長關係而引起的部分透射以及因成分頻率的差異而引起的部分透射不同，這裡提到的部分透射性質是依位置而異的。

5. 總效果

以上僅重點性介紹電漿的特性，這當然不是全部，但從中已可窺見電漿與電磁波交互作用的複雜性。真實情況下這些特性是同時存在的，而且還有其他此處未提及的特性。現在就用以上這四個特性推敲一下電磁波入射電漿後會發生什麼事情。

〈1〉電磁波頻率小於電漿的最低截止頻率(好幾種截止頻率中最低者)時，電漿相當於導體而反射電磁波，或是在某些情況下發生部分反射部分透射(與電漿濃度、電磁波波長等有關)，而可能出現回波因破壞性干涉而減弱的現象(當然也有可能會建設性干涉而增強)；〈2〉當電磁波高於電漿的最高截止頻率但沒有高很多時，電磁波進入電漿，與電漿發生吸收等交互作用，在某

▼ 圖6 電漿改變電磁回波性質示意

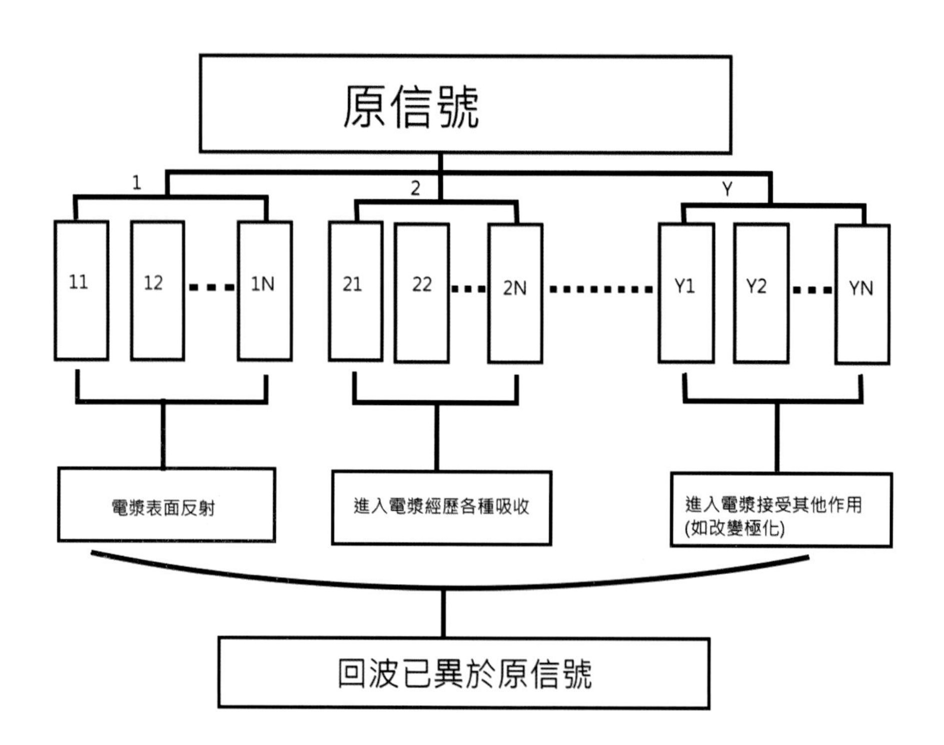

依據電漿的基本性質，可以將電漿與電磁波的交互作用以此流程圖示意

原信號依成分頻率、方向性、照射位置等而被「拆解」成許多成分，不同成分與電漿的交互作用不盡相同，使得返回的信號與原信號已不相同若反射信號與原信號差距很大，便可能讓接收端無法解讀。

些情況下也可能同時發生部分反射部分透射的現象；〈3〉當電磁波頻率高於最大截止頻率甚多時，其幾乎無視電漿的存在；〈4〉當電磁波頻率介於電漿的最高與最低截止頻率之間，或電漿的特徵頻率剛好在雷達信號的組成頻率範圍內，雷達信號便可能被拆成好幾部分處置，有的被屏蔽，有的則允許進入並被吸收或發生其他交互作用，使得最後的回波與原來信號可能已大不相同(圖6)。

舉例說明以上第四種狀況，並假設電磁波頻率與電漿頻率相當、電漿濃度均勻。在僅考慮電漿頻率與飛機所暴露的地磁環境下，入射雷達波可分為平行於地磁方向與垂直於地磁方向考慮。平行於地磁的分量由電漿頻率決定進入與否，高於電漿頻率的可以進入電漿，其部分能量經由碰撞被吸收之外，電磁

▼ 圖7 法拉第迴旋示意

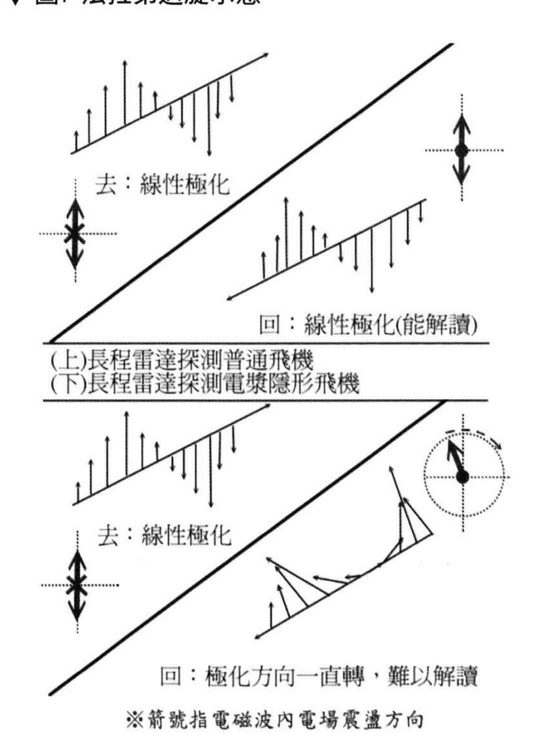

波的極化方向(電場振盪方向)會繞著磁場旋轉，也就是所謂的「法拉第迴旋」效應(圖7)，這個效應對X波段雷達可能不構成影響，但對較長的波如米波便可能受到顯著的影響；垂直於地磁的分量又分為「有序波」(O-wave)與「無序波」(X-wave)兩個分量，前者不受磁場影響，頻率大於電漿頻率時可穿透，並被部分吸收，但不會有法拉第迴旋效應。而「無序波」面對的狀況特殊許多，在這裡舉例的「電磁波頻率相當於電漿頻率，且外加磁場為地磁」的情況下，小於「上混合頻率」(這裡其接近電漿頻率)的電磁波反而可以穿透，大於者被屏蔽，另外在接近上混合頻率的部分發生共振吸收，當然無序波也會被非共振吸收消耗一些能量。

由以上範例便可發現，只要電漿頻率設定適當，一個探測信號會進入電漿並被電漿拆散成好幾部分，分開處理，最終的回波除了因為吸收而減少強度外，其信號與原來已不相同(例如極化方式可能已被大幅改變)，即使回到接收機方向，能否解讀也是個問題。需注意的是，以上已經很複雜的狀況還是僅考慮「均勻的電漿濃度」與「地磁」的影響。在真實情況下，電漿的離子濃度並非均勻，換言之會有更多的特徵頻率(圖8)，而電漿在靠近物體表面處會形成帶正電的薄層，並在垂直於物體表面的方向自然的形成電場，但在平行於表面的方向確沒有「自然發生的電場」(圖9)，這些邊緣效應亦可能影響電漿的傳波性質。此外，在許多時後會以對

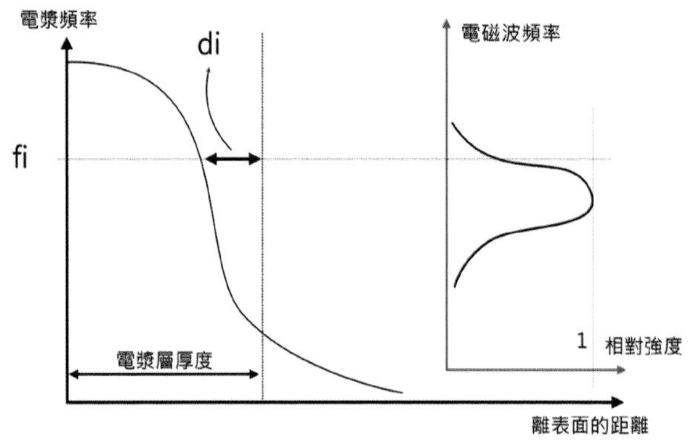

◀ 圖8 非理想平面波入射非均勻電漿示意

為了簡單，假設電漿只靠電漿頻率來選頻。即使在這樣的簡易模型下，不同頻率的成分 "fi" 會有不同的進入深度 "di"。

真實情況下電漿的特徵頻率更多，原信號可能被更複雜的機制拆散

電漿通電的方式來維持電漿或控制其參數，放電方向常常也是電漿內相當重要的方向性之一(註4)，而通常電極很自然的是安排在物體表面，使得在平行於表面會有「人為的電場」存在。這些額外的現象又可能使電漿與電磁波的交互作用更加複雜化。

(註4：例如當電磁波入射頻率較高的電漿時，本來應被隔絕。物理上這是因為電漿內的陰陽離子被電磁波的電場「拉開」而在不同地方「堆積」而形成抵銷電場，使電磁波的擾動無法傳入電漿。然而若在電漿內加入一對電極並導通之，則平行於電極方向的電場所拉開的陰陽離子會進入電路中，不會堆積，這樣電磁波便會進入電漿或被吸收，而垂直於電極方向的極化分量就被屏蔽。)

以上還只解釋到「減弱強度、改變信號特徵」的部分，但在官方報導中提到電漿匿蹤的機制是「吸收部分電磁波」然後「在特殊的物理機制下電磁波繞表面行進」。目前並不清楚上述第二項機制的原因為何，但由電漿性質推測，應該與「電漿的不等向性」或「折射電磁波」的性質有關。例如，若等比例吸收雷達波各分量，就會使得雷達波

▶ 圖9 表面邊界效應

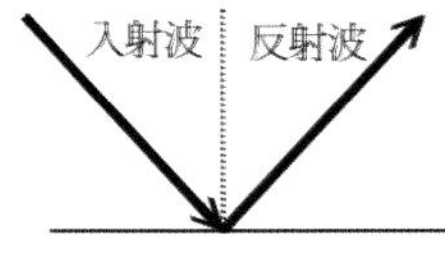

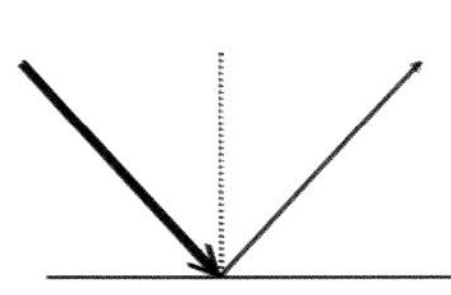

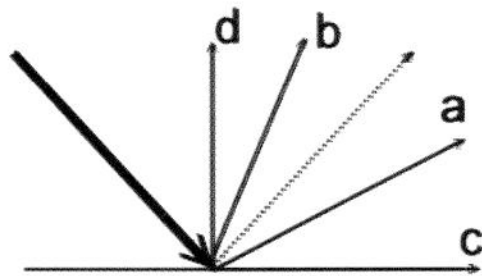

▲圖10 各種吸收-1

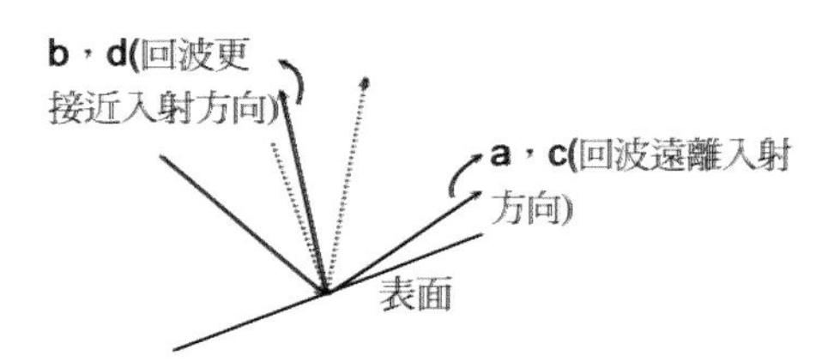

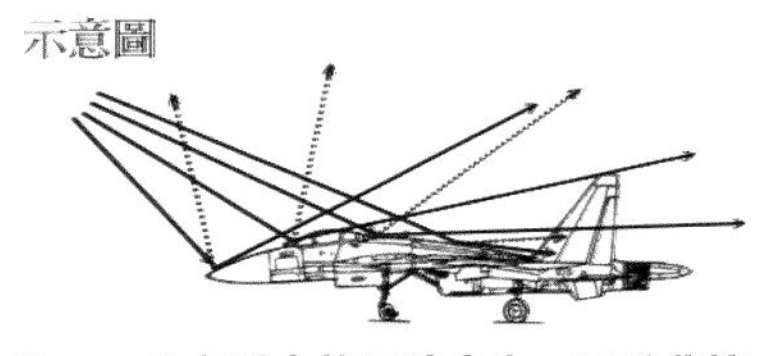

▲圖11 各種吸收-2

強度減少但仍依循反射定律反射。但若吸收特性是不等向的，那麼只要方向正確(對垂直於機體表面的雷達波分量吸收率大於平行分量)則在減弱強度的同時還兼有「讓雷達波不依循反射定律離開」之效應，因而讓雷達波在強度減少的同時還遠離接收機方向(圖10～11)。當然這只是一種猜測，實際上也可能是來自於其他的不等向性或是其他性質。但無論如何，這與美式隱形飛機的隱形外型與某些隱形塗料的作用類似，只是機制不同。

關於「讓電磁波沿機身表面行進」機制之猜測

筆者推測，所謂「讓電磁波延機身表面行進」的特殊機制很可能與垂直於表面的電場有關係：〈1〉當電漿包覆機體表面時，電漿會自發性的在邊界形成由內而外(由電漿內指向表面)的電場，用以幫助正離子向邊界擴散並阻止電子向外擴散，以維持電中性，而在平行於表面的方向則相當於無邊界而沒有電場。〈2〉當電磁波進入電漿時，會由橫波轉為部分橫波部分縱波，在頻率與電漿頻率相同時，會完全轉為縱波，也就是說此時電漿波的振動方向與行進方向平行。〈3〉因此垂直於表面行進的電漿波的震盪方向也是垂直於表面，換言之就是與背景電場平行，而當帶電粒子平行於電場方向運動時，就會出現能量的交換，這樣一來這個垂直分量就可能會被吸收。

以下稍微做個非常粗淺的估計，電漿內考慮碰撞吸收時的特徵長度的CGS制公式為[5] $\lambda_a = \left(\omega^2 + \nu_m^2\right) / \left(0.106 n_e \nu_m\right) cm$，其中 ω, ν_m, n_e 分別為電磁波的角頻率，電子與分子的平均碰撞頻率，以及電子濃度。每經過1個特徵長度波的強度會

減為 $e^{-1} \approx 0.37$ 倍考慮約10000m高度(200Torr)，10GHz波段，算得此特徵長度約10cm，若電漿層厚度1cm，一進一出相當於2cm，則約23%被吸收。

如前所述，當電磁波頻率幾乎等於電漿頻率時，平行於表面的分量無視背景電場，不被吸收，而垂直於表面行進的分量則受背景電場影響。垂直方向的吸收率與 $\frac{E_b}{E_0}$ 值有關，其中 E_b, E_0 分別是背景電場，以及電磁波電場。100平方度、峰值5kW的雷達波束在20km外的電場約為0.5V/m，而電漿內在非常靠近表面會有將近1MV/m的電場，該電場會穿入電漿內部，但迅速減小。由於垂直於表面方向的 E_b / E_0 有可能非常大，使得在粗算吸收率時有時會出現大於1的「謬論」[6]，這暗示垂直於表面方向的電場對電磁波的影響大到粗估時用到的公式已不成立，但由此可見垂直於表面的電場影響不小。

以上簡單估計「碰撞吸收」與「背景電場影響」的數量級計算，都是相當粗糙的計算，但從其數量比對可發現，垂直於表面行進的分量可能會經歷額外的吸收，該吸收相對於碰撞吸收又相當顯著，因此垂直於表面的分量可能被吸收較多而導致「繞著電漿跑」的現象。

總結以上，雖然不清楚電漿匿蹤的真實機制，但由電漿的基本性質以可推測具有「部分吸收」以及「打亂信號」的特性，並且也不能排除報導所言的「讓雷達波趨向表面行進」的可能性。

從電漿特性看電漿匿蹤的其他特色

電漿「選頻」與「選向」的特性使它就像一般隱形材料(吸波或透波材料)一樣，具有針對性，而不是一口氣達到全頻譜隱形。據說B-2轟炸機上也具有能部分吸收雷達波而使雷達波趨向表面行進的塗料。因此電漿匿蹤某些情況下就像塗料式匿蹤。唯以塗料欲對更大範圍的電磁波匿蹤，難免要用多層，且塗層厚度通常也與波長尺度相當(至少早期塗料式如此)，因此就會遭遇重量上揚的問題，且塗料式匿蹤通常也有後勤不便之慮。電漿則可藉由濃度的調整來改變所針對的波段，而可一路對超遠程、遠程、乃至短程雷達匿蹤，縱而達成「寬頻譜隱形」，可視為「適用頻譜可變的智慧型塗料」，但若採用多頻譜同時探測時，仍難免現形。另外由於不需更換塗料，後勤較簡便。

這種「多頻譜隱形」看似有所侷限，但已有相當大的優點。目前主流的隱身外型與吸波塗料的搭配通常僅針對X波段設計，對其他波段則基於某些物理限制而隱形效果較差。如對長程探測用的米波而言，能讓X波段集中反射到特定方向而達成隱形目的的匿蹤外型對米波就無此作用，而是同普通飛機一樣在許多部位發生繞射，因此像米波、天波等超長程雷達理論上便能用以探測F-22這類隱形飛機，雖然精確度奇差使得實用價值大減，但起碼能提供預警。而電漿隱形系統則可能做到一路對超長程探測雷達、長程雷達、乃至戰機雷達隱形，是其潛在優勢之一。

電漿匿蹤飛機的RCS恐怕難以預測。因為其機制可能相當複雜，不只考慮電漿性質，甚至可能與電漿層外型或物體外形有關(決定高於電漿頻率的波的反射的臨界角)。此外在發出電子束以後，電漿的離子濃度會如何分佈也與周遭空氣密度有關(即與高度有關)，因此要準確估計電漿隱形非機的RCS恐怕比採用匿蹤外型與塗料的飛機難很多。

四、電漿匿蹤與傳統匿蹤的搭配

就如同許多剛問世的科技一樣，電漿匿蹤技術自然會被拿來與傳統方案比較。在俄國文獻的認定中，認為載人匿蹤戰機的RCS下限為0.1～0.3平方米級。以此標準觀之若電漿可以達到報導所言的「減少兩個量級的RCS」，那麼重型戰機採用電漿後的確是可以達到匿蹤。而如果美式匿蹤戰機的RCS是0.01平方米，則輕型戰機或外形避開匿蹤大忌設計的重型戰機亦有機會達到相當的RCS。

不過這些俄國文獻強調的是「平均RCS」(所有方向或有限範圍內的平均)，因為認為實際情況中因為飛行軌跡的變化使得敵方真正觀測到的會是平均值，而不是某些特別大或特別小的值。相較之下歐美戰機近年常報導出比上述RCS值低了千倍萬倍的最小RCS值，藉以彰顯匿蹤科技的進步。當然如果實戰中能保持擁有這種特別小的RCS值的方向面對對手，則其仍具實戰意義，但在多機戰場或在敵方防空網的情況下卻未必。

正因為西方匿蹤戰機公佈了這種極小的RCS值，成了不少保守評論抨擊電漿匿蹤的依據。這些保守評論大多認為，電漿匿蹤能否達到那麼低的RCS值是個未知數，加上美式匿蹤已經成熟，電漿匿蹤卻尚未用在服役的飛機，加上現有的匿蹤塗料也具有非等向性，甚至可以藉由多層方式對寬頻譜隱形，而達到一些電漿匿蹤宣稱的效果。使得這些評論認為電漿匿蹤與傳統匿蹤相比並無優勢，縱而判定其不具實用價值。

上述論點其實犯了很基本的邏輯錯誤：這種論點其實一開始就假設「電漿匿蹤」與「傳統匿蹤」是相衝突的匿蹤方式，因此只能兩者擇一。但實際上電漿匿蹤與傳統匿蹤並不衝突，而是可以相輔相成的。反過來說，一架採用完美匿蹤外形但天線罩卻完全透明的飛機也是無法隱形的，如果採用類似的邏輯，則可以得到「匿蹤外形無用」的結論，這顯然不正確。事實上匿蹤技術是一系列不同技術的結合，沒有任何一種單一技術可以讓飛機大幅隱形的。電漿匿蹤技術問世初期強調「只用電漿」就可以降低RCS達2個數量級(約100倍)，可能有兩個原因：首先是當時服役中與研發中的俄國飛機都沒有像美國那樣的匿蹤外型，而匿蹤又是個與日俱增的需求，因此當然會著眼於提升現有戰機的匿蹤性；另一方面，以蘇聯時代的電腦技術而言，要追上形狀匿蹤恐怕不容易，因此在當時的五代戰機設計上可能沒有考慮太嚴格的外型設計，而僅是避開垂直面、筆直進氣道等匿蹤大忌，並輔以匿蹤塗料與電漿匿蹤達成。因此電漿匿蹤當時強調不需修改外型，可能有其時代背景，而不是說用了電漿就不可以用形狀匿蹤。

簡單的說，電漿匿蹤相當於是在機體外面包覆一層適用頻率等性質可變的「匿蹤材料」，其性質使得有類似隱形外型、吸收材料、甚至電戰系統(因為讓回波難以解讀)的功能，且幾乎不需要保養。而且這種材料並不是「長」在機體上的，所以機體本身也可以像形狀隱形飛機一樣做其他進一步隱形處理如吸波、選頻天線罩甚至匿蹤外型等。

以對X波段雷達隱形的電漿為例，更高頻的通信波段如K、Ka波段完全不受影響，但用於敵我識別與寬頻資料鏈的L波段以及長程通信用的HF等波段則會被阻隔在外，而自己的X波段雷達與雷達預警接收器也難免受到影響。為了解決這種問題，就必須在會被影響的天線處安排「窗口」，例如在該處不包覆電漿。這樣天線也暴露在敵方探測系統眼中，故天線罩部份就仰賴選頻天線罩等技術，而天線附近的機體就需要匿蹤外型、吸波材料等主流技術。

對於全新設計的飛機，可以乾脆走向美式匿蹤設計，只是外型不需要對匿蹤遷就太多，之後再靠電漿匿蹤來輔助。這種情況下全機可以擁有極佳的匿蹤性能但又不失去氣動效率，而且由於絕大多數部位都採用匿蹤設計，使得電漿只需局部使用，或僅針對現有匿蹤技術難以應付的長波長雷達，如此一來對電力的消耗會更少，也相對容易設計(註5)，實用性便因而增加。在這方面電漿匿蹤系統很類似主動電戰系統：飛機的匿蹤性能越好，干擾機(電漿機)功率與尺寸就可以越小。近年由於商用電腦與套裝軟體的快速發展，使得市面上買到的軟體便能進行複雜外型以及同時考慮多種回波現象的RCS運算，這已超出F-117時代的情況，讓美國以外的國家發展匿蹤外型飛機具備可能性。俄羅斯T-50戰機擁有較嚴格的匿蹤外型設計，便是得益於這些商用軟體的輔助。然而相較於F-22，T-50更傾向於氣動力優化，便是本段所言的「外型不對匿蹤遷就太多的美式匿蹤設計」。

(註5：在追求絕佳的匿蹤性能情況下，若完全依賴形狀與材料式匿蹤，有時太過勉強(例如遇到長波長雷達的繞射問題)，而要完全靠電漿，在詳細掌握電漿匿蹤機制以至於可以準確估算飛機的RCS值之前，也很牽強，兩者互補自然是一種可以想見的更有效途徑。)

主流隱形技術與電漿隱形技術之簡易比較

隱形技術類別	處理項目		
主流隱形技術	匿蹤外型(美國獨掌)	吸波材料與塗料	其他細部處理：選頻天線罩、表面接縫處理、降低紅外線特徵等
電漿隱形技術	電漿 或 電漿+部份匿蹤外型		

這種採用「美式匿蹤」與「電漿匿蹤」的搭配在性能上賦予設計師更方便的兼顧匿蹤性能與氣動性能，另一方面也造就了「一種設計，兩種匿蹤層次」的特點，而利於外銷。以T-50戰機而言，由於已經採用頗徹底的匿蹤設計，足與F-35媲美並遠超越歐洲戰機，再加上其武器與航電系統便相當具有市場競爭力；而對俄軍自己或未來升級方面，可以加上電漿匿蹤而進一步讓飛機隱匿，這時飛機可以採用完全相同的設計，唯以電漿匿蹤系統的有無來呈現兩個等級的匿蹤性，而不會遇到F-22那種「要外銷就得大改」的問題。

最後要稍微探討一下電漿匿蹤與匿蹤外型可能有的交互作用。用很簡單的觀念就可以知道，電漿匿蹤如果要好的話，飛機本身也是不能犯「匿蹤大忌」的。例如會形成正向反射的表面，在雷達波正向入射(垂直於表面入射)時，因為沒有平行於表面的分量，那麼雷達波一樣是「直來直往」而不會沿著表面跑，並且直接原路返回。反之對於匿蹤外型而言，電漿讓回波更貼近表面，相當於更好的匿蹤外型，這樣一來電漿與匿蹤外型就有互助的效果。然而要注意也有例外，例如F-22、T-50的機身與垂尾以相同角度傾斜，可以將回波集中在單一方向，然而若機身用了電漿而垂尾沒有，就相當於破壞了該匿蹤外型。因此在型狀匿蹤飛機上加上對應頻率相同的電漿匿蹤，未必是想像中的「好上加好」。但如果型狀匿蹤與針對頻率不同的電漿匿蹤結合，則是好上加好。

五、能量消耗問題

1. 電漿匿蹤系統的耗電估計

雖然電漿匿蹤詳細機制不明，但由電漿基本特性可以估計所需的電漿濃度與所針對的電磁波頻率應該相當(因為就對微波有作用的電漿而言，即使有多個截止頻率或共振頻率，也大約在電漿頻率附近)。這樣要估算電漿匿蹤所需能量級相當簡單，只要知道氣體分子的解離能(一般約10～20eV)、所需的離子濃度(由所需頻率反算)、覆蓋多少面積以及多少厚度、每秒鐘要在這樣的體積內製造幾次電漿(電漿生命週期的倒數)便可估計出來。

在假設覆蓋面積約10m x 10m(約蓋住重型戰機的機身)，厚度約1cm，電漿頻率10GHz(X波段)、電漿生命週期約50微秒的情況下(註6)，維持這種電漿的功率級約30kW～50kW或更高。若想要更大面積的覆蓋、或是用於更低的高度，所需能量會更大。

換言之50kW要穩定維持對10GHz電磁波匿蹤的電漿應該相當勉強，除非是局部使用或是斷斷續續使用(這樣回波可能一下強一下弱，讓敵機難以解讀)。但實際上目前的X波段雷達並不是真的都操作在10GHz以上的頻率，有時只有8～10GHz。由於電漿濃度正比於電漿頻率的平方，因此電漿頻率9GHz時需要的能量只是10GHz時的80%，8GHz時更降為64%。對於L波段，所需的濃度更只有10GHz時的1/100。但反過來說頻率超過10GHz的

在10m x 10m x 1cm空間維持電漿所需的概略功率估計表			
	f=10GHz	3GHz	1GHz
H=10km(50)	30～50kW	3.3～5.5kW	300～500W
H=15km(26)	57.6～96kW	6.4～10.6kW	500～1000W
H=20km(15)	100～166kW	11～18kW	1000～1600W

電漿便會極為耗電，例如針對波長1cm的電磁波(約是Ka波段)，需要的濃度會是10GHz(3cm)時的約9倍，針對毫米波則需要100倍的濃度。

因此能概略以10GHz為電漿匿蹤可行性的分界，對於頻率高於此的電磁波，則除非是極小部分運用，否則50kW幾乎不可能實用，對於毫米波或更高頻者，甚至可以說電漿匿蹤完全不可行；而對於頻率低於10GHz的，可行性便相當高，特別是針對L波段或更長波，5kW～50kW要覆蓋全機應該都沒問題。這也剛好反應電漿匿蹤與傳統匿蹤的互補功能：對10GHz以上的波段很難用電漿，但在這個頻率以上，傳統的形狀匿蹤與塗料剛好都非常有效；而對L波段或更低頻的波，形狀匿蹤的效果越來越差，塗料也不易研製，但這剛好是電漿的擅長區間(能量消耗低、吸收率高…等)。

須注意的是，這些數據均僅用於極粗略的量級估算。實際上用於解離氣體的能量除與游離能有關外，也與電漿製備方法有關；電漿生命週期除與外界環境有關外，也與電漿製備方法、甚至被電漿覆蓋物體的表面材質有關，因此實際上電漿所需的能耗與這裡估計的數值甚至可能有著數量級的差距！

(註6：英媒報導俄國開發的電漿選頻天線罩反應速度為數十微秒級[7]，由於天選頻線罩是擁有固體邊界的密閉空間，電漿因擴散而損耗的速度會更快，此外該選頻天線罩需要能快速開關，自然必須盡可能提升反應速度，因此該選頻天線罩的反應週期可以考慮為開放環境下的電漿生命週期的量級或下限。故這裡取用50微秒為試算依據。實際上簡單的理論計算也可達到類似的結果。

電漿內電子損失的途徑主要有三：電子與離子的再結合(recombination)、擴散(diffusion)、電子被分子吸附(adhesion)。對於這裡所考慮的低濃度電漿，電子與離子發生再結合的週期(過了此一週期電子濃度降為原來的約1/3)約0.1～1秒；在5000～20000m高度，擴散的週期約100微秒(5000m)～15微秒(20000m)；分子吸附的周期最短可達1微秒級，不過主要發生在電子能量較低(0.01～1eV)時[8]，相當於僅在電子束電漿的邊緣或末端。由此可見電漿本體的生命週期主要是由擴散週期決定，其數量級便是10～數十微秒，與上述英媒報導相符。

此外需注意的是，高度越低，擴散週期越長，看似電漿會越「長壽」，但實際上那時候電子更容易與空氣分子碰撞而損失能量，而隨著能量降低，電子就越容易被空氣分子吸附而快速損失，因此雖然中低空的擴散週期可達100微秒級，但實際上應該較低。)

2. 電漿匿蹤耗電與全機能耗的比較

5萬瓦看來的確非同小可，一台AL-31F正常最高發電量3萬瓦，即電漿隱形系統最多幾乎可以用掉一架Su-27的兩個發動機的正常最高發電量，而單引擎戰機甚至無法使用之。這導致許多人直觀的認為電漿隱形系統極其消耗能源，開不了多久燃料就用盡了，但事實上5萬瓦對一架飛機的能量損耗而言幾乎可以忽略。

飛機能量損耗最少的時候—經濟巡航時—空氣阻力消耗掉的功率(巡航推力x巡航速度)動輒數百萬瓦， 5萬瓦只佔其1%(重戰機)～3%(輕戰機)級甚至更少，幾乎可以忽略不計；類似地說，即使只是像1%這樣不起眼的巡航阻力增加都會造成萬瓦級的能量損耗(註7)，因此，真要考慮能量損耗的話，一架採用隱形外型設計而破壞氣動效率的飛機消耗的可能還比較多。

因此就全機能量消耗的觀點看，5萬瓦的最大耗電量根本微不足道。不過這樣的耗電量的確是決定其實用價值的關鍵之一。其原因就在耗能方式：氣動阻力消耗的能量是機械能，而電漿隱形設備用的是電能。一架採用隱形外型設計而犧牲氣動力效率的飛機所多消耗的能量是機械能，他不會影響航電運作，大不了多消耗一點油，就可以兼顧飛行速度與航電操作 (這是指像F-22、F-35這類有兼顧氣動效率的，像F-117之類氣動外型破壞太多的就不符合此敘述)。然而電漿系統用的是電能，一般飛機設計之初會針對一開始設計的用電需求去設計供電系統，要是某個新的航電設備耗電量太多，便可能導致電力系統必須更新。一架Su-27的正常最大發電量是6萬瓦，因此5萬瓦將影響其他航電運作，這時不論多消耗多少油都沒辦法同時支援兩者的運作。

(註7：當然實際上由於氣渦輪發電效率不超過30～50%，所以要供應5萬瓦的電，飛機實際上消耗了10～15萬瓦或更多，但另一方面這裡估計的氣動損耗是最小狀態，實際上的氣動損耗也更多，因此這裡估計「電漿匿蹤系統耗能為氣動阻力耗能的1/100級」僅管出於粗略估計，但在量級上並不失正確性。)

簡言之，可將形狀、電漿這兩種隱形方法視為「必須付出能量才能擁有隱形能力」的方法，只是前者所需能量取自機械能，容易；後者取自電能，限制多。

3. 電源的解決

因此讓這種電漿系統長時間運作而完全不影響其他航電運作的關鍵要素在於解決供電問題。這可以分成幾種狀況：〈1〉飛機本身採用美式匿蹤設計，但針對氣動效率優化，並以電漿匿蹤做輔助，此時電漿匿蹤僅需局部使用，或針對長波長雷達，耗電較低；〈2〉提升供電能力，使針對X波段的電漿能長時間大面積運作。此時外加電源的體積、重量就成了決定電漿系統能否讓飛機長時間隱形的重要參數。然而在另一方面，如果在戰機研製之初就考慮使用電漿系統而將正常發電量提高(改良引擎上的發電機)，就能在不付出過大的體積與重量的情況下滿足電漿系統與其他航電系統的需要了。

需注意的是，先進飛機(軍用民用皆然)對電力系統的需求越來越高是一個普遍趨勢，因此為飛機裝上額外的高功率電力系統也是目前的主流發展方向之一，電漿匿蹤系統僅需「搭順風車」，而不需占用額外資源開發新的電力系統。這種額外的電力系統的最直接選項是輔助動力單元，其除了用於啟動發動機外，在飛行時其隨時處於待機狀態以便必要時即時為航電系統供電。Su-35BM上的TA-14-130-35便具有約30kW的供電能力，相當於AL-31F的主發電機。不過氣渦輪發電效率較低，因此目前也有發展以燃料電池作為輔助電力源。俄羅斯中央航空發動機研究院(TsIAM)便發展了一種基於奈米技術的燃料電池，除了擁有燃料電池的高效率(氣渦輪發電效率的好幾倍)外，其已輕巧至足以用於飛機(傳統燃料電池4000多公斤可以辦到的效能其200kg便能辦到[9])，可說是為主動相位陣列雷達、電漿匿蹤等未來航電系統提供了保障。

因此電源問題固然是電漿匿蹤能否實用化的制約因素之一，但並非無解。此外，許多保守評論以「電漿匿蹤可能不能直接用在現有飛機」為由判定其無實用價值完全是出於意識型態的攻擊。按照這樣的邏輯，吾人可以得到「匿蹤外型也只能用在新設計的飛機，所以匿蹤外型不實用」、「AIM-120飛彈不能用在F-86戰機，所以他不是實用化的飛彈」之類的結論，這顯然不正確而且相當可笑。

六、結語

雖然至今電漿匿蹤系統尚未正式用於服役的戰機，但也沒有證據推翻電漿匿蹤的可行性，中文軍事資料上流傳的電漿匿蹤的不可行性絕大多數在邏輯上與理論上都是錯誤的。電漿匿蹤若能與傳統匿蹤技術搭配，將能互補並讓匿蹤性能更上層樓。俄國的電漿匿蹤系統已通過國家級試驗，並非在零點，而傳統匿蹤技術也急起直追，但外型上並未像美式匿蹤戰機般過分遷就匿蹤性能。因此單就傳統技術論，俄國T-50戰機的匿蹤性能應難與F-22匹敵，但若能搭配電漿匿蹤系統，則又另當別論。因此電漿匿蹤系統仍是相當值得期待的第五代戰機匿蹤技術之一。

參考文獻

[1]Nicolai Novichkov,「Russian Scientists Created Revolutionary Low Observability Technologies」,ITAR-TASS information agency,(January 20, 1999)(http://www.air-attack.com/page.php?pid=19)

[2]Michal Fiszer and Jerzy Gruszczynski,「Russia Working on Stealth Plasma」, Journal of Electronic Defense (June 2002),http://www.aeronautics.ru/archive/plasma/

[3]"Russia Develops Stealth Aircraft Using Plasma Screen Technology",Mosnews,2005/10/19(http://www.mosnews.com/news/2005/10/19/stealth.shtml)

[4]«Теоретические и экспериментальные исследования и обеспечение создания бортовых энергоустановок - генераторов неравновесной плазмы (БЭГП). Структура и схема БЭГП.», 01.JUN.2004, http://www.sci-innov.ru/icatalog_new/entry_41675.htm

[5]Ю. П. Райзер, «Физика газового разряда», Интеллект, 2009, p227

[6]這裡用到的估算方式極為粗糙：這裡在計算電磁波對電漿施加的功率時，先不考慮電磁波被吸收與否，算出電流，然後將電磁波電場與電流的內積在一個振盪週期內積分並取平均。這種算法便是所謂的「零階近似」(zero-order approximation)，若據此算出的吸收率很小，則與一開始的假設(吸收很少)相呼應，計算結果可信，然而當算出的吸收率很大甚至超過1時，與一開始的假設相違背，算出的數據不準確，但暗示影響顯著。

[7]"Stealth design SU-35 aircraft Hostile radar range cut on Su-35s", INTERNATIONAL DEFENSE REVIEW,2004.1.1,參考網址：http://www.fighter-planes.com/stealth2.htm

[8]數據或計算依據取自Ю.П. Райзер, «Физика газового разряда», Интеллект, 2009, p.102, 115, 172, 188

[9]第8屆"Thermochemical processes in plasma aerodynamics"研討會，St.Petersburg, 2010

ПРИЛОЖЕНИЕ 13

新型俄製飛機的「人道需求」

─俄製軍民用機的新一代資料記錄與分析系統─

俗稱「黑盒子」的飛行資料記錄系統應該算是整架飛機最堅固的航電系統了。其用途簡單的說便是儲存飛行參數、航電系統狀況、語音、影像等資料，在飛機失事時的劇烈衝擊、高熱、潮溼等環境下其仍有一定的承受力，以待搜救隊伍尋獲後讀取資料以研究失事原因。即使資料受損，有時也可靠特殊的還原技術讀取出來。

一般飛機失事後，除了黑盒子資料外關於空難的唯一線索是管制中心與飛行員的語音通話，好一點的情況是失事前飛行員已經察覺哪些環節出問題而告訴塔台，緊急狀況下飛行員還不知問題所在或根本來不及通報，飛機便已失事。即使在前一種狀況，管制中心通常也無法定量掌握失事原因，因此黑盒子可說是還原空難原因的唯一途徑。

這種傳統的黑盒子技術在預防空難方面並沒有任何即時的幫助，只是給了航空工程人員亡羊補牢的機會，在分析失事原因後在其他飛機上進行補救措施等。俄羅斯Aviaavtomatika公司於1990年代末期開發出採用新概念的「黑盒子」，不但像傳統黑盒子一樣可以記錄資料供失事後分析，還能即時預防失事，即使失事，在黑盒子尋獲前地面人員也已掌握失事原因。Aviaavtomatika是俄國第一個開發出使用固態記錄器(使用FLASH記憶體)的黑盒子的公司，也開發出還原受損資料的技術。

一、新一代的「黑盒子」概念

這種新世代資料記錄系統的運作方式可參考附圖(圖1)。簡單的說，其在用於記錄資料的黑盒子之外多了一個資料整理系統，做為黑盒子、飛行員、地面站台的「聯絡員」，其整理各項參數(飛行參數、航電系統運作狀況等)後透過多用途顯示器示予飛行員同時透過無線電將資料(含語音與影像)傳給地面系統。地面系統因此可以及時掌握機上狀況並進行資料分析以便找出可能的問題以及建議較佳的飛行方式，地面系統也能透過無線電檢測航電系統運作狀況，必要時，地面專家群可協助飛行員處理故障問題，因而大幅增強飛安。這類系統相較於傳統黑盒子的優點是：〈1〉即時增強飛安；〈2〉即使飛機最終失事，黑盒子資料已為地面站台掌握(至少是關鍵的部份)，且掌握較精確的失事位置而能較快搜救；〈3〉飛機未落地，地勤人員已掌握故障點，故可做到「後勤料件已在機庫等飛機」，這在分秒必爭的軍事用途上非常重要，是美國F-22所標榜的重要新功能之一，但在俄製Su-30MK上也有。

飛機還可加上所謂的「即時資料分析系統」，自行分析資料並依據專家資料庫提供建議甚至自動控制飛機等。這可以是獨立的資料分析系統，也可以是內建於中央電腦的程式。

二、Karat系列資料記錄系統

Karat系列(圖2)是Aviaavtomatika公司與航空系統研究院(GosNIIAS)等合作，於1997年推出的新世代機上資料記錄系統。是俄羅斯第一種整合式固態資料記錄系統。其包含機上的Karat-B與地面的Karat-N，兩者透過無線Ethernet連結。

Karat-B(圖3)包含1具黑盒子、1個普通紀錄器(用於平時操作情況下的資料讀取)、以及1個資料整理系統。機上的語音與影像(機艙內外)直接送至黑盒子儲存；資料整理系統則直接與各感測器相連，同時由MIL-STD-1553B及ARINC-429等資料匯流排取得航電系統參數，並由黑盒子取得影音資料。資料經整理後一方面傳至座艙顯示，二方面

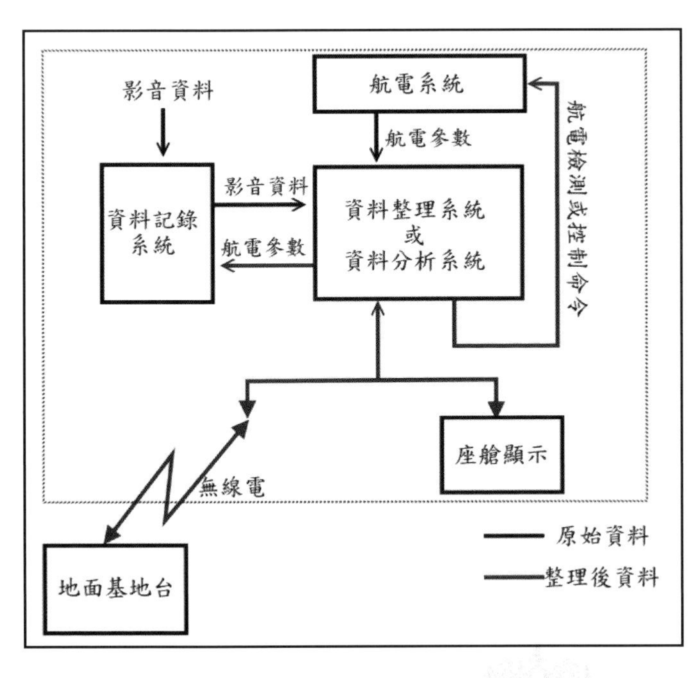

◀圖1 新型資料記錄系統概念

透過無線電傳給Karat-N地面分系統，這些資料除了是飛行參數外，也可以是存於黑盒子的影音資料。Karat-B也能對相關的航電系統發出檢測命令等。

Karat-N又分為移動與固定基地台。移動基地台(圖4～5)是類似軍用筆記型電腦的設備，其接收來自Karat-B資料後，顯示與座艙同步的資料，同時進行即時資料分析，分析結果可回傳給飛機供有需要的航電系統(例如自動飛行系統)使用。Karat-N的操作人員可藉此遙控檢測機上狀況與航電系統甚至控制之，在發生故障時地面專家能藉此向飛行員提供協助。移動基地台同時也是Karat-B的後勤檢修設備。

移動基地台還能進一步將由機上取得的資料與分析結果透過區域網路甚至網際網路後送給後勤資料庫與固定基地台。固定基地台是一種功能強大的電腦系統，用於統合儲存各種飛機的使用經驗供日後的分析改進，其還具有「多媒體機上實況還原系統」(圖6)，能依據收到的資料以多媒體形式還原機上實況，包括駕駛艙與客艙(如果是客機)的影音資料、窗外影像，當然也包括資料分析結果。這讓地面人員能「親身體會」機上實況，而有助於與飛行員的溝通與失事分析。

Karat已衍生出多種不同的次型號，並量產用於MiG、Su、

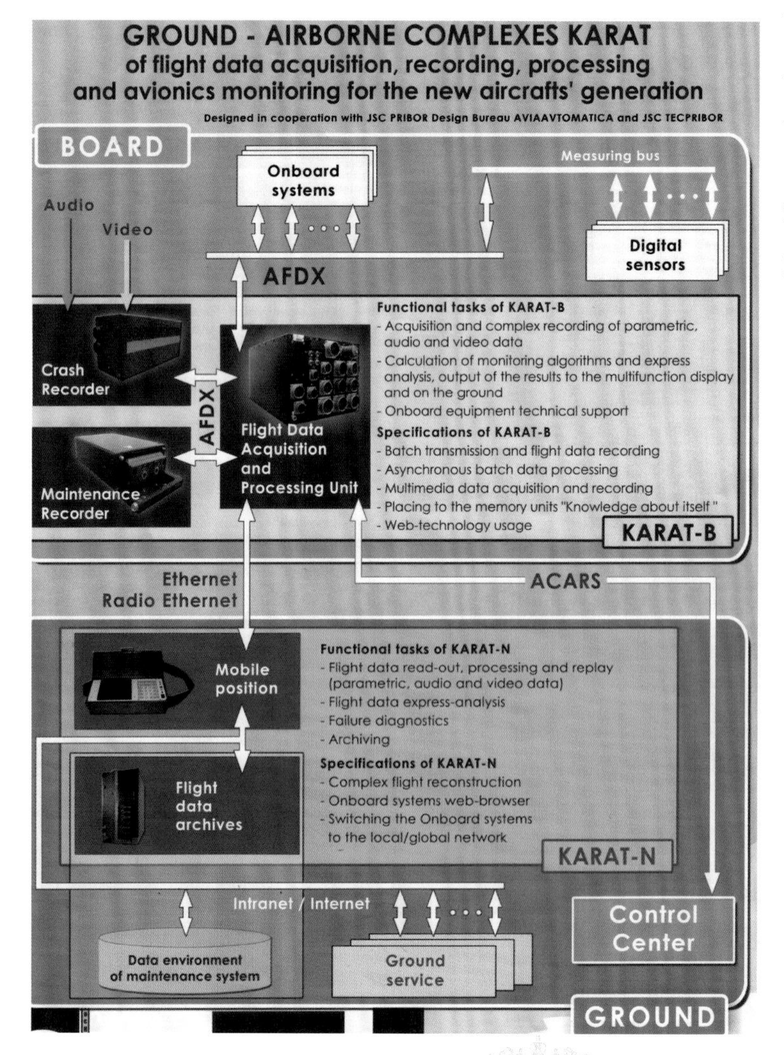

◀圖2 Karat系統運作流程 (GosNIIAS)

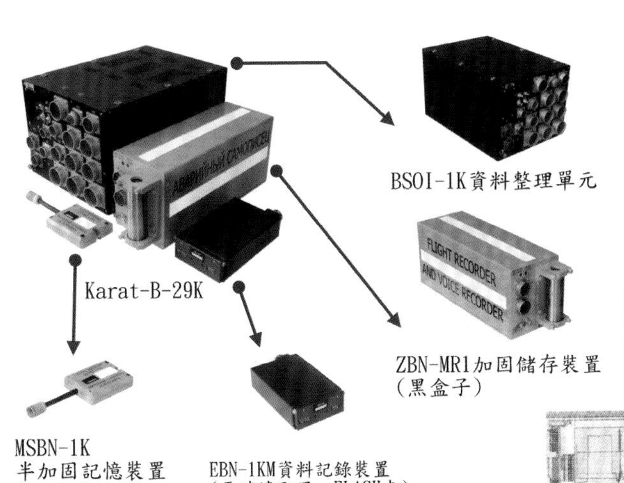

◀圖3 Karat-B-29K組成一覽

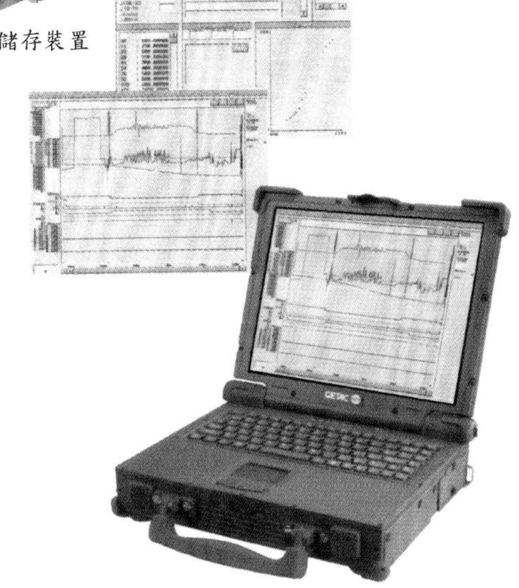

▼ 圖4 Karat-N的移動基地台(筆記型電腦形式)
(Aviaavtomatika)

Yak、Tu的數款軍民用飛機，甚至其ZBN固態記錄器還衍生出ZBN-K用於Almaz設計局的新型船艦。各種次型號依載台不同而有不同佈局，但基本上都採用通用設備，例如有的軍用型便沒有影像記錄功能。其中Karat-B-29K除了上述設備外，還多了1個安裝於彈射椅的FLASH記憶體(圖7)，記憶容量大於等於黑盒子者(256MB)，其防護性較黑盒子差，但失事時能隨彈射椅彈出。由於彈射椅較不會經歷重擊、高溫等極端環境，資料保存較容易。黑盒子所用的FLASH記憶體一般為128MB或256MB，但最高的達1GB容量。

附表列舉Karat-B-29K(同圖3)與Karat-B-29K-02(圖8)數據以供參考，其主要差異在傳輸介面與資料擷取頻道數。

三、AIST-30 即時資料分析系統

所謂的「即時資料分析系統」用途相當於前述Karat系統中的資料整理

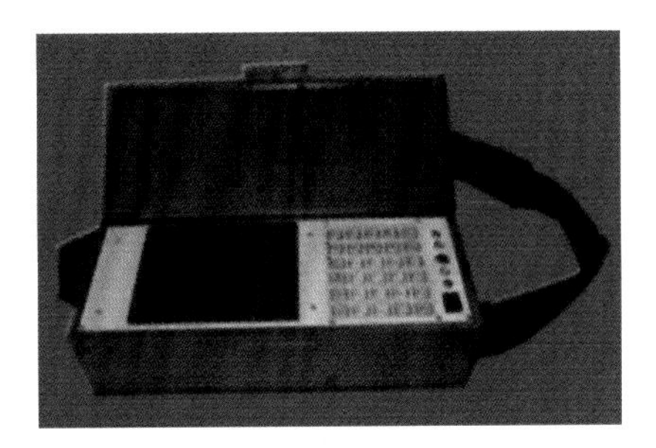

▲ 圖5 Karat-N的另一種移動基地台
(Aviaavtomatika)

系統，唯更強調本身的分析能力，相當於「飛行專家系統」，以即時增強飛安。目前Aviaavtomatika開發了2種即時資料分析系統，其一是用於改良Su-27與MiG-29的Zhuravl「鶴」(圖9)以及用於Su-30MK系列的AIST-30。

AIST-30分為地面的NIAVS分析站台與機上的BIAVS資料分析處理系統。BIAVS機載資料分析系統(圖10)接收航

兩種Karat-B系統架構與諸元比較

		Karat-B-29K	Karat-B-29K-02
黑盒子	型號	ZBN-MR1	ZBN-29K-02
	音訊傳輸	2通道	
	參數傳輸	ARINC-717(747)	
	其他資料	Ethernet,10Mb/s	RS422F,1Mb/s
	容量	256MB	
	抗損能力 (TSO C124國際規格)	・3400G衝擊 ・1100度C燃燒30分鐘 ・靜力2270kg ・抗穿擊 (227kg，接觸截面口徑6.35mm，3m落下) ・6000m水深30天	
平時資料讀取	型號	EBN-1KM	EBN-1KD
	傳輸介面	Ethernet,10Mb/s	RS422F,10Mb/s
	容量	>256MB	
資料處理系統	型號	BSOI-1K	BSOI-29K-02
	MIL-STD-1553B資料匯流排(取得航電系統資料)	2通道	至多4通道
	ARINC-429資料匯流排(取得航電系統資料)	18通道	18
	不連續感測器信號	160	160
	類比感測器信號	116	68
	控制指令輸出	38	42
	引擎與火災檢測功能	無	有
彈射椅附加記憶體	型號	MSBN-1K	無
	傳輸介面	Ethernet,10Mb/s	
	容量	>256MB	
紀錄能力	參數紀錄	25hr	
	音訊紀錄	4hr	
	外來控制(objective control system)紀錄	10hr	
	壽命(MTBF)	3000hr	
	重量	16kg	
	消耗功率	60W	40W

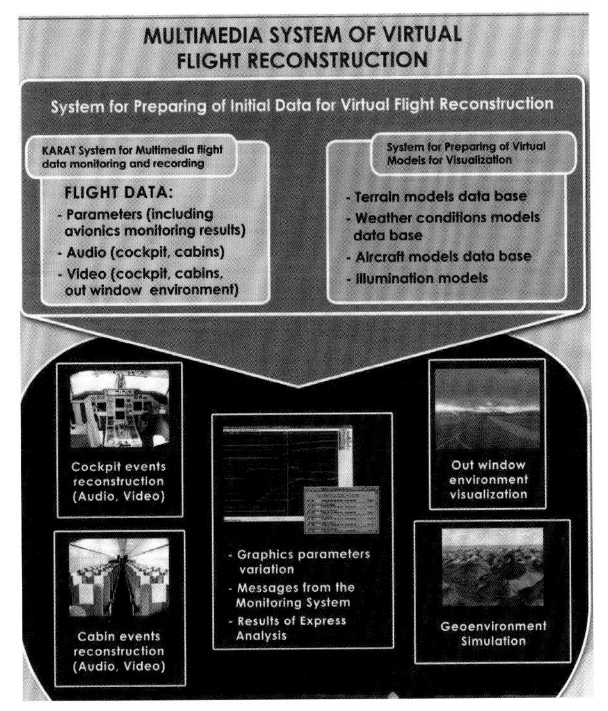

◀ 圖6 機上實況還原系統。此為民航機使用範例，可見到其可重建駕駛艙與客艙影音狀況、窗外景象、地形模擬、飛行參數及分析結果等。 (GosNIIAS)

▲ 圖7 裝於彈射椅上的半加固記錄器 (Aviaavtomatika)

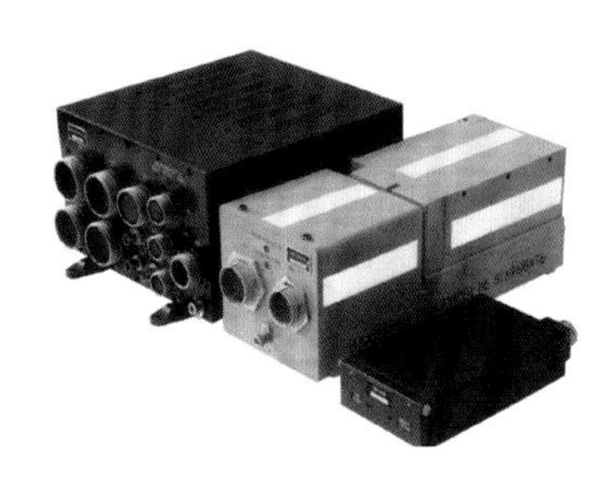

▶ 圖8 Karat-B-29K-02系統。與圖3中的Karat-B-29K略有不同。 (Aviaavtomatika)

電系統之資料並能透過資料鏈與NIAVS地面分系統連結。他可以自行即時分析來自航電系統的資料，或是透過資料鏈將資料傳至運算能力更強大的地面站台，地面站分析之後再上傳。BIAVS能以表格、圖表等方式顯示分析出之資料，也能根據分析好的資料求出各項適當操作模式，如最佳飛行方式、最佳武器使用方式等，再命令飛機自行依此適當模式操控或是以語音提供飛行員建議。BIAVS也具有航電系統診斷功能，這些資料也能傳至地面站，地面站專家能藉此了解飛機之狀況甚至檢測機上設備，必要時透過BIAVS給飛行員各項建議(特別是在系統故障或有其他危安因素時)。BIAVS的其他功能與特性包括：不靠雷達了解飛行參數與位置；空難後能快速找到失事飛機(這是因為地面與飛機持續保持無線電聯絡，並於電子地圖上顯示飛機位置)；進行訓練飛行與維修後測試飛行；增強團隊飛行時相對定位之精確度；與地面資料之上傳下載能同時進行；能與舊系統相容，也不必改變人員的操作習慣，易於快速服役；必要時能換裝防電磁外洩與抗干擾通信頻道，以防敵電子偵查；顯示任務執行狀況等。

BIAVS採用80C188EC處理器，運算速度16MHz，RAM容量128Kb，REPROM容量896Kb；紀錄器容量32Mb；總重約3kg；消耗功率6W(2008年新數據，2004年之舊數據為14W)；傳輸界面規格RTM, RS-232,IRP-M，R-800L2無線電台等。

NIAVS建構於桌上型商用電腦，其電腦架構依年代而異，因此可以隨著商

◀ 圖9 Zhuravl資料分析系統。左下為機載部分，右下為地面部份。從螢幕可見到其駕駛艙還原與電子地圖功能。
(Aviaavtomatika)

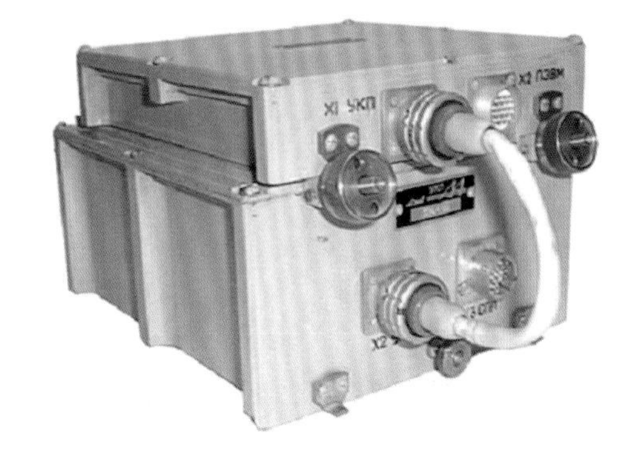

▶ 圖10 AIST-30分析系統的機上部分BIAVS。 (Aviaavtomatika)

用電腦的進步而輕易提升處理能力與記憶容量。2004年時採用Intel的Pentium-200(200MHz)；RAM容量32Mb；紀錄器容量2.1Gb；具列印資料功能。而依據最新的官網資料(2008年)，已採用Pentium-III處理器(850MHz)，64MB的RAM，10GB硬碟，R-800L2無線電台等。

四、結語

本文所介紹的幾種俄式新系統等於是將過去的機上設備遙控檢測系統(Su-27與MiG-29便具備)與資料記錄器(黑盒子)相結合，並外加分析與專家系統功能，並透過無線電與網路科技逐級傳至後端的統一處理中心，讓相關的地面人員能及時掌握機上狀況甚至親身體驗機上實況，這將相當程度的提升飛安、加強後勤時效、並便利飛行經驗的整理與後續研究。Karat資料記錄系統與即時資料分析系統的功能重複性很高，都能讓地面人員即時掌握機上參數。主要的差別在於後者更強調自身的「專家性」(資料分析與建議能力)，反觀Karat較不強調自身的分析能力，但在傳輸頻寬以及資料後送的整合度上較優(其甚至可傳輸黑盒子內的影音資料，而資料則可透過網際網路後送)。即時資料分析系統的功能在採用統一中央電腦的新世代飛機如Su-35BM中可由中央電腦達成，不需要專屬的分析電腦，Karat之架構與之搭配將能極大程度的發揮這種新概念系統的優勢。AIST-30或Zhuravl算是用來賦予傳統戰機飛行專家系統的升級套件。

俄國不只將上述技術用於軍機，也已推廣至民航機，新式Tupolev客機便採用Karat-B系列(與軍用版之主要差異在機艙內外的影像記錄與較大的記憶容量)。在Su-35BM以及五代戰機上，甚至連飛行員脈搏、血壓等生理狀況都納入檢測範圍。傳統上被認為「對使用者不友善」的俄式系統在飛安的追求上可一點都不敷衍。

ПРИЛОЖЕНИЕ 14

中國對Su-35BM、T-50或相關技術的需求與四代戰機的發展

2008年起陸續有消息指出中共空軍對包含Su-35BM、S-400等在內的俄係武器有興趣，每隔一段時間就會出現「中共可能採購Su-35BM」的消息，然後中共官方通常會否認。類似的消息經常性的出現在網路上，因此被大陸網民戲稱為「月經帖」。

最近的一次消息是俄羅斯「生意人報」於2012年3月6日報導，來自俄羅斯「軍事技術合作聯邦辦公室」(FSVTS)的消息來源指出，中俄近期將簽屬48架Su-35戰機的採購合約，價值約40億美元。但前提是中共必須額外簽署有關保護智慧財產權的合約，不仿冒、不售予第三國。若最終簽署，將是中俄自2003年以來最大宗的軍售案。據指出，中共首次展現對Su-35的興趣是在2008年珠海航展。2010年亦有非正式消息傳出採購Su-35的意圖。最近FSVTS的副總經理亞歷山大・佛明對此做了確認，他表示，中共在2011年已表示準備好採購一定數量的Su-35。稍晚中共國防部則公開指出，這則新聞的內容是「沒有根據的」。

根據往例，中共官方的言論通常絕對是一言九鼎，但是解讀起來要非常小心。例如這次中共是否定「即將簽約」這件事，但卻沒有否定「想要買」，也沒有否定「正在談」，當然也沒否定「未來會不會買」。

要知道中共到底買不買Su-35BM甚至T-50，不能只看片面的言論，要進一步分析需求。本文將從軍事需求、外交與貿易需求等層面分析，從中可以發現中共採購Su-35BM或T-50的機會非常高。

一、中國空軍現代化戰機盤點

中共空軍自90年代初期購入Su-27SK/UBK起邁入大幅現代化時代，一方面藉由進口Su-27系列戰機快速提升戰機科技水平，二方面藉此吸收俄式先進技術，結合本身研究而用於國產新型戰機。由於文革遺害使得在這之前的戰機不是殲七之類的無超視距能力的戰機，便是殲八之類的極勉強具備超視距戰力者。比照周邊佈署的各式先進戰機，中共空軍在現代戰場上能端出檯面的，可以說僅有引進Su-27SK以後問世的機種。這其中包括Su-27系列、國產殲10、國產殲轟七、以及勉強可納入考量的新型殲八。

Su-27系列的部分，約有100～150架進口Su-27SK/UBK、約98架Su-30MKK/MKK-2、自行組裝的殲11略超過100架，以及自行研改的殲11B。即使不考慮殲11B亦有超過300架，其中Su-27SK/UBK以及組裝的殲11(即Su-27SK)屬純空優型，但部分已具備發射R-77主動雷達導引空對空飛彈的能力，Su-30MKK與殲11B為多用途型，唯後者為國產，武器以國產品為主。殲10的部分雖然官方未正式公開數量，但可由俄國出口的AL-31FN發動機數量估計之，首批殲10應有50餘架，而在2005年左右又有100多具發動機訂單，因此最終數量可能有150架左右，屬於多用途型。殲轟7的最新改型殲轟7A，屬於較

▲ 圖1 MAKS2009時中方人員參觀Su-35BM 902號機。Su-35BM是T-50與F-22「上市前」唯一可以抵消匿蹤戰機優勢的戰機，中國操作與維護Su-27家族多年的經驗為其進一步使用Su-35BM提供了良好的基礎。

中國空軍先進戰術戰機數量估計					
	數量	防空	精密攻擊	境外防空	境外攻擊
原裝Su-27SK/UBK	約150	有		有	
組裝Su-27SK/殲-11	>105	有		有	
Su-30MKK/MKK2	98	有	有	有	有
殲-11B	N1	有	有	有	有
殲-10A	50+100	有	有	有	有
殲-8IIM以後的改型	>100	有	有		
殲轟-7A	N2		有		有
總數	600+N1+N2	600+N1	350+N1+N2	500+N1	250+N1+N2

單純的攻擊型戰機；而自1996年推出殲8-IIM以後殲八開使擁有先進的超視距作戰能力甚至多用途能力，特別是近年陸續以國產品(包括雷達與發動機)取代進口品，因此雖然以其航程、酬載量、機動性均遠不如現代戰機，但就防守用途以及國產品的後勤餘無虞觀點看，至少能發揮一定的防空能力，這些新型殲8應有百架以上的規模。

以上先進戰機總數可能達700架以上，其中Su-27系列重型戰機高達300～400架。中共空軍在20年內擁有此一數量的先進戰機，常常被拿來做「中國威脅論」的證據，認為中共窮兵黷武，特別是據媒體報導，中共空軍在整個Su-27家族的採購與技轉方面投入的資金超過空軍成立以來的經費總和。

然而憑心而論，這些看似龐大數量的飛機僅夠中國進行基本防衛而已。300～400架Su-27系列中，僅有98架Su-30MKK/MKK-2以及國產殲-11B屬於90年代技術水準與精密對面打擊能力，其中殲-11B的武器配置類似美製戰機的AIM-120+AIM-9，雖然先進但反而失去Su-27家族的武器系統的不對秤優勢，僅能與西方90年代戰機打平，而Su-30MKK雖然航電設計理念新穎，但雷達探測距離與處理數量不足使其無法完全發揮先進航電的潛力。剩餘200多架Su-27SK/UBK/殲-11則屬於80年代技術的純空優戰機，但在武器系統的不對稱優勢下有希望與西方90年代戰機對抗，例如在10km左右為其近戰優勢區，在40km以內成為超視距優勢區(考慮雷達導引飛彈與R-27ET混用)，特別是部分攜帶新型電戰莢艙並能發射R-77主動雷達導引空對空飛彈，更足以用於現代戰場，然而其整體技術必竟老舊，雖然具有不對秤優勢，但也有不對秤劣勢—電子技術，特別是電腦系統等—是一個不確定因子。殲10則各方面都相當於美製F-16C/D，但如同殲11B一般，不具備Su-27那樣的不對稱優勢。殲轟7與殲八則分別屬於專職打擊機與防空戰機，其中殲八的性能相對普通，其最新型號雖然應該具有不錯的超視距戰力，但操作距離與機動性均太差，面對周遭的先進戰機時可謂不堪一擊，不足以擔任主力，僅能以要地部屬、以量取勝方式進行防禦。因此這近700架的先進戰機嚴格說僅有200～350架(Su-30MKK/MKK-2 x 98 +已有殲10 x 50 +新增殲10 x 100 +可能數量的殲11B)擁有後期F-15、F-16等級戰力的多用途戰機外加數十或上百架專職攻擊機殲轟7A。

誠然，就中國周邊而言，以「料敵從寬」的立場，很自然的會將那200多架Su-27SK/UBK/殲-11以及新型殲八甚至舊型殲轟七算進去，然後假設這所有飛機就是「對我而來」，以這樣的觀點看，700架先進戰機的確是相當可怕的規模。然而以中國的領土尺度以及面臨的潛在威脅而言，這些飛機其實僅能勉強自衛，特別是周遭國家仍持續更新空軍裝備。例如西南的印度，單單Su-30MKI最終便會裝備超過270架、東邊的日本早有約200架F-15J戰機、南韓亦開始裝備配有相位陣列雷達的F-15K，台灣亦有超過300架屬於90年代技術的歐美戰機、東南亞也開始裝備Su-30MKM、F-15SG等先進戰機。由此觀之以中國現有的先進戰機質與量，僅勉強能用於防衛，離「中國威脅論」所塑造的邪惡帝國仍有一大段距離。更甚者，擁有超過13億人口且經濟急速發展中的中國對能源安全極為敏感，而要守護能源通道的安全，唯有具備「境外作戰」能力的戰機能派上用場，以此觀點而言，中國空軍現有的防衛能力甚至是不足的。

二、邁入後殲11時代的中共空軍對Su-35BM的需求

相當重要的是，這幾年中共空軍開始邁向「後殲11時代」：由於早期購入的Su-27SK/UBK僅有2000小時或20年的飛行壽命，因此以一年飛行100～150小時計算許多戰機即使保養良好也會在這幾年達到壽限。如此一來為了維持戰機規模便陸續需要新飛機替補，而基於廣大領土的國防需求，先進機隊的規模也必須擴充。因此中共空軍繼續擴增先進戰機規模完全是可以預料的。

很自然地，這些即將於後殲11時代採購的新飛機可以是中國自製或外購的。自製品部分瀋飛研改的殲11B以及成飛的殲10B等都是擁有相當高技術水平的機種，並可佐以殲轟7A以廉價的增強攻擊能力、以新型殲八廉價的增強局部防空能力，並以這些飛機及其改良型逐漸過渡到國產四代戰機。其中新型殲八與殲轟7A幾乎可全自製(含發動機)，自主性最高，因此即使性能不是最好亦有相當的重要性；殲11B與殲10B日後待國產WS-10系列能可靠量產，亦具有幾乎全面的自主性。而在外購的部分，一但歐盟尚未解除武器禁運，中國能取得的先進戰機將只有俄製戰機，而以目前中國國產先進戰機的性能水準看，唯有Su-35BM與T-50可能在考量範圍之內。武器要外購還是要自製當然還牽扯到政治與外交甚至貿易因素，但以下純粹就性能考量進行分析。

與美製F-15、F-16中後期型(F-15C/

D、F-16C/D等)相比，Su-27SK/UBK/殲-11在航電與武器系統的消長之下，足與對手抗衡但不具優勢；國產殲11B、殲10A、殲10B雖然航電技術足與F-15、F-16改型抗衡，然以攜帶國產武器為主，其SD-10與PL-8的配置相當於美製戰機AIM-120與AIM-9的配置，性能對等而沒有不對秤優勢，因此亦只能打平。而儘管中共也在開發相位陣列雷達等以提升戰力，但周遭國家也開始部屬F-15K、F-15SG等更新銳的機種，以自製戰機要與這些對手打平已經不容易。未來中國周邊甚至將有匿蹤戰機進駐：除了東亞國家未來可能採購的F-35外，還有印度與俄國合作的FGFA(即T-50雙座版)，甚至美國於2006年起不定期以軍演為由將少量F-22進駐日本加守納基地，建立了在日本操作F-22的能力，甚至也不能排除韓國F-15K與新加坡F-15SG接納F-15SE匿蹤改良方案的可能性。

以日本、韓國與駐韓美軍等現有的防空能力已與中共空優能力對等的情況下，F-22的加入便可能嚴重的改變勢力平衡：大量的傳統戰機能抵銷敵方傳統戰機的攻擊，讓F-22的後勤設施難以被破壞，後勤無虞的F-22便有機會發揮以一擋數十或擋百的「神話」，而進一步確保傳統戰機的作戰效能1。

目前有能力抵銷F-22等匿蹤戰機衝擊的，除了F-22本身外，正是俄製Su-35BM與進一步的T-50(詳見第七至第九章)，甚至後兩者的「反F-22」效果比F-22本身更好，因為要是F-22的匿蹤性能如宣傳般強大，則F-22對付F-22也只是引入越戰時期的空戰而已。Su-35BM與T-50之所以成為唯二的希望，就在於「極強的自主預警能力」、「極強而足以衝擊傳統武力的武器系統」、以及「反匿蹤探測系統」所帶來的「消極反匿蹤能力」(抵抗匿蹤戰機並衝擊其友軍)以及「積極反匿蹤能力」(消滅匿蹤戰機)。即使F-22本身也沒有滿足這些特性，因此中國即使擁有類似F-22的戰機，則不但在應付F-22時不那麼有效，甚至還要面對印度FGFA的威脅。

因此出於性能考量，中國空軍近年的確有Su-35BM的需求，雖不至於要以Su-35BM成為主力，但至少會需要一定數量的「拳頭部隊」以應不時之需。Su-35BM的技術雖不若F-22那樣全面採用最先進科技，但光其雷達與武器也不是一朝一夕能完成：搭配機械掃描而擁有過半球視野且探距超過APG-77的相位陣列雷達超長程武器等，都「僅此一家」，最快的方法便是進口。對中國而言相當有利的是，這種足以抵銷F-22衝擊的戰機是現成的，且以中共空軍操作Su-27系列多年的經驗，許多武器系統也是與Su-27家族通用的，要適應這種飛機的操作與後勤應相當容易。因此就中共面臨的空防狀況而言，採購Su-35BM的確有其必要性與經濟性。很有趣的是，無論中共是本來就想採購Su-35BM還是想乾脆以殲11、殲10系列過渡到四代機，美國不定期將F-22送往日本「訓練」這種明顯有「圍堵」嫌疑的行為將可能迫使中共順理成章的採購

Su-35BM這種相當具有衝擊性的戰機。

中國若採購Su-35BM，中俄雙贏：中國取得必需的防衛力量，俄國取得資金，其中相當部分應會用於T-50的完善化。近年中國自製戰機能力的進步使俄國若不拿出Su-35BM則無競爭力，然而近年中國在武器上的「山寨」行為也令俄國軍工業頗有微詞。在這種推力阻力並存的情況下，Su-35BM的引進仍有得談。若談判破裂，則中俄軍事技術合作越行越遠，中國雖然最終可能建立能完全獨立研發製造的國防工業體系，但短期內可能又得面對類似當年「和平珍珠計畫」告吹失去強大技術支柱的陣痛期；而倘若談判成功，則可以是未來合作的契機。

三、中共採購Su-35BM或T-50的非技術類理由

前段所述只是從汰換現有Su-27機隊的觀點出發，直線式推理出來的結果，實際上採購Su-35對中共而言甚至有在貿易與外交層面的深遠意義。

〈1〉 Su-27SK可靠的後繼者：早期購入的Su-27SK陸續達壽限，最合理的方法是用同家族的戰機替補。自製的殲-11固然可以，但可靠性與產能不一定足夠，這時採購俄國原裝戰機是很直接的選擇。而以中共已幾乎能自製Su-27SM、Su-30MKK等級戰機來看，要買就買Su-35，不然就顯得浪費。

〈2〉 面對周遭國家陸續裝備的先進戰機，Su-35是唯一可以快速取得又抵銷周遭新型戰機的機種。

〈3〉 如同絕大多數的觀點，採購Su-35可以藉機吸收其先進科技。

〈4〉 考慮舊機替換與新機隊的擴增，中共需要的新戰機遠不止48架，因此採購俄國戰機其實不會斷絕本身航空工業的生路，但卻可以平衡中俄貿易，「拼外交」。

〈5〉 採購Su-35可以為日後取得第五代戰機技術鋪路。特別是這幾年中共航空工業的進步已經展現出「你有的我也快要有」、「遲早自己搞出一套」的態勢，這會讓中共未來若要取得第五代戰機等先進技術會更有說話權力。

〈6〉 承上，以中共龐大的需求看，中共若向俄國進口第五代航空技術，只要數量上控制得當，則既不會過度影響本身航空工業，又可以平衡貿易拼外交，好處多多。

四、中日釣魚台紛爭可能進一步催化中俄軍事技術合作

如果將以上所述的「技術、軍事、政治、外交、貿易」等因素，結合最近中日釣魚台主權爭議以及與東南亞的南海主權爭議結合，可以發現中共更有採購Su-35BM等俄式武器的必要。

近來中日釣魚台爭議已不只是外

交部口頭宣示主權，而是升級到中共常態性派漁政船巡航的層次，雙方火藥味越來越濃厚。新聞指出日本鷹派已有動作想藉由對釣魚台的強硬立場來挽回一落千丈的民意支持度。而美日安保條約又將釣魚台納入合約範圍，這表示釣魚台問題不會只限於中日之間，而是必須考慮美國的介入，那麼，美國在日本加首納基地的F-22以及在關島的B-2轟炸機等對中共就會是潛在威脅。

由此看來中共目前的確有立即性的軍事需要，這樣就不適合完全靠國產戰機過度到下一代戰機。在這個場合，Su-35BM不只可以立即滿足中共空軍的需要，而且藉由軍購案可以拉近與俄羅斯的關係，這對於被美日聯手圍堵的中共來說當然是有利的。

因此中日釣魚台紛爭會讓「馬上完全獨立於俄羅斯發展航空工業」的主張失去立場，而該主張似乎是中共採購Su-35BM的唯一政治阻力，這樣一來中共採購Su-35BM幾乎是必然的趨勢了。

五、Su-35BM、T-50對中國四代機的可能影響

更值得注意的是T-50的問世對中國自製四代戰機的影響。目前解放軍四代戰機正在研製當中，未來有可能是已經試飛的殲-20或其改良，或未公開的型號。既然四代機尚未完全成形，自然可能吸收T-50的概念。甚至可以說，不吸收T-50的思想而一味的追隨F-22的路線，則不僅應付F-22「本尊」有困難，遇到具備反匿蹤能力且能對其他傳統部對構成強烈衝擊的T-50、FGFA更不樂觀，因此中國在四代戰機中引入部分T-50的思想與技術應當是必然趨勢，差別在於是要全靠自己研發還是透過與俄合作。

如果說Su-35BM的問世宣告了「沒有徹底匿蹤的戰機甚至會敗給終極發展的傳統戰機」，那T-50就宣告了一種更成熟的匿蹤戰機發展方向：結合匿蹤、機動、與更齊全的航電和武器系統。環顧時下各國欲發展的新世代匿蹤戰機，幾乎都是以F-22為追隨路線，但F-22其實不只有匿蹤，他還是先進雷達、資訊整合等方面最全面的領航員，因此追隨F-22的路線最終仍將難以超越F-22，甚至在遇到Su-35BM這種發展到極限的傳統戰機時也未必有優勢。而T-50則相當於是在F-22的思想上添加了反匿蹤功能與極強的自衛能力與武器系統，等於是落實了好萊屋電影裡集匿蹤、機動性、空戰與攻擊能力於一身的全能型匿蹤戰機，這種飛機塑造了更理想的21世紀戰機雛型。面對美國與印度潛在威脅的中國更不可能願意投入大量心血卻只能弄出個不上不下的戰機，可以預料中國也可能將T-50的特性列入研發中的四代戰機的考量內。

不論是F-22路線還是T-50路線其實都不容易。要發展出「仿F-22」無可避免的也要有APG-77那樣的雷達以及各種先進航電系統外，那斤斤計較的匿蹤科技不論是設計、製造、還是維護上都不是相當簡單；而「仿T-50」路線雖然可以較低程度的遷就匿蹤，但仰賴

極強的探測系統與武器系統，Irbis-E、AFAR-L、各種300km級的戰術戰機用飛彈，目前僅有俄羅斯擁有，但這對俄羅斯以外的國家亦不簡單。因此可以說F-22與T-50是美俄個別專長的發展結果，但這兩個美俄「水到渠成」的成果卻佔據了他國難以追上的技術制高點。如何在這兩個路線上取得均衡會是當前各國新型匿蹤戰機設計師面對的挑戰。

就美俄以外的國家，特別是不具備強大武器系統研製能力但又想自行研發第五代戰機的國家而言，「仿F-22」其實是個較有效率的路線(詳見第十七章討論)，但這不代表可以達到F-22的效能，例如F-35便是一種「仿F-22」。吾人極難想像這種不上不下的飛機會是「東有F-22，西南有T-50」的中國空軍所要的：以「先發現、先發射、先脫離」為方針，則「仿F-22」必須同時在匿蹤與雷達探性能上追上F-22，或一項稍弱另一項稍強，否則獲勝者仍是F-22。然而若採用Su-35BM或T-50路線，可以在兩項指標都輸給F-22的情況下仍然可以抵禦F-22的威脅。例如即使僅配備Zhuk-MSFE這樣的雷達(對RCS=3平方米探距190km)，搭配機械輔助掃描後可以在+-120～+-140度範圍內發現45km內的空對空飛彈。這種預警距離雖然不像Irbis-E那樣可以間接迫使F-22進入40km內發射飛彈，卻仍可大幅提升反飛彈能力，這種對匿蹤戰機的防禦力未必輸給配備固定的先進主動相位陣列雷達以及半調子匿蹤技術的「仿F-22」。當然上述純粹基於中國現有技術打造的「仿Su-35BM」也難以有效對抗Su-35BM與T-50，也不會是中國空軍想要的。在強國競爭的需求以及中國對Su-27家族的操作與自製經驗為背景下，中國四代戰機師兩夷之長的可能性不能排除。而一旦將T-50也納入設計思想的考慮範疇內，則由於戰機設計時也將武器系統考量進去，作戰思維將不會只是「先發現、先發射、先脫離」那樣簡單，在分析戰機的作戰效能時增添許多變數。

取得T-50相關技術最快的方法自然是與俄合作。但與採購Su-35BM類似的是，近年俄國開始考慮中國的「山寨行為」以及中國武器的市場競爭力，因此對中國出口先進技術會趨於保守，但另一方面中方的資金卻又是一種出口誘因。這個問題除了透過外交談判外，中國與日俱增的自主航空科技未來也可能營造出讓雙方得以對等合作的機會。因此，基於中國特殊的國情，筆者認為中國四代機是目前研發中的匿蹤戰機中，最有機會 融合美俄之長的一種。

參考文獻

[1]楊政衛,”F-2 2戰機進駐日本對亞太地區空權的可能影響“,空軍學術雙月刊,2010.02

~ КОНЕЦ ~

MiG-35戰鬥機

Su-34前線轟炸機

Tu-160戰略轟炸機

Tu-160與Tu-95MS戰略轟炸機

Su-35BM戰鬥機

作者簡介

楊政衛，國立成功大學物理系學士，俄羅斯聖彼得堡大學物理系碩士。研究方向為低溫電漿的氣動力控制，於碩士論文「自持型氣放電電漿對次音速表面氣流的影響」中找出了電漿對次音速氣流影響的解析近似及物理機制，搭配物理系已研製出的能量效率高達80%的小尺寸輕型電漿機，確立了以電漿控制表面次音速氣流的物理與技術基礎。目前從事電漿磁流體力學的研究。

自2003年起於期刊上發表俄系戰機研究與展覽報導等文章，至今累積約50篇。所發表期刊(依發表時間排序)包括「尖端科技」、「全球防衛雜誌」等民間軍事雜誌；「空軍學術雙月刊」、「航太工業通訊」等官方學術期刊，以及俄羅斯«Национальная оборона»(National Defense)雜誌。並曾接受馬來西亞「吉隆坡安全評論」以及「中國報」等媒體就中俄系武器等問題做跨國採訪。

2010年俄羅斯總統府因應中共「山寨」俄國武器的問題公開招標，徵求關於中俄軍事技術合作的過去現在與未來的研究案。筆者曾受競標團隊之一邀請加入標案。

國防軍事系列 003

玄武雙尊
—俄羅斯第五代戰機

國家圖書館出版品預行編目(CIP)資料

玄武雙尊 : 俄羅斯第五代戰機 / 楊政衛著. -- 初版. -- 臺北市 : 菁典, 民101.09
面 ; 公分. -- (國防軍事系列 ; 3)
ISBN 978-986-87217-2-2(精裝)

1.戰鬥機 2.俄國

598.61 101017524

出版者	菁典有限公司
發行人	黃銘俊
總編輯	黃銘俊
編輯/校對	菁典有限公司 出版編輯部 古文美、沈謙、黃詩如
作者	楊政衛
封面設計	蘇冠群
版面設計	張詠翔、陳少瑜
發行住所	11153 台北市士林區天母東路93號五樓
電話	02-2875-5031
傳真	02-2875-5019
電郵	elateco@gmail.com
總經銷	聯合發行股份有限公司
數位版發行	華藝數位股份有限公司
製版印刷	喬德印刷事業股份有限公司
出版日期	中華民國一〇一年九月一日 初版
定價	(精裝) 新台幣750元
郵政劃撥帳號	19827101 戶名:菁典有限公司
銀行帳號	永豐銀行天母分行 034-001-0000423-6 戶名:菁典有限公司